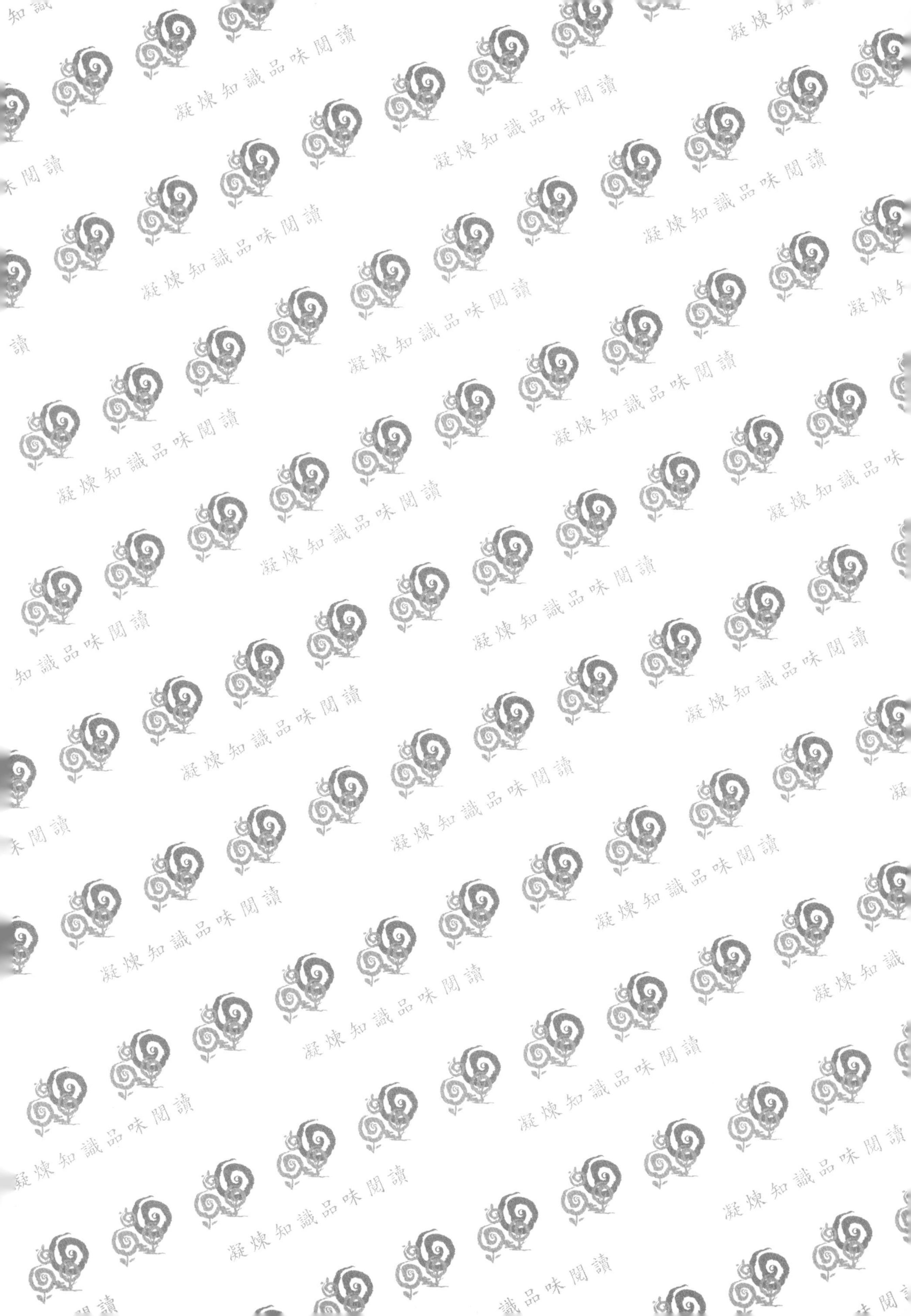
凝煉知識品味閱讀

機器學習（Lasso推論模型）

使用Stata、Python分析

張紹勳 著

五南圖書出版公司 印行

自序

AI 近年來蓬勃發展，各界紛紛投入發展 AI 應用 + 機器學習 (ML)，本書旨在揭開機器學習 (machine learning, ML) 的神祕面紗。ML 理論旨在設計及分析一些讓電腦可以自動「學習」的演算法 (algorithm)。ML 是基於統計，統計學既是機器學習的理論基礎也是工具之一。機器學習 ≠ 統計學，機器學習模型旨在做出最準確的預測及推論 (inference)；統計模型則在推論變數之間的關係。然而，除非您精通這些概念，否則說機器學習全都與準確的預測有關，統計模型是爲推理而設計，這種說法是毫無意義。早期，機器學習方法並不直接適用於計量經濟學及相關領域的研究問題，但自從 Stata 提供很棒的 Lasso 因果推理，情況就改觀。

1. 機器學習：不依賴於規則 (rule-based) 設計的數據學習演算法。
2. 統計模型：以數學方程形式顯示變數之間關係的程式化表達。

機器學習是 AI 應用最成熟的領域。機器學習算法有望在未來 10 年內取代全球 25% 的工作。例如：武漢肺炎疫情嚴峻，成功大學結合醫學中心、大學資源，將多項智慧醫療整合爲「智慧醫療臨床決策輔助系統」，利用人工智慧來分類高風險病人臨床檢疫效率，從原需 150 分鐘縮短到不到 30 分鐘。又如，2020 年 1 月 9 日世界衛生組織警告中國有類似流感的疫病在中國武漢爆發，美國疾病管制及預防中心 (CDC) 於 1 月 6 日提早接獲通知，但是一家加拿大健康監控平臺卻早在 2019 年 12 月 31 日，成功使用 AI 預測有肺炎疫情爆發。如今，這種 AI 機器學習成功的案例，不勝枚舉。

外表來看，統計建模及 ML 所使用的方法很相似，事實上，二者的演算法是不相同的。實際上，你需要認清兩件事：(1) 老論的統計學 ≠ ML？(2) 統計模型與 ML 的 Lasso 推論模型（k 摺交叉驗證、收縮率）有何不同？

由於有許多統計模型（線性 vs. 非線性）都可做出預測，但是預測準確性並不是那麼優。相對地，ML 模型提供更彈性求解的合理性，例如：從高度解釋性的 Lasso 迴歸至不可滲透的神經網路、梯度下降法、隨機森林等。通常，早期 ML 提高預測準確性但卻犧牲了可解釋性，但 Stata 推出 Lasso 推論模型就很棒，兼具預測及推論（是否拒絕研究假設）二項功能。

最小平方法 (OLS) 的最大弱點，是無法由樣本內數據來推論未來樣本外的估計值。例如：預估各國感染武漢確診高峰落在那時間點？這類非線性、非結構問題且即時性大數據，就需要機器學習之 Lasso 推論模型。

在 AI、工業 4.0、物聯網、無人銀行、無人車、金融 / 股市交易等等情況下，系統讀入的即時資料是大數據（例如：感測器例子），可惜 OLS 模型的重點是特徵數據 (X) 與結果變數 (Y) 之間的關係，而不是對未來數據（**樣本外**）進行預測，此過程謂之統計推論 (inference)，但仍不算預測。可惜，人們若仍然無視 OLS 七項 assumption 就直接對該模型進行預測，自然會產生無法想像的偏誤。即使 OLS 有納入穩健性 (robust)、多層次模型、加權最小平法、panel-data 等評估模型的方式，但仍缺乏測試集（多次交叉驗證）、及有效「控制」外來變數的干擾，OLS 充其量只能做到：校正模型迴歸參數（截距，β）的顯著性 (significant)、穩健性 (robust) 的改善。在人工智慧 (AI) 與機器學習，Stata 推出 Lasso 推論模型具有「預測 + 推論」二個強項功能。

本書旨在教你學會兩件事：(1) 機器學習之熱門統計，包括：Lasso、Ridge、elastic net 迴歸、隨機森林等，以及 Lasso 因果推論模型；(2) 區別機器學習與古典統計模型有何不同？

迴歸是一種預測的技術，爲解決預測如何實現推論？於是，Stata v16 版提供 Lasso 推論模型分三大類（連續依變數、二元依變數、計數依變數），三者分別對應至：Lasso 線性迴歸、Lasso 邏輯斯迴歸、Lasso 計數迴歸，這三種迴歸的目的都是在挑選懲罰項的最佳 λ、α 值，挑選法又細分：雙選法 (double-selection)lasso、partialing-out lasso、cross-fit partialing-out、工具變數之分模 (partialing-out lasso instrumental-variables) 等迴歸。以上這些機器學習法旨在以不同方式和技術實現 MS_E、BIC 最小化的目標，籍此評估迴歸性能 (performance)，即透過「預期的線性 / 曲線的適配程度」來衡量。機器學習就是透過某種必要的手段（正規項 / 懲罰項 / 收縮率 / 交叉驗證）來解決問題。

機器學習的應用非常的廣泛，例如：AI 推薦商品、天氣預測、人臉辨識、指紋辨識、車牌辨識、醫學診斷 / 圖形辨識、測謊、證券分析、自然語言處理、機器人、Lasso 推論模型（預測 + 推論功能）等。

本書適合經濟學、醫藥學、生物醫學、自動控制、財經、運輸學、哲學和認知科學、邏輯學、管理學、會計學、心理學、電腦科學、控制論、決定論、不確定性原理、社會科學、教育學、罪學、智慧犯罪等研究。

最後，特感謝全傑科技公司 (http://www.softhome.com.tw)，提供 Stata 軟體，晚學才有機會撰寫 Stata 一系列的書，以嘉惠學習者。

張紹勳 敬上

Contents

Chapter 7

支援向量機 (SVM) 之分析（外掛指令：svmachines）

AI ⊃ 機器學習(ML)的關係

本書旨在揭開機器學習 (machine learning, ML) 神祕面紗。機器學習是人工智慧應用最成熟的領域。迄今人工智慧 (artificial intelligence, AI) 在各學門的研究成效，有目共睹。例如：武漢肺炎疫情嚴峻，成功大學利用 AI 來分類高風險病人臨床檢疫效率，從原需 150 分鐘縮短到不到 30 分鐘，接著國衛院發明快篩只要 15 分。其實，2020 年 1 月 9 日世界衛生組織警告中國有類似流感的疫病在中國武漢爆發，美國疾病管制及預防中心於 1 月 6 日提早接獲通知，但是一家加拿大健康監控平臺卻早在 2019 年 12 月 31 日，成功使用 AI 預測有肺炎疫情爆發。

一、人工智慧是什麼？

人工智慧定義可分兩部分，即「人工」及「智慧」；「人工」就是人造的，此定義爭議不大，但仍須考慮什麼是人力所能及製造的？或者人的智慧程度有沒有高到可以創造人工智慧的地步等。總括來說，「人工」就是通常意義下的人工系統。

什麼是「智慧」，問題比較大，它涉及到：意識 (consciousness)、自我 (self)、心靈 (mind) 及無意識的精神 (unconscious mind) 等問題。我們了解的智慧係指人本身的智慧，這是普遍認同的觀點。但是人們對自身智慧的理解都非常有限，對構成人的智慧必要元素的了解更有限，故很難定義什麼是「人工」製造的「智慧」了。因此 AI 研究往往涉及對人智慧本身的研究，「意識」是人對環境及自我的認知慧力及認知的清晰程度。例如：某人覺察到了什麼、某人覺察到了自我。有時候，「覺察」與「意識」是同義詞，二者甚至可以相互替換。目前在意識本質的問題上還存有諸多疑問，例如：在自我意識方面。意識這個問題涉及到認知科學、神經科學、心理學、電腦科學、社會學、哲學等。

希爾勒曾用意識及身體思考來批評「強 AI」，認爲感知是生物整個物理特性，意識是有目的性的，但 AI 電腦沒有目的性，因此電腦沒有意識。

AI 主要功效包括：知識推理、規劃、機器學習的統計、自然語言處理、電腦視覺、機器人等。簡單來說，機器人像是人的「身軀」，AI 則是人的「腦」，物聯網 (IoT) 人體的五種感官（臉上的眼、耳、口、鼻，各掌控一種感官，再加

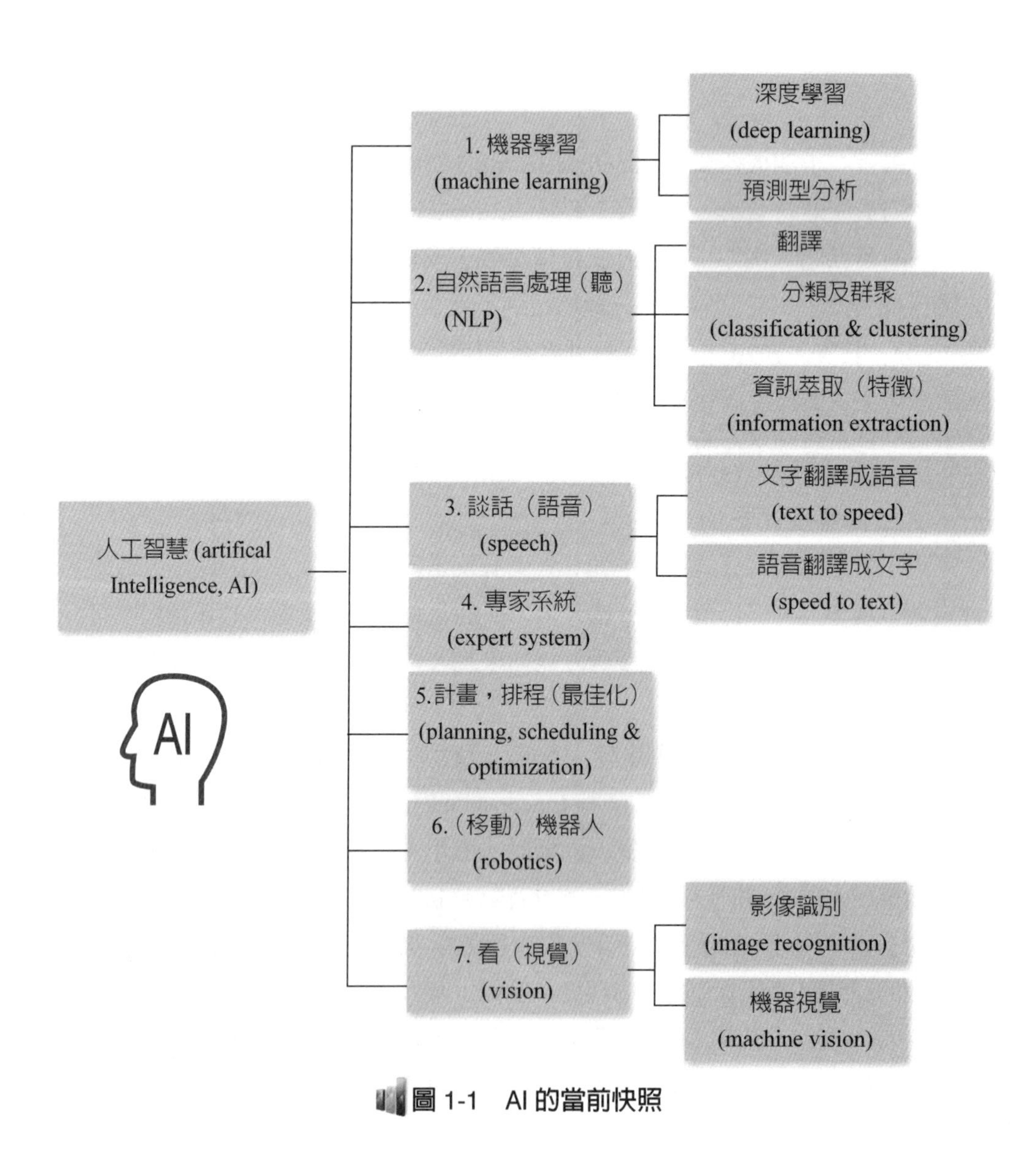

圖 1-1　AI 的當前快照

上觸覺）。

今日的 AI 又稱狹窄的 AI（或弱 AI），因爲它被設計爲執行狹窄的任務（例如：功能僅限財金預測、人臉辨識、Internet 搜尋、僅自駕汽車、醫學診斷等）。然而，許多研究者的長期目標是建立一般化 AI（AGI 或強 AI）。雖然狹窄的 AI 在任何特定任務中都可能勝過人類（例如：下棋或解決方程式），但 AGI 在幾乎每一項認知任務中都會勝過人類。

AI 技術應用，從 Apple 手機的語音助理 Siri 到自動駕駛汽車等，這些 AI 議題正在迅速發展。雖然科幻小說通常將 AI 描述爲具有類似人類特徵的機器人，但 AI 可以包含從 Google 的搜尋演算法 (alogorithm)、IBM's Watson 到自動武器的任何東西。

例如：醫療的 AI 應用，就有四個重要的議題：機器學習 (ML)、自然語言處理 (NLP)、電腦視覺及智慧機器人（例如：達文西手術機器人）。由此可見，機器學習是 AI 應用之一，它使系統能夠自動學習並從經驗中進行改進，而無需進行明確的編程 (programming)。ML 專注於計算機程序的開發，該程序可以訪問數據並用它來自我學習。

二、AI 方法是什麼？

AI 最早（也是最容易理解）的方法是：

(1) symbolism（如形式邏輯）：「*if* 一個健康的成年人發燒，*then* 他們可能患有流感」。

(2) 貝葉斯推論 (Bayesian inference)：「*if* 當前患者發燒，*then* 以這樣的方式調整他們感染流感的機率」。它使用貝氏定理，在更多證據（概似）及資訊（後驗）時，更新特定假設的概率（先驗）。貝氏推論是統計學很重要的技巧之一。貝氏更新 (updating) 在序列分析格外的重要。貝氏推論應用在許多的領域中，包括：科學、統計、工程學、哲學、醫學、休閒運動、商學、法律等。

(3) 支援向量機 (SVM) 及最近鄰的類比器 (K-Nearest Neighbor, KNN)：「在檢查已知過去患者的記錄後，其溫度，症狀，年齡及其他因素大多與當前患者匹配，求得病人得流感機率爲 X %」。詳情請見第 7 章。

(4) 人工神經網路方法：較難直觀理解，但受到大腦如何啟發的機械式工作。它使用「人工神經元」，可透過將自身與期望輸出進行比較並改變其內部神經元之間的連結強度來學習「強化」似乎有用的聯繫。這四種主要方法可以相互重疊，也可以與進化系統重疊。例如：神經網路可學習推理 (reasoning neural networks)、推廣（未知的輸入即可得到正確的輸出）及進行類比生物神經網路的數學模型。詳情請見「2-4-3 神經網路（brain 指令）vs. OLS 迴歸之預測模型比較」、「2-4-4 道瓊預測之非線性模型：先用適配度指標 (rsquare) 來篩選特徵再用神經網路做預測」。

實務上，有些系統會隱含地（或明確地）混合上述四種 AI 方法，即其他 AI 法混搭非 AI 演算法，畢竟最佳方法通常根據不同問題而不同（特定性問題，非廣泛性）。

易言之，AI 常見的研究途徑 (approaches)，包括：機器學習法（監督 vs. 非監督學習）、象徵 (symbolic)、貝葉斯迴歸 / 網路 (Bayesian regression / networks)、進化演算法 (evolutionary algorithms)、深度學習 (deep learning) 等。

1. **深度學習理論基礎**，包括：反向傳遞 (backpropagation)、隨機梯度下降法、啟動函數 (activation function)。
2. **神經網路校調**，包括：hyperparameter tuning、正規化及最佳化。
3. **深度學習理論入門**，包括：(1) 進階最佳化方式：batch normalization, Swish activation 等，(2) 卷積神經網路，(3) 卷積過濾器與影像資料處理，(4) 數據增強 (data augmentation)。

此外，深度學習 (DL) 可用在自然語言處理 (natural language processing, NLP)，NLP 造就出 Amazon Alexa 與 Google Translate、Apple 手機（如 Siri）等產品。均間常見 DL 領域尚有：

(1) 聊天機器人 (chatbot)。

(2) 情緒分析 (sentiment analysis)。要如何從大量文字裡面淘金，步驟爲：選定目標、爬文解析、斷字斷句（非結構化轉結構化）、情緒分析、資料視覺化。

(3) 文本摘要 (text summarization)，旨在產生大量文本的簡潔且精確的摘要的技術，同時側重於傳達有用資訊的部分，而不會失去整體含義。由於手動完成，可能會變得困難而昂貴，故自動文本摘要旨在在將冗長的文件檔轉換爲簡短的版本。你可訓練機器學習算法來理解文件檔，並在產生所需的摘要文本之前，辨識傳達重要事實及資訊的部分。例如：某新聞文章的影像，該影像已被送入機器學習算法來產生摘要。

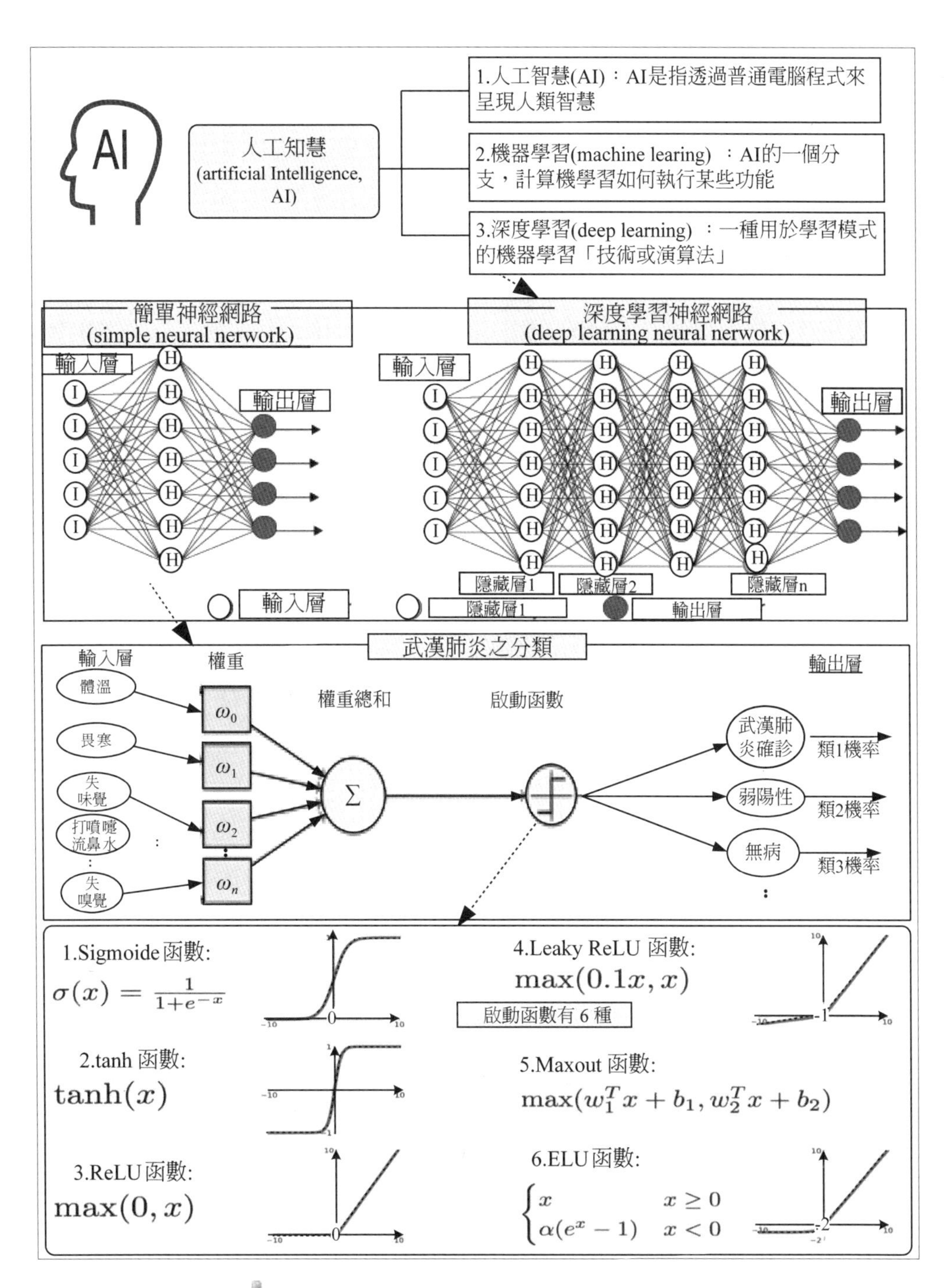

圖 1-2 人工智慧 (artificial intelligence, AI)

三、ML 理論是什麼？

ML 理論旨在設計及分析一些讓電腦可以自動「學習」的演算法 (algorithm)。ML 演算法是從數據中自動分析獲得規律，並利用規律來對未知數據進行分類、預測的演算法。因此學習演算法中涉及了大量的統計學理論，故 ML 與推論統計（Lasso、Ridge 迴歸）聯繫更是密切，因此它又稱統計學習理論。

定義：統計學習理論 (statistical learning theory)，是 ML 架構之一，旨在全面性了解學習及歸納理論，並對機器學習算法統計特性的理論理解。它涉及 ML 演算法何時起作用與原因、如何形式化演算法來從學習數據中含義、如何使用數學思維來設計更好的機器學習法等議題。其中，學習和概化的統計理論，涉及基於經驗數據來選擇所需函數的問題。意即基於數據 (data)，來找出預測性函數，再解決問題。

定義：機率論 (probability theory) 是專注研究機率及隨機現象的數學分支，也是研究隨機性或不確定性等現象的數學。機率論主要研究對象為隨機事件、隨機變數 (x,y) 及隨機過程。隨機性 (randomness) 旨在表達目的、動機、規則或一些非科學用法的可預測性的缺失。「隨機過程」是一個不定因子不斷產生的重複過程，但它可能遵循某個機率分布。

例如：樂透，隨機事件是無法準確預測其結果的，然而對於一系列之獨立隨機事件，例如：擲骰子、扔硬幣、抽撲克牌及占卜都是沒有記憶的，但欲結果會呈現出可用於研究預測的規律性，其中，最具代表性的規律的數學結論就是大數法則及中央極限定理。

大數法則 (law of large numbers) 也稱大數定律，係描述相當多次數重複實驗結果之定律。它認為，樣本數量越多時，求得平均數就越趨近期望值。例如：二項分布的數本數 n 只要夠大，不論 p 為何，所形成的分布圖形幾乎都是對稱的。

有了大數法則就使得人們在不確定性 (uncertainty) 中，仍能掌握住一些確定性；在混亂 (chaos) 中，仍有其秩序 (order)。

易言之，大數法則就是：若一實驗或觀測能持續且重複地進行，則觀測值之平均，將任意接近於期望的成果。即，隨機所產生之樣本平均值，當樣本數很大時，將有很大的機會接近母群體之平均值。
數學家及精算師認爲機率是在 0 至 1 閉區間內的數字，指定給一發生與失敗 (failure) 是隨機的「事件 (event)」。機率 P(A) 根據機率公理來指定給事件 A。
事件 A 在事件 B 確定發生後會發生的機率稱爲「已知 (given)B 之 A 的條件機率」；其數值爲 $\frac{P(B \cap A)}{P(B)}$。若已知（已知）B 之 A 的條件機率及 A 的機率相同時，則稱 A 及 B 爲獨立事件。且 A 及 B 的此一關係爲對稱的，這可以由一同價敘述：「當 A 及 B 爲獨立事件時，則 $P(A \cap B) = P(A)P(B)$。」中看出。
機率論中的兩個重要概念爲隨機變數及隨機變數的機率分布兩種。

下圖所示爲機器學習演算法的架構，分支包括：深度學習、決策樹、規則系統 (rule-based)、貝葉斯 (Bayesian)、集成法 (ensemble)、降維 (dimensionality reduction)、神經網路、正規化 (regularization)、實例基礎 (instance based)、迴歸、聚類分析 (clustering)。

在演算法設計方面，ML 理論關注的是可以 coding 實作，使學習演算法達到最佳化。坊間有很多推論問題多屬無程式可循之難度，因此部分的 ML 研究是開發容易處理的近似演算法。

四、AI + 機器學習的興起

如今，隨著 Google、微軟 Azure 及 Amazon 大力推出雲端大數據平臺、機器學習演法，使得 AI 成爲最紅的議題。事實上，常在不知情的情況下，就在體驗機器學習。

自從 Google 開發 AlphaGO 成爲圍棋界的常勝將軍之後，AI 剎那間成爲科技業最熱門的關鍵字之一。早在 AI 領域打下深厚底子的 IBM Watson，除了打進一些數據服務公司、科技公司外，甚至進軍醫療領域，能夠依照病患資料判定青光眼，準確率高達 95%。

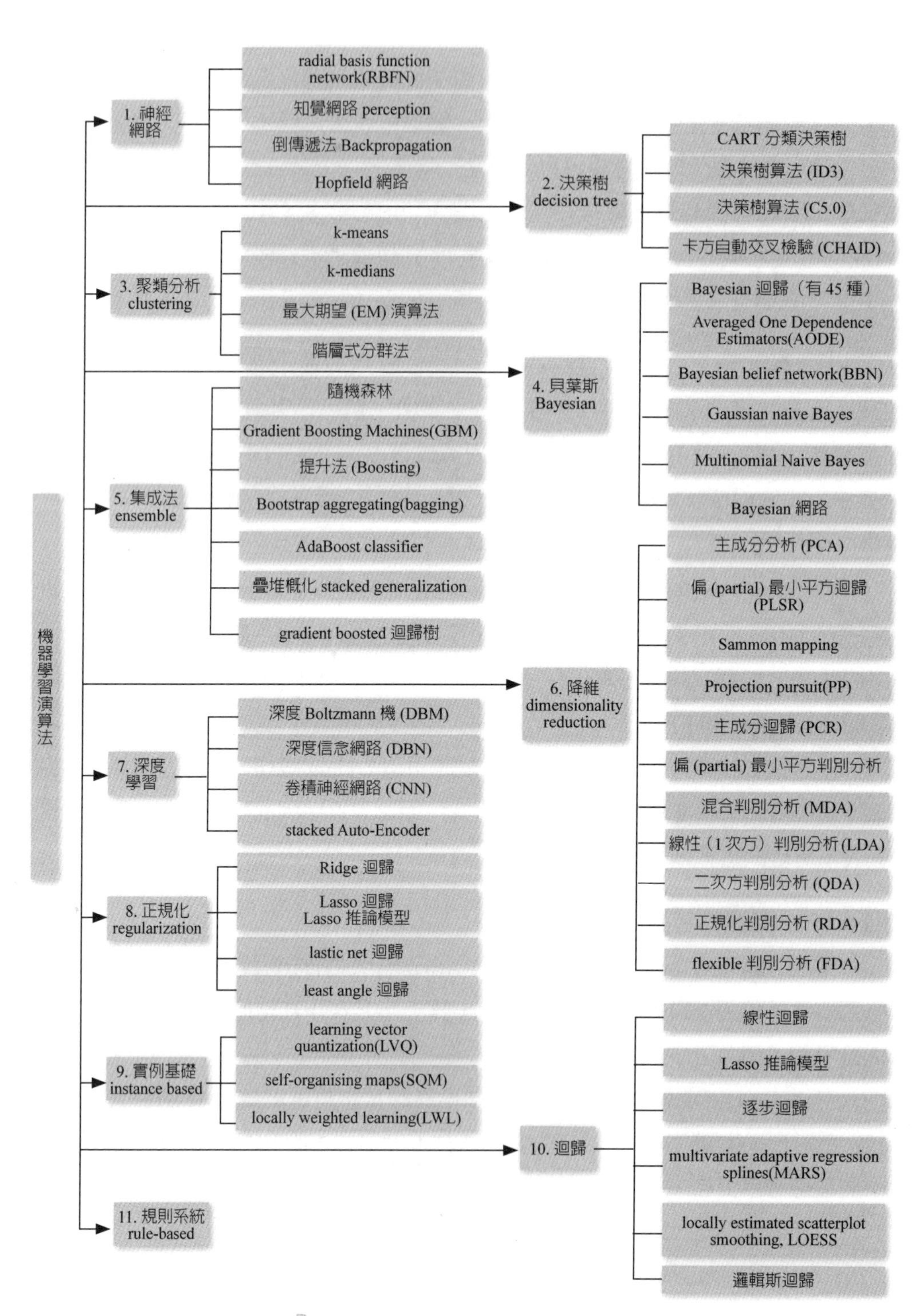

圖 1-3　機器學習演算法的架構

例如：Facebook 影像標記及電子郵件供應商的「垃圾郵件」檢測。現在，Facebook 使用人臉（影像）辨識技術自動標記上傳的影像，Gmail 辨識態樣 (pattern) 或選定的單字以過濾垃圾郵件。

此外，AI 著名的例子尚有：Tesla 自動駕駛汽車（無人機及自動駕駛汽車）、醫療診斷（影像判讀）、創造藝術（詩歌）、證明數學定理、玩遊戲（國際象棋或圍棋）、搜尋引擎（Google 搜尋），線上助手（Siri）、照片的影像辨識、垃圾郵件過濾、預測武漢疾情、預測航班延誤、預測司法判決及定位線上廣告。

因此，尚不論 AI + 機器人將可能如何招致破壞性的未來，就科技產業趨勢而言，AI（含機器學習）是值得投入的領域，尤其世界各大科技龍頭早已紛紛插旗布局，並示意以開放、參與、公共多數利益來發展，可預見的是，AI 革命浪潮方興，並將帶來更多的新興技術與商業模式。

五、機器學習 (ML) 的學派有 5 個

機器學習有「五大學派」論點，包括：

1. 象徵主義 (symbolism)，源自邏輯及哲學。它捨棄客觀性，偏愛主觀性，背棄對現實的直接再現，偏愛現實的多方面的綜合。專注於逆推演的前提 (premise of inverse deduction)。逆推演不是從前提開始並尋找結論的經典模型，而是從一系列前提及結論開始，並向後進行工作以填補空白。

   日常生活中象徵主義的例子：鴿子是和平的象徵、紅玫瑰或紅色代表愛或浪漫、鏡子破損可能表示分離、黑色是代表邪惡或死亡的象徵、梯子可以作爲天地之間聯繫的象徵。
2. 連結主義 (connectionists)，神經科學的分支，致力於重新設計大腦。此方法延生出著名的深度學習。它基於在神經網路中連接人工神經元。連接主義技術在諸如影像辨識 (recognition) 或機器翻譯等領域非常有效。

   例如：使用人工神經網路 (ANN) 來解釋精神現象。網路運算方面，進一步發展「深度學習」這個分支。
3. 進化主義 (evolutionaries)，與進化生物學相關，專注於將進化過程中的基因組及 DNA 概念應用於數據處理。本質上，進化算法將不斷發展並適應未知條件及過程。
4. 貝葉斯派 (bayesians)，採用統計學及機率方法，它改用概率推斷等技術來處

理不確定性。視覺學習及垃圾郵件過濾是貝葉斯方法解決的一些經典問題。通常，貝葉斯模型會採用假設並應用「先驗」(a priori) 思維，認為會有最大概似。然後，他們在看到更多數據時會更新假設（後驗）。詳情請見《人工智慧與貝葉斯迴歸的整合：應用 Stata 分析》一書。

5. 類比主義 (analogizers)，源自於心理學。此 ML 學派側重於使數據位彼此匹配的技術。最著名的模擬器模型是「最近鄰」演算法，可將結果提供給神經網路模型。

通俗來講，ML 技術大體上分為「監督」及「未監督」兩種學習技巧，「監督」使用包含預期結果（有 label）的訓練資料，「未監督」則使用不包含預期結果（無 label）的訓練資料。

提供 AI 資料若越多，學習後它就會變得「越聰明」，企業每天產生大數據即可讓機器學習及深度學習解答更加完備，包括：從資料倉儲（如 Amazon Redshift）收集或擷取的資料、透過 Mechanical Turk 的「群眾」力量所產生的眞實資料，或是透過Kinesis Streams動態探勘得到的資料等等。加上，物聯網(IoT)的出現，感測器技術讓需要分析的資料量大幅暴增，這些大數據包含之前幾乎不曾接觸過的來源、地點、對象 (object) 及事件資料。

在醫療診斷的 AI 應用，己受很多學者的認同，證明只要給予與病情有相當關聯性的生理訊號，機器學習即可精準地診察眼底視網膜病變、肺結核、心律不整、及多種癌症等。雖然醫療診斷的資料量相對較少，也許每種疾病只能蒐集到幾萬或幾千例，但是因為醫療診斷與情境並不相互依賴，也就是說，生理訊號（例如：電腦斷層攝影 CT、X 光片及心電圖）本身就足以準確地判斷病徵，不會受到其他無法觀測的外部因素的干擾；同一張 X 光片，無論是在哪裡拍的、受測者身上穿什麼衣服、受測者當時開不開心、受測當天天氣如何、受測者收入，結果都應該一致。

基本上，只要是與情境無關的問題，AI 通常都可做得不錯，甚至超越人類。例如：許多電腦遊戲、圍棋 / 象棋 / 西洋棋遊戲，人類已無法與 AI 匹敵。

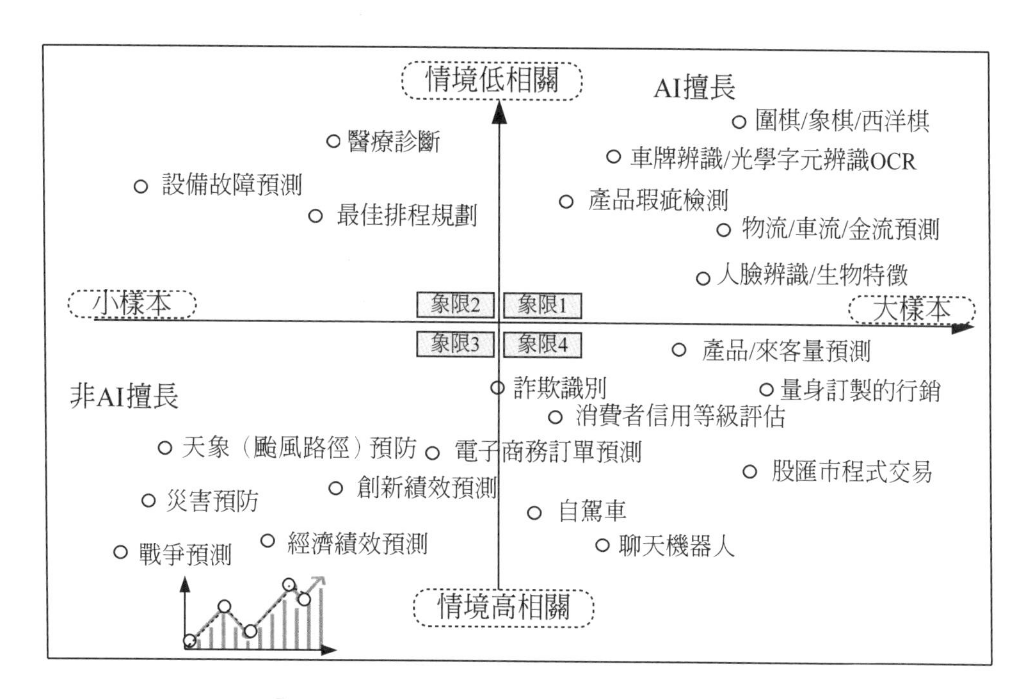

圖 1-4 機器學習擅長解決的問題是什麼？

註：機器學習擅長解決8種問題

 1-1 著名的 AI 系統、頂尖 AI 公司、最佳 AI 軟體

人工智慧 (AI)，又稱人工智能，有三個特性 (characteristic)：

1. 智力形式之一

   綜合智慧，人造但眞實品質的智慧：實際的、不是假的、不是模擬的。

2. AI 是電腦技術之一，執行某些智慧功能的電腦系統。

3. 科學的分支之一

   科學是一個系統化的組織，它可測試的關於宇宙的解釋及預測的形式建立及組織知識。

   AI 的研究都是高度技術性及專業的，各分支領域都是深入且各不相通的，因而涉及範圍極廣。

1-1-1 人工智慧是什麼？

人工智慧 (artificial intelligence, AI) 最早出現於 Mind(1950) 論文，Alan Turing 首度提出「一臺機器可以思考嗎？」，從哲學的角度來看，機械智慧的系統研究與具體的邏輯主義形式（例如：一階邏輯）及產生電腦科學的問題（例如：Entscheidungs problem）是有意義且有成效的，自此 AI 的新紀元就產生了。

AI 是由人製造出來的機器所表現出來的智慧。通常是電腦模擬 / 模擬人類思維過程以模仿人類能力或行爲的能力。

如下圖所示「什麼是 AI？」，AI 是專門用於建造人造動物（或者至少是人工生物）的領域，對於許多人來說，AI 至少是人造生物。

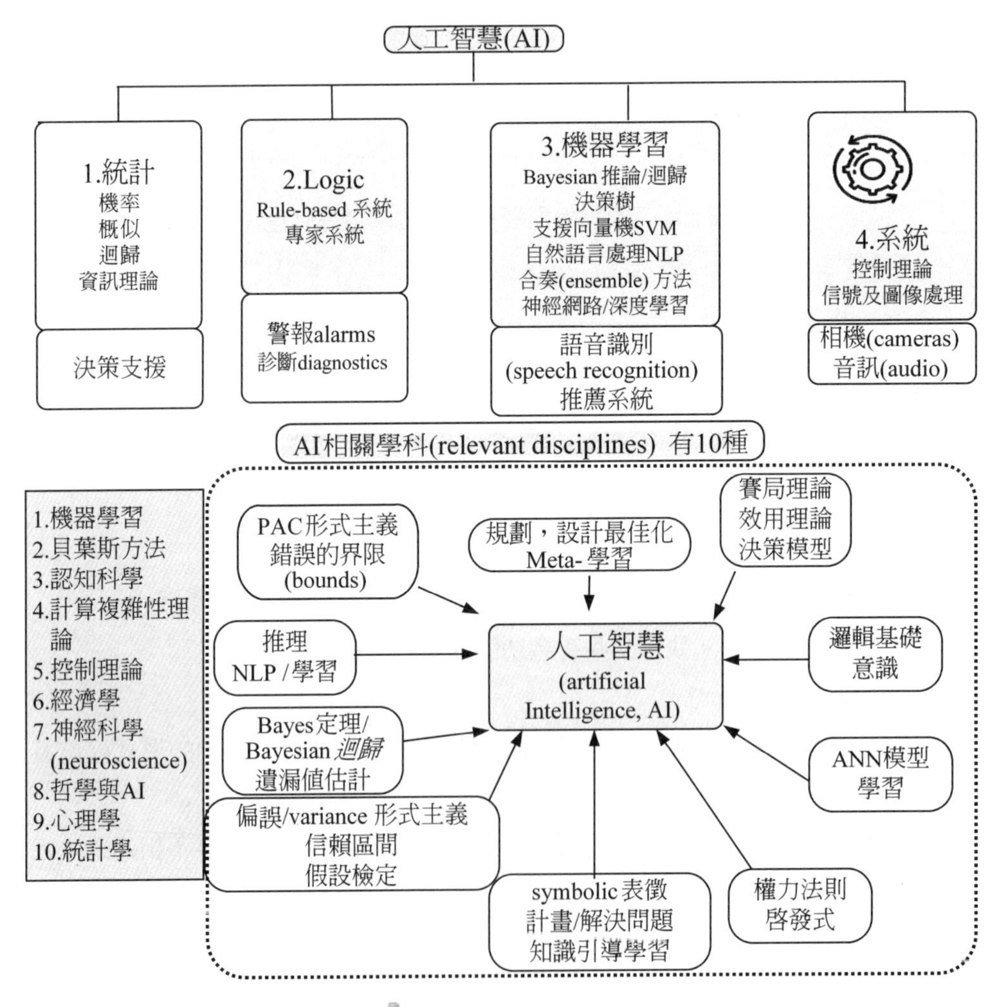

圖 1-5　什麼是 AI？

AI 是一個年輕的領域，但不總是對自己完全開放，這使得決策者的意識成爲 AI 應用程式增長中必須解決的重要問題。

1-1-2 AI 的定義及特性

AI 是能讓事物變更聰明的科技，讓機器展現人類的智慧。它是一個能讓電腦執行人類工作的廣義術語，而 AI 的範圍眾說紛紜，隨著時間推衍產生更多的應用及變化。

AI 應用領域中，特別看好智慧機械、智慧城市及交通、智慧醫學、智慧安防、智慧零售、FinTech 等領域。

AI 的目標 (goal) 是什麼？

1. 讓電腦做事情，尤其智慧性 AI（如武漢肺炎疫情預測、判別）。
2. 解釋人類智慧如何工作，並在電腦中重現它。

一、AI 的定義

通常，AI 是「智慧代理 (intelligent agent) 的研究與設計」，智慧主體是一個可以觀察周遭環境並做出行動以達致目標的系統。AI 是「製造智慧機器的科學與工程」(John McCarthy, 1955)，其中：

1. **工程目標** (engineering goal)：使用知識表示、學習、規則系統、搜尋等 AI 技術解決實際問題。
2. **科學目標** (scientific goal)：爲了確定關於知識表示、學習、規則系統、搜尋等的哪些想法，解釋各種各樣的眞實智慧。

傳統上，電腦科學家及工程師對工程目標更感興趣，而心理學家、哲學家及認知科學家則對科學目標更感興趣。對兩者都感興趣是很有意義的，因爲有共同的技術，這兩個方法可互補。

定義：

1. **人工智慧 (AI)：電腦模仿人類思考進而模擬人類的能力 / 行爲** ("Intelligent Agents" refers to the ability of the computer to simulate/model human thinking processes to imitate human ability or behavior)。

2. 機器學習 (ML)：從資料中學習模型 [Learning the model from the data(data-driven model)]。
3. 深度學習 (DL)：利用多層的非線性學習資料表徵 (learning data representations with use a cascade of multiple layers of nonlinear processing unit.)。

易言之，AI 是電腦程式模擬人類要做的事情。ML 及 DL 都是電腦程式模擬人類要做的事情，但電腦程式需要先有資料來進補的學習機制。機器學習就是要讓機器（電腦）像人類一樣具有學習的能力。

可見，AI 泛指一般類別，AI 將是包含機器及深度學習之更大封裝圈。AI 基本上是由機器示範的任何智慧，在遇到問題時將其引導到最佳或次優解答。現在，多數的演算法仍不具備「AI 相關聯的認知，學習或解決問題的能力」，多數演算法只是一個代理，在給定問題及其狀態的情況下導致最佳解。

簡單來說，AI 是透過演算法與程式科技，讓電腦甚至機器能像人類一樣行爲與思考（模擬人類的手、眼、耳、腦）。因此，大量的擬人化應用是 AI 最基本的產業原型。其中，機器學習 (ML) 是「透過從過往的資料及經驗中學習並找到其運行規則，最後達到 AI 的方法」。

從圖 1-6 中可以看到，AI 是一個很大的集合，機器學習只是其中的小集合，而且最近很夯的深度學習 (DL) 也是 ML 的子集合。

1. 機器學習 (ML) 是 AI 的一個子領域，也是最常見的應用程式。電腦系統被饋送數據，其用於辨識態樣 (pattern) 並做出決定或預測而無需明確編程。態樣辨識 (recognition) 係指數據中態樣或規則的自動辨識。它可用於統計數據分析、資訊處理、圖像分析、資訊檢索、生物資訊學、數據壓縮、計算機圖形學及機器學習。

   例如：感染諾羅病毒的重複出現態樣 (pattern) 是：潛伏期是從 24 小時到 48 小時之間，主要的症狀是嘔吐、水溶性腹瀉、腹痛、38 度以下微熱、頭痛等，呈現出近似於感冒的急性腸胃炎症狀。一通常在 2～3 天之內就可恢復，發病的過程比較輕微，症狀消除後，通常在接下來的 1～2 週到 1 個月的期間內，病毒偶爾會隨糞便持續排放出。

   又如，ML 考慮：理解語音或自動來將電子郵件分類爲「垃圾郵件」或「非

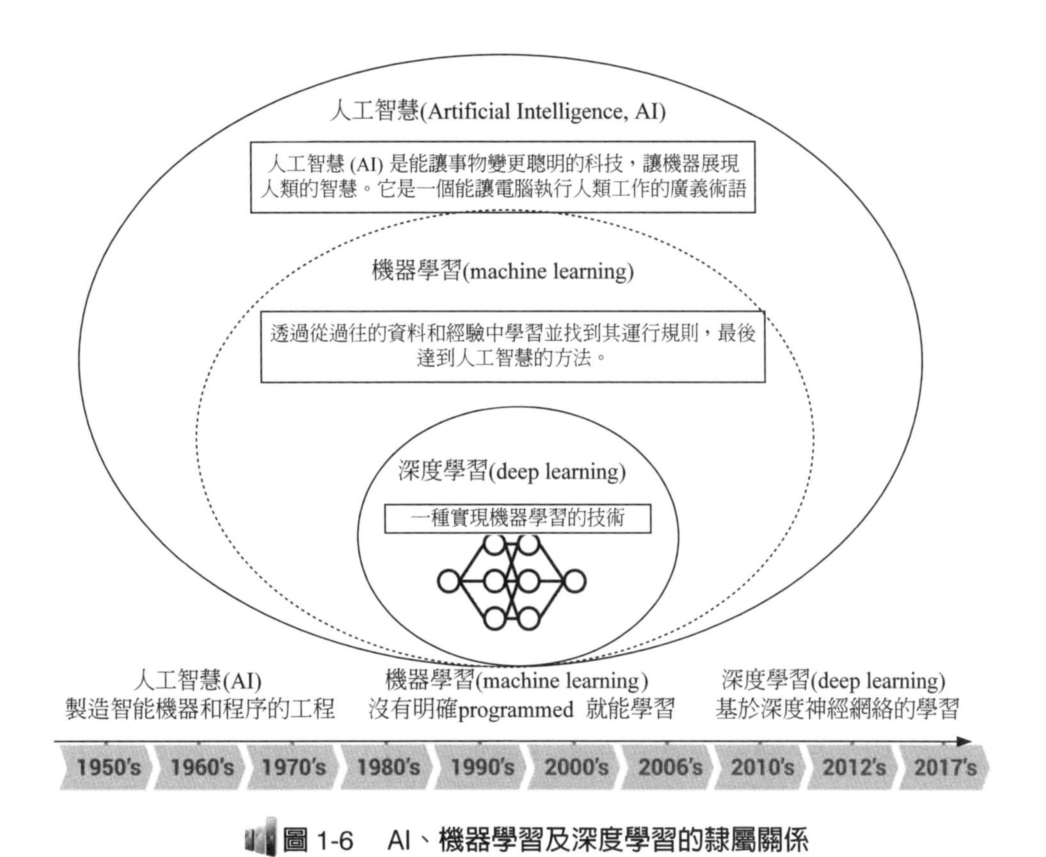

圖 1-6 AI、機器學習及深度學習的隸屬關係

垃圾郵件」。ML 是當今最令人嚮往的 IT 技能之一。

2. 深度學習演算法及典型神經網路之間，最大區別是：深度學習中使用的神經網路具有更多隱藏層。這些層在神經元的第一層或輸入層與最後一個輸出層之間。此外，不必將不同級別的所有神經元彼此連接。
3. 深度學習 (DL) 是 ML 的一個子領域，更是當今熱門話題，因爲它旨在模擬人類思維。它主要是針對類固醇的機器學習，並允許以更高的準確度處理大量數據。由於它功能更強大，因此還需要更多的計算能力。

   DL 演算法可以自己確定（沒有工程師的介入）預測是否準確。例如：考慮提供包含數千張貓狗影像及影片的演算法，它可以看動物是否有鬍鬚，爪子或毛茸茸的尾巴，並使用學習來預測餵入系統的新數據是否更可能是貓或狗。

二、機器學習 (ML) 的意涵

Arthur Samuel(1959) 創造「機器學習」一詞，將其定義為「沒有明確編程就能學習的能力」。機器學習是認知的跡象。類似於動物及人類的認知感知中的「概念學習 (concept learning)」。ML，最基本的形式，是使用演算法 (algorithm) 來解析數據，從中學習，然後對世界上的某些事物做出決定或預測。

學習的過程始於觀察或數據，例如：範例、直接經驗或指導，以便根據提供的範例查找數據模式並在將來做出更好的決策。ML 旨在允許計算機在沒有人工介入或幫助的情況下自動學習，並相應地調整操作。

(1) 監督學習法，是給予模型的數據包括每個輸入集的問題答案。它基本上為每組特徵提供輸入參數，稱為特徵及輸出，模型從中調整其功能以匹配數據。然後，當給定任何其他輸入數據時，模型可以執行相同的功能並產生準確的輸出。

(2) 無監督學習只是發現數據的相似之處：在房子例子中，若數據不包括房價（數據只會輸入，它沒有輸出），模型可以說：「基於這些參數，House 1 最類似於 House 4」或類似的東西，但無法預測給定房屋的價格。

區分 ML 與 AI 的另一方法是，AI 的三個階段：機器學習、機器智慧及機器意識（下圖）。

1. 第 1 階段僅限於一個功能區域。
2. 第 2 階段 AI 應該能夠組合不同的狹窄區域以執行人類技能水平的任務。
3. 第 3 階段是超越人類能力的智慧。

AI 的研究是高度技術性且專業性，各分支領域都是深入且各不相通的，因而涉及範圍極廣，內容包括：知識表示、自動推理及搜尋方法、機器學習及知識獲取、知識處理系統、自然語言理解、電腦視覺、智慧機器人、自動程式設計等方面。

AI 通常意味著創造一種與人類相同或更高水平的智力。開發超級智慧將是 AI 的最後階段。目前，正在從機器學習的第 1 階段過渡到機器智慧的第 2 階段。

AI 的功效包括建構能夠跟人類似甚至超越的推理、知識、規劃、學習、交流、感知、行動及操作物體的能力等。目前 AI 仍然是該領域的長遠目標。迄今強 AI 已經有初步成果，甚至在一些影像辨識、語言分析、棋類遊戲等等單方面的能力達到了超越人類的水平，而且 AI 的通用性代表著，能解決上述的問題的

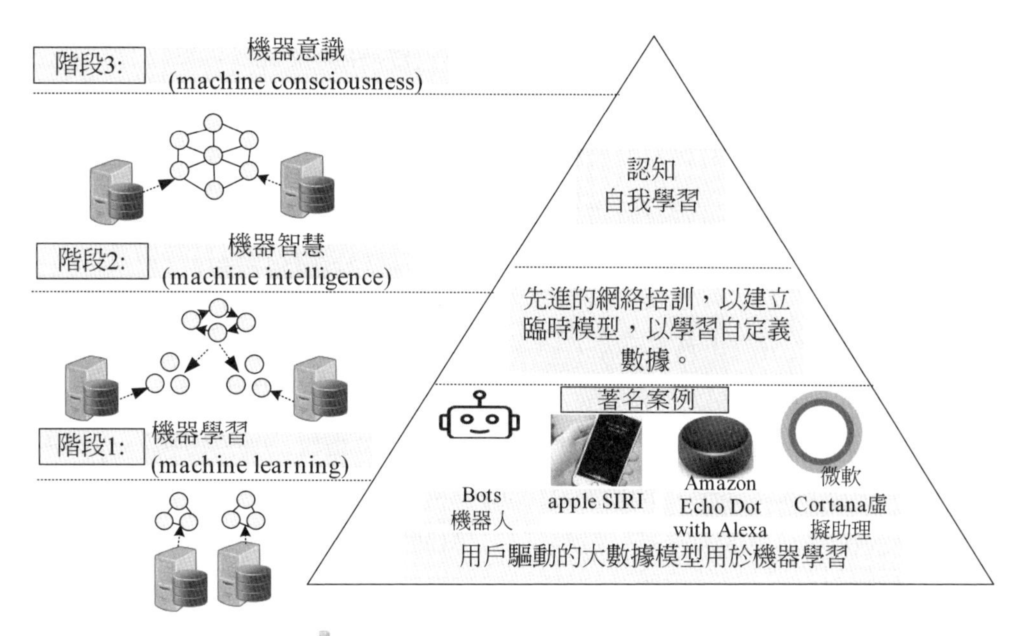

圖 1-7 AI 的三個階段（進化史）

是一樣的 AI 程式，無須重新開發演算法就可直接使用現有的 AI 完成任務，與人類的處理能力相同，但達到具備思考能力的統合強 AI 仍有一段時間要走。比較流行的 AI 包括：統計方法、計算智慧及傳統意義的 AI。坊間已有大量的工 AI 具應用，其中包括：搜尋及數學最佳化、邏輯推演。而基於仿生學、認知心理學，及基於機率論及經濟學的演算法等等也在逐步探索當中。

三、AI 的任務領域 (task domains of AI)

1. 一般任務	2. 正式任務 formal tasks	3. 專家任務
感知： 視覺及語音 (vision, speech)	遊戲： 象棋、步步高、西洋跳棋	工程： 設計、故障查找、製造計畫
自然語言： 理解，產生，翻譯	數學： 幾何、邏輯、微積分計算、證明 program 的性質	科學分析
常識推理、機器人控制	-	醫學診斷
		財務分析

其中，思維來源於大腦，而思維控制行爲，行爲需要意志去實現，而思維又是對所有資料採集的整理，相當於資料庫，所以 AI 最後會演變爲「機器替換了人類」。

四、AI 學科範疇

AI 是一門邊緣 (edge) 學科，屬於自然科學及社會科學的交叉。

1. 什麼原因可以讓 AI 長大？

有新興的應用程式已大量應用「窄 AI」。例如：無人機的影片 (video) 輸入並對敵人軍事設施進行目視（電訊參數）偵測、組織個人及商業排程（7-11 物流補貨）、反應簡單的客戶服務查詢 (call center)，及其他智慧系統協調能在適當時間及地點去執行預訂任務（訂飯店）、幫助放射科醫生在 X 光（CT 圖）發現潛在的腫瘤、on-line 標記不適當的網頁內容（假消息）、透過物聯網設備收集的數據檢測電梯（汽車、洗衣機）的磨損等。

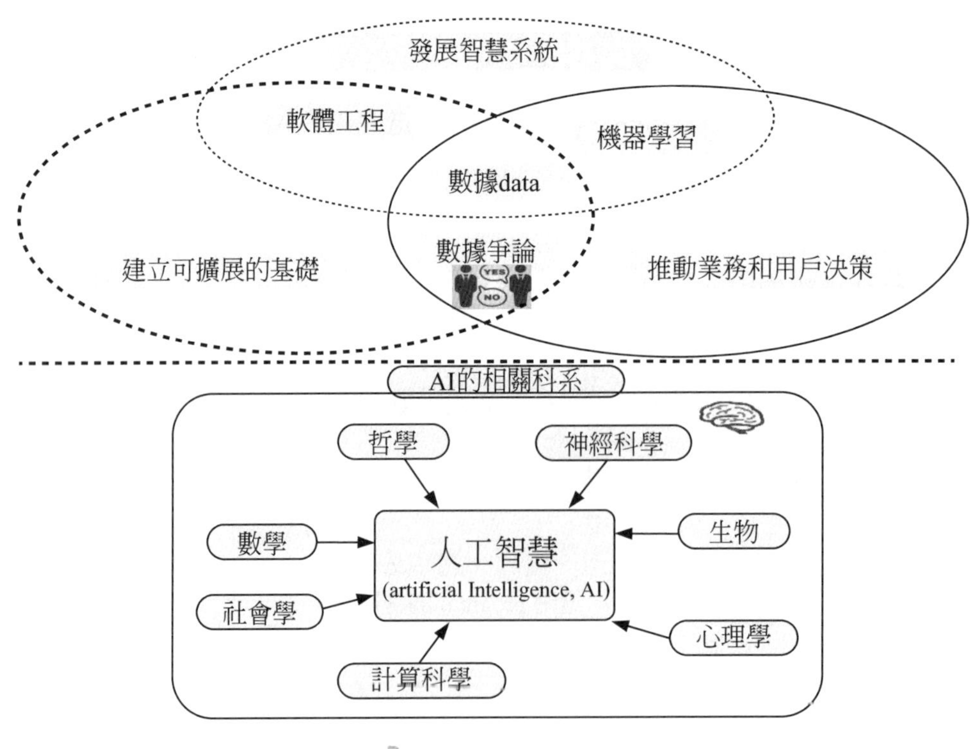

圖 1-8　AI 是什麼

2. AI 可以做什麼？

AI 不同於人類的適應性智力的類型，它是靈活的智慧形式之一，能夠自我學習如何執行不同的任務：從無人商店（無人工廠）到自駕車、人臉辨識，或者推理各種各樣的主題基於其積累的經驗等。

五、AI 的相關領域

AI 的相關領域，如下表，不同領域都各自提供不同的點子、技術，來造就 AI 基礎。

領域	理論
1. 哲學 (philosophy)	推理方法、邏輯、思維作為物理系統、學習基礎、語言、理性
2. 數學 (mathematics)	演算法、形式表示及證明、計算、可判定性、易處理性
3. 統計 (statistics)	不確定性的建模、從數據中學習。
4. 經濟學 (economics)	供需平衡、效用、決策理論、理性經濟主體
5. 神經科學 (neuroscience)	神經元作為資訊處理單元
6. 心理學 / 神經科學 (psychology/neurosciance)	人們如何表現、感知、處理認知資訊、代表知識
7. 電腦 (computer)	建構快速電腦、分散 / 雲端、大數據、物聯網
8. 控制理論 (control theory)	設計系統、隨著時間的推移最大化目標功能
9. 語言學 (linguistics)	知識表示、語法語義、自然語言處理等

1-1-3 AI 機器學習 (machine learning, ML)、深度學習 (deep learning, DL) 的關係

機器學習透過演算法建構模型從大量的數據中找出規律，進而學習能做到辨識數據或預測未來規律，並逐步完善精進。ML 是透過經驗自動改進的電腦演算法的研究。它應用涵蓋：社會科學（例如：Lasso 迴歸控制眾多外來變數的干擾）、金融 (FinTech)、工程（最佳化模型）、零售（無人商店）、醫療（武漢疾情）、財金（樣本外之未來預測）等，範圍相當廣泛。

AI 的歷史軌跡係延著「推論」(inference) 這條路來走，以「知識」爲焦點，並以「學習」爲主當發展的脈絡。顯然，ML 是實作 AI 的一個途徑，即以 ML 爲手段解決 AI 中的問題。所謂推理引擎 (inference engine) 是將邏輯規則應用於知識庫以推斷新資訊的系統組件。典型的專家系統由知識庫和推理引擎組成。

1. **人工智慧** (artificial intelligence)，是人製造出來的機器所表現出來的智慧。通常是用電腦模擬 / 模擬人類思維過程來模仿人類能力或行爲的能力。AI 從早期係以更聰明的機器手臂取代工廠裡的勞工，到機器學習過濾垃圾郵件（假消息），分析人們的行爲並且機器人投放相關的廣告。
2. **機器學習**是要讓機器（電腦）像人類一樣具有學習的能力，要了解 ML，就先回頭看看人類學習的過程，人類是如何學會辨識一隻狗？大致上可以分爲「訓練」(training) 與「預測」。
3. **深度學習**是 ML 的一個分支，它能夠使電腦透過層次概念來學習經驗及理解世界。因爲電腦能夠從經驗中獲取知識，所以不需要人類來形式化地定義電腦需要的所有知識（例如：特徵萃取）。層次概念允許電腦透過構造簡單的概念來學習複雜的概念，而這些分層的圖結構將具有很深的層次。

迄今，機器學習已成爲當代 AI 理解中不可或缺的一部分，但不要混淆。AI 是一個更廣泛的術語，ML 則是其子領域。

(一) 機器學習興起的助力

有兩項重大突破促使 ML 成爲推動 AI 發展的載體，其發展速度相當驚人。

(1) 實現 (realization)：歸功於 1959 年塞繆爾 (Arthur Samuel)，機器有可能教他們自己學習，而不是像電腦需教導他們需要了解的世界清況及如何執行任務的所有內容。

(2) Internet 出現及 Big data 產生、儲存，它提供用於分析的數位資訊量的大量增加。

這些創新環境一旦到位，工程師才意識到，不是教電腦及機器如何做所有事情，而是將它們編碼爲像人類一樣思考，然後將它們納入 Internet 以使它們能夠瀏覽所有世界上的資訊。

(二) 機器學習的原則

機器可透過觀察、分類及試誤來學習工作及改進工作，而不必一步一步地教導如何完成事情。

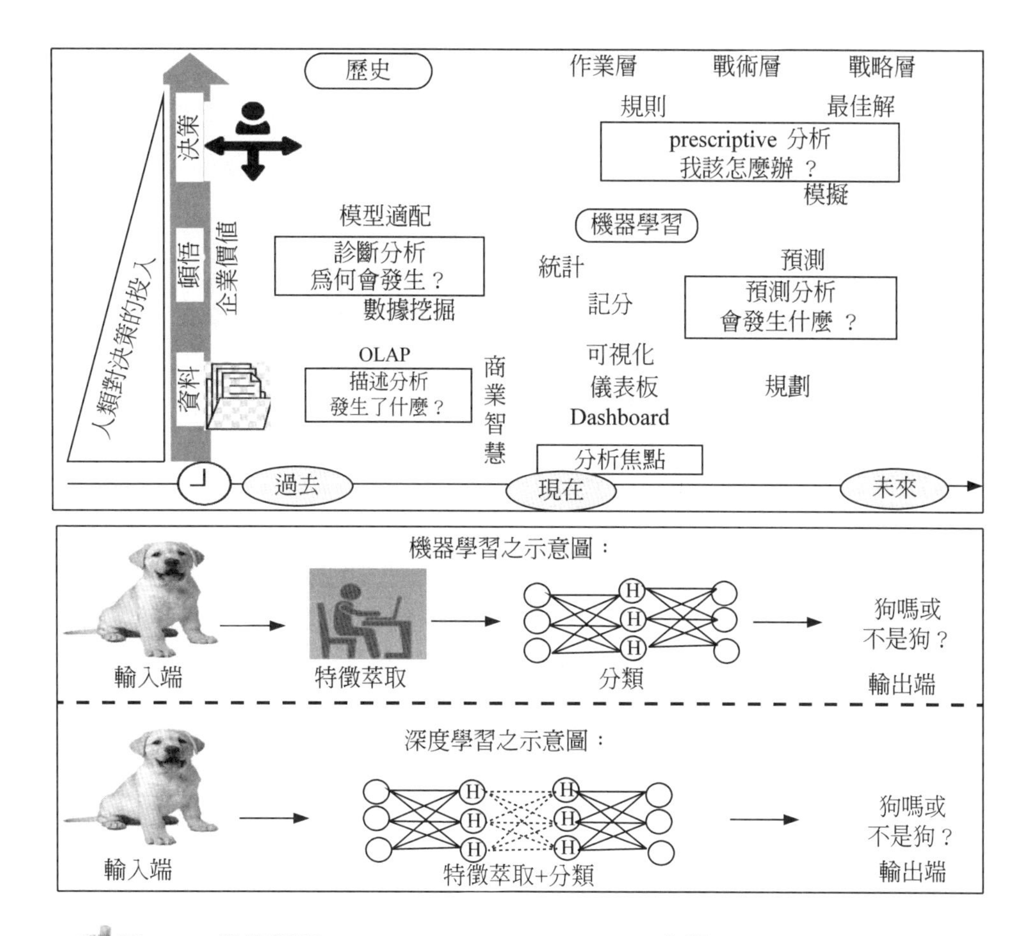

圖 1-9　機器學習 (machine learning, ML)、深度學習 (deep learning, DL)

上圖，機器學習的訓練方式是，例如：提供模型好幾百萬張不同狗的照片，且在照片上放上「狗」的標籤（label，依變數），逐步調整後，機器學習就能找出到「狗」的特徵/規則，經過反覆訓練後，即使單純輸入照片，並未標註「狗」的標籤，機器也能依照像素裡找到的規則去辨認到底是不是狗。

1. ML 結構：資料→特徵擷取→模型→答案

易言之，機器學習 (ML) 在辨識貓 vs. 狗時，會希望能有百萬張不同貓跟狗的照片，盡可能什麼種類都有。然後經由人類知識，從這種資料去萃取一些特徵資料（量化），比如貓或是狗的形狀、聲音、花紋等特徵 (features)，經過反覆訓練後，即使單純輸入照片，並未標註「狗」的標籤，機器也能依照像素裡找到的規則去辨認到底是不是狗。

2. DL 結構：資料→模型（特徵擷取自學）→答案

相對地，深度學習法，捨去人類知識做的特徵萃取，DL 從大量的資料中讓多層結構的神經網路自己從資料中學習這組資料可以做什麼樣的特徵擷取。所以貓跟狗的特徵是根據你給模型的資料，模型自己去學習貓跟狗在特徵擷取上的差異。

以大家熟悉的棋王 AlphaGo 為例，在 AlphaGo 之前，Deep Blue 曾開發出一套規則式系統的西洋棋程式，靠著在一秒內算出幾百種布局的暴力運算在 1997 年打敗棋王 Gary Kasparov，不過這方法來到圍棋後就不可行了，因為圍棋的時間複雜度有 10^{170} 種可能，超過全宇宙已知的原子數量，故不可能靠著人力寫出 10^{170} 種棋局，因此 AlphaGo 導入機器學習流程，讓 AlphaGo 從數十萬局「人類旗手對弈」的棋譜開始「學習」怎麼下棋，並慢慢找出一套棋局規則 (rules)。

從上述兩個例子應該可以理解到機器學習是怎麼運作的，簡單來說就是不再是像過去一樣幫電腦寫規則 (rule) 套入，而是給電腦一大堆範例，讓電腦從範例中自己學習。

1-1-4 大數據與 AI 的整合

AI 實現了高效數據集成及業務決策中的作用。AI 已存在十多年，而大數據僅在幾年前才出現。電腦可用於儲存數百萬條記錄及數據，但分析此數據的能力由大數據提供。

大數據及 AI 共同構成了兩種令人驚嘆的現代技術，它們可以促進機器學習，不斷重複及更新資料庫，並為人工介入及遞迴實驗提供幫助。

加上，數據平臺（物聯網三大平臺：微軟 Azure、Amazon Web Services、Google 的 GCP）及其功能的快速發展已使分析模型逐漸用於複雜的業務場景，進行計畫、運營、投資及創新。迄今，隨著數據流、處理所產生的見識 (insight) 變得無處不在，組織繼續在企業的各個層級轉向由數據驅動的決策。

大數據及 AI 都被數據科學家視爲兩大巨頭。許多組織認爲 AI 將帶來組織數據的革命。機器學習是高級版 AI，各種機器可透過分析數據來發送或接收數據並學習新概念。大數據有助於組織分析現有數據並從中獲取有意義的見解。

雖然 AI 及大數據非常不同，但二者可整合在一起。AI 及大數據亦可以協同工作。那是因爲 AI 需要數據來建立智慧，特別是機器學習。大數據可以提供訓練學習演算法所需的數據。

例如：一家皮革服裝製造商將其服裝出口到美洲並且不了解客戶利益（偏好），故須從市場收集數據並透過各種演算法進行客戶需求分析，商家才可辨識客戶行爲及利益。根據客戶興趣（特徵），商家才來提供布料式樣。爲此，演算法旨在幫助找到洞察力及準確資訊。

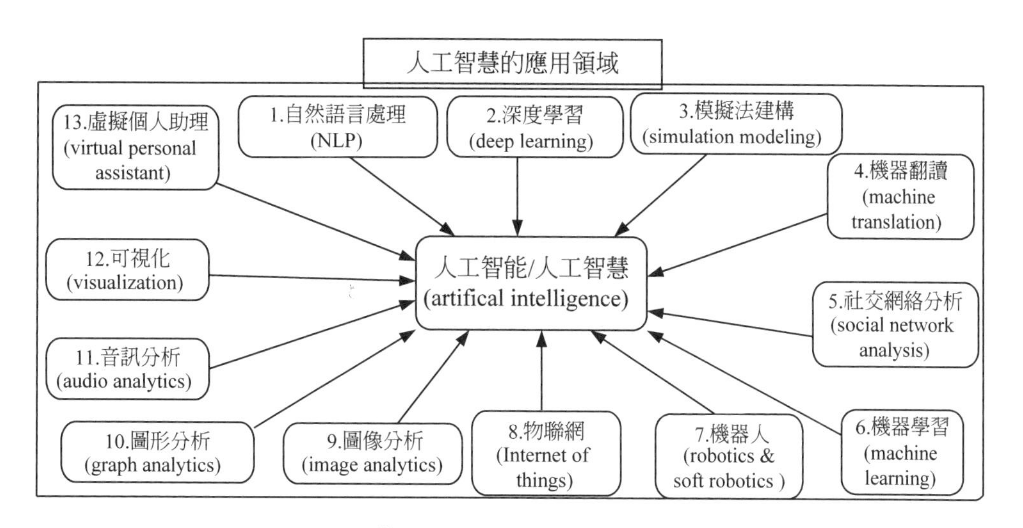

圖 1-10 AI 的應用領域

機器學習與深度學習都可找出資料中隱藏的深層意涵（insight，自學特徵的萃取），不需明確指示如何進行搜尋或得出結論。相對地，AI 解答已包含直覺式機器學習工具，來提供更理想的建議，協助制定更快速、更明智的決策。

1. 大數據如何幫助 AI 實驗

眾所周知，AI 將減少整體人爲的介入或工作，因此人們認爲 AI 擁有所有機器學習功能，並將建立機器人，將接管人類的工作。由於 AI 的擴張，人類的角色也將減少，大數據的參與已經破壞、改變了這種思想。由於機器可以根據事實做出決定（且不涉及情感），加上大數據的搭配，數據科學家更能正確地做決策。

例如：製藥組織的數據科學家，他不僅可以分析客戶的需求，還可以抑制該地區特定市場的當地規則及法規。例如：武漢肺炎放寬抗瘧疾用藥（氯奎寧及羥氯奎寧），它可用 Lasso 推論模型來檢定是否有藥效？（見第 4 章）

總之，AI 及大數據的整合綜效有：

(1) 不僅可同時涉及人才及學習，還可以爲任何新的品牌及組織提供許多新的概念及選擇。

(2) 可以幫助組織以最佳方式了解客戶的興趣。

(3) 透過使用 ML 概念，組織可以在最短的時間內辨識客戶的利益。

2. 大數據如何幫助全球多角化 (diversification)？

隨著時間的推移，最新大數據技術及 ML 工具普遍引入市場，使成本日益降低。由於價格下降，新技術更易被許多組織採用。在多元文化、語言、宗教的全球地區，大數據技術及工具也一樣被熱情採用。

3. 大數據及 AI 將提升市場分析洞察力

目前，大數據及 AI 市場，新服務供應商中並不知道其客戶究竟在哪裡、客戶需求是什麼？隨著時間的推移，AI 將找出客戶的確切要求，並即時規劃產品及產品功能。日久，組織將意識到客戶需求的確切需求是什麼？即使 AI 基礎的解答也可能需要經歷巨大的變化，因爲客戶的要求可能會有所不同。

4. AI 與大數據的整合技術有四

有幾種 AI 技術可與大數據一起使用的，包括：

(1) 異常檢測 (anomaly detection)

異常，也被稱爲離群值、新奇、噪聲、誤差及例外。對於任何數據集，若未檢測到異常（例如：網路攻擊），則可以使用大數據分析。例如：根據「支出金額」檢測信用卡欺詐。你可用大數據技術可以檢測故障檢測、感測器網路、生態系統分布系統的健康狀況。

在資料探勘中，異常檢測係對不符合預期 pattern 或資料集中化的專案、事件或觀測對象的辨識。著名例子有：銀行欺詐、結構缺陷、醫療問題、文字錯誤等類型的問題。

異常檢測有 3 個方法：

(a) 假設資料集中，大多數實體都是正常的前提下，無監督異常檢測方法能透過尋找與其他資料最不匹配的實體，來檢測出未標記測試資料的異常。

(b) 監督式異常檢測方法需要一個已經被標記 (label)「正常」與「異常」的資料集，並涉及到訓練分類器（與許多其他的統計分類問題的關鍵區別是異常檢測的內在不均衡性）。

(c) 半監督式異常檢測方法，是根據一個給定的正常訓練資料集建立一個表示正常行爲的模型，然後檢測由學習模型產生的測試實體的可能性。

(2) 貝葉斯定理 (Bayes theorem)

貝葉斯定理用於基於預先知道的條件（先驗）來辨識事件的機率（後驗）。甚至任何事件的未來也可以在之前的事件的基礎上預測。對於大數據分析，貝氏定理是最佳使用的，並且可透過使用過去或歷史數據模式提供客戶對產品感興趣的可能性。

(3) 態樣辨識 (pattern recognition)

態樣辨識是 ML 技術之一，旨在辨識一定數量的數據中的態樣。在訓練數據的幫助下，可以態樣辨識稱之監督學習。例如：中國除了人臉辨識外，AI「步態辨識」系統，也靠走路姿勢就能抓得到你。中國號稱全球首個「AI 步態辨識」互聯網系統，具備步態檔案庫、步態識別、步態檢索、大範圍追蹤等功能，即使目標人物遮住臉，也可透過走路方式辨認出身分，彌補監視器中人臉通常難以辨識的缺點。

(4) 圖論 (graph theory)

圖論基於使用各種頂點及邊的圖研究。透過節點關係，可以辨識數據態樣 (pattern) 及關係。例如：郵差送信（物流配送）的最短路徑。這種態樣 (pattern) 非常有用，可以幫助大數據分析師進行態樣辨識。

小結

AI 及大數據已是組織廣泛使用的兩種新興技術。這些技術更能智慧式提供更好的客戶體驗，且這些技術都可混合使用，爲客戶提供無縫體驗、最佳化服務。

1-2 人工智慧 (AI) 之發展

人工智慧是機器或軟體展示的智慧，也是研究如何建立能夠智慧行爲的電腦及電腦軟體的學術領域的名稱。

AI 目前在電腦領域內，得到了越加廣泛的發揮。並在機器人、無人機、經濟政治決策、控制系統、仿眞系統中得到應用。

1-2-1 機器學習法、大數據及 AI 的整合

進入 21 世紀，受惠於大數據及電腦技術的快速發展，許多先進的機器學習技術成功應用於經濟社會中的許多問題。

一、機器學習法

1. 神經網路 (network, NN)

早期從機器學習又衍生出人工神經網路，已有幾十年的歷史。對大腦生物學的理解，也就是所有神經元之間相互連結，成爲發展神經網路的靈感。這些人工神經網路的各層、連結及數據傳播方向呈現離散狀態，不像生物大腦中的任何神經元，可以在一定的物理距離內連結其他神經元。

你可將一個影像 (image) 切成一堆碎片 (pixels)，並且輸入到神經網路的第一層，接著第一層的獨立神經元將數據傳遞給第二層，第二層神經元再傳給第三層，一直傳到最後一層並產生出最終結果。

各神經元對於輸入內容都會指派一個權重，來評估執行任務是否正確，並且由權重的加總值（激勵函數）來判斷最終產出的結果。圖 1-11，「停標誌」來看，輸入的 image 一一分割爲像素 (pixels)，分解「停標誌」影像的特徵，並且由神經元來「檢查」它的八角形形狀、紅色的消防車、獨特的字母、交通標誌的尺寸，還有它是否有在動作。神經網路的任務是判定它是否爲一個停止標誌，這裡產生出了一個「機率向量」，是一項基於權重、經過高度訓練的猜測。此時，系統可能有 86% 的機率是「停」標誌；8% 機率是限速標誌；6% 機率是卡在樹上的風箏，接著網路架構將結果正確與否告訴神經網路。

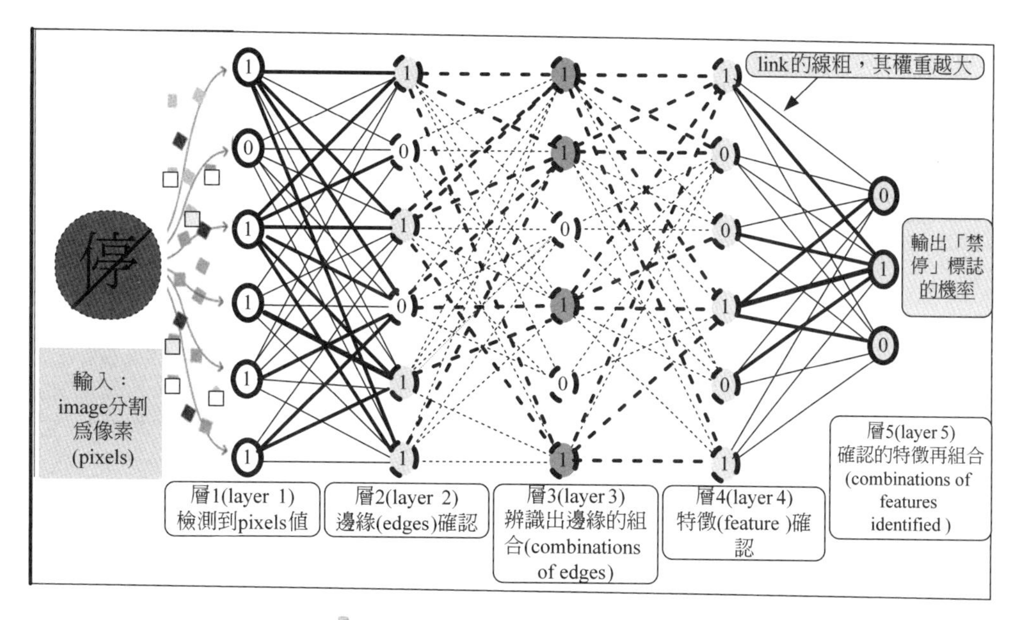

圖 1-11 神經網路的影像處理

2. 卷積神經網路 (convolutional neural network, CNN)

CNN 類似於基本神經網路。所謂「卷積 (convolvere)」，係指團結起來 (roll together)。以數學目的來看，卷積是一個函數 g 越過 (passes over) 另一個函數 f 時兩個函數 (f*g) 重疊多少的積分度量 (integral measuring)。將卷積視爲透過乘以兩個函數來混合它們的一種方式。

近期，AI、大數據應用也逐漸普及至其他領域，例如：生態學模型訓練、經濟領域中的各種應用、人臉辨識、圖像分類、醫學研究中的疾病預測及新藥研發等。

如今機器學習（特別是深度卷積神經網路及循環網路）更是大力推動了影像處理、手寫數字影像、視訊處理、文本分析、語音辨識等問題的研究進程。

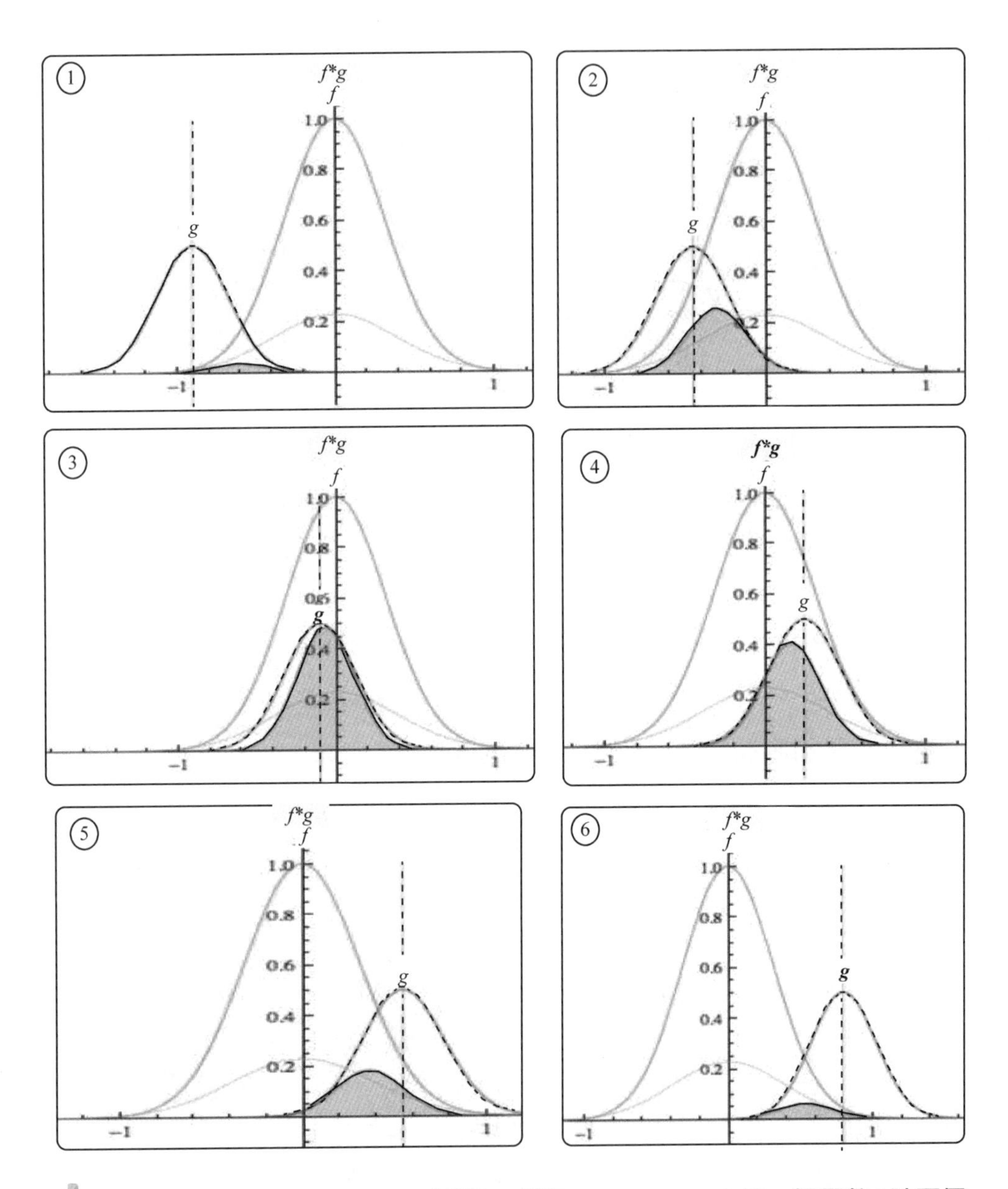

圖 1-12　「卷積 (convolvere)」函數 g 越過 (passes over) 另一個函數 f 時兩個函數 (f×g) 重疊多少的積分面積（見光碟片「卷積 (convolvere).gif」檔）

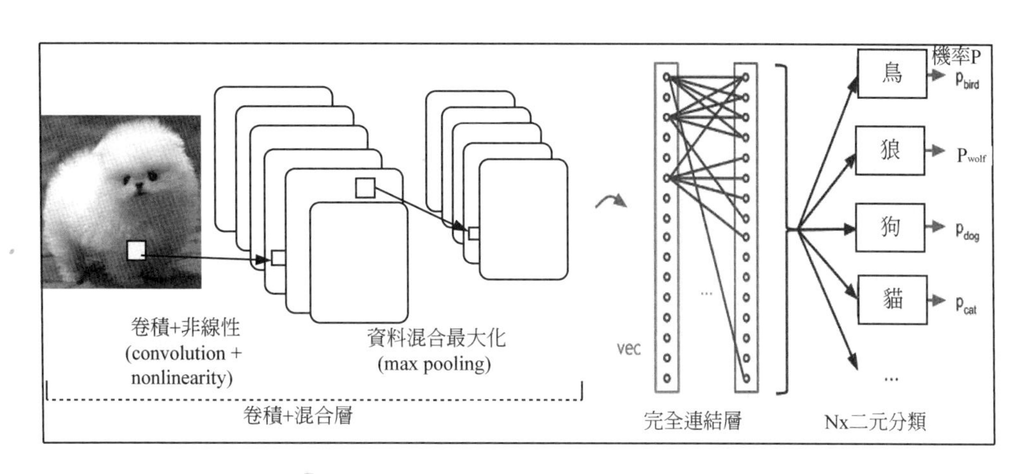

圖 1-13　卷積神經網路應用在影像處理

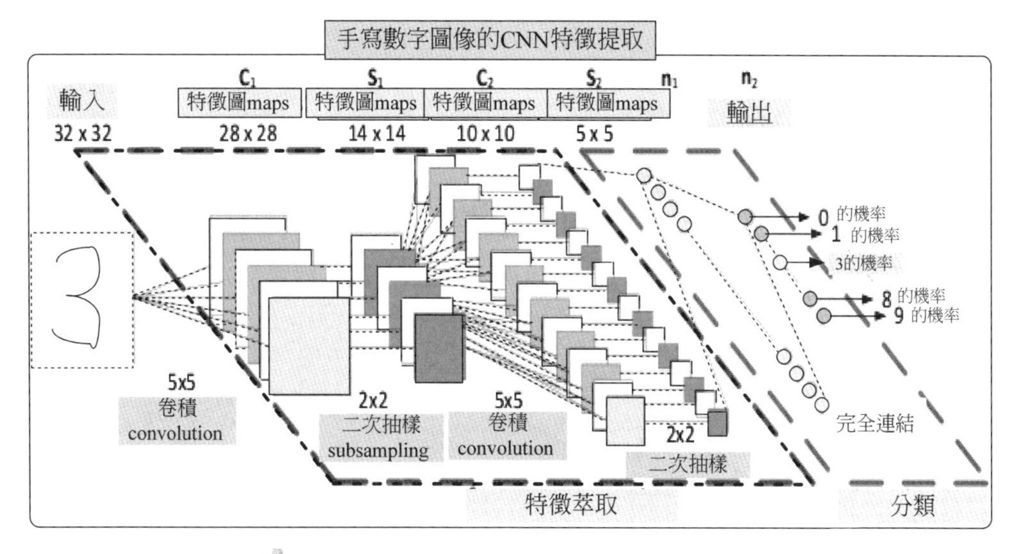

圖 1-14　手寫數字圖像的 CNN 特徵萃取

CNN 由一個或多個卷積層及頂端的全連通層（對應傳統的神經網路）組成，同時也包括關聯權重及資料混合層 (pooling layer)。此一結構使得 CNN 能夠利用輸入資料的二維結構。與其他深度學習結構相比，CNN 在影像及語音辨識方面更能夠給出更好結果。此模型也可用逆傳遞演算法進行訓練。與深度、前饋神經網路來比較，CNN 需要考量的參數更少，使之成爲頗具吸引力的深度學習結構。

3. 前饋神經網路 (feedforward neural network, FNN)

FNN 簡稱前饋網路，通常它是完全連接的，這意味著一層中的每個神經元都與下一層中的所有其他神經元相連。FNN 採用單向多層結構。每一層包含若干個神經元，同一層的神經元之間並未互相連結，層間資訊的傳送只沿一個方向進行。其中第一層稱爲輸入層。最後一層爲輸出層，中間爲隱藏層。隱藏層可以是一層也可以是多層。

FNN 所描述的結構稱爲「多層感知器」。範例請見「2-7 深度學習法（非線性模型）」。

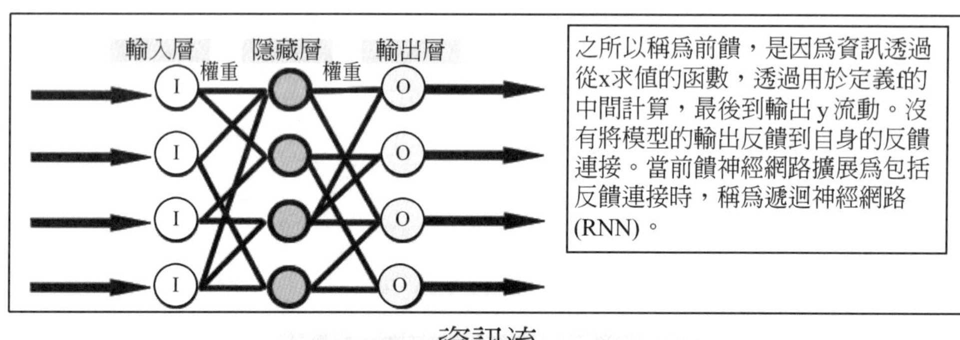

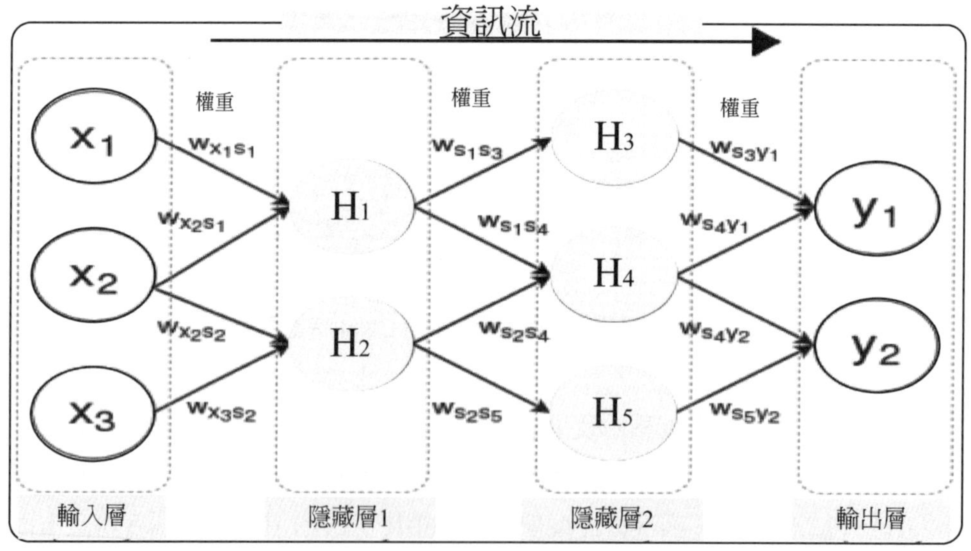

圖 1-15　前饋神經網路 (feedforward neural network)

(1) 結構設計

對於前饋神經網路結構設計，通常採用的方法有 3 類：

(a) 直接定型法：設計一個實際網路對修剪法設定初始網路有很好的指導意義。

(b) 修剪法（剪掉不需要的神經元）：若一開始就要求一個足夠大的初始網路，註定了修剪過程將是漫長且複雜的，更爲不幸的是，BP 訓練只是最速下降最佳化過程，它無法保證對於超大初始網路都可收斂到全局最小（或是足夠好的局部極小）。因此，修剪法並不總是有效的。

(c) 生長法：似乎更符合人的認識事物、積累知識的過程，具有自組織的特點，則生長法可能更有前途，更有發展潛力。

(2) 分類

【A. 單層前饋神經網路】

單層前饋神經網路是最簡單的人工神經網路，只包含一個輸出層，輸出層上節點的值（輸出值）透過輸入值乘以權重值直接得到。取出其中一個元進行討論，其輸入到輸出的變換關係爲：

$$s_j = \sum_{i=1}^{n} w_{ji} x_i - \theta_j$$

$$y_j = f(s_j) = \begin{cases} 1, & s_j \geq 0 \\ 0, & s_j < 0 \end{cases}$$

上式中，$x = [x_1, x_2, \cdots, x_n]^T$ 是特徵向量。w_{ji} 是 x_i 到 y_i 的連結權，輸出量 $y_i (j=1, 2, 3 \cdots, m)$ 是按照不同特徵的分類結果。

【B. 多層前饋式神經網路 (multi-layer feed-forward neural network)】

人工神經網路 (artificial neural network, ANN)，簡稱神經網路 (neural network, NN) 或類神經網路，在 ML 及認知科學領域，是模仿生物神經網路（動物的中樞神經系統，特別是大腦）的結構或功能的數學模型或計算模型，並對函式進行估計或求近似值。神經網路是由大量的人工神經元連結進行計算。大多數情況下 ANN 能在外界資訊的基礎上改變內部結構，是自適應系統，也就是具備學習功能。現今神經網路是非線性統計（資料建模工具之一），通常 NN 是透過一個基於數學統計學類型的學習方法求得最佳化，故 NN 也是數學統計學方法的實際應

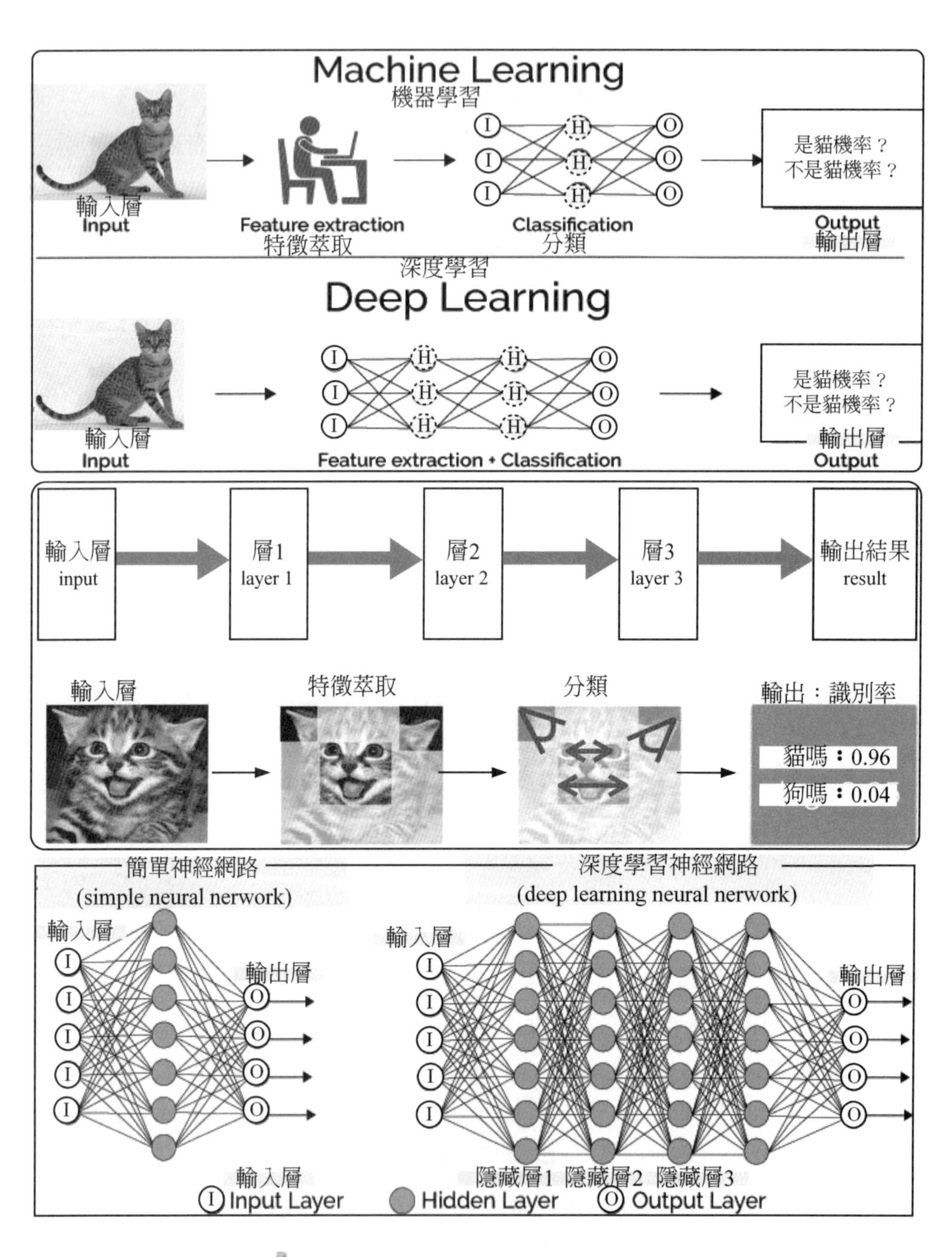

圖 1-16　特徵學習 (feature learning)

用之一，透過統計學的標準數學法，即能夠得到大量可用函式來表達的局部結構空間。

多層前饋式神經網路是一個層狀的前饋結構，分爲輸入層 (input layer)，隱藏層 (hidden layer)，與輸出層 (output layer)，每一層都包含許多處理單元。網路系統中的每個處理單元都及其下一層的所有處理單元連接，但是同一層內的處理單元都不互相連接。

前饋神經網路之 Python 學習網，請見 https://ithelp.ithome.com.tw/articles/10194255。

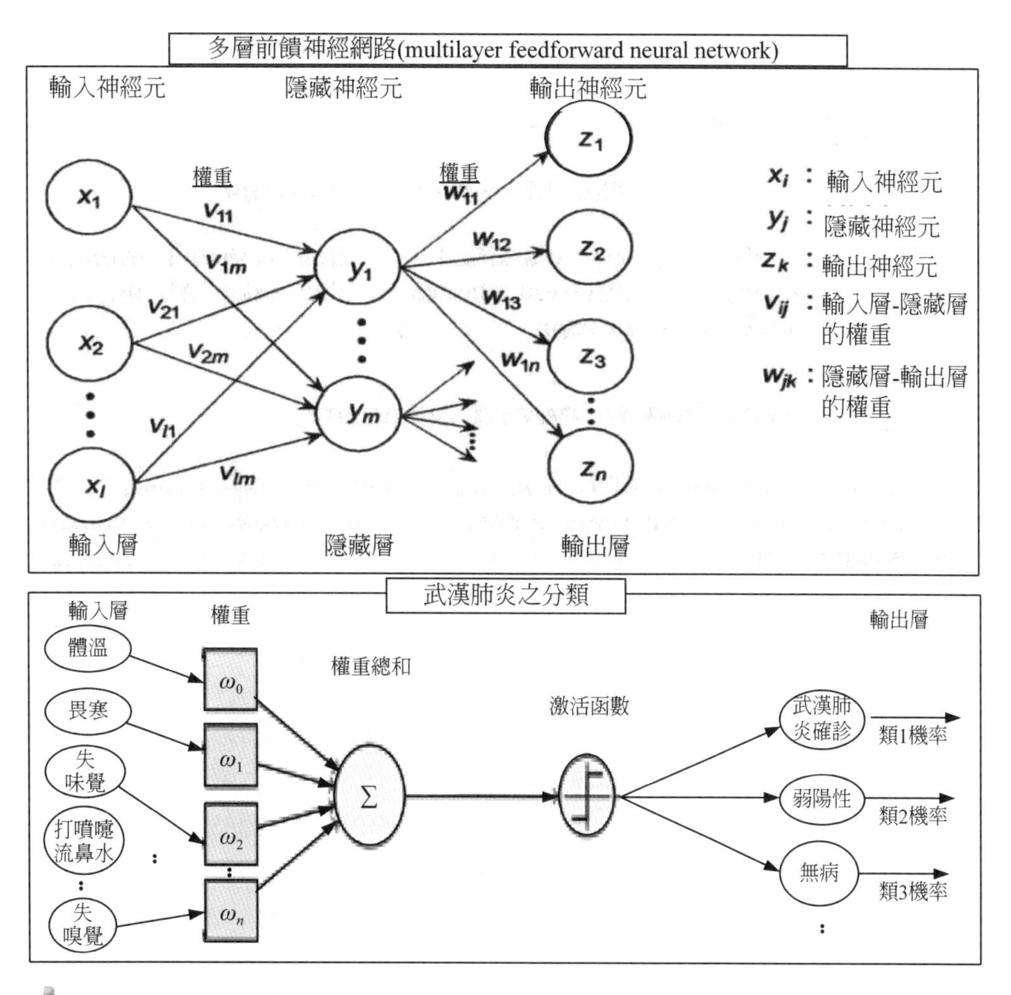

圖 1-17 多層前饋式神經網路 (multi-layer feed-forward neural network)（只往前傳遞）

前饋神經網路結構簡單，應用也較廣泛，它能以較精度來逼近任意連續函數及平方可積函數，而且可以精確實現任意有限訓練樣本集。從系統的觀點看，前饋網路是靜態非線性映射，透過簡單非線性處理單元之複合映射，來求得複雜之非線性處理能力。從計算的觀點看，缺乏豐富的動力學行為。大部分前饋網路都是學習網路，其分類能力及 pattern 辨識能力，通常都優於回饋網路。

4. 深度學習 (DL)

DL 是 ML 的分支，它透過一個有著很多層處理單元的深層網路對數據中的高級抽象進行建模。根據通用近似定理 (universal approximation theorem)，對於神經網路而言，若要適配任意連續函數，深度性並不是必須的，即使一個單層的網路，只要擁有足夠多的非線性啟動單元，也可以達到適配目的。但是，目前深度神經網路得到了更多的關注，主因是結構層次性，更能快速建模並處理更複雜情況，同時避免淺層網路可能遭遇的諸多缺點。

定義：通用近似定理（universal approximation theorem，萬能逼近定理）

若一個前饋神經網路具有線性輸出層及至少一層隱藏層，只要給予網路足夠數量的神經元，便可以實現以足夠高精度來逼近任意一個在 $\mathbb{R}^n$ 的緊子集 (compact subset) 上的連續函數。

這一定理表示，只要給予適當的參數，便可透過簡單的神經網路架構來適配 (fit) 一些現實中非常有趣、複雜的函數。這一適配能力也是神經網路架構能夠完成現實世界中複雜任務的原因。儘管如此，此定理並沒有涉及到這些參數的演算法可學性 (algorithmic learnablity)。

然而，深度學習也有自身的缺點。以循環神經網路為例，最常見的問題是梯度消失問題（沿著時間序列逆傳遞過程中，梯度逐漸減小到 0 附近，造成學習停滯）。為了解決這些問題，很多針對性的模型被提出來，例如：LSTM（長短期記憶網路）最早被提出，最近 recurrent neural networks(RNN) 跟著出名。又重新重視 GRU（門控循環神經單元）等等。

現在，先進的神經網路結構在某些領域已能夠超過人類平均準確率，例如：在電腦視覺領域，特別是一些具體的任務上，例如：MNIST 數據集（一個手寫數位辨識數據集）、交通號誌辨識等。再如遊戲領域，Google 的 Deepmind 團隊研發的 AlaphaGo，在問題搜尋複雜度極高的圍棋上，已經打遍天下無敵手。

二、AI 研究議題

1. 自然語言處理 (natural language processing, NLP)	2. 知識表現 (knowledge representation)	3. 智慧搜尋 (intelligent search)
4. 推理	5. 規劃 (planning)	6. 機器學習 (machine learning)
7. 增強式學習 (reinforcement learning)	8. 知識獲取	9. 感知問題
10. 態樣 (pattern) 辨識	11. 邏輯程式設計	12. 軟計算 (soft computing)
13. 不精確及不確定的管理	14. 人工生命 (artificial life)	15. 人工神經網路 (artificial neural network)

三、AI 應用有九領域

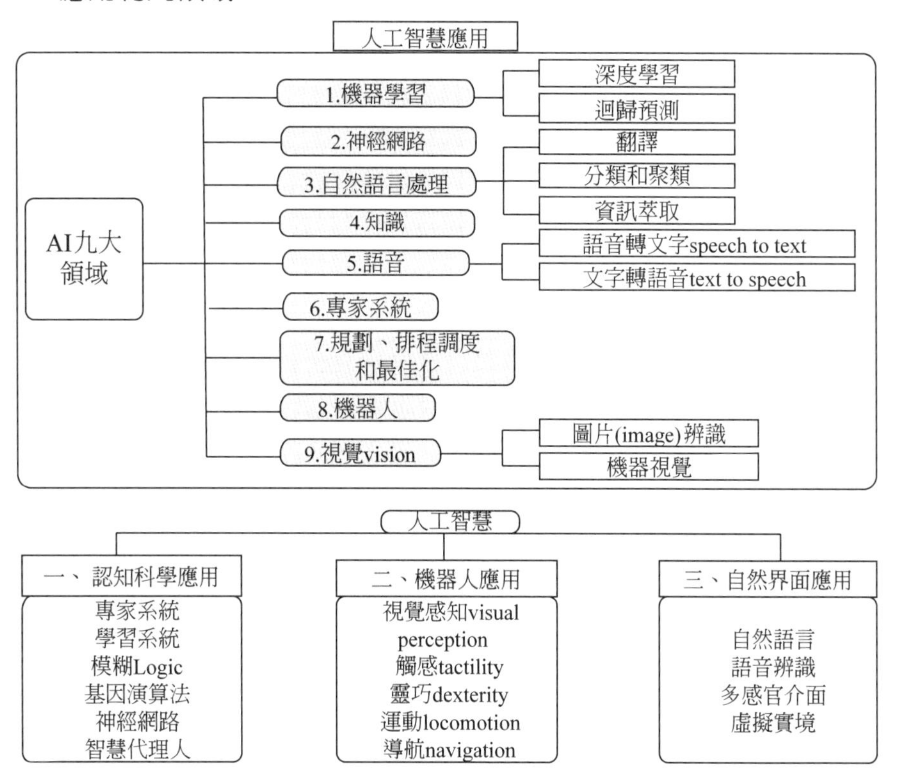

圖 1-18 AI 應用（九大領域）

1-2-2 AI 十大熱門技術

科技 (technology) 是科學與技術 (science and technical) 的合稱。AI 在過去幾年呈爆炸式增長，它正在改變人們對技術的看法。AI 是未來經濟成長的主軸動力，不只能改變人們生活型態，更能提高企業營運效率、增加營收與獲利。

常見 AI 熱門的技術有：自然語言產生 (NLG)、語音辨識、虛擬代理、機器學習平臺、AI 硬體最佳化、深度學習平臺、決策管理、機器人之過程自動化、生物辨識技術、文本分析及自然語言處理等。

1. 自然語言產生 (natural language generation, NLG)

自然語言處理 (NLP)，從電腦數據產生文本 (text)，使電腦能夠以完美的準確度交流思想。NLP 包括：文字 / 語音的辨識、解析與產生，其實際應用範疇很廣泛（例如：Apple 手機 Siri）。

想正確的順序說出（或寫出）正確的單字，來傳達聽眾（或讀者）可理解的清晰資訊，是件棘手的事情，畢竟機器與人腦處理資訊是完全不同的方式。最近 NLG 應用在商業活已獲得重大進展，且出現在我們生活的許多方面。例如：客戶服務用 NLG 來產生報告及市場概況。

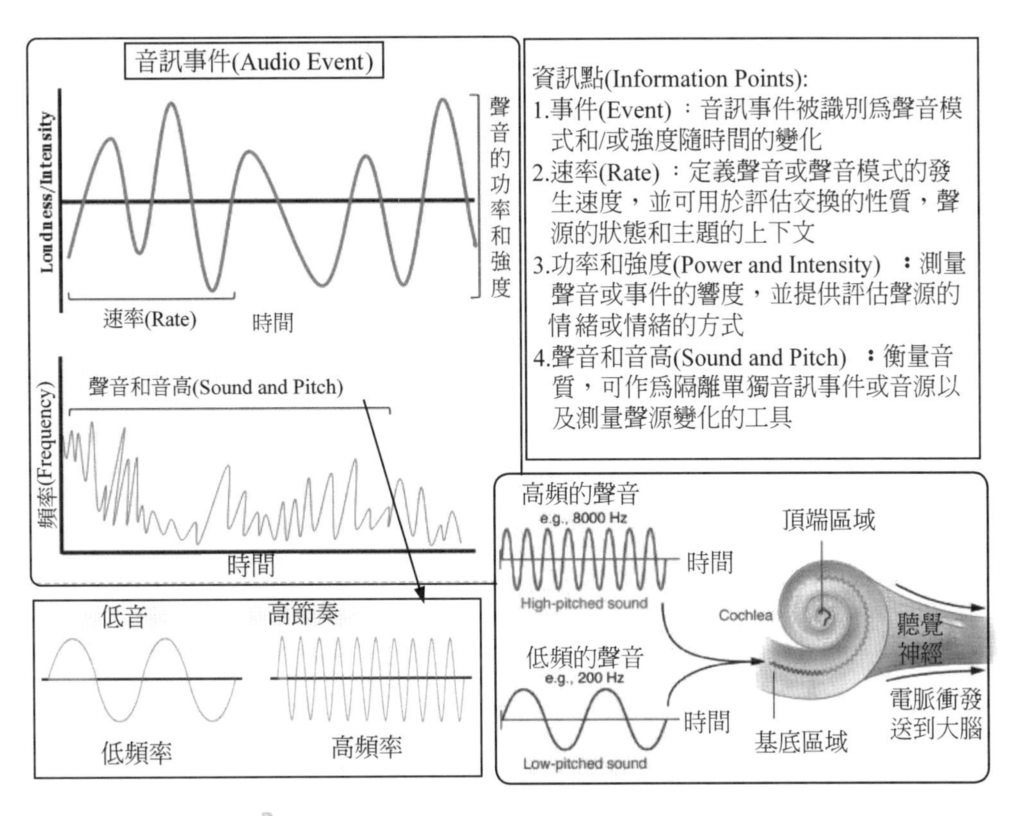

圖 1-19 音訊分析：capabilities & insights

2. 語音辨識 (speech recognition)：將人類語音轉錄並轉換為對電腦應用程式有用的格式

Apple 手機的 Siri 是著名的**語音辨識**系統之一。將人類語音轉錄並轉換為對電腦應用程式有用的格式。迄今，越來越多的系統已將人類語言的轉錄及轉換融入適用於電腦的有用格式。目前用於互動式語音應答系統或行動裝置、提供語音辨識服務的公司，包括：NICE、Nuance Communications、OpenText 及 Verint Systems 等。

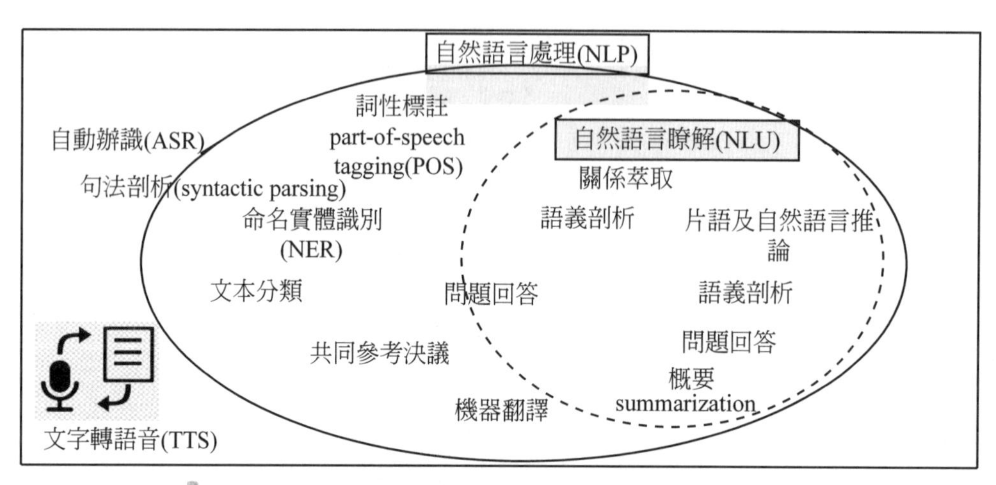

圖 1-20　自然語言處理 (NLP) vs. 自然語言了解 (NLU)

自然語言處理(natural language processing, NLP)，最具代表性的應用就是「聊天機器人」(Chatbot)了，它是一種如眞人般，可透過文字訊息與人對話的程式。自然語言處理，旨在讓 AI 能理解人類所寫的文字及所說的話語。NLP 首先會分解詞性，即「語素分析」(morphemic analysis)，在分解出最小的字義單位後，接著再進行「語法分析」(syntactic analysis)，最後再透過「語意分析」(semantic analysis) 來了解意涵。

輸出部分，自然語言處理也與產生文法 (generative grammar) 有關。產生文法理論認爲，只要遵循規則即可產生文句。這也代表著，只要把規則組合在一起，便可能產生文章。

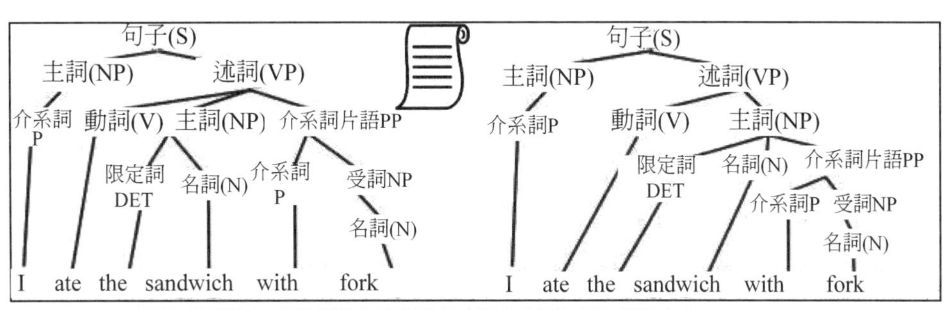

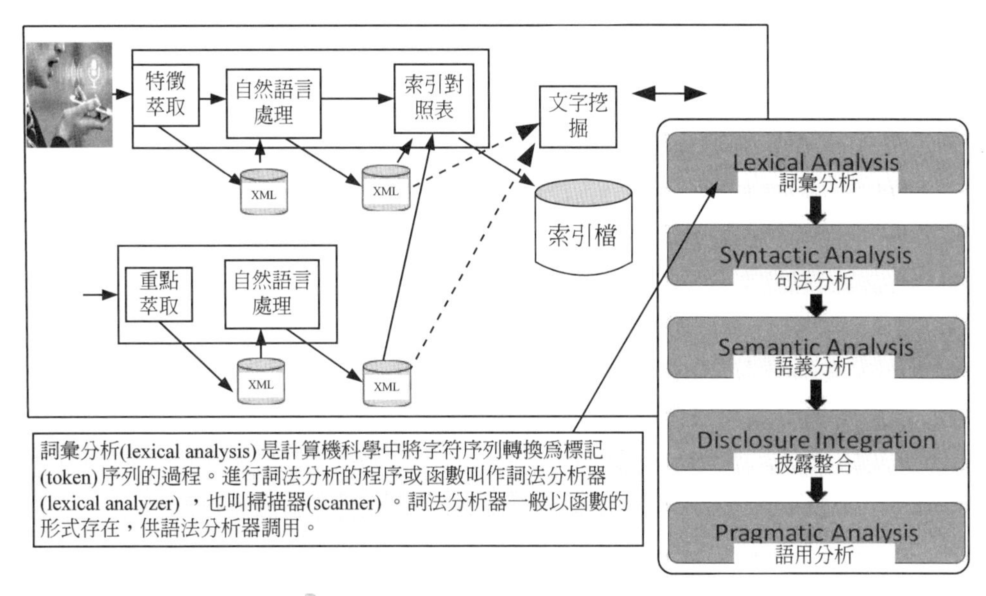

圖 1-21 自然語言處理之示意圖

3. 虛擬代理 (virtual agents)

虛擬代理是能夠與人交互的電腦代理或程序。這種技術最常見的例子是聊天機器人。虛擬代理目前正用於客戶服務及支持及智慧家居管理器。一些提供虛擬代理的公司，包括：Amazon、Apple、人工解答、Assist AI、Creative Virtual、Google、IBM、IPsoft、Microsoft 及 Satisfi。

AI（迄今仍未實現）的最終目標是建立一個人，或者更謙卑地建立一個動物

(Charniak & McDermott 1985, 7)。

4. 機器學習平臺 (machine learning platforms)

機器學習 (ML) 是電腦科學的一個分支學科，其目標是開發允許電腦學習的技術。ML 演算法 (algorithm)、API（應用程式程式設計介面）、開發及訓練工具包、大數據、應用程式及其他機器，都應用於模型設計、訓練及部署到應用程式中。其中，著名 ML 平臺的公司包括：Amazon、Fractal Analytics、Google、H2O.ai、微軟、SAS、Skytree 及 Adext。

5. AI 硬體最佳化 (AI-optimized hardware)

迄今人們大力投資 ML / AI，其硬體設計旨在加速下一代應用。例如：圖形處理單元 (GPU) 及設備專門設計及架構，都是提高 AI 效能。坊間最佳化 AI 硬體的公司包括：Nvidia、Alluviate、Cray、Google、IBM、Intel。

6. 決策管理 (decision management)

將規則及邏輯插入 AI 系統，再當作初始設置 / 訓練，及持續維護及調整的引擎、各種企業應用程式、協助或執行自動化決策。著名的公司有 Advanced Systems Concepts、Informatica、Maana、Pegasystems、UiPath。

7. 深度學習平臺 (deep learning platforms)

深度學習平臺使用獨特形式的 ML，其涉及具有各種抽象層的人工神經迴路，它可以模仿人類大腦，處理數據並建立用於決策的模式。目前它主要用於辨識態樣，並與大數據集兼容的應用程式進行分類。

深度學習的應用，包括：自動語音辨識、影像辨識 / 光學字元辨識、自然語言處理 (NLP)，及幾乎任何可以被感測及數位化的實體的分類 / 聚類 / 預測。平臺服務供應商及供應商包括：Deep Instinct、Ersatz Labs、Fluid AIMathWorks、Peltarion、Saffron Technology 及 Sentient Technologies。

8. 生物辨識技術 (biometrics)

該技術可以辨識、測量及分析人體行爲及身體結構及形態的物理方面。旨在實現人與機器之間更自然的互動，包括但不限於影像及觸控辨識、語音及肢體語言。該技術涉及身體結構、形態及人類行爲的物理方面的辨識、測量及分析。它允許人與機器之間更自然的互動，包括與觸摸、影像、語音及肢體語言辨識相關的互動。該技術目前的供應商包括 3VR、Affectiva、Agnitio、FaceFirst、Sensory、Synqera 及 Tahzoo。

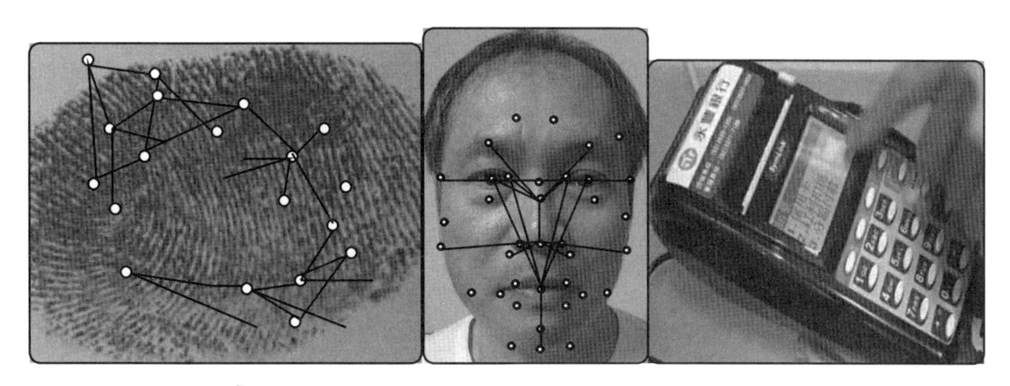

圖 1-22　生物辨識技術 (biometric technology)

人臉辨識 (face identification)

人臉辨識的核心問題，不管是人臉確認 (face verification) 或是人臉辨識 (face identification)，都必須在人臉上取出具有「辨別度」的特徵值。

「人臉辨識」是非接觸型且具有高速辨識能力的系統、邊走的速度即能完成辨識。另外，從防盜攝影機的功效來說它也有遏止犯罪的效果。

人臉辨識技術不僅僅是用來辨識人，尚能夠避免司機在方向盤上睡著。因爲交通事故有 20% 都與駕駛睡覺有關。故「嗜睡偵測」人臉辨識系統透過監測頭部及眼球活動，提醒司機在他們打瞌睡之前停下來。

9. 機器人過程之自動化 (robotic process automation, RPA)

在企業營運中，有許多流程是仰賴人工在電腦桌面與資訊系統之間的重複作業。流程機器人 (RPA) 是新興的程式軟體工具，它會模擬使用者坐在辦公桌時經常做的事情，將這些重複且枯燥的電腦桌面作業程序自動化，不需經由特殊的硬體設備，能在任何資訊系統 (IT) 環境中發揮良好的表現，甚至能在電腦後臺背景虛擬化的執行工作，這就是 RPA 可做的工作：將重複性高但有邏輯性的作業，以流程機器人取代人力的投入。

流程機器人就像是在工廠內的巨型黃色機械手臂，透過它將勞力密集且重複性高的作業流程自動化，進而改變企業決策的速度。

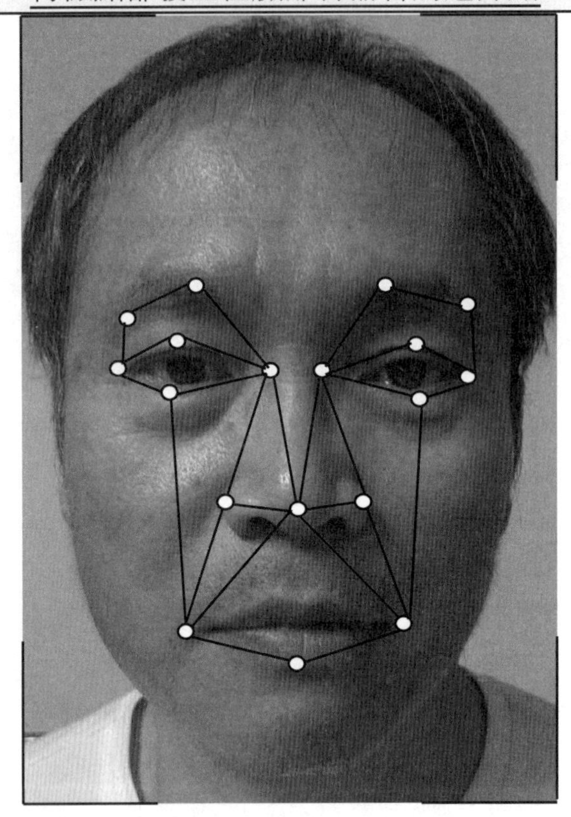

圖 1-23　人臉辨識 (face identification)

坊間著名的 Robotic Process Automation (RPA) 軟體有：UiPath RPA | Robotic Process Automation、Pega Platform、Blue Prism、Laserfiche、WinAutomation by Softomotive、ElectroNeek、Automate Robotic Process Automation。

10. 文本分析 (text analytics) 及 NLP（自然語言處理）

自然語言處理 (NLP) 涉及電腦與人類（自然）語言之間的相互作用。該技術使用文本分析透過統計方法及機器學習來理解句子的結構，及它們的意義及意圖。

文本分析及 NLP 目前正廣用於安全系統及欺詐檢測。且被大量自動化助理及應用程式用於抽取非結構化數據，例如：文章、圖片、音訊、視訊等。

這些技術的一些服務供應商包括：Basis Technology、Coveo、Expert System、Indico、Knime、Lexalytics、Linguamatics、Mindbreeze、Sinequa、Stratifyd 及 Synapsify。

1-2-3 文本挖掘（自然語言處理）、領域及軟體

文本挖掘 (text mining, TM) 也稱文本分析。是將非結構化文本數據轉換爲有意義且可操作的資訊過程。TM 相當於文字分析，它利用不同的 AI 技術自動處理數據並產生有價值的見解，從而使公司能夠制定數據驅動型決策。

高品質的資訊通常透過分類及預測來產生，如 pattern 辨識。文本挖掘通常涉及輸入文本的處理過程（通常進行分析，同時加上一些衍生語言特徵以及消除雜音，隨後插入到資料庫中），產生結構化數據，並最終評價及解釋輸出。「高品質」的文本挖掘通常係指某種組合的相關性，新穎性及趣味性。典型的文本挖掘方法包括文本分類，文本聚類，概念 / 實體挖掘，生產精確分類，觀點分析，文件檔摘要及實體關係模型（即，學習已命名實體之間的關係）。

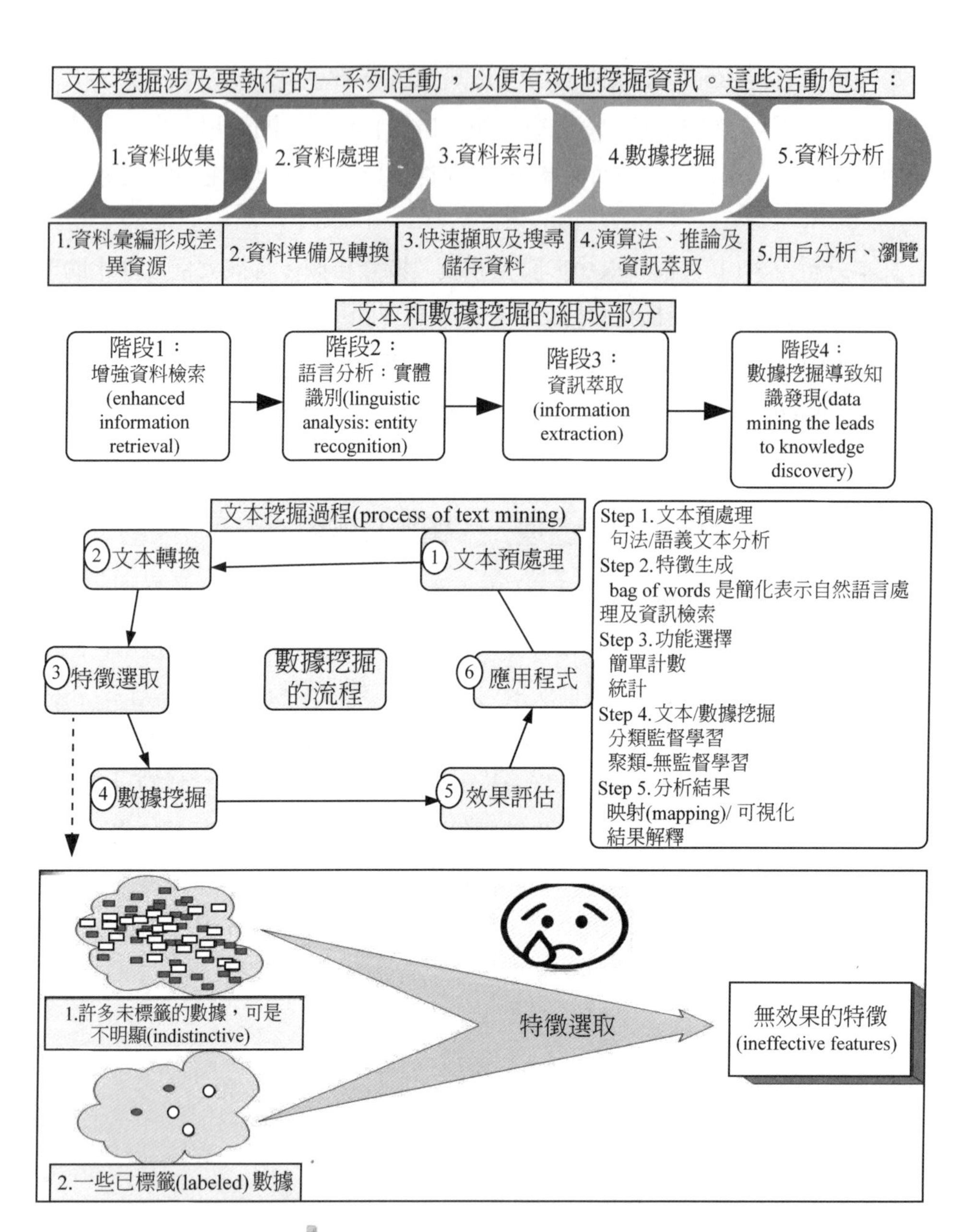

圖 1-24　文本挖掘 (text mining)

文本分析包括：資訊檢索、詞典分析來研究詞語的頻數分布、pattern 辨識、標籤 / 注釋、資訊抽取，資料探勘技術包括：連結及關聯分析、可視化及預測分析。本質上，首要的任務是，透過自然語言處理 (NLP) 及分析方法，將文本轉化爲數據進行分析 (Feldman, & Sanger, 2007)。

一、文本挖掘與自然語言處理之關係

(一) 文本挖掘與自然語言處理的異同（如何使用）？

資料挖掘 (data minging)	文本挖掘 (text minging)
直接處理	語言處理或自然語言處理 linguistic processing or natural language processing (NLP)
認定因果關係	發現迄今未知的資訊
結構資料	半結構 / 非結構資料
結構數值的交易資料	應用程式處理更多樣化，並折衷系統及格式集合

總之，文本挖掘結合了統計、語言學和機器學習的概念，以創建可從訓練數據中學習的模型，並可以根據先前的經驗來預測新資訊的結果。

相對地，文本分析使用由文本挖掘模型執行的分析結果來創建圖形和各種數據可視化。

(二) 文本挖掘與自然語言處理之關係

1. 文本挖掘 (text mining) 代表一種統計分析及分類算法系統，用於探索自然語言文本組並辨識有用的模式、關係及知識。
2. 自然語言處理 (natural language processing, NLP) 應用基於統計或規則的計算技術來評估及模擬各種語言分析水平的文本，以辨識關鍵概念，實現智慧處理及繪製推論。

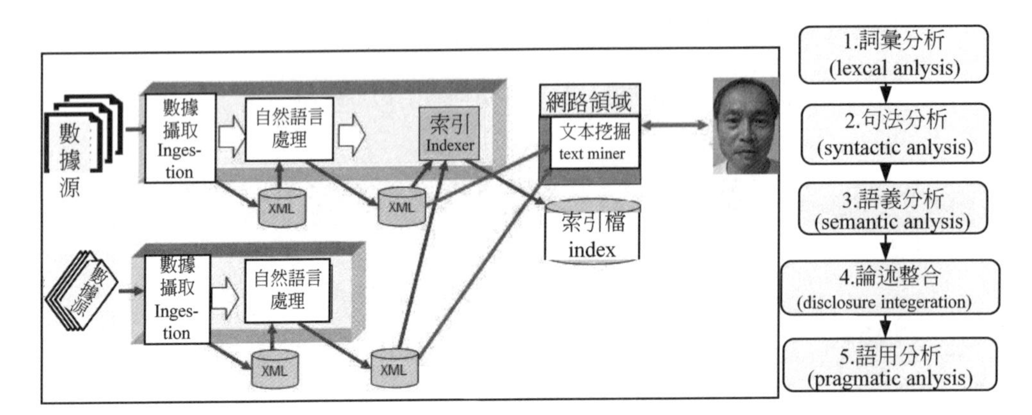

圖 1-25　自然語言處理之示意圖 (Jurafsky & Martin, 2019)

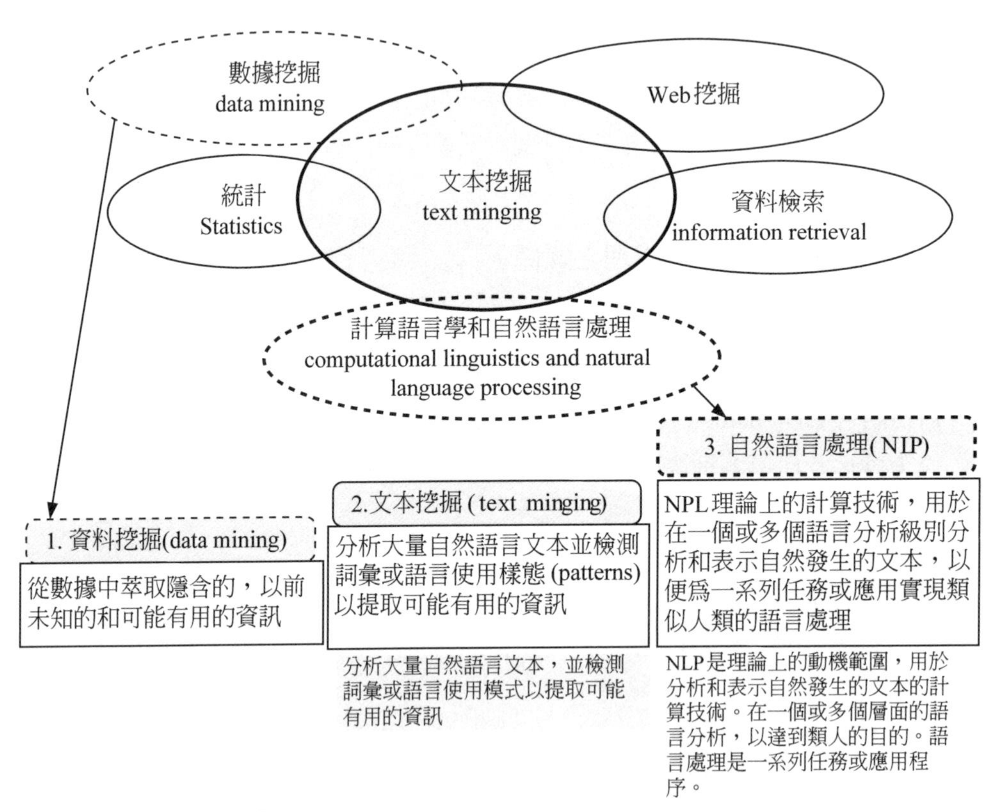

圖 1-26　文本挖掘與自然語言處理之解說

二、坊間著名最佳文本分析系統，有 8 種

下表整理出，文本挖掘的工具包 (kits)、辨識及分析單個（或一組）文本中的功能。

工具	說明	分析形態 (type)	
Rapid Miner	用於機器學習，資料探勘，文本挖掘，預測分析及業務分析的 open source 環境。	• 文件分類 • 情緒分析 • 主題追蹤	• 資料探勘 • 傳統分析
SAS Text Miner	一套文本處理及分析工具。	• 文本解析 • 過濾	• 特徵萃取 • 主題聚類
VisualText	用於建立資訊萃取系統，自然語言處理系統及文本分析器的集成開發環境。	• 資訊萃取 • 綜述 • 分類	• 資料探勘 • 文件檔過濾 • 自然語言搜尋
SAS Sentiment Analysis	專注於客戶情感分析的商業工具。	• 客戶情緒監測	• 情緒發現
Textifier	使用公眾意見分析工具包 (PCAT) 對大量非結構化文本進行排序的工具。	• 主題建模 • 資訊檢索	• 文件分析 • 社群媒體分析
Infinite Insight	用於自動準備非結構化文本屬性並將其轉換為結構化表示的系統。	• 術詞頻率 • 術語頻率反轉 • 文件頻率 • 根詞編碼 • 同義詞辨識	• 自定義停用詞 • 成癮 (Stemming) 規則 • 概念合併
Clustify	用於將相關文件檔分組到群集中的軟體，提供文件檔集的概述並幫助分類。	• 文件檔集群	
Attensity Analyze	客戶分析應用程式，可幫助分析跨多個渠道的大量客戶對話。	• 非結構化通信分析 • 情緒分析	• 消費者分析
ReVerb	從英語句子中自動辨識及萃取二元關係 (binary relationships) 的程序。	• 資訊萃取 • 主題辨識	• 主題連結
Open text summarizer	用於匯總文本的 open source 工具。	• 文件摘要	

工具	說明	分析形態 (type)	
Open Calais	基於 Web 的 API，用於分析內容並萃取主題或資訊。	• 屬性 / 特徵萃取	• 事實辨識
Knowledge Search	用於搜尋及組織大型數據集的技術工具系列。	• 語義分析	
KH Coder	定量內容分析或文本挖掘的免費軟體。	• 文本剖析 (parsing) • 文件搜尋	• 網路分析

1-2-4 大數據 (big data) 與人工智慧的整合

一、科學的典範 (paradigm) 有 4 種

1. 科學實驗：以記錄方式來呈現實驗結果，並描述自然現象。

以下英文都是「試驗」意思：

(1) trial 指爲觀察、研究某事物以區別其眞僞、優劣或效果等而進行較長時間的試驗或試用過程。

(2) experiment 多指用科學方法在實驗室內進行較系統的操作實驗以驗證、解釋或說明某一理論、定理或某一觀點等。

(3) test 普通用詞，含義廣，指用科學方法對某物質進行測試以估價其性質或效能等。

(4) try 普通用詞，多用於口語或非正式場合，指試一試。

2. 理論推演 (deductive reasoning)：發展理論，建立模型，歸納驗證。

演繹推理也是演繹邏輯，是從一個或多個陳述（premises 前提）推理得出邏輯肯定的結論 (conclusions) 的過程。

演繹推理與條件推理的方向相同，並將前提與結論聯繫起來。若所有前提都是正確的（術語是明確的），並且遵循演繹邏輯的規則，那麼得出的結論必然是正確的。

演繹推理（自上而下的邏輯）與歸納推理（自下而上的邏輯）的對比如下：

(1) 演繹推理的作用是從一般性到更具體。這是「自上而下」的方法。首先要思考有關你感興趣的話題的理論。然後，再將其縮小爲可以檢驗的更具體

之假設。當你收集觀察結果以解決假設時，會進一步縮小範圍。最終，這使你能夠用特定的數據檢驗假設：對原始理論的證實 (confirmation)（或非證實）。在歸納推理中，可透過將特定情況概括或外推到一般規則來得出結論，即存在認知上的不確定性。

(2) 歸納推理這裡所說的是不一樣的感應，用於數學證明 – 數學歸納實際上是演繹推理的形式。

3. 模擬 / 仿眞 (simulation)

通常，人會用電腦來實驗某模擬模型，電腦模擬就是使用電腦來模擬與系統相關聯的數學模型的結果。尤其當人無法使用眞實系統時，就需用模擬，因爲你可能無法拜訪、或者使用它可能會危險（或被拒絕）、或者正在設計但尙未建構、或者可能根本不存在。模擬可用來顯示替代條件及行動過程的最終實際效果。人類在許多情況下都需改用模擬法，例如：（船、高速公路等）性能最佳化、安全工程（核彈）、測試、（飛行員）培訓、（電腦）教育及影片遊戲的技術模擬。模擬還可以與自然系統或人類系統的科學模型一起混用，來深入了解其功能。

4. 數據密集 (data intensive)

對數據探索 (data explration)，又稱 eScience，它是計算密集型的學科，通常係指利用高速分散式網路環境進行科學研究，或是要求網格計算大數據集 (data set)，有時也包括分布式協同工作的技術。其中，大數據就屬於上述科學研究的第 4 種典範。

二、大數據及機器學習的關係

大數據是機器或人類產生的資訊洪流，其數量巨大（下圖），導致傳統數據庫無法容納及直接處理。

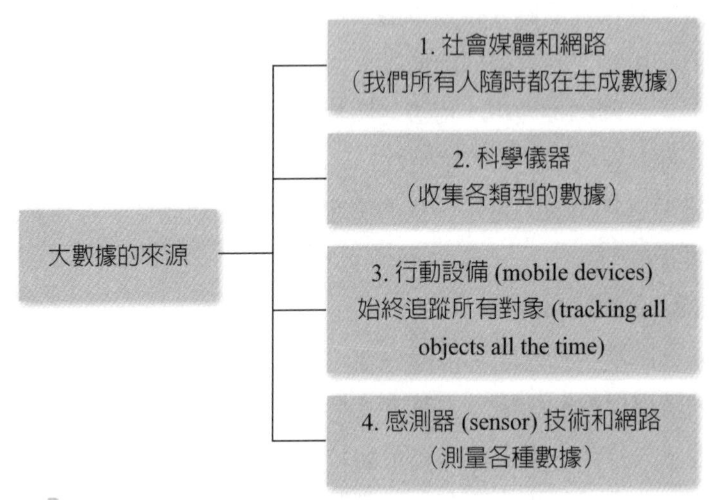

圖 1-27　誰在產生大數據 (Who's generating big data)

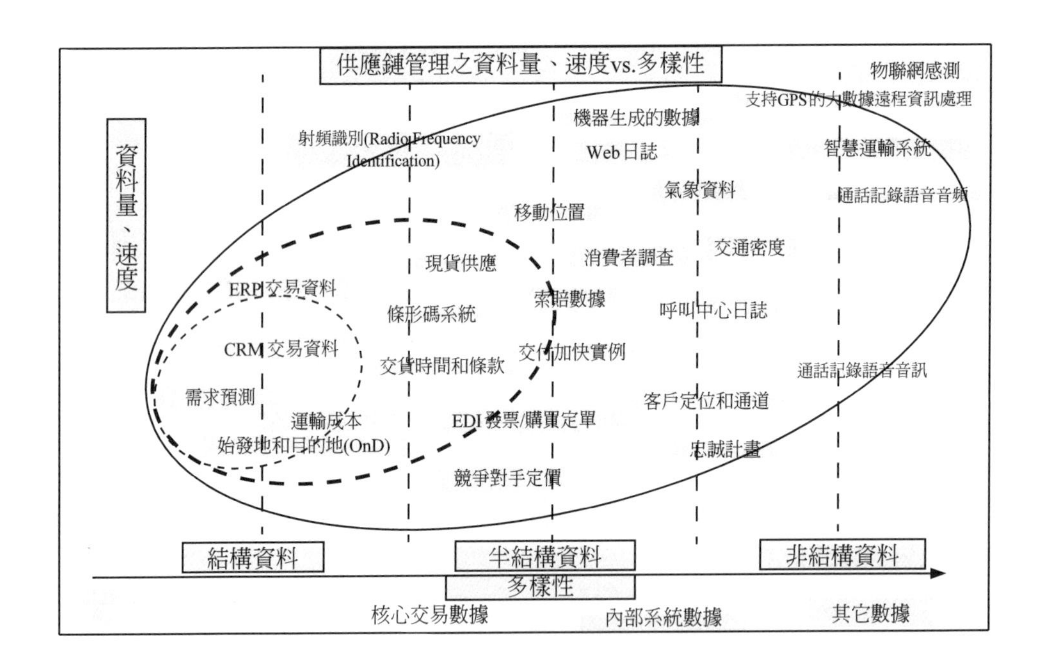

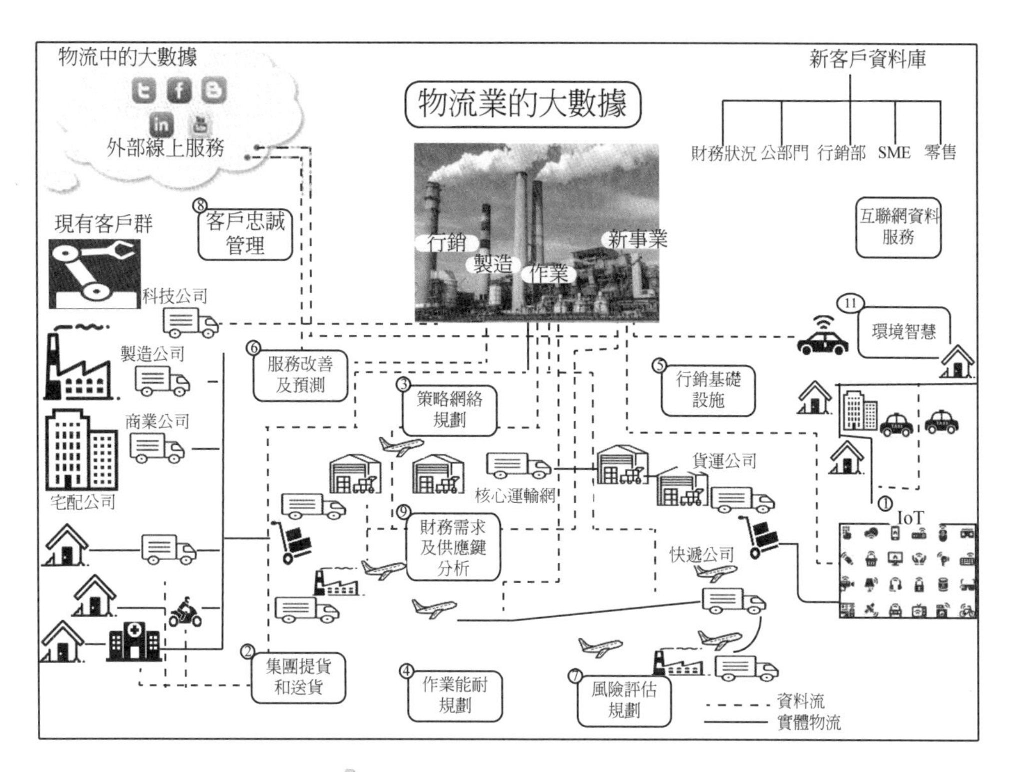

圖 1-28　供應鏈管理之大數據

1. 收集數據的能力不再妨礙進步和創新

　　但是，透過即時、可擴展地管理、分析、匯總、可視化和發現所收集數據中的知識的能力。

2. 產生 / 消費數據模型已經改變

　　舊模型：很少有公司在產生數據，其他所有公司都在使用數據

　　新模型：我們所有人都在產生數據，我們所有人都在使用數據

　　大數據的資訊優勢來自於在行動電話、衛星、社群媒體、供應鏈（下圖）等新技術所建立的數據集。有三種趨勢促成了大數據革命：

(1) 可用數據量呈指數成長。

(2) 出現更低成本、更高計算能力、更大的數據儲存容量。

(3) 機器學習方法日益進步，有利於分析複雜的數據集。

1. **數據量呈指數級增長**：隨著已發布資訊量及收集數據呈指數級增長，現在估計當今世界 90% 的數據僅在過去兩年內建立。

物聯網 (IoT) 現象是由網路感測器嵌入家用電器、工廠工具機，透過嵌入智慧型手機的感測器收集數據。衛星 (5G) 技術成本的降低，進一步支持加速收集大量新的替代數據源。

2. **計算能力及儲存容量的增加**：透過對這些資源的遠程共享（雲端）瀏覽，可以獲得平行 / 分散式計算及增加的儲存容量的好處。此開發也稱爲雲端運算。未來幾年，多數數據將存至雲端。

   例如：Google 透過協調的 1,000 臺電腦，同時進行單一的網路搜尋。它用分散式集群計算的 open source 框架（即將多個機器上的複雜任務分開並聚合結果）。即使技術供應商提供分類爲：軟體即服務 (SaaS) 的遠程訪問、平臺即服務 (PaaS) 或基礎架構即服務 (IaaS) 三類，但如今 Apache Spark 已變得越來越紅，這種遠程資源的共享訪問，大大減少完成大數據處理及分析的入門門檻，進而爲廣泛的基礎及投資者群體開闢了大大替代數據戰略。

   用於分析大型且複雜數據集的 ML 法，在 pattern 辨識及函數逼近（求變數之間的關係）領域，如今已獲得重大進展。

   ML 技術專門用來分析大型及非結構化數據集（例如：建構交易策略）。除了傳統 ML 方法（屬高等統計學），尚有深度學習（多層神經網路的分析法）在投資的應用及增強式學習法（特定的方法，鼓勵演算法探索及找到最有利可圖的策略）。

   今日雖然有大量關於大數據及 ML 的作品，可惜眞正大數據分析只占 0.5% 有效被利用 (Regalado, 2013)。

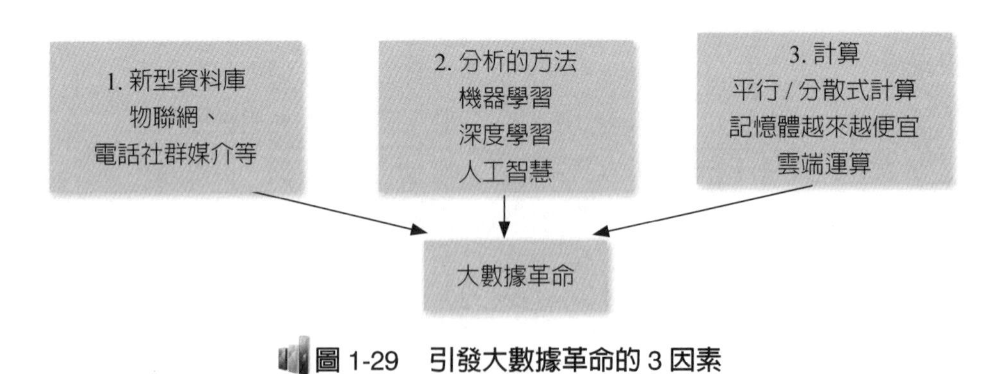

圖 1-29　引發大數據革命的 3 因素

3. **大數據**：在過去十年中系統地收集大量新數據，然後進行組織及傳播，這導致了大數據的概念(Laney, 2001)。Big代表三個顯著特徵：(1)**volume**(**量體**)：透過記錄、交易、表格、文件等收集及儲存的數據量非常大，故稱之爲Big。(2)**velocity**（**速度**）：快速發送或接收數據，謂之大數據。數據可以批量模式來傳輸或接收，亦可以即時或接近即時來產生。(3)**variety**（**多樣性**）：數據通常以各種格式接收，無論是結構化（例如：SQL表格還是CSV文件）、半結構化（例如：JSON或HTML）還是非結構化（例如：blog文章或影片消息）都行。

圖1-30，預測分析(predictive analytics)是透過預測模型、機器學習、資料探勘等技術來分析現有及歷史的事實數據對未來做出預測的數據分析方法。

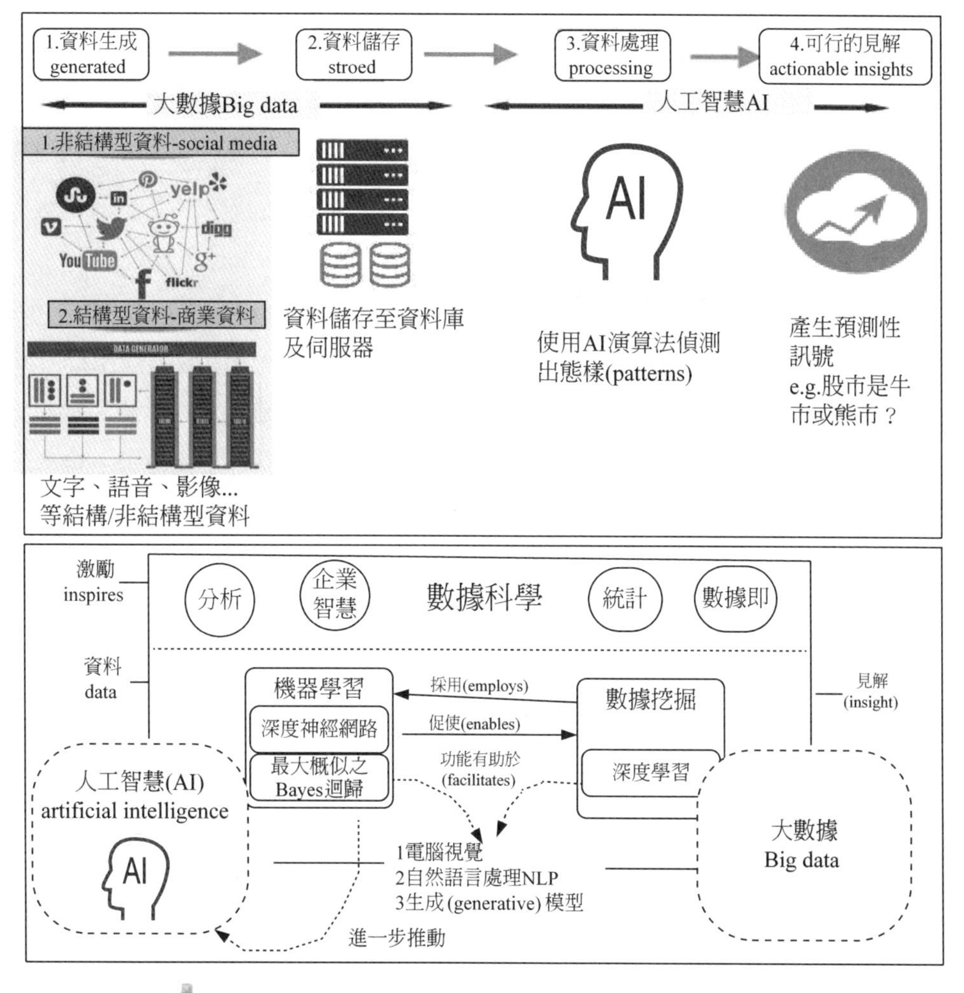

圖1-30 big data與artificial intelligence的整合程序

商務智慧 (business intelligence) 係指用現代資料倉儲技術、線上分析處理技術、數據探勘進行數據分析，再以圖形化的介面或報表呈現商業價值。

實務上，人們每天上傳至雲端的檔案數量，多達一億張相片、十億份文件等更別提數位影音、交易、生物醫療等，每天全球所創造的資料量高達 2.5 艾位元組（exabyes，即 1000,000,000,000,000,000，百萬兆）。

1-3 機器學習 (machine learning, ML) 概論

一、機器學習有 5 個學科的理論基礎

機器學習是實現 AI 的途徑之一，以機器學習為手段解決 AI 中的問題。機器學習在近年已發展為跨領域的學科，ML 涵蓋：機率論、逼近 (approximation) 論、統計學、凸分析、計算複雜論等多門學科。機器學習理論主要是設計及分析可讓電腦可自動「學習」的演算法，它是從資料中自動分析獲得規律，並利用規律對未知資料進行預測的演算法。

1. 機率論 (probability theory)

作為統計學的數學基礎，機率論旨在研究機率及隨機現象的數學分支，旨在研究隨機性或不確定性等現象的數學。機率論主要研究對象為隨機事件（樂透）、隨機變數及隨機過程。對於隨機事件是不可能準確預測其結果的，然而對於一系列的獨立隨機事件。例如：擲骰子、扔硬幣、抽撲克牌及輪盤等，會呈現出一定的、可以被用於研究及預測的規律，兩個最出名的規律就是大數法則及中央極限定理。

2. 統計學 (statistics)

統計學是由資料 (data) 萃取 / 分析出資訊 (information) 的方法。大量收集及分析數值數據的實踐或科學，特別是從有代表性的樣本中推斷整體比例的目的。統計旨在從事數據收集、組織、分析、解釋及示範。在將統計學應用於科學，工業或社會問題時，通常從統計人口或要研究的統計模型開始。

3. 逼近理論 (approximation theory)

近似常用在數字上，也常用在數學函數、形狀及物理定律中。近似或是逼近係指一個事物及另一事物類似，但不是完全相同，意即粗略的計算、估計或猜測的過程或結果。近似可以用在許多性質上（量、數值、影像、特徵或說明），係指幾乎一樣，但無完全一樣的情形。

在科學上，常將物理現象轉換為有相似結構的模型，當準確的模型難以應用時，會用一個較簡單的模型來近似，簡化中間的計算，例如：用球棒模型來近似實際化學分子中原子的分布。當由於資訊不完整，無法確切陳述特定事物時，就可用近似的方式處理。

近似的種類會依照可以取得的資訊、需要的準確程度及使用近似可以節省的時間及精力而定。

逼近理論也是數學中的一個分支，是量化的泛函分析。當一個數的眞正數值未知或難以獲得時，就可以用近似（即逼近）的方式處理。例如：圓周率 π 常簡寫為 3.14159，或是$\sqrt{2}$用 1.414 來表示。

數學的逼近理論是如何將一函數用較簡單的函數來找到最佳逼近，且所產生的誤差可以有量化的表徵，以上提及的「最佳」及「較簡單」的實際意義都會隨著應用而不同。

4. 凸分析 (convex analysis)：凸才能確保有局部最佳解

凸分析是專門研究凸函數及凸集性質的數學分支，通常應用於凸最小化，最佳化理論的子域。

5. 計算複雜性理論 (computational complexity theory)

旨在確定一個能或不能被電腦求解的問題的所具有的實際限制。它致力於將可計算問題根據它們本身的複雜性分類，及將這些類別聯絡起來。一個可計算問題是一個原則上可以用電腦解決的問題，亦即這個問題可以用一系列機械的數學步驟解決，例如：排序演算法之時間複雜度「O(n×log(n))」。

若一個問題的求解需要相當多的資源（無論用什麼演算法），則被認為是難解的 (hard)。計算複雜性理論透過數學計算模型來研究這些問題及定量計算解決問題所需的資源（時間及空間），從而將資源的確定方法正式化。其他複雜性測度同樣被運用，比如通訊量（應用於通訊複雜性），電路中門的數量（應用於電路複雜性）及中央處理器的數量（應用於平行計算）。計算複雜性理論的一個作用就是確定一個能（或不能）被電腦求解的問題的所具有的實際限制。

二、機器學習 (ML) 類型

通俗來說，ML 演算法可以分為 5 種類型：監督、無監督、半監督、主動及強化。

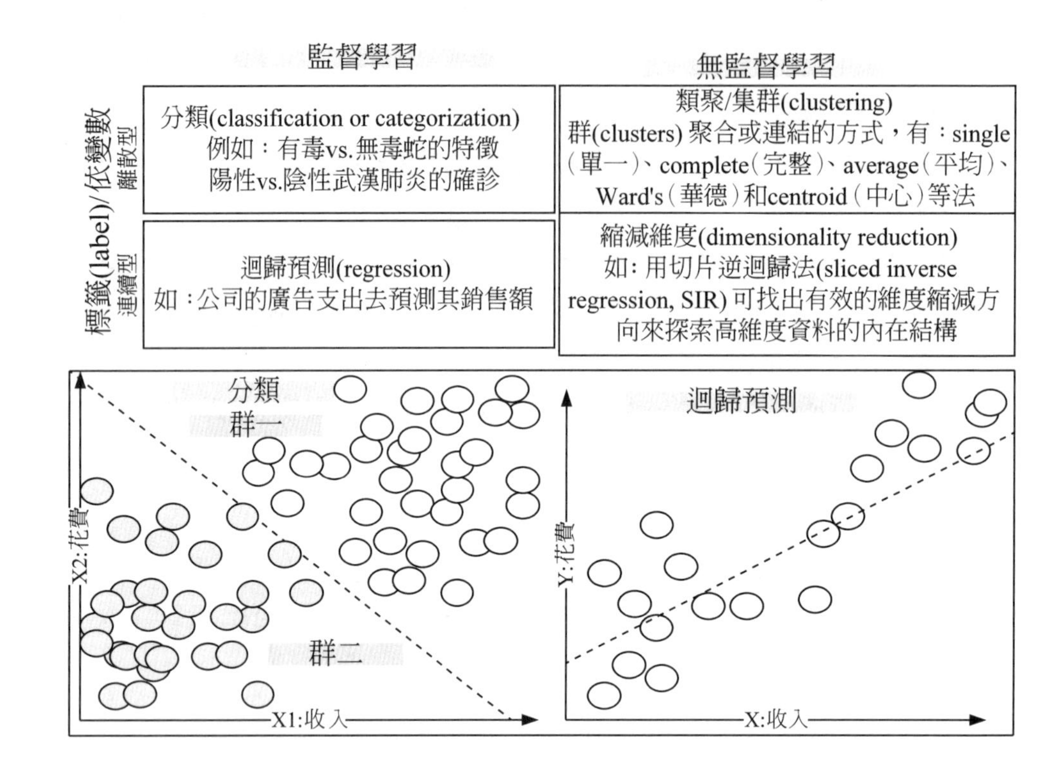

圖 1-31　監督 vs. 無監督學習 (supervised vs. unsupervis)

1. 監督式學習 (supervised learning)

由人類程式設計 (programming) 及實作，以提供輸入、輸出及在訓練期間提供關於預測準確性的回饋。然後，ML 將使用它學到的知識並將其應用於引入的數據集。即觀察完一些訓練範例（輸入及預期輸出）後，去預測這個函數對任何可能出現的輸入的值的輸出。

監督式學習就像是你給了機器一堆豬的照片告訴機器說「這個是豬」，再給機器一堆狗的照片告訴它「這是狗」，讓機器自己去學習分辨，接著你便能給予任何豬或狗的照片問機器讓機器告訴你這是豬或狗。

2. 非監督式學習 (unsupervised learning)

它是 ML 的方式之一，並不需要人力來輸入標籤 (label)，也沒有訓練，全靠「深度學習」（自動化預測分析 AI 的一個方面）來分析數據，用於分類及簡化數據集。監督式學習，典型任務是做分類及迴歸分析，且需要使用到人工預先準備好的範例 (base)。

非監督式學習就像是你給了機器一堆豬的照片及一堆狗的照片，可是你並沒有告訴機器說哪些是豬哪些是狗，要機器自己去學習判斷出圖片的不同之處。

3. 半監督式學習 (semi-supervised learning)

提供不完整的演算法或訓練集，並透過完成缺失的組件來學習。即，少部分資料有標準答案，可提供 ML 輸出時判斷誤差使用；大部分資料沒有標準答案，機器必須自己尋找答案。

你任意選 250 張豬或狗的照片，在其中的 25 張告訴機器哪些是豬，哪些是狗，讓機器去學習認識豬與狗的外觀，再自己嘗試把另外 90 張照片內的特徵取出來進行分類。

4. 增強式學習 (reinforcement learnin, RL)

RL 旨在在程序完成動態環境的操作中提供回饋，並透過學習所述操作來推斷預測數據集。RL 是專注於在相同的初始環境下擬定策略進行行動選擇 (action selection)，取得回饋後再重新評估先前決策並調整，以最大化累積獎勵的 ML 方法。

在增強學習中，AI 面臨類似遊戲的情況。電腦使用反覆試驗來解決問題。為了讓機器完成程式設計師想要的操作，AI 會對其執行的操作獲得獎勵或懲罰。其目標是最大化總獎勵。

雖然設計師設定了獎勵政策（即遊戲規則），但他並未給出模型如何解決遊戲的提示或建議。由模型來決定如何執行任務以最大化獎勵，從完全隨機的試驗開始，完成複雜的戰術及超人技能。透過搜尋及許多試驗的力量，增強學習是目前提示機器創造力的最有效方式。與人類相比，若在足夠強大的電腦基礎設施上運行增強學習演算法，AI 可以從數千個並行遊戲中收集經驗。

1-3-1 機器學習的主要應用有 6 領域

圖 1-3 所示為機器學習演算法的架構，分支包括：深度學習、決策樹、規則系統 (rule-based)、貝葉斯 (Bayesian)、集成法 (ensemble)、降維 (dimensionality reduction)、神經網路、正規化 (regularization)、實例基礎 (instance based)、迴歸、聚類分析 (clustering)。

機器學習 (machine learning, ML) 爲 AI 應用之一，使機器能夠在沒有人或新程式設計 (programming) 的幫助下學習及改進。ML 亦是一門 AI 的科學，該領域的主要研究對象是 AI，特別是如何在經驗學習中改善具體演算法 (algorithm) 的效能。

1. **分類 (classification)** 是「process related to categorization」，分類是辨識、區分及理解思想及對象的過程。分類問題通常比較偏向預測出二元的結果：是 vs. 不是、惡性腫瘤 vs. 良性腫瘤、武漢檢疾是陽性確診 vs. 陰性。
2. **迴歸分析 (regression analysis)** 是統計學上分析數據的最常用方法，旨在了解兩個或多個變數間是否相關、相關方向與強度，並建立數學模型以便觀察特定變數來預測研究者感興趣的變數。線性迴歸是使用函數 (function) 並給予眾多 features 的權重來預測你的 target 的數值。更具體的來說，迴歸分析可以幫助人們了解在只有一個自變數變化時依變數的變化量。

   以兩個參數（係數）線性迴歸爲例，其 function 爲：

$$y = \beta_0 + \beta_1 * x_1 + \beta_2 * x_2 + \varepsilon$$

   其中：

   β_i：爲權重（也就是模型的參數）

   β_0：爲截距 (intercept)

   X_i：讀入 input（又稱自變數）

   ε：爲 bias（偏誤值）也可以說是 noise（噪音值）

   y：反應變數（又稱依變數 / 結果變數）

   一般來說，透過迴歸分析你可以由給出的自變數估計依變數的條件期望。它又分 7 個類型：線性迴歸、簡單的線性迴歸、邏輯迴歸、非線性迴歸、非參數迴歸、穩健的迴歸、逐步迴歸等。
3. **降維 (dimension reduction)**

   降維是將原本在比較高的維度坐標的 Data，希望找到一個低維度的坐標來描述它，且又不失原 Data 的特質。

   在統計學、ML 及資訊理論中，「dimension reduction」是透過一組主要變數

（特徵）來減少所考慮的隨機變數數量的過程。它可分爲**特徵選擇** 3 個方法：過濾法（例如：子集選擇）、包裝法、嵌入法（收縮法 shrinkage）及**特徵萃取**（如下圖）。

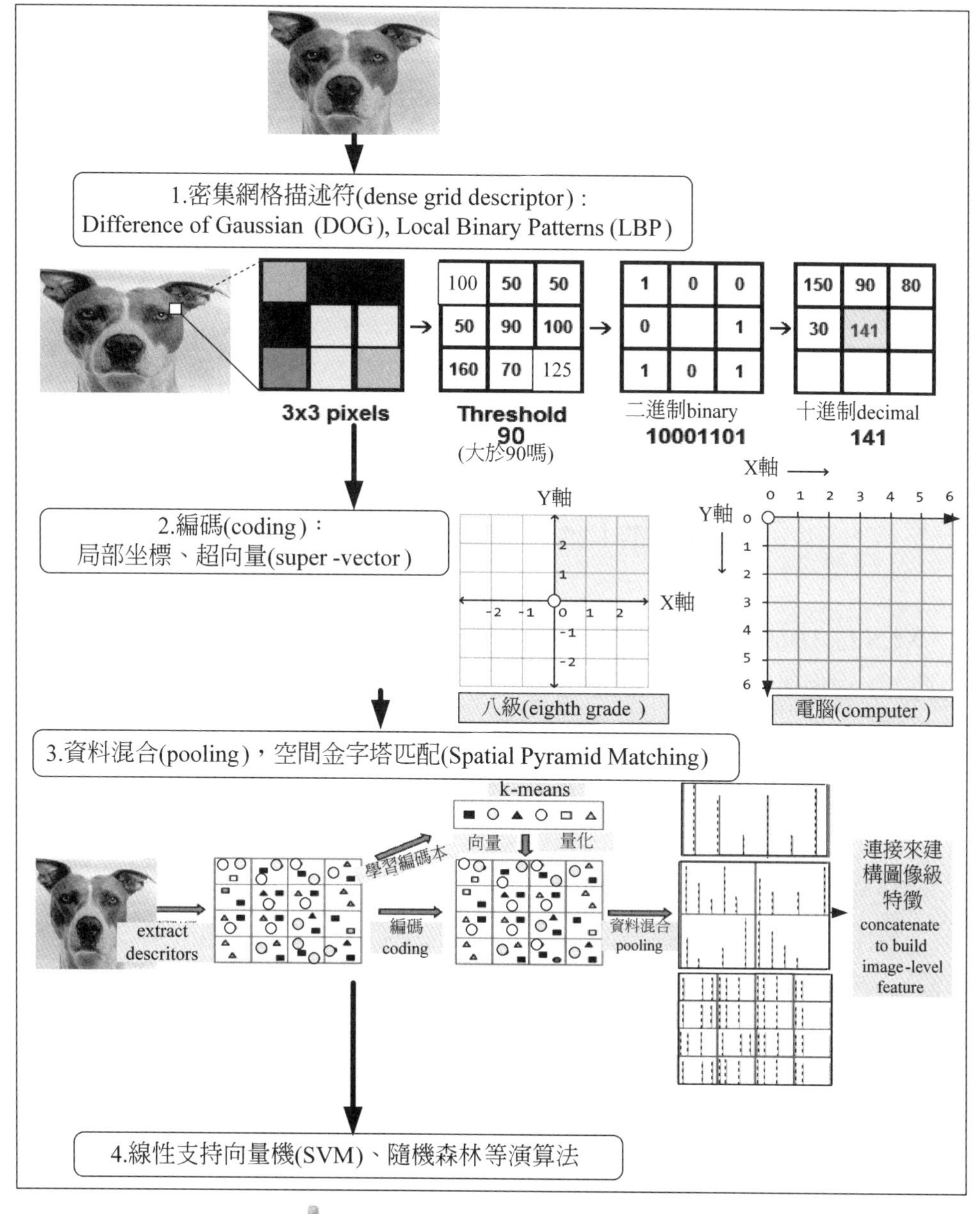

圖 1-32　大圖像分類的特徵萃取

縮維是什麼？

如下圖所示是用主成分分析 (PCA)，將 2D 縮減爲 1D。

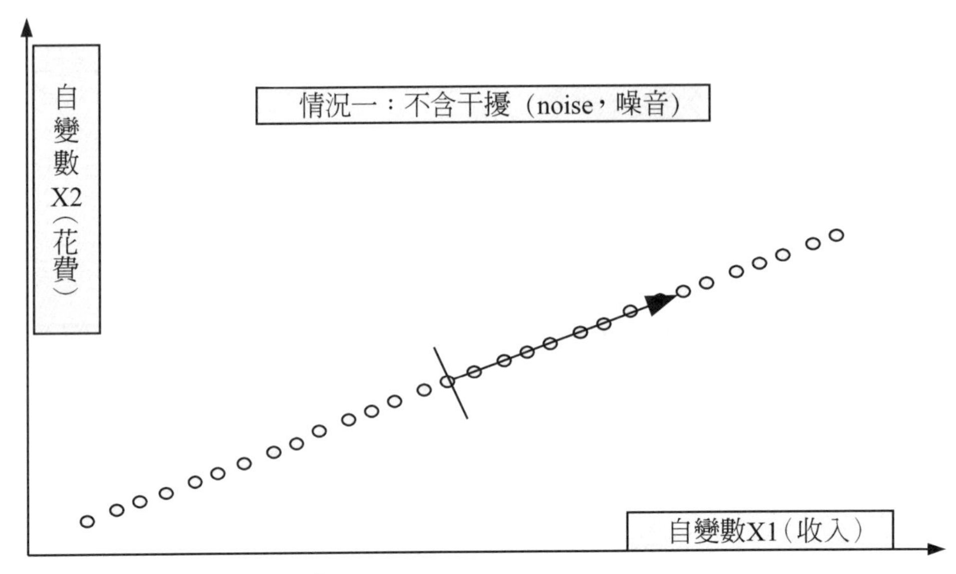

圖 1-33　2D 縮減為 1D(PCA)

「X1,X2」Data 是散布在兩維的平面 $\mathbb{R}^2$ 上，其實用把它投影在虛線箭頭的方向上，一個個變數就可完全描述 Data 特徵。

當然，事實上，你遇到的 Data 可能不會像上面這麼完美。故對上面的 Data 稍微加一點干擾（noise，噪音），如下圖：

仔細觀察一下這兩個方向：

(1) 在虛線箭頭的方向上，Data 散得很開，幾乎不同的 Data 會取到不同的投影座標。

(2) 在實線箭頭的方向上，Data 靠得很近，很容易出現不同的 Data 取同一個投影座標。

因此，大概可以歸納出：

「尋找讓 Data 投影上去，散最開的方向」，讓 Data 特徵最易辨識。

這樣的結論。它是 PCA 的 Approach 導向之一，另一種 Approach 的方式是用 Least Square 也可以導出同樣的效果。

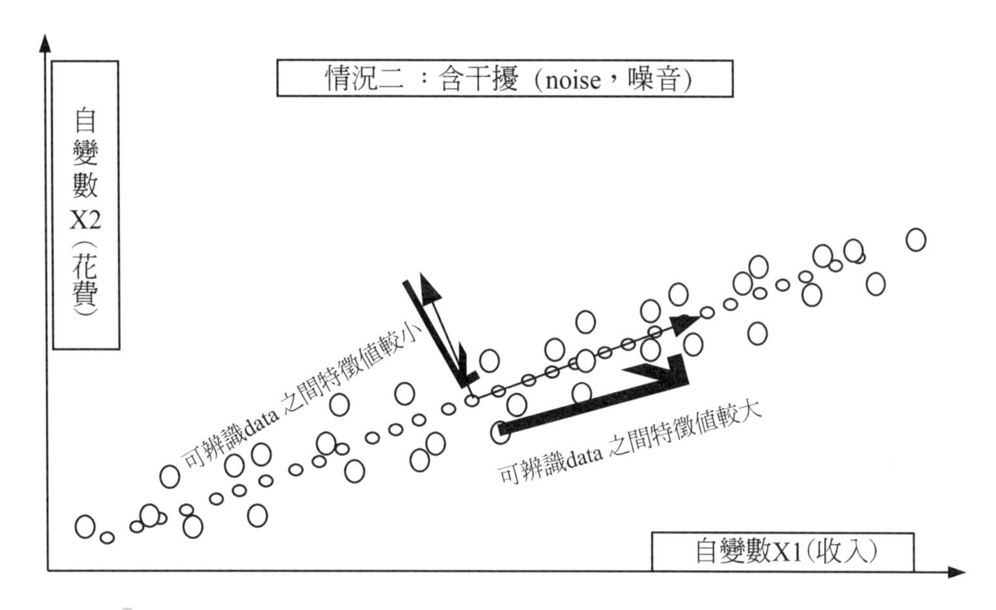

圖 1-34　含干擾（noise，噪音）情況下，將 2D 縮減為 1D (PCA)

維度減縮是一種無監督學習議題。它可應用於資料壓縮 (data compression)，資料壓縮不僅有助於使用較少的 RAM 或 disk space，也有助於加速 learning algorithm。

4. **聚類 / 集群 (clustering)**：它是無監督學習方法。旨在查找有意義的結構，解釋性底層過程，產生特徵及一組示例中固有的分組的過程。

   聚類是將母群體或數據點劃分爲多組，使得同組的數據點與同組的其他數據點更相似，並且與其他組中的數據點更不同。它基本上是基於它們之間的相似性的 object 的集合。

5. **協同過濾 (collaborative filtering)**

   Google Map 某一地點「評價」，就是利用某興趣相投、擁有共同經驗之群體的喜好來推薦使用者感興趣的資訊，個人透過合作的機制給予資訊相當程度的回應（如評分），並記錄下來以達到過濾的目的進而幫助別人來篩選資訊，回應不侷限於特別感興趣的，因爲特別不感興趣資訊的記錄也相當重要。協同過濾又可分爲評比 (rating) 或者群體過濾 (social filtering)。其後成爲電子商務當中很重要的一環，即根據某顧客往昔購買行爲及從具有相似購買

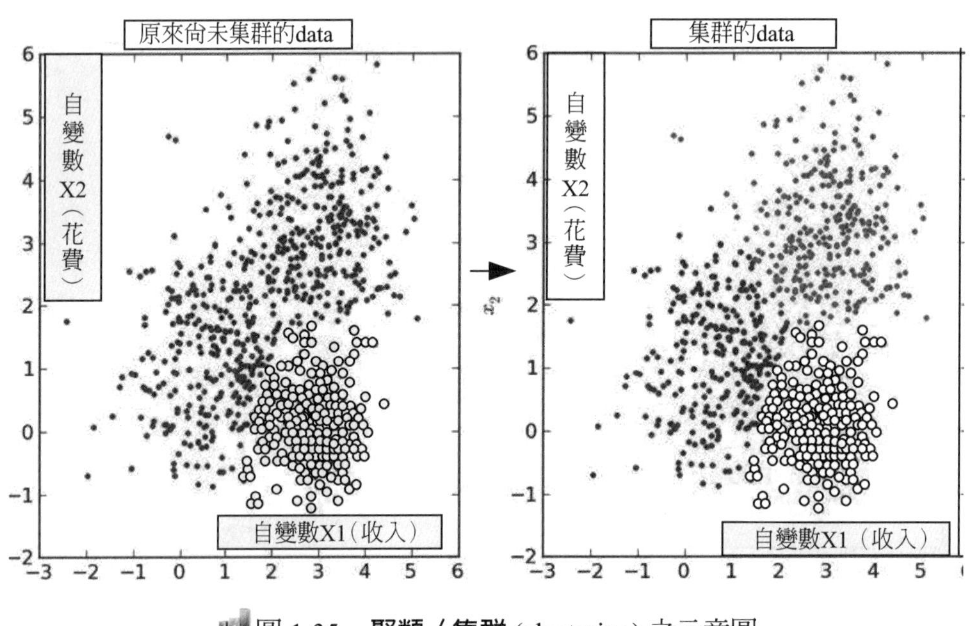

圖 1-35　**聚類 / 集群** (clustering) 之示意圖

行爲的顧客群的購買行爲來推薦這個顧客其「可能喜歡的品項」，也就是藉由社群的喜好提供個人化的資訊、商品等的推薦服務。除了電子商務之外尚有資訊檢索領域、網路個人影音櫃、個人書架等的應用等。

6. **增強式學習 (reinforcement learning, RL)**

   增強式學習是受行爲主義心理學所啟發的 ML 領域。本質上，RL 是一個通用的問題解決框架，其核心思想是試誤法 (trial & error)。

   (1) RL 四要素

   - 策略 (policy)：環境的感知狀態到行動的映射 (maping) 方式。
   - 反饋 (reward)：環境對智慧體行動的反饋。
   - 價值函數 (value function)：評估狀態的價值函數，狀態的價值即從當前狀態開始，期望在未來獲得的獎賞。
   - 環境模型 (model)：模擬環境的行爲。

   (2) RL 的特色

   - 起源於動物學習心理學的試錯法 (trial-and-error)，因此符合行爲心理學。
   - 尋求探索 (exploration) 及採用 (exploitation) 之間的權衡，RL 一面要採用

(exploitation) 已經發現的有效行動，另一方面也要探索 (exploration) 那些沒有被認可的行動，已找到更好的解決方案。

- 考慮整個問題而不是子問題。
- 通用 AI 解決方案。

RL 會教軟體代理如何在環境中表現更出色。RL 與監督學習是不同的，因爲 RL 從未顯示正確的輸入及輸出。此外，RL 通常像監督學習一樣學習（線上學習）。這意味著代理必須在探索及堅持最了解的內容之間做出選擇。

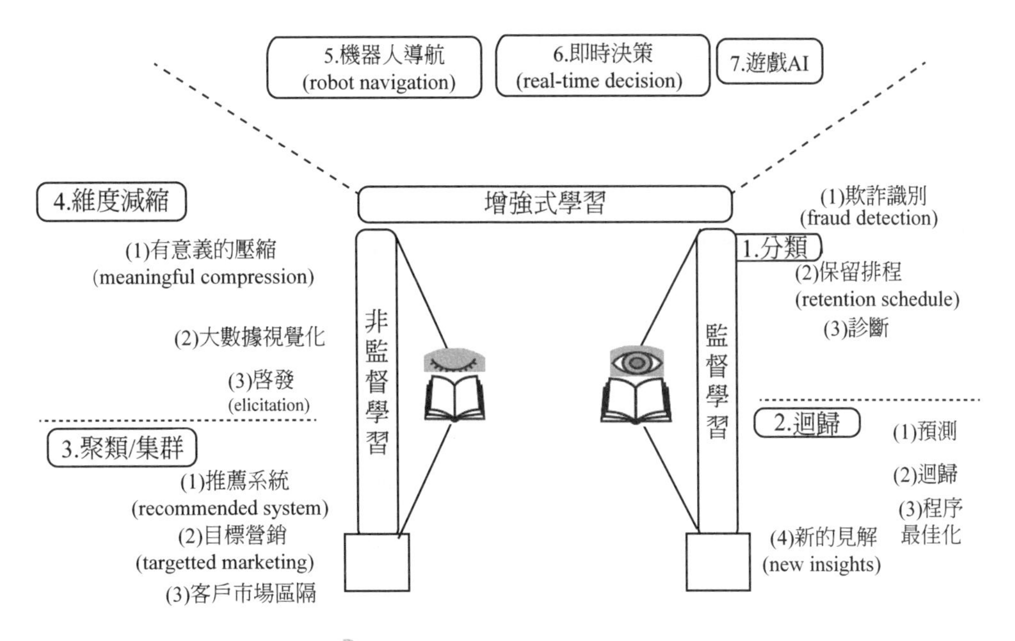

圖 1-36 機器學習的應用領域

1-3-2 機器學習 (ML) 的應用技術有 13 個

ML 已應用在下列領域：

1. 數據探勘 (data mining)：是用 AI、ML、統計學及資料庫的交叉方法在相對較大型的數據集中發現模型的計算過程。

   資料挖掘是在大型數據集 (data set) 中發現態樣的過程，涉及 ML，統計及資料庫系統交叉點的方法。資料挖掘是電腦科學的跨學科子領域，其總體目標是從數據集中萃取資訊（使用智慧方法），並將資訊轉換爲可理解的結構以供進一步使用。資料挖掘是「資料庫中的知識發現」過程或 KDD 的分析步驟。除原始分析步驟外，它還涉及資料庫及數據管理方面，數據預處理，模型及推理考慮因素，興趣度指標，複雜性考慮因素，發現結構的後處理，可視化及線上更新。數據分析及資料挖掘之間的區別在於，數據分析是總結歷史，例如：分析營銷活動的有效性，相比之下，資料挖掘側重於使用特定的 ML 及統計模型來預測未來並發現其中的態樣。

2. 訊號處理 / 影像處理 (signal processing)：係指對訊號表示、轉換、運算等進行處理的過程，使其滿足視覺、心理或其他要求的技術。

   隨著電腦數位時代的到來，作爲其核心的數位信號處理技術 (digital signal processing, DSP) 扮演著重要角色，社會活動當中的各項事務都需要用到數位訊號處理技術。DSP 係指用數學及數位計算來解決問題。數位訊號處理常指用數位表示及解決問題的理論及技巧；而 DSP DSP 是可程式電腦晶片，常指用數位表示及解決問題的技術及晶片（旨在對眞實世界的類比訊號進行加工及處理）。因此在數位訊號處理前，類比訊號要用類比數位轉換器（A-D 轉換器）變成數位訊號；經數位訊號處理後的數位訊號往往要用數位類比轉換器（D-A 轉換器）變回類比訊號，才能適應眞實世界的應用。

   DSP 的演算法需要用電腦或專用處理設備如數位訊號處理器、專用積體電路等來實現。處理器是用乘法、加法、延時來處理訊號，是 0 及 1 的數位運算，比類比訊號處理的電路穩定、準確、抗干擾、靈活。

3. 自然語言處理 (natural language processing, NLP)：讓電腦擁有理解人類語言的能力，就是自然語言處理。NLP 是電腦科學、資訊工程及 AI 的跨域學科。NLP 旨在設計演算法來讓電腦「理解」自然語言以執行一些任務，依難易度舉例如下：

   (1) 簡單 NLP
   - Word 中，拼寫檢查 (spell checking)
   - 電子資料庫中，關鍵字搜尋 (keyword search)
   - 找出同義詞

   (2) 中等 NLP
   - 從某網站、文件中解析訊息

(3) 困難 NLP

① Google 機器翻譯 (machine translation)，如將臺語翻譯成日文

② 語義分析 (semantic analysis)。著名軟體有：HubSpot's ServiceHub、Quick Search、Repustate、Lexalytics、Critical Mention。

③ 指代 (coreference)，如「她」、「它」分別指的是什麼？

④ 問答系統 (question answering)。其搭配功能，包括：

- 數據採集 (acquisition)：使用我們的安全連接器及多種內容採集工具。
- raw 語言處理：清理及格式化原始內容，以便您的系統可以處理最高品質的數據。
- 查詢理解：使用實體萃取，事實萃取，內容聚類及其他技術。
- 統計語言處理：聚類 (clustering)、分類 (categorization)、匯總 (summarization) 等。
- 建立問題回答介面：將回答顯示爲自然語言回覆或圖表，報告或交互式圖形。
- 託管服務及支持：靈活的支持選項，可幫助您管理及維護系統以實現最佳性能。

4. 生物特徵辨識（biometrics，也稱生物測定學）：生物辨識技術是人體測量及計算的技術術語。它指的是與人類特徵相關的指標。生物辨識認證（或現實認證）在電腦科學中用作辨識及訪問控制的一種形式。它還用於辨識受監視的群體中的個體。

   深度學習眾多技術應用於各種生物特徵辨識方法，包括：人臉辨識、指紋、指靜脈、DNA、掌紋、手部幾何形狀、虹膜辨識、視網膜及氣味。行爲特徵與人的行爲態樣有關，尚包括步態、打字節奏及聲音。一些研究者創造了術語行爲測量學來描述後一類生物測定學。

   就像人臉辨識，生物辨識技術並不是一項新觀念，舉凡是犯罪偵防、海關出入境管制及各種數位裝置的身分認證均已廣泛運用此項技術。然而隨著物聯網技術蓬勃發展，生物辨識技術的應用及需求也因此迅速擴張。

5. 智慧搜尋引擎 (intelligent search)：搜尋引擎是資訊檢索軟體程式，發現，爬行 (discovers, crawls, transforms and stores information)，以回應用戶查詢 (user queries) 轉換並儲存的資訊來進行檢索及展示 (presentation)。

搜尋引擎通常由四個組件組成，例如：搜尋介面、索引表 (indexer)、爬蟲 (crawler)（也稱爲蜘蛛或 bot）及資料庫 (database)。爬蟲旨在遍歷檔案夾，解構檔案夾的文本，並爲搜尋引擎索引中的儲存分配代理。線上搜尋引擎還爲文件檔儲存影像、link 相關網站的數據及 metadata（描述資料的資料庫）。

6. 醫學診斷：診斷，在醫學意義上指對人體生理或精神疾病及其病理原因所作的判斷。這種判斷一般是由醫生等專業者根據症狀、病史（包括家庭病史）、病歷及醫療檢查結果等數據作出。

   其概念，已經被推廣用於生活與社會中各種問題及其原因的判斷，例如：腦神經診斷、電腦故障或汽車故障診斷。

7. 欺詐偵測 (fraud detection)：深度學習，Python 信用卡欺詐檢測（掃文資訊）。

   例如：Amazon 詐騙偵測器是一項全受管服務，可輕鬆辨識潛在的欺詐性線上活動，例如：線上支付詐騙及建立虛假帳戶。

8. 異常偵測 (anomaly detection)：常用在刷卡交易記錄

   想法

   訓練 model：在訓練資料 $\{x^1, x^2, \cdots, x^N\}$ 上

   測試 時：

   input x：若「像」訓練資料 →透過異常檢測器 (anomaly detector) →辨識出 normal 的資料。

   input x：若很「不像」訓練資料→透過異常檢測器→辨識出 anomaly（異常資料）。

   什麼叫做「像 (similar)」呢？它是 anomaly detection 要解的問題！

   何謂「異常」的舉例：

訓練資料認得多隻雷丘 → 那皮卡丘就是異常 訓練資料認得很多隻皮卡丘 → 那雷丘就是異常 訓練資料看用來寶可夢 → 那非寶可夢的數碼寶貝就是異常

9. 證券市場分析：

   AI 技術分析是基於價格而做出的分析，其內在原理是市場買賣雙方力量及歷史會重複的基礎下做出的機率性分析。

   與計量分析相比，AI 不需要事先假定 (assumption) 具體的分析模型，ML 模

型會根據給定的訓練數據自我調整的調整模型參數，使得訓練出的參數是對訓練數據內含規律的最佳描述。其優點是擺脫了分析人員對分析模型認識的局限性（如不同的計量迴歸分析模型的選擇）；其缺點則是無法解釋自變數對依變數的影響（但 Lasso 推論模型已克服）。在股票分析預測中，人們更關注的是預測的準確性。

自 19 世紀證券市場分析至今，證券分析家逐漸提出了理論上的體系。包括：

(1) 柯丁雷：「股票價格由供需規律來決定」。

(2) 哥羅丁斯基：「基本分析、技術分析」。

(3) 孟德爾：股價的變動不僅僅是由單一因素決定的。

(4) 多納：股票價格是由市場供求關係決定的。

(5) 雷富勒：「股價波動係以預期企業為根本因素」，加上了「預期」因素。

10. DNA 序列測序：核酸序列 (nucleic acid sequence) 使用一串字母表示的眞實的或者假設的攜帶基因資訊的 DNA 分子的一級結構。每個字母代表一種內核鹼基，兩個鹼基形成一個鹼基對，鹼基對的配對規律是固定的，A-T, C-G。三個相鄰的鹼基對形成一個密碼子。一種密碼子對應一種胺基酸，不同的胺基酸合成不同的蛋白質。在 DNA 的複製及蛋白質的合成過程中，鹼基配對規律是十分關鍵的。

11. 語音及手寫辨識。例如：iOS 平臺的 Siri 語音助手，是一款內建在蘋果 iOS 系統中的 AI 助理軟體。此軟體使用自然語言處理技術，使用者可以使用自然的對話與手機進行互動，完成搜尋資料、查詢天氣、設定手機日曆、設定鬧鈴等許多服務。

12. 戰略遊戲：廣泛應用在電視遊戲、電腦遊戲的遊戲形式。它要求遊戲的參與者「擁有」做出決策的能力。

13. 機器人 (robot)：包括一切模擬人類行為或思想與模擬其他生物的機械（如機器狗，機器貓等）。狹義上對機器人的定義還有很多分類法及爭議，有些電腦程式甚至也稱為機器人。在當代工業中，機器人指能自動執行任務的人造機器裝置，用以取代或協助人類工作，一般會是機電裝置，由電腦程式或是電子電路控制。

1-3-3 機器學習的演算法 (algorithm)，常見有 8 類

機器學習 (ML) 如何變厲害？要餵它「吃」大數據。大數據就像 ML 的食物，跟人類一樣，吃進去的食物越新鮮、越乾淨，ML 就越健康。

ML 如何消化那麼多數據？這就要靠演算法 (algorithm)。演算法就是機器人的消化系統，負責讀取、變數變轉 (recode)、過濾、消化大數據，再產出結果。

所以，演算法是關鍵。但演算法也有很多種，有預測分析、分類的演算法、機器學習演算法、機率論之 Bayesian 迴歸、深度學習演算法等。每個會寫程式的人，都可能創造自己的演算法，因此有高低優劣之分。好的演算法，會造就聰明的大腦，也就是聰明的 AI，以及高 IQ 的機器人。

定義：演算法 (algorithm)

在數學、電腦科學之中，是任何一系列 well-defined 的具體計算步驟，常用於計算、資料處理及自動推理 (Rogers,1987)。

一、如何挑機器學習之演算法 (algorithm)

有鑑於坊間 AI 演算法眾多，令人無法挑選哪個才適當？因此微軟推出 Azure 機器學習演算法小祕技，旨在協助您針對預測性分析模型選擇正確的演算法。

Azure Machine Learning 具有：分類、推薦系統、clustering、異常偵測、迴歸及文字分析系列的大型演算法程式庫。每項設計都是用來處理不同類型的機器學習服務問題。

機器學習 (ML) 是電腦系統用於逐步改善其在特定任務上的性能的演算法及數學模型的研究。ML 演算法建立樣本數據的數學模型，稱為「訓練數據」，以便在不明確程式設計以執行任務的情況下進行預測或決策。

ML 與 AI 變得越來越熱。大數據原本在工業界中就已經炙手可熱，而基於大數據的 ML 則更加流行，因為其透過對數據的計算，可以實現數據預測、為公司提供決策依據。

ML 演算法分為三類：有監督學習、無監督學習、增強學習。有監督學習需要標識數據（用於訓練，即有正例又有反例），無監督學習不需要標識（label，

類別型變數）數據，增強學習介於兩者之間（有部分標識數據）。

二、機器學習三大類型

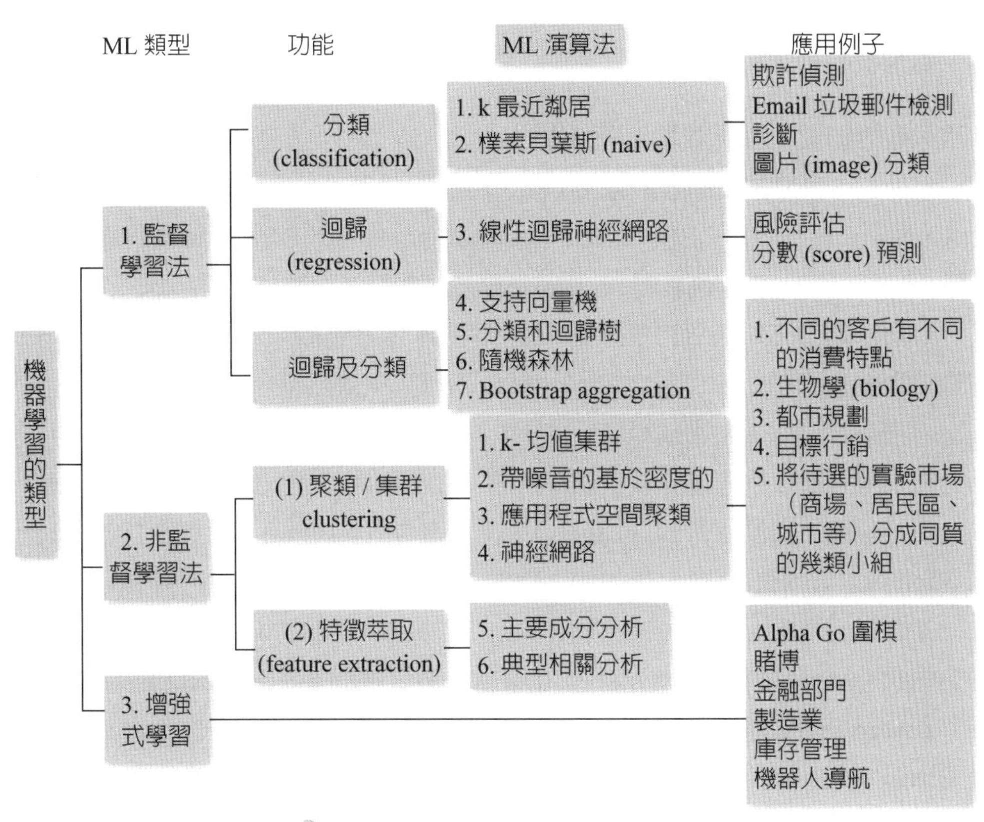

圖 1-37　**機器學習的類型** (types)

三、機器學習的流程，有 7 個步驟

- 收集資料 (gathering data)：來自感測器、股匯市交易、天文衛生掃描影像等。
- 準備數據 (preparing that data)：篩選不合理的數據、感測器類比訊號轉成數位訊號等。
- 選擇模型 (choosing a model)：傳統迴歸 vs. AI 統計（Lasso 迴歸）；線性 vs. 非線性模型。
- 訓練機器 (training)：例如：隨機森林、Lasso 推論模型、神經網路、SVM 等。

- 評估分析 (evaluation)：例如：模型適配指標有 BIC、R^2_{adj}、MS_E 等。
- 調整參數 (hyperparameter tuning)：例如：Lasso 推論模型求出最佳 β 係數、α 值。
- 預測 (prediction) 樣本外值、Lasso 推論（控制大量外部變數之後，自變數對依變數的效果量是否顯著）。

四、機器學習，常見演算法有 8 類

圖 1-38 所示機器學習的類型 (types)，ML 演算法，包括：深度學習、決策樹、規則系統、貝葉斯 (Bayesian)、集成法 (ensemble)、降維、神經網路、正規化 (regularization)、實例基礎 (instance based)、迴歸、聚類分析等。

通俗來講，ML 與資料挖掘要解決的問題，通常包括：分類、聚類 (cluster)、迴歸預測、異常檢測、關聯規則、增強式學習、結構預測、特徵學習、線上學習、半監督學習、語法歸納等。

(1) 監督學習法：旨在做分類、迴歸預測。包括：決策樹、集成 (embedding) 學習〔例如：團體學習法 (bagging)、提升方法 (boosting)，隨機森林 (random forests)〕、最近鄰居法 (k-NN)、線性迴歸、樸素貝葉斯、類神經網路、邏輯斯迴歸、感知器、支持向量機 (SVM)、相關向量機 (RVM)。

(2) 聚類 (cluster) 的演算法：包括 BIRCH、階層聚群 (hierachical clustering)、k-mean、期望值最大化演算法 (EM)、帶干擾之基於密度的空間聚類 (density-based spatial clustering of applications with noise, DBSCAN)、排序點來認定聚類結構 (Ordering points to identify the clustering structure, OPTICS)、均值飄移 (mean shift) 等。

(3) 降維度 (reduce dimensions) 的方法：因素分析 (factor analysis)、典型相關分析 (canonical correlation analysis, CCA)、獨立成分分析或獨立分量分析 (ICA)、線性判別分析 (LDA)、非負矩陣分解 (Non-negative matrix factorization, NMF)、主成分分析 (PCA)、Lasso 演算法〔一種同時進行特徵選擇及正規化（數學）的迴歸分析方法〕、t 分布隨機近鄰集成 (t-distributed stochastic neighbor embedding, t-SNE) 等。

(4) 結構預測的演算法：包括機率圖模型（貝葉斯網路、CRF、HMM）等。

(5) 異常檢測的方法：最近鄰居法 (k-NN)、局部離群因數 (local outlier factor) 等。

(6) 神經網路演算法：包括自編碼、深度學習、多層感知機、遞迴神經網路 (recursive neural network, RNN)、受限玻爾茲曼機、自組織映射 (SOM)、卷積神經網路 (convolutional neural network, CNN)。

(7) 增強式學習：包括 Q 學習、State-action-reward-state-action(SARSA)、時間差分學習。

(8) 機器學習的理論：常見的，偏誤 - 變異數取捨 (bias-variance trade-off)（第 4 章）、計算學習理論、經驗風險最小化、機率近似正確學習 (probably approximately correct learning, PAC) 學習、統計學習（基於數據來統計學與泛函數分析來建構模型，找出預測性函數）、VC 理論 (Vapnik-Chervonenkis theory)。

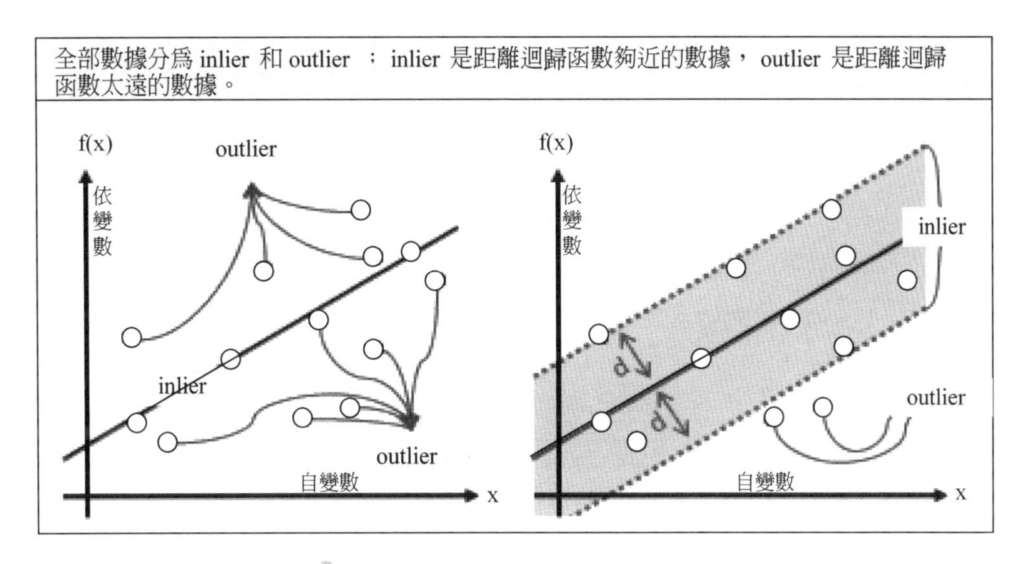

圖 1-38 離群值 (outlier) 之示意圖

五、基本的機器學習有 5 大演算法

基本的，坊間比較常見的五大 ML 演算法，如圖 1-39。

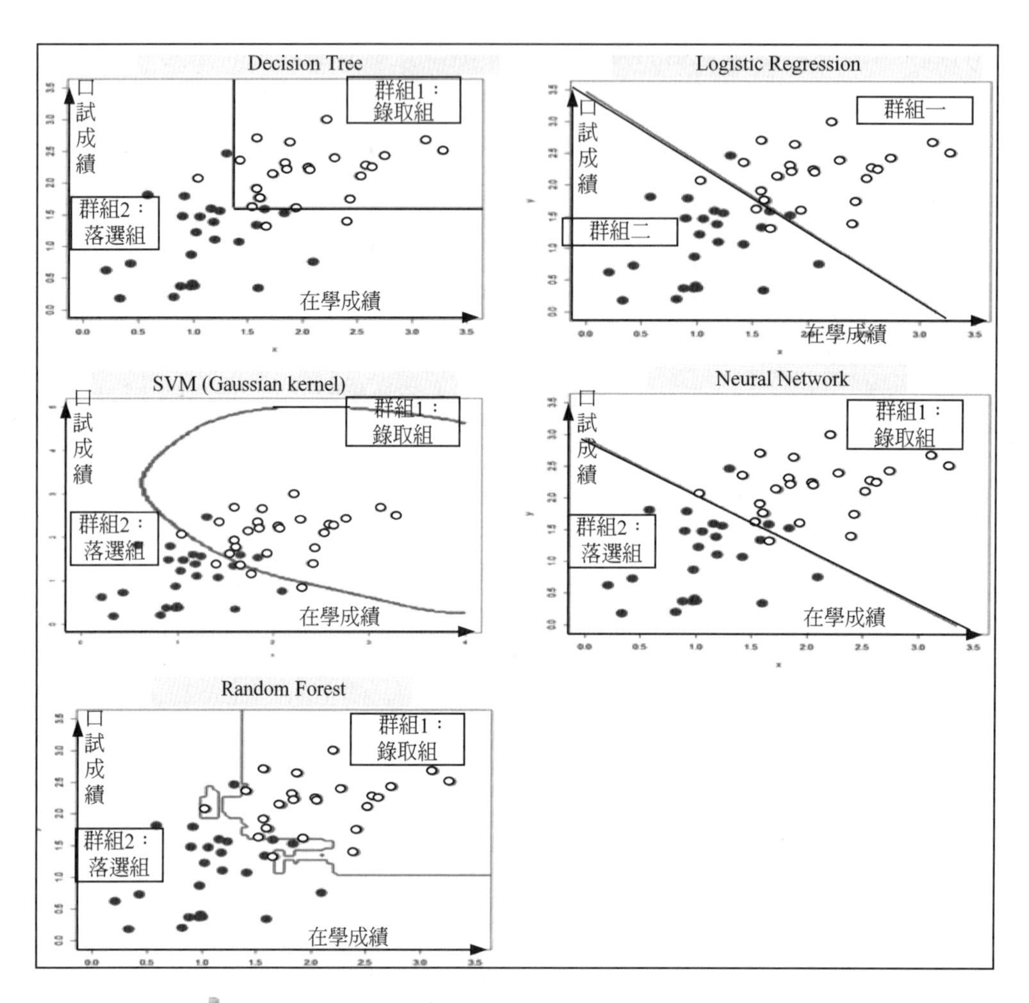

圖 1-39　五種機器學習演算法（分類用途，分二群）

1-3-4 特徵（features ≈自變數）、訓練、標籤（Label ≈類別依變數）？

在電腦視覺及影像處理中，特徵 (features) 是與解決與特定應用相關的計算任務相關的資訊。這與 ML 及 pattern 辨識中的特徵具有相同的意義，儘管影像處理具有非常複雜的特徵集合。特徵可以是影像中的特定結構，例如：點、邊緣或對象。特徵也可以是應用於影像的一般鄰域操作或特徵檢測的結果。

特徵的其他範例涉及影像序列中的運動，關於根據不同影像區域之間的曲線或邊界定義的形狀，都會涉及這種區域的屬性。

ML 一旦訓練好模型，就會求得一組包含這些特徵的新輸入；並傳回該預測「標籤」(label)（例如：寵物類型）。

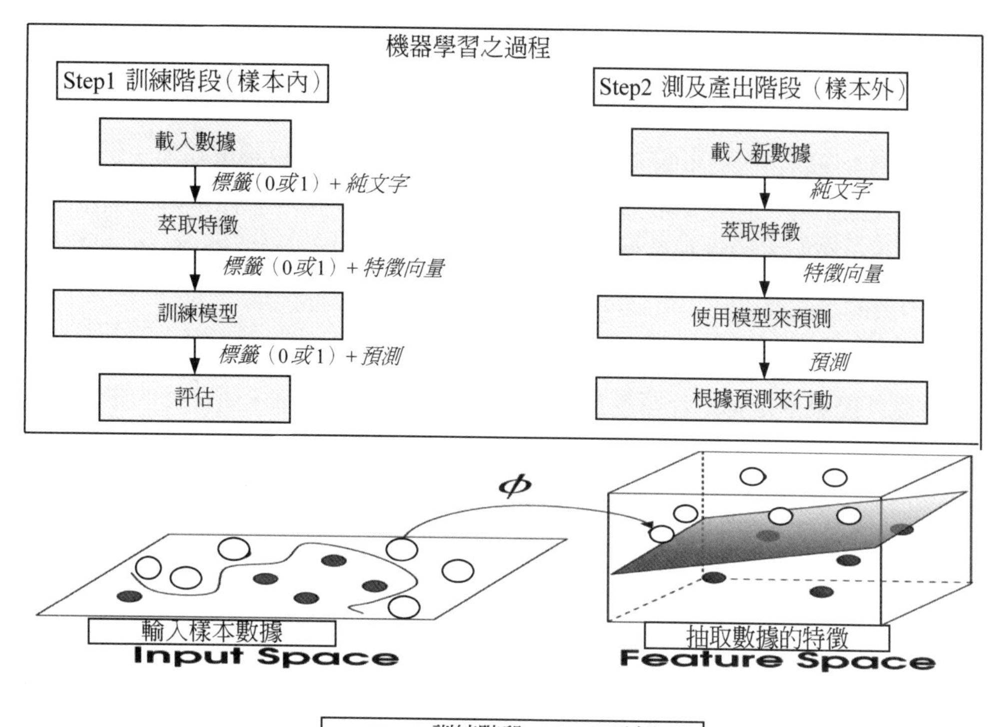

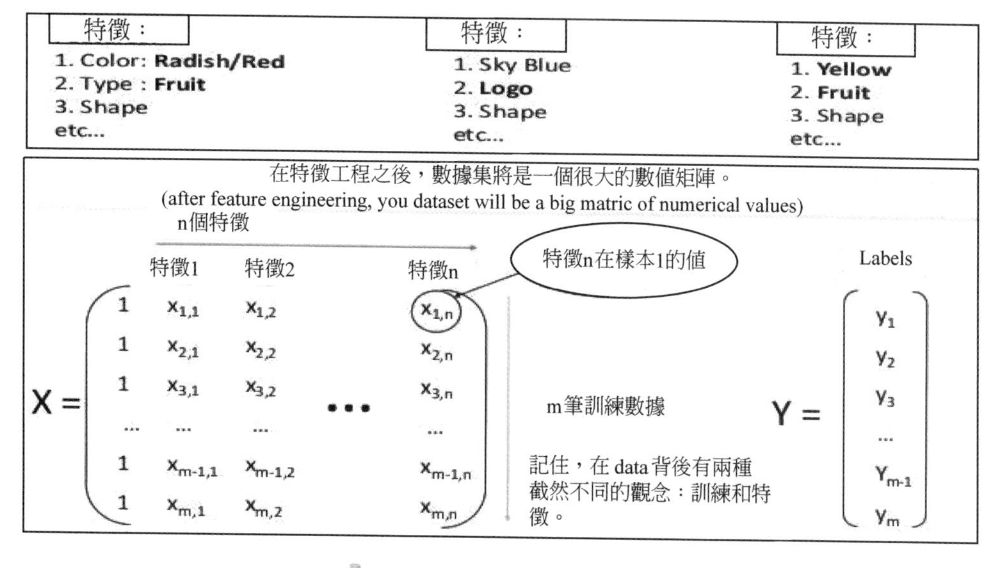

$$X=\begin{pmatrix} 1 & x_{1,1} & x_{1,2} & \cdots & x_{1,n} \\ 1 & x_{2,1} & x_{2,2} & \cdots & x_{2,n} \\ 1 & x_{3,1} & x_{3,2} & \cdots & x_{3,n} \\ \cdots & \cdots & \cdots & & \cdots \\ 1 & x_{m-1,1} & x_{m-1,2} & \cdots & x_{m-1,n} \\ 1 & x_{m,1} & x_{m,2} & \cdots & x_{m,n} \end{pmatrix} \quad Y=\begin{pmatrix} y_1 \\ y_2 \\ y_3 \\ \cdots \\ y_{m-1} \\ y_m \end{pmatrix}$$

圖 1-40 機器學習之過程

機器學習 (machine learning, ML)，顧名思義，就是讓機器（主要是電腦）能夠從 data 中學習的演算法。

舉例而言，你要如何辨識什麼是狗？一個只有一兩歲的幼兒，可能不知道什麼是狗。但是，若你經常帶他在公園裡散步，只要看到狗，就告訴他這是狗，久而久之，他就知道什麼東西是狗。其實就是人類的「學習」。

那麼，你該如何讓電腦能夠辨認狗？同樣的，你也可以讓電腦來「學習」。對於輸入的影像，你先萃取這影像的特徵 (features)。接著，你再對電腦做訓練 (training)，告訴電腦哪張影像是狗，哪張影像不是狗。當訓練的數據量足夠之後，有新的影像進來時，電腦就可以判斷這張是不是狗的影像了。

1. features：數據的特徵 (features)，就是機器學習 演算法的 input。就像人眼在辨認什麼東西是狗、什麼是魚、什麼是屋子、什麼是車，所依據的是東西的「特徵」，電腦也是先對影像萃取出特徵之後，再來做辨識。

   至於如何取出 data 的 features，該選取哪些 features，則完全依賴於 data 的種類及應用，以辨認「樹」而言，可以選取物體的顏色、高度、長寬比，有沒有類似樹枝或樹根的東西存在，來當成是辨識樹的「features」。若 data 是心電圖訊號，那麼 features 就可以是心跳的間隔、心電圖信號的高頻成分、低頻成分等等。本書只介紹機器學習的概念，因此不討論每個應用領域的 features 萃取法；況且實際應用 ML 領域是非常廣，也無法一一討論。

2. training：每個機器學習演算法都需要一些已知、現有的data來進行training（訓練）。training 會改變機器學習演算法中一些參數，使機器學習演算法能從現有的data特性去推測未來、未知的data結果。例如：你可以持續的告訴電腦，擁有某些 features 的 data 是一棵樹或者不是一棵樹。當訓練的 data 夠多，且訓練的演算法夠好，有新的 data 進來時，電腦就可以自動判斷這個 data 是否爲一棵樹。

3. label：就是 training data 所對應的 output。就好像你要讓幼兒了解什麼一棵樹時，就要告訴幼兒公園裡哪些東西是樹，哪些不是樹，否則幼兒將難以了解。同樣的，在對電腦做訓練時，必需要告訴電腦這些 data 所對應的 output（即 label），否則電腦將無從學習。在訓練電腦自動地判斷樹的圖片時，你可以將 training data 當中，不是樹的圖片的 label 設爲 0，樹的圖片的 label 設爲 1。

1-3-5 監督機器學習 ⊃ 多變數線性迴歸 (machine learning: linear regression with multiple variables)

監督式學習 (Supervised learning)，是一個機器學習中的方法，可以由訓練資料中學到或建立一個模式（函數 / learning model），並依此模式推測新的實例。訓練資料是由輸入對象（通常是向量）及預期輸出所組成。函數的輸出可以是一個連續的值（稱爲迴歸分析），或是預測一個分類標籤 (label)（稱作分類）。

一個監督式學習者的任務在觀察完一些訓練範例（輸入及預期輸出）後，去預測這個函數對任何可能出現的輸入的值的輸出。要達到此目的，學習者必須以「合理」的方式從現有的資料中一般化到非觀察到的情況。在人類及動物感知中，則通常稱爲概念學習 (concept learning)。

Stata Baye 線性迴歸的指令，包括：(bayes: regress、bayes: glm、bayes: hetregress、bayes: meglm、bayes: mixed) 等指令。詳情請見《AI 與 Bayesian 迴歸的整合：應用 Stata 分析》一書。

一、機器學習 (ML)：從數據中自行學會技能

ML 是實作 AI 的方式之一。傳統實作 AI 的方式需要人們將規則 (rule-base) 嵌入到系統，ML 則改讓電腦能夠自行從歷史數據中學會一套技能、並能逐步完善精進該項技能。什麼技能呢？舉例來說，辨識狗的技能。

人類是如何學會辨識一隻狗的？你不是熟背所有狗的詳細特徵：「尖耳朵、四肢腳、叫聲、有鬍子、體型、毛色等」從土狗、狼犬、柴犬等狗的外型特徵都不一樣，甚至要將野狼、土狼等類似狗，但不是狗的照片排除出來。

一般只要給小孩看狗、或狗的照片，只要告訴孩子這是狗，當小孩把小老虎、貓看成狗時進行糾正，久而久之，小孩自然地「學」會辨識一隻狗的特徵。未來，在路上看到某隻寵物，就能辨識牠是不是狗？

從前讓電腦辨識出狗時，需要工程師將所有狗的特徵以窮舉法的方式、詳細輸入所有狗的可能條件，比如狗有長臉、鬍子、叫聲、肌肉型身體、尖耳朵、四肢及一條長尾巴；然而凡事總有例外，若電腦在照片中遇到了一隻仰躺只露出肚子的狗？正在奔跑長毛的狗？尖臉短尾狗？其誤判機率就會提高。

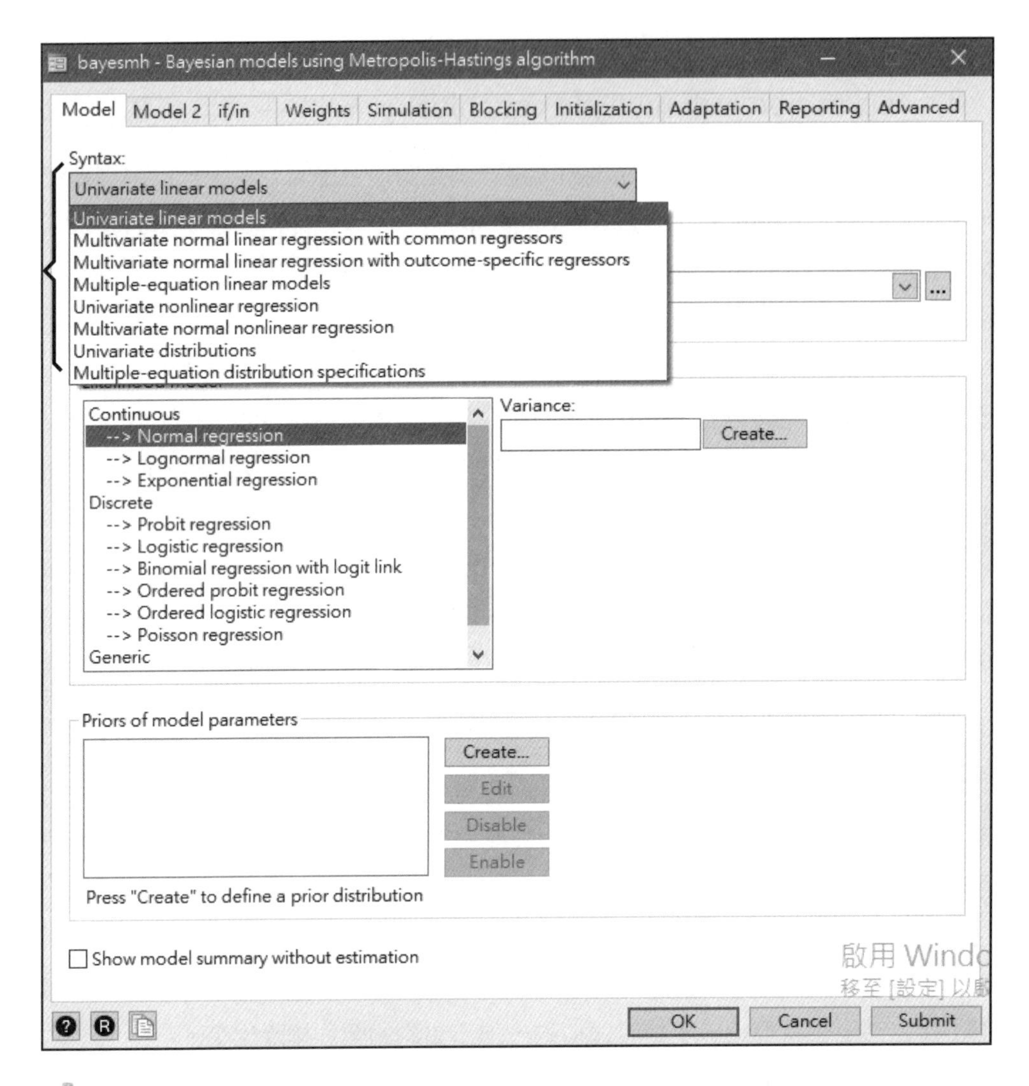

圖 1-41　bayesmh 指令對應「線性 vs. 非線性模型」有 8 種：Bayesian 模型使用 Metropolis-Hastings 演算法

二、訓練 ML 模型時，技術上有哪些重要的部分呢？

1. 數據清整 (data cleaning)

機器既然得從大數據中挖掘出規律，「乾淨」的數據在分析時便非常地關鍵。在分析的一開始時，得處理數據的格式（聲音、影像、文字、數值）不一致、missing 值、無效值等異常狀況，並視數據分布狀態（常見有 17 種分布），決定如何填入數據，或移除欄位，確保不把誤差及誤的數據帶入到數據分析的過程中去。

2. 特徵萃取 (feature extraction) 與特徵選擇 (feature selection)

特徵萃取 (feature extraction) 是從數據中挖出可以用的特徵，比如每個會員的性別、年齡、消費金額等；再把特徵量化。例如：圖 1-32 所示是大圖像分類的特徵萃取。

特徵經過特整萃取後，特徵選擇（如 Lasso，Ridge 迴歸）是根據 ML 模型學習的結果，去看什麼樣的特稱是比較重要的。若是要分析潛在客戶的話，那麼該客戶的消費頻率、歷年消費金額等可能都是比較重要的特徵，而性別及年齡的影響可能便不會那麼顯著。

藉由逐步測試、或使用演算法篩選特徵，旨在找出最恰當的特徵組合，讓學習的效果最好。

3. 模型選取

數據科學家會根據所要解決的問題、擁有的數據類型及過適化等情況進行衡量評估，選擇性能合適的 ML 模型。由於 ML 模型的數量與方法非常多，包括了神經網路、隨機森林、SVM、決策樹、集群等。以下僅將 ML 模型依據幾種常見的問題類別進行介紹。

三、多變數直線迴歸 (multivariate linear regression)：非曲線關係

「迴歸」就是找一個函數，盡量符合手邊的一堆數據。此函數稱作「迴歸函數」。如下圖所示。

(一) 線性迴歸

直線迴歸式：

$$y_i = \beta_{01} + \beta_1 x_{i1} + \cdots + \beta_p x_{ip} + \varepsilon_i = x_i^T \beta + \varepsilon_i,\ i = 1, \cdots, n,$$

或簡寫成：

$$y = X\beta + \varepsilon_i$$

其中

$$y=\begin{pmatrix} y_1 \\ y_2 \\ \vdots \\ y_n \end{pmatrix},$$

$$X=\begin{pmatrix} x_1^T \\ x_2^T \\ \vdots \\ x_n^T \end{pmatrix}=\begin{pmatrix} 1 & x_{11} & \cdots & x_{1p} \\ 1 & x_{21} & \cdots & x_{2p} \\ \vdots & \vdots & \ddots & \vdots \\ 1 & x_{n1} & \cdots & x_{np} \end{pmatrix}$$

$$\beta=\begin{pmatrix} \beta_0 \\ \beta_1 \\ \beta_2 \\ \vdots \\ \beta_p \end{pmatrix},\ \varepsilon=\begin{pmatrix} \varepsilon_1 \\ \varepsilon_2 \\ \vdots \\ \varepsilon_n \end{pmatrix}$$

在統計學中，線性迴歸是 scalar response（或依變數）與一個以上解釋變數（或自變數）之間關係的線性方法。一個解釋變數的情況稱爲簡單線性迴歸。對於多個解釋變數，該過程稱爲多重線性迴歸。它不同於預測「**多個相關依變數**」的 multivariate 線性迴歸，而不是單一變數 (single scalar variable)。

線上性迴歸中，使用從數據來估計未知模型參數 (unknown model parameters a) 的線性預測函數來建模關係。這種模型稱爲直線模型（非曲線關係）。(1) 最常見的是：已知解釋變數 X（或預測變數）值的「**條件均值**」，並假定爲這些值的仿射函數 (affine function)；(2) 但較不常用：使用條件中位數或其他分位數 (conditional median or some other quantile)。像所有迴歸分析的形式 (forms) 一樣，線性迴歸只著重在反應變數的條件機率分布 (conditional probability distribution of the response) 而不是所有變數的聯合機率分布 (joint probability distribution of all of these variables)（它是多變數分析的領域）。

定義：條件期望值

在機率論中，條件期望值是一個實數隨機變數的相對於一個條件機率分布的期望值。換句話說，這是已知的一個或多個其他變數的值一個變數的期望值。它也稱爲條件期望值值或條件均值。

條件機率的概念是由條件期望值來定義。

設 X 及 Y 是離散隨機變數，則 X 的條件期望值在已知事件 Y = y 條件下是 x 的在 Y 的值域 (range) 的函數：

$$E(E \mid Y=y)=\sum_{x\in X} x \quad P(X=x \mid Y=y)=\sum_{x\in X} x\frac{P(X=x, Y=y)}{P(Y=y)},$$

其中，X 是處於 x 的值域。

若現在X是一個連續隨機變數，而在Y仍然是一個離散變數，條件期望值是：

$$E(E \mid Y=y)=\int_x x f_X(x \mid Y=y)dx$$

其中，$f_X(\cdot|Y=y)$ 是在給定 Y = y 下 X 的條件機率密度函數。

定義：條件機率分布 (conditional probability distribution)

條件機率分布（conditional probability distribution，條件分布，conditional distribution）是現代機率論中的概念。已知兩個相關的隨機變數x 及y，隨機變數 y 在條件 {X=x} 下的條件機率分布係指當已知 x 的取值爲某個特定值 x 之時，y 的機率分布。若 y 在條件 {X=x} 下的條件機率分布是連續分布，那麼其密度函數稱作 y 在條件 {X=x} 下的條件機率密度函數（條件分布密度、條件密度函數）。與條件分布有關的概念，常常以「條件」作爲前綴，如條件期望、條件變異數等等。

當隨機變數是離散或連續時，條件機率分布有不同的表達方法：

1. 離散條件分布

對於離散型的隨機變數X及Y（取值範圍分別是I及J），隨機變數Y在條件{X =x} 下的條件機率分布是：

$$\forall j\in J，p_{Y|X}(j)=p_Y(j|X=i)=P(Y=j|X=i)=\frac{P(X=i, Y=j)}{P(X=i)}.(P(X=i)>0)$$

同樣的，X 在條件 {Y=y} 下的條件機率分布是：

$$\forall i\in I，p_{X|Y}(i)=p_X(i|Y=j)=P(X=i|Y=i)=\frac{P(X=i, Y=j)}{P(Y=j)}.(P(Y=j)>0)$$

其中，P(X=i,Y=j 是 X 及 Y 聯合分布機率，即「X=i，並且 Y=j 發生的機率」。若用 p_{ij} 表示 P(X=i,Y=j) 的值：P(X=i,Y=j)=p_{ij} 那麼隨機變數 X 及 Y 的邊際分布就是：

$P(X=i)=p_{i.}=\sum_{j\in J} p_{ij}$

$P(Y=j)=p_{.j}=\sum_{j\in I} p_{ij}$

因此，隨機變數 Y 在條件 {X=x} 下的條件機率分布也可以表達爲：

$p_{Y|X}(j)=p_Y(Y=j|X=i)=\frac{p_{ij}}{p_{i.}}.(p_{i.}>0)$

同樣的，X 在條件 {Y=y} 下的條件機率分布也可以表達爲：

$p_{X|Y}(i)=\frac{p_{ij}}{p_{.j}}.(p_{.j}>0)$

2. 連續條件分布

對於連續型的隨機變數 X 及 Y，P(X=i) =P(Y=j) =0，因此對離散型隨機變數的條件分布定義不適用。假設其聯合密度函數爲 f(x,y)，*X* 及 Y 的邊際密度函數分別是 $f_X(x)$ 及 $f_Y(y)$，那麼 Y 在條件 {*X*=*x*} 下的條件機率密度函數是：

$f_{Y|X}(y|x)=f_Y(y|X=x)=\frac{f(x, y)}{f_X(x)}.$

同樣的，*X* 在條件 {*Y*=*y*} 下的條件機率密度函數是：

$f_{X|Y}(x|y)=f_X(x|Y=y)=\frac{f(x, y)}{f_Y(y)}.$

線性迴歸是第一個被嚴格考驗的迴歸分析，迄今已被廣泛用於各行業。這是因爲直線性是根據未知參數來建構模型，故它比其他非線性參數的模型更容易適配 (fit)，並且因爲所得估計量的統計特性更易確定。

線性迴歸有許多實際用途。大多數應用程式屬於以下兩大類之一：

1. 若目標是預測，或誤差最小化，線性迴歸可用於將預測模型適配到觀察到的反應値及解釋變數的數據集。在建構線性迴歸模型之後，若在沒有伴隨的反應値的情況下收集解釋變數的附加値，則可以使用適配模型來預測反應。
2. 若目標是解釋可歸因於解釋變數 X 變化對反應變數 Y 的變化，則可以應用線性迴歸分析來量化：反應 Y 與解釋變數 X 之間關係強度，尤其是確定是否一些解釋變數可能與反應根本沒有線性關係，或者確定哪些解釋變數的子集可能包含關於反應的冗餘資訊。

(二) 簡單線性迴歸

傳統的 OLS（最小平方法）簡單線性迴歸 (simple linear regression)，即取一條及數據點誤差最小的直線，依照這條直線預測新的數據點應該落在何處，如下圖。

誤差的計算一般是選擇 Least Square，也就是最小平方誤差。假設上圖的 x 軸是個人收入 (input)，y 軸是個人花費 (output)。你現在已有一群個人收入及花費數據，即圖上的黑點。你再依據這些黑點，利用線性迴歸 (linear regression) 畫出最能夠代表這些點的直線，也就是及這些點誤差最小的線，如上圖中的藍線。

接下來，若你有一個新的消費者數據，但只有個人收入，沒有花費。那麼你可以依據這條直線，來判斷這樣每個人收入，他的花費應該是多少。

另外，値得一提的是，OLS 線性迴歸只是迴歸之一，OLS 與監督學習分類 (supervised learning classification) 之函數不同。這兩者的差別在於分類輸出的結果是「label」，比如「1, 2, 3,…」等（即群組 1, 群組 2, 群組 3,…）離散值 (discrete value)，代表樣本 data 所屬分類（群組）；相對地，OLS 迴歸的輸出的結果則是一個連續型預測值 (continuous value)，例如：學習效果、組織績效、台積電股價、工作滿意度等。

四、多變數線性迴歸的梯度下降 (gradient descent for linear regression with multiple variables)

梯度下降法，基本上是先找一個點，然後都往「更小成本」的方向前進一小步，如此循環再往前進一步等，等前進很多步之後，就可得達到最佳解。

Stata 提供 gradient 外掛指令，包括：

1. blp.ado(Berry Levinsohn Pakes random coefficients logit estimator)
2. colorscatter.ado(draw scatter plots with marker colors varying by a third variable)
3. gpfobl.ado(Rotation after Exploratory factor analysis / Principal components analysis)
4. boost.ado (implements the MART boosting) 演算法。

以上外掛指令，你可將書上光碟片「\ado」，將它 copy 至「c:\ado」資料夾即可使用它。

梯度下降法 (Gradient descent) 是一個一階最佳化演算法，通常也稱爲最速下降法。要使用梯度下降法找到一個函數的局部極小值，必須向函數上當前點對應梯度（或者是近似梯度）的反方向的規定步長距離點進行疊代搜尋。若相反地向梯度正方向疊代進行搜尋，則會接近函數的局部極大值點；這個過程則稱爲梯度上升法。

多變量線性迴歸 (Multivariate Linear Regression)

$$h_\theta(x) = \theta_0 + \theta_1 x_1 + \theta_2 x_2 + \ldots + \theta_n x_n$$

$\theta_0, \theta_1, \theta_2, \ldots, \theta_n$: parameters

For convenience of notation, define $x_0 = 1, x = \begin{bmatrix} x_0 \\ x_1 \\ \cdot \\ \cdot \\ \cdot \\ x_n \end{bmatrix} \in \mathbb{R}^{n+1}, \theta = \begin{bmatrix} \theta_0 \\ \theta_1 \\ \cdot \\ \cdot \\ \cdot \\ \theta_n \end{bmatrix} \in \mathbb{R}^{n+1}$

如此，原式可表示為：

$$h_\theta(x) = \theta_0 x_1 + \theta_1 x_1 + \theta_2 x_2 + \ldots + \theta_n x_n = \theta^T x$$

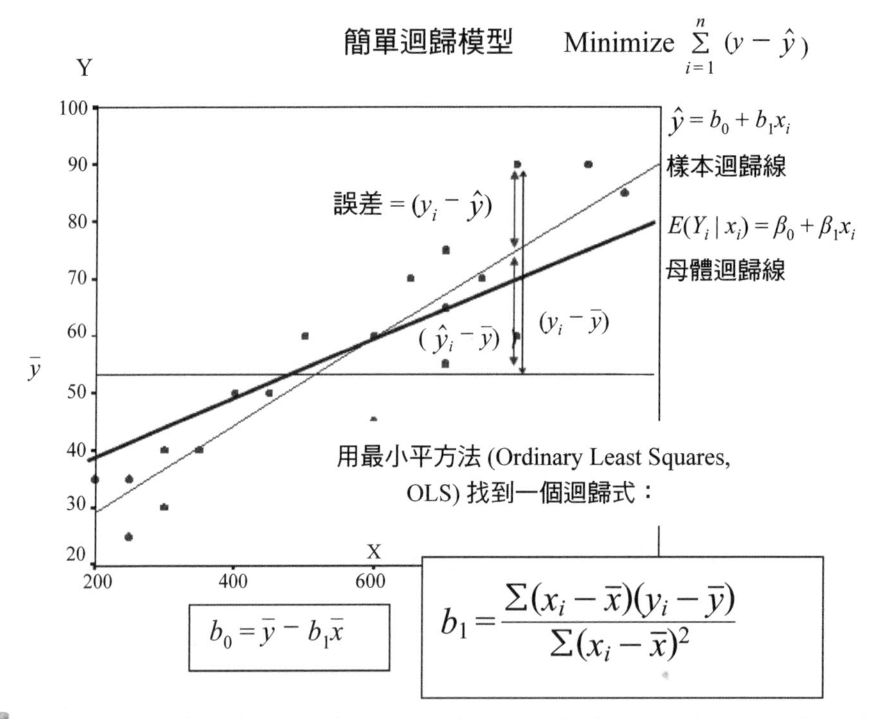

圖 1-42 多變數迴歸 vs. 簡單迴歸之示意圖（將時間 x 及台積電股價 y 之間的關係用直線近似）

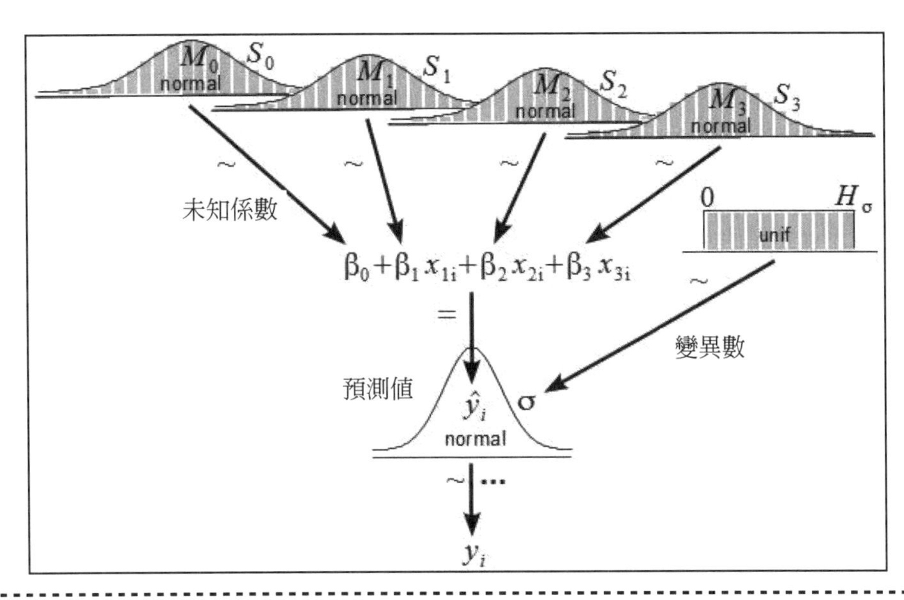

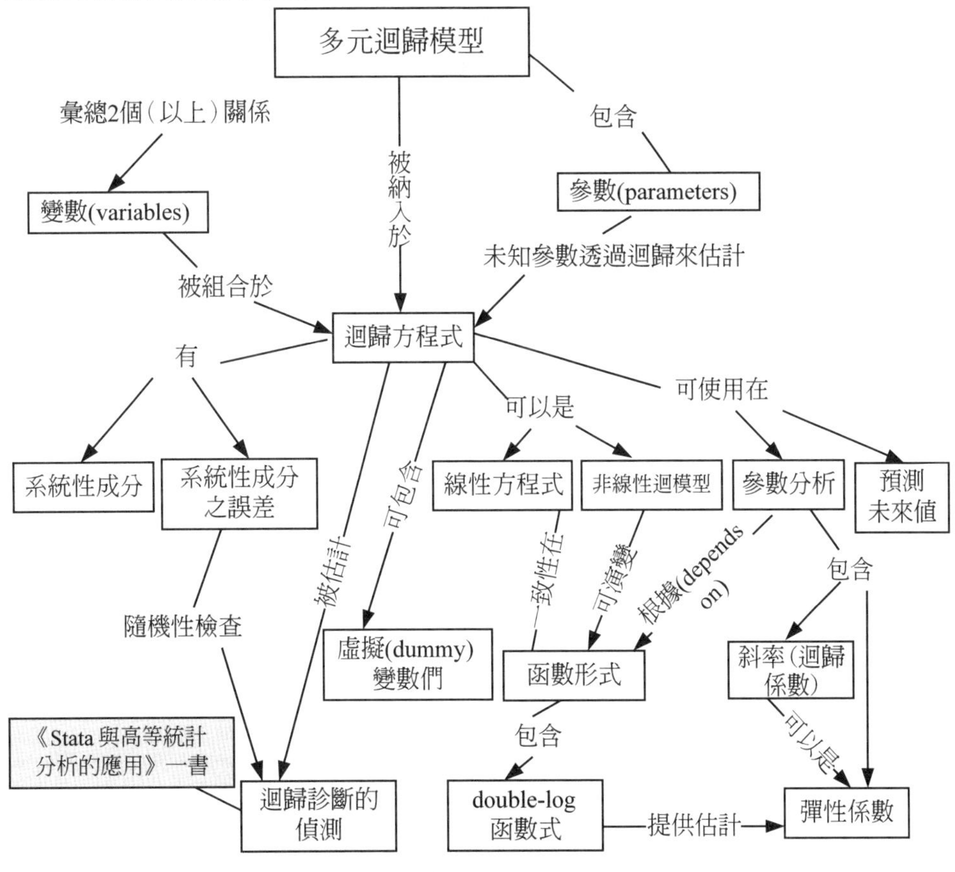

圖 1-43　多元迴歸模型之分析流程

五、特徵 (features) 及多項式迴歸 (polynomial regression)

Stata 提供 polynomial regression 指令，包括：

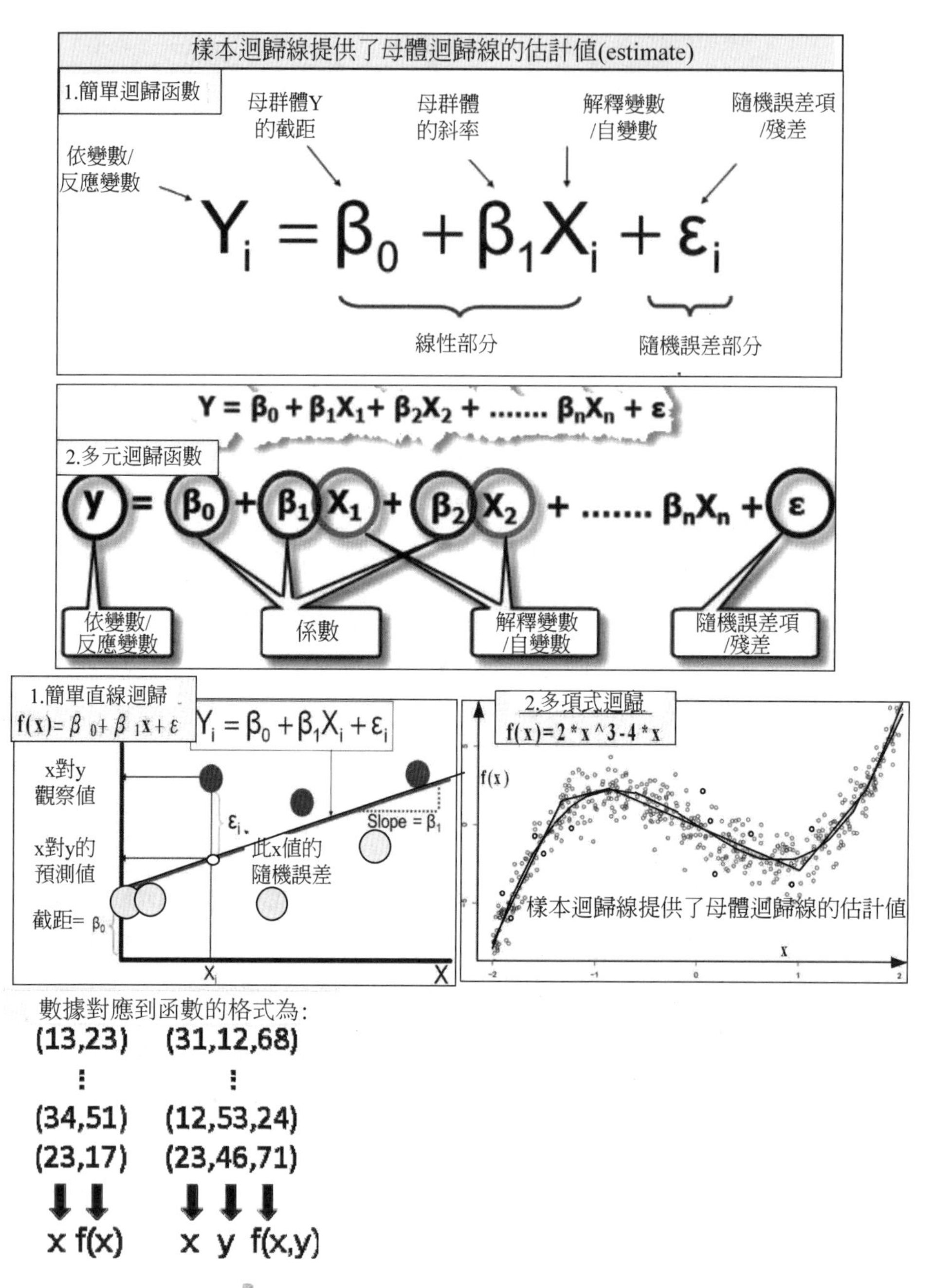

圖 1-44　直線 vs. 多項式「迴歸函數」

1. 指令 fp(fractional polynomial regression)
2. 指令 lpoly(Kernel-weighted local polynomial smoothing)
3. 指令 mfp(multivariable fractional polynomial models)
4. 指令 orthog(orthogonalize variables and compute orthogonal polynomials)。

1. 求最佳解 (optimization)：

人腦考慮的「最符合」，放到了電腦就被設定成「所有數據的誤差總及最小」。把所有數據的誤差總及寫成一個函數，迴歸問題就變成了最佳化問題。

迴歸函數 $f(x) = ax^2 + bx + c$ 符合數據 (2,3) ⋯ (7,8) 每筆數據的平方誤差分別是 $(3 - f(2))^2 \ldots (8 - f(7))^2$ $(3 - (a \times 2^2 + b \times 2 + c))^2 \ldots (8 - (a \times 7^2 + b \times 7 + c))^2$ 代數符號是 $(y_1 - f(x_1))^2 \ldots (y_N - f(x_N))^2$ 所有數據的誤差總及是 $(3 - f(2))^2 + \ldots + (8 - f(7))^2$ 代數符號是 $e(a,b,c) = (y_1 - f(x_1))^2 + \ldots + (yN - f(xN))^2$ $= \sum (y_1 - f(x_1))^2$ $= \sum (y_1 - \hat{y}_i)^2$ $= \sum \lVert y_i - \hat{y}_i \rVert^2$ 令 e(a,b,c) 越小越好。 選定一個最佳化演算法，求出 e(a,b,c) 的最小值，求出此時 abc 的數值， 就得到迴歸函數 f(x)。

2. 線性迴歸

性質較特殊，它不需要最佳化演算法。寫成線性方程組，套用「Normal Equation」。

直線函數 $f(x) = ax + b$

符合二維數據 (2,3) (5,6) (7,8)

$$\begin{bmatrix} 2 & 1 \\ 5 & 1 \\ 7 & 1 \end{bmatrix} \begin{bmatrix} a \\ b \end{bmatrix} = \begin{bmatrix} 3 \\ 6 \\ 8 \end{bmatrix}$$

平面函數 $f(x,y) = ax + by + c$

符合三維數據 (2,3,4) (5,6,7) (7,8,9) (3,3,3) (4,4,4)

$$\begin{bmatrix} 2 & 3 & 1 \\ 5 & 6 & 1 \\ 7 & 8 & 1 \\ 3 & 3 & 1 \\ 4 & 4 & 1 \end{bmatrix} \begin{bmatrix} a \\ b \\ c \end{bmatrix} = \begin{bmatrix} 4 \\ 7 \\ 9 \\ 3 \\ 4 \end{bmatrix}$$

六、計算參數分析 (computing parameters analytically)

Gradient Descent 係以疊代 (iterative) 的方式逐步找出成本函數 $J(\theta)$ 的最小値，而 Normal Equation 則能夠以計算的方式直接求得其最小値。

首先，考慮 θ 爲 1D scalar value（而非 vector）的情況：

$$\theta \in \mathbb{R}$$

假設 cost function $J(\theta) = a\theta^2 + b\theta + c$

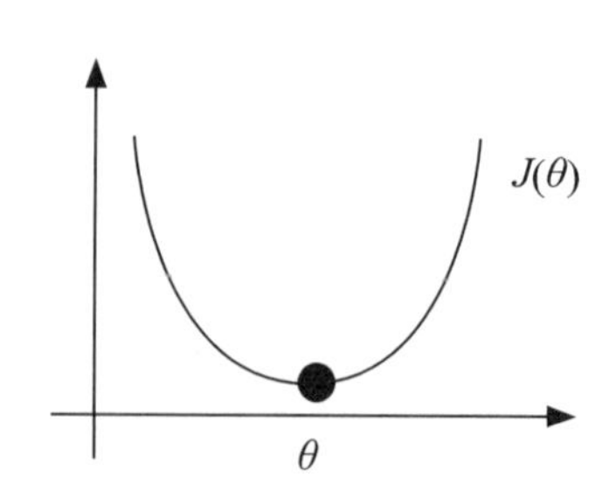

求 $J(\theta)$ 最小值的方式爲設 $\frac{d}{d\theta}J(\theta)=0$

Solve for θ.

因爲對 $J(\theta)$ 微分，得到的是切線，當切線斜率爲 0 時，位置處於最低點。當 θ 是 $n+1$ dimensional vector 時：

$$\theta \in \mathbb{R}^{n+1}$$

假設：成本函數爲

$$J(\theta)=\frac{1}{2m}\Sigma_{i=1}^{m}(h_\theta(x^{(i)})-y^{(i)})^2$$

m：訓練樣本個數

n：features 個數

訓練樣本，如下：

$$(x^{(1)}, y^{(1)}), \cdots, (x^{(m)}, y^{(m)})$$

求 $J(\theta)$ 最小值的方式爲設 $\frac{\partial}{\partial\theta_j}J(\theta)=0$ (for every J)

Solve for $\theta_0, \theta_1, \cdots, \theta_n$.

$$x^{(i)}=\begin{bmatrix} x_0^{(i)} \\ x_1^{(i)} \\ \vdots \\ x_n^{(i)} \end{bmatrix}_{(n+1)*1} \in \mathbb{R}^{n+1}，X=\begin{bmatrix} (x^{(1)})^T \\ (x^{(2)})^T \\ \vdots \\ (x^{(m)})^T \end{bmatrix}_{m*(n+1)}，y=\begin{bmatrix} y^{(1)} \\ y^{(2)} \\ \vdots \\ y^{(m)} \end{bmatrix}_{m*1}$$

$$\theta=(X^TX)^{-1}X^Ty$$

定義：方程式的正規化（Normal Equation，歸一化）

先來看看單一變數的 Normal equation 方法：

1. 當 $\theta \in R$ 時，誤差函數爲：

$$J(\theta)=a\theta^2+b\theta+c$$

此時只需要很簡單地對 θ 求導數，使其導數爲 0 即可求出 θ：

$$\frac{\partial}{\partial\theta}J(\theta)=0$$

2. 當 $\theta \in R^{n+1}$ 時，誤差函數爲：

$$J(\theta_0,\theta_1,\cdots,\theta_n)=\frac{1}{2m}\sum_{i=1}^{m}(h_\theta(x^{(i)})-y^{(i)})^2$$

你只要對每個 θ 求偏導數，並使其爲 0，即可求每個 θ 的值：

令 $\frac{\partial}{\partial\theta_j}J(\theta)=0, j=0,1,2,\cdots,n$

1-3-6 特徵縮放 (feature scaling)：機器學習 (ML)

特徵正規化 (feature normalization) 又稱特徵縮放 (feature scaling)。它是用來統一資料中的自變數或特徵範圍的方法，在資料處理中，通常會被使用在資料前處理這個步驟。

例如：以房屋大小（30 坪～110 坪）及房間數量（3～6 房）來預測房價，這二個自變數大約有十倍左右的數量差距（30 坪 vs. 3 房）。這說明，在現實狀況，不同特徵的自變數的數量級差距很大時，適當 feature scaling 的變數變換，對最佳求解是必要的。

一、特徵縮放的動機

因爲在原始的資料中，各變數的範圍大不相同。對於某些 ML 的演算法，若沒有做過標準化，目標函數會無法適當的運作。舉例來說，多數的分類器利用兩點間的距離計算兩點的差異，若其中一個特徵具有非常廣的範圍，那兩點間的差異就會被該特徵左右，因此，所有的特徵都該被標準化，這樣才能大略的使各特徵依比例影響距離。

另外一個做特徵縮放的理由是他能使加速梯度下降法的收斂。

二、特徵縮放的方法

1. 重新縮放

最簡單的方式是重新縮放特徵的範圍到 [0, 1] 或 [-1, 1]，依據原始的資料選擇目標範圍，通式如下：

$$x' = \frac{x - \min(x)}{\max(x) - \min(x)}$$

x 是原始的值，x' 是被標準化後的值。例如：假設你有學生的體重資料，範圍落在 [70Kg, 89Kg]，為了重新縮放這個資料，你會先將每個學生的體重減掉 70，接著除以 29（最大體重與最小體重的差值）。

2. 標準化

在 ML 中，你可能要處理不同種類的資料，例如：音訊及圖片上的像素值，這些資料可能是高維度的，資料標準化後會使每個特徵中的數值平均變為 0（將每個特徵的值都減掉原始資料中該特徵的平均）、標準差變為 1，這個方法被廣泛的使用在許多 ML 演算法中（例如：支持向量機、邏輯迴歸及類神經網路）。

3. 縮放至單位 (unit) 長度

小結

在 ML(machine learning) 問題中，Features 常常有很多很多個。若 Features 間的 scale 差異過大，會導致某些 θ_j 的更新「步伐」，相對於其他 Features 而言會過小或過大。

因此，你必須做特徵縮放 (feature scaling)，使每個特徵 (features) 的值落在差不多的範圍內。以下是二個常見的縮放 (scaling) 方式。F_{old} 代表原本的數據，F 代表經過 scaling 之後的數據：

$$F = \frac{F_{old} - mean(F_{old})}{\max(F_{old}) - \min(F_{old})}$$

如此一來，$mean(F) = 0$ 且 $\max(F) - \min(F) = 1$ 將滿足。

另一種常見的縮放 (scaling) 方式為（較建議用這方式）

$$F = \frac{F_{old} - mean(F_{old})}{s_{old}} \text{其中} s_{old} = \sqrt{mean\left\{\left[F_{old} - mean(F_{old})\right]^2\right\}} \tag{4}$$

如此一來，mean(F) = 0，且 F 的 variance 及 standard deviation 皆為 1。

三、特徵縮放的功用：延生出 ridge 迴歸、Lasso 迴歸、elastic net 迴歸

在隨機梯度下降法中，特徵縮放有時能加速其收斂速度。而在支持向量機中，他可以使其花費更少時間找到支持向量，特徵縮放會改變支持向量機的結果。縮收率 (shrinkage) 更是 ridge 迴歸、Lasso 迴歸、elastic net 迴歸的理論基礎。詳情請見第 3 章。

四、特徵縮放的 Stata 指令

Stata 提供維度縮放 (scaling) 之指令有二：mds、mdsmat，其範例，請見作者《多變數統計之線性代數基礎：應用 Stata 分析》專書。

幸運的事，Stata v16 已提供三大類「Lasso 推論模型」，可做大數據之迴歸預測及推論的功能，範例請見第 4 章的實作。

機器學習(ML)與統計關係

一、統計與機器學習 (machine learning, ML) 有何區別？

1. 機器學習是無需依賴基於規則的編程即可從數據中學習的演算法。
2. 統計建模係以數學方程式的形式對數據中變數之間的關係進行形式化。

機器學習是實務活動；統計數據是基於理論抽象，但也有實務面之「統計建模」及「ML 分析」。可見，統計與機器學習二者的關係，實際上是非常複雜的關係，僅定義這兩個概念無助於剖析這種聯繫。

二、機器學習 (ML) 是什麼？

ML 是發展最快的科學領域之一，爲機器學習提供動力的基本思想、理論框架及豐富的數學工具及技術。機器學習理論旨在設計和分析一些讓電腦可以自動「學習」的演算法，它包含：機率論及統計學、排列組合、計算理論、最佳化及賽局理論等。

ML 的核心目標是從其經驗中概化出模型或原則 (Bishop, 2006)。

AI、機器學習、深度學習這三個名詞，彼此緊密相關，但意義又不太相同。

1. AI 已存在人們生活很久。像是語音辨識、手機上的助理功能、購物網站的「商品推薦」演算法、串流影音網站的推薦（追劇）、甚至醫師用使用 AI 機器學習來建立預測模型並與醫師看診系統結合等，都是 AI 的身影。
2. AI 的範圍很廣，涵蓋了整個 ML 領域。ML 的定義是「在不經過程式導引的前提下，機器就具備學習的能力」。意即，把大數據餵給電腦消化，然後讓電腦輸出分析結果。

傳統 ML 系統的核心技術，係透過統計分析及預測，找出大數據中的變動態

樣 (pattern) 及其中所隱藏的資訊，而不需要重複寫程式來指示分析方向。

3. 深度學習 (DL) 是 ML 領域中新分支，旨在拉近 ML 與 AI 之間的距離。DL 的出現，源自人類對「深度神經網路」的研究；而 DL 系統的運作則是在嘗試模擬人腦內層的功能，透過多層次的資訊處理來形成知識。

   在 DL 系統中，機器會透過大數據處理及演算法，來學會如何完成特定工作。當資料餵進人工類神經網路之後，系統會「詢問」一連串的是非題或數值題，並且根據獲得的答案來對資料分類。

   迄今，深度學習的影像辨識系統，已成功應用在機器人、自動駕駛車輛、及醫療病灶定位影像分析。

迄今，隨著電腦科技的進步，你有能力去儲存與處理大數據，甚至彙整來自不同地方、不同類型（文字、圖片、語音、類比訊號等）的資料，例如：連鎖企業，販售數上千種商品給百萬客戶，每天將這些交易記錄儲存下來。然而對於這些沒有經過分析的資料 (data)，如何轉換成有意義的資訊 (information)，是 ML 主要任務（例如：預測未來趨勢）。

在行銷方面，雖然你不曉得哪些人會喜歡哪些特定的商品？但是可透過資料的萃取，從隱含資料中找出有意義資訊。例如：人們到大賣場：

(1) 買洋芋片的人通常會順便買可樂，但是買可樂的不一定會買洋芋片。

(2) 買 Beer 的人通常會順便買尿布。

(3) 大部分的人夏天會買冰飲料，冬天會買麻辣火鍋，這似乎有一個重複出現的態樣 (pattern) 存在其中。

使用 ML 法來處理大數據庫數據，又稱資料探勘 / 數據挖掘 (data mining, DM)，此名詞意涵著，好比你在大體積的地球，從一堆粗糙的金屬中萃取出金礦。由於數據挖掘技術的進步，許多演算法都可以達到高度的正確性，因此應用相當廣泛。例如：財金預測、醫學診斷、零售連鎖 (retail chain)、銀行授信、測謊 (fraud detection) 及股票市場 (stock market) 走勢。此外，ML 著名的案例包括：

1. 在製造業可用 ML 來做最佳化流程、控管與自動除錯分析。
2. 在醫學方面可用 ML 來做病例診斷 (medical diagnosis)，例如：武漢肺炎快篩結果是否陽性、武漢肺炎高峰期的期測？
3. 通訊方面可分析數據做網路最佳化 (network optimization) 與提升服務品質 (quality of service, QoS)。通常，作業研究與決策科學 (operations research &

decision sciences)，要解決問題包括：

(1) 最佳化 (optimization)：從所有的解決方案 (solution) 為問題找到最優方案。

(2) 網路分析 (network analysis)：是一套整合技術，用於描述參與者之間的關係並分析因這些關係的重複而出現的社會結構。

(3) 隨機模型 (stochastic modeling)：是工具之一，透過允許一個或多個輸入隨時間的隨機變化來估計潛在結果之機率分布。

(4) 決策分析 (decision analysis)：是系統、定量和可視化的方法之一，用於解決和評估企業有時面臨的重要選擇。

(5) 軟計算與啟發式演算法 (soft computing and heuristics)：其中，軟計算係透過對不確定、不精確及不完全眞值的容錯來求得低代價的 solution 且 Robust。它模擬自然界中智慧型系統的生化過程（人的感知、腦結構、進化和免疫等）來有效處理日常工作。構成軟計算的主要技術：學習理論、模糊邏輯、概論推理、神經網路、遺傳演算法、混沌理論等。

(6) 人工智慧在工業工程與管理之應用 (ai applications for industrial engineering and management)

(7) 排程與存貨系統 (scheduling and inventory systems)：生產計畫排程是在有限產能上求得最少時、最低成的計畫，它綜合自物料、市場、產能、工序流程、管理體制、資金、員工行為等。

機器學習並非只單純處理資料庫問題，它具有自我學習、延伸出仿智慧。今日 ML 廣泛應用在視訊辨識 (vision & speech recognition) 與機器人學 (robotics) 等。例如：人臉辨識 / 圖形辨識，一張圖片是由許多像素 (pixel) 所組成的，但人臉 / 圖片有結構 (structure) 的對稱性，眼睛鼻子嘴巴都在特定的相對位置上，為了利用這些特徵找出人臉，你可撰寫程式（C、Python 等）來鑑定是否有這些特徵態樣的存在，這就是態樣辨識 (pattern recognition) 例子。

機器學習有三大類五項功能，如圖 2-1 所示，機器學習粗分為監督式學習 (supervised learning)、非監督式學習 (unsupervised learning) 與增強式學習 (reinforcement learning)。監督式與非監督式的差別在於有無訓練資料，非監督式學習直接以你投入的價值觀做判斷。

三、AI 流行語是什麼？

許多領域與人們每天所做的事情，都離不開學習、處理語言（聽）、談話（語音）、計畫（最佳化）、移動（機器人）及看（視覺）。

AI興起不是偶然，它是上述這些繁雜事的縮影。AI基礎植根於神經網路（下圖）。神經網路屬數學模型，旨在將人類思維（神經元）轉化爲數學，然後轉化爲電腦對該數學的解釋。

値得一提，下列三個主題，彼此概念是不同的：

1. 數據科學 (data science)：產生見解 (insights)。
2. 機器學習 (machine learning)：產生預測（基於統計及機率）。
3. AI(artificial intelligence)：產生行動、決策。

但以上這三個領域與人類學習方式有很多重疊：

1. 您收集資訊以獲得一些見解。
2. 您可根據您已知的數據預測數據。
3. 您可根據此類操作，產生您想要或不想要的結果的可能性，來執行操作 / 策略。

値得一提的是，以上三個領域，即使一個基於另一個，也都不是同義詞。

五、機器學習之重要名詞

1. 機器學習追求的目標
   (1) 縮小訓練資料及模型預測之間的誤差。
   (2) 每個問題都有自己不同的誤差定義方式。
   (3) 分類問題的誤差爲例：準確率 = 分對的 / 全部。
2. 讓誤差最小的方法
   - 梯度遞減 (gradient descent)。
3. 分類方法：Perceptron
   - 逐步加入資料併移動線讓分類結果保持正確。
4. 分類方法：SVM。
   - 讓分類的線與每一個類別的資料有最大的邊界。
5. 分類方法：決策樹
   - 將資料建立成樹狀結購來決定資料的類別。

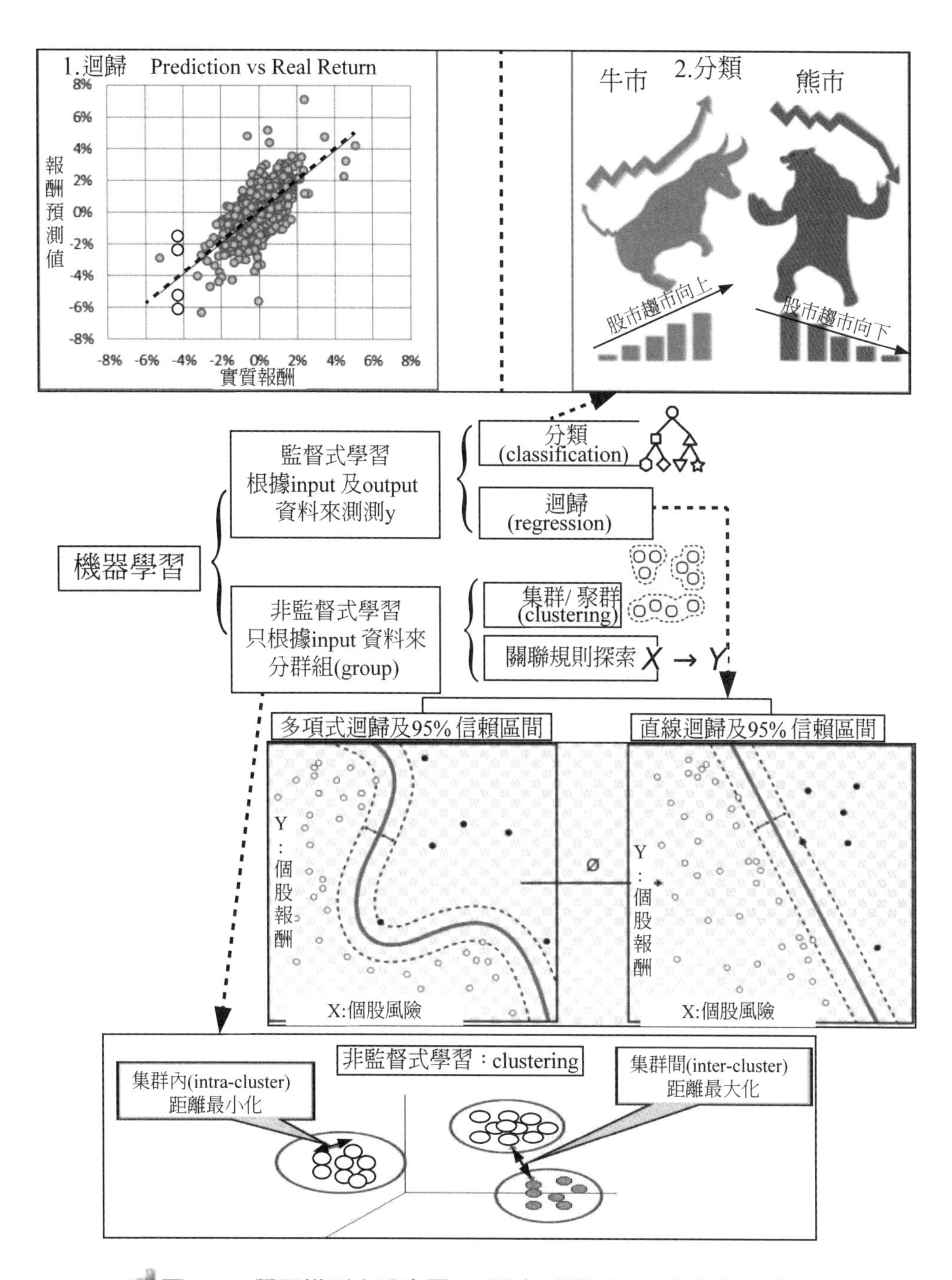

圖 2-1　學習模型之示意圖 2（監督式學習 vs. 非監督式學習）

6. 分類方法：KNN
   - 用周圍的 K 個鄰居的大多數類別決定自己的類別
7. 迴歸問題。
   - 給定一堆資料點 $\{(x_1, y_1), \cdots (x_n, y_n)\}$，求一條線 $Y = a + bX$ 使得線及資料點的誤差最小。
   - 怎樣叫做好迴歸：至少要符合「預測的點及給定的點距離越近越好」！
8. 怎樣叫好分群 (cluster)？
   - 至少要符合「群內要密集、群間要疏離」。
9. 分群的演算法
   - K-Means：將資料分成 k 群，特別適合大樣本。
10. 學習上的陷阱：機習學習不是越精準就越好，更要預防 overfitting（過度適配情況）。
   - 過度學習 fit 訓練資料，會使模型在預測不在訓練資料內資料時表現變得很差。
11. 增強式學習
   - 增強式學習乃是模仿生物最自然的學習方法。透過與環境互動的情形，逐步修正自己的行爲，來達到最大的利益。

2-1 統計、估計

一、統計之基本概念

1. 變數之間的非嚴格函式關係：變數 x、y 之間存在某種密切的聯絡，但並非嚴格的函式關係（非確定性關係）。
2. 迴歸：迴歸是處理兩個或兩個以上變數之間互相依賴的定量關係的統計方法及技術，變數之間的關係並非確定的函式關係，透過一定的機率分布來描述。
3. 線性及非線性：線性 (linear) 的嚴格定義是對映關係，其對映關係滿足可加性及齊次性。通俗來講就是兩個變數存在一次方函式關係，在平面座標系中表現爲一條直線。不滿足線性即爲非線性 (non-linear)。
4. 線性迴歸 (linear regression)：在迴歸分析中，如果自變數及因變數之間存在著線性關係，則被稱作線性迴歸。如果只有一個因變數及一個自變數，則被稱作一元線性迴歸，如果有一個因變數及多個自變數，則被稱作多元迴歸。

5.「估計」(parameter estimation) 就是選定某一分布（例如：常態分布、二項式分布、韋伯分布、Gamma 分布），並找到適當的參數（例如：平均數、變異數、形狀參數），盡量符合手邊的一堆樣本。

「估計」也是迴歸，函數改成機率密度函數，數據改成樣本。

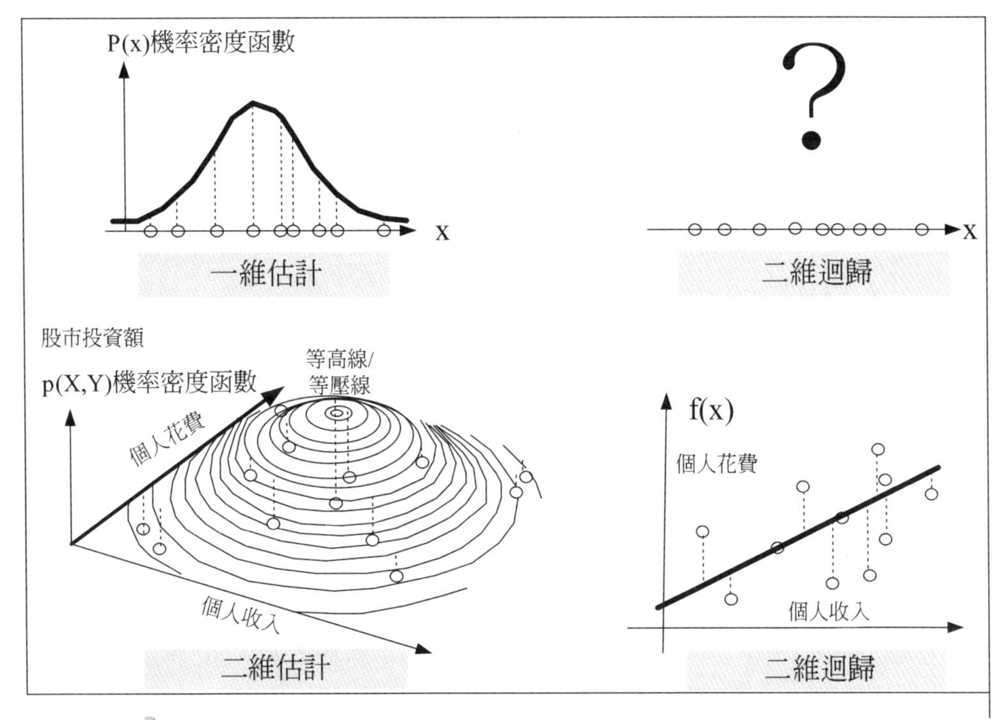

圖 2-2 估計也是迴歸，函數改成機率密度函數，數據改成樣本

6. 估計法 (estimator)
   (1) 以函數進行迴歸：最適配 (fit) 就是誤差最小，例如：最小平方法 (least squares)。
   (2) 以分布進行估計：最適配就是機率最大者，例如：最大概似 (maximum likelihood, ML)、最大驗 (maximum a posterior, MAP)。

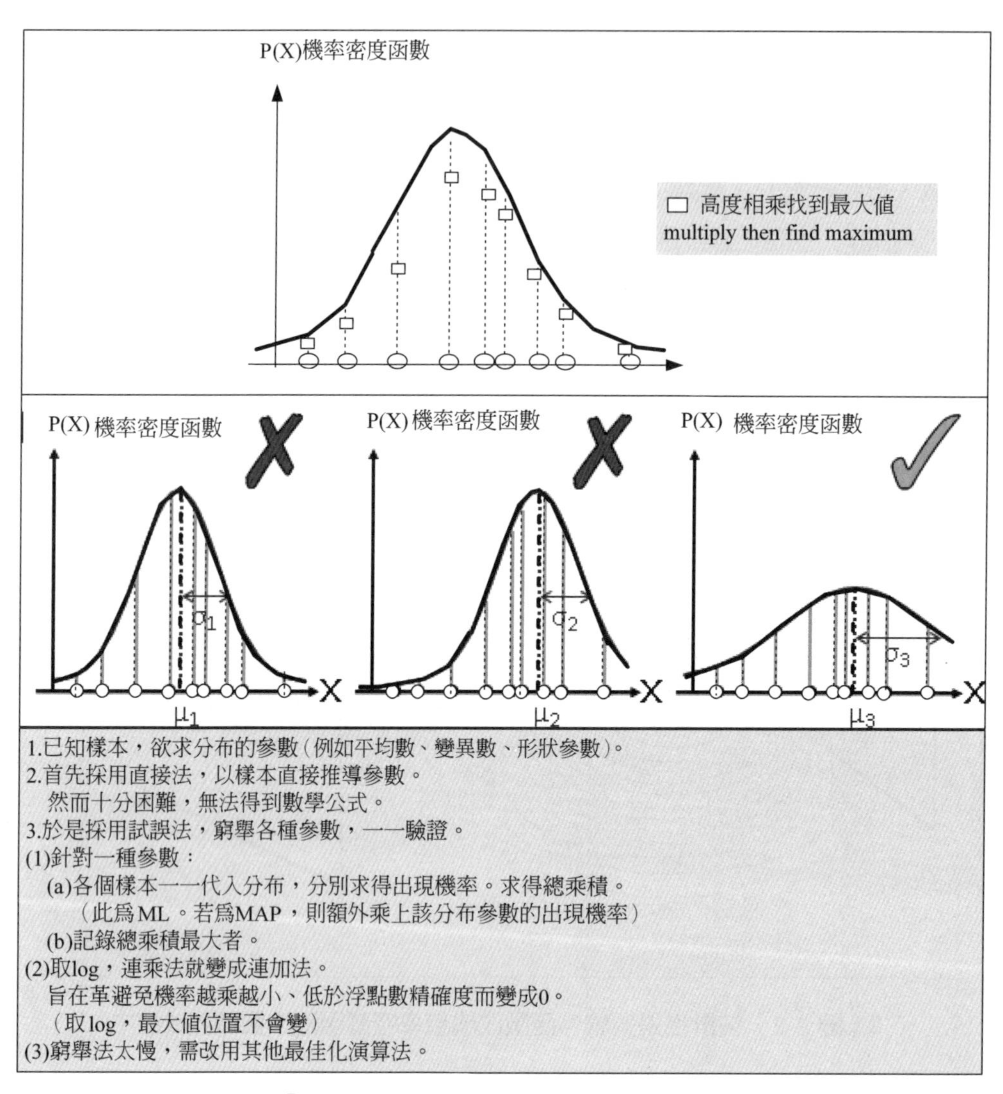

圖 2-3　估計法 (estimator) 之示意圖

以統計學慣用的代數符號，重新詮釋「估計」

1. 已知一堆樣本 $X = \{x_1, ..., x_N\}$。

   已知特定分布的機率密度函數 $f(x, \mu, \sigma^2, \lambda)$。

   不知特定分布的參數 $\Theta = \{\mu, \sigma^2, \lambda, ...\}$。

   像是機率密度函數的平均數 μ、變異數 σ^2、形狀參數 λ。

2. 統計學家習慣把已知與未知寫成條件機率。

$p(\mu, \sigma, \lambda, ... | x_1, ..., x_N, f)$ 或者簡記 $p(\Theta | X, f)$

3. 故最適配（符合，fitness），就是機率越大越好。

   $\max p(\mu, \sigma^2, \lambda, ... \ | x_1, ..., x_N, f)$ 或者 $\max p(\Theta | X, f)$

4. 找到此時平均數 μ、變異數 σ^2、形狀參數 λ 是多少？

   $\text{argmax}\, p(\mu, \sigma^2, \lambda, ... | x_1, ..., x_N, f)$ 或者 $\underset{\theta}{\arg\max}\, p(\theta | X, f)$

5. 雖然你知道 p 函數一定存在，但是你不知道 p 函數長什麼樣，無從計算。

2-2 機器學習 (ML) 之原理 (principles)

一、統計式學習理論 (statistical learning theory)

它從統計學及函數分析 (functional analysis) 來建構機器學習的框架。專門處理基於數據找到預測函數的問題。

統計學習理論根基於資料 (data)，以找出預測性函數，來解決問題。例如：支援向量機 (support vector machine, SVM)、隨機森林的理論基礎來自於統計學習理論。

迄今，統計學習理論已成功應用於電腦視覺、語音辨識、生物資訊學、醫學等領域。

二、統計為基礎 ML 之學習網站

統計型機器學習，著名的教學網站：http://www.stat.cmu.edu/~ryantibs/statml/，內容有：線性迴歸、線性分類、無母數迴歸、再現內核 Hilbert 空間、密度估計、聚類、高溫 - 維度測試、Concentration of measure、極小極大理論、稀疏與 Lasso、圖形模型等教學。

ML 中，分類 (classification) 只是 ML 成功應用之一。例如：信用卡一般利息都會以分期的方式付款，因此預測貸款風險是銀行重要的任務，銀行員會根據客戶過去的資料來評估此次貸款額度是否有能力還貸，此整個程序稱之信用評分 (credit scoring)。早期 ML 是透過資料分析找出關聯規則，再利用這些規則做「好 vs. 壞」分類 (classification)，來判定這次的申請額度是屬於高風險 / 低風險（接受 / 拒絕）。分類的定義即是將大數據放進分類器 (classifier) 中做篩選，分類器

會依據關聯規則與統計，來分類成兩種類別 (class)。如下圖所示。

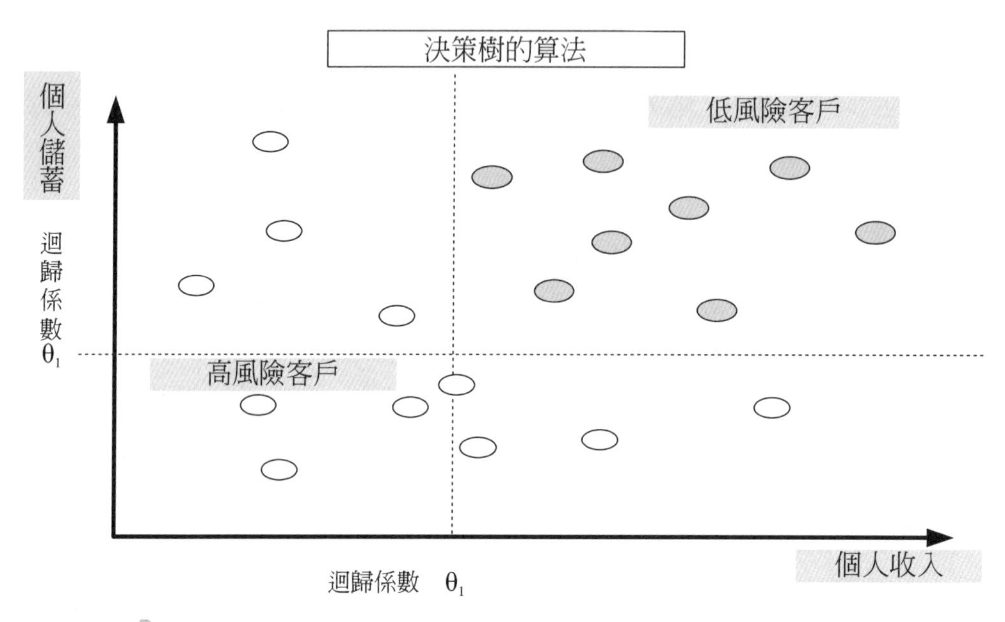

圖 2-4　信用卡的分類器 (classifier) 來分類成兩種類別 (class)

該範例中，你用 0/1（低風險 / 高風險）來表示判斷結果，因此你可算出條件機率 P(Y|X)，其中 X 是客戶的屬性，Y 是 0/1，可以看到分類就像是在學習找出 X-Y 的關聯，若得到 P(Y=1|X=x)=0.85，就代表這個客戶有 85% 的機率是高風險群，那你就可根據 85% 機率的增減來做決策。

從資料中學習規則稱之知識萃取 (knowledge extraction)，而壓縮 (compression) 也是在資料當中尋找規則，另外一個應用在離群值偵測 (outlier detection)，找出不遵守規則的數據，例如：測謊、假消息、網路攻擊。

此外，目前機器學習法有：基本統計分析、類神經網路，尚有規則式 (rule-based) 系統，它用邏輯命題來表示人類的知識，像是「if 天下雨 then 地面會溼」、「if 天下雨 then 人們會撐雨傘」等等。

例如：購物籃分析以提供產品建議（使用關聯分析）

1. if 顧客年齡 >28 and 購買〔蕭邦〕作品 then 該顧客有 65% 的機率會在一週內，再購買〔貝多芬〕作品。
2. if 顧客（擁有）使用信用卡 then 該顧客購買金額會大於 1,000 元。
3. if 顧客爲女性 and 購買〔房屋〕類書本 then 該顧客有 78% 的機率，也會購買〔汽車〕類書本。
4. if 顧客爲男性 and 在週末購買嬰兒尿布 then 該顧客有 75% 的機率，也會購買啤酒。

2-3 機器學習 (ML) 之重點整理

一、機器學習 (ML) 是什麼？

隨著電腦雲端科技的進步，人們才能去儲存與處理大數據，甚至彙整來自不同地方、不同時間傳來的數據 (data)，例如：像是跨國連鎖企業、販售數以萬記的商品給億萬客戶，各種感測器即時收集大數據、每天交易（含股匯市）紀錄儲存下來。然而對於這些沒有經過分析的數據，如何轉換成有意義的資訊 (information)，便是重要任務。例如：預測（武漢檢疾死亡高峰期？）、分類（武漢檢疾是呈陽性 vs. 陰性）、推論（接受 vs. 拒絕假設）。

雖然人們不曉得哪些客戶會喜歡哪些特定商品，但你可透過數據的特徵萃取，從隱含的數據中找出有興趣（有意義）的資訊。例如：說，當人們到超級市場，買尿布的人會順便買啤酒；而大部分的人夏天會買冰淇淋，冬天會買麻辣火鍋，這背後似乎有某種態樣 (pattern) 一直重複著。

機器學習是屬於 AI 的一部分，但非只是單純處理資料庫問題，它已廣泛應用在 AI 推薦商品、入口搜尋推薦、天氣預測、人臉辨識、指紋辨識、車牌辨識、醫學診斷 / 圖形辨識、測謊、證劵分析（熊市 vs. 牛市）、自然語言處理、機器人、Lasso 推論模型（預測 + 推論功能）等。其中，人臉辨識，一張圖片是由許多像素 (pixel) 隨意組成的，但人臉有結構 (structure)，並且是對稱的，眼睛鼻子嘴巴都在特定的相對位置上，爲了利用這些特徵找出人臉，人們可以撰寫一支程式去鑑定是否有這些特徵樣本的存在，這就是態樣辨識 (pattern recognition)。

ML 可從往昔的數據或經驗中，萃取出感興趣的部分。故你可構思某模型 (model)，並定義不同的參數 (parameters)，而學習 (learning) 這件事就是讓這個模型以程式的方式來執行，並利用訓練數據 (training data) 來調整這些參數的最佳值，等到訓練樣本到一定的程度後，參數的定義也成熟了（e.g 人的耳應該要在哪個位置），這支程式就可做預測（或分類），這裡的預測也就是人常說的猜 (guess)，猜猜看照片中哪個部分有人臉，但不同的是經過模型定義與數據訓練的 ML 程式，他的「猜」是有根據的，且正確率也較高。

ML 採用許多統計的理論（例如：Lasso 推論模型、貝氏定理、Markov chain、決策樹集成隨機森林等），它們都是推論 (inference) 的主要核心依據。在電腦科學領域中，人們在訓練數據時，會需要一個有效率的演算法求最佳解，並處理大量的「時間 - 空間」數據；再來，當一個模型做學習後，這代表演算法的推論能力要更有效率（e.g 時間複雜度 O(n log n) 比 $O(n^2)$ 優），因此空間及時間的複雜度 (space and time complexity) 要求越低越好、預測準確度越高越好（RSS/ MS_E /BIC/χ^2 要低、R^2_{Adj} 要高）。

易言之，機器學習 (ML) 是基於演算法及數學模型。ML 演算法旨在建立樣本數據的數學模型，即「訓練數據」，以便在不明確程式設計以執行任務的情況下進行預測或決策 (Bishop, 2006)。常見 ML 應用有：電子郵件過濾、偵測假消息 / 詐欺、人機語言互譯、網路入侵者檢測及電腦視覺等。數學最佳化法也爲 ML 領域提供了方法、理論及應用領域。此外，數據挖掘也是 ML 另一研究領域，著重於透過無監督學習進行探索性數據分析 (Friedman, 1998)。

在 ML 中，特徵學習 (feature learning) 是學習一個特徵的技術的集合：將原始數據轉換成（減化）爲能被 ML 有效執行的形式。在深度學習中，旨在避免人工手動萃取特徵的麻煩，允許電腦學習使用特徵的同時，也學習自我如何萃取特徵（學習如何自我學習）。

ML 任務，像分類問題，通常都要求輸入在數學上或者在計算上都非常便於處理，在這樣的前提下，特徵學習就應運而生了。然而，在現實 (reality) 世界中的數據，例如：圖片、影片及感測器的測量值都非常的複雜，不但冗餘且多變多型態。那麼，如何有效的萃取出特徵將其表達出來就是大數據、物聯網、AI 重要課題。

二、機器學習 (ML) 與資料探勘、最佳化的關係

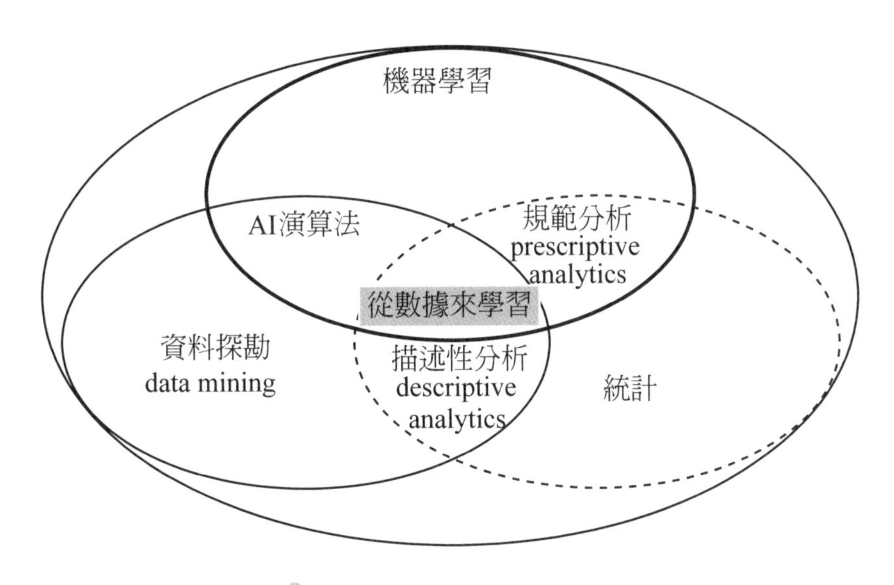

圖 2-5　從數據來學習的架構

1. ML 與數據挖掘 / 資料探勘 (data mining) 的關係

數據挖掘 (data mining, DM) 係指使用分析技術來理解大型數據集中的模式及關係。DM 是透過自動（由演算法自行完成探勘，不需人工介入）或半自動（探勘時仍需依賴人爲介入過往處理資料的經驗判斷）的方式，從資料集 (dataset) 當中探索發掘有意義的資訊或態樣(pattern)的電腦科學，這裡的「態樣」指的是「可重複出現的現象」，因此，也可以把 DM 想成是一門從資料中探索知識的學科。DM 也是一門跨領域的學科，其包含了 ML、AI、態樣辨識 (pattern cognition)、統計學 (statistics) 及資料庫系統 (database systems) 等等不同範疇。

表 2-1　ML 及 DM，二者採用相同方法且顯著重疊

機器學習 (ML)	數據挖掘 (data mining, DM)
1. ML 著重於預測，基於從訓練數據中學習的已知屬性。	1. DM 過程的總體目標是從一個資料集中提取資訊，並將其轉換成可理解的結構，以進一步使用。 DM 著重於發現（先前）數據中的未知屬性（這是知識發現的分析步驟在資料庫中）。
2. ML 也採用 DM 方法作為「無監督學習」或作為預處理步驟來提高學習者的準確性。	2. DM 使用了許多 ML 方法，但目標不同 資料探勘是「資料庫知識發現」(knowledge-discovery in databases, KDD) 的分析步驟，本質上屬於機器學習的範疇。KDD 是從資料中辨別有效的、新穎的、潛在有用的、最終可理解的模式的過程。
3. 基本假定：在 ML 中，性能通常根據能力來評估重現已知知識。	3. 知識發現及 DM(KDD) 中，關鍵任務是發現以前未知的知識。
	4. 根據已知知識進行評估，未知資訊（無監督）方法將很容易被其他監督方法取代，而在典型的 KDD 任務中，由於訓練數據不可用，無法使用監督方法。

2. ML 與最佳化（最佳化）的關係

梯度下降旨在發現函數最小值的疊代最佳化算法。最佳化與深度學習之間存在兩個如下主要差異，這些差異對於在深度學習中獲得更好的結果很重要。

(1) 最佳化有明確定義的指標，希望將其（成本、時間）最小化（或獲利最大化）；但深度學習改用準確性，它是不可微分的函數。

(2) 最佳化只關心手中的數據。找到最大值是解決問題的最佳方法。但在深度學習中，關心的是概化，即使沒有的數據。

ML 與最佳化也有密切相關：許多學習問題被公式化爲：訓練集的一些損失 (loss) 函數的最小化。損失函數表示正在訓練的模型的預測與實際問題實例之間的差異。例如：在分類中，人們想要爲實例指派至該標籤（labels，類別依變數），進而訓練模型來預測另一組的預先指定的標籤。ML 及最佳化之間的差異源於概括的目標，雖然最佳化演算法可以最小化訓練集的損失，但 ML 關注的是

最小化看不見的樣本的損失（Le 等人，2012）。

2-3-1 機器學習擅長解決有 8 種問題

1. 手動數據輸入 (manual data entry)

期待流程自動化的組織，不準確或重複數據都是嚴重業務挑戰。機器學習 (ML) 演算法及預測建模演算法都可用來克服這些情況。ML 程序使用發現的數據來改進過程，因爲需要進行更多的計算。因此，機器可以學習執行時間之密集型文件檔及數據輸入任務。此外，知識工作者現在可以將更多時間花在更高價值的解決問題的任務上。

迄今，電腦視覺的演進已蔓延至自然語言處理及其他 AI 領域。智慧喇叭、即時電腦翻譯、機器人對沖基金 (robotic hedge funds) 的胖手指及 web 參考引擎 (web reference engines) 等新產物。

2. 檢測垃圾郵件 (detecting spam)

現在 Google 出現 0.1% 的垃圾郵件機率，此檢測是 ML 最早解決的問題。近年，eMail 服務供應商使用預先存在的基於規則的技術來刪除垃圾信。但現在垃圾信過濾器改用 ML 自己建立新規則。垃圾信過濾器中類似於大腦的「神經網路」可透過分析大量電腦中的規則來學習辨識垃圾信及網路釣魚郵件。除了垃圾信檢測之外，社群媒體網站還使用 ML 作爲辨識及過濾濫用行爲的方式。

3. 產品推薦 (product recommendation)

無監督學習可實作產品的推薦系統。鑑於客戶的購買歷史及大量產品庫存，ML 模型可以辨識該客戶將感興趣並可能購買的那些產品。該演算法亦可辨識專案之間的隱藏態樣，並著重於將類似產品分組爲集群。該決策過程的模型將允許程序向客戶提出建議並激勵產品購買。Amazon 等電子商務業務具備此功能。Facebook 使用無監督學習及位置細節來推薦用戶與其他用戶聯繫。

4. 醫療診斷 (medical diagnosis)

醫療診斷是旨在檢測感染、病症及疾病的醫學檢查。這些醫療診斷屬於體外醫學診斷 (vitro medical diagnostics, IVD) 類別，消費者直接購買或在實驗室環境中使用。從人體分離生物樣品，例如：血液或組織，即可得知診斷結果。今天，

AI 在醫學診斷領域的發展中發揮著不可或缺的作用。

醫療領域的 ML 可以最低成本改善患者的健康。ML 的案例可進行接近完美的診斷、推薦最佳藥物、預測再入院率，並確定高風險患者。這些預測基於患者表現出的匿名患者記錄及症狀的數據集。儘管存在許多障礙，但 ML 的採用仍在快速發展，這可透過法律了解、技術及醫療障礙的從業者或顧問來克服。

5. 客户區隔及終身價值預測 (customer segmentation and lifetime value prediction)

許多廣告商會儘可能針對個人或相似的使用者群體推出客製化的廣告，但往往推銷產品的對象都不是最有收益價值的客戶。行銷著名的 Pareto 法則 (principle)，根據這個 80/20 法則（八二法則）的預測，您 80% 的產品銷售量通常只來自於 20% 的客戶。試想如果您可以找出過去這 20% 人的是由哪些客戶組成，甚至預測出未來的客戶群，這對您的事業會有多大的助益？預測客戶效期價值 (CLV) 就是協助您找出這些客戶的最佳方式。

客戶區隔、客戶流失預測及客戶終生價值 (lifetime value, LTV) 預測，都是行銷的主要任務。企業擁有來自各種來源的大量行銷相關數據，如電子郵件活動、網站訪問者及潛在客戶數據。此時使用數據挖掘及 ML，即可實現對個人化行銷及準確預測。使用 ML，精明的行銷者亦可消除數據驅動行銷中的猜測。例如：給定用戶在試用期間的行爲模式及所有用戶的過去行爲，來預測轉換爲付費版本的機會。該決策問題的模型將允許程序觸發客戶干預以說服客戶提前轉換或更好地參與試驗。

6. 財務分析 (financial analysis)

在行動銀行應用程式、熟練的聊天機器人或搜尋引擎出現之前，機器學習在財務方面已有豐碩的成果。鑑於金融世界的大量、準確的歷史記錄及數量性質，它比任何行業更適合 AI。金融機器學習的用例比以往任何時候都多，這種趨勢透過更易於訪問的計算能力及更易於訪問的機器學習工具（例如：Google 的 Tensorflow）而延續。

今天，ML 已經在金融生態系統的許多階段發揮著不可或缺的作用，從信用評分、批准貸款、管理資產到評估風險。可惜，鮮少有技術嫻熟的專業人士能夠準確了解 ML 在日常財務生活中的應用方式。

由於大數據、定量性質及準確的歷史數據，目前財務中 ML 的使用案例包括：投資組合管理、演算法交易、欺詐檢測及貸款承銷。例如：Ernst and Young「承保的未來」的報告認為：ML 將能夠持續評估數據，以檢測及分析異常及細微差別，從而提高模型及規則的精確度。並且機器將取代大量的代銷職位。ML 在財務方面的未來應用包括用於客戶服務、安全性及情感分析的聊天機器人及會話介面。

7. 預測性維修 (predictive maintenance)

製造業（汽修）可以使用 AI 及 ML 共同發現工廠數據中有意義的 pattern。糾正及預防性維修實踐成本高且效率低。而預測性維修可以最大限度地降低意外故障的風險，並減少不必要的預防性維修活動。

8. 影像辨識：電腦視覺 (image recognition: computer vision)

電腦視覺從影像及高維數據產生數字或符號資料。它涉及機器學習、數據挖掘、資料庫知識發現及 pattern 辨識。

如下圖所示之人臉辨識。人臉辨識系統可透過表情、視線的追蹤，來確認使用者身分，更能結合人資出勤系統，來加速人員上班打卡的效率，即時管理人員出勤狀況，而當「人臉辨識」結合防盜攝影機，更具有遏止犯罪的效果。但人臉辨識仍有侵犯人權疑慮。

影像辨識技術在商業用途包括：醫療保健、無人駕駛汽車、行銷活動等。有人開發 DuLight 視障人士原型，它結合了電腦視覺技術，透過耳機捕捉周圍環境並敘述解釋。例如：L'Oreal 的 Makeup Genius，基於影像辨識的行銷活動，推動社交分享及用戶參與。

上述大多數用例都是基於行業特定的問題，可能難以為您的行業複製。這種訂制需要高素質的 ML 顧問或數據科學家。機器學習平臺無疑將加速分析部分，幫助企業檢測風險並提供更好的服務。但數據品質是許多企業的主要障礙。因此，除了ML演算法的知識之外，企業還需要在使用ML數據模型之前建構數據。

小結

1. 坊間有賣影像分析軟體 YOLO(https://tw.openrobot.org/article/index?sn=11716)，它能成功應用在工廠瑕疵檢測、醫療影像分析、生物影像分析、工安影像分析、口罩影像分析等。

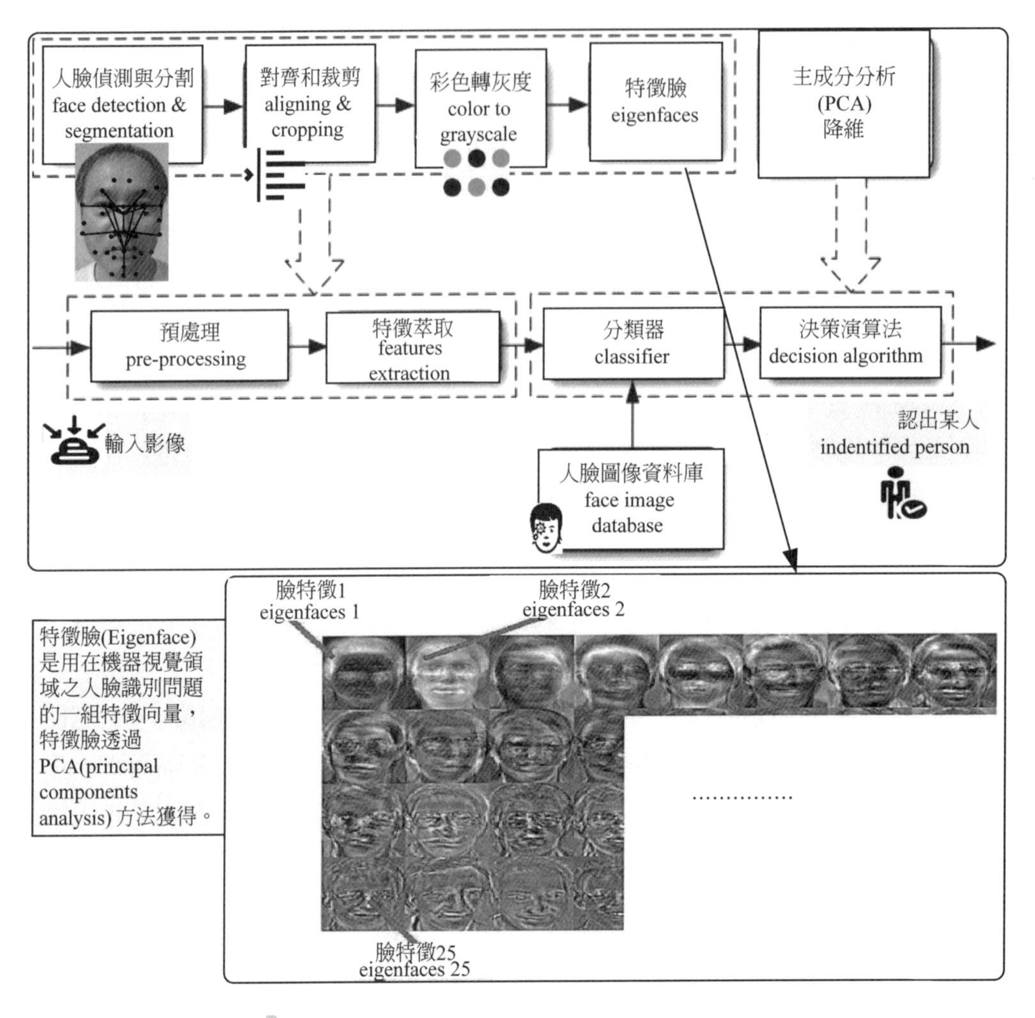

圖 2-6　人臉辨識（CanStockP 熱，2020）

2. 康耐視 (Cognex)，有賣機器視覺和讀碼器相關配件，康耐視機器視覺系統具有無與倫比的組件檢測、測量、辨識和引導能力。這些系統易於部署，且提供可靠的性能，能夠協助您解決各種最具挑戰性的應用。

2-3-2 機器學習有 5 類型 (types)

通俗來講，機器學習包括：監督學習、非監督學習、半監督學習、增強式學習、自適應學習 5 類型。

Viola-Jones Face Detection Algorithm

1: **Input:** original test image
2: **Output:** image with face indicators as rectangles
3: **for** $i \leftarrow 1$ to num of scales in pyramid of images **do**
4: Downsample image to create $image_i$
5: Compute integral image, $image_{ii}$
6: **for** $j \leftarrow 1$ to num of shift steps of sub-window **do**
7: **for** $k \leftarrow 1$ to num of stages in cascade classifier **do**
8: **for** $l \leftarrow 1$ to num of filters of stage k **do**
9: Filter detection sub-window
10: Accumulate filter outputs
11: **end for**
12: **if** accumulation fails per-stage threshold **then**
13: Reject sub-window as face
14: Break this k for loop
15: **end if**
16: **end for**
17: **if** sub-window passed all per-stage checks **then**
18: Accept this sub-window as a face
19: **end if**
20: **end for**
21: **end for**

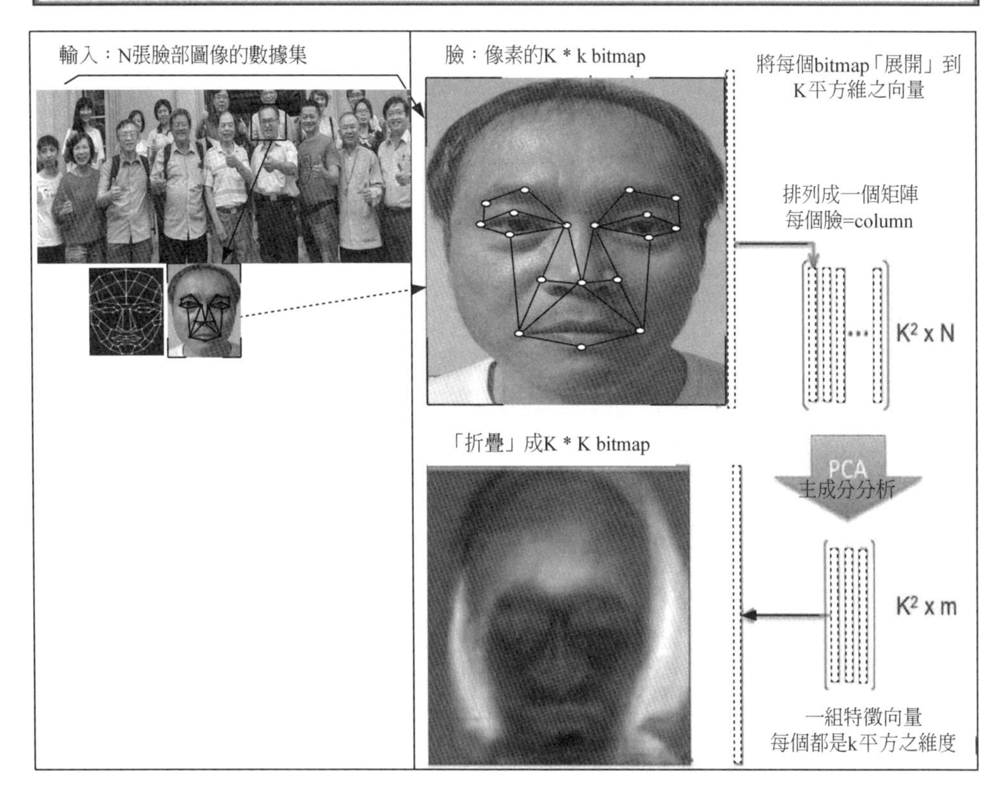

圖 2-7 特徵臉之示意圖

一、監督學習 (supervised learning) 之概念

如下圖所示，監督式學習是電腦從標籤化 (labeled, y=1) 的資訊中分析模型之後做出預測的學習方式。標記過的資料就好比標準答案（離散依變數 y），電腦在學習的過程透過對比誤差，一邊修正去達到更精準的預測，此方法讓監督式學習有高準確率之優點。

監督學習是學習函數的主要任務，該函數基於樣本「輸入 - 輸出」配對，將輸入映射 (mapping) 到輸出。它從已標籤（labeled，類別依變數）的訓練數據中推論出「一組訓練樣本組成的函數」。在監督學習中，每個樣本 (example/

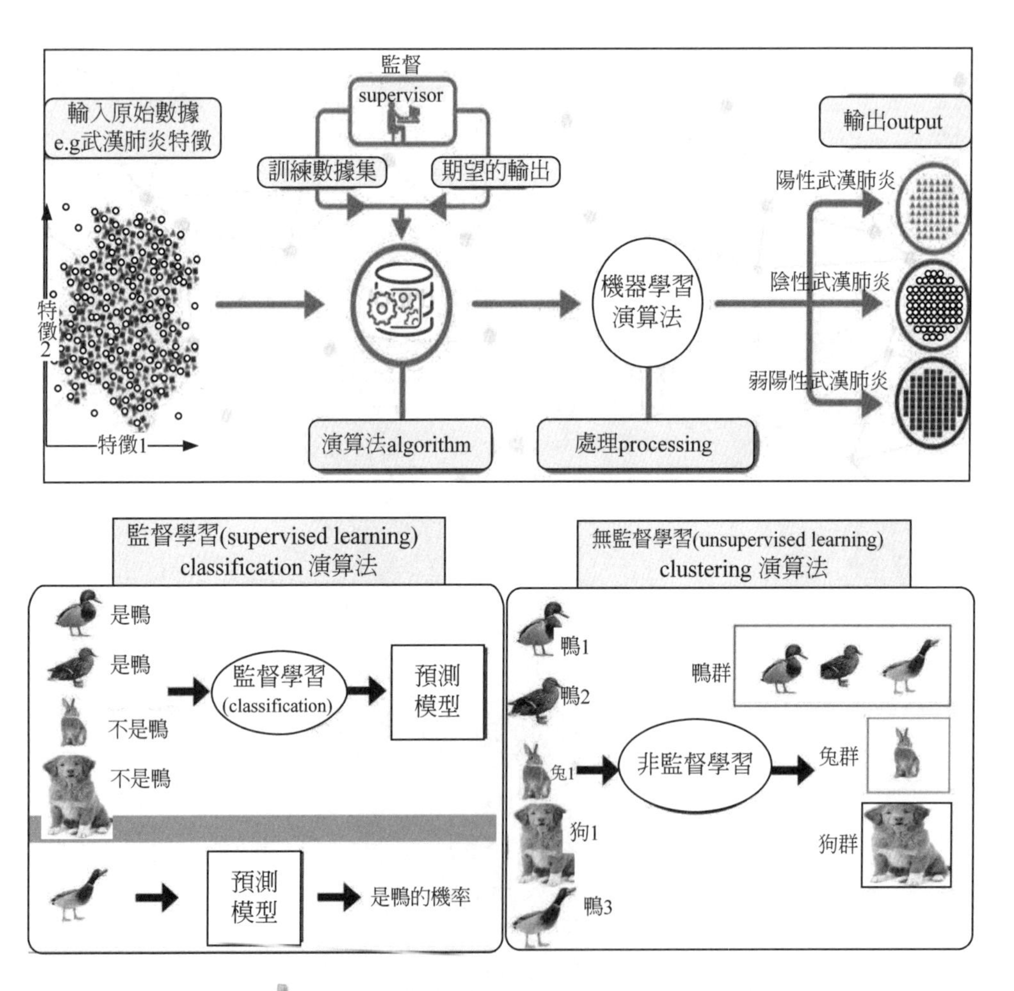

圖 2-8　監督學習 (supervised learning)

instance) 是由輸入對象（向量）及期望輸出值（監督信號）組成的對。監督學習演算法訓練數據並產生推論函數，該函數可用於映射新樣本。最佳方案將允許演算法正確地對看不見的實例的標籤（判定爲某一類）。

坊間常見的監督學習演算法有二個：迴歸分析及統計分類。

例如：第 4 章 Lasso 推論模型的「二元 (bianry) 依變數」迴歸，若給機器一個 2,000 名的疑似武漢病人的數據表（含性別、生日、職業、教育、旅遊史、接觸史、發燒、失去味覺嗎、肺部 X 光 /CT 片）等病徵，機器會自動「控制」眾多外在變數之後，再推論收縮後係數 β 權重，並將這 2,000 人正確分成：陽性確診組 vs. 陰性健康組。

【監督學習例子：有毒菇類 vs. 無毒菇類的辨識：四個特徵來分類香菇有毒嗎】

菇種	特徵一	特徵二	特徵三	特徵四	有毒嗎 ? (label)
	x1	x2	x3	x4	類別依變數 y
菇類 1	圓錐形	白色	長在樹葉	霉味	1= 有毒
菇類 2	鐘形	紫色	長在枯木	杏仁味	0= 無毒
菇類 3	下凹形	黃色	長在枯木	無氣味	1= 有毒
菇類 4	球狀	棕色	長在枯木	腥味	0= 無毒
菇類 5	圓錐形	淺黃色	長在草堆	無氣味	1= 有毒
菇類 6	扁平狀	綠色	長在泥土	臭味	0= 無毒

如上表，有毒菇類的數據標籤 (label)「y=1」、沒有毒的菇類數據標籤「y=0」，讓機器如何學會辨識有毒菇的方法，事實上叫做「監督式學習」，除此之外還有「非監督式學習」：

(1) 監督式學習 (supervised learning)：在訓練的過程中告訴機器答案、也就是「有標籤」的數據，比如給機器各看了 1,000 張貓及狗的照片後、詢問機器新的一張照片中是貓還是狗。

(2) 非監督式學習 (unsupervised learning)：訓練數據沒有標準答案、不需要事先以人力輸入標籤，故機器在學習時並不知道其分類結果是否正確。訓練時僅須對機器提供輸入範例，它會自動從這些範例中找出潛在的規則。

簡單來說，若輸入數據有標籤，即爲監督式學習；數據沒標籤、讓機器自行摸索出數據規律的則為非監督式學習，如集群 (clustering) 演算法：Stata 提供 cluster 指令有：single linkage、average linkage、complete linkage、weighted-average linkage、median linkage、centroid linkage 等 6 種。

非監督式學習本身沒有標籤 (label) 的特點，使其難以得到如監督式一樣近乎完美的結果。就像兩個學生一起準備考試，一個人做的練習題都有答案（有標籤）、另一個人的練習題則都沒有答案，想當然耳正式考試時，第一個學生容易考的比第二個人好。另外一個問題在於不知道特徵 (feature) 的重要性。

(一)監督式學習模型(model of supervised learning)

監督學習及非監督學習的差別就是訓練集目標是否人有標籤 (label)。

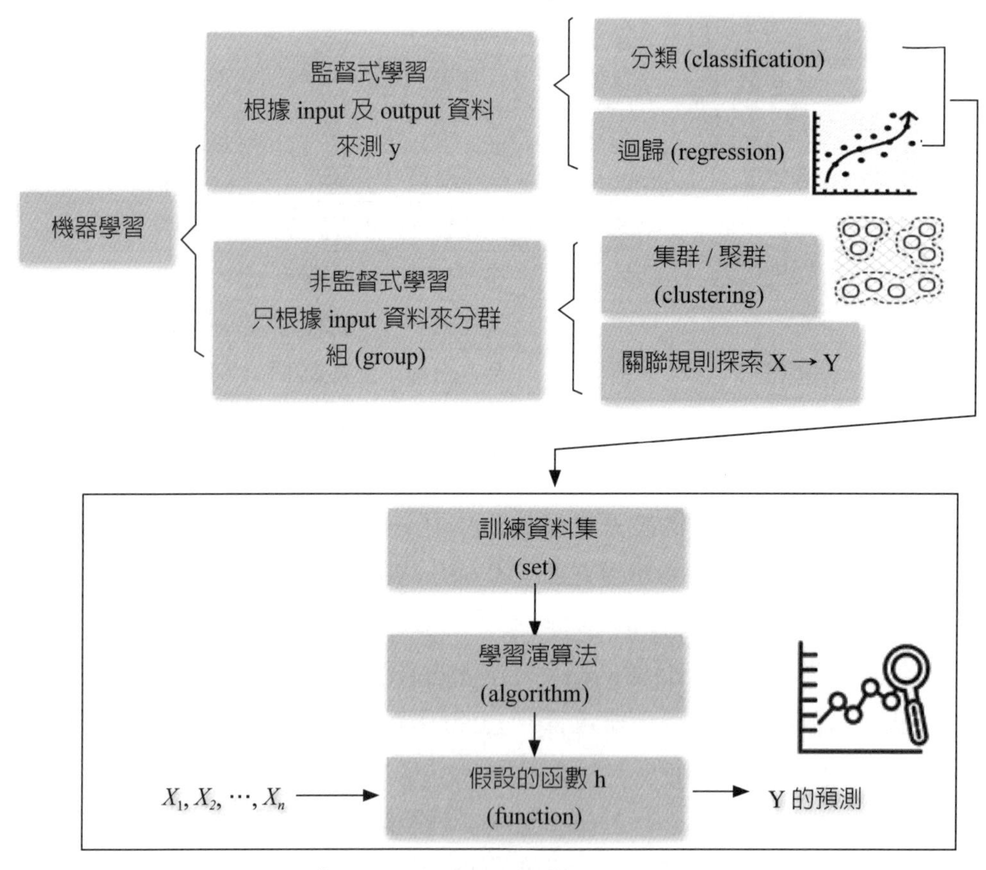

圖 2-9　監督學習模型之示意圖

(二) 監督式學習之步驟

監督式學習有兩種形態的模型：(1) 監督式學習產生一個全域模型，會將輸入對象對應到預期輸出。(2) 將這種對應實作在一個區域模型。（如案例推論及最近鄰居法）。

爲了解決一個給定的監督式學習之問題（例如：手寫辨識），必須考慮以下步驟 (Wiki, 2020)：

Step 1 收集數據：電腦讀懂資料是結構化資料（字串、數字、時間等）。

Step 2 準備數據：包括

(a)「資料清理」(data cleaning)，得處理資料的格式不一致、遺漏値、無效値等異常狀況。

(b) 特徵類型（形狀、顏色、音調等）。

(c) 資料分布有 17 類型的挑選，請見作者《人工智慧與 Bayesian 迴歸的整合：應用 Stata 分析》一書。

(d) Outlier 處理：例如：納人法的加權、加權最小平方法等。

(e) 標準化 / 正規化，以適應各個預測變數的不同單位 / 尺度（溫度、濃度、速度等）。

(f) 特徵數値範圍的合理性檢視。

Step 3 特徵萃取 (feature extraction)：ML 是從資料中人工找出；或深度學習自動推演可用的特徵。

Step 4 經過特徵萃取之後，再做特徵選擇 (feature selection)，可根據 ML 模型學習的結果，去看什麼樣的特徵是比較重要的。

在機器學習及數據挖掘領域，若某模型擁有 P 個（高維）特徵數據（人臉辨識 P 有 500 個），數據分析就變成一項挑戰。特徵選擇提供有效方法之一，可透過刪除無關及冗餘的數據來解決此問題，從而可以減少計算時間，改進學習準確性，並有助於更好地了解學習模型或數據。

特徵選擇是從所有特徵中選擇相關特徵（自變數或預測變數）的子集的過程，該過程用於建構模型。

像 Lasso 迴歸、elastic net 迴歸、Lasso 推論模型就採用收縮估計法 (shrinkage estimation) 來調整（懲罰）regressors 的 β 係數權重。

Step 5 決定學習函數之輸入特徵的表示法。學習函數的準確度與輸入的對象如何表示有很大關聯度。傳統上，輸入的對象會被轉成一個特徵向量，包含了許多關於描述對象的特徵。因爲維數災難的關係，特徵個數不宜太多，但也要足夠大，才能準確的預測輸出。這 trade-off 兩難問題，故 Lasso 推論模型，將預測變數分成關鍵「你感興趣變數」並控制（收縮，非嚴重共線性之排除法）眾多「外在變數的 β 係數權重」（詳情見第 4 章）。

Step 6 決定學習的函數（例如：神經網路、隨機森林、逆傳遞網路、Kalman 濾波器、貝葉斯迴歸、Lasso 迴歸、ridge 迴歸、elastic net 迴歸）及其對應的學習演算法所使用之資料結構（例如：二叉決策樹、隨機森林、神經網路、2D 矩陣、高維矩陣、大數據 NoSQL）。

其中，著名 ML 演算法，有 10 種：主成分分析、最小平方及多項式適配 (polynomial fitting)、約束線性迴歸、K- 平均值聚類、邏輯斯迴歸、支援向量機、前饋神經網路、卷積 (convolutional) 神經網路、recurrent 神經網路、條件隨機場 (conditional random fields)、決策樹。

Step 7 完成設計。將搜集到資料讀入學習演算法來執行。並隨機抽樣（抽後放回）來將資料切割成好幾個子集（稱爲驗證集），藉由交叉驗證 (cross-validation) 法來均勻調整學習演算法之參數（例如：截距、迴歸係數 β、Lasso 的 α 値、收縮率）。參數調整後，演算法再用另一訓練集（樣本外）來測試其 performance。

此外，監督式學習所使用之辭彙是分類。坊間著名之分類器，各自有其優勢及劣勢。分類器 performance 與被分類之資料特性有很大關係。目前，仍沒有某一分類器可適在所有給定的問題上，即「無放諸四海皆準的法則」。

目前最著名的分類器有：人工神經網路、支持向量機、隨機森林、最近鄰居法、高斯混合模型、貝葉斯方法（42 種 Bayesian 迴歸）、決策樹（集成爲隨機森林）、徑向基函數分類等。

(三) 監督學習步驟的例子

爲了解決監督學習的已知問題，必須執行以下步驟：

1. 確定訓練實例的型態 (type of training examples)。在做其他事情之前，用戶應該決定將什麼樣的數據用作訓練集。例如：在筆跡 (handwriting) 分析的情況下，這可以是單個手寫字元，整個手寫字或整行手寫。

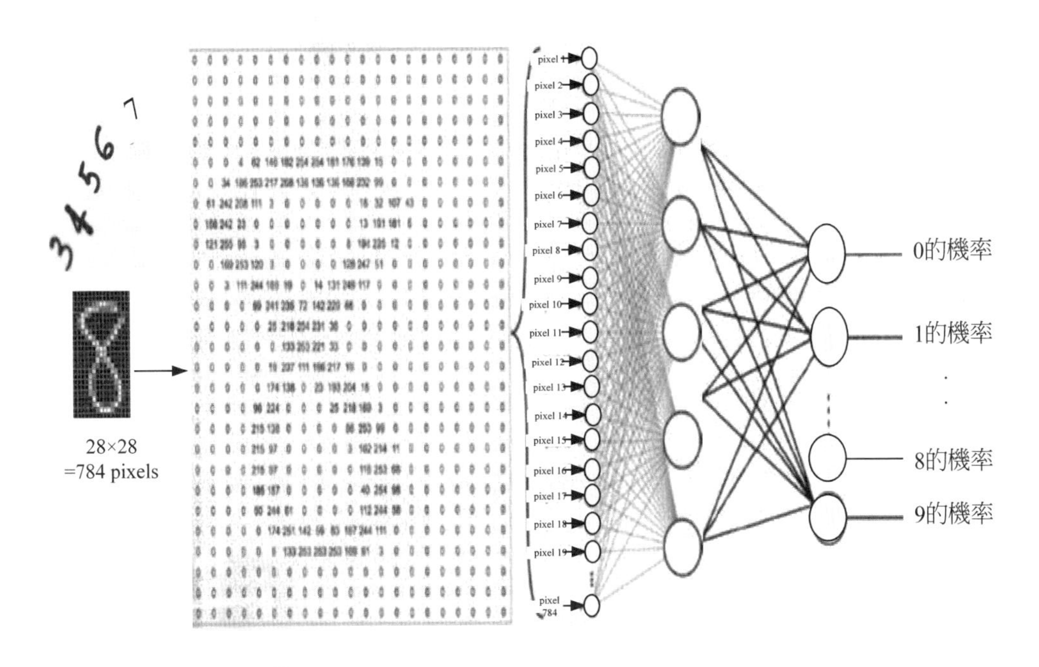

圖 2-10 利用深度網路解決手寫字辨識問題

2. 收集訓練集 (training set)。訓練集應該代表眞實世界所代表的函數。因此，收集一組 input objects 並且也收集相應的 output，無論是來自人類專家還是來自測量 (measurements)。
3. 確定學習函數的輸入特徵 (feature) 表示。學習函數的準確性是取決於 input object 的表示方式。通常，input objects 被轉換爲一個特徵向量 (feature vector)，其中包含許多描述該對象的特徵。由於維度限制的詛咒，特徵的數量不應該太大；但應包含足夠的資訊以準確預測產出。
4. 確定學習函數的結構及對應的學習演算法。例如：工程師可以選擇使用支援向量機或決策樹 (support vector machines or decision trees)。
5. 完成設計。在收集的訓練集上運行學習演算法。一些監督學習演算法要你確定某些控制參數。可透過最佳化訓練集的子集（稱爲 validation set）上的績效或透過 cross-validation 來調整這些參數。
6. 評估學習函數的準確性 (accuracy)。在參數調整及學習之後，應該在與訓練集不同的測試集上測量結果函數的 performance。

二、非監督學習模型 (model of unsupervised learning)

它是監督式學習及增強式學習等策略之外的選擇。在監督式學習中，典型的任務是分類及迴歸分析，且需要使用到人工預先準備好的範例 (base)。

相對地，非監督式學習是 ML 的方式之一（如下圖），並不需要人工來輸入標籤 (label)，沒有給定事先標記過的訓練範例，自動對輸入的資料進行分類或分群。無監督學習的主要運用包含：聚類分析 (cluster analysis)、關聯規則 (association rule)、維度縮減 (dimensionality reduce)。範例請見《多變數統計：使用 SPSS》、《多變數統計：使用 Stata》二書。

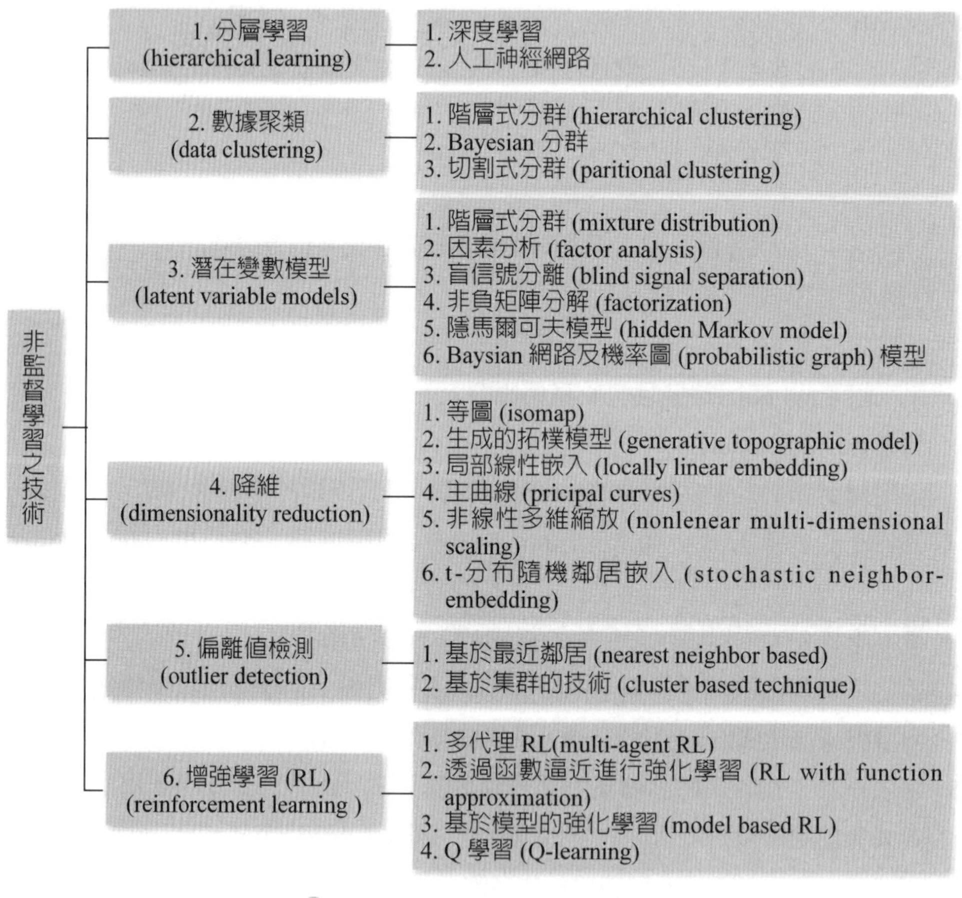

圖 2-11　非監督式學習之類型

在人工神經網路中，產生對抗網路 (generative adversarial nets, GAN)、自組織映射 (SOM) 及適應性共振理論 (ART) 都是最常用之非監督式學習。

集群旨在在於找出比較相似的數據聚集在一起，形成集群 (cluster)；而相似性的指標是「距離」，相對距離越近則相似程度越高，被歸類至同一群組。

1. 非監督式學習：集群 / 聚類 (cluster)

例如：適應性共振理論 (adaptive resonance theory network, ART) 模型允許集群 (cluster) 的個數可隨著問題的大小而變動，並讓使用者控制成員及同一個集群之間的相似度分數，其方式爲透過一個由使用者自定而稱爲警覺參數的常數。ART 也用於態樣辨識，如自動目標辨識及數位信號處理。第一個版本爲 ART1，是由卡本特及葛羅斯柏格所發展的。

應用方面，蕭仁傑 (2006) 曾以自適應共振理論建構網路服務管理系統，剖析網路服務定義文件，擷取服務的名稱及輸出輸入資訊，進行編碼轉化爲服務向量矩陣，透過自適應共振理論的學習機制，以物以類聚的特性，自動爲系統中的服務做分群，產生數個服務聚類，協助服務的管理；並透過一個服務池 (service pool) 的概念，輔以入口網站的思維，以推薦系統 (recommendation system) 的形式，建立一個彈性的架構，方便企業管理及使用營運所需的服務。

AT2 演算法

Step 0: Initialize parameters:

a, b, θ, c, d, e, α, ρ

Step 1: Do Steps 2-12 N-EP times.

(Perform the specified number of epochs of training).

Step 2: For each input vector s, do steps 3-11.

Step 3: Update F1 unit activations:

$u_i = 0$

$w_i = s_i$

$p_i = 0$

$$x_i = \frac{s_i}{e + \| s \|}$$

$q_i = 0$

$v_i = f(x_i)$

Adaptive Resonance Theory NN

2. 非監督式學習 (unsupervised learning)：關聯規則探索

非監督式學習之訓練資料不需要事先以人工處理標籤（label，類別依變數），機器面對資料時，做的處理是依照共生分群 (co-occurance grouping)、找出潛在規則與套路 (association rule discovery)、形成集群 (clustering)，不對資訊有正確或不正確的判別。

關聯規則分析 (association) 的著名例子，就是「買尿布會一起買啤酒」，但老闆對預測客戶下次買什麼？可能更有興趣。

常見的非監督式學習，包括：集群、關聯規則探索 (association rule discovery)、共生分群，找出數據發生的關聯性。

關聯規則學習 (association rule learning) 是在大型資料庫中發現變數之間的有趣性關係的方法。旨在利用一些有趣性的量度來辨識資料庫中發現的強規則。例如：Rakesh 等人 (1993) 引入關聯規則來發現：超市 POS 系統記錄的大批交易數據中，各產品之間的規律性（交叉銷售）。就像，從銷售數據中發現的規則 { 洋蔥 , 蛋 } → { 漢堡 } 表示：若顧客一起買洋蔥及蛋，他們也有可能買漢堡的肉。此類資訊可以作爲做出促銷定價或產品置入等行銷活動決定的根據。除了上面購物籃分析中的例子以外，關聯規則如今還被用在許多應用領域中，包括網路用法挖掘、入侵檢測、連續生產及生物資訊學中。與序列挖掘相比，關聯規則學習通常不考慮在事項中、或事項間的專案的順序。

【A. 關聯規則學習之概念】

關聯規則的定義：

假設 $I = \{ I_1 , I_2 , \cdots , I_m\}$ 是項的集合。已知一個交易資料庫 $D = \{ t_1 , t_2 , \cdots , t_n\}$，其中每個交易 (Transaction) t 是 I 的非空子集，即 $t \subseteq I$，每一個交易都與一個唯一的標識符 TID(Transaction ID) 對應。關聯規則是形如 $X \Rightarrow Y$ 的蘊涵式，其中 $X , Y \subseteq I$ 且 $X \cap Y = \varnothing$，X 及 Y 分別稱爲關聯規則的先導 (antecedent 或 left-hand-side, LHS) 及後繼 (consequent 或 right-hand-side, RHS)。關聯規則 $X \Rightarrow Y$ 在 D 中的支援度 (support) 是 D 中事項包含 $X \cap Y$ 的百分比，即機率 $P(X \cap Y)$；信賴度 (confidence) 是包含 X 的事項中同時包含 Y 的百分比，即條件機率 $P(Y | X)$。若同時滿足最小支援度閾值（臨界值）及最小信賴度閾值，則認爲關聯規則是有趣的。這些閾值由用戶或者專家設定。

表 3-1 關聯規則的例子

TID	網球拍	網球	運動鞋	羽毛球
1	1	1	1	0
2	1	1	0	0
3	1	0	0	0
4	1	0	1	0
5	0	1	1	1
6	1	1	0	0

上表，是關聯規則的例子。顧客購買記錄的資料庫 ID，包含 6 個事項。項集 I={ 網球拍 , 網球 , 運動鞋 , 羽毛球 }。考慮關聯規則：網球拍網球，事項 1, 2, 3, 4, 6 包含網球拍，事項 1, 2, 6 同時包含網球拍及網球，支援度$\frac{3}{6}$，信賴度$\frac{3}{5}$。若已知最小支援度，最小信賴度，關聯規則「網球拍網球是有趣的」，認為購買網球拍及購買網球之間存在強關聯。

【B. 關聯規則有以下常見分類】

1. 根據關聯規則所處理的值的類型
   (1) 若考慮關聯規則中的數據項是否出現，則這種關聯規則是 Boolean 關聯規則。例如：上表的例子。
   (2) 若關聯規則中的數據項是數量型的，這種關聯規則是數量關聯 (quantitative) 規則。例如：年齡 (「20-25」) ⇒ 購買（「網球拍」），年齡是一個數量型的數據項。在這種關聯規則中，一般將數量離散化 (discretize) 為區間。
2. 根據關聯規則所涉及的數據維數
   (1) 若關聯規則各項只涉及一個維，則它是單維關聯規則，例如：購買（「網球拍」）⇒ 購買（「網球」）只涉及「購買」一個維度。
   (2) 若關聯規則涉及兩個或兩個以上維度，則它是多維關聯規則 (multi-dimensional association rules)，例如：年齡 (「20-25」) ⇒ 購買（「網球拍」）涉及「年齡」及「購買」兩個維度。
3. 根據關聯規則所涉及的抽象層次

(1) 若不涉及不同層次的數據項，得到的是單層關聯規則 (single-level association rules)。

(2) 在不同抽象層次中挖掘出的關聯規則稱爲廣義關聯規則 (generalized association rules)。例如：年齡 (「20-25」) ⇒ 購買（「HEAD 網球拍」）及年齡 (「20-25」) ⇒ 購買（「網球拍」）是廣義關聯規則，因爲「HEAD 網球拍」及「網球拍」屬於不同的抽象層次。

4. 產生對抗網路 (generative adversarial nets, GAN)

由於 GAN 能夠以良好的準確性理解及重新建立視覺內容，因此它已成爲 on-line 零售的流行 ML 模型。應用例子包括：

- 從輪廓 (contour) 填充圖像（image）。
- 從文本產生逼眞的圖像。
- 製作產品原型的眞實感描述。
- 將黑白圖像轉換爲彩色圖像。

在影片 (video) 製作中，GAN 可用於：

- 在框架內模擬人類行爲及運動的態樣 (patterns)。
- 預測隨後的 video frame。
- 建立 deepfake（假的）

產生對抗網路 (GAN) 有兩個部分：

(1) 產生器 (generator) 學習產生合理的數據。產生的實例成爲 discriminator 的負面訓練實例。

(2) discriminator 學會區分產生者的假的（眞實）數據。判別器會因產生令人難以置信的結果而懲罰產生器。

建立 GAN 的第一步是辨識所需的最終輸出，並根據這些參數收集初始訓練數據集。然後將這些數據隨機化並輸入到產生器中，直到獲得產生輸出的基本精度爲止。

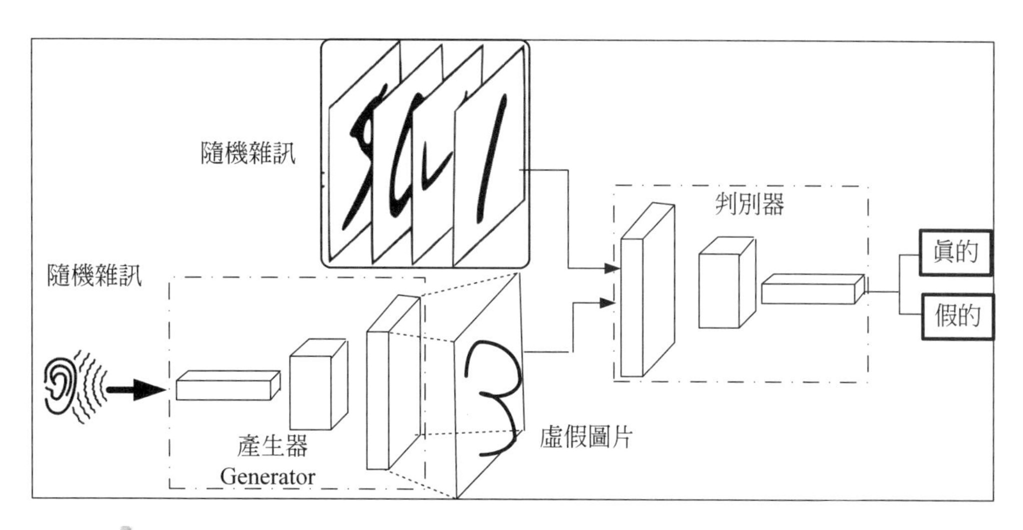

圖 2-12 產生對抗網路 (generative adversarial nets, GAN) 之示意圖

三、半監督學習 (semisupervised learning)

半監督學習是訓練方式 / 學習方式之一。它組合監督學習及無監督學習，是監督學習與無監督學習相結合的學習方法，半監督學習同時使用大量的未標記數據及標記數據，來進行 pattern 辨識工作。

半監督學習利用未標籤的數據進行訓練：通常是少量帶有大量未標籤數據的標籤數據。許多 ML 研究者發現，未標籤的數據與少量標籤數據混合使用，能比無監督學習（沒有標籤數據）的學習更準確，且沒有監督所需的時間及成本學習（標籤所有數據）。針對學習問題擷取標籤數據，通常需要熟練的人類代理（例如：轉錄音訊片段）或物理實驗（例如：確定蛋白質的 3D 結構或確定在特定位置是否存在油）。因此，與標籤過程相關的成本可能使得完全標籤的訓練集不可行，而未標籤數據的擷取相對便宜。在這種情況下，半監督學習具有很大的實用價值。半監督學習也是 ML 的理論興趣，也是人類學習的模型。

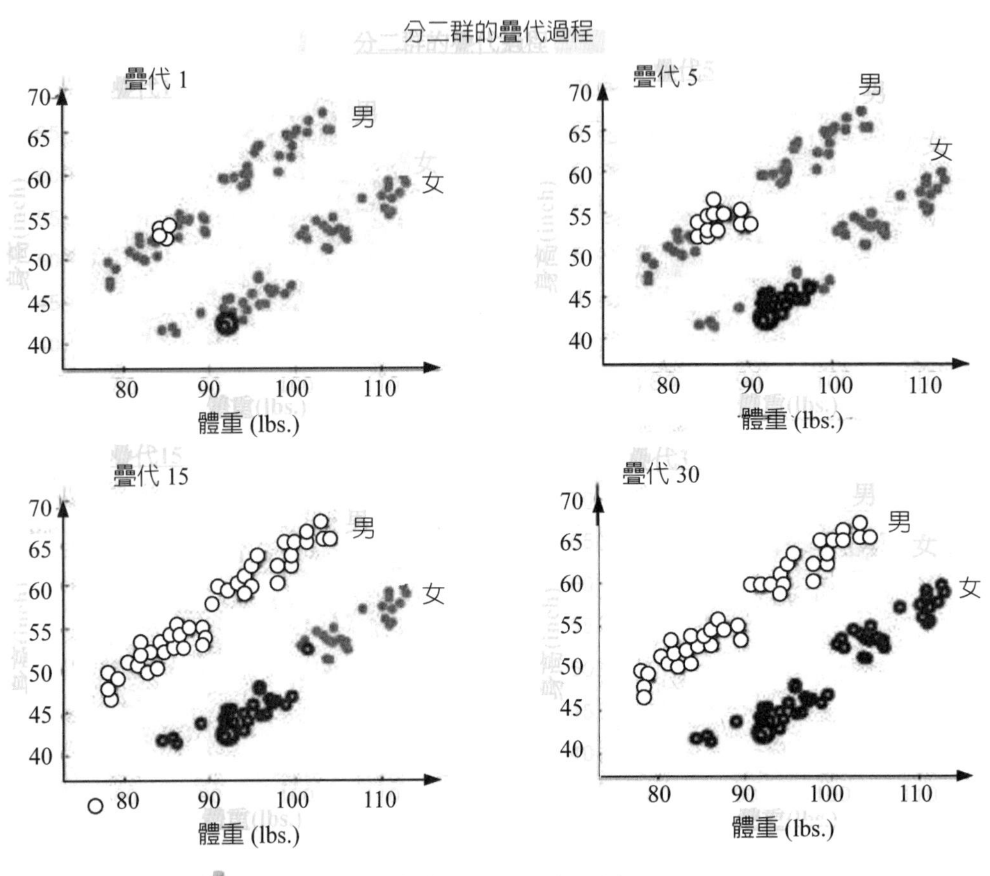

圖 2-13　半監督學習 - 最近鄰居法 (NN classifier)

四、增強式學習 (reinforcement learning, RL)

增強式學習的特色是不須給機器任何的資料，讓機器直接從互動中去學習。機器透過環境的正面、負面回饋 (positive / negative reward)，從中自我學習，並逐步形成對回饋 - 刺激 (stimulus) 的預期，做出越來越有效率達成目標的行動 (action)，訓練過程的目標旨在獲取最大利益。

RL 是機器學習的分支之一，它透過觀察來學習做成如何的動作。每個動作都會對環境有所影響，學習對象根據觀察到的周圍環境的回饋來做出判斷，RL 靈感源自心理學的行為學派理論，即有機體如何在環境給予的獎勵或懲罰的刺激下，逐步形成對刺激的預期，產生能獲得最大利益的習慣性行為。RL 方法具普適性，因此在許多領域都有其應用，例如：賽局理論、統計學、控制論、資訊理論、運籌學、模擬最佳化、群體智慧、多主體系統學習及遺傳演算法。在運籌學及控制理論研究的情境，RL 又稱「近似動態規劃」(approximate dynamic programming, ADP)。

(1) 在最優控制理論中也對 RL 角色，該理論旨在關注最優解的存在及特徵，及精確計算的演算法，而不是學習或近似，特別是在沒有學習或近似的情況下。

(2) 在經濟學及博弈論中，RL 可用來解釋在有限理性下如何產生均衡。在 ML 中，環境通常被制定為 Markov 決策過程 (MDP)，因為許多用於該上下文的 RL 演算法利用動態編程技術。

傳統的技術及 RL 演算法的主要區別是，後者不需要關於 MDP 的知識，而且針對無法找到確切方法的大規模 MDP。

RL 及標準的監督式學習之間的區別在於，它並不需要出現正確的「輸入 / 輸出」配對，也不需要精確校正次最佳化的行為。RL 更加專注於線上規劃，需要在探索（在未知的領域）及遵從（現有知識）之間找到平衡。增強學習中的「探索 - 遵從」的交換，在多臂老虎機問題及有限 MDP 中研究得最多。

五、自適應學習 (adaptive learning)：最佳化深度學習模型的技巧

第 4 代 ML，自適應學習旨在以電腦技術作為主導的學習環境及系統的橫向探索，而且是意義重大的探索。它將人的學習分為 3 種不同的類型：機械的學習、示教的學習及自適應的學習。自適應學習通常係指給學習中提供相應的學習的環境、實例或場域，透過學習者自身在學習中發現總結，最終形成理論並能自主解決問題的學習方式。

六、小結：自我監督學習是 AI 的未來

儘管深度學習 (DL) 在 AI 領域有巨大貢獻，但它仍有一個弱點：它需要大量數據，這是一個難處。實際上，由於有用數據的可用性有限以及處理該數據的計算能力不足，深度學習直到幾年前才成為領先的 AI 技術。

減少 DL 的數據依賴性，是目前 AI 的首要任務之一。自我監督學習是解決深度學習數據問題的燈塔。有監督的 DL 即可提供有用的應用程式，尤其是在計算機視覺及自然語言處理的某些領域。DL 在諸如癌症檢測等敏感應用中扮演著越來越重要的角色。

但是監督學習僅適用於有足夠品質的數據，且數據可捕獲所有可能情況的情

況。一旦受過訓練的 DL 模型遇到不同於其訓練例子的新穎例子，它們便開始以不可預測的方式表現。

深度強化學習在遊戲及模擬中顯示出顯著成果，它已經征服了許多以前認爲不能進入 AI 的遊戲。

上述這些 AI 程序學習解決問題的方式與人類完全不同。基本上，強化學習代理從空白開始，僅提供在其環境中可以執行的一組基本操作。然後，讓 AI 自己進行嘗試，透過反複試驗來學習如何產生最大的回報。

2-3-3 機器學習式迴歸

本章節旨在揭開機器學習神祕面紗。內容涵蓋標準的機器學習方法，例如：k- 摺交叉驗證 (k-fold cross-validation)、Lasso、迴歸樹及隨機森林。並以計量經濟學爲例，將機器學習法將代入這些研究：如何利用觀察數據來估計的因果模型？

一、緒論

1. 機器學習 (ML) 方法，是數據驅動之演算法（data-driven 演算法 s），給定自變數 x 來預測依變數 y 值，重點不只是求迴歸係數 β_j，也包含收縮率 λ 值。
   - 機器學習 (ML) 方法很多。前 10 名 ML 演算法，包括：線性迴歸、Logistic 迴歸、分類樹及迴歸樹 (CART)、樸素貝葉斯 (Naïve Bayes)、K- 最近鄰居 (KNN)、Apriori 演算法、K-means 聚類、主成分分析 (PCA)、隨機森林套袋 (Bagging with Random Forests)、AdaBoost 提升 (Boosting with AdaBoost)。所謂，樸素 (naïve) 是指的對於模型中各個 feature（特徵）有強獨立性的假定，並未將 feature 間的相關性納入考慮中。
   - 下圖顯示「Bagging、Boosting(Adaboost)、隨機森林」三者的關係。
   - Bootstrap 是靴子的帶子的意思，英文是「pull up your own bootstraps」，意思是透過拉靴子提高自己，本來的意思是不可能發生的事情，但後來發展成透過自己的努力來讓事情變得更好。意即，放在組合 (Bootstrap) 分類器這裡，意思就是透過分類器自己來提高分類的性能。

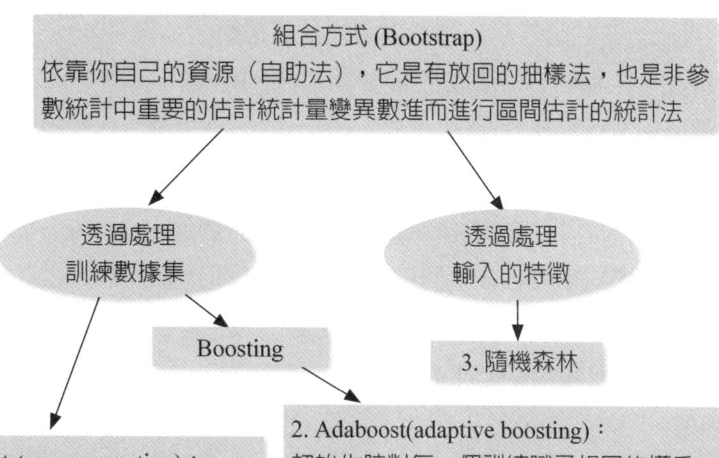

1.Bagging(Bootstrap aggregating)：
讓該學習演算法訓練多輪，每輪的訓練集由從初始的訓練集中隨機取出 n 個訓練樣本組成，某個訓練樣本在某訓練集中可能出現多次或者不出現，訓練之後可得到一個預測函數序列 h1, hn，最終的預測函數 H 對分類問題採用投票方式，對迴歸問題（加權平均好點，但是沒）採用簡單平均方式來判別。

2. Adaboost(adaptive boosting)：
初始化時對每一個訓練賦予相同的權重 1/n，然後用該學習演算法對訓練集訓練 t 輪，每次訓練後，對訓練失敗的訓練列賦予較大的權重，也就是讓學習演算法在後續的學習中集中對比較難的訓練列進行訓練（就是把訓練分類錯了的樣本，再次拿出來訓練，看它以後還敢出錯不），從而得到一個預測函數序列 h1,hm, 其中 hi 也有一定的權重，預測效果好的預測函數權重大，反之小。最終的預測函數 H 對分類問題採用有權重的投票方式，對迴歸問題採用加權平均的方式對新樣本來判別。

圖 2-14 Bagging、Boosting (Adaboost)、隨機森林三者的關係

Boostrap 是多次的可放回重複採樣。Boostrap 僅提供了組合方法之一的思想，是將基分類器的訓練結果進行綜合分析，相對於其他名稱：如 Bagging、Boosting 則是對組合方法的具體演繹。

情況 1 透過處理原始訓練樣本數據集。這種方法根據某種抽樣分布，透過對原始數據集進行再抽樣來得到多個數據集。抽樣分布決定了一個樣本被選作訓練的可能性大小，然後使用特定的學習算法爲每個訓練集建立一個分類器。Bagging 及 Boosting 都是這樣的思想。Adaboost 是 Boosting 當中比較出眾的一個算法。

情況 2 透過處理原始樣本特徵數據集。在這種方法中，透過選擇輸入特徵的子集來形成每個訓練集。隨機森林就是透過處理輸入特徵的組合方

法，並且它的基分類器限制成了決策樹。

一般情況下，隨機森林算法不僅要對原始訓練樣本數據集進行抽樣，還要對特徵數據集進行抽樣。

- 最佳的 ML 方法，會因特定的數據應用而有差異。
- ML 也要防止「樣本內」(in-sample) 之過度適配 (in-sample overfittng)。

2. 文獻回顧，機器學習旨在預測依變數 y，而不是迴歸係數 β_j 的估計。
   - 經濟學，最常用的模型，都是在預測 y。
   - 例如：假如已知預期結果時，醫生不會爲存活率低於一年的病人提供髖關節移植。
   - 那麼想要問的問題是，什麼才是最好的標準 ML 方法呢？
3. 可是，經濟學通常傾向對迴歸係數 β 做估計或部分效果（例如：平均處理效果）的估計更感興趣。
   - 但新的 ML 方法興起，計量經濟學家正極力開發使用機器學習 (ML) 的新方法，例如：Lasso 推論模型。

二、機器學習的計量經濟學 (econometrics for machine learning)

計量經濟學係以數理經濟學及數理統計學爲方法論基礎，對於經濟問題試圖對理論上的數量接近及經驗（emperical 研究）上的數量接近，這兩者進行綜合而產生的經濟學分支。

1. 以下經濟學例子，旨在說明。個體經濟學的 ML 方法。
2. 毫無疑慮的，假設以下的處理 (treatment) 效果 (effects)：
   - 模型 $y = \beta x_1 + g(x_2) + \varepsilon$ 中，估計係數 β 值。
   - 假定 x_1 是外生變數 (exogenous)，會比將它放在 $g(x_2)$ 內更合理。
   - 機器學習方法旨在求得好的 $g(x_2)$，即控制變數/工具變數的個數及收縮率 λ。
3. 使用工具變數（IV，預測內生解釋變數）在內生性下處理效果：
   - 現在 x_1 在模型 $y = \beta x_1 + g(x_2) + \varepsilon$ 中，是內生的 (endogeneity)。
   - 給定工具變數 x_3 及 x_2，可能會存在許多工具問題。
   - 機器學習方法亦可以導致選擇更好的工具變數。
4. 異質處理（heterogeneous treatment，因取樣不同結果就走樣）的平均處理效果
   - ML 方法（例如：交叉驗證）可能導致更好的迴歸歸因及更好的傾向得分匹

配（例如：武漢肺炎檢疫結是陽性或陰性）。

5. 機器學習方法也涉及數據挖掘
   - 使用傳統方法，數據挖掘會導致前測之偏誤 (pre-test bias) 及多重測試的複雜性。
6. 第 3 章的計量經濟學例子，若改用 ML 方法時就不會出現這些複雜情況。
   - 假定漸近分布，求得 β_1 或 ATE(average treatment effect) 估計値的。
   - 此外，ML 亦適合 y 是高斯分布。
7. 有時 ML 方法亦稱爲「半參數」(semiparametrc) 方法
   - 沒有維度的詛咒！
8. 但是，ML 基礎理論仍依據於難以理解、評估的假定 (assumption)
   - 例如：「稀疏」（很少有潛在變數）就是常見的實例。
9. 這些假定在實務中是否合理，至今仍是一個懸而未決的問題。
10. 本章重點有三大部分：

   (1) 基本篇
   - 預測變數的選擇、縮收 (shrinkage) 及減維 (dimension reduction)。
   - 著重於線性迴歸模型，但具有概括性 (generalizes)。

   (2) 靈活的方法 (flexible methods)
   - 非參數及半參數迴歸。
   - 靈活的模型，包括樣條曲線 (splines)、廣義加性模型 (generalized additive models)、神經網路 (neural networks)。
   - 迴歸樹、隨機森林、bagging、boosting。圖 2-14 顯示「Bagging、Boosting(Adaboost)、隨機森林」三者的關係。
   - 分類（類別型 y）及無監督學習（沒有 y 依變數）。

   (3) 個體計量經濟 (microeconometrics)
   - 常常具有許多控制變數的 OLS、具有許多工具變數之二階段迴歸、異質效果之平均處理效果 (ATE)、許多需要控制 (control) 的外在變數 (noise)。這正是 Lasso 推論模型的專長。

三、專有名詞

1. 機器學習或統計學習或數據學習或數據分析，其中數據（樣本數）可能很大數據也可能很小樣本。

2. 監督式迴歸：$y = \beta_0 + \beta X_1 + \beta X_2 + \cdots + \beta_p X_p$

   監督學習 = 迴歸

   上式中，結果 y 代表依變數，預測自變數 x 是解釋變數。

   Case 1 迴歸：當 y 是連續型 (continuous) 變數。

   Case 2 分類：當 y 是分類型 (categorical) 變數。

3. 非監督式機器學習 (unsupervised learning)

   它沒有結果 y；只有幾個 x

監督學習	1. 決策樹 (decision trees) 2. 樸素貝葉斯分類 (naive bayesian classification) 3. 最小平方法 (ordinary least squares regression) 4. 邏輯迴歸 (logistic regression) 5. 支援向量機 (support vector machine, SVM) 6. 集成方法 (ensemble methods)
無監督學習	7. 聚類演算法 (clustering algorithms) 8. 主成分分析 (principal component analysis, PCA) 9. 奇異值分解 (singular value decomposition, SVD) 10. 獨立成分分析 (independent component analysis, ICA)

註：樸素(naïve)係指的對於模型中各個feature（特徵）有強獨立性的假定，並未將特徵(feature)間的相關性納入考慮中。

4. 分類方法 (classification methods)

   (1) 若依變數 y 是二元 (binary), y's 就是類別 (categorical) 變數之一，即 logistic 迴歸。

   (2) 利用「(0, 1) 損失 (loss) 函數」，

   - 若分類正確，則爲 0；如果分類錯誤，則爲 1。

   (3) 方法包括：

   - logistic 迴歸（logistic, clogit, fracreg, ologit, mfp, mlogit 等指令）、多項式 (multinomial) 迴歸（mlogit, mprobit, cmclogit, cmmprobit, nlogit 等指令）、k 個最近鄰居（anymatch, geonear, geonear 等外掛指令）。範例請見《邏輯輯迴歸分析及離散篩選模型：應用 SPSS》、《邏輯斯迴歸及離散篩選

模型：應用 Stata 統計》專書。

• 線性及二次判別分析。《多變數統計之線性代數基礎：應用 SPSS 分析》、《多變數統計之線性代數基礎：應用 Stata 分析》專書。
• 支援向量分類器 (support vector classifiers)、支援向量機 (SVM)（svmachines 等指令）。

5. 無監督學習 (unsupervised learning)
   (1) 挑戰區域：無依變數 y，只有眾多預測變數 X。
   (2) 包括：主成分分析 (principal components analysis)。
   (3) 聚類 (clustering) 方法
   • k-means 聚類。
   • 階層 (hierarchical) 聚類。

   以上範例，請見作者《多變數統計之線性代數基礎：應用 SPSS 分析》、《多變數統計之線性代數基礎：應用 Stata 分析》專書。

6. 機器學習方法爲防止數據過度適配 (overfitting) 模型，須考慮兩種類型的數據集 (data sets)
   (1) 訓練數據集 (training data set)【估計樣本 (estimation sample)】
   • 旨在適配 (fit) 模型（樣本內）。
   • 並建立模型。
   (2) 測試數據集 (test data set)【保留 (hold-out) 樣本或驗證集 (validation set)】
   • 附加數據來判定模型的適配度 (goodness-of-fit) 好壞。
   • 某一測試觀測值 (x_0, y_0) 是樣本內看不見的觀測値 (unseen observatio)。
   • 測試模型的適配度。

2-3-4 機器學習演算法，著名的有 14 大類

如下圖所示爲著名機器學習演算法，包括：正規化 (regularization)/ 帶懲罰 (penalized) 項之迴歸（Lasso 推論模型）、集成法 (ensemble algorithms)、決策樹學習（第 6 章隨機森林）、迴歸類型、人工神經網路、深度學習、支援向量機、降維、聚類 (clustering)、最大期望值、基於實例的、貝葉斯、關聯規則學習、圖模型等 14 種。

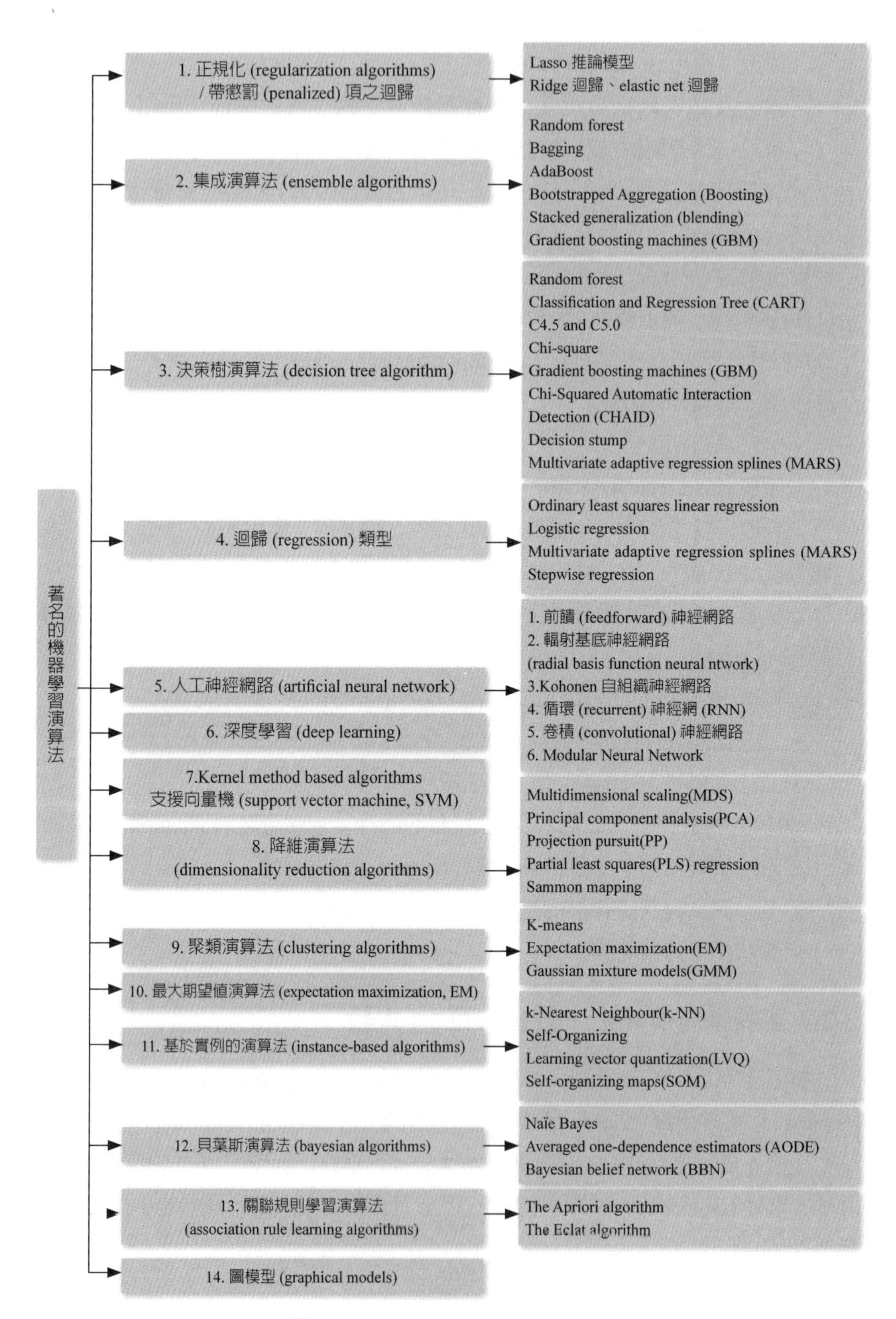

圖 2-15　著名的機器學習演算法

一、正規化 (regularization)/ 帶懲罰 (penalized) 項之迴歸（程式前沿，2020）

定義：正規化 (regularization)

正規化，又稱「懲罰化 (penalization)」。其想法是過度適配 (overfitting) 發生時，有可能是因爲訓練的假設模型本身就過於複雜，因此我們能不能讓複雜的假設模型退回至簡單的假設模型呢？這個退回去的方法就是正規化。例如：polynomial 迴歸就是容易 overfitting 的模型。

正規化旨在限制權重 W 的大小來控制高次的影響，以防過度適配。正規化是指變數變換將資料重新分布在一個較小且特定的範圍內。今延伸具有預測與推論統計功能的「Lasso 推論模型」。

著名的正規化迴歸有：Lasso（推論模型）、Ridge、Elastic net 迴歸。

正規化是迴歸方法另一拓展，旨在預防高次多項式迴歸的過度適配，此方法會基於模型複雜性對其進行迴歸係的權重給予懲罰。下圖爲正規化 (regularization) 之示意圖。

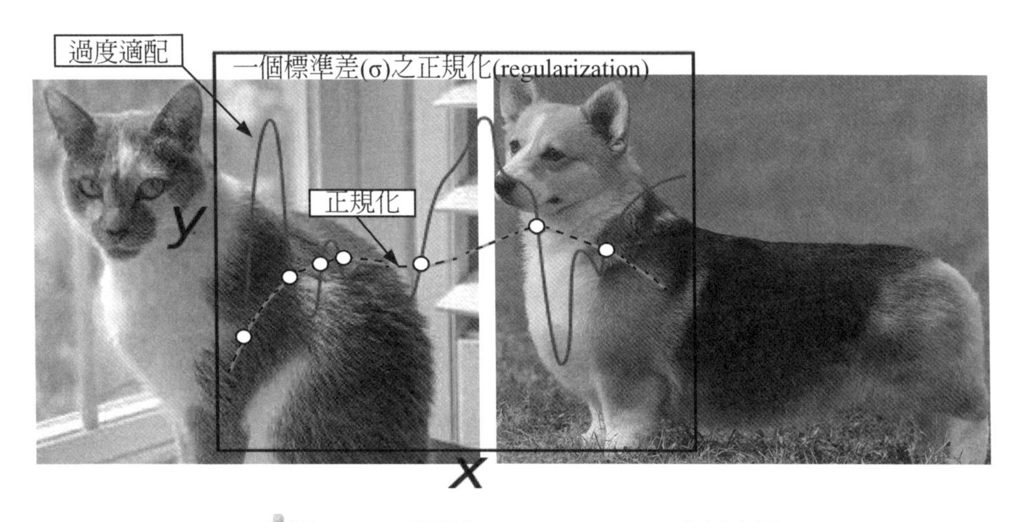

圖 2-16　正規化 (regularization) 之示意圖

例如：

例子 嶺迴歸 (ridge regression)、最小絕對收縮與選擇運算元 (Lasso)、GLASSO（Graphical Lasso 旨在估計 Gaussian Graphical 模型）、彈性網路 (elastic net)、最小角迴歸 (least-angle regression)、Lasso 推論模型。其中，Lasso 演算法 (least absolute shrinkage and selection operator) 同時進行特徵選擇及正規化（數學）的迴歸法，旨在增強統計模型的預測準確性及可解釋性。迄今，Stata 已推出 Lasso 推論模型，兼具預測及推論能力。詳請見第 4 章範例分析。

優點 其懲罰會減少過度適配。但總會有解決方法。

缺點 懲罰會造成不足適配。可能會很難校準。

二、集成演算法 (ensemble algorithms)（chaidforest, eltmle 指令）

集成方法是由多個較弱的模型所集成一個強的模型組，其中的模型可以單獨進行訓練（樣本內），並且它們的預測能以某種方式結合起來去做出一個總體預測（樣本外）。該演算法重點是要找出哪些較弱的模型可以結合起來，及結合的方法。這是一個非常強大的技術集，因此廣受歡迎。

易言之，集成方法是將幾種機器學習技術組合到一個預測模型中的演算法，以減少變異數 (bagging)、偏誤 (boosting) 或改善預測 (stacking)。

演算法：	Stacking
1:	Input: training data $D = \{x_i, y_i\}_{i=1}^{m}$
2:	Ouput: ensemble classifier H
3:	*Step 1: learn base-level classifiers*
4:	for $t = 1$ to T do
5:	learn h_t based on D
6:	end for.
7:	*Step 2: construct new dara set of predictions*
8:	for $i = 1$ to m do
9:	Dh = $\{x'_i, y_i\}$, where $x'_i = \{h_1(x_i), \cdots, h_T(x_i)\}$
10:	end for
11:	*Step 3: learn a meta-classifier*
12:	learn H based on D_t
13:	teturn H

集成方法可分爲兩組：

(1) 順序 (sequential) 集成法，其中基礎學習器是按順序產生的（例如：AdaBoost）。

順序方法的基本動機是利用基礎 learners 之間的依賴性 (dependence)。透過稱重先前帶有 mislabeled 的例子，來提高整體性能 (performance)。

(2) 平行 (parallel) 集成法，基礎 learners 之間是平行產生的（例如：Random Forest）。

平行方法的基本動機是利用基礎 learners 之間的獨立性，因爲通過求平均值檢大幅減少誤差 (error)。

大多數集成方法使用單一基礎學習 (single base learning) 演算法來產生同質 base learners，即相同質型的學習器，來產生同質集成。

還有一些使用異質 (heterogeneous)learners 的方法，即使用不同質型的學習器，也可導致異質集成。爲了使集成方法比任何單個成員更準確，基礎 learners 必須盡可能準確且盡可能多樣化。

集成學習算法 (ensemble learning algorithms) 的主要步驟：

(1) 首先，對原始訓練樣本數據集或原始樣本特徵數據集採用不同的分類組合方式進行抽樣；

(2) 然後，選擇基分類器（決策樹等），基於抽樣樣本對每一個基分類器（決策樹等）進行訓練；

(3) 最後，基於所有基分類器（決策樹等）的分類結果採用某種投票機制得出最終分類結果。

例子 Boosting、Bootstrapped Aggregation(bagging)、AdaBoost、層疊概化 (stacked generalization)(blending)、梯度提升機 (gradient boosting machines，GBM)、梯度提升迴歸樹 (gradient boosted regression trees, GBRT)、隨機森林 (random forest)。圖 2-14 顯示「Bagging、Boosting(Adaboost)、隨機森林」三者的關係。

優點 當先最先進的預測幾乎都使用了演算法整合。它比使用單個模型預測出來的結果要精確的多。

缺點 需要大量的維護工作。

chaidforest 指令 (random forest ensemble classification based on chi-square automated interaction detection) 之範例有 3 個，如下：

```
* 存在 "chaidforest-1.do" 指令檔
* #1: Basic random forest analysis with altered minsplit() and minnode() and
 very liberal alpha().. clear all
. set seed 1234567
. webuse auto
* 要見外掛 "ssc install moremata" 之後，才能使用 chaidforest 指令
. ssc install moremata
. chaidforest foreign, unordered(rep78) minnode(2) minsplit(5) xtile(length
   weight, nquantiles(3)) alpha(.8)

* #2: Basic random forest analysis as in #1 with specified out-of-bag
 proportion and sampling  without replacement
. chaidforest foreign, unordered(rep78) minnode(2) minsplit(5) xtile(length
   weight, nquantiles(3)) proos(.25)
```

圖 2-17　「chaidforest foreign, unordered(rep78) minnode(2) minsplit(5) xtile(length weight, nquantiles(3)) alpha(.8)」執行結果（反白多二個新變數）

```
*存在 "chaidforest-2.do" 指令檔
* #3: Large-scale random forest with ordered response variable and specified
   number of trees (warning: can be time consuming)
. webuse nhanes2f, clear

. chaidforest health, dvordered unordered(region race) ordered(diabetes sex
   smsa heartatk)  xtile(houssiz sizplace, nquantiles(3)) ntree(500)

* #3: Large-scale random forest as in #3, collapsed with frequency weight.
preserve

. generate byte fwgt = 1

. xtile xthoussiz = houssiz, nquantiles(3)

. xtile xtsizplace = sizplace, nquantiles(3)

. collapse (sum) fwgt, by(health region race xthoussiz xtsizplace diabetes sex
smsa heartatk)

. chaidforest health [fweight = fwgt], dvordered unordered(region race)
   ordered(xthoussiz xtsizplace diabetes sex smsa heartatk) ntree(500)

. restore
```

```
*存在 "chaidforest-3.do" 指令檔
* #4: Random forest without "bagging" observations (only randomly selects
splitting variables)
. webuse sysdsn1, clear

. chaidforest insure, ordered(male nonwhite) unordered(site) xtile(age,
nquantiles(2)) nosamp

* #5: Random forest without random splitting variable selection (only "bags"
observations)
. chaidforest insure, ordered(male nonwhite) unordered(site) xtile(age,
nquantiles(2)) nvuse(4)

* #6: Random forest incorporating missing data
. chaidforest insure, ordered(male nonwhite) unordered(site) xtile(age,
nquantiles(2)) missing
```

三、決策樹演算法 (decision tree algorithm) [chaid, chaidforest, cta(classification tree analysis) 指令]

決策樹 (decision tree) 是資料探勘 (data mining) 技術之一，旨在使用樹狀分支的概念來作爲決策模式，是廣受歡迎的分析法。

決策樹是圖形表示之一形式，它基於特定條件利用分支方法論來說明決策的所有可能結果。在決策樹中，內部節點代表對屬性的測試，樹的每個分支代表測試的結果，葉節點代表特定的類標籤，即在計算所有屬性後做出的決策。分類規則透過從根到葉節點的路徑表示。

決策樹學習使用決策樹當作某一預測模型，它將對一個 item（表徵在分支上）觀察所得對映成關於該 item 的目標值的結論（表徵在葉子中）。

樹模型中的目標是可變的，可以採一組有限值，被稱爲分類樹；在這些樹結構中，葉子表示類標籤，分支表示表徵這些類標籤的連線的特徵。

決策樹後來延生出分類正確率更高的隨機森林，它將先異質樣本分幾個群組（幾棵樹），再進行眾多「子決策樹」的分類、預測。

【決策樹的類型】

根據目標變數的類型，決策樹也可以分爲兩種類型：連續變數決策樹及二元變數決策樹。目標變數有助於確定特定問題所需的決策樹類型。

多數的決策樹是運用在分類、預測。

(1) 分類樹 (classification tree)：用來預測的依變數類別型態（例如：武漢檢疾是陽性或陰性、生或死）。

(2) 迴歸樹：有些決策樹演算法也像迴歸分析，預測的結果呈現的是一個實數（例如：信用卡授信、武漢肺炎死亡人數預測）。即反應變數爲連續（數值）形式時，迴歸樹常用於預測問題類型。

(3) 分類及迴歸樹 (classification and regression tree, CART)：它結合「分類樹及迴歸樹」的特性，其預測結果不僅可呈現類別型態，也可是數值型的資料。其特色是在進行分類時每次只產生兩個分支來歸納與分析資料集，且不限制變數的類型；由於分析上有較大的彈性，因此成爲最受歡迎的決策樹分析方法之一。

Classification and Regression Tree 演算法：

1. Start at the root node.
2. For each ordered variable X,
   vonvert it to an unordered variable X' by grouping its values
   in the node into a small number of intervals
3. Perform a chi-squared test of independence of ecxh X' variable versus Y on the data in the node and compute its singificance probability.
4. Choose the variable X*associated with the X' that has the smallest significance probability.
5. Find the split set $\{X^* \in S^*\}$ that minimizes the sum of Gini indexes and use it to split the node into two child nodes.
6. If a stopping criterion in resched, exit.
   Otherwise, apply steps 2-5 to each child node.
7. Prune the tree with the CART method.

CART 模型是在給定輸入隨機變數 X 條件下，求得輸出隨機變數 Y 的條件概率分布的學習方法。

CART 假設決策樹是二叉樹結構，內部節點特徵取值爲「是」及「否」，左分支對應取值爲「是」的分支，右分支對應爲否的分支，如下圖所示。這樣 CART 學習過程等價於遞迴式二分每個特徵，將輸入空間（即特徵空間）劃分爲有限個字空間（單元），並在這些字空間上確定預測的概率分布，也就是在輸入給定的條件下，輸出對應的條件概率分布。

CART 演算法也主要由兩步驟組成：

Step-1 決策樹的產生：基於訓練資料集產生一棵二分決策樹。

Step-2 決策樹的剪枝：用驗證集對已產生的二叉決策樹進行剪枝，剪枝的標準爲損失函數最小化。

由於分類樹與迴歸樹在遞迴地建立二叉決策樹的過程中，選擇特徵劃分的準則不同。(1) 二叉分類樹建立過程中採用 Gini 指數爲特徵選擇標準；(2) 二叉迴歸樹採用平方誤差最小化作爲特徵選擇標準。

【決策樹學習過程】

對於含有多個特徵的分類問題來說，決策樹的學習過程通常是透過遞迴來選擇最優劃分特徵，並根據該特徵的取值情況對訓練資料加以分割，使得切割後對

分類與迴歸樹演算法(classification and regression tree, CART)

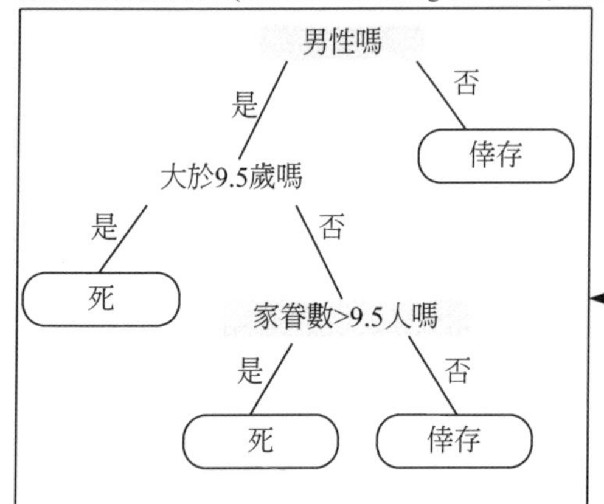

鐵達尼號郵輪：乘客生存的樹（「家眷數」是船上配偶或兄弟姐妹的數量）。葉子下面的數字顯示了生存的概率和葉子中觀察的百分比。總結：如果您是(1)女性或(2)9.5歲以下且兄弟姐妹少於2.5歲的男性，您的生存機會是較好的。

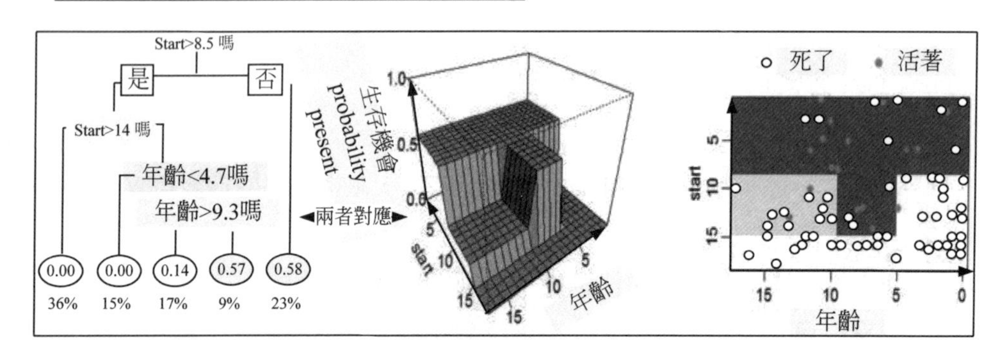

圖 2-18　決策樹學習 (decision tree learning)

應的資料子集有一個較好的分類的過程。

爲了更簡易解釋決策樹的學習過程，假設你根據天氣情況決定是否出去玩？資料收集如下：

ID	陰晴	溫度	濕度	颳風	玩
1	晴朗	熱天	高溫	無	否
2	晴朗	熱天	高溫	有風	否
3	灰濛濛	熱天	高溫	無	是
4	下雨	溫和	高溫	無	是
5	下雨	陰涼	常溫	無	是

ID	陰晴	溫度	濕度	颳風	玩
6	下雨	陰涼	常溫	有風	否
7	灰濛濛	陰涼	常溫	有風	是
8	晴朗	溫和	高溫	無	否
9	晴朗	陰涼	常溫	無	是
10	下雨	溫和	常溫	無	是
11	晴朗	溫和	常溫	有風	是
12	灰濛濛	溫和	高溫	有風	是
13	灰濛濛	熱天	常溫	無	是
14	下雨	溫和	高溫	有風	否

利用 ID3 演算法中的資訊增益特徵選擇方法，遞迴的學習一棵決策樹，得到樹結構，如下圖所示：

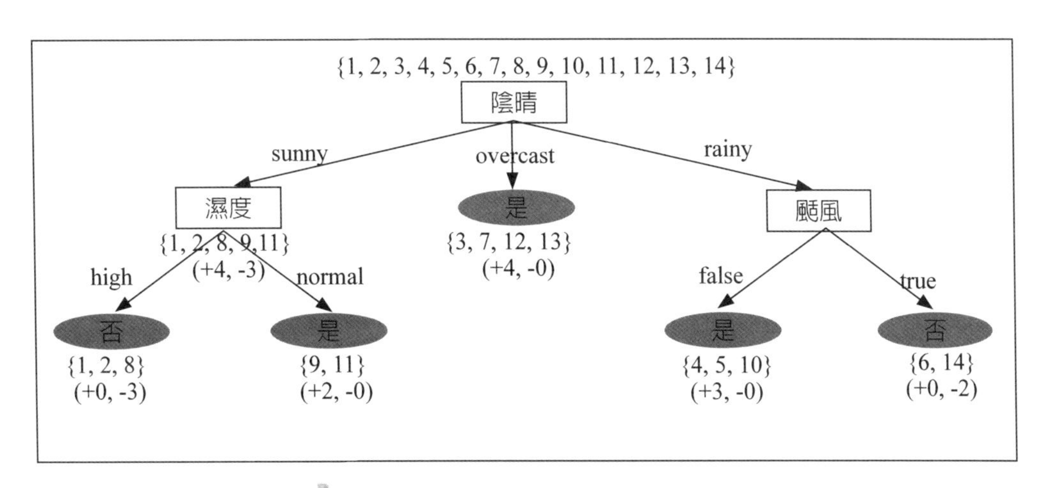

圖 2-19　氣候數據之 ID3 決策樹 (IG)

假設訓練資料集：$D = \{(x^{(1)}, y^{(1)}), (x^{(2)}, y^{(2)}), \cdots, (x^{(m)}, y^{(m)})\}$（特徵用離散值表示），候選特徵集合 $F = \{f^1, f^2, \cdots, f^n\}$。開始，建立根節點，將所有訓練資料都置於根節點（m 條樣本）。從特徵集合 F 中選擇一個最優特徵 f^*，按照 f^* 取值講訓練資料集切分成若干子集，使得各個自己有一個在當前條件下最好的分類。

若子集中樣本類別基本相同，那麼建立葉節點，並將資料子集劃分給對應的葉節點；若子集中樣本類別差異較大，不能被基本正確分類，需要在剩下的特徵集合 $(F - \{f^*\})$ 中選擇新的最優特徵，建立回應的內部節點，繼續對資料子集進行切分。如此遞迴地進行下去，直至所有資料自己都能被基本正確分類，或者沒有合適的最優特徵爲止。

這樣最終結果是每個子集都被分到葉節點上，對應著一個明確的類別。那麼，遞迴產生的層級結構即爲一棵決策樹。你將上面的文字描述用僞代碼形式表達出來，即爲：

```
{
輸入：訓練數據集 D={(x^(1),y^(1)),(x^(2),y^(2)), ,(x^(m),y^(m))}（特徵用離散值表示）；候選特徵集
F={f^1, f^2, …, f^n}
輸出：一顆決策樹 T(D,F)
學習過程：
01. 建立節點 node;
02. if  D 中樣本全屬於同一類別 C；then
03.   將 node 作為葉節點，用類別 C 標記，返回；
04. end if
05. if  F 為空 (F=∅)or D 中樣本在 F 的取值相同；then
06.  將 node 作為葉節點，其類別標記為 D 中樣本數最多的類（多數表決），返回；
07. 選擇 F 中最優特徵，得到 f* (f*∈F)；
08. 標記節點 node 為 f*
09. for f* 中的每一個已知值 f_i* ；do
10.  為節點 node 產生一個分支；令 D_i 表示 D 中在特徵 f* 上取值為 f_i* 的樣本子集；//
     劃分子集
11.   if D_i 為空；then
12.     將分支節點標記為葉節點，其類別標記為 Di 中樣本最多的類；then
13.   else
14.     以 T(Di,F-{f*}) 為分支節點；// 遞迴過程
15.   endif
16. done
}
```

決策樹學習過程中遞迴的每一步，在選擇最優特徵後，根據特徵取值切割當

前節點的資料集，得到若干資料子集。由於決策樹學習過程是遞迴的選擇最優特徵，因此可以理解爲這是一個特徵空間劃分的過程。每一個特徵子空間對應決策樹中的一個葉子節點，特徵子空間相應的類別就是葉子節點對應資料子集中樣本數最多的類別。

四、迴歸 (regression) 類型

迴歸旨在估計兩種變數之間關係的統計過程。當用於分析依變數及一個（以上）自變數之間的關係時，該演算法能提供很多建模及分析多個變數的技巧。具體而言，迴歸分析旨在了解：當任意一個自變數 X_1 變化，另一個自變數不變（像 Lasso 推論模型就能「控制」眾多外在變數的干擾）時，依變數 y 變化的預測值。

迴歸演算法是統計學中的主要演算法，它已被納入統計 ML。

例子

(1) 普通最小平方法迴歸 (ordinary least squares regression, OLS)（regression 指令）

(2) 線性迴歸 (linear regression)（regression, stepwise, poisson, churdle, frontier,glm,gmm, qreg, zip, bayes: regress 等指令）

線性迴歸演算法顯示了兩個變數之間的關係及一個變數的變化如何影響另一個變數。該演算法顯示了更改自變數對依變數的影響。自變數被稱爲解釋變數（預測變數 regressor），因爲它們解釋了影響依變數的因素。依變數通常被稱爲關注反應或被預測因數。

線性迴歸 ML 演算法的優點：

① 它是最可解釋的 ML 演算法之一，可以很容易向他人解釋。

② 它易於使用，因爲它需要最少的調整。

③ 它是運行速度最快的最廣泛使用的 ML 技術。

(3) 邏輯斯迴歸 (logistic regression)

根據分類反應（y 變數）的性質，邏輯斯迴歸可分爲 3 種類型：

① Binary Logistic 迴歸：當分類反應有 2 種可能的結果（即是或否）時，最常用的 Logistic 迴歸。例如：預測學生將透過或未透過考試，預測學生是血壓低還是高血壓，預測腫瘤是否癌變。

② 多項式 Logistic 迴歸：分類反應具有 3 個或更多可能的結果，而沒有排序。例如：預測大多數 Taiwan 公民使用哪種搜尋引擎 (Yahoo、Bing、Google、

MSN)。

③ 有序 Logistic 迴歸：分類反應具有 3 種或 3 種以上自然排序可能的結果。例如：顧客如何根據 1 到 10 的等級對餐廳的服務及食物品質進行評分。

以上 Logistic 迴歸分析例子，請見作者《多層次模型 (HLM) 及重複測量：使用 Stata》、《邏輯斯迴歸及離散選擇模型：應用 Stata 統計》、《有限混合模型 (FMM)：Stata 分析（以 EM algorithm 做潛在分類再迴歸分析）》、《邏輯輯迴歸分析及離散選擇模型：應用 SPSS》專書。

何時使用 Logistic 迴歸？

- 當需要根據其他解釋變數對反應變數的概率進行建模時，請使用邏輯斯迴歸。例如：購買產品 X 的概率與性別的關係。
- 當需要預測分類依變數作為某些解釋變數的函數而歸為二元反應的兩類概率時，請使用邏輯斯迴歸演算法。例如：假設某位顧客是女性，那麼該顧客購買香水的概率是多少？
- 當需要根據解釋變數將元素分為兩類時，邏輯斯迴歸演算法也最適合。例如：根據年齡將女性分為「年輕」或「老年」組。

(4) 逐步迴歸 (stepwise regression)

(5) 多元自適應迴歸樣條 (multivariate adaptive regression splines, MARS)

(6) 本地散點平滑估計 (locally estimated scatterplot smoothing, LOESS)。

優點 直接、快速。知名度高。

缺點 要求嚴格的假設。需要處理異常值。

五、人工神經網路 (artificial neural network)（brain 指令）

人工神經網路是受生物神經網路啟發而建構的演算法模型。

它是 pattern 匹配，常被用於迴歸及分類問題，但擁有龐大的子域，由數百種演算法及各類問題的變體組成。

例如：可以很容易地用他的名字或他在 X 的地方工作或根據他與您的關係來認識我們認識的人。你可能認識了成千上萬的人，這項任務要求人腦立即辨識該人（人臉辨識）。現在，假設要求電腦執行此任務，而不是由人腦來做。由於機器不認識該人，因此對機器而言將不是一個容易的計算。您必須告訴電腦有不同人物的影像。如果您認識 10,000 人，那麼您必須將這 10,000 張照片輸入電腦。

現在，每當您遇到一個人時，您都會擷取該人的影像並將其輸入電腦。電腦將此照片與您已輸入資料庫的所有 10,000 張照片進行匹配。在所有計算的最後，它給出與人最相似的照片的結果。根據資料庫中存在的影像數量，這可能需要幾個小時或更長時間。任務的複雜性將隨著資料庫中影像數量的增加而增加。但是，人腦可以立即辨識它。在所有計算的最後，它給出與人最相似的照片的結果。根據資料庫中存在的影像數量，這可能需要幾個小時或更長時間。

例子 感知器、逆向傳遞、Hopfield 網路、徑向基函式網路 (radial basis function network, RBFN)。

優點 (1) 在語音、語義、視覺、各類遊戲（如圍棋）的任務中表現極好。(2) 演算法可以快速調整，適應新的問題。

缺點 (1) 需要大數據進行訓練。(2) 訓練要求很高的硬體配置。(3) 模型處於「黑箱狀態」，難以理解內部機制。(4) 統合參數 (Metaparameter) 與網路拓撲選擇困難。

六、深度學習 (deep learning)

深度學習是人工神經網路的最新分支，它受益於當代硬體的快速發展。

眾多研究者目前的方向主要集中於建構更大、更複雜的神經網路，目前有許多方法正在聚焦半監督學習問題，其中用於訓練的大資料集只包含很少的標記。

例子 深度玻耳茲曼機 (deep boltzmann machine, DBM)、深度信念 (deep belief networks, DBN)、卷積神經網路 (CNN)、Stacked Auto-Encoders。

【自動編碼器 (AutoEncoders)】

自動編碼器是直接分配神經網路，可在輸出處恢復輸入信號。它們內部有一個隱藏層，這是描述模型的代碼。自動編碼器設計爲無法將輸入準確複製到輸出。通常，它們受到代碼尺寸的限制（它小於信號的尺寸），或者爲啟動代碼而被懲罰。由於編碼損失而使輸入信號恢復了 errors，但是爲了使 errors 最小化，網路被迫學習選擇最重要的功能。

自動編碼器可用於預訓練 (pre-training)，例如：當分類任務且標記對 (marked pairs) 太少時、或降低數據中的維度以供以後可視化、或您只需要學習區分輸入信號的有用屬性 (useful properties) 時。

此外，它們的某些發展（也將在後面進行描述），例如：變分自動編碼

器 (variational auto-encoder, VAE)，及競爭性產生網路 (competing generative networks, CAN) 的組合，都會求得非常有趣的結果。

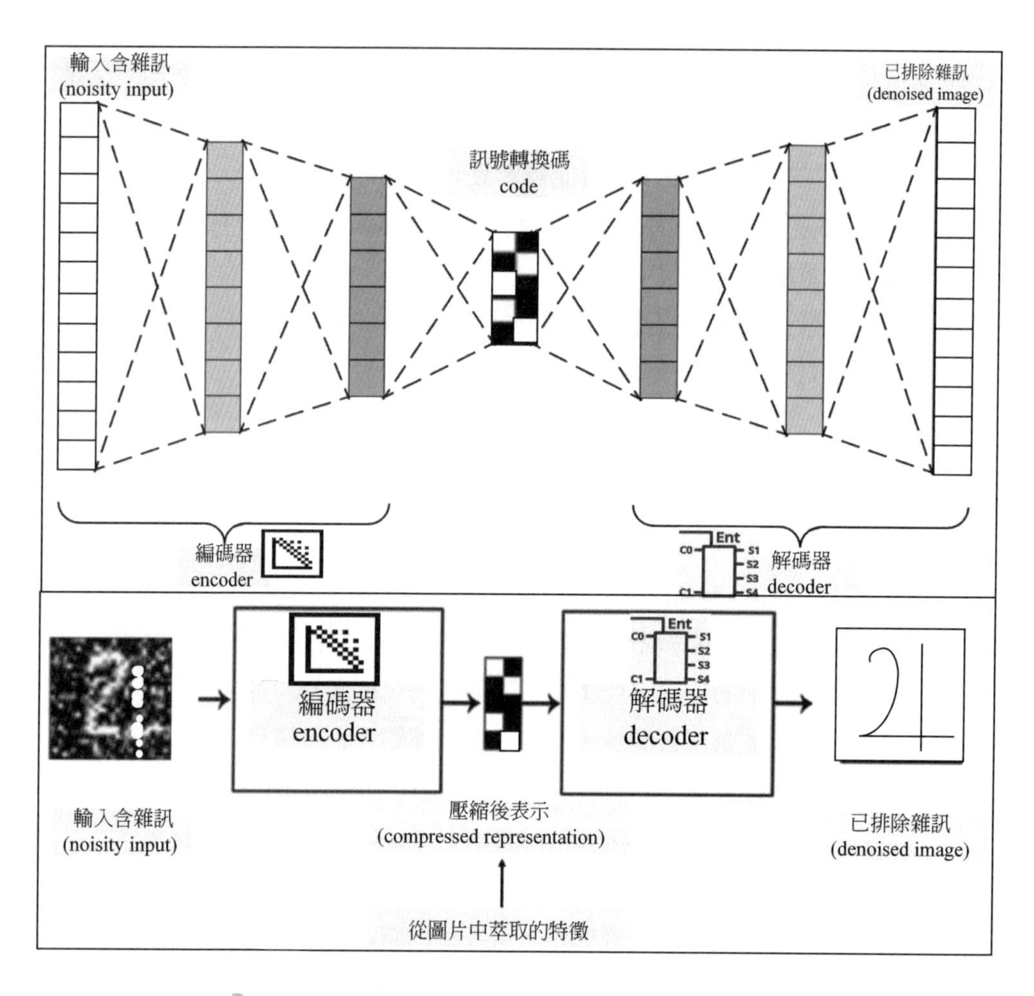

圖 2-20　自動編碼器 (AutoEncoders) 之示意圖

七、支援向量機 (support vector machine, SVM)（svmachines 指令）

SVM 是一組用於分類或迴歸問題的監督式 ML 演算法。旨在找到一條可將訓練數據集分爲幾類的線（超平面）將數據分類爲不同的類來工作。由於存在許多此類線性超平面，因此 SVM 演算法嘗試使所涉及的各個類別之間的距離最大化，這被稱爲餘量最大化。如果找到了使類之間距離最大化的線，則可以很好地將其概化為看不見的數據的可能性。

SVM 通常被各種金融機構用於股票市場預測。例如：當與同一行業中其他股票的表現進行比較時，它可以用來比較股票的相對表現。股票的相對比較有助於基於 SVM 學習演算法做出的分類來管理投資決策。

優點 (1)SVM 對訓練數據提供最佳的分類性能（準確性）。(2)SVM 為正確分類未來數據提供了更高的效率。(3) 關於 SVM 的最好之處在於，它對數據沒有任何強力假設。(4) 它不會過度適配數據。

缺點 (1) 非常難以訓練。(2) 很難解釋。

八、降維演算法 (dimensionality reduction algorithms)

與 clustering 方法類似，降維追求並利用資料的內在結構，目的在於使用較少的資訊總結或描述資料。

這一演算法可用於視覺化高維資料或簡化接下來可用於監督學習中的資料。許多這樣的方法可針對分類及迴歸的使用進行調整。

例子 主成分分析 (principal component analysis, PCA)、主成分迴歸 (principal component regression, PCR)、偏微最小平方迴歸 (partial least squares regression, PLSR)、Sammon 對映 (Sammon mapping)、多維尺度變換 (multidimensional scaling, MDS)、投影尋蹤 (projection pursuit)、線性（一次方）判別分析(Linear Discriminant Analysis, LDA)、混合判別分析(mixture discriminant analysis, MDA)、二次方判別分析 (quadratic discriminant analysis, QDA)、靈活判別分析 (flexible discriminant analysis, FDA)。

以上這些例子，請見作者《多變數統計之線性代數基礎：應用 Stata 分析》、《多變數統計之線性代數基礎：應用 SPSS 分析》二書。

優點 (1) 可處理大規模資料集。(2) 無需在資料上進行假設。

缺點 (1) 難以搞定非線性資料。(2) 難以理解結果的意義。

九、聚類演算法 (clustering algorithms)（cluster,kmeans,kmedians 指令）

聚類是無監督學習的方法，聚類分析是將一組觀測值分配到子集（亦即一個類，cluster）中，以便根據一些預先指定的標準，同一聚類內的觀測值相似（在某種意義上）。不同的聚類技術對數據的結構做出不同的假定，通常由一些相似性度量定義並且透過內部緊湊性（相同聚類的成員之間的相似性）及不同聚類之間的分離來評估。其他方法是基於估計的密度及圖形連通性。

例子

(1) K- 均值聚類演算法 (K-Means)（kmeans 指令）

K-Means 是廣泛用於聚類分析的無監督 ML 演算法。K-Means 是不確定的疊代方法。該演算法透過預先定義的簇數 k 對給定的數據集進行操作。K-Means 演算法的輸出是 k 個簇，輸入數據在簇之間分配。

例如：讓你考慮 Wikipedia 搜尋結果的 K-Means 聚類。Wikipedia 上的搜尋「Jaguar」將返回包含 Jaguar 的所有頁面，這些單字可以將 Jaguar 稱爲 Car，將 Jaguar 稱爲 Mac OS 版本，將 Jaguar 稱爲 Animal。K-Means 聚類演算法可以應用於對討論類似概念的網頁進行分組。因此，該演算法會將所有談論 Jaguar（動物）的網頁歸爲一個類，將 Jaguar（汽車）作爲網頁歸爲另一個類，依此類推。

(2) k-Medians 演算法（kmedians 指令）

【相似性及度量學習 (similarity & metric learning)】

這種問題，學習機被給予被認爲是相似的成對的對及成對的不太相似的對象。然後，它需要學習可以預測新對象是否相似的相似性函數（或距離度量函數）。它有時用於推薦系統。

(1) 曼哈頓距離 (city block similarity)

同歐式距離相似，都旨在多維資料空間距離的測度。

$$dist(X, Y) = \sum_{i=1}^{n} |x_i - y_i|$$

(2) 歐式距離 (Euclidean distance)

用於衡量多維空間中各個點之間的絕對距離。歐式距離的缺點就是將每個維度同等看待，但顯然不是，比如人臉 vector，顯然眼睛、鼻子、嘴部特徵應該更爲重要。因此使用時各個維度量級最好能夠在同一個尺度上。

$$d(x, y) := \sqrt{(x_1 - y_1)^2 + (x_2 - y_2)^2 + \cdots + (x_n - y_n)^2} = \sqrt{\sum_{i=1}^{n} (x_i - y_i)^2}$$

(3) 馬氏距離 (Mahalanobis distance)

有效的計算兩個未知樣本集的相似度的方法。與歐氏距離將所有維度同等看待不同，其考慮到各種維度之間的聯繫（例如：一條關於身高的資訊會帶來一條關於體重的資訊，因為兩者是有關聯的），並且是尺度無關的 (scale-invariant)，即獨立於測量尺度。作為歐式距離的標準化版，歸一化特徵的同時也有可能過分看重微小變化的特徵。

$$D_M(\vec{x}) = \sqrt{(\vec{x} - \vec{\mu})^T S^{-1} (\vec{x} - \vec{\mu})}$$

(4) 明可夫斯基距離 (Minkowski distance)

明氏距離，是歐氏空間中的測度，被看做是歐氏距離及曼哈頓距離的推廣。

$$d(x, y) := \left(\sum_{i=1}^{n} |x_i - y_i|^p\right)^{1/p}$$

十、最大期望值演算法 (expectation maximization, EM)

例子 請見作者《有限混合模型 (FMM)：Stata 分析（以 EM algorithm 做潛在分類再迴歸分析）》專書。

優點 讓資料變得有意義

缺點 結果難以解讀，針對不尋常的資料組，結果可能無用。

十一、基於實例的演算法 (instance-based algorithms)

基於實例的演算法（亦稱為基於記憶的學習），是直接從訓練實例中建構出假設，不採明確歸納法，而是將新的問題例子與訓練過程中見過的例子進行對比。這意味著，假設的複雜度會隨著資料的增長而變化，最糟的情況是，假設是一個訓練專案列表，分類一個單獨新實例計算複雜度為 O(n)。

例子 K- 最近鄰 (k-nearest neighbor, kNN)、學習向量量化 (learning vector quantization, LVQ)、自組織對映 (self-organizing map, SOM)、區域性加權學習 (locally weighted learning, LWL)。

優點 演算法簡單、結果易於解讀

缺點 (1) 很占記憶體。(2) 計算成本高。

不可能用於高維特徵空間。

十二、貝葉斯演算法 (Bayesian algorithms)

貝葉斯方法係指明確應用貝葉斯定理來解決如分類及迴歸等問題的方法。

例子 樸素貝葉斯 (naive Bayes)、高斯樸素貝葉斯 (Gaussian naive Bayes)、多項式樸素貝葉斯 (multinomial naive Bayes)、平均單一相依估計法 (averaged one-dependence estimators, AODE)、貝葉斯信念網路 (Bayesian belief network, BBN)、貝葉斯網路 (Bayesian network, BN) 或有向無環圖形模型都屬機率圖形模型，其透過有向無環圖 (DAG) 來表示一組隨機變數及其條件獨立性。其中，貝葉斯網路常用於代表疾病及症狀之間的機率關係、著名的貝葉斯迴歸就有 42 種，範例請見作者《人工智慧與 Bayesian 迴歸的整合：應用 Stata 分析》一書。

優點 快速、易於訓練、給出了它們所需的資源能帶來良好的表現。

缺點 如果輸入變數是相關的，則會出現問題。

【樸素貝葉斯分類器演算法】

樸素 (naïve) 係指對於模型中各個 feature（特徵）有強獨立性的假定，並未將 feature 間的相關性納入考慮中。實務上，手動分類網頁、文件檔、電子郵件或任何其他冗長的文本註釋將非常困難、幾乎是不可能的，這就是樸素貝葉斯分類器的用武之地。分類器是從可用類別之一分配總體元素值的函數。例如：垃圾郵件過濾是樸素貝葉斯演算法的應用之一。垃圾郵件過濾器也是分類器之一，它爲所有電子郵件分配標籤「垃圾郵件」或「非垃圾郵件」。

樸素貝葉斯分類器是按相似性分組的流行方法之一，它根據流行的貝葉斯概率定理來進行工作（建立 ML 模型），特別旨在疾病預測及文件檔分類。它是基於貝葉斯概率定理之單字的簡單分類，並用於內容的主觀分析。

(1) 樸素貝葉斯分類器的應用

① 情緒分析：在 Facebook 上用於分析表達積極或消極情緒的狀態更新。

② 文件檔分類：Google 使用文件檔分類爲文件檔建立索引並找到相關性得分，即 PageRank。PageRank 機制認爲在使用文件檔分類技術進行了解析及分類的資料庫中標記爲重要的頁面。

③ 樸素貝葉斯演算法還用於對有關技術、娛樂、體育、政治等方面的新聞文章進行分類。

④ 電子郵件垃圾郵件過濾：Google Mail 使用樸素貝葉斯演算法將您的電子郵件分爲垃圾郵件或非垃圾郵件。

(2) 樸素貝葉斯分類器 ML 演算法的優點

① 當輸入變數是分類的時，樸素貝葉斯分類器演算法表現良好。

② 當樸素貝葉斯條件獨立假設成立時，樸素貝葉斯分類器的收斂速度更快，與其他判別模型（如邏輯斯迴歸）相比，所需的訓練數據相對較少。

③ 使用樸素貝葉斯分類器演算法，可以更輕鬆地預測測試數據集的類別。同樣適用於多類別預測。

④ 儘管它需要條件獨立性假定，但樸素貝葉斯分類器在各種應用領域中都表現出良好的性能。

【深度信念網路 vs. 受限玻爾茲曼機器 (restricted Boltzmann machines) 的關係】

受限玻爾茲曼機是隨機神經網路（神經網路，意味著你有類似神經元的單元，其二進制啟動取決於它們所連接的鄰居；隨機意味著這些啟動具有概率元素），它由以下組成：

(1) 可見層（用戶知道且設定其狀態的 movie 偏好項）

(2) 隱藏層（你嘗試學習的潛在因素）

(3) 偏誤 (bias) 單位（其狀態始終為 on，並且是根據每部 movie 的不同固有流行度進行調整的方式）。

此外，每個可見單元都連接到所有隱藏單元（此連接是無向的，因此每個隱藏單元也都連接到所有可見單元），而偏誤單元連接到所有可見單元及所有隱藏單元。

為了使學習變得更容易，你限制了網路，以便沒有可見單元連接到任何其他可見單元，也沒有隱藏單元連接到任何其他隱藏單元。

通常，堆疊多個 RBM 來形成深度信念網路。外表看起來像完全連接的層，其實二者的訓練方式不同。

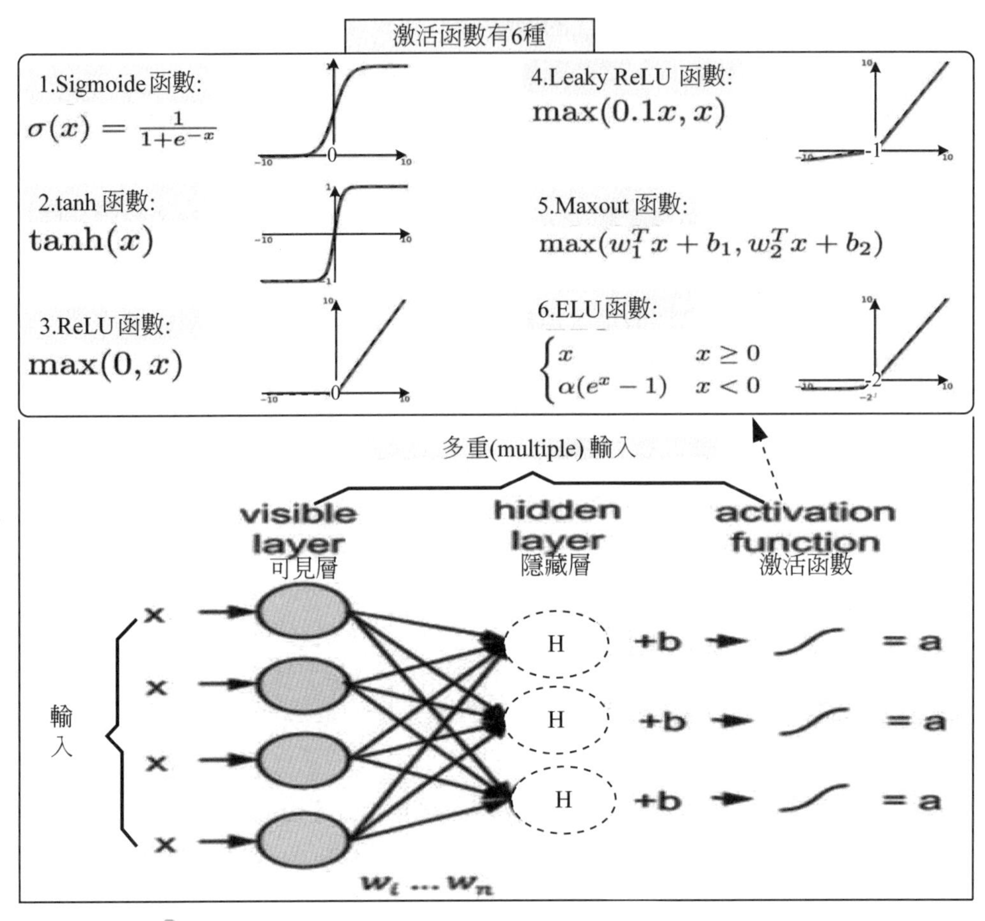

圖 2-21　深度信念網路 (deep belief networks) 之示意圖

十三、關聯規則學習演算法 (association rule learning algorithms)

關聯規則學習方法能夠萃取出對資料中的變數之間的關係的最佳解釋。比如說一家超市的銷售資料中存在規則 { 洋蔥 , 漢堡 }=> { 蛋 }，那說明當一位客戶同時購買了洋蔥及漢堡肉的時候，他很有可能還會購買蛋。

關聯規則學習是在大型資料庫中發現變數之間的有趣關係的方法。目的是利用一些有趣性的量度來辨識資料庫中發現的強規則。基於強規則的概念，可發現超市的 POS 系統，它由大批交易資料中產品之間來找出規律性。例如：從 7-11 銷售資料中發現的規則 { 麵包 , 茶葉蛋 } → { 牛奶 } 會表明若顧客一起買麵包及茶葉蛋，他們也有可能買牛奶。又如，Apriori 演算法，如果出現項目 A，則項目 B 也將以一定概率出現。產生的大多數關聯規則均爲 IF_THEN 格式。例如：如果人們購買了 iPad，那麼他們還購買了 iPad 保護套。爲了使演算法得出這樣的結論，它首先觀察了在購買 iPad 的同時購買 iPad 保護套的人數。這樣一來，就可以得出比率，例如：在購買 iPad的 100 人中，有 85 人也購買了 iPad保護套。

Apriori 演算法也可用於醫療數據之關聯分析，例如：患者服用的藥物，每個患者的特徵，不良反應，患者的經歷，初步診斷等。該分析產生關聯規則，有助於辨識患者特徵及藥物的組合導致藥物的不良副作用。

AprioriML 演算法的原理是：

(1) 如果一個項目集頻繁出現，那麼該項目集的所有子集也會頻繁出現。

(2) 如果一個項目集很少出現，那麼該項目集的所有超集合都很少出現。

此類資訊可以作爲做出促銷定價或產品置入等行銷活動決定的根據。除了上面購物籃分析中的例子以外，關聯規則如今還被用在許多應用領域中，包括網路用法挖掘、入侵檢測、連續生產及生物資訊學中。與序列挖掘相比，關聯規則學習通常不考慮在事項中、或事項間的專案的順序。

【關聯規則的理論】

當挖掘演算法所找出的規則滿足使用者訂定的最小的 minimum support 與 minimum confidence 的門檻時，這個規則才會成立。

元組	出現頻率
A	45%
B	42.5%
C	40%
A 及 B	25%
A 及 C	20%
B 及 C	15%
A 及 B 及 C	5%

1. 支援度 (support)：就是一個元組在整個資料庫中出現的機率。P(condition)。

   minimum support：界定一個規則必須涵蓋的最少資料數目。

2. 可信度 (confidence)：界定一個規則預測強度（信心水準）。P(condition and result)/ P(condition)。
   最小可信度(minimum confidence)：界定一個規則最小預測強度（信心水準）。
3. 興趣度，提高率（興趣度）：P(condition and result)/ P(condition)× P(result)
   (1) 當興趣度大於 1 的時候，這條規則比較好的。
   (2) 當興趣度小於 1 的時候，這條規則沒有很大意義的，應該略去這樣的一些規則。
   (3) 興趣度越大，規則的實際意義就越好。

【關聯規則的種類】

1. 屬性值：(1)Boolean association rule：僅探討 item 是否出現 (2)Association rule with repeated items 探討 item 的購買數量。
2. 資料維度：(1) 單一維度關聯規則 (single dimensional association rules) 若買牛奶，則會買麵包。(2) 多重 (multi dimensional association rules) 加上「年齡」「收入」「購買」三個維度。
3. 抽象層級：在規則中的專案或屬性可以跨不同的概念層級。如「年齡」與「Toyota 汽車」等。

規則	說明	範例
若 A 則 B	若「條件句」，則「結論句」。	若買柳橙汁則會買牛奶 (80%)
若 B 則 A		若買牛奶則會買柳橙汁 (70%)
若 A 則非 B		若買清潔劑則不會買牛奶 (60%)
若 (A and B) 則 C	會比「若 A 則 B and C」有用	若買柳橙汁 and 牛奶則會買汽水
若 A 則 (B and C)		若買柳橙汁則會買牛奶 and 汽水
若（A and 非 B）則 C	（無關規則 dissociation rules）	

十四、圖模型 (Graphical Models)

圖模型或概率圖模型 (probabilistic graphical model, PGM) 是概率模型，一個圖 (graph) 可透過其表示隨機變數之間的條件依賴結構 (conditional dependence structure)。

例子 Apriori 演算法 (Apriori algorithm)、Eclat 演算法 (Eclat algorithm)、FP-growth、圖模型 (Graphical Models)、圖模型或概率圖模型也是概率模型，一個圖 (graph) 可透過其表示隨機變數之間的條件依賴結構 (conditional dependence structure)。

例子 貝葉斯網路 (Bayesian network)、馬爾可夫隨機域 (Markov random field)、鏈圖 (Chain Graphs)、祖先圖 (Ancestral graph)。

優點 模型清晰，能被直觀地理解。

缺點 確定其依賴的拓撲很困難，有時候也很模糊。

2-3-5 預防過度適配 (overfitting) 的技術，有 8 個

機器學習旨在訓練機器擁有人類的思考、擁有解決一般問題的能力，即使看到沒有包含在訓練資料的資料，也是要可以正確辨識的。而且現在訓練資料越來越龐大，訓練時間越來越久的時況下，避免跟解決 overfitting 是機器學習上重要一個課題。

如圖 3-32 所示「資料分布 [帶有隨機噪音 (random noise) 之線性遞增趨勢]」，即可看出何謂過度適配之情況。

一、過度學習 / 過度適配 (overfiting) 是什麼？

在數據訓練時，經常會出現過度適配的情況，也是就過度學習的情況。Overfitting 顧名思義就是過度學習訓練資料，變得無法順利去預測或分辨不是在訓練資料內的其他資料。

假設現在我要訓練一個模型來辨識是否是土狗，因此訓練模型學會到土狗的特徵：耳朵長而寬，頭較窄且長，尾巴與身體成上斜角，身體背部長之類的特徵，但因為訓練資料都給黑色的土狗，所以模型過度依賴訓練資料而把黑色的特徵也學習起來了，因此在預估時若遇到不同顏色的土狗便會有準確度的問題，這就是過度學習。

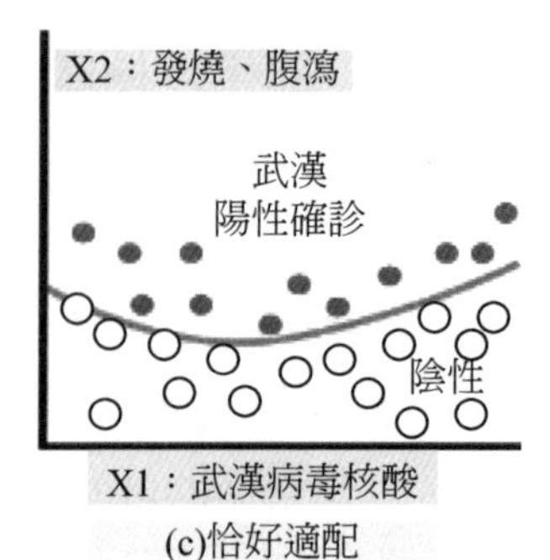

圖 2-22　（分類用途）模型適配度之三種情況：不足適配、過度適配、恰好適配

以上圖來看，圖 (b) 就是過度適配的結果，圖 (a) 代表正常的分類線性模型 (linear discriminant analysis, LDA)，圖 (c) 曲線雖然完全把訓練資料分類出來，但如果現在有一個新的資料進來（空心藍色點），就會造成分類錯誤，因爲圖 (b) 曲線的模型在訓練資料的準確率是非常高的，不過在新資料的分類下錯誤率變會提升。最簡易偵測過度適配的方法是：訓練資料分成訓練集 (training set) 及驗證集 (validate set)。

訓練集（占 80% 樣本）就是眞的把資料拿去訓練的；驗證集（占 20% 樣本）就是去驗證此模型在訓練資料外的資料是否可行。

二、造成 overfitting 的原因與解決方式

(一) 訓練資料太少

解決法：取得更多的資料

就是收集更多的資料，或是自行產生更多的有效資料（如果你產生一些跟模型無關的資料去訓練只會越來越糟，故必需確正自行產生的資料對訓練模型是有幫助）。

(二) 擁有太多的參數，功能太強的模型，解決法有三：

1. 減少參數或特徵或者是減少神經層數（降低模型的大小，因複雜的模型容易造成過度學習）。
2. 在相同參數跟相同資料量的情況下，可以使用 Regularization（正規化）：如

L_1, L_2。

3. 在相同參數跟相同資料量的情況下，可以使用 Dropout。

三、預防過度適配 (overfitting) 的技術，有 8 個

1. 樣本分割之保留 (hold-out)

除了將所有數據用於訓練之外，我們還可以將數據集簡單地分爲兩組：訓練集和測試集 (training set and testing set)。通常，訓練的分配比例爲 80%，測試爲 20%。你訓練模型，直到它不僅在訓練集上而且在測試集上都表現良好。這表示良好的檢化能力，因爲測試集表示未用於訓練的看不見的數據。但是，即使拆分後，此方法也需要足夠大的數據集進行訓練。

訓練數據(training data) 之分割

訓練集（占80%）(training set)	驗證集（占20%）(validation set)

圖 2-23 樣本分割保留 (hold-out) 之示意圖

2. 交叉驗證 (cross-validation)（三角驗證法的延伸爲：留一驗證、5- 摺 /10- 摺驗證）

如圖 3-47 所示「k- 摺交叉驗證 (K-fold cross-validation)」，旨在將數據集分爲 k 組來避免一次性訓練及測試資料所產生偏誤。你可將 80% 訓練數據當爲測試集，將 20% 數據作爲訓練集，然後重複此過程，直到將每個單獨的組用作測試集（例如：重複 k 個）。與保留不同，交叉驗證允許最終將所有數據用於訓練，但與保留相比，計算量更大。詳情請見「3-4 交叉驗證：避免一次性訓練及測試資料所產生偏誤」。

3. 數據再擴充 (data augmentation)

較大的數據集較能降低過度適配。如果你無法收集更多數據，且受限於當前數據集的樣本數，則可以應用數據擴充技術來增加數據集的大小。例如：如果正在訓練圖像分類任務，則可以對圖像數據集執行各種圖像轉換路。例如：翻轉 (flipping)、左右旋轉 (rotating)、重新縮放 (rescaling)、移轉 (shifting)。

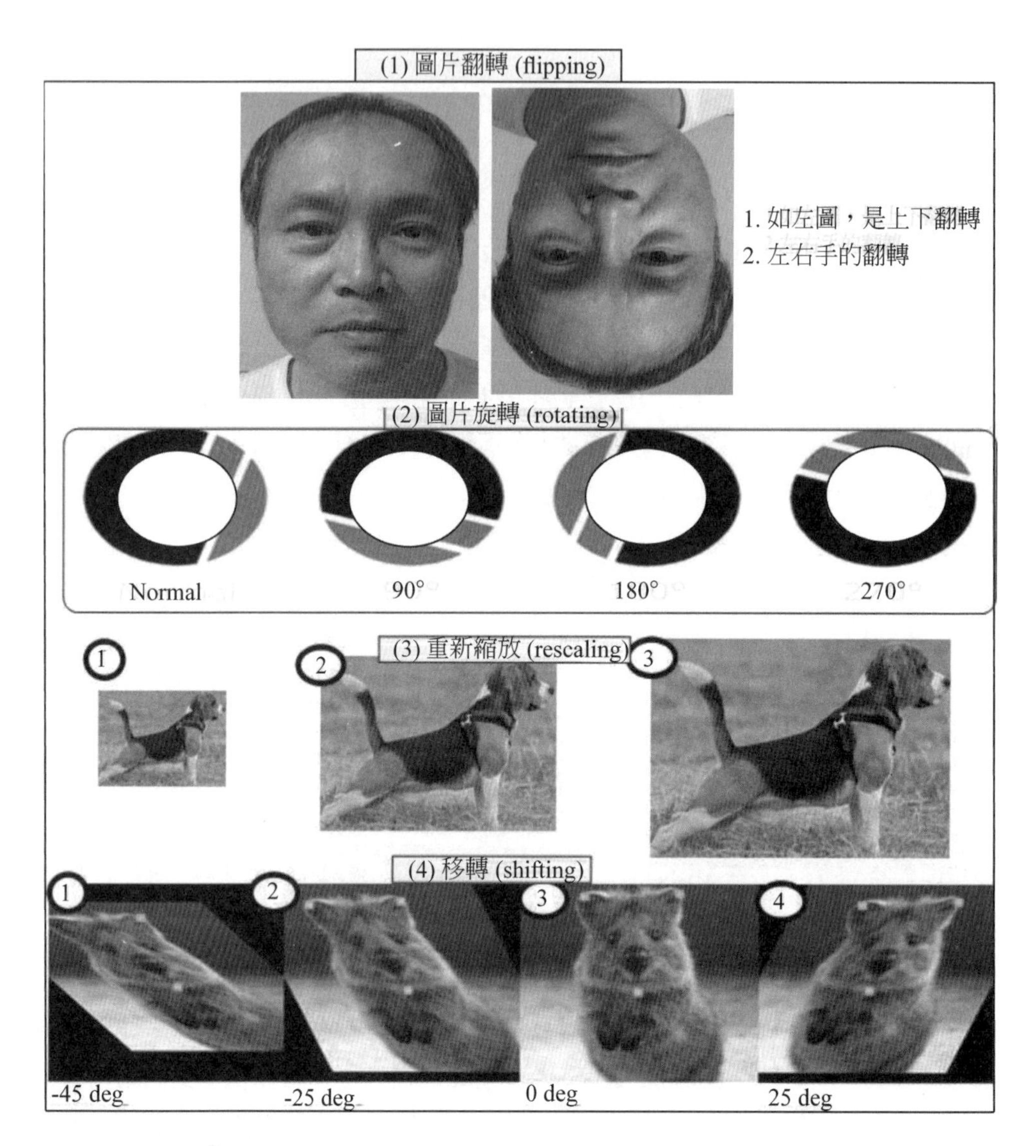

圖 2-24　數據再擴充 (data augmentation) 之示意圖

4. 特徵選擇 (feature selection)

如果訓練樣本數量有限時，並且每個樣本都具有大量 features，那麼應可只選最重要的特徵來進行訓練，這樣你界定模型就無需納入那麼多的特徵，且不太會造成過度適配。

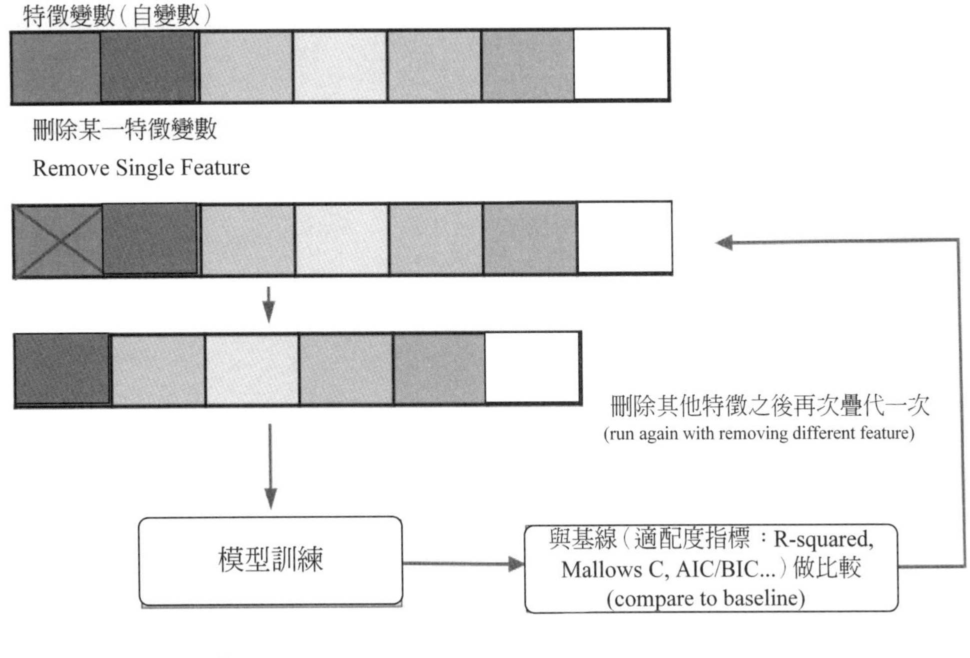

圖 2-25 特徵選擇 (feature selection) 之示意圖

特徵該如何選擇？詳情請見「3-2 特徵選擇 (feature selection)」、「2-4-4 道瓊預測之非線性模型：先用適配度指標 (rsquare) 來篩選特徵再用神經網路 (brain) 做預測」。

5. L1 / L2 正規化 (regularization)：Lasso 迴歸、Ridge 迴歸

正規化是限制的網路學習過於複雜的模型的技術，因此可能過度適配。在 L1 或 L2 正規化中，可在成本 (cost) 函數上添加一個懲罰項，以將估計的係數推向 0（並且不採用更多的極端值）。L2 正規化允許權重衰減到 0，但不能衰減到 0，而 L1 正規化允許權重衰減到 0。

詳情請見「3-3 收縮估計法 (shrinkage estimation)」及第 4 章實例分析。

6. 刪除層 / 每層的單位數 (remove layers / number of units per layer)

如 L1 或 L2 正規化所述，過度複雜的模型更有可能過度適配。因此神經網路裡，你可透過刪除層 (layers) 數或每層 node 的個數來直接降低模型的複雜性。例如：可透過減少完全連接層中神經元的數量來降低複雜性。你應該擁有

一個複雜性在不足適配與過度適配之間取得平衡的模型 (between underfitting and overfitting for our task)。

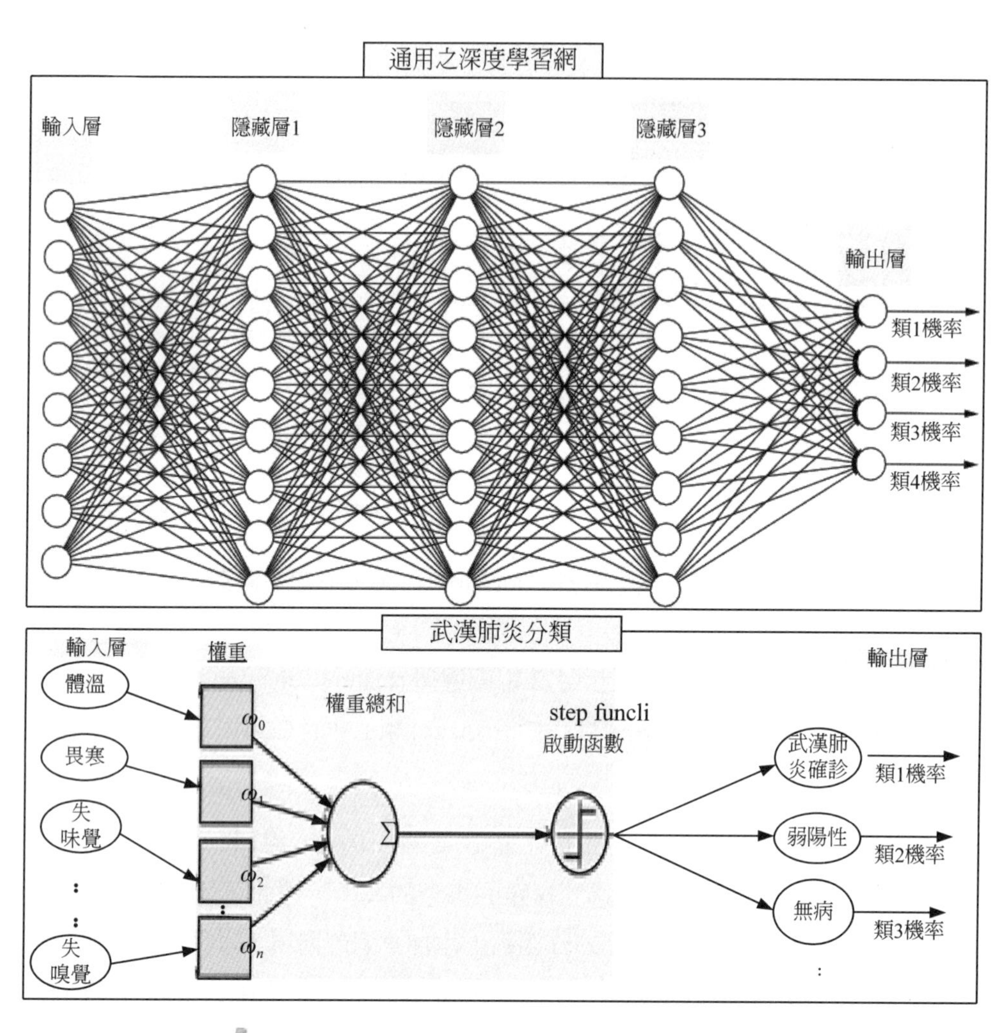

圖 2-26　神經網路之示意圖（武漢肺炎為例）

7. 丟包 (dropout)

透過將丟包（形式化的正規化）應用於你的層 (layers)，你可訂一定的概率忽略網路單元的子集。使用丟包，係可減少單元之間的相互依賴學習，因它可能導致過度適配。但是，由於丟包，你可能需花更多的時間來收斂模型。

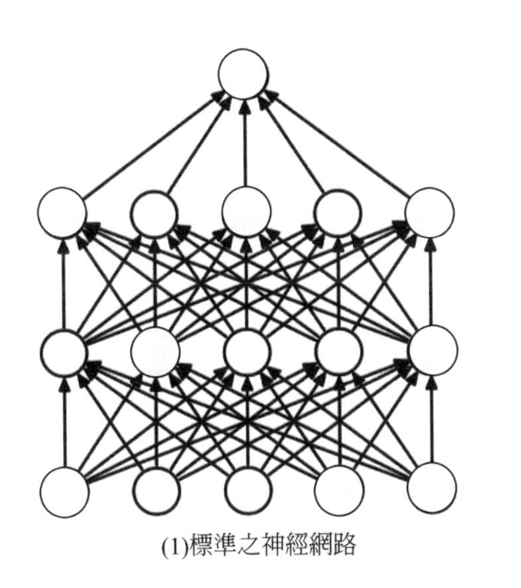

(1)標準之神經網路

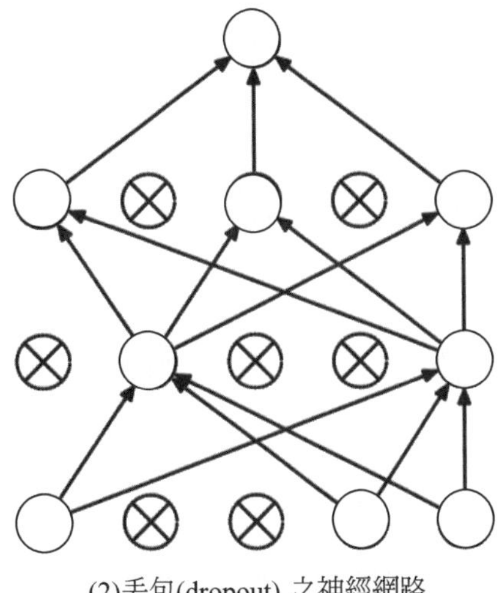

(2)丟包(dropout) 之神經網路

圖 2-27 丟包 (dropout) 之示意圖

8.「訓練 - 驗證」疊代次數可提早停止 (early stopping)

如圖 3-3 所示「偏誤與變異數的權衡 (bias-variance tradeoff)」，即可看出偏誤與變異數的權衡 (bias-variance tradeoff) 之情況。

你可以先訓練模型以適應任意數量，然後繪製驗證損失圖（例如：使用 hold-out）。一旦驗證損失（validation loss，誤差）開始降低（例如：停止減少但開始增加），你就停止訓練並保存當前模型。你可透過監視 loss 圖或設置提前停止機制來實作。保存的模型就可在不同訓練時期值之間求得概化 (generalization) 的最佳模型（如下圖）。

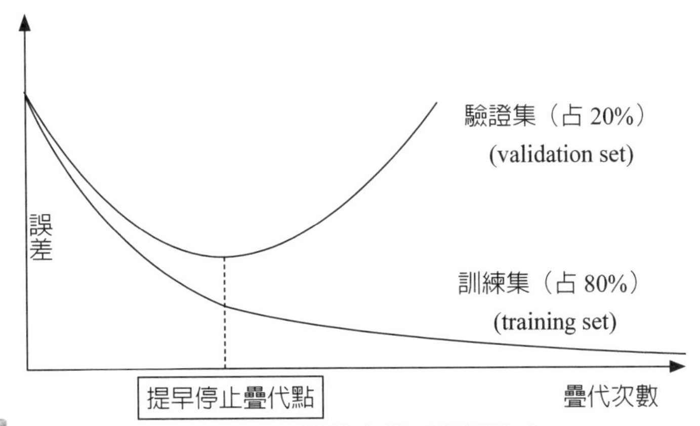

圖 2-28 「訓練 - 驗證」疊代次數可提早停止 (early stopping)

2-3-6 何謂 Features（≈自變數）、Training、Label（≈類別依變數）？

圖 3-9 顯示特徵選擇 (feature selection) 有 3 方法：過濾法（子集選擇）、包裝法、嵌入法（收縮法 shrinkage）。

機器學習 (machine learning)，顧名思義，就是讓機器（電腦）能夠從 data 中學習的演算法。

舉例而言，要如何辨識什麼東西是狗？一個只有一兩歲的幼兒，可能不知道什麼東西是狗。但是，若經常帶他在公園裡散步，只要看到狗，就告訴他這是狗，久而久之，他就知道什麼東西是狗。這其實就是人類的「學習」，學習什麼東西是一隻狗的過程。

那麼該如何讓電腦能夠辨認狗？同樣的，你也可以讓電腦來「學習」。對於輸入的影像，先擷取這影像的特徵 (features)。接著，再對電腦做訓練 (training)，告訴電腦哪張影像是狗，哪張影像不是狗。當訓練的數據量足夠之後，有新的影像進來時，電腦就可以判斷這張是不是狗的影像了。

1. features：數據的特徵 (features)，就是 machine learning 演算法的 input。就像人眼在辨認什麼東西是狗、什麼是魚、什麼是草、什麼是車，所依據的是東西的「特徵」，電腦也是先對影像擷取出特徵之後，再來做辨識。
   至於如何取出資料的 features，該選取哪些 features，則完全依賴於資料的種類及應用，以辨認「樹」而言，可以選取物體的顏色、高度、長寬比，有沒有類似樹枝或樹根的東西存在，來當成是辨識樹的「features」。若資料是心電圖訊號，那麼 features 就可以是心跳的間隔、心電圖信號的高頻成分、低頻成分等等。在此只在介紹 machine learning 的基本概念，因此不討論每個應用領域的 features 取法；而實際上應用 machine learning 的領域非常之廣，也無法一一討論，還請讀者依自己的應用領域尋找相關數據及演算法。
2. training：每個 machine learning 演算法都需要一些已知、現有的資料來進行 training（訓練）。training 會改變 machine learning 演算法中一些參數，使 machine learning 演算法能從現有的資料特性去推測未來、未知的資料結果。
   例如：可以持續的告訴電腦，擁有某些 features 的資料是一棵樹或者不是一棵樹。當訓練的資料夠多，且訓練的演算法夠好，有新的資料進來時，電腦就可以自動判斷這個資料是否爲一棵樹。

3. label：就是 training data 所對應的 output。就好像要讓幼兒了解什麼一棵樹時，就要告訴幼兒公園裡哪些東西是樹，哪些不是樹，否則幼兒將難以了解。同樣的，在對電腦做訓練時，必需要告訴電腦這些資料所對應的 output（即 label），否則電腦將無從學習。在訓練電腦自動地判斷樹的圖片時，可將 training data 當中，不是樹的圖片的 label 設為 0，樹的圖片的 label 設為 1。

2-4 類神經網路 (ANN)：單一隱藏層

神經網路的 Stata 範例，請見「3-6-1 神經網路 (neural networks)（annfit、brain、geninteract 指令）」、「2-4-4 道瓊預測之非線性模型」。

2-4-1 類神經網路 (artificial neural network, ANN) 是什麼？

人工神經網路 (ANNs) 簡稱為神經網路 (NNs) 或連接模型 (connectionist model)，是模仿生物神經系統的數學模型。ANN 是根據一組相互連接的人工神經元建構來計算。

ANN 是非線性統計之數據建模工具，通常用於模擬輸入及輸出之間的複雜關係，查找數據中的態樣，或捕獲未知聯合機率分布中的統計結構。

類神經網路在類神經網路中，通常會有數個階層，每個階層中會有數十到數百個神經元 (neuron)，神經元會將上一層神經元的輸入加總後，進行啟動函數 (activation function) 的轉換，當成神經元的輸出。每個神經元會跟下一層的神經元有特殊的連接關係，使上一層神經元的輸出值經過權重 (weight) 計算後傳遞給下一層的神經元。

例如：深度學習 (deep learning, DL) 在過去幾年，硬體價格下降及 GPU 速度加快，促進深度學習概念的發展，DL 概念由人工神經網路中的多個隱藏層組成。這種方法試圖模擬人類大腦對光及聲進入視覺及聽覺的處理方式。DL 成功應用於電腦視覺及語音辨識（Russell 等人，2010）。

為了模擬生物的神經網路，啟動函數通常是非線性的轉換。古典的啟動函數為 Sigmoid 函數或雙曲正切函數 (hyperbolic tan, tanh)，但是在深度神經網路中，Sigmoid 函數的學習效果比較差，常會使用 ReLU 函數（整流線性單位，REctified Linear Unit）。

類神經網路的架構指的就是階層數量、每層中的神經元數量、各層之間神經元的連接方式、及啟動函數的類型等設定。這些參數設定都是在使用類神經網路前需要由人力設定好的，參數設定的好壞也是大大影響到類神經網路的效能表現。類神經網路的學習及訓練過程就是試著找到最佳的權重設定。

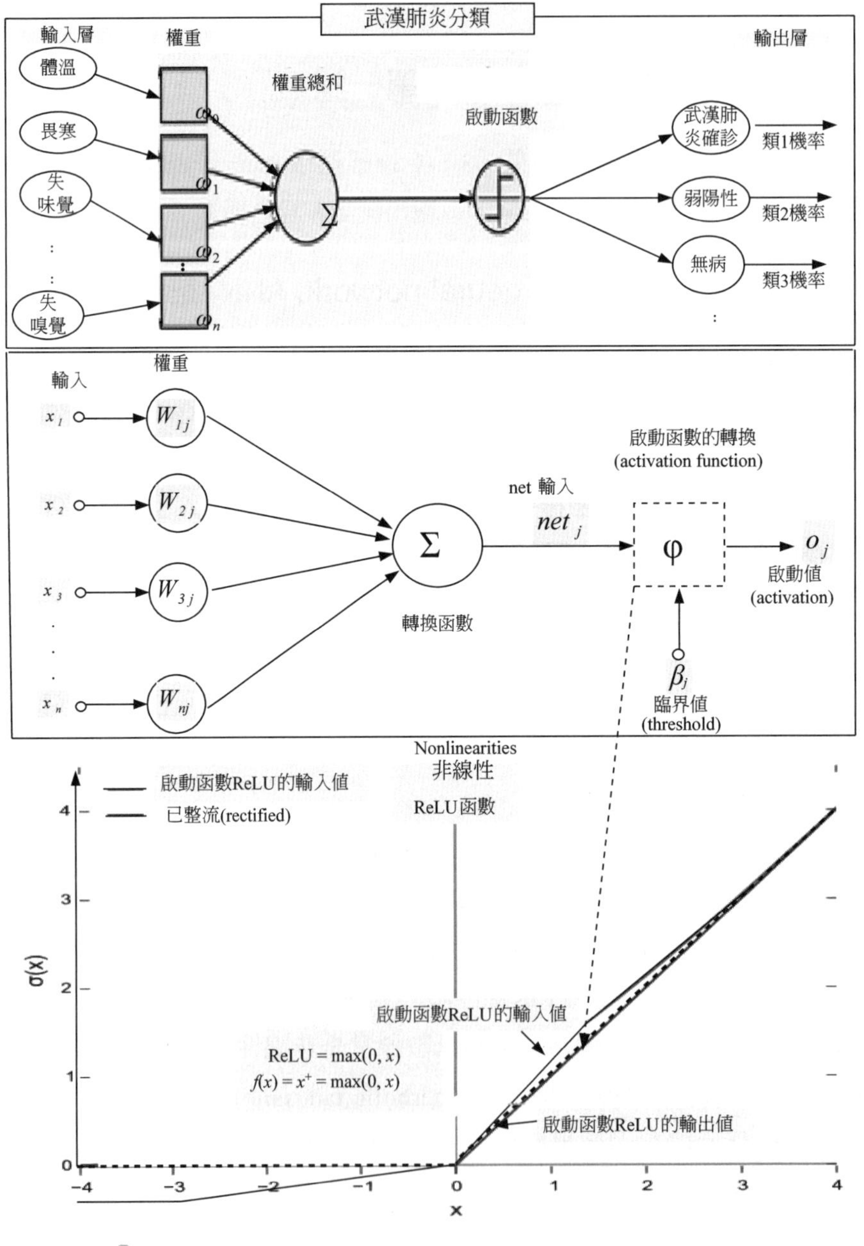

圖 2-29　啟動函數 (activation function) ReLU 的示意圖

現實環中，所有問題多屬非線性問題，故神經網路 (NNs) 中，隱藏層和輸出層皆是將上層之結果值常作輸入，常以非線性組合來計算，作爲輸出層的結果（機率、平時預測值）。因此，若使用線性之激勵函數，則類神經網路訓練出之模型便失去意義。

其中，整流線性單位函數 (Rectified Linear Unit, ReLU），是人工神經網路最常用的激勵函數，通常它以斜坡函數及其變種爲代表的非線性函數。

比較有名的線性整流函數有斜坡函數 ReLU = max(0, x)，及帶洩露整流函數 (Leaky ReLU)，其中 x 爲神經元 (Neuron) 的輸入。

2-4-2 深度學習常見啟動函數有三種：Sigmoid、tan h、ReLU 函數

如上圖所示，類神經網路中使用激勵函數 (activation function, AF)，主要是使用非線性方程式，來解決非線性問題，倘若不使用啟動函數，類神經網路即係以線性的方式組合運算。

可是，要成爲啟動函數，本身須符合二個要件：

1. 啟動函數 (AF) 需選擇可微分之函數，因爲在誤差逆向傳遞 (back propagation) 運算時，需要進行一次「微分」運算。
2. 在深度學習中，當隱藏層之層數過多時，AF 不可隨意選擇，因爲會造成梯度消失與梯度爆炸等疑慮。

一、梯度消失 (vanishing gradient) 是什麼？

梯度下降演算法是常用的最佳化算法，一般監督式之類神經網路使用誤差逆向傳遞進行神經網路權重更新，先計算輸出層對應的損失 (loss)，然後將損失以導數（微分次）的形式不斷向上一層網路來傳遞，並修正相應的權重參數，來達成降低損失之目的。人們常用的啟動函數，例如：Sigmoid 函數在深度網路的權重更新中，常會因爲層數過多，導致導數逐漸變爲 0，使得前幾層之權重參數無法順利更新，造成神經網路無法最佳化（無法找出最佳結果），其原因有下列兩點：

1. 在下圖中容易看出，當中 Sigmoid 導數較大或較小時（區間 [-5,+5] 之外），導數接近 0，而後向傳遞時需要將當層導數與之前各層導數的數值進行乘積，幾個趨近於 0 的小數相乘，結果很接近 0。
2. 如下圖所示，Sigmoid 導數的 max 爲 0.25，因此在每一層會因爲導數被壓縮

爲原來的，意味著導數在每一層至少會被壓縮爲原來的 1/4，通過兩層後被變爲 1/16，通過 n 層後爲 $(1/4)^n$，此例子係以最大導數爲例，因此過深的網路架構也會使導數相乘之後逐漸趨近於 0。

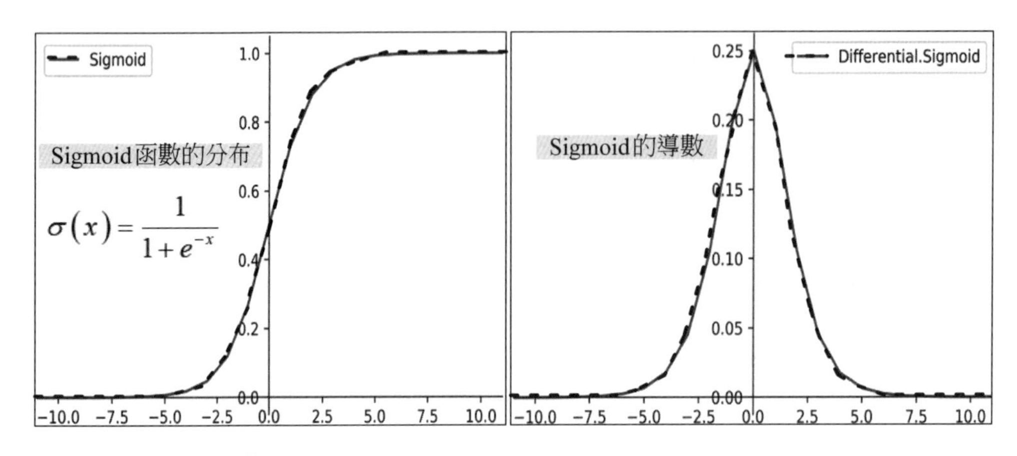

圖 2-30　Sigmoid 函數及其導數（微分一次）

二、啟動函數的類型

如圖 2-21 所示，較出名的啟動函數，包含：Sigmoid、tan h、ReLU 函數。但爲了避免梯度消失、爆炸以及收斂性等問題，人們最常使用 ReLU 函數進行激發，且 ReLU 函數還有延伸的變形：Leaky ReLU、Randon Leaky ReLU 與 Maxout 等。

1. Sigmoid 函數

$$\sigma(x)=\frac{1}{1+e^{-x}}$$

Sigmoid 函數是深度學習領域，初期使用頻率最高的啟動函數，它是便於求導數之平滑函數，其導數如上圖所示，但 Sigmoid 仍有三項缺點：

(1) 容易出現梯度消失 gradient vanishing（上面有介紹）。

(2) 函數輸出並不是 zero-centered。

Sigmoid 函數中，當後面神經元之輸入皆爲正數時，對權重值求梯度時，梯度數值恆爲正，故在誤差逆向傳遞的過程中，權重都正方向更新或往負方向更新，導致收斂曲線不平滑，形成綑綁現象，也影響模型的收斂速度。

(3) 指數運算較慢

前兩項是卡在運算時間是較易克服，但 Sigmoid 運算效率還是比 ReLU 函數差。

2. tan h 函數

$$\tan h\,(x) = \frac{e^x - e^{-x}}{e^x + e^{-x}}$$

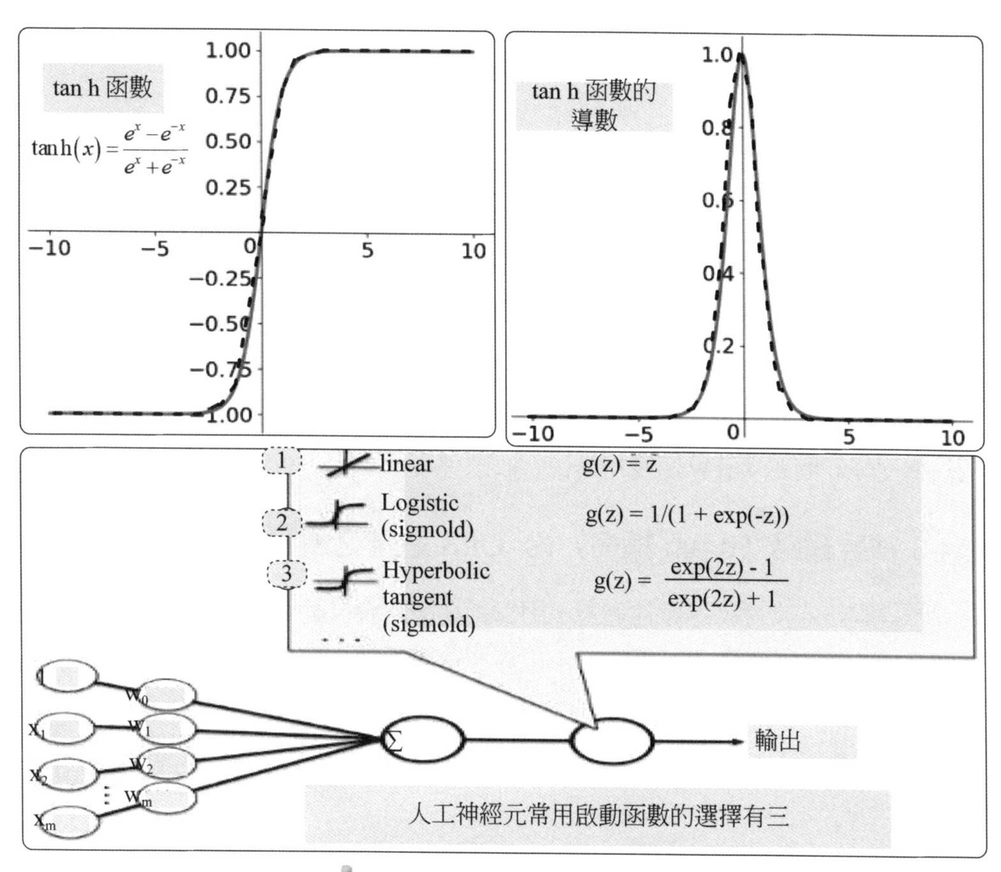

圖 2-31 tan h 函數及其導數

如上圖所示 tan h（讀作 Hyperbolic Tangent），雖然順利解決 Sigmoid 函數中 zero-centered 的輸出問題，可是梯度消失問題、需要指數運算的疑慮依舊存在，且 tan h 也比 Sigmoid 可用性差。

3. ReLU 函數

$$\text{ReLU} = \max(0, x)$$

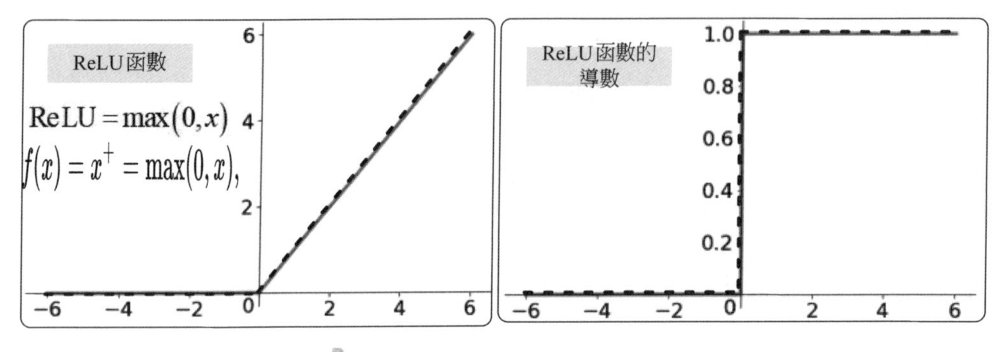

圖 2-32　ReLU 函數及其導數

如上圖所示，ReLU 函數，若值為正數，則輸出該值大小；若值為負數，則輸出為 0。ReLU 函數並不是全區間皆可微分，但是不可微分的部分可以使用 Sub-gradient 進行取代。ReLU 也是近年來最紅的啟動函數，因它具有下列優點：解決梯度爆炸問題、計算速度相當快、收斂速度快。

2-4-3 神經網路（brain 指令）vs. OLS 迴歸之預測模型比較

神經網路通常會勝過線性迴歸，因為神經網路會自動處理非線性，而線性迴歸須您明確提及（界定），例如：手工界定自變數為二次方、自然對數函數等。由於神經網路增加隱藏層，因此也有可能應在線性迴歸上過度適配 (overfitting) 神經網路。

範例 人工神經網路：簡單迴歸、複迴歸的預測（brain 外掛指令）

Stata 外掛指令 brain，它是 Mata 設計中 backpropagation 演算法的程式，專爲多層神經網路的無障礙設置而設計。訓練後，可以使用所謂的 brain-files（內定 postfix.brn）saved/loaded 整個網路。網路由一組保留矩陣表示，以提供對所有組件的透明擷取 (transparent access to all components) 且可在舊版 Stata 上執行。附加功能有助於計算僞邊際效應或信號吞吐量 (pseudo-marginal effects or signal through-put)，但主要用途當然是預測，即傾向得分 (propensity scores) 或分類。

一、brain 指令語法

```
Neural Network

        brain define [if] [in], input(varlist) output(varlist) [hidden(numlist)] [spread(default = 0.25)]

        brain save filename

        brain load filename

        brain signal, [raw]

        brain feed input_signals, [raw]

        brain train [if] [in], iter(default = 0) [eta(default = 0.25)] [nosort]

        brain think output_varlist [if] [in]

        brain margin [input_varlist] [if] [in]

Description

brain implements a backpropagation network based on the following matrices:

input  - defining input variable names, containing the input signal and normalization parameters
output - defining output variable names, containing the output signal and normalization parameters
neuron - containing neuronal signals
layer  - defining the structure of the network
brain  - containing the synapse weights and bias
```

2-4-4 道瓊預測之非線性模型：先用適配度指標 (rsquare) 來篩選特徵再用神經網路 (brain) 做預測

深度學習法（神經網路之非線性迴歸）與過濾法（子集選擇）誰優？

範例 深度學習法（神經網路之非線性迴歸）與過濾法（子集選擇）誰優？（先 regress、rsquare、再 brain 指令）

(一) 問題說明

為建構道瓊指數 (DJ) 股市之非線性模型影響因素有那些？（分析單位：DJ 日交易）。

時間序列之樣本，取自 Federal Reserve Economic Data 免費資料庫 (https://fred.stlouisfed.org/)。

(二) 資料檔之內容

「DJ-13 features.dta」資料檔內容內容如下圖。

Data Editor (Edit) - [DJ-13 features.dta]

File Edit View Data Tools

1C | 21394.76

	gdpc1	pcoppusdm	pcu4841214~1	pmaizmtusdm	tsifrghtc	unemploy	djia
1	17735.074	5719.7614	124.2	157.97391	.2	6933	21394.76
2	15671.967	7729.5909	113.8	205.83952	.3	14579	10761.03
3	15557.277	7729.8375	112.2	157.26664	.9	15325	10896.91
4	15820.7	8470.7841	126.2	280.71505	-.2	12713	12921.41
5	16239.138	7711.2273	126.9	321.59687	1.6	12005	12588.31
6	15820.7	8470.7841	126.2	280.71505	-.2	12713	13090.72
7	17556.839	4598.619	123.4	159.71685	-.7	7746	16453.83
8	17735.074	5450.9318	124.1	151.33142	.3	7488	19083.18
9	15820.7	7428.2895	125.8	267.32892	.8	12692	13073.01
10	16239.138	7711.2273	126.9	321.59687	1.6	12005	13021.82
11	17463.222	5217.25	125.9	166.07762	.1	7907	16102.38
12	17735.074	5660.35	124.2	152.72992	1.3	7495	19942.16
13	19021.86	6438.3625	136.7	161.65339	.8	5850	26258.42
14	15820.7	8470.7841	126.2	280.71505	-.2	12713	13213.63
15	17735.074	5599.5595	124	158.60022	.3	7059	20975.78
16	17735.074	5450.9318	124.1	151.33142	.3	7488	19152.14
17	15820.7	8470.7841	126.2	280.71505	-.2	12713	12907.94
18	15750.625	9503.3587	119.3	290.43472	1.3	13737	11984.61
19	16382.964	7652.375	128	309.57921	0	11689	14455.82
20	15750.625	9152.8571	116.1	250.62555	1.4	14348	11871.84
21	17735.074	4722.2045	123.3	148.5119	-1	7967	18223.03
22	16663.649	7070.6548	127.6	199.18244	2	10787	15761.78
23	17463.222	5456.75	126.9	179.60853	.8	8167	17598.2
24	16616.54	7291.4659	127.9	198.77199	-1.6	10202	16108.89
25	16663.649	7203.0217	127.2	201.77999	0	11136	15509.21
26	15825.096	9482.75	121	318.93878	-.5	13957	12695.92
27	15750.625	9503.3587	119.3	290.43472	1.3	13737	12279.01
28	15557.277	6501.5	113.5	152.87393	.2	14474	9816.49
29	17277.58	5830.5357	126.7	174.79487	-.2	8885	17718.54
30	15820.7	7510.4318	126.8	332.2335	-.6	12471	13306.64
31	17556.839	4953.7976	123.2	159.22653	-.9	7945	17251.53

Properties

Variables	
Name	djia
Label	道瓊指數
Type	double
Format	%10.0g
Value label	
Notes	
Data	
Frame	default
Filename	DJ-13 feat
Label	
Notes	
Variables	23
Observations	2,371
Size	333.42K
Memory	64M
Sorted by	

Variables | Snapshots | Proper

Ready Vars: 23 Order: Dataset Obs: 2,371 Filter: Off Mod

圖 2-33 「DJ-13 features.dta」資料檔內容（N=2,371 個交易日，23 個變數）

觀察資料之特徵

```
* 本例所有指令，存至「DJ-13_features.do」批次指令檔
* 開啟光碟片之資料檔前，先設定光碟資料檔之路徑（假設資料夾位置："D:\ 機器學習 \
CD"）
. cd "D:\ 機器學習 \CD"
. use DJ-13 features.dta, clear

. summarize
    Variable |        Obs        Mean    Std. Dev.       Min        Max
-------------+---------------------------------------------------------
      vixcls |      2,371    16.76508    5.661562       9.14         48
     dexuseu |      2,371    1.227068    .1118036     1.0375     1.4875
         dff |      2,371     .625019    .7639144        .04       2.45
      dtwexb |      2,371    111.8997    11.67485    93.6831   131.8808
goldamgbd2~1 |      2,371    1353.017     177.284     1050.6       1891
-------------+---------------------------------------------------------
      t10y2y |      2,371    1.409211    .7858791       -.04       2.91
    cpiaucsl |      2,371    237.4896    10.71331    217.199    257.824
       gdpc1 |      2,371    17156.12    1103.468   15557.28   19221.97
   pcoppusdm |      2,371    6763.694    1236.796   4471.788   9880.938
pcu4841214~1 |      2,371    126.9042    6.355366      112.2      140.3
-------------+---------------------------------------------------------
 pmaizmtusdm |      2,371    205.1702    58.01201   147.3159   332.2335
   tsifrghtc |      2,371     .387558     .901481       -1.9        2.8
    unemploy |      2,371    9642.508    2970.597       5811      15325
        djia |      2,371    17780.69    5086.424    9686.48   28645.26
observatio~e |      2,371    20132.05     1028.91      18352      21914
-------------+---------------------------------------------------------
        time |      2,371        1186    684.5931          1       2371
   OLS_y_hat |      2,371    17780.69    5036.778   9010.849   26731.83
   OLS_error |      2,371   -8.03e-06    708.9292  -3224.669   2401.803
         sst |      2,371    6.13e+10           0   6.13e+10   6.13e+10
        yhat |      2,371    17780.69    5052.313   8938.642   27275.56
-------------+---------------------------------------------------------
        rreg |      2,371    8.20e+08           0   8.20e+08   8.20e+08
      rbrain |      2,371           0           0          0          0
      ybrain |          0
```

```
* 印出預測「道瓊」的 13 個特徵變數之說明：
. describe

vixcls            double  %10.0g     恐慌指數
dexuseu           double  %10.0g     U.S. / Euro Foreign Exchange Rate
dff               double  %10.0g     Effective Federal Funds Rate(有效聯邦基金
利率)
dtwexb            double  %10.0g     Trade Weighted U.S. Dollar Index(貿易加權
美元指數)
goldamgbd228n~1 double  %10.0g     Gold Fixing Price 10:30 A.M. (London time)
t10y2y            double  %10.0g     10 年期國庫債券
cpiaucsl          double  %10.0g     美國消費者物價指數
gdpc1             double  %10.0g     國內生產總值
pcoppusdm         double  %10.0g     銅價
pcu484121484121 double  %10.0g     生產者價格指數
pmaizmtusdm       double  %10.0g     玉米
tsifrghtc         double  %10.0g     BDI(波羅的海乾散貨指數)
unemploy          int     %10.0g     失業率
djia              double  %10.0g     道瓊指數(y)
observation_d~e int     %td        observation_date
time              float   %9.0g      日 index

* 印出道瓊近十年的走勢（如下圖）
. twoway (scatter djia time)
```

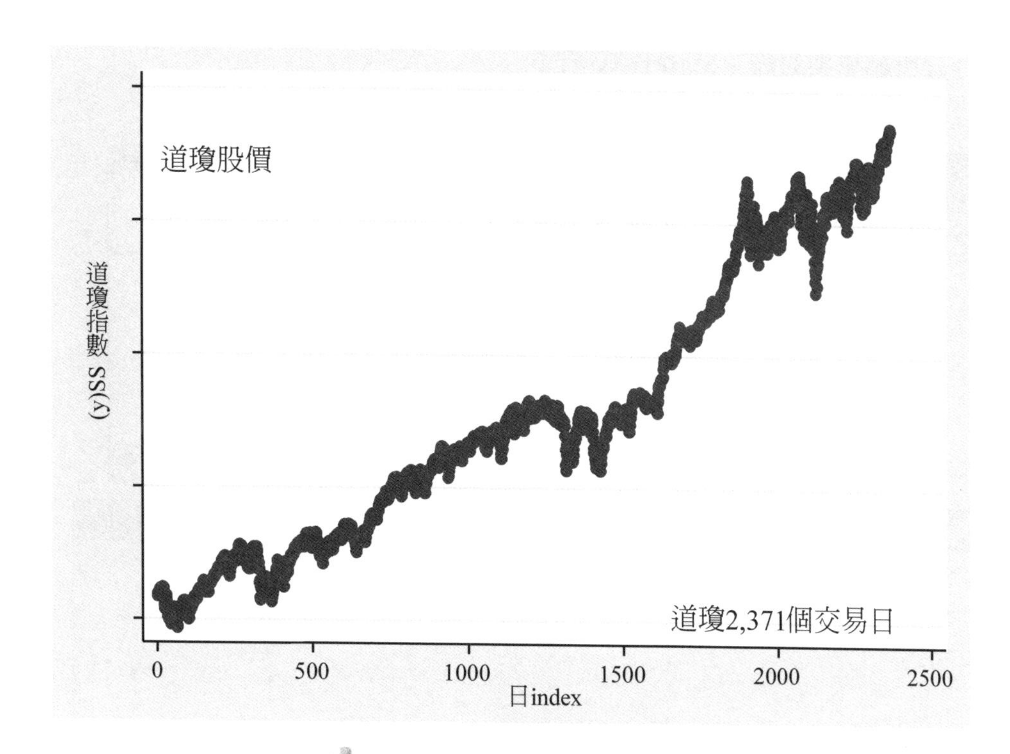

圖 2-34 道瓊股市近十年的走勢

(三) 分析結果與討論：Stata程式解說

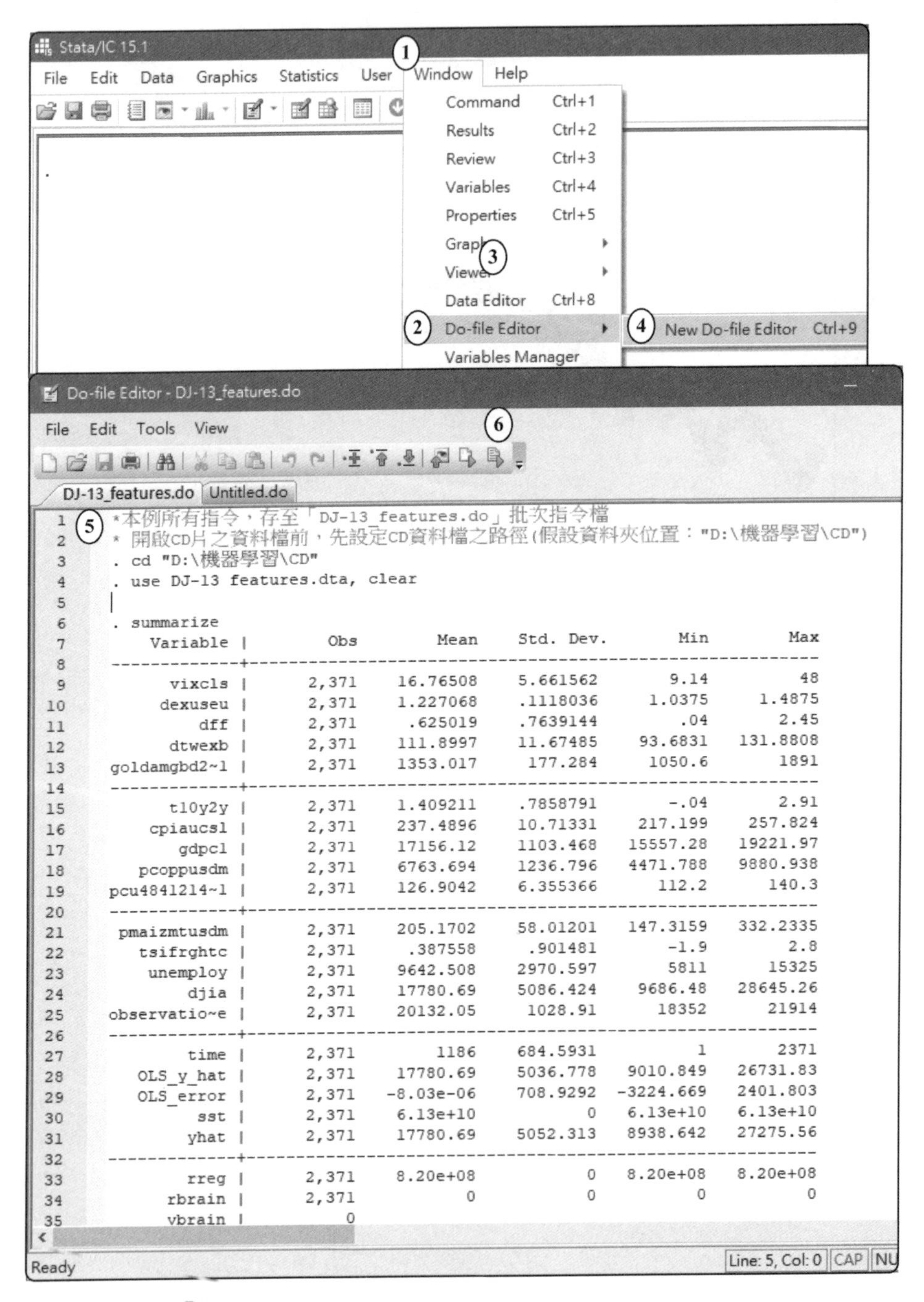

圖 2-35 「DJ-13_features.do」批次指令檔之內容

Step 1 對照組：OLS 線性迴歸（regression 指令）

首先，最小平方法 (OLS) 用上表所示之 13 個特徵變數，來線性預測 DJ 股市跌。

```
* OLS 用 13 個特徵變數來線性預測 DJ 股市
. use DJ-13 features.dta, clear
. regress djia vixcls dexuseu dff dtwexb goldamgbd228nlbm_1 t10y2y cpiaucsl
gdpc1 pcoppusdm pcu484121484121 pmaizmtusdm tsifrghtc unemploy

note: vixcls omitted because of collinearity

      Source |       SS           df       MS      Number of obs   =     2,371
-------------+----------------------------------   F(13, 2357)     =  13381.73
       Model |  6.0496e+10        13  4.6536e+09   Prob > F        =    0.0000
    Residual |   819658085     2,357  347754.809   R-squared       =    0.9866
-------------+----------------------------------   Adj R-squared   =    0.9866
       Total |  6.1316e+10     2,370  25871711.8   Root MSE        =    589.71


------------------------------------------------------------------------------
              djia |      Coef.   Std. Err.      t    P>|t|     [95% Conf. Interval]
-------------------+----------------------------------------------------------
            vixcls | -54.87484   3.116441    -17.61   0.000    -60.98609 -48.76359
           dexuseu | -2581.638   491.8276     -5.25   0.000    -3546.097 -1617.178
               dff |  663.5615   71.28995      9.31   0.000      523.764   803.359
            dtwexb | -63.34185   9.061931     -6.99   0.000    -81.11203 -45.57166
goldamgbd228nlbm_1 | -2.777788   .2187613    -12.70   0.000    -3.206773 -2.348804
            t10y2y | -776.8289   69.20505    -11.23   0.000     -912.538 -641.1198
            vixcls |         0  (omitted)
          cpiaucsl |  365.8405  13.94893     26.23   0.000      338.487   393.1939
             gdpc1 |  1.273391   .0764373     16.66   0.000       1.1235   1.423283
         pcoppusdm |  .7803802   .0291592     26.76   0.000     .7231998   .8375606
   pcu484121484121 | -68.93612  7.063701     -9.76   0.000    -82.78783 -55.08441
       pmaizmtusdm | -9.088194  .5647599    -16.09   0.000    -10.19567 -7.980716
         tsifrghtc | -58.20449    13.739     -4.24   0.000    -85.14626 -31.26271
          unemploy |  .1644164  .0373212      4.41   0.000     .0912305  .2376022
             _cons | -71563.11  2576.978    -27.77   0.000    -76616.49 -66509.73
------------------------------------------------------------------------------
```

1. OLS 用 13 個特徵變數來線性預測 DJ 股市，求得適配度 R-squared = 0.9866。
2. 13 個特徵變數中，因 vixcls 有嚴重共線性，自動被 OLS。其餘 12 個特徵變數對 DJ 預測力都有顯著的預測效果 (p<0.05)。

Step 2　過濾法（e.g. 子集選擇）

因自變數達 13 項，改用過濾法，採逐步迴歸的方式，嘗試減少（過濾）自變數的數目，來降低的模型複雜度。但經執行下列指令後，發現自變數仍維持 13 項，並未減少。

```
* step2. 過濾法（e.g. 子集選擇）
*model 2-1: 逐步迴歸法
* 先安裝外掛指令 stepwise
. findit stepwise
. stepwise, pr(.2): regress djia vixcls dexuseu dff dtwexb goldamgbd228nlbm_1
t10y2y vixcls cpiaucsl gdpc1 pcoppusdm pcu484121484121 pmaizmtusdm tsifrghtc
unemploy
* 上式會印出 djia 有嚴重共線性，導致無執行，故刪之，再重做
. stepwise, pr(.2): regress djia dexuseu dff dtwexb goldamgbd228nlbm_1 t10y2y
vixcls cpiaucsl gdpc1 pcoppusdm pcu484121484121 pmaizmtusdm tsifrghtc unemploy


      Source |       SS           df       MS      Number of obs   =     2,371
-------------+----------------------------------   F(13, 2357)     =  13381.73
       Model |  6.0496e+10        13  4.6536e+09   Prob > F        =    0.0000
    Residual |   819658085     2,357  347754.809   R-squared       =    0.9866
-------------+----------------------------------   Adj R-squared   =    0.9866
       Total |  6.1316e+10     2,370  25871711.8   Root MSE        =    589.71


------------------------------------------------------------------------------
              djia |      Coef.   Std. Err.      t    P>|t|     [95% Conf. Interval]
-------------------+----------------------------------------------------------
            vixcls |  -54.87484   3.116441   -17.61   0.000    -60.98609   -48.76359
           dexuseu |  -2581.638   491.8276    -5.25   0.000    -3546.097   -1617.178
               dff |   663.5615   71.28995     9.31   0.000      523.764     803.359
            dtwexb |  -63.34185   9.061931    -6.99   0.000    -81.11203   -45.57166
goldamgbd228nlbm_1 |  -2.777788   .2187613   -12.70   0.000    -3.206773   -2.348804
```

```
       t10y2y | -776.8289  69.20505  -11.23  0.000     912.538  -641.1198
     cpiaucsl |  365.8405  13.94893   26.23  0.000     338.487   393.1939
        gdpc1 |  1.273391  .0764373   16.66  0.000      1.1235   1.423283
    pcoppusdm |  .7803802  .0291592   26.76  0.000    .7231998    8375606
pcu484121484121 | -68.93612  7.063701   -9.76  0.000   -82.78783  -55.08441
  pmaizmtusdm | -9.088194  .5647599  -16.09  0.000   -10.19567  -7.980716
    tsifrghtc | -58.20449    13.739   -4.24  0.000   -85.14626  -31.26271
     unemploy |  .1644164  .0373212    4.41  0.000    .0912305   .2376022
        _cons | -71563.11  2576.978  -27.77  0.000   -76616.49  -66509.73
--------------------------------------------------------------------------
* 以上結果，證實了，傳統過濾法（逐步迴歸）效果不佳。
* 逐步迴歸即然沒法刪除任何一個自變數，故改用 rsquare 指令，結果求 13 個特徵變數挑出五個，如下一步：
```

爲有效降低自變數個數，改用 rsquare 的適配指標來最佳化預測模型，即選擇 R-squared 最大、或 Mallows C 最小的「自變數組合」，本例求得保留；「goldamgbd228nlbm_1、t10y2y、cpiaucsl、pcoppusdm、pmaizmtusdm」五個自變數。

```
*model 2-1: 所有特徵變數都納入 rsquare 指令
* step2-1: 本例 13 個特徵變數全部納入 rsquare 指令，看那一組排列組合的「自變數們」最佳？
. rsquare djia vixcls dexuseu dff dtwexb goldamgbd228nlbm_1 t10y2y vixcls
cpiaucsl gdpc1 pcoppusdm pcu484121484121 pmaizmtusdm tsifrghtc unemploy


*(因結果太長，故只擷取部分以下之報表)
Regression models for dependent variable : djia

R-squared  Mallows C        SEE          MSE       models with 1 predictor
0.2055      23650.15     4.872e+10   2.056e+07     vixcls
0.4358      16108.92     3.460e+10   1.460e+07     dexuseu
0.7677       5239.64     1.424e+10   6.012e+06     dff
0.7474       5903.23     1.549e+10   6.537e+06     dtwexb
R-squared  Mallows C        SEE          MSE       models with 2 predictors
0.5134      13570.19     2.984e+10   1.260e+07     vixcls dexuseu
```

```
0.8534        2436.41      8.990e+09   3.797e+06     vixcls dff
0.7889        4547.57      1.294e+10   5.466e+06     vixcls dtwexb
0.8323        3124.92      1.028e+10   4.341e+06     dexuseu dff
0.8425        2791.87      9.656e+09   4.078e+06     dexuseu dtwexb
0.8670        1991.46      8.157e+09   3.445e+06     dff dtwexb
R-squared   Mallows C        SEE          MSE        models with 3 predictors
0.8913        1197.74      6.667e+09   2.817e+06     vixcls dexuseu dff
0.8869        1340.58      6.935e+09   2.930e+06     vixcls dexuseu dtwexb
0.9167         365.64      5.109e+09  2.159e+06      vixcls dff dtwexb
0.8789        1603.62      7.427e+09  3.138e+06      dexuseu dff dtwexb
R-squared   Mallows C        SEE          MSE        models with 4 predictors
0.9277           5.00      4.430e+09  1.872e+06      vixcls dexuseu dff dtwexb
........
```

1. rsquare 根據 Mallows C 挑最小之準則，13 個特徵變數只挑出：goldamgbd228nlbm_1、t10y2y、cpiaucsl、pcoppusdm、pmaizmtusdm，這 5 個自變數是組合最佳。
2. 根據 Mallows C 最小法則來挑選特徵變數，結果是：
   (1) 13 個自變數只挑 1 個時，優先挑 dtwexb（美元指數）
   (2) 13 個自變數只挑 2 個時，優先挑 dff（有效聯邦基金利率）、dtwexb（美元指數）
   (3) 13 個自變數只挑 3 個時，優先挑 vixcls（恐慌指數）、dff（有效聯邦基金利率）、dtwexb（美元指數）。
   (4) 13 個自變數只挑 5 個時，優先挑 goldamgbd228nlbm_1（金價）、t10y2y（10 年期美國債利率）、cpiaucsl（美國消費者物價指數）、pcoppusdm（銅價）、pmaizmtusdm（玉米）。故以下 OLS 與神經網的適配度比較時，就以這 5 個自變數當比較基礎。

3. 本研架構：

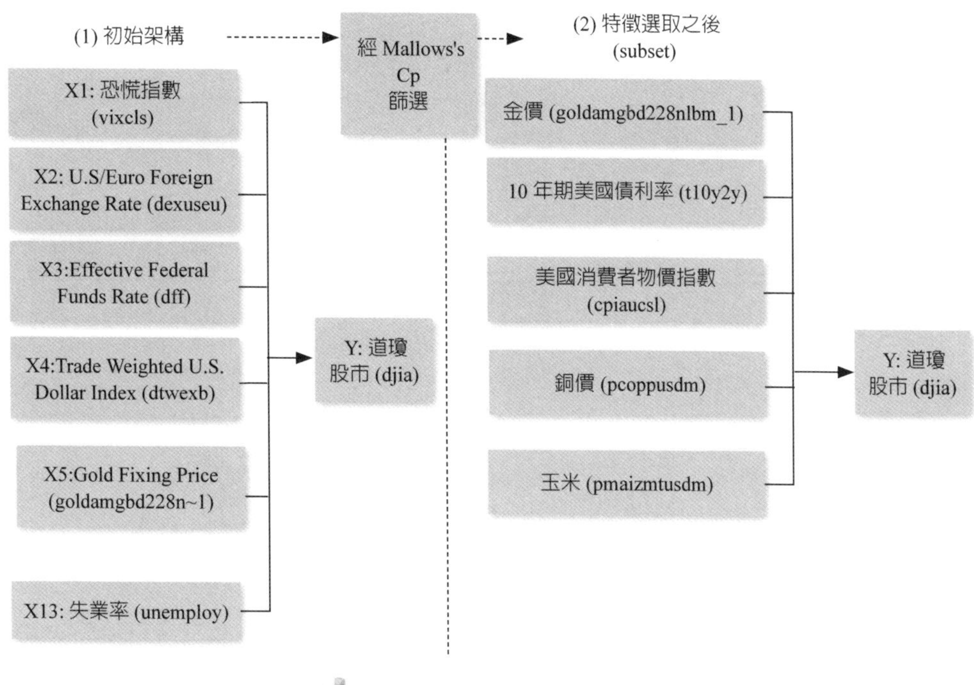

圖 2-36 二階段的研究架構

4. 本研究意涵：

領先指標 (leading indicator) 也叫先行指標。這類經濟指標的變動在時間上先於市場的變化，即經濟指標先變動，經過一段時間後，市場才發生變化。這一功能使領先指標對一般經濟活動的變動始終可起預報或示警作用。

同時指標 (coincident indicator)，在時間上，經濟指標的變動與市場的變化幾乎同時發生。

落後指標 (lagging indicator)，也叫滯後指標又稱後續指標也叫跟隨性指標，指在總體經濟活動發生波動之後，才到達頂峰或谷底的指標。

(1) dtwexb（美元指數，U.S. Dollar Index）是股市的領先指標（美股是 lags=3 days）。

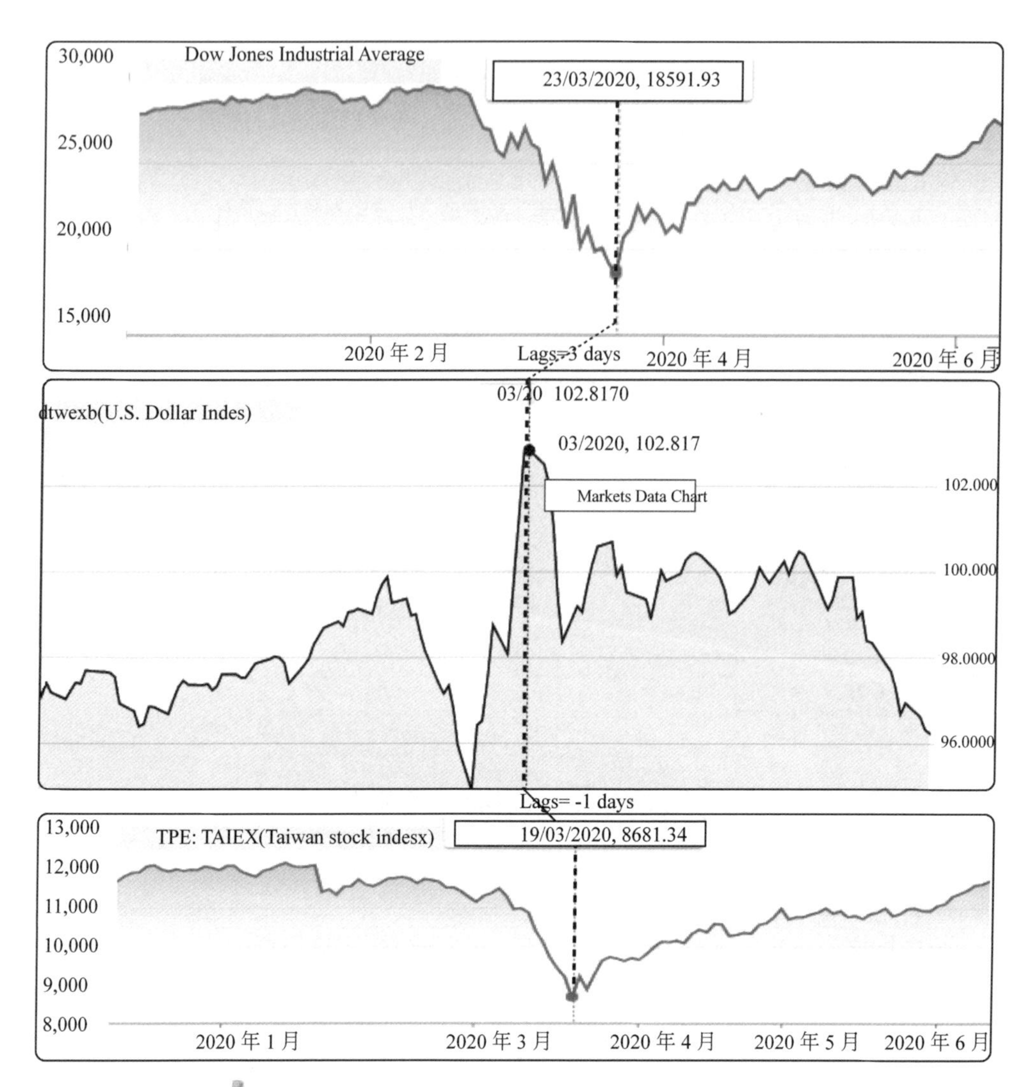

圖 2-37　dtwexb（美元指數）與股市趨勢的對照

(2) dff（有效聯邦基金利率，Federal Funds Rate）是股市反向的領先指標

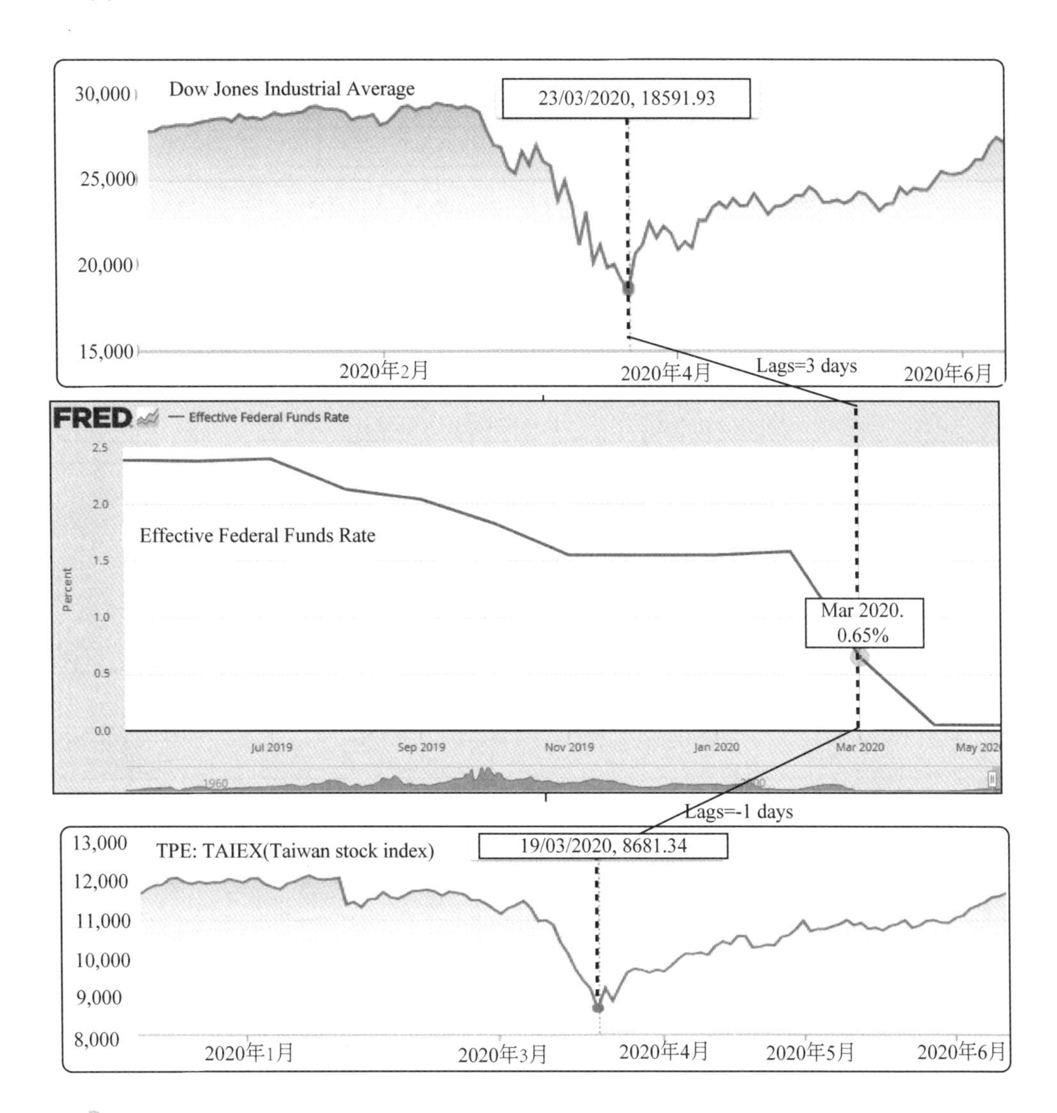

圖 2-38 有效聯邦基金利率 (Effective Federal Funds Rate) 與股市趨勢的對照

(3) vixcls（恐慌指數）是股市的反指標，且是預防股災落跑的領先指標，VIX 領先道瓊工業平均指數 7 天（如下圖），VIX 領先臺股大盤 3 天。

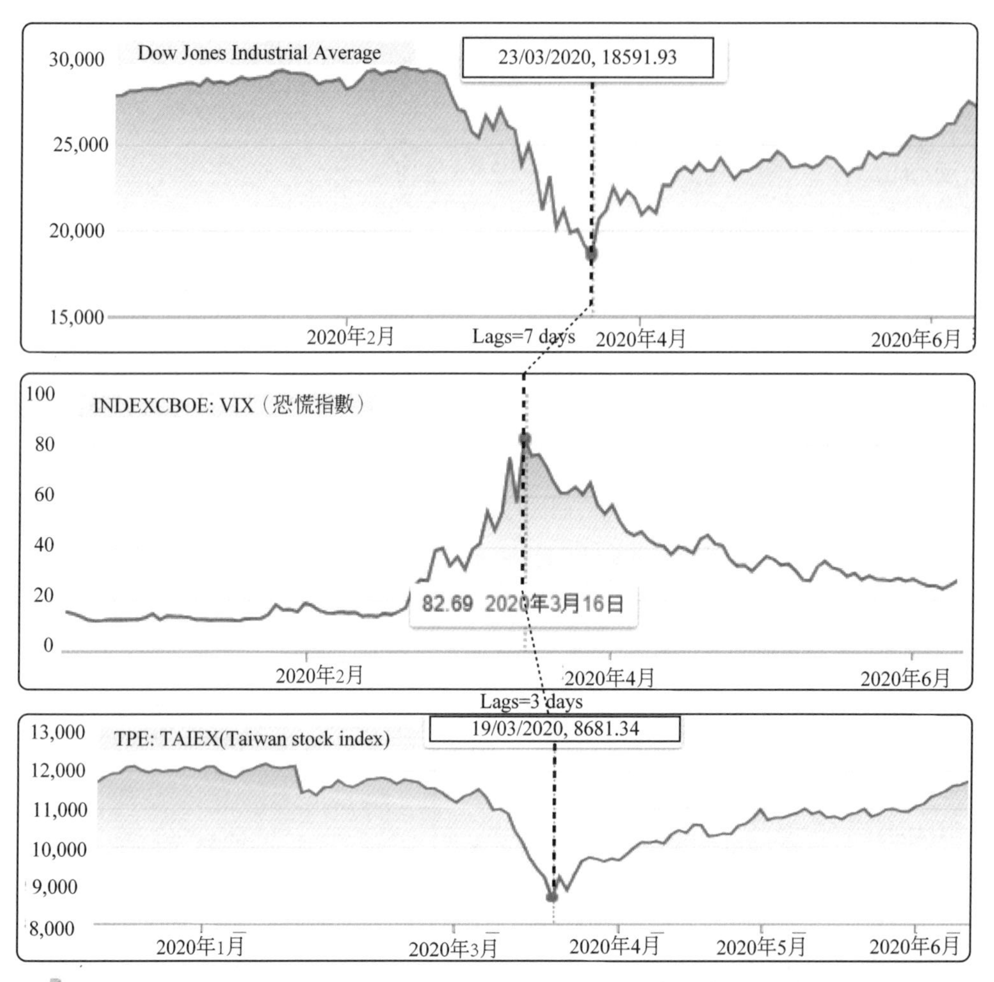

圖 2-39　vixcls（恐慌指數）是股市的反指標，VIX 領先道瓊工業平均指數 7 天

接著再以「goldamgbd228nlbm_1、t10y2y、cpiaucsl、pcoppusdm、pmaizmtusdm」五個自變數進行 OLS 迴歸分析後。

```
* model 2-1a: 無 robust 之 OLS(只納入最佳的五個自變數)
. reg djia goldamgbd228nlbm_l t10y2y cpiaucsl pcoppusdm pmaizmtusdm
*(因篇幅限制,只概述一下)
* 求得 Adj R-squared = 0.9805
      Source |       SS           df       MS      Number of obs   =     2,371
-------------+----------------------------------   F(5, 2365)      =  23875.97
       Model |  6.0125e+10         5  1.2025e+10   Prob > F        =    0.0000
    Residual |  1.1911e+09     2,365  503643.223   R-squared       =    0.9806
-------------+----------------------------------   Adj R-squared   =    0.9805
       Total |  6.1316e+10     2,370  25871711.8   Root MSE        =    709.68

------------------------------------------------------------------------------
              djia |      Coef.   Std. Err.      t    P>|t|     [95% Conf. Interval]
-------------------+----------------------------------------------------------------
goldamgbd228nlbm_l | -3.718998    .1669852   -22.27   0.000    -4.04645   -3.391545
            t10y2y | -1178.037    47.87316   -24.61   0.000   -1271.915    -1084.16
          cpiaucsl |  402.7505      3.1722   126.96   0.000      396.53    408.9711
         pcoppusdm |  1.027542    .0208766    49.22   0.000     .986604    1.068481
       pmaizmtusdm | -12.09224    .5785862   -20.90   0.000   -13.22683   -10.95765
             _cons | -75645.41    853.8868   -88.59   0.000   -77319.86   -73970.97
------------------------------------------------------------------------------

* 五個自變數之 OLS 預測值,存至 OLS_y_hat 新變數
. predict OLS_y_hat
. gen OLS_error = djia-OLS_y_hat
* 繪出預測 DJ 之殘差(residual)圖,如下圖
. twoway (scatter OLS_error time)
```

1. 以「goldamgbd228nlbm_l、t10y2y、cpiaucsl、pcoppusdm、pmaizmtusdm」五個自變數相進行 OLS 迴歸分析後,得到的 $R^2 = 0.9806$;Adj $R^2 = 0.9805$,R^2 值與 13 個自變數的 R^2 相當,表示用五個自變數可有效取代 13 個自變數。
2. 亦可以 fitstat 指令,更祥細檢視其他適配度,例如:AIC 與 BIC 的值也差異不太。

接著,繪 OLS 迴歸之誤差散布圖。

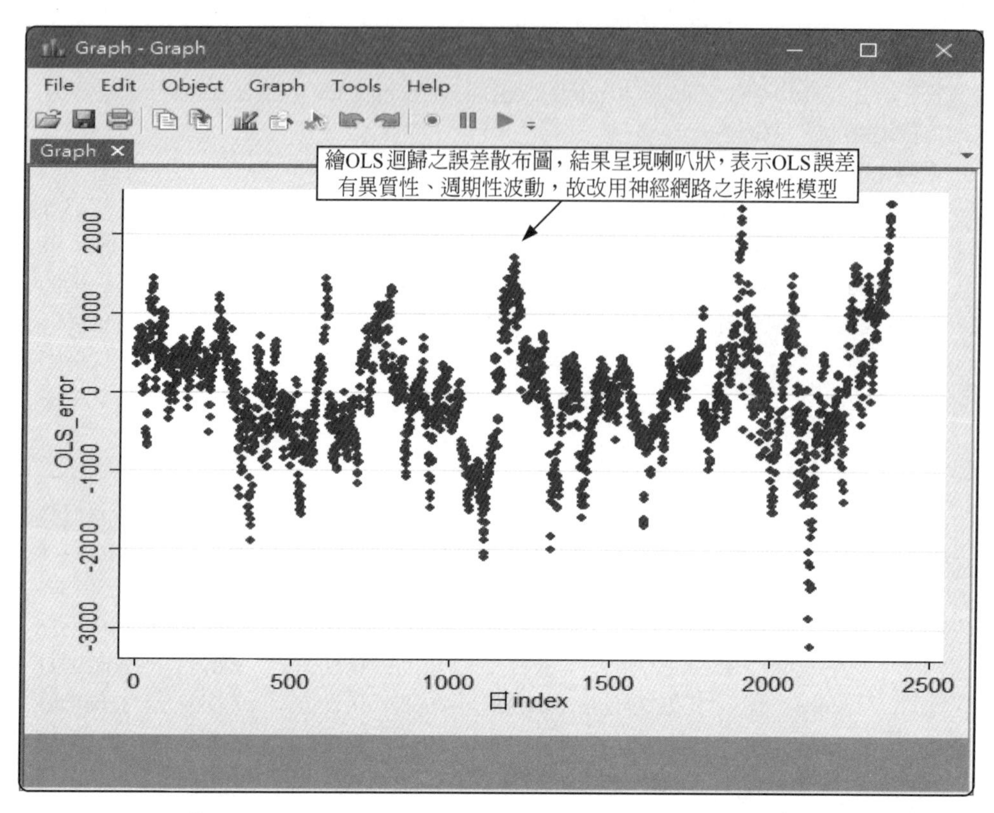

圖 2-40 預測 DJ「五個自變數之殘差 (residual) 圖」

接著，繪 OLS 迴歸之誤差散布圖，結果呈現喇叭狀，表示 OLS 誤差有異質性、週期性波動，故改用神經網路 (model 3) 之非線性模型來對比誰優。

```
* model 2-1b: 有 robust 之 OLS(只納入最佳的五個自變數)
* 考量誤差異性，故改用 robust，但 R-squared 僅進步一點點
. regress djia goldamgbd228nlbm_1 t10y2y cpiaucsl pcoppusdm pmaizmtusdm, vce(robust)
*(結果略)
* 求得 R-squared =0.9806
* 上面二個 regress 模型比較，無 vs. 有 robust 二個 OLS 之適配度(R-squared 值)比較，發現即使有 robust 的 OLS，仍未能有效提升適配度。
```

1. 因考慮誤差具有差異性，往昔學者都會改用 robust（強健法），上列 regress

指令結果求得的 $R^2 = 0.9806$，顯示：有無 robust 求得 $R^2 = 0.9806$ 值，並無差別。

```
* 繪「無 robust」OLS 迴歸之誤差散布圖
. predict OLS_y_hat
. gen OLS_error = djia-OLS_y_hat

. twoway (scatter OLS_error time)
* 繪 OLS 迴歸之誤差散布圖 ( 上圖 )，結果呈現喇叭狀、波浪狀，表示 OLS 誤差有異質性、
波動週期性，故改用神經網路之非線性模型，如下 molde-3
```

Step 3　神經網路（brain 指令）求非線性模型：用篩選法所挑五個自變數，當比較基礎點

由於繪出的 OLS 誤差散布圖，呈現波浪曲線，表示本例的預測模型是非線性，故適合改用神經網路，來改善預測模型的精準度。

```
* step3：神經網路（brain 指令）求非線性模型
* mode3-2a: 最小平方迴歸法 ( reg 指令 )，納入全部 5 個自變數
. sum djia
* 求 DJ 的總平均值
. scalar ymean = r(mean)
* 全體平方和 (sst) 的公式如下：
. egen sst = sum((djia-ymean)^2)

* 求出 OLS 的 DJ 預測值，有下列二指令：
. reg djia goldamgbd228nlbm_1 t10y2y cpiaucsl pcoppusdm pmaizmtusdm
. predict yhat
* 迴歸之誤差平方和 (rreg) 的公式如下：
. egen rreg = sum((djia-yhat)^2)

* mode3-2b:(brain 指令 ) 納入全部 5 個自變數
* 設定神經網路（brain 指令）:input 變數有 5 個，output 只 DJ 一個，雙層 hidden 的節
點各為 (30、30) 個。( 如下圖 )
. brain define, input(goldamgbd228nlbm_1 t10y2y cpiaucsl pcoppusdm
pmaizmtusdm) output(djia) hidden(30 30)
```

```
. brain train, iter(500) eta(1)
* 神經網路，預測值存到 ybrain 新變數
. brain think ybrain
. egen rbrain = sum((djia-ybrain)^2)

* 比較 OLS vs. 神經網路，二者適配度誰優？
*(1) 印出 OLS 之適配度：
. display "(1)R-squared reg= " 1-rreg/sst
(1)R-squared reg= .98663222

*(2) 印出神經網路（brain 指令）之適配度：
. display "(2)R-sq. Brain= " 1-rbrain/sst
 (2)R-sq. Brain= .99019703
```

1. 類神經網路（brain 指令）納入 5 個自變數，求得非線性迴歸之適配度 R^2 = 0.9902，優於 OLS 之適配度 R^2 = 0.98.66。顯示類神經網路優於 OLS 複迴歸模型。

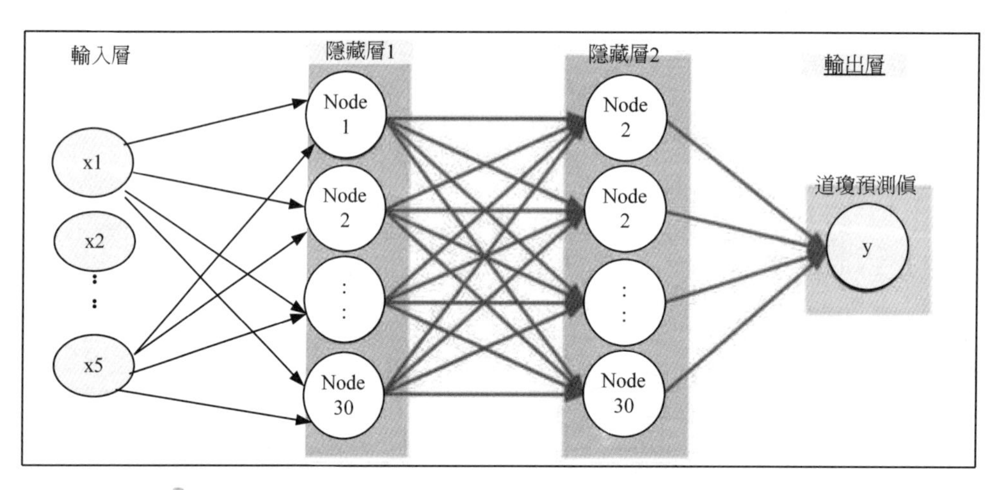

圖 2-41　道瓊非線性模型之對應的神經網路 (brain) 模型

```
*比較：依序繪出道瓊：實際值、最小平方之預測值、神經網路之預測值（如下圖）
. twoway (scatter djia time) (scatter OLS_y_hat time, msymbol(point)) (scatter
ybrain time, msymbol(x))
```

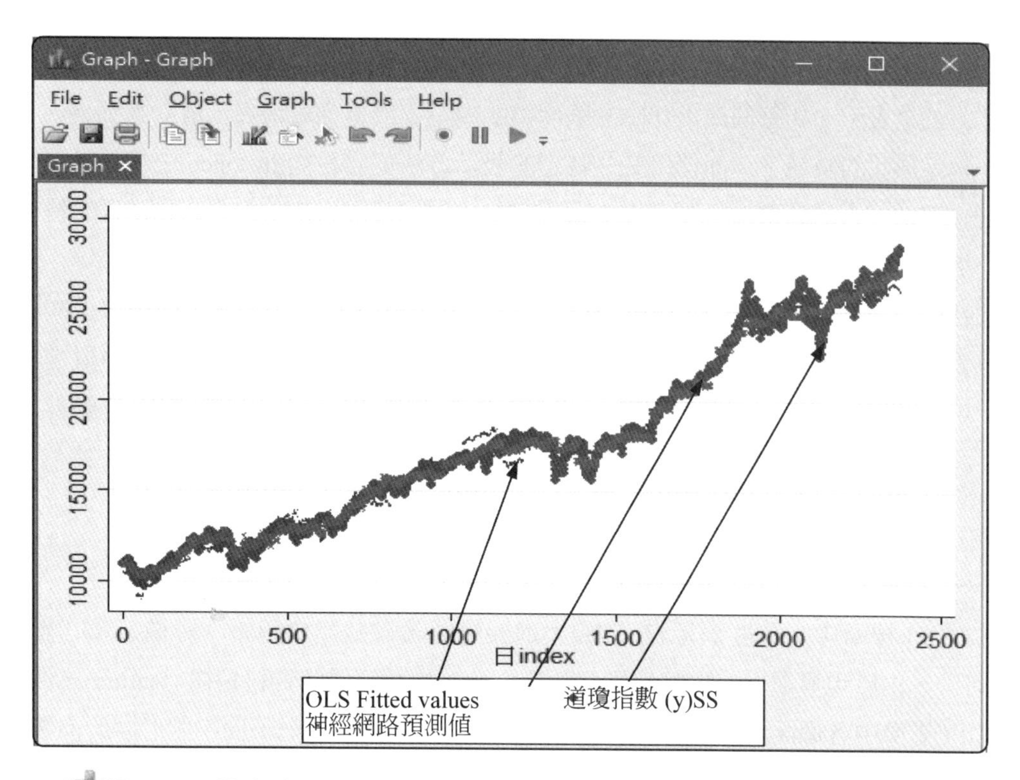

圖 2-42 依序繪出道瓊：實際值、最小平方之預測值、神經網路之預測值

2-5 深度學習 (deep learning)：多個隱藏層

定義：深度學習 (deep learning, DL)

它是 ML 分支之一，試圖使用包含複雜結構或由多重非線性變換構成的多個處理層對資料進行高層抽象的演算法。

DL 是基於機器學習中的分散表示法 (distributed representation)，它是假定觀測值是由不同因子交互作用所產生。這一交互作用的過程可分為多個層次，代表對觀測值的多層抽象。不同的層數及層的規模可用於不同程度的抽象（Bengio 等，2013）。

DL 是對資料進行特徵學習的演算法。觀測値（例如：一幅影像）可使用多種方式來表示，如每個像素 (pixel) 強度值的向量、或更抽象地表示成一系列邊、特定形狀的區域等。而使用某些特定的表示方法更容易從 Instance 中學習任務（例如：人臉辨識或人臉表情辨識）。DL 優點是用非監督式或半監督式的特徵學習及分層特徵抽取高效演算法來替代手工取得特徵。
特徵學習的目標是尋求更好的表示方法，並從大規模未標籤資料中學習這些表示方法來建立更佳模型。表示方法源自神經科學，並鬆散地建立在類似神經系統中的資訊處理及對通訊模式的理解上，如神經編碼，試圖定義拉動神經元的反應之間的關係及大腦中的神經元的電活動之間的關係。

一、深度學習 (deep learning, DL) 是什麼？

AI 技術中，深度學習 (DL) 最大進展是能讓電腦學會判讀「影像」及「聲音」。由於現實環境的物體都具有數量繁多、種類龐雜的資料特徵 (feature)，例如：影像中各個像素強度的向量值、聲波的類比訊號，或是不同物體形狀的向量特徵，這類電子訊號經過處理後才可轉譯爲數位訊號，進而讓電腦分析處理。

深度學習就是很多層的類神經網路 (neural network)，希望把資料透過多個處理層 (layer) 中的線性或非線性轉換 (linear or non-linear transform)，自動抽取出足以代表資料特性的特徵 (feature)。在傳統的 ML 中，特徵通常是透過由「人力撰寫」演算法來產出的，且尚需經各領域的專家對資料進行剖析及研究，在了解資料的特性後，才能產生出有用、有效果的良好特徵。此過程就是特徵工程 (feature engineering)。

相對也，DL 具有自動抽取特徵 (feature extraction) 的優點，即自我特徵學習 (feature learning, representation learning)，DL 可取代專家的特徵工程所花費的時間。

DL 是透過多層的訓練模型篩選輸入的資料集，在每一個篩選層不斷校正各個資料特徵的權重，逐步提高猜測結果的正確率，最後當輸出值的正確率達到理想範圍，整個過程被稱爲「訓練」。

正確參數的權重將獲得越高的分數，反之則否。經過數百萬次的校正，隨後只要電腦遇到類似的物體（影像）或聲音，會將物體的參數與先前捕獲的「影像」、「聲音」進行比對，如果比對結果在容許範圍內，最終這部電腦每次都能獲得正確的答案，此過程謂之「推論」(inference)。這就是電腦辨認圖形、物體與聲音的基礎原理，但因爲允許一定程度的錯誤，DL 嚴格來說不要求精準的數字計算，更精確的是說「猜」。

二、深度學習 (deep learning) 應用在影像處理

深度學習是基於對資料進行特徵學習的演算法。觀測值（例如：一幅影像）可使用多種方式來表示，如每個像素強度值的向量，或者更抽象地表示成一系column 邊、特定形狀的區域等。而使用某些特定的表示方法更容易從實體中學習任務例如：臉部辨識或人臉表情辨識。深度學習優點是用非監督式或半監督式的特徵學習及分層特徵萃取高效演算法來替代手工取得特徵(Song & Lee, 2013)。

如下圖所示之影像處理，DL 技術是透過隱藏層 (hidden layer) 結構逐步學習類別，首先定義低級別類別（如英文字母），然後是較高級別的類別（如單字），然後是較高級別的類別（如句子）。在影像辨識的例子中，它意味著在分類線之前辨識亮 / 暗區域，然後再形狀辨識以允許人臉辨識。網路中的每個神經元 (neurons) 或節點 (node) 代表整體的某一方面，連結它們在一起即可提供影像的完整表示。DL 給每個節點或隱藏層一個權重，該權重表示其與輸出的關係強度，並且隨著模型的循環，權重會被調整。

至今已有數種 DL 框架，如深度神經網路、卷積神經網路 (CNN) 及深度信念網路及循環神經網路，都已成功應用在圖形辨識、語音辨識、自然語言處理、音訊辨識與生物資訊學等領域並取得了極好的效果。

坊間著名 DL 演算法，所推出產品有：Google Home Amazon Echo11 及 Apple Siri 等。

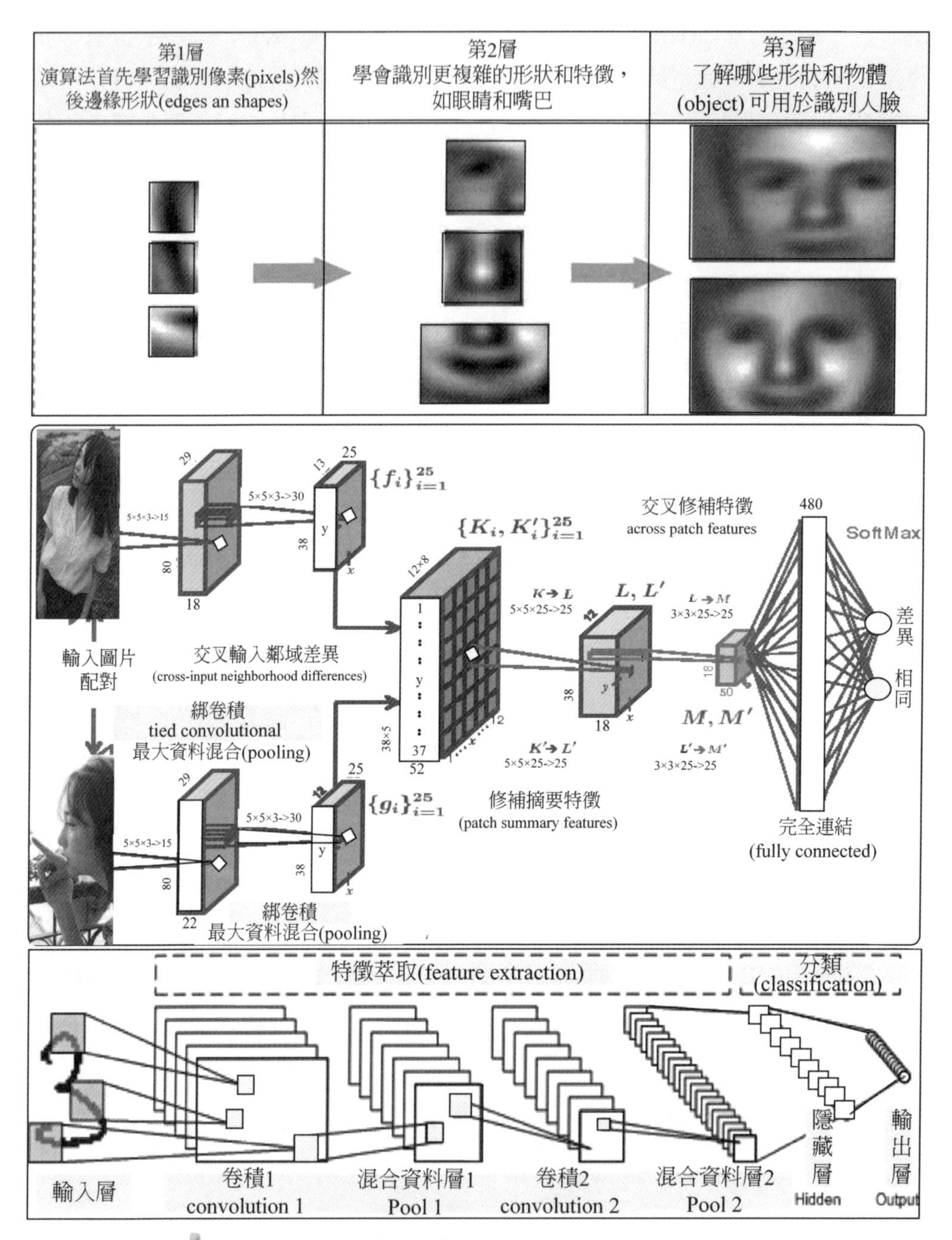

圖 2-43　深度學習架構 (deep learning architecture)

深度學習演算法，是多層表示或特徵層次的結構，根據（或產生）較低級別特徵來定義的更高級別、更抽象的特徵。

1. 卷積神經網路

卷積神經網路 (convolutional neural networks, CNN) 由一個或多個卷積層及頂端的全連通層（對應傳統的神經網路）組成，同時也包括關聯權重及混合層 (pooling layer)。這一結構使得卷積神經網路能夠利用輸入資料的二維結構。與其他深度學習結構相比，卷積神經網路在影像及語音辨識方面可表現得更優。CNN 模型也可以使用逆傳遞演算法來訓練。相比較其他深度、前饋神經網路，卷積神經網路需要估計的參數更少，使它成為更具吸引力的深度學習結構。

2. 卷積深度信念網路

至今已有數種深度學習框架，如深度神經網路、卷積 (convolution)神經網路、深度信念網路及遞迴神經網路，有效應用於電腦視覺、語音辨識、自然語言處理、音訊辨識或生物資訊學等領域。

卷積深度信念網路 (convolutional deep belief networks, CDBN) 是深度學習領域較新的分支。在結構上，CDBN 與卷積神經網路在結構上相似。因此，與卷積神經網路類似，CDBN 也具備利用影像二維結構的能力，同時，CDBN 也擁有深度信念網路的預訓練優勢。CDBN 提供可用於訊號及影像處理任務的通用結構，也能夠使用類似深度信念網路的訓練方法進行訓練 (Lee, 2009)。

三、為何需要多層的結構？

1. 越深的層次可以學到抽象化的概念。
2. 可以找到許多有趣的特徵。

特徵學習的目標是尋求更好的表示方法並建立更好的模型來從大規模未標籤資料中學習這些表示方法。表示方法來自神經科學，並鬆散地建立在類似神經系統中的資訊處理及對通訊模式的理解上，如神經編碼，試圖定義拉動神經元的反應之間的關係以及大腦中的神經元的電活動之間的關係 (Olshausen, 1996)。

四、何時 (when) 使用 DL？

1. 若數據量很大，DL 執行比其他技術更佳。但是，若數據量較小，傳統的 ML 演算法已足夠應付。

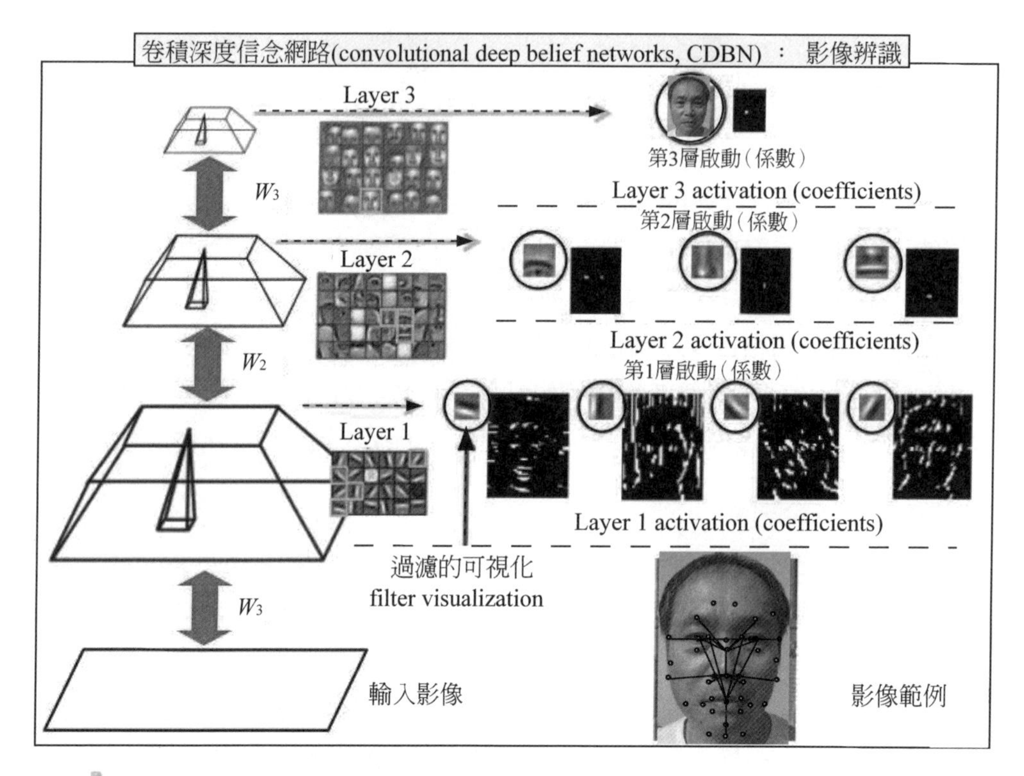

圖 2-44　卷積深度信念網路 (convolutional deep belief networks, CDBN)

2. DL 技術需要有高端基礎設施，才能在合理的時間內進行培訓。
3. 當缺乏對特徵內省的領域理解時，DL 技術會比其他人更好，因爲您不必擔心特徵工程。
4. 當涉及影像分類、自然語言處理及語音辨識等複雜問題時，深度學習確實令人眼睛一亮。

五、為何深度學習會熱門？

1. 神經網路訓練方法不斷改進。
2. 硬體的運算速度變快。AI 演算法進展速度超越摩爾定律。
3. 大數據時代的來臨，資料多型（類別互轉數位）、量大、即時、結構與非結構混搭。
4. 效果很好。

DL 的應用，最著名是讓電腦高正確率猜測影像與聲音，執行過去機器難以達成的任務，協助人類日常中的工作，包括：瑕疵檢測、詐欺偵測、無人駕駛系統、語音助理 (Siri)、人臉辨識、醫療診斷（武漢肺炎檢疾是否爲僞陰性）、拍照攝影等領域等。

六、深度學習之未來的挑戰

1. 仍需要開發可透過更少的樣本或更少的試驗學習的 AI 系統。例如：建議使用無監督學習（即自我監督學習），因爲使用的演算法確實類似於監督學習，而監督學習基本上是在填補空白。
2. 建立可以推理的深度學習系統。眾所周知，當前的深度學習系統在推理及抽象上很差，這就是爲什麼它們需要大量數據來學習簡單任務的原因。
3. 建立深度學習系統，以學習及計畫複雜的動作序列，並將任務分解爲子任務。深度學習系統擅長是爲問題提供端到端解決方案，但很難將其分解爲特定的可解釋及可修改的步驟。在建立可以分解影像、語音及文本的基於學習的 AI 系統方面取得了進展。

小結

機器學習 (ML) 是一門多領域交叉學科，涉及機率論、統計學、逼近論、凸分析、生物學、演算法、複雜度理論等多門學科。ML 旨在研究電腦怎樣類比或實作人類的學習行爲，以獲取新的知識或技能，重新組織已有的知識結構使之不斷改善自身的性能。

機器學習是 AI 的內核心，是使計算機具有智慧的根本途徑，其應用遍及 AI 的各個領域，它主要使用歸納、綜合而不是演繹。

2-5-1 深度學習 (DL) 引領著 5 趨勢

深度學習及深度神經網路，二者都是基於深度神經網路。

深度神經網路可以爲企業帶來顯著好處，可惜，組織或行業的鮮少採用 DL，殊實可惜。目前，已有企業利用深度學習來獲得更有效的態樣 (pattern) 辨識、推薦引擎、翻譯服務、欺詐檢測（FaceBook 假訊息）等。

1. 轉移學習 (transfer learning) 理論

轉移學習是 ML 的分支，著重於儲存在解決一個問題時所獲得的知識，並將其應用於另一個相關的問題。例如：在學習辨識汽車（武漢肺炎症狀）時獲得的知識可以在嘗試辨識問題（武漢肺炎或流感）時應用。

例如：若已經訓練了一個簡單的分類器來檢測影像是否爲「武漢肺炎症狀」，您可以使用模型在訓練期間獲得的知識來辨識出武漢肺炎的病徵（發燒、咳嗽、呼吸不順、腹瀉或嘔吐）等。但沒有這些症狀，不代表就安全無虞。無症狀、輕微症狀感染者（僞陰性）更是隱性毒王傳遞者。

這種技術廣受歡迎，因爲它可透過深度學習實現快速學習。在此，來自網路的預先訓練模型，這些 open source 都有免費提供：電腦視覺（SourceForge 網站，https://sourceforge.net/directory/os:windows/?q=computer+vision+software）、自然語言處理（OpenSource.com 網站，https://opensource.com/article/19/3/natural-language-processing-tools）的軟體。

通常在以下情況下會用轉移學習：

(1) 您沒有足夠樣本的標記 (label) 來訓練網路。已經存在預先訓練過的類似任務的網路，該網路已接過大量數據的訓練：Task-1 及 Task-2 具有相同的輸入。
(2) 轉移學習的使用，可帶來許多創新且快速的解答，使組織（如 IoT）能夠在數位化轉型過程中成功採用 AI。

2. 語音使用者介面 (voice user interface, VUI)

語音使用者介面 (VUI) 允許使用者透過說話或語音命令與系統互動。例如：虛擬助手、Siri、Google 智慧助理及 Alexa，都是 VUI 的例子。VUI 的主要優點是它允許 hands-free、無眼睛的方式，使用者可在這種情境下與產品互動，同時有餘力將注意力集中在其他地方。

迄今，VUI 已被添加到自駕車、家庭自動化系統、戰機、電腦作業系統、家用電器（如洗衣機、微波爐及電視遙控器）。它們可以及智慧型手機、智慧喇叭上的虛擬助手進行互動。較舊的自動服務員（將電話撥打到正確的分機）及互動式語音應答系統（透過電話進行更複雜的交易），已可透過 DTMF 音調來按下鍵盤按鈕。

較新的 BD 與喇叭無關，因此無論重音或方言的影響如何，它們都能反應多種聲音。他們還能夠同時反應多個命令、分離語音消息，並提供適當的回饋，準確地模仿自然對話。

3. ONNX(open format to represent deep learning models) 架構

ONNX 是深度學習模型的開放格式。借助 ONNX，AI 開發者可以更輕鬆地在最先進的工具之間移動模型，並選擇最適合他們的組合。ONNX 由合作夥伴社群所開發、支援。

(1) 框架互操作性 (framework interoperability)

實現交互操作性可更快地將出色的創意投入生產。ONNX 使模型能夠在一個框架下進行訓練，並轉移到另一個框架中進行推理。ONNX 模型獲得 Caffe2、Microsoft Cognitive Toolkit、MXNet 及 PyTorch 的支援，還有許多其他常見框架及庫 (lib) 的連接器。

(2) 硬體最佳化 (hardware optimizations)

ONNX 易於最佳化才能吸引更多開發者。任何導出 ONNX 模型的工具都可受惠於 ONNX 兼容的運行及庫，旨在提高業界硬體的最佳性能。

假設您已使用 TensorFlow 庫來訓練、開發深度學習模型，並且模型構造只能在幾乎所有主要 library 現在都支援 ONNX 模型，這將成爲未來時代的遊戲規則改變者。

4. 機器理解 (machine comprehension)

機器理解包括：機器閱讀理解、自然語言理解、問題回答，都屬 AI 模型。電腦能夠閱讀文件檔並回答問題。這對人類是相對基本的任務，但對 AI 模型來說並不是那麼容易。例如：Stanford Question Answering Dataset(SQuAD) 閱讀理解數據集，可由一群工作者在一組維基百科文章中提出的問題組成，其中，每個問題的回答都是來自相應閱讀段落的文本或跨度的一部分，或者這個問題可能無法回答。

幾乎所有 AI 領域的重要組織，包括 AI(Google、AWS、微軟、Facebook 等) 研究先驅，都參加了這場競賽，積極開發可擊敗 SQuAD 數據集的機器理解系統人的準確性。

最近 Google 的 BERT 模型也上市，目前在 SQuAD 世界排名第一，超越了人類的表現。

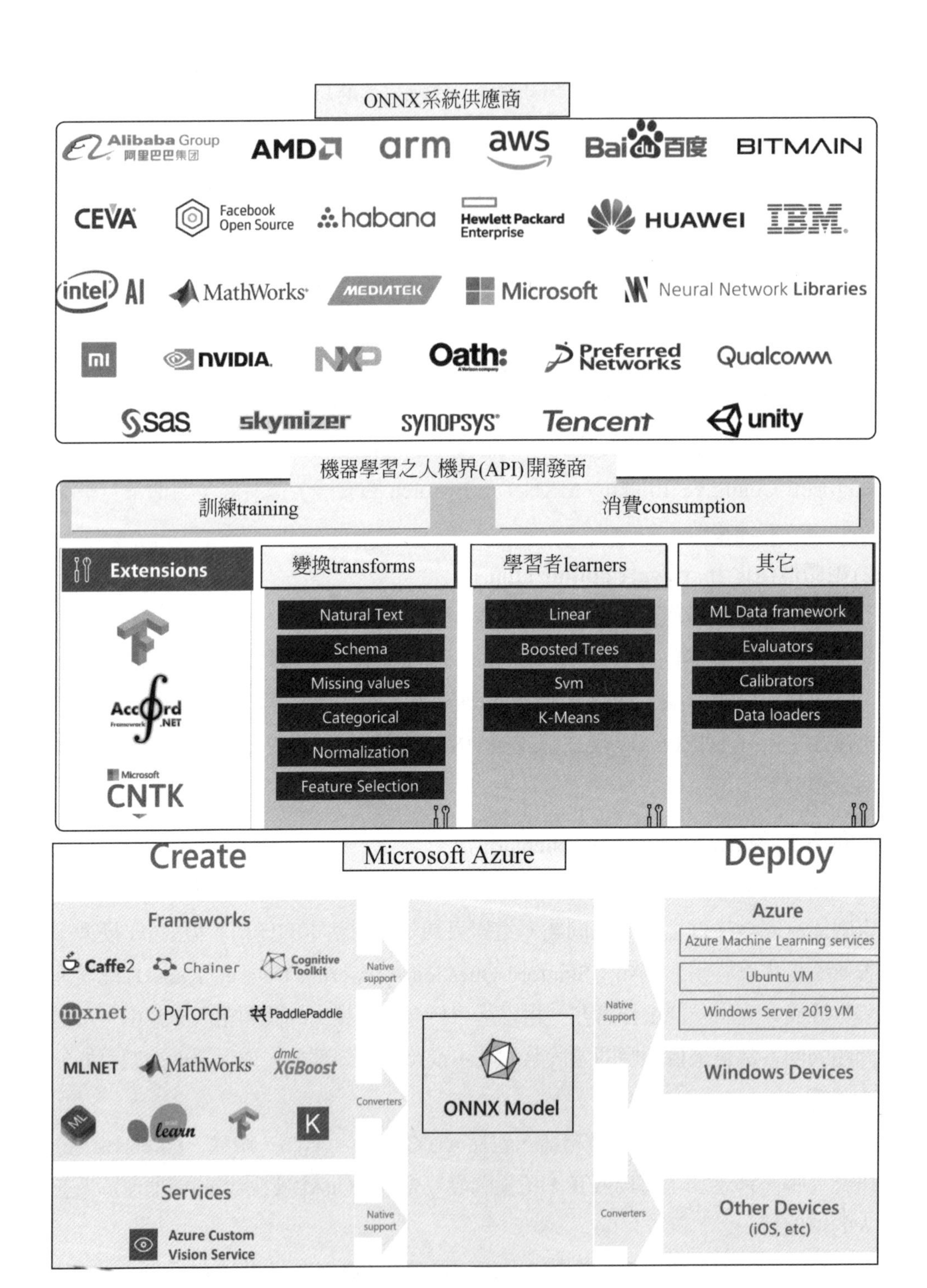

圖 2-45　ONNX 架構 (architecture) (Microsoft Azure, 2020)

5. 邊緣智慧 (edge intelligence, EI)

邊緣運算是分散式計算之一，其中計算大部分或完全在稱爲智慧設備或邊緣設備的分散式設備節點上執行，而不是主要在集中式雲環境中進行。邊緣 (edge) 係指網路中計算節點作爲 IoT 設備的地理分布，它們位於組織、城市或其他網路的「邊緣」。其動機是提供伺服器資源，數據分析及人工智慧（環境智慧），更接近數據採集源及網路物體系統，如智慧感測器及執行器。邊緣運算被視爲實作物體計算、智慧城市、普適計算 (ubiquitous computing)、多媒體應用（如增強實作及雲瑞遊戲）及 IoT 的重要因素。

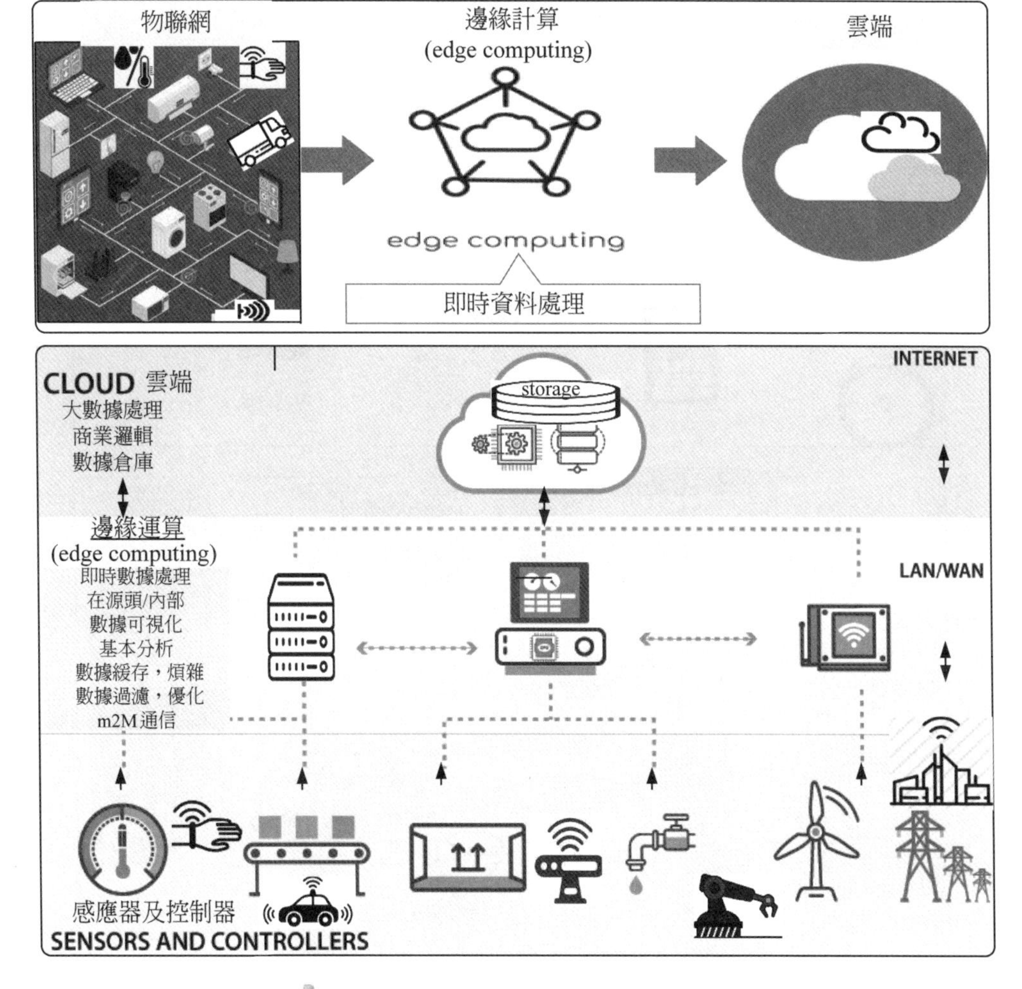

圖 2-46 邊緣運算 (edge computing)

邊緣運算涉及無線感測器網路，智慧及上下文感知網路 (context-aware networks) 以及人機互動環境中的智慧對象 (objects) 的概念。邊緣分析 (edge analytics) 是數據收集及分析之方法，可對感測器、網路交換機或其他設備上的數據執行自動分析計算，而不是被動等待數據發送回集中式數據儲存。

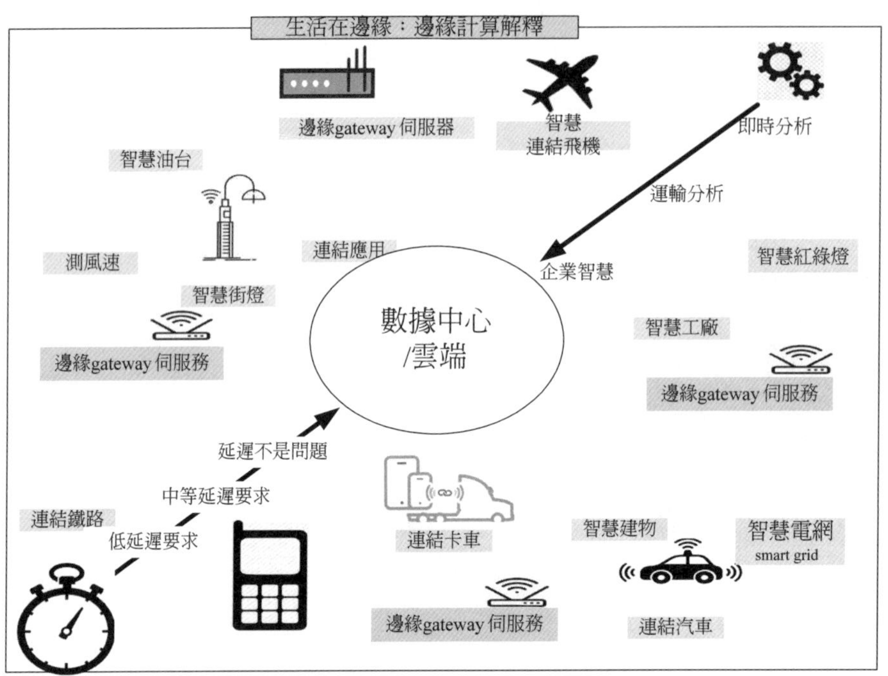

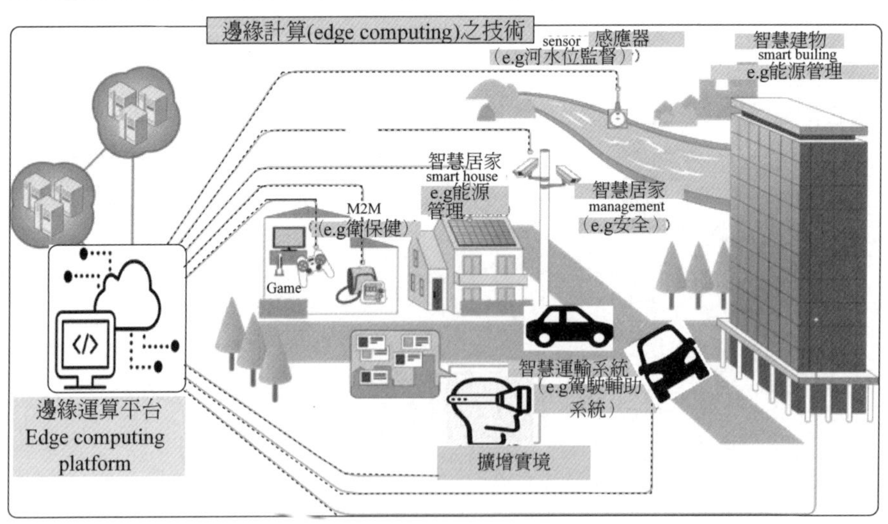

圖 2-47　邊緣運算 (edge computing) 之技術

自物聯網出現以來，連接設備的數量大幅呈指數級增加。若將大量感測設備全部連接到雲端，是項困難的挑戰，故現在組織傾向於使用邊緣智慧。

邊緣智慧 (EI) 與邊緣計算是同義詞，EI 改變擷取、儲存及萃取數據的方式，它將過程從雲端的儲存設備轉移到邊緣（例如：相機或熱感測器）。EI 透過將決策制定更接近數據源，使邊緣設備在某種程度上獨立運算，從而減少通信延遲進而達到即時計算的結果。

2-5-2a 深度學習的 8 個成功實例

1. 虛擬助手

無論是 Alexa、Siri 或 Cortana，線上服務供應商的虛擬助手都會使用深度學習 (DL) 來幫助理解您的語音及人們與他們互動時使用的語言。

2. 翻譯

DL 演算法可以在不同語言之間自動轉換。這對旅行者、商務人士及政府者來說都很有用。

3. 無人車、無人駕駛飛機及自駕車的遠景

自動駕駛汽車了解道路的實況（塞車程度）及如何回應它們的方式（有替代道路嗎）。預知停車位還有幾位？都是透過 DL 演算法來實現的。演算法接收的數據越多，資料處理就越像人行動一樣快，甚至辨識被雪覆蓋的停車標誌仍然是一個停止標誌。

4. 聊天機器人及服務機器人

透過深度學習，爲公司提供客戶服務的 Chatbots 及服務機器人能以智慧且有用的方式反應越來越多的聽覺及文本問題。

5. 影像 (image) 著色

將黑白影像轉換爲彩色，從前是須人手精心來完成的任務。今天，DL 演算法能夠使用影像中的上下文及對象，自動對影像進行著色。

6. 人臉辨識

DL 被用於人臉辨識，不僅用於安全目的，還用在社群網路帖子上標記人

物，使用人的臉孔來支付商店的購買物。人臉辨識的 DL 演算法面臨的挑戰是，即使人們改變了造型、長出鬍子或剃掉鬍子的照片、光線昏暗或阻礙物拍攝的影像很差，也要能辨識出是同一人。

7. 醫藥

從疾病（武漢肺炎確診病患的臨床反應）及腫瘤診斷到專門爲個人基因組建立的個性化藥物，醫學領域的 DL 引起了許多大型製藥及醫療公司的關注。例如：武漢肺炎疫情嚴峻，成功大學結合醫學中心、大學資源，將多項智慧醫療整合爲「智慧醫療臨床決策輔助系統」，利用人工智慧來分類高風險病人臨床檢疫效率，從原需 150 分鐘縮短到不到 30 分鐘。

8. 個人化的購物及娛樂

有沒有想過影音網站 (YouTube) 如何爲您接下來要觀看的內容提出建議？或者 Amazon 提出了接下來應該購買產品的想法，這些建議正是客戶所需要的。這類 DL 演算法獲得的經驗越多，效能就越佳。

2-5-2b 深度學習再進階：DL 必學技能、應用案例

因機器模仿神經網路運算模式之深度學習 (deep learning, DL) 相關技術終於有所突破，諸多功能陸續被設計開發，相關類別包括：環境抽象認知 (abstracting across environments)、直覺概念理解 (intuitive concept understanding)、創造抽象之思維 (creative abstract thought)、想像 (dreaming up visions)、俐落且精巧之技能 (dexterous fine motor skills)。

1. 環境抽象認知：能在學習程式下，同時支配學習與行動；並將所學的技能與知識轉化。例如：機器可從製作泡麵的過程，將此經驗延伸至做出更好吃的拉麵。
2. 直覺概念理答：AI 的 DL 中，可針對隱藏在系統中的次符號知識 (subsymbolic knowledge) 進行推理。即讓機器可以從單次的經驗累積，進而取得人類層次的概念學習。
3. 創造抽象的思維：在 DL 基礎上，進一步將因果結構及思考相關元素以造成事件發生，或以時間主軸來形成故事。就是 AI 智慧可進一步理解排序、進行推理。包括：最佳化技術、Kumar 及 Socher 改進動態記憶網路、支援機器

人專注。而 Weston 等人最近開發的點至點記憶網路，擴充建模能力及表達能力。

4. 想像：AI 可透過技術產生幻覺，進而能夠想像；此源於麻省理工與微軟研究院開發的深度疊積反影像網路 (deep convolution inverse graphic network) 技術，在 2D 或 3D 的辨識取得學習，進行角度或光線更精確的想像圖。

上述 AI 發展的技術核心，諸多也應用至生活面，例如：Facebook 在人物與地理高度的影像辨識反應，或是 Amazon 能夠推薦「心動」的購物清單等。

DL 其實跟虛擬實境 (VR) 很像，都是 AI 的主流，例如：擊敗世界棋王的 Google AlphaGo，2011 年奪得益智問答比賽大獎的 IBM Watson 比比是。

要設計出比天才還厲害的電腦，一定是比天才還聰明的人囉？答案是：不必。建構一套 DL 的網路，其實沒有想像中困難。

DL 其實很簡單，它只要三個步驟：建構網路、設定目標、開始學習。簡單說，DL 就是一個函數集，如此而已。類神經網路就是一堆函數的集合，人們丟進去一堆數值，整個網路就輸出一堆數值，從這裡面找出一個最好的結果，也就是機器運算出來的最佳解，機器可以依此決定要在棋盤上哪一點下手，人類也可以按照這個建議作決策。

一、DL 模型

近來 AI、機器學習與 DL 等技術，在影像處理與語音處理上，已經展現出遠比傳統方法優秀的效能。例如：蘇格蘭皇家銀行 (Royal Bank of Scotland) 運用 NLP 技術推動變革轉型，並且成爲比其他任何銀行更能滿足客戶需求的銀行。

最近幾年，因爲大數據累積得夠多，再加上電腦晶片的運算能力大增，更出現了多層式的 DNN 神經網路等新式演算法，三者結合後的效果非常強大，尤其 DNN 在語音辨識 (speech recognition) 及視覺辨識 (vision recognition) 的進展最快。

DL 模型延伸自生物神經系統中資訊處理及通訊模式的模糊經驗，但與生物大腦（尤其是人類大腦）的結構及功能特性存在各種差異，這使得它們與神經科學證據不相容。

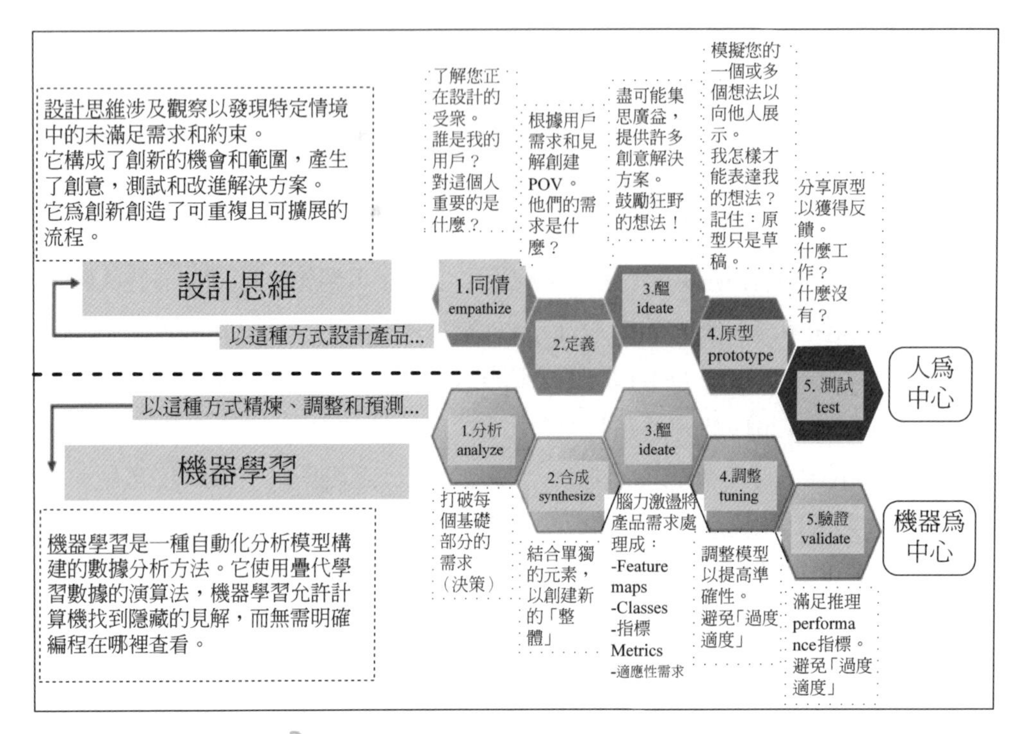

圖 2-48　問題辨識的最佳方式是什麼？

二、機器學習 5 種必學的技能 (skills)

通常，機器學習 (ML) 與 AI 有緊密的關聯，AI 爲電腦提供執行某些任務的能力，例如：辨識、診斷、計畫、機器人控制、預測等，而無需明確程式設計。它著重於演算法的開發，這些演算法可在接觸到新數據時自我學成長及變化。

在某種程度上，機器學習的過程類似於數據挖掘的過程。兩者都搜尋數據以尋找態樣。然而，機器學習不是爲人類理解萃取數據（如數據挖掘應用程式中的情況），而是使用該數據來改進程序自身的理解。ML 程序檢測數據中的態樣並相應地調整程序操作。

現在，您是否正在嘗試了解獲得 ML 工作所需的一些技能？一個好的候選人應該對廣泛的演算法及應用數學、問題解決及分析技能、機率及統計及編程語言（如 Python / C++ / R / Java/ Stata）有深刻的理解。除此之外，ML 需要天生的好奇心，若你從未失去小時候的好奇心，那麼你就是機器學習的最佳人選。

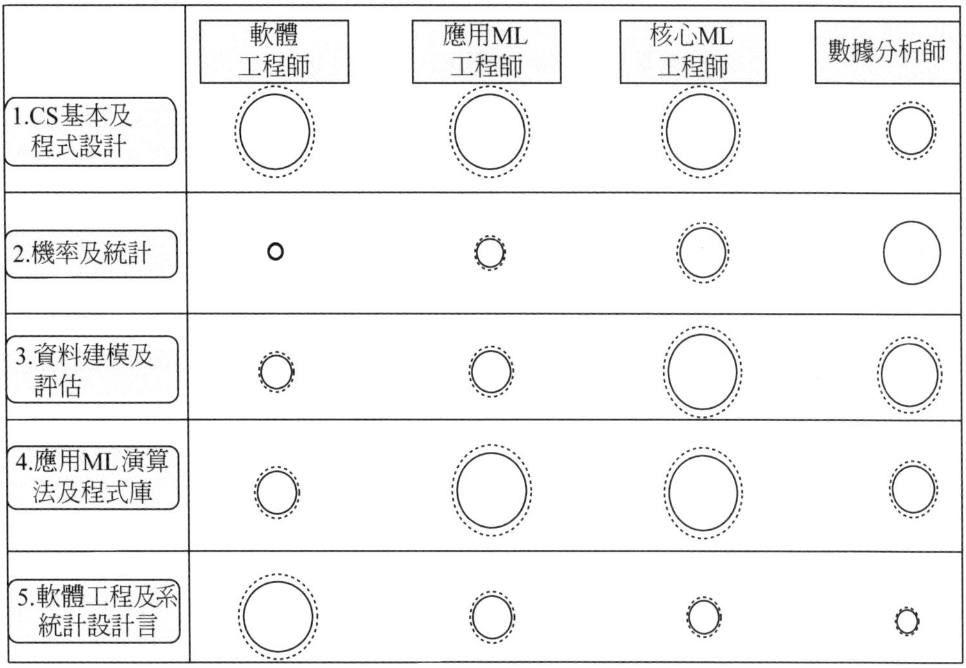

	軟體工程師	應用ML工程師	核心ML工程師	數據分析師
1.CS基本及程式設計				
2.機率及統計				
3.資料建模及評估				
4.應用ML演算法及程式庫				
5.軟體工程及系統計設計言				

圖 2-49 成為機器學習專家的 5 種技能 (skill)

機器學習 (ML) 的關鍵技能組合，如下：

1. Python/C++/R/Java/Stata：若你想在機器學習中找到一份工作，你可能需要在某些時候學習所有這些語言。Python 是排名第一的程式語言。Stata 是地表最強的統計套裝軟體。C ++ 可以幫助加速代碼。R 在統計及繪圖方面表現很好，而 Hadoop 是基於 Java 的，因此您可能需要在 Java 中實現映射器及縮減器。Stata 是地表最強統計分析軟體（請見作者在五南的著作）。
2. 機率與統計：理論有助於學習演算法。偉大的樣本是樸素貝葉斯，高斯混合模型及隱馬爾可夫模型。您需要深入了解機率及統計數據才能理解這些模型。堅持並研究測量理論。使用統計數據作爲模型評估指標：混淆矩陣、接收者 - 操作員曲線 (ROC)、p 值等。
3. 應用數學及演算法：對演算法理論有深入的了解並了解演算法的工作原理，您還可以區分 SVM 等模型。您將需要了解梯度體面、凸最佳化、Lagrange、二次規劃、偏微分方程等主題。此外，習慣於查看摘要。
4. 分散式計算：大多數時候，機器學習工作需要使用大型數據集。您無法使用單臺電腦處理此數據，您需要將其分布在整個群集中。Apache Hadoop 等專案及 Amazon EC2 等雲端服務使其更加簡單，經濟高效。

5. 擴展 Unix 工具的專業知識：你還應該掌握爲此設計的所有優秀的 Unix 工具：cat、grep、find、awk、sed、sort、cut、tr 等。由於所有處理很可能都在基於 Linux 的機器上，因此您需要訪問這些工具。了解他們的功能並充分利用它們。他們當然讓我的生活變得更輕鬆。
6. 了解有關高級信號處理技術的更多資訊：特徵抽取是機器學習中最重要的部分之一。不同類型的問題需要各種解答，您可以使用非常酷的高級信號處理演算法，例如：小波、剪切、曲線、輪廓、小帶。了解時頻分析，並嘗試將其應用於您的問題。若您還沒有閱讀有關傅立葉 (Fourier) 分析及卷積的資訊，您還需要了解這些內容。梯形圖是訊號處理 101 的東西。
7. 其他技能：(1) 更新自己：您必須及時了解任何即將發生的變化。它還意味著了解有關工具開發的新聞（期刊、研討會等）、理論及演算法。線上社群變化很快，期待並培養這種變化。(2) 閱讀大量內容：閱讀 Google Map-Reduce（軟體架構，用於大規模資料集的並列運算）、Google File System（專有分散式文件系統）、Google Big Table（NoSQL 資料庫服務）、數據的不合理有效性 (unreasonable effectiveness of mathematics) 等論文。

三、技術創新應用案例

技術領域	應用	說明
1. 深度學習之認知領域 (cognitive domain)	影像辨識	最近 Microsoft 的 ResNet(Deep Residual Networks) 與 Google 的 GoogLeNet 帶來了傑出的影像辨識系統，在 ImageNet 的影像分類工作中超越了人類。
	語音辨識	Google 的語音的文字轉換服務，現已在類似的工作中勝過人類。
	深度學習應用在醫學影像	電腦斷層為例，傳統方法是如何重建出橫斷人體的影像呢？在收到 X 光的資料後，必須有一個明確的物理模型，來描述偵測器收到的資料與影像之間的關係：所收到的 X 光訊號，會被任何位於從 X 光發射器到接受器的直線路徑上的物質阻礙

技術領域	應用	說明
		而衰減。而各種物質的密度、大小與位置，都會改變信號的衰減程度。基於這個物理模型，加上電腦斷層系統的描述（例如：X 光發射器與接收器的位置），就可以利用數學工具「解出」人體的斷層影像。 上述例子也可推廣至其他醫學影像上，像是核磁共振影像 (magnetic resonance imaging, MRI) 的影像重建，也需要知道人體各個部分是如何產生不同的核磁共振信號（信號的大小與隨時間衰減的快慢）。在結合 MRI 系統的成像參數後，才能建立一套明確的物理模型，將影像重建出來。
	機器翻譯	Google 已經發布了神經機器翻譯 (Google neural machine translation, GNMT) 技術，並聲稱相較於過去最先進的機器翻譯，這項新技術帶來顯著的改善。
2. 深度學習之非認知領域 (noncognitive domain)	詐騙偵測	有人用 AI 技術偵測惡意數位廣告詐騙手法的解答，從內部超過 40 億筆使用者的真實行為資料，透過多個機器學習模型過濾詐騙行為，模型經過不斷學習後，可以偵測出更多用傳統機制無法偵測的詐騙行為。例如：PayPal 正運用深度學習技術作為阻擋詐騙支付的最先進方法。
	推薦系統	Amazon 已將深度學習技術應用於最先進的產品推薦服務。
	醫療保健	美國 Quire 公司的預測分析演算法可以解析大量的臨床資料，並為醫療服務供應方提供病患行為的預測模型。
3. 預測分析 (predictive analytics)	設備維護管理	英國 Warwick Analytics 公司的預測分析技術提供自動化的異常偵測功能，有助於判斷設備的狀態，並及早解決可能發生的問題。
	混合雲基礎設備	美國 Perspica 公司運用機器學習演算法，協助辨識混合雲 (Hybrid Clouds) 基礎設備內的應用程式異常。
	行車安全	美國 Omnitracs 公司研發的行車系統會針對駕駛人可能遭遇的意外狀況提供預測資訊，尤其是注意力失焦導致車輛失控的情形。

四、深度學習之應用案例 (cases)

深度學習 (deep learning, DL) 是機器學習的分支，係以 ML 神經網路爲架構，對資料進行特徵學習的演算法。特徵學習是學習一個特徵的技術的集合，將原始數據轉換成爲能夠被 ML 來有效開發的形式。它避免了手動萃取特徵的麻煩，允許電腦學習使用特徵的同時，也學習如何萃取特徵，學習如何學習。

深度學習擅長辨識非結構化資料中的態樣 (pattern)，而大多數人熟知的影像、聲音、影片、文本等媒體均屬於此類資料。下表列出了已知的應用類型及與之相關的行業。

	應用類型	行業
1. 聲音 (audio)	語音辨識	UX/UI、汽車、安保、物聯網
	語音搜尋	手機製造、電信
	情感分析	客戶關係管理 (CRM)
	探傷檢測（引擎噪音）	汽車、航空
	欺詐檢測	金融、信用卡
2. 時間序列 (time series)	日誌分析 / 風險檢測	資料中心、安保、金融
	企業資源計畫	製造、汽車、供應鏈
	感測器 (sensor) 資料預測分析	聯網、智慧家居、硬體製造
	商業與經濟分析	金融、會計、政府
	推薦引擎	電子商務、媒體、社群網路
3. 文本 (text)	情感分析	客戶關係管理 (CRM)、社群媒體、聲譽管理
	增強搜尋、主題檢測	金融
	威脅偵測	社群媒體、政府
	欺詐檢測	保險、金融
4. 影像 (image)	人臉辨識	平臺登入、政府、電眼
	影像搜尋	社群媒體
	機器視覺	汽車、航空
	相片聚類	電信、手機製造

5. 影片 (video)	動作檢測	遊戲、UX/UI
	即時威脅偵測	安保、機場
	特徵內省	機場、內安

傳統 ML 的優勢是能夠進行特徵內省：即系統理解為何將一項輸入這樣或那樣分類，這對於分析而言很重要。但這種優勢卻恰恰導致傳統 ML 系統無法處理未標籤、非結構化的資料，也無法像最新的深度學習模型那樣達到前所未有的準確度。特徵工程是傳統 ML 的主要瓶頸之一，因為很少有人能把特徵工程做得又快又好，適應資料變化的速度。

對於必須進行特徵內省的應用情景（例如：法律規定，以預測的信用風險為由拒絕貸款申請時必須提供依據），建議使用與多種傳統 ML 演算法相整合的深度神經網路，讓每種演算法都有投票權，發揮各自的長處。或者也可以對深度神經網路的結果進行各類分析，進而推測網路的決策原理。

2-6 深度學習結構，有 4 種：DNN、DBN、CNN、CDBN

深度神經網路 (deep neural network, DNN) 是具備多個隱藏層之神經網路之一。與淺層神經網路類似 DNN 也能夠為複雜非線性系統提供建模，但多出的層次為模型提供了更高之抽象層次，因而提高了模型之效能。DNN 通常都是前饋神經網路，但也有語言建模等方面之研究將其拓展到循環神經網路。卷積深度神經網路 (convolutional neural networks, CNN) 在電腦視覺領域成名之後。CNN 也在聽覺模型應用在自動語音辨識領域，發光發熱。

1. 深度神經網路 (DNN)

DNN 是判別模型之一，可以使用逆傳遞演算法進行訓練。權重更新可以使用下列公式進行隨機梯度下降法求解：

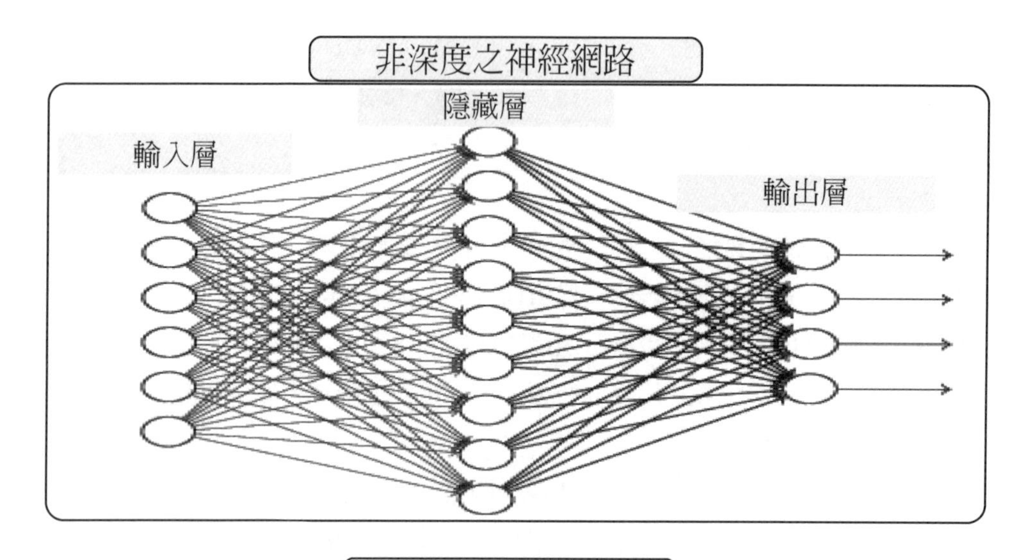

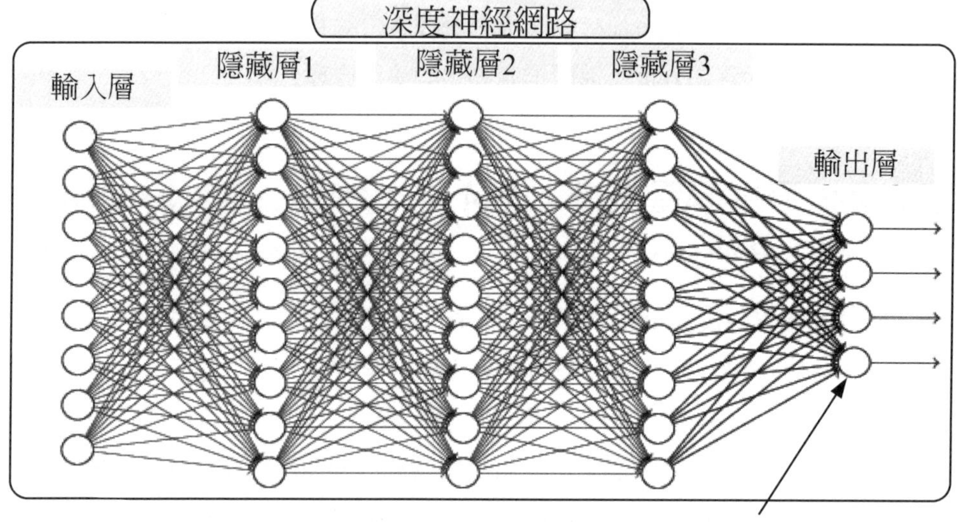

$$\textit{Output}: \quad y_i = f(w_i^1 x_1 + w_i^2 x_2 + w_i^3 x_3 + \cdots + w_i^m x_m) = f(\sum_j w_i^j x_j)$$

圖 2-50　訓練深度神經網路

$$\Delta w_{ij}(t+1) = \Delta w_{ij}(t) + \eta \frac{\partial C}{\partial w_{ij}}$$

其中，η 爲學習率，C 爲代價函式。這一函式的選擇與學習的類型（例如：監督學習、無監督學習、增強學習）以及啟用功能相關。例如：為了在一個多分類問題上進行監督學習，通常的選擇是使用 ReLU 作為啟用功能，而使用交叉熵作為代價函式。Softmax 函式定義為 $p_j = \frac{\exp(x_j)}{\sum_k \exp(x_k)}$，其中 p_j 代表類別 j 的機率，而 x_j 和 x_k 分別代表對單元 j 和 k 的輸入。交叉熵定義為 $C = -\sum_j d_j \log(p_j)$，其中 d_j 代表輸出單元 j 的目標機率，p_j 代表應用了啟用功能後對單元 j 的機率輸出。

繞射深度神經網路，是由多層繞射表面 physical 形成，這些表面協同工作以光學方式執行（網路可以統計學習的）任意功能。physical 網路之推理及預測機制都是光學的，而導致其設計之學習部分則是透過電腦完成的。因此稱該框架為繞射深度神經網路 (D^2NN)，並透過模擬及實驗證明了其推理能力很棒。D^2NN 可透過使用幾個透射層及或反射層來 physical 建立，給定層上的每個點都透射或反射入射波，表示透過光學繞射連接到後續層之其他神經元的人工神經元。

2. 深度信念網路 (deep belief networks, DBN)

DBN 是簡單無監督網路的組成。即，受限玻爾茲曼機 (restricted Boltzmann machine, RBM) + Sigmoid Belief Network。

DBN可視為簡單無監督網路的組成

DBN=受限玻爾茲曼機(restricted Boltzmann machine, RBM) + Sigmoid Belief Network

- DBN是以下形式的模型：

$$P(x, g^1, g^2, \cdots, g^l) = P(x \mid g^1)P(g^1 \mid g^2) \cdots P(g^{l-2} \mid g^{l-1})P(g^{l-1} \mid g^l)$$

$P(g^{l-1}, g^l)$ 是 RBM

$P(g^i \mid g^{i+1}) = \Pi_j P(g^i_j \mid g^{i+1})$

$P(g^i_j \mid g^{i+1}) = sigm\,(b^i_j + \sum_k^{n^{i+1}} W^i_{kj} g^{i+1}_k)$

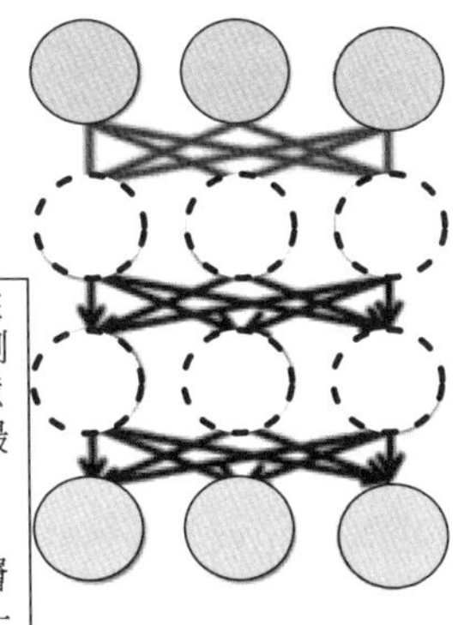

1.DBN由多層神經元構成，這些神經元又分為顯性及隱性神經元。顯性用於接受輸入，隱性用於提取特徵。因此隱性也有個別名，叫特徵檢測器 (feature detectors)。最頂上的兩層間的連線是無向的，組成聯合記憶體 (associative memory)。較低的其他層之間有連線上下的有向連線。最底層代表了資料向量 (data vectors)，每一個神經元代表資料向量的一維。
2.DBN的組成元件是受限玻爾茲曼機(RBM)。訓練DBN過程是一層一層來進行的。每一層中，用資料向量來推斷隱層，再把該一隱層當作下一層（高一層）的資料向量。

圖 2-51 深度信念網路 (deep belief networks, DBN) 之示意圖

DBN 可視爲深度神經網路之預訓練部分，並爲網路提供初始權重，再使用逆傳遞或者其他判定演算法作爲調優之手段。這在訓練資料較爲缺乏時很有價值，因爲不恰當的初始化權重會顯著影響最終模型之效能 (performance)，而預訓練獲得的權重在權値空間中比隨機權重更接近最佳之權重。這不僅提升了模型之效能，也加快了 tuning stage 之收斂速度。

深度信念網路中之每一層都是受限玻爾茲曼機 (restricted boltzmann machine, RBM)，可使用高效之無監督逐層訓練方法進行訓練。RBM 是無向之基於能量的產生模型之一，包含一個輸入層及一個隱層。對的邊僅在輸入層及隱層之間存在，而輸入層節點內部及隱層節點內部則不存在邊。單層 RBM 之訓練方法最初由 Geoffrey Everest Hinton 在訓練「專家乘積」(product of experts) 所創見，謂之對比發散性 (contrast divergence, CD)。CD 提供了最大概似之近似值，很適合用於學習受限玻爾茲曼機之權重。當單層 RBM 被訓練完畢後，另一層 RBM 可被堆疊在已經訓練完成之 RBM 上，形成一個多層模型。每次堆疊時，原有的多層網路輸入層被初始化爲訓練樣本，權重爲先前訓練得到之權重，該網路之輸出作爲新增 RBM 之輸入，新的 RBM 重複先前之單層訓練過程，整個過程可持續進行，直到達到某個期望中之終止條件。

對比，發散性 (CD) 最大概似之近似，且經驗結果證實該方法是訓練深度結構有效之方法。

3. 卷積神經網路 (convolutional neural networks, CNN)

CNN 由一個或多個卷積層及頂端之全連通層（對應古典之神經網路）組成，同時也包括關聯權重及池化層 (pooling layer)。這一結構使得卷積神經網路能夠利用輸入資料之二維結構。與其他深度學習結構相比，卷積神經網路在影像及語音辨識方面能夠給出更優之結果。這一模型也可使用逆向傳遞演算法進行訓練。相比較其他深度、前饋神經網路，卷積神經網路需要估計之參數更少，使之成爲頗具吸引力之深度學習結構。

4. CDBN(convolutional deep belief networks, CDBN)

CDBN 是深度學習領域較新的分支。在結構上，CDBN 與卷積神經網路在結構上相似。因此，與卷積神經網路類似，CDBN 也具備利用影像二維結構之能力，與此同時，CDBN 也擁有深度信念網路之預訓練優勢。CDBN 提供能用於訊號及影像處理任務之通用結構，也能夠使用類似深度信念網路之訓練方法進行訓練。

2-6-1 深度殘差網路 (Residual Net, ResNet)

背景

Q1 殘差網路之輝煌歷史：殘差引人矚目之成效，是在 2015 年之影像辨識大賽上，其在 5 項資料集上取得了遠遠領先於第二名之效果。包括了影像之分類（152 層）、辨識、定位（高於 27%）、檢測（11% 及 16%）及分割（高於 12%）。

Q2 爲何殘差學習之效果會如此好？與其他論文相比，深度殘差學習具有更深之網路結構，此外，殘差學習也是網路變深之原因？爲何網路深度如此之重要？

答：神經網路之每一層分別對應於萃取不同層次之特徵資訊，有低層、中層及高層。網路越深時，萃取到之不同層次之資訊會越多，而不同層次間之層次資訊之組合也會越多。

Q3 爲何在殘差之前網路之深度最深之也只是 GoogleNet 之 22 層，而殘差卻可以達到 152 層，甚至 1,000 層呢？

答：DL 處理，某網路深度遇到之主要問題是梯度消失及梯度爆炸，傳統對應之解法則是資料之初始化 (normlized initializatiton) 及正規化 (batch normlization)，但這樣雖然解決了梯度之問題、深度加深了，卻衍生出另一問題，就是網路性能會退化，深度加深了，但錯誤率也上升，而殘差旨在解決退化問題，同時也解決梯度問題，更使得網路之效能 (performance) 也提升。

傳統之對應網路層數增加之解答如下所示：

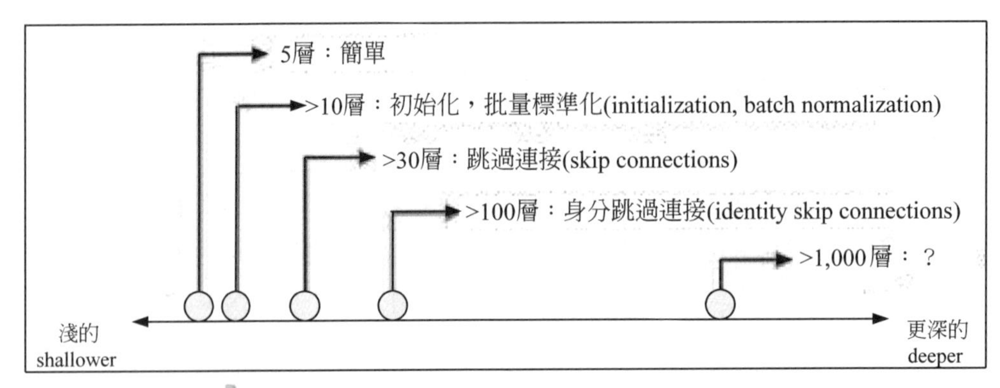

圖 2-52　傳統解決多層網路訓練梯度問題的方法

傳統的神經網路 (NN) 中，每一層都送入至下一層。在具有 ResNet 塊的網路中，每一層都饋入 (feeds into) 至下一層，並直接進入約 2-3 跳遠的層。下圖是一張 ResNet blocks。

NN 是通用函數 approximators，其精準度隨著層數的增加而增加。可是添加的層數有限，卻可提高精準度。因此，若 NN 是通用函數 approximators，那麼它應該能夠學習任何單純形或複雜函數。但是事實證明，由於諸如梯度消失及維數詛咒之類的問題，如果擁有足夠深的網路，它可能將無法學習諸如 indentity 函數之類的簡單函數。因此，這種做法顯然是不可取的。

同樣，如果只會一味猛加層數，將會發現：精準度將在某一點開始飽且最終降低。而且，通常這不是過度適配造成的。因此，較淺的網路似乎比較深的網路學習得更好，這是違反直覺的。但這在實務中卻可看到象現，這稱之降級問題。

在沒有根源引起退化問題及深度 NN 無法學習 indentity 功能的情況下，人們開始考慮一些可能的解決方案。在降級問題中，知道較淺的網路的性能要好於較深的網路，後者只添加了很少的層。因此，爲什麼不跳過這些額外的層，並且至少匹配淺層子網的準確性。可是，該如何跳過圖層呢？

您可使用跳過連接或剩餘連接來跳過幾層的訓練。這就是在圖 2-53 看到的。實際上，有時候，跳過某幾層會比一層一層傳遞好。如果您仔細觀察，可發現跳過連接亦可具有學習 indentity 功能。這就是爲何跳過連接被認同的原因，此又稱 indentity 快捷式連接。

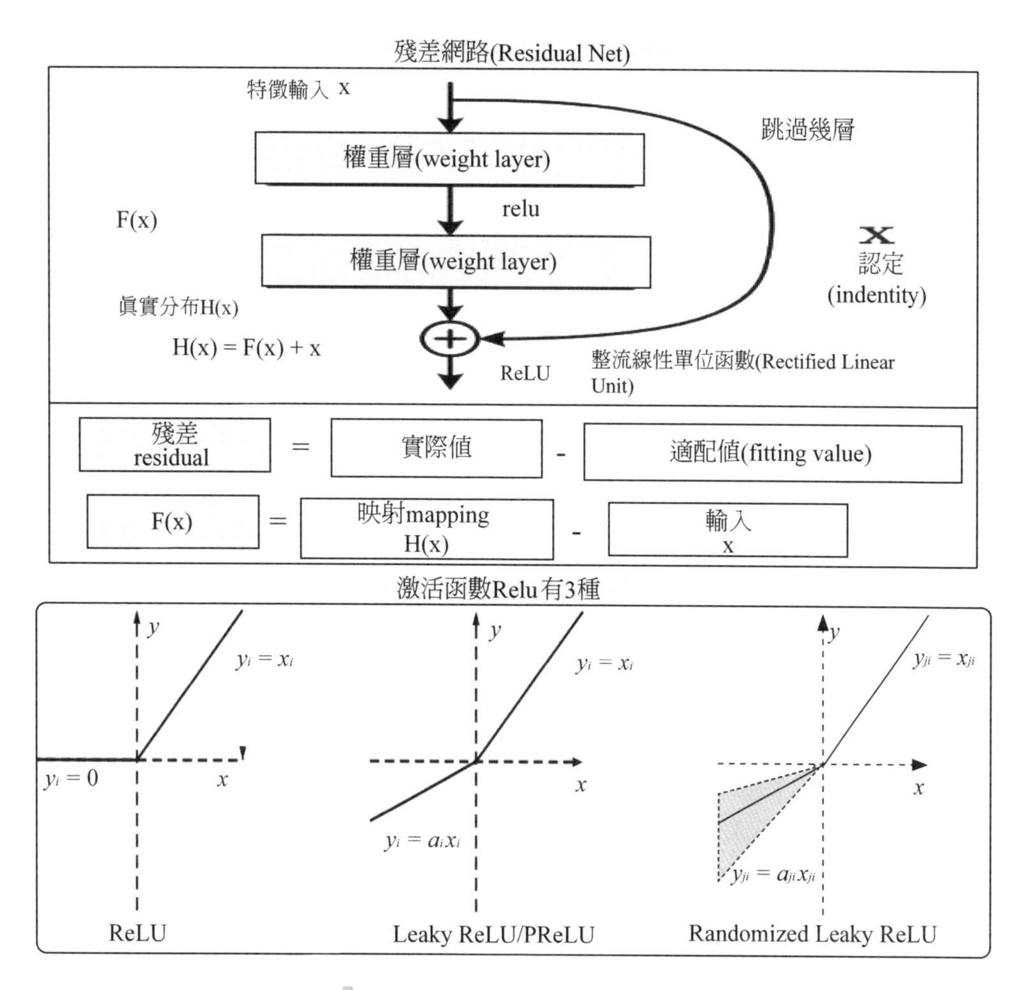

圖 2-53 殘差網路之基本架構

爲何稱之殘差 (residual)？殘差在哪裡？請用數學來思考。讓請慮一個神經網路塊 (network block)，其輸入爲 x，試著學習眞實分布 H(x)。將兩者之間的差異（或殘差）表示爲：

$$R(x) = \text{輸出} - \text{輸入} = H(x) - x$$

重新整理它，可得到：

$$H(x) = R(x) + x$$

總體而言，殘差塊 (residual block) 旨在嘗試學習眞實的輸出 $H(x)$，若仔細觀察上圖，將可發現，由於 x 導致 identity 連接，因此，實際上，各層正在嘗試學習殘差 $R(x)$。綜上所述，傳統網路中的層正在學習眞實輸出 $H(x)$，而殘差網路中的層正在學習殘差 $R(x)$，謂之 residual block。

此外，學習「輸出 - 輸入」的殘差比僅輸入更容易。另外優勢是，網路現在可透過簡單地將殘差設置爲 0 來學習 identity 功能。況且，如果您眞正了解：逆傳遞 (backpropagation)，將隨著層數增加而消失梯度的問題變得多麼嚴重，那麼可發現，由於這些跳過連接 (skip connections)，可將較大的梯度傳遞到初始層，並且這些層也可以像最終層一樣快地學習，進而能夠訓練更深的網路。下圖顯示了如何安排 residual block 及 identity 連接來獲得最佳梯度流 (gradient flow)。通常，使用批次正規化的預啟動（pre-activations with batch 常溫 izations）可獲得最佳結果（即下圖中最右邊的殘留塊求出最有希望的結果）。

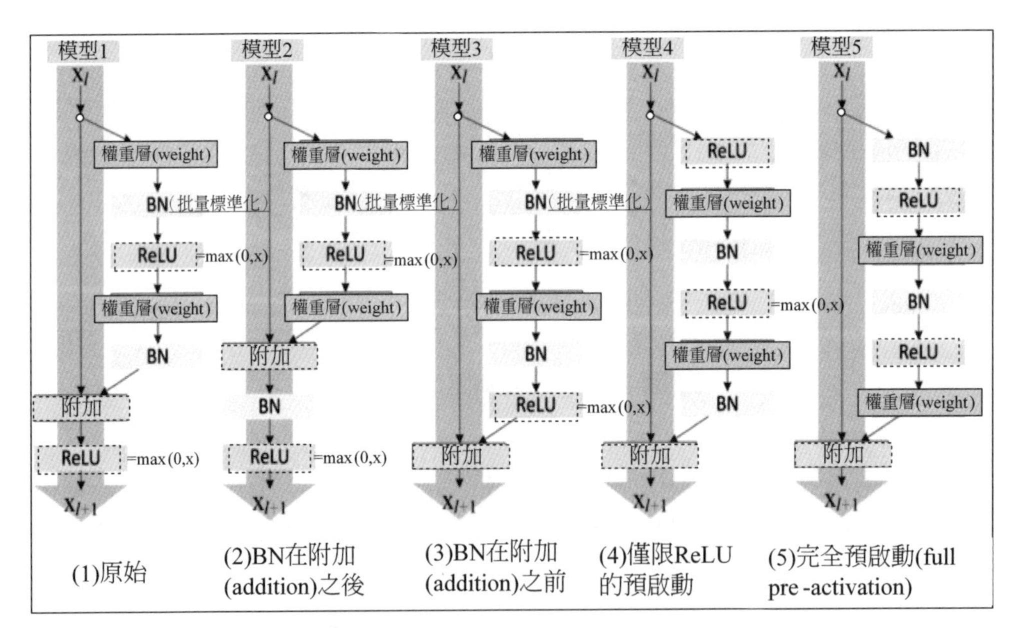

圖 2-54 Residual Block 的類型

在訓練 ResNets 時，不是在殘差塊中訓練圖層，就是使用跳過連接跳過對這些圖層的訓練。因此，對於不同的訓練數據點，將根據 crror 在網路中的反向流動方式，以不同的速率對網路的不同部分進行訓練。可將其視爲在數據集上訓練不同模型的集合併獲得最佳的準確性。

若從樂觀的角度看待一些殘留塊層中的跳過訓練。通常，不知道神經網路所需的最佳層數（或剩餘塊數），這可能取決於數據集的複雜性。可在網路增加「跳過連接」（dropout 功能），而不是將層數視爲要調整的重要超參數，允許網路跳過對無用的層的培訓，並且這些層不會增加總體準確性。在某種程度上，跳過連接使得神經網路具有動態性，因此可以在訓練過程中最佳地調整層數。

2-6-2 深度學習的代表作：循環神經網路 (recurrent neural networks, RNN)

一、深度學習 (DL) 的訓練 (training)

DL 的訓練可分爲三個步驟：定義網路架構 (define network structure)、定義學習目標 (define learning target)、最後才是透過數值方法 (numerical method) 進行訓練。

DL 及類神經網路的網路架構，可以想成是一組可用來描述資料的函數 (function)，只要找到正確的函數參數，就可透過這個函數把輸入的資料轉化成預測 (prediction) 結果。定義網路架構就是先選出一群可能的函數，來進行接下來的 DL 訓練過程。定義了適當的網路架構才能透過訓練過程來產生一個有效的 DL 模型 (model)。

學習目標對機器學習及 DL 都是很重要的，是用一個數值來描述 ML 或 DL 的模型的好壞，稱爲適性函數 (fitness function) 或目標函數 (objective function)。定義了正確的學習目標才能經由訓練的過程來產生符合需求的 DL 模型，常見的目標函數包括均方根誤差 (mean square error, MS_E)、Cross entropy 等等。

實際的訓練過程就是使用特定的數值方法，找出定義好的網路架構中最好的權重組合，讓學習目標的 MS_E 越小越好的最佳化 (optimization) 過程。在 DL 中，通常是使用隨機梯度下降法 (stochastic gradient descent, SGD) 來對權重組合及學習目標進行最佳化。隨機梯度下降法可以想成是在所有權重組合的高維空間中，每次沿著每個維度下降最陡的方向走一小步，經過許多次同樣的步驟，就可以找到足夠好的權重組合。爲了讓深度神經網路的學習效果更好、減少終止在局部最佳化 (local optimum) 的可能性，有許多隨機梯度下降法的變型可以使用在 DL 的訓練過程，如 RMSprop、Adagrad、Adadelta 等等。

二、DL 架構：卷積神經網路 (CNN)

CNN 是最常見的 DL 網路架構之一，因為網路架構中的卷積層 (convolutional layer) 及資料混合層 (pooling layer) 強化了態樣辨識 (pattern recognition) 及相鄰資料間的關係，使卷積神經網路應用在影像、聲音等訊號類型的資料型態能得到很好的效果。在使用 DL 開發電動遊戲時，也常使用卷積神經網路來分析螢幕上的影像內容、協助軟體代理人 (software agent) 判斷目前的情況，來產生下一步行動。在電腦圍棋程式 AlphaGo 中，也使用了改造過的卷積神經網路與 Monte Carlo 樹搜尋演算法結合，結果得到驚人的棋力實力。

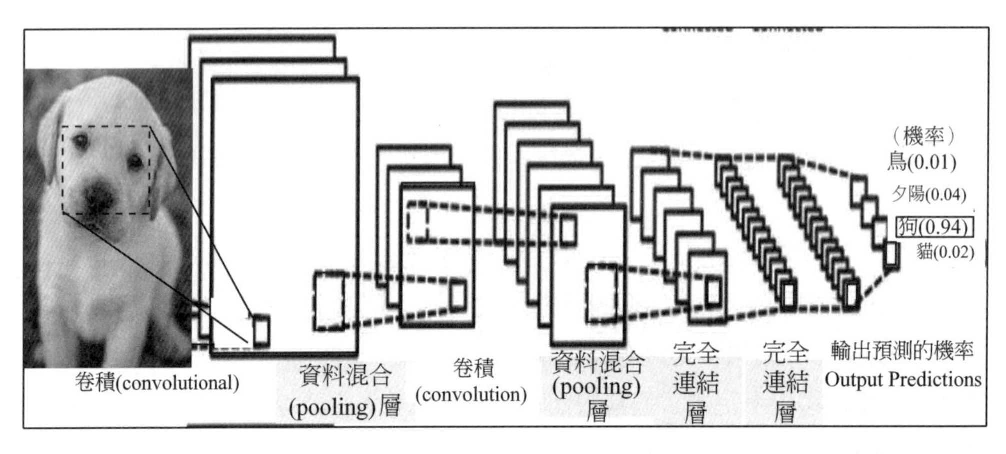

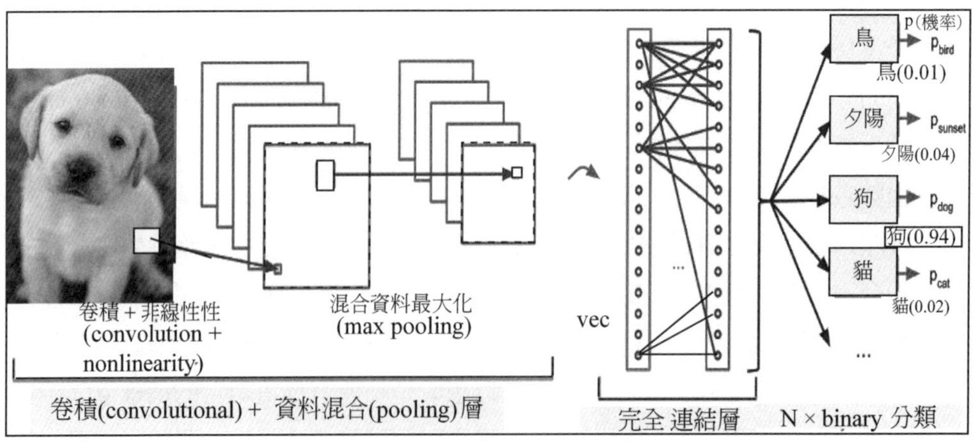

圖 2-55　卷積神經網路 (convolutional neural network, CNN)

卷積層是 CNN 最核心的部分，通常由數十到數百個 n×n 的濾鏡 (filter) 組成，每個濾鏡會對不同的影像態樣 (image pattern) 進行強化，這些濾鏡實際強化的影像態樣也是由訓練過程找出來的，所以卷積層可以針對不同的問題產生出不同的濾鏡效果。

資料混合 (pooling) 層是類似訊號處理中的降維採樣 (down sampling)，通常會接在卷積層之後。一般用於影像辨識的 CNN，會在處理輸入資料時，有一到三次的卷積層加資料混合層的處理，之後再接兩層以上的完全連接層 (fully connected layer)，才輸出預測結果。

三、DL 的代表作：循環神經網路（recurrent neural networks, RNN, 遞迴神經網路）

RNN 是近年最蓬勃發展的 DL 網路架構，架構上跟傳統的類神經網路有很大的不同。RNN 稱爲「循環」(recurrent)，是因爲它們對序列的每個元素執行相同的任務，並且輸出取決於先前的計算。RNN 的另一解釋是：這些網路具有「memory」，因爲它會考慮先驗資訊。

RNN 是循環網路形式之一，區別在於它們以樹狀形式構造。結果，他們可以對訓練數據集中的層次結構進行建模。由於它們與二叉樹、上下文及基於自然語言的解析器有聯繫，因此它們通常在 NLP 中用於諸如音訊到文本的轉錄及情感分析之類的應用程式中。但是，它們往往比循環網路慢得多。

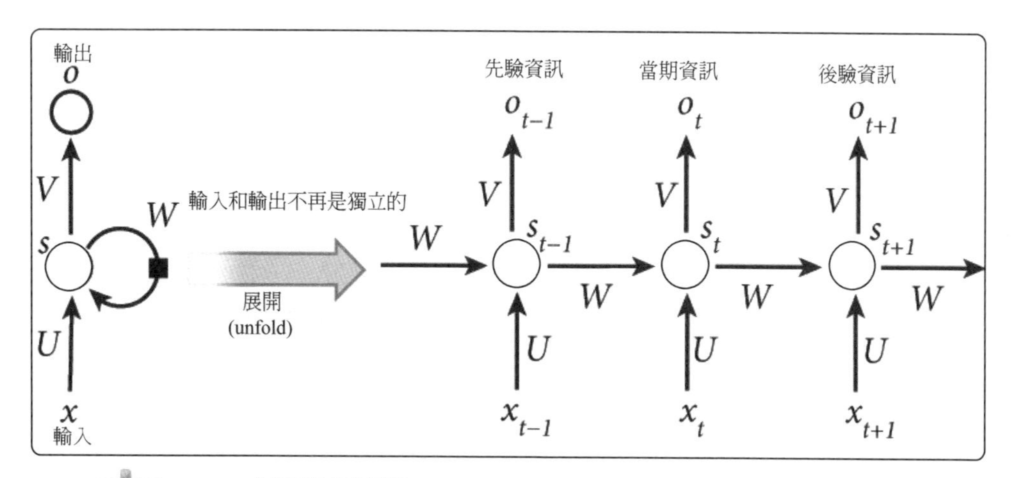

圖 2-56 循環神經網路 (recurrent neural networks, RNN) 之示意圖

在傳統的神經網路中，可以理解所有輸入及輸出都是獨立的。但對於許多任務，這是不合適的。若要預測句子中的下一個單字，最好考慮前一個單字。

上圖，RNN 定義的計算公式如下：

1. x_t：是時間步驟 t 的輸入。例如：x_1 可以是與句子的第二個單字相對應的一個熱門向量。
2. s_t：是步驟 t 中的隱藏狀態 (hidden state)。這是網路的 “memory”。s_t 函數取決於先前的狀態及當期輸入 x_t : $s_t = f\,(Ux_t + Ws_{t-1}$。函數 f 通常是非線性的，例如：tanh() 或 ReLU。通常，計算第一個隱藏狀態所需的 s_{-1} 初始值爲 0（0 向量）。
3. o_t：是步驟 t 的輸出 (exit)。例如：如果你要預測句子中的單字，則輸出可能是字典中的概率向量。$o_t = \text{softmax}\,(Vs_t)$

RNN 常與卷積神經網路一起搭配，當作搭配模型的一部分，來產成未標記影像 (unlabeled images) 的描述。組合後模型將產成的單字與影像中的特徵結合。

坊間最常用的 RNN 類型是長短期記憶模型 (LSTM)，它比 RNN 更好地捕獲 (store) 長期依賴關係。本質上 LSTM 與 RNN 相同，只是它們具有不同的計算隱藏狀態的方式。

LSTM 中的記憶體稱爲 cells，您可以將其視爲接受先前狀態 h_{t-1} 及當前輸入參數 x_t 作爲輸入的黑盒 (black boxes)。在內部，這些 cells 決定要保存（或刪除）memory。然後，它們將先前的狀態、當期 memory 及輸入參數組合在一起。

這些類型的 cells 在捕獲 (storing) 長期依賴性方面非常有效。

RNN 的神經元內有一個暫存的記憶空間，可以把先前輸入資料產生的狀態儲存在暫存的記憶空間 (internal memory) 內，之後神經元就可根據之前的狀態而計算出不同的輸出值。因爲循環神經網路可以儲存先前的狀態，所以可以處理不同長度的輸入資料，對時間序列 (time series)、自然語言處理 (nature language processing)、語音辨識等應用有非常好的效果。

雖然 RNN 強大，但實務訓練上仍有些問題。權重組合的空間形狀對隨機梯度下降法很不利，有很平緩地方也有非常陡峭山谷。平緩地方會有梯度消失 (vanishing gradient) 的疑慮（移動停滯），它會讓隨機梯度下降法停留在局部最佳解，而非常陡峭山谷容易讓隨機梯度下降法更新後的數值跑出正常的範圍（移動太大步），使得隨機梯度下降法產生很不穩定的結果。

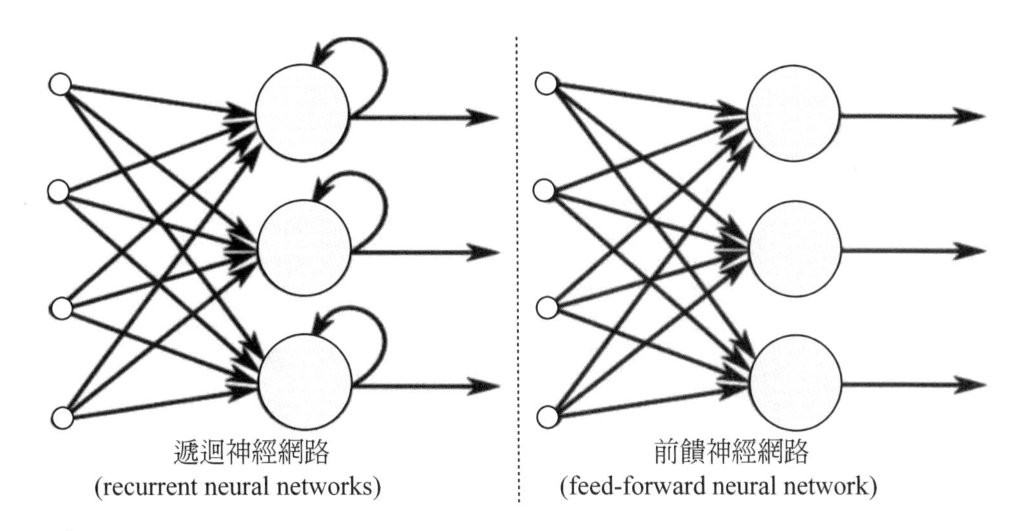

圖 2-57 **循環神經網路** (recurrent neural networks)vs. **前饋神經網路** (feed-forward neural network)

長短期記憶神經網路 (long-short term memory, LSTM) ≠ 循環神經網路

兩者最大的不同，LSTM 是在神經元中加入了三個控制用的閘門 (gate)，分別是寫入 (input)、遺忘 (forget)、輸出 (output)。這三個閘有各自的權重，會依據輸入資料經過權重計算之後來決定每個閘的開啟（或關閉）。

1. 寫入閘用來控制資料是否寫入內部記憶空間。
2. forget 閘用來控制是否把先前記憶空間中的內容保留。
3. 輸出閘用來控制記憶空間中的數值是否要輸出。

增加了這 3 個閘就有更多的權重需要搜尋，但有了這 3 個開關卻能減少循環神經網路在使用隨機梯度下降法時碰到的問題（移動停滯、移動太大步）。目前常見 DL 中用到循環神經網路架構時，大多會使用長短期記憶神經網路或他的簡化版本 GRU(gated recurrent unit)。

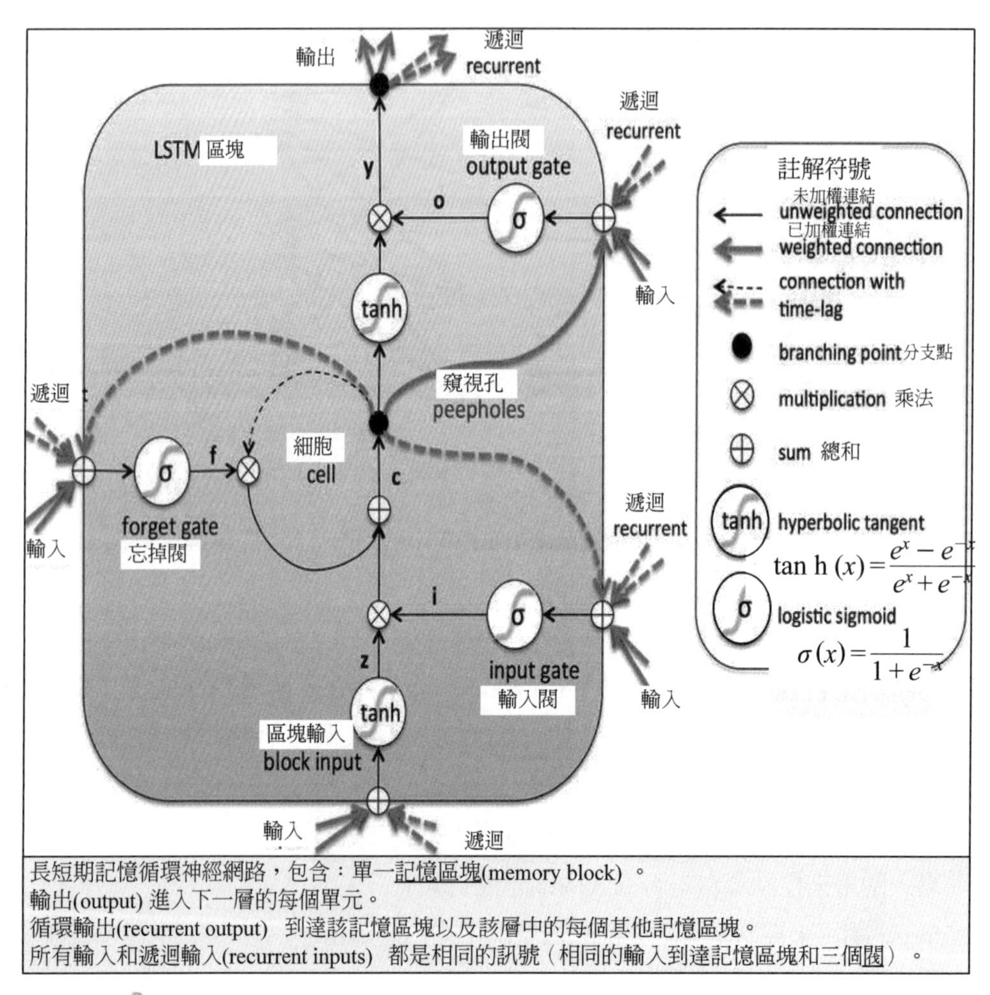

圖 2-58　長短期記憶神經網路 (long-short term memory, LSTM)

四、DL 應用

DL 網路架構功能強大，仍保有很多彈性，讓 DL 可以在不同的應用中、不同的 AI 框架下，扮演不同的角色，包括：特徵抽取、降維及函數近似 (function approximation) 等。一般 ML 問題中的分類或迴歸的情況下，DL 就扮演「主動特徵抽取」的角色。例如：

(1) Word2Vec 這類 embedding 或 Autoencoder 的問題中，DL 就可以扮演降維的任務。

(2) 在增強式學習 (reinforcement learning) 中，DL 也能夠當成 value function 的近似函數。

小結

DL 中使用到的深度神經網路都不是這幾年才有的新東西，多數理論基礎都是在 10 年或更久之前就被開發出來了。然而當時受限於電腦的運算能力及數位資料不足，沒辦法訓練出夠好的類神經網路模型。

隨著 Internet 發展，社群網路 (social network) 產生了越來越多的數位資料，連結 IoT 的裝置都可自動產生補充 DL 讀入的資料。且在資料中心 (data center) 強大的運算資源及 GPU 等運算加速器，大大加速 DL 模型收斂的速度。以 AlphaGo 爲例，Google DeepMind 使用了 50 個 GPU 訓練了 3 個星期，若只用 1 個 CPU 可能需要超過 30 年才能得到相同能力的模型。當運算能力及資料不再是門檻之後，DL 也更迅速地融入生活之中，成爲大眾可以運用的新技術。

2-7 深度學習法（非線性模型）：兩個隱藏層的多層感知器（外掛指令 mlp2）

多層感知器 (multilayer perceptron, MLP) 是前向結構的人工神經網路，映射一組輸入向量至一組輸出向量。MLP 可被看作是一個有向圖，由多個的節點層所組成，每一層都全連接到下一層。除了輸入節點，每個節點都是一個帶有非線性啟動函數的神經元（或稱處理單元）稱爲逆向傳遞演算法的監督學習方法，常被用來訓練 MLP。MLP 是感知器的推廣，克服了感知器不能對線性不可分數據進行辨識的弱點。

MLP 是一類的前饋 (feedforward) 神經網路。MLP 至少包括三層節點：輸入層、隱藏層及輸出層。除輸入節點外，每個節點都是使用非線性啟動函數的神經元。MLP 利用稱爲逆向傳遞 (backpropagation) 的監督學習技術進行訓練。它的多層及非線性啟動將 MLP 與線性感知器區分開來。它可區分不可線性分離的數據。

多層感知器有時稱爲「vanilla」神經網路，特別是當它們具有單個隱藏層時。

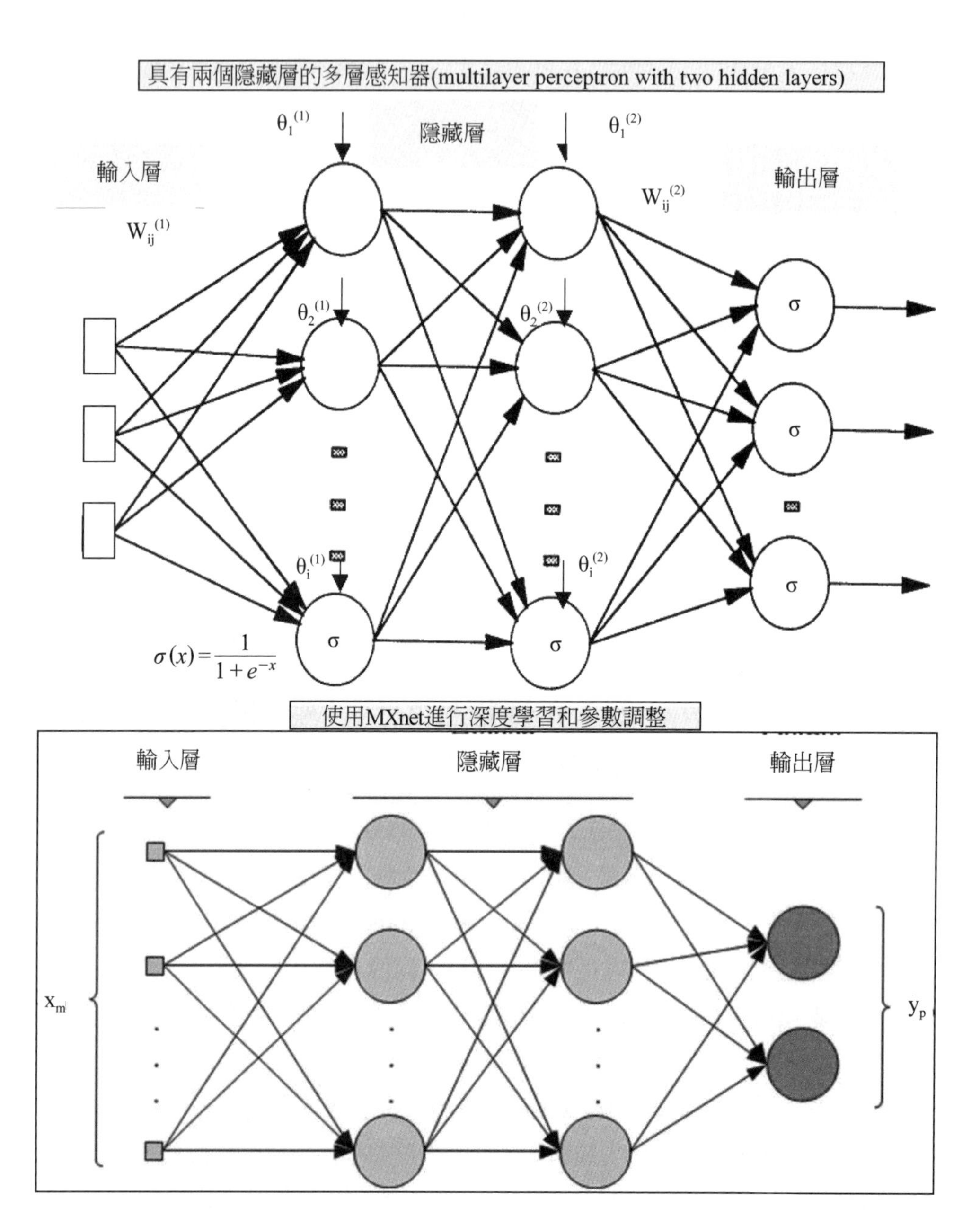

圖 2-59　**具有兩個隱藏層的多層感知器** (multilayer perceptron with two hidden layers)

一、具有兩個隱藏層的多層感知器 (multilayer perceptron with two hidden layers)，mlp2 三個副指令：

1. mlp2 fit：使用當前數據集訓練具有 2 個隱藏層的多層感知器。
2. mlp2 predict：基於先前訓練的網路使用 mlp2 適配產生預測。
3. mlp2 simulate：基於已經訓練過的網路模擬結果。

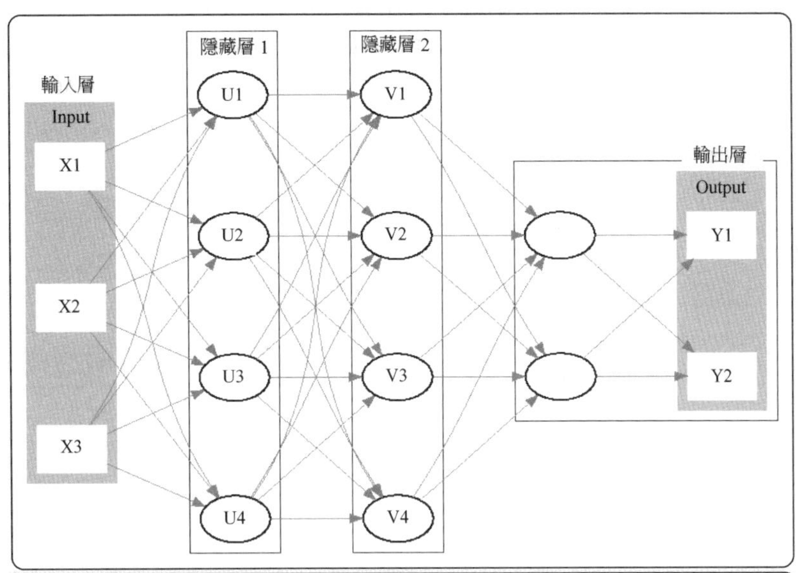

The **mlp2** command implements 3-level multilayer perceptron. Excluding the input, the model has 2 hidden layers and an output layer. It is formally defined by the following set of equations. Let x_i, $i = 1, \ldots, p$ be the input variables, u_j, $j = 1, \ldots, m_1$ be the variables of the first hidden layer, v_k, $k = 1, \ldots, m_2$ be variables of the second layer, and y_l, $l = 1, \ldots, c$ be the output class variables, then

$$u_j = ReLU(\alpha_{0j} + \sum_{i=1}^{p} \alpha_{ij} x_i),\ j = 1, \ldots, m_1$$

$$v_k = ReLU(\beta_{0k} + \sum_{j=1}^{m_1} \beta_{jk} u_j),\ k = 1, \ldots, m_2$$

$$z_l = \gamma_{0l} + \sum_{k=1}^{m_2} \gamma_{kl} v_k,\ l = 1, \ldots, c$$

$$y_l = f_l(z),\ l = 1, \ldots, c$$

where $ReLU$ is the rectified linear unit function, $ReLU(x) = \max\{0, x\}$. Ddue to its effectiveness in practice, $ReLU$ became a preferred activation function in feed-forward networks. The function f depends on the type of the outcome y. **mlp2** supports 2 choices: *softmax* and *mse*.

圖 2-60　多層感知器的示意圖 (schematic)，具有 2 個隱藏層（mlp2 指令）

二、mlp2 指令語法

```
mlp2 fit depvar indepvars [if] [in] [, fit_options]

depvar is a categorical or continuous variable.  The list indepvars cannot be empty.

options              Description
----------------------------------------------------------------------------------------------
layer1(#)            numbers of neurons in the 1-st hidden layer; default is the number of levels of depvar
layer2(#)            numbers of neurons in the 2-nd hidden layer; default is level1
nobias               no bias terms are used
optimizer(string)    optimizer; default is optimizer(gd)
loss(string)         loss function; default depends on depvar
initvar(#)           initializing variance factor; default is initvar(1)
restarts(#)          maximum number of restarts; default is restarts(10)
lrate(#)             learning rate of the optimizer; default is lrate(0.1)
friction(#)          target friction for momentum optimizers; default is friction(0.9)
fricrate(#)          friction rate for momentum optimizers; default is fricrate(0.5)
epsilon(#)           gradient smoothing term; default is epsilon(1e-8)
decay(#)             decay parameter of RMSProp optimizer; default is decay(0.9)
losstol(#)           stopping loss tolerance; default is losstol(1e-4)
droplout1(#)         1st hidden layer dropout probability; default is dropout1(0)
droplout2(#)         2nd hidden layer dropout probability; default is dropout2(0)
batch(#)             training batch size; default is batch(50) or entire sample
epochs(#)            maximum number of iterations; default is epochs(100)
echo(#)              report loss values at every # number of iterations; defailt is echo(0)
----------------------------------------------------------------------------------------------
```

三、範例：具有兩個隱藏層的多層感知器 (multilayer perceptron with two hidden layers)，mlp2 指令

(一) 問題說明

為了解保險三狀況之影響因素有那些？（分析單位：個人）

研究者收集數據並整理成下表，此「sysdsn1.dta」資料檔內容之變數如下：

變數名稱	說明	編碼 Codes/Values
label/ 類別依變數：insure	保險三狀況	1～3（類別變數）
features/ 自變數：age	年紀	18.111～86.072 歲
features/ 自變數：male	男性嗎	0,1（虛擬變數）

變數名稱	說明	編碼 Codes/Values
features/ 自變數：nonwhite	白人嗎	0,1（虛擬變數）
features/ 自變數：site	地點	1　　3

有效樣本為 616 位美國心理憂鬱症患者 (Tarlov et al. 1989; Wells et al. 1989)。患者可能：有賠償（服務費用）計畫或預付費計畫，如 HMO，或病人可能沒有保險。人口統計變數包括：age, gender, race 及 site。賠償 (Indemnity) 保險是最受歡迎的替代方案，故本例中之 mprobit 指令內定選擇它作為比較基本點 (insure=1)。

(二) 資料檔之內容

「sysdsn1.dta」資料檔內容如下圖。

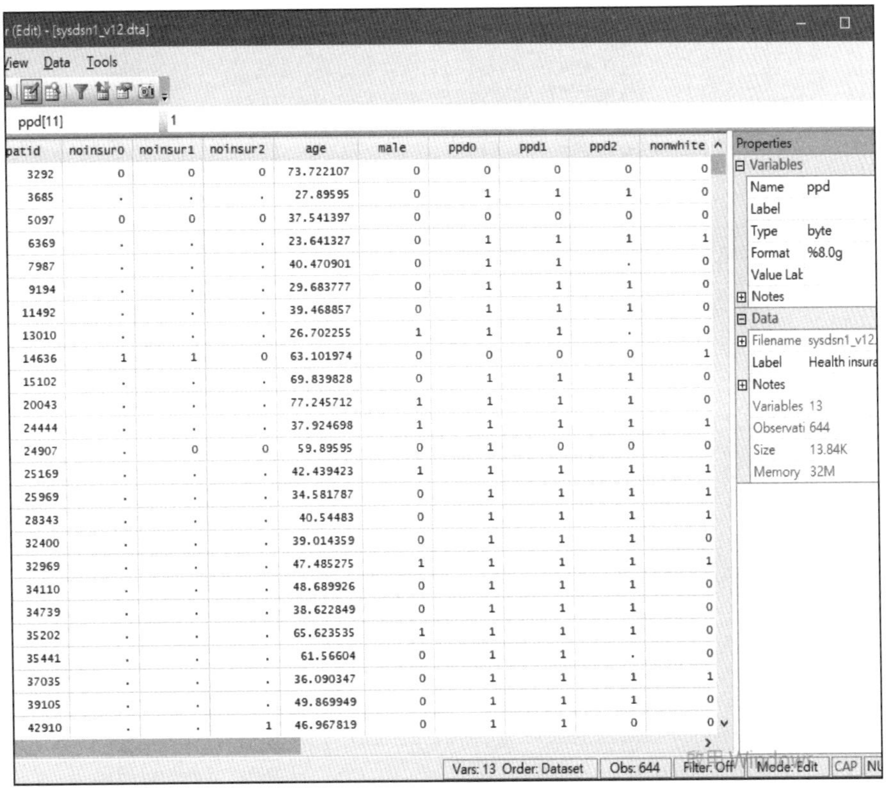

patid	noinsur0	noinsur1	noinsur2	age	male	ppd0	ppd1	ppd2	nonwhite
3292	0	0	0	73.722107	0	0	0	0	0
3685	.	.	.	27.89595	0	1	1	1	0
5097	0	0	0	37.541397	0	0	0	0	0
6369	.	.	.	23.641327	0	1	1	1	1
7987	.	.	.	40.470901	0	1	1	.	0
9194	.	.	.	29.683777	0	1	1	1	0
11492	.	.	.	39.468857	0	1	1	1	0
13010	.	.	.	26.702255	1	1	1	.	0
14636	1	1	0	63.101974	0	0	0	0	1
15102	.	.	.	69.839828	0	1	1	1	0
20043	.	.	.	77.245712	1	1	1	1	0
24444	.	.	.	37.924698	1	1	1	1	1
24907	.	0	0	59.89595	0	1	0	0	0
25169	.	.	.	42.439423	1	1	1	1	1
25969	.	.	.	34.581787	0	1	1	1	1
28343	.	.	.	40.54483	0	1	1	1	1
32400	.	.	.	39.014359	0	1	1	1	0
32969	.	.	.	47.485275	1	1	1	1	1
34110	.	.	.	48.689926	0	1	1	1	0
34739	.	.	.	38.622849	0	1	1	1	0
35202	.	.	.	65.623535	1	1	1	1	0
35441	.	.	.	61.56604	0	1	1	.	0
37035	.	.	.	36.090347	0	1	1	1	1
39105	.	.	.	49.869949	0	1	1	1	0
42910	.	.	1	46.967819	0	1	1	0	0

圖 2-61　「sysdsn1.dta」資料檔內容（N=644 保險受訪人）

觀察資料之特徵

```
*「multilayer perceptron with two hidden layers.do」指令檔
* 開啟資料檔
. webuse sysdsnl
. des insure age male nonwhite site

              storage   display    value
variable name   type    format     label      variable label
------------------------------------------------------------------------------
insure          byte    %9.0g      insure
age             float   %10.0g                NEMC (ISCNRD-IBIRTHD)/365.25
male            byte    %8.0g                 NEMC PATIENT MALE
nonwhite        float   %9.0g
site            byte    %9.0g
```

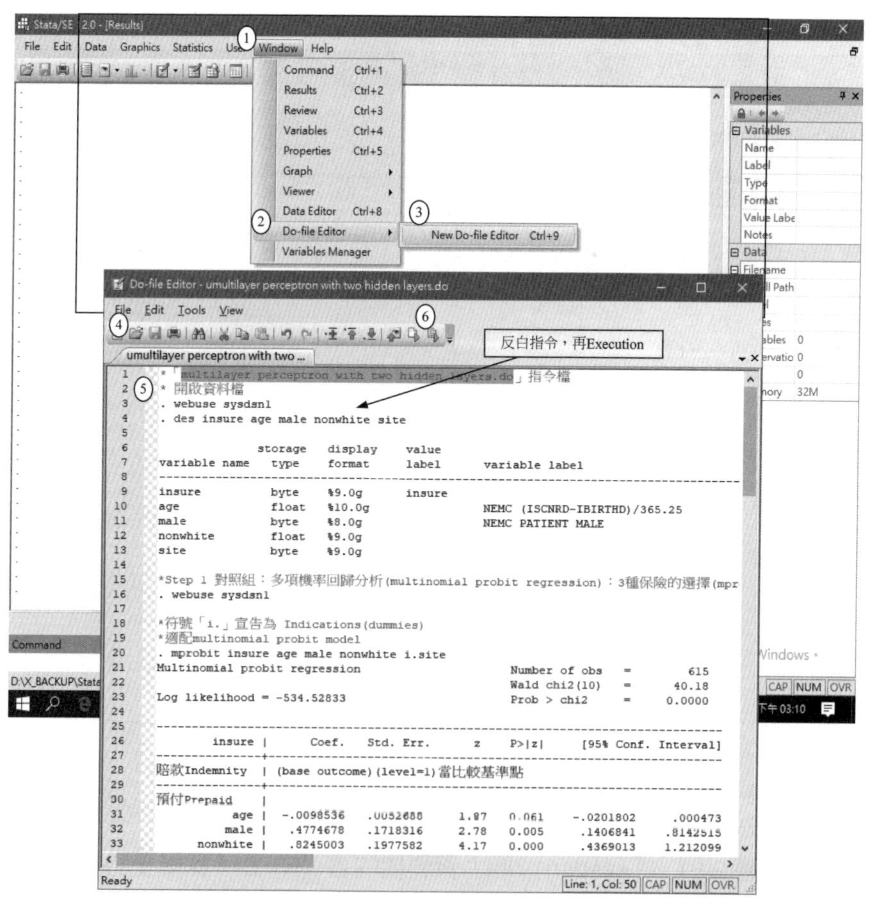

圖 2-62 「multilayer perceptron with two hidden layers.do」指令檔

(三) 分析結果與討論

Step 1 對照組：多項機率迴歸分析 (multinomial probit regression)：3 種保險的選擇（mprobit 指令）

mprobit 指令的概似函數，係假定 (assumption)：在所有決策單位面臨相同的選擇集 (choice set)，即數據中觀察的所有結果 (all decision-making units face the same choice set, which is the union of all outcomes observed in the dataset.)。若模型不考慮要符合此假定，那麼可使用 asmprobit 命令。

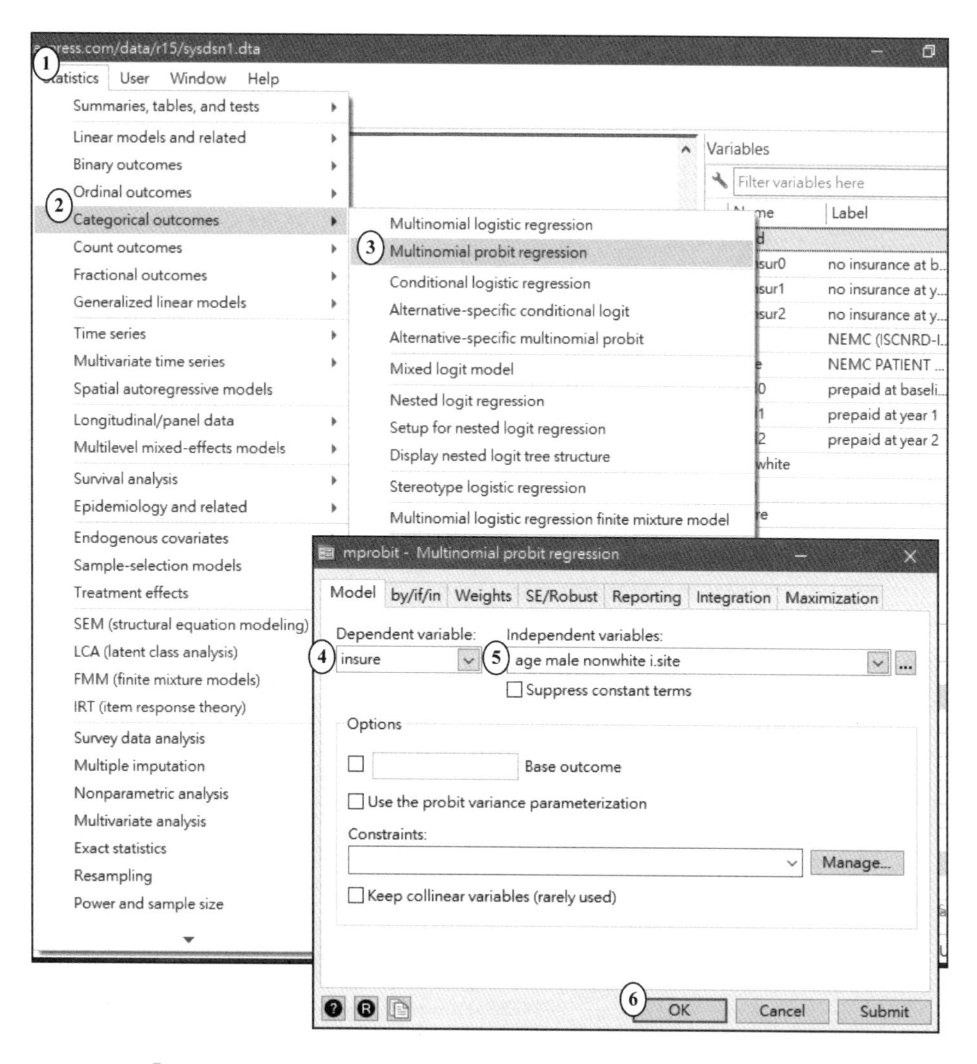

圖 2-63 「mprobit insure age male nonwhite i.site」畫面

註：Statistics > Categorical outcomes > Multinomial probit regression

```
. webuse sysdsn1

* 符號「i.」宣告為 Indications(dummies)
* 適配 multinomial probit model
. mprobit insure age male nonwhite i.site
Multinomial probit regression                     Number of obs   =        615
                                                  Wald chi2(10)   =      40.18
Log likelihood = -534.52833                       Prob > chi2     =     0.0000

------------------------------------------------------------------------------
       insure |      Coef.   Std. Err.      z    P>|z|     [95% Conf. Interval]
--------------+---------------------------------------------------------------
賠款 Indemnity  | (base outcome)(level=1) 當比較基準點
--------------+---------------------------------------------------------------
預付 Prepaid    |
          age | -.0098536   .0052688    -1.87   0.061    -.0201802     .000473
         male |  .4774678   .1718316    2.78    0.005     .1406841    .8142515
     nonwhite |  .8245003   .1977582    4.17    0.000     .4369013    1.212099
              |
         site |
           2  |  .0973956   .1794546     0.54   0.587    -.2543289    .4491201
           3  | -.495892    .1904984    -2.60   0.009     -.869262   -.1225221
              |
        _cons |    .22315   .2792424     0.80   0.424    -.324155     .7704549
--------------+---------------------------------------------------------------
未投保 Uninsure  |
          age | -.0050814   .0075327    -0.67    0.500   -.0198452    .0096823
         male |  .3332637   .2432986     1.37    0.171   -.1435929    .8101203
     nonwhite |  .2485859   .2767734     0.90    0.369    -.29388      .7910518
              |
         site |
           2  | -.6899485   .2804497    -2.46    0.014   -1.23962    -.1402771
           3  | -.1788447   .2479898    -0.72    0.471   -.6648957    .3072063
              |
        _cons | -.9855917   .3891873    -2.53    0.011   -1.748385   -.2227986
------------------------------------------------------------------------------
```

```
* Same as above, but use outcome 2 to normalize the location of the latent
variable
. mprobit insure age male nonwhite i.site, baseoutcome(2)

Multinomial probit regression                   Number of obs     =        615
                                                Wald chi2(10)     =      40.18
Log likelihood = -534.52833                     Prob > chi2       =     0.0000

------------------------------------------------------------------------------
      insure |      Coef.   Std. Err.      z    P>|z|     [95% Conf. Interval]
-------------+----------------------------------------------------------------
賠款 Indemnity |
         age |   .0098536   .0052688     1.87   0.061     -.000473    .0201802
        male |  -.4774678   .1718316    -2.78   0.005    -.8142515   -.1406841
    nonwhite |  -.8245003   .1977582    -4.17   0.000     -1.21209   -.4369013
             |
        site |
          2  |  -.0973956   .1794546    -0.54   0.587    -.4491201    .2543289
          3  |    .495892   .1904984     2.60   0.009     .1225221     .869262
             |
       _cons |    -.22315   .2792424    -0.80   0.424    -.7704549     .324155
-------------+----------------------------------------------------------------
預付 Prepaid  |  (base outcome)(level=2) 當比較基準點
-------------+----------------------------------------------------------------
未投保 Uninsure|
         age |   .0047722   .0075831     0.63   0.529    -.0100905    .0196348
        male |  -.1442041   .2421424    -0.60   0.551    -.6187944    .3303863
    nonwhite |  -.5759144   .2742247    -2.10   0.036    -1.113385   -.0384439
             |
        site |
          2  |  -.7873441    .279943    -2.81   0.005    -1.336022   -.2386658
          3  |   .3170473   .2518598     1.26   0.208    -.1765889    .8106836
             |
       _cons |  -1.208742    .391901    -3.08   0.002    -1.976854   -.4406299
------------------------------------------------------------------------------
```

上述這些自變數所建立 Multinomial Logit 迴歸如下：

$$Ln(\frac{P_2}{P_1}) = \beta_0 + \beta_1 X1_i + \beta_2 X2_i + \beta_3 X3_i + \beta_4 X4_i + \beta_5 X5_i + ...$$

$$Ln(\frac{P_{預付}}{P_{賠款}}) = 0.22 - 0.009 \times age + 0.477 \times male + 0.82 \times nonwhite + 0.087 \times (site = 2) - 0.49 \times (site = 3)$$

$$Ln(\frac{P_{未投保}}{P_{賠款}}) = -0.98 + 0.005 \times age + 0.33 \times male + 0.248 \times nonwhite + 0.087 \times (site = 2) - 0.49 \times (site = 3)$$

Step 2　實驗組：具有兩個隱藏層的多層感知器 (multilayer perceptron with two hidden layers)

```
* mlp2 fit 使用當前數據集訓練具有 2 個隱藏層的多層感知器
* mlp2 predict 基於使用 mlp2 適配的先前訓練的網路產生預測。
* mlp2 simulate 基於已經訓練過的網路模擬結果。
* 例子：使用健康保險數據集進行訓練及預測

* 開啟資料檔
. webuse sysdsn1
. mlp2 fit insure age male nonwhite i.site, layer1(100) layer2(100)
(28 missing values generated)

------------------------------------------------------------------------------
Multilayer perceptron                        輸入 variables   =        4
                                             layer1 neurons   =      100
                                             layer2 neurons   =      100
Loss: softmax                                輸出 levels      =        3

Optimizer: sgd                               batch size       =       50
                                             max epochs       =      100
                                             loss tolerance   =    .0001
                                             learning rate    =       .1
```

```
Training ended:                                    epochs         =        34
                                                   start loss     =  1.07125
                                                   end loss       =  .829822
------------------------------------------------------------------------------
* 將依變數 3 類別之預測機率，存至「ypred」開頭 3 新變數（如下圖）。
. mlp2 predict, genvar(ypred) truelabel(insure)

* 將依變數 3 類別之預測類別存至 ysim 新變數。
. mlp2 simulate, genvar(ysim)

* 印出分類之正確率 =(146+138+4)/615=46.83%
. tabulate insure ysim, chi2

           |              ysim
    insure |         1          2          3 |     Total
-----------+---------------------------------+----------
 Indemnity |       146        123         24 |       293
   Prepaid |       127        138         12 |       277
 Uninsure  |        20         21          4 |        45
-----------+---------------------------------+----------
     Total |       293        282         40 |       615

          Pearson chi2(4) =   6.1782   Pr = 0.186
```

「mlp2 predict, genvar(ypred) truelabel(insure)」，將依變數 3 類別之預測機率，存至「ypred」開頭 3 新變數。

「mlp2 simulate, genvar(ysim)」，將依變數 3 類別之預測類別存至 ysim 新變數。

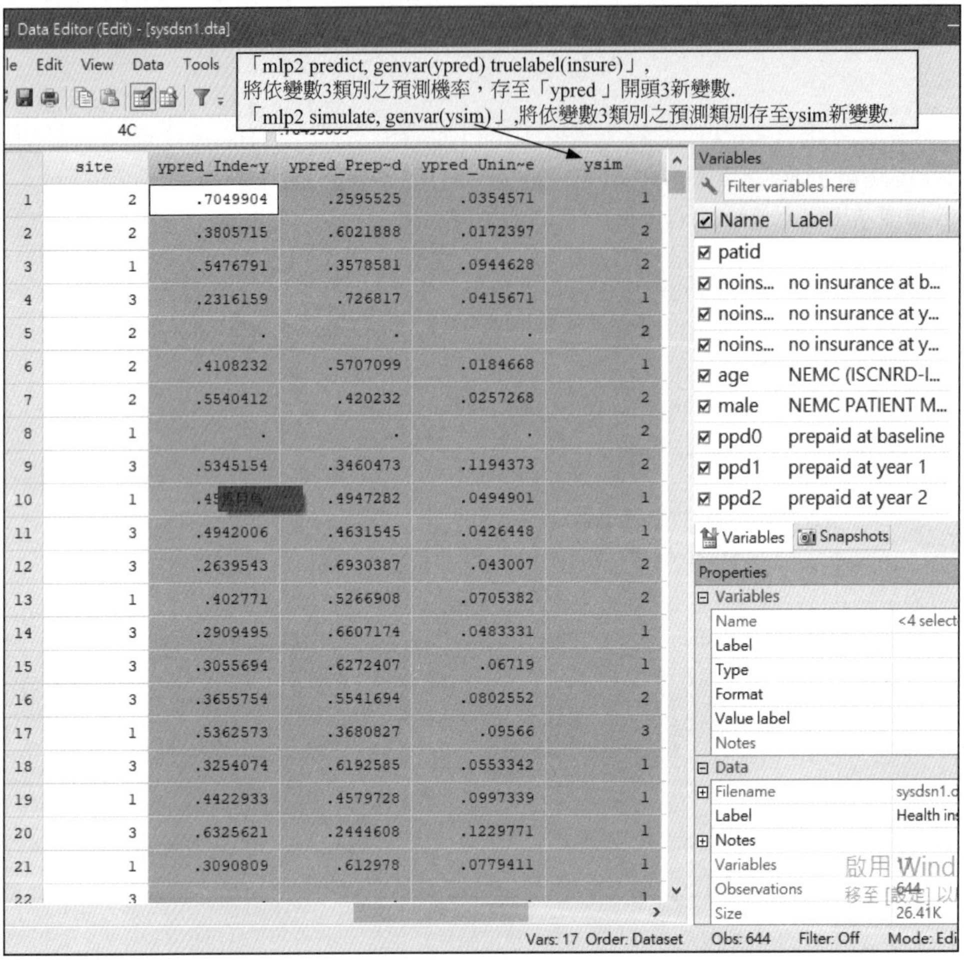

Data Editor (Edit) - [sysdsn1.dta]

「mlp2 predict, genvar(ypred) truelabel(insure)」,
將依變數3類別之預測機率，存至「ypred」開頭3新變數.
「mlp2 simulate, genvar(ysim)」,將依變數3類別之預測類別存至ysim新變數.

	site	ypred_Inde~y	ypred_Prep~d	ypred_Unin~e	ysim
1	2	.7049904	.2595525	.0354571	1
2	2	.3805715	.6021888	.0172397	2
3	1	.5476791	.3578581	.0944628	2
4	3	.2316159	.726817	.0415671	1
5	2	.	.	.	2
6	2	.4108232	.5707099	.0184668	1
7	2	.5540412	.420232	.0257268	2
8	1	.	.	.	2
9	3	.5345154	.3460473	.1194373	2
10	1	[illegible]	.4947282	.0494901	1
11	3	.4942006	.4631545	.0426448	1
12	3	.2639543	.6930387	.043007	2
13	1	.402771	.5266908	.0705382	2
14	3	.2909495	.6607174	.0483331	1
15	3	.3055694	.6272407	.06719	1
16	3	.3655754	.5541694	.0802552	2
17	1	.5362573	.3680827	.09566	3
18	3	.3254074	.6192585	.0553342	1
19	1	.4422933	.4579728	.0997339	1
20	3	.6325621	.2444608	.1229771	1
21	1	.3090809	.612978	.0779411	1
22	3				1

Name	Label
patid	
noins...	no insurance at b...
noins...	no insurance at y...
noins...	no insurance at y...
age	NEMC (ISCNRD-I...
male	NEMC PATIENT M...
ppd0	prepaid at baseline
ppd1	prepaid at year 1
ppd2	prepaid at year 2

Vars: 17 Order: Dataset Obs: 644 Filter: Off

圖 2-64　具有兩個隱藏層的多層感知器之分析結果

機器學習式迴歸之重點整理（經濟學）

圖 2-16 所示爲著名機器學習法，包括：正規化 (regularization)/ 帶懲罰 (penalized) 項之迴歸（Lasso 推論模型）、集成法 (ensemble algorithms)、決策樹學習（第 6 章隨機森林）、迴歸類型、人工神經網路、深度學習、支援向量機、降維、聚類 (clustering)、最大期望値 (EM)、基於實例的、貝葉斯、關聯規則學習、圖模型等 14 種。這些資料分析背後都會談到：訓練資料、測試資料、驗證資料、機率、SQL、大數據等概念。

3-1 統計 vs. 機器學習之懲罰項迴歸（感測器來收集大數據）

一、迴歸 (regression) 是什麼？

線性迴歸是預測、分類的技術之一，而機器學習是可透過不同方式及技術實現的目標。爲此，迴歸 performance 是透過它與預期的線性 / 曲線的適配程度來衡量的，而機器學習是透過它能夠以某種必要的手段（正規項 / 懲罰項 / 交叉驗證 / 收縮率）來解決問題。

如下圖所示，機器學習資料庫 (dataset)，很多是從感測器來收集大數據，人工（或深度學習的自動）萃取特徵之後再 input 至懲罰項迴歸（Lasso 推論模型），做預測及推論（檢定研究假設是否被拒絕 / 接受）。

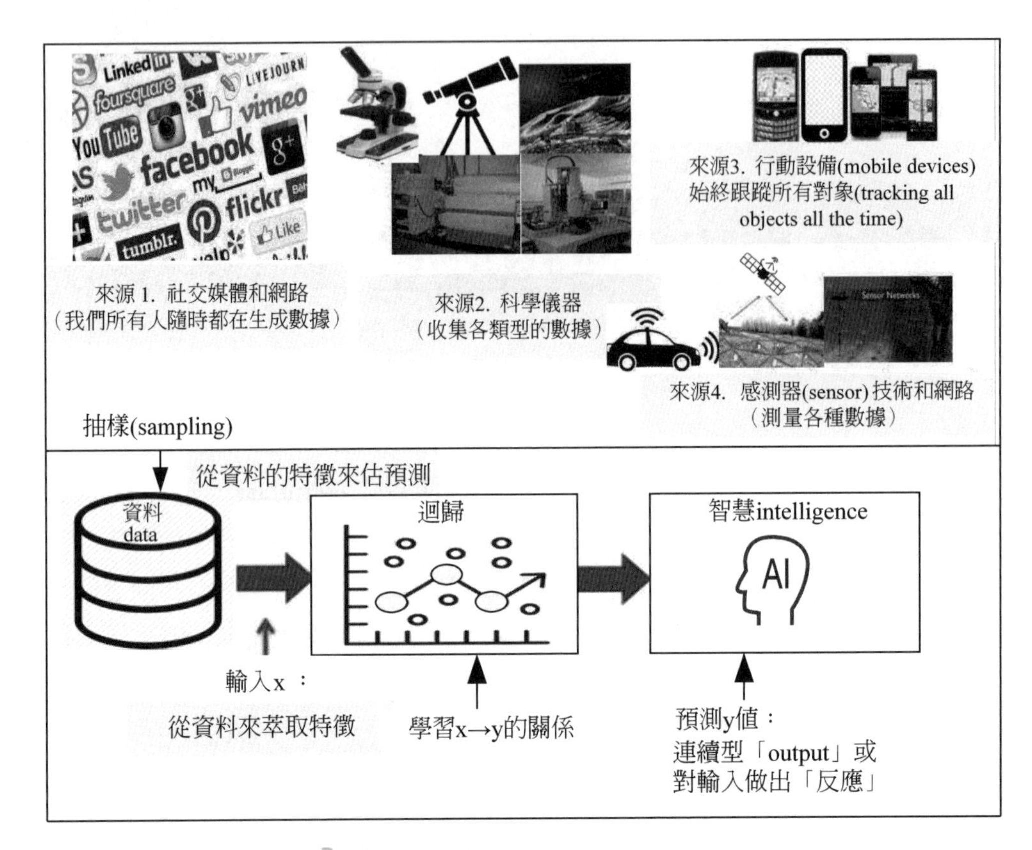

圖 3-1　迴歸 (regression) 是什麼？

通俗來講，多元 (multiple) 迴歸分析就是包含多個自變數（解釋變數、預測變數 regressor）之迴歸式；但在生醫統計領域，主效果「XàY」會額外再納入共變數來當調節變數（預測變數）於：Meta 迴歸、多元迴歸、存活分析、Lasso 迴歸中。醫學的共變數≠社會科學的單因子共變數。在經濟學、醫藥學等領域，也常用到非線性迴歸，它有別於傳統線性迴歸之求解法。總之，迴歸在「解釋」、「個體預測」、「趨勢預測」中都扮演著舉足輕重的地位。

Meta 迴歸，請見作者著作《Meta 分析》二書。

二、監督式機器學習 (supervised machine learning)

1. 專注於帶懲罰項迴歸（例如：第 4 章 Lasso 推論模型）的預測 + 推論（拒絕或接受假設）、離散依變數的分類（有毒蛇 vs. 無毒蛇的特徵）。
2. 廣泛的方法：支持向量機，隨機森林，神經網路，帶懲罰項迴歸等。

3. 典型問題：預測影片的用戶評分 (FaceBook, Netflix, Youtube)，Gmail 將電子郵件歸類爲垃圾郵件或不歸類爲垃圾郵件、武漢肺炎檢疫是陽性或陰性、全基因組關聯研究。

【計量經濟學及相關領域之統計法】

1. 使用 OLS（最小平方法）、IV（工具變數）/ GMM，最大概似法用於因果推理。詳情請見《Panel data 迴歸模型：Stata 廣義時間數列》一書。
2. 典型問題：x 是否對 y 眞有因果關係？你有「控制外在變數」來排除干擾的噪音（節調效果）嗎？

3-1-1 機器學習 (ML) ≠統計：機器學習是基礎於統計

機器學習 (ML) 及統計學之間的差別在於它們的目的。機器學習模型旨在做出最準確的「預測」；ML 是不依賴於規則 (rule-based) 設計的數據學習演算法。相對地，統計模型旨在推論「變數間的關係」；它以數學方程形式顯示變數之間關係的程式化表達。但自從 Stata 推出 Lasso 推論模型之後（第 4 章），ML 本身就兼具預測及因果推論的功能。

機器學習 (ML) 與統計的關係

在資料科學中，分析者有兩種不同的背景學派：ML/ 數據挖掘派、統計分析模型派。

(1) ML 是無需依賴基於規則的編程即可從數據中學習的演算法。

(2) 統計建模係以數學方程式的形式 (form of mathematical equations) 對數據中變數之間的關係進行形式化。

ML 演算法是一類從數據中自動分析獲得規律，並利用規律對未知數據進行預測的演算法。因爲學習演算法亦涉及了大量的統計學理論，ML 與推論統計學聯繫尤爲密切，故稱爲統計學習理論。演算法設計方面，ML 理論關注可實現的，行之有效的學習演算法。很多推論問題屬於無程序可循難度，所以部分的 ML 研究是開發容易處理的近似演算法。

目前一些統計學家採用 ML 的方法，謂之「統計學習的綜合領域」。

(一) 機器學習(ML)與統計：專有名詞對照

機器學習 Machine Learning	統計 Statistics
學習 (learning)	估計 (estimation)
分類器 (classifier)	假設 (hypothesis)
樣本 (example/ instance)	數據點 (data point)
監督學習 (supervised learning)	1. 迴歸 (regression) 2. 分類 (classification)
特徵 (feature)	共變數 (covariate)/ 自變數
標籤 (label)	反應變數 (response)/ 依變數

(二) 機器學習與統計模型的交織關係

一般來說，這兩個技術的研究目標相近，不同的是使用的背景不同。ML 是資工領域發展的議題；統計模型是統計學所探討的領域。下圖即可說明資料科學中之間錯綜複雜的交織關係。

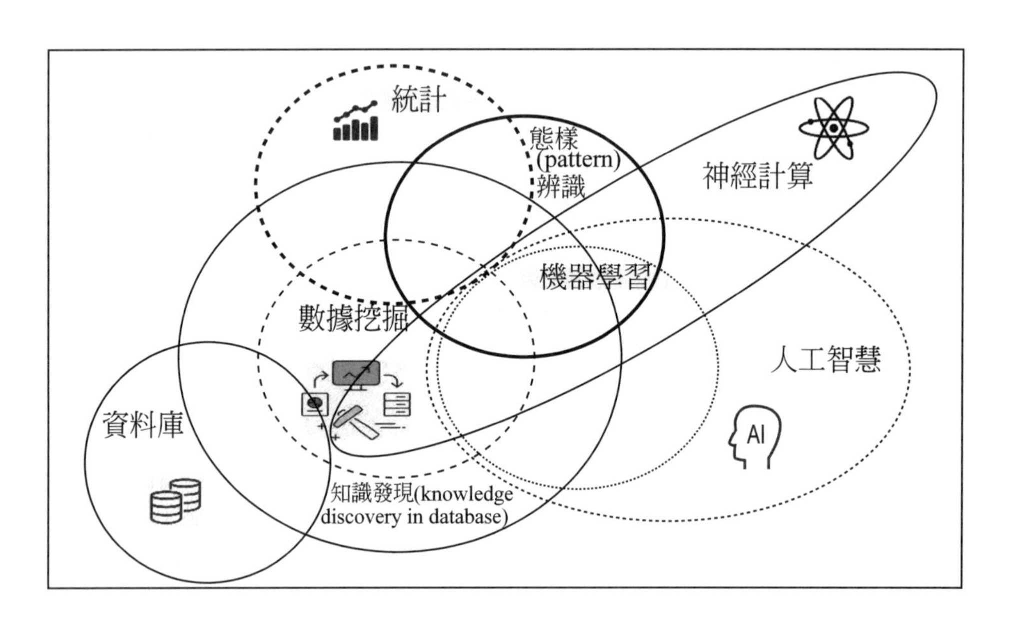

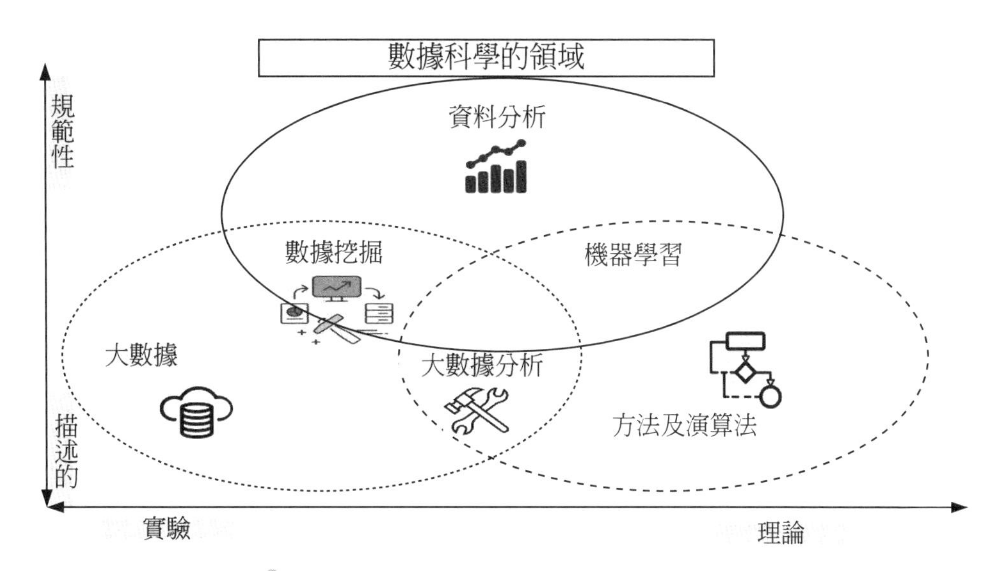

圖 3-2　機器學習與統計模型的交織關係

ML 與統計模型都有一個共同的目標：Learning from Data。這兩種方法的目的都是透過一些處理資料的過程中，對資料更進一步的了解與認識。

定義：

1. Machine Learning：**不依賴於規則設計的數據學習演算法；電腦科學及 AI 的一個分支，透過數據學習建構分析系統，不依賴明確的建構規則** (an algorithm that can learn from data without relying on rules-based programming)。
2. Statistical Modelling：**以數學方程形式表現變數之間關係的程式化表達；數學的分支用以發現變數之間相關關係進而** output **預測值** (formalization of relationships between variables in the form of mathematical equations)。

統計方法若用方程式來描述分類問題，將資料找出一個分割線將結果分成兩類別。然而，從 ML 的方法找出來的是一圈一圈的等（高）曲線，較可得到更廣泛的結果，而不只是簡單的分類問題。

ML 是從資訊工程及 AI 所發展而來的領域，透過非規則的方法來學習資料分布的關係。相對地，統計模型是統計學中利用這種變數去描述與結果的關係。統計模型是基於與說嚴格的限制下去進行的，稱爲假設 (assumption) 檢定，這也是與 ML 方法上的不同。

基於假定檢定下的發展，使得統計模型能找出更貼近「現有資料」的趨勢。然而，預測的目的是爲了找出「未來資料」（樣本外）或所有資料，但假定會使得資料太貼近現有資料（機器學習稱爲「過度適配」(over fit) 麻煩問題）。嚴格的假定也成了統計學習的雙面刃，有一句資料科學中流傳的名言是這樣講的：預測模型中假定越少，其預測能力越高（the lesser assumptions in a predictive model, the higher will be the predictive power）。

(三) 統計≠機器學習

首先，必須了解統計數據 (data) ≠統計模型 (model)。統計是對數據的數學研究，有數據，才可進行統計推論。統計模型是基於數據的模型，旨在推論有關樣本內（訓練組）關係的某些資訊、或用於建立可預測（test 組）未來値的模型。

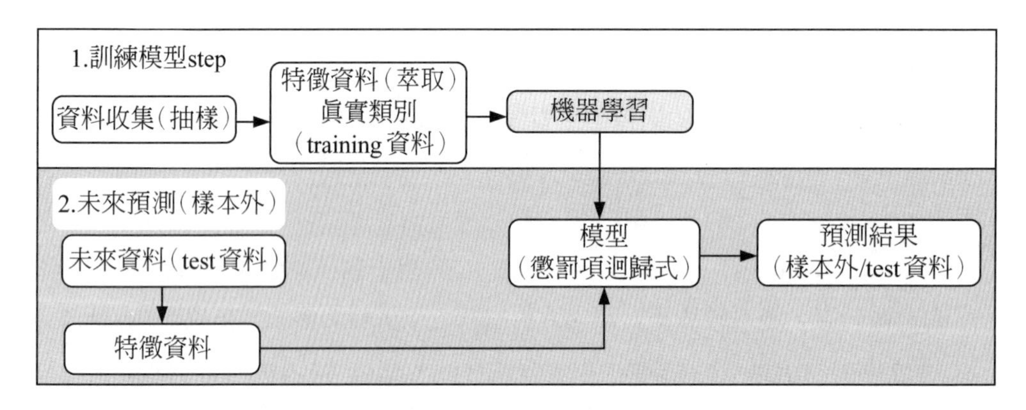

圖 3-3　機器學習架構

實際上，你需要認清兩件事：(1) 老論的統計學≠ ML？(2) 統計模型與 ML 最著的 Lasso 推論模型（k 摺交叉驗證、收縮率）有何不同？

在某些情況下，使人容易對 ML 及統計建模之間的差異產生誤會。由於有許多統計模型（線性 vs. 非線性）都可做出預測，但是預測準確性並不是那麼優。相對地，ML 模型提供更彈性求解的合理性，例如：從高度解釋性的 Lasso 迴歸至不可滲透的神經網路、梯度下降法、隨機森林等。通常，早期 ML 提高預測準確性但卻犧牲了可解釋性，但 Stata 推出 Lasso 推論模型就很棒，兼具預測及推論（是否拒絕研究假設）二項功能。

(四) 統計與機器學習之間的實際差異：線性迴歸爲例

外表來看，統計建模及 ML 所使用的方法很相似，事實此，二者的演算法是不相同的。最明顯例子是線性迴歸，它是統計方法之一，你可訓練線性迴歸並求得與統計迴歸模型相同的結果，找出最小化樣本點之間的平方誤差 (Root Sum Square, RSS)。ML 在某種情況下，是執行「訓練」(training) 模型的操作，其中僅使用數據的某些子集（樣本內），直到我們對其他數據（樣本外）「測試」(test)，在此數據之前，人們並無法得知模型在訓練期間的性能 (performance) 如何？故稱爲測試集。在這種情況下，ML 的目的是在測試集上求得最佳 performance。

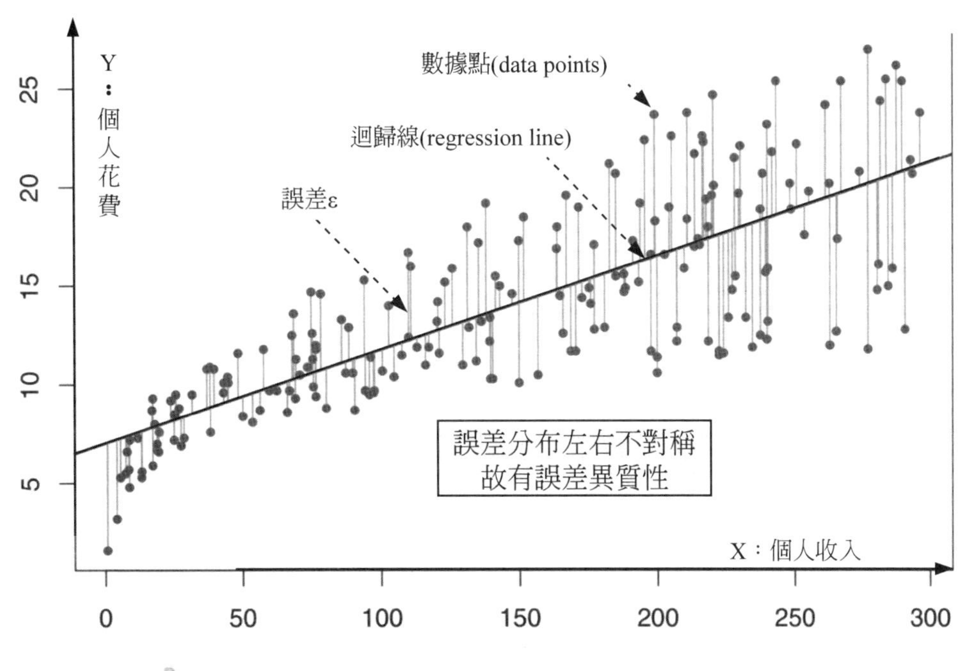

圖 3-4　統計與機器學習之間的實際差異：線性迴歸例子

1. 最小平方法 (OLS) 統計模型：具推論 (inference) 功能

OLS 的最大弱點，是無法由樣本內數據來推論未來樣本外的估計值。例如：預估各國感染武漢確診高峰落在那時間點？這類非線性、非結構問題且即時性大數據，就需要機器學習之 Lasso 推論模型。

OLS 假設求出一條迴歸線 (data line) 來符合所有數據的均方誤差 (MS_E) 達到最小化，OLS 假定這些數據是「直線性（非線性）」自變數 X 預測反應變數 Y，迴歸式再附加一些隨機噪音（noise，干擾）。本質上，OLS 依變數是符合高斯分布 $N(\mu, \sigma^2)$。OLS 無需訓練子樣本，也不需要測試集子樣本。

在 AI、工業 4.0、物聯網、無人車、金融 / 股市交易等情況下，系統的讀入的即時資料是大數據（例如：下圖感測器），可惜 OLS 模型的重點是特徵數據 (X) 與結果變數 (Y) 之間的線性關係，而不是對未來數據（樣本外）進行預測，此過程謂之統計推論 (inference)（是否拒絕研究假設？），但仍不算預測（未來的走勢）。可惜，人們若仍然無視 OLS 七項假定 (assumption) 就直接對該模型進行預測，自然會產生無法想像的偏誤。即使 OLS 有納入穩健性 (robust)、多層次模型、加權最小平法、panel-data 等，評估模型的方式，但仍缺乏測試集（多次交叉驗證）、及有效「控制」外來變數的干擾，OLS 充其量只能做到：校正模型迴歸參數（截距，β）的顯著性 (significant)、穩健性 (robust) 的改善。相對也 AI 的機器學習，像 Lasso 因果推理旨在克服上述缺點。

有關「OLS 七項假定」的偵測、檢定、校正，請見《多層次模型 (HLM) 及重複測量：使用 Stata》、《多層次模型 (HLM) 及重複測量：使用 SPSS 分析》二書。

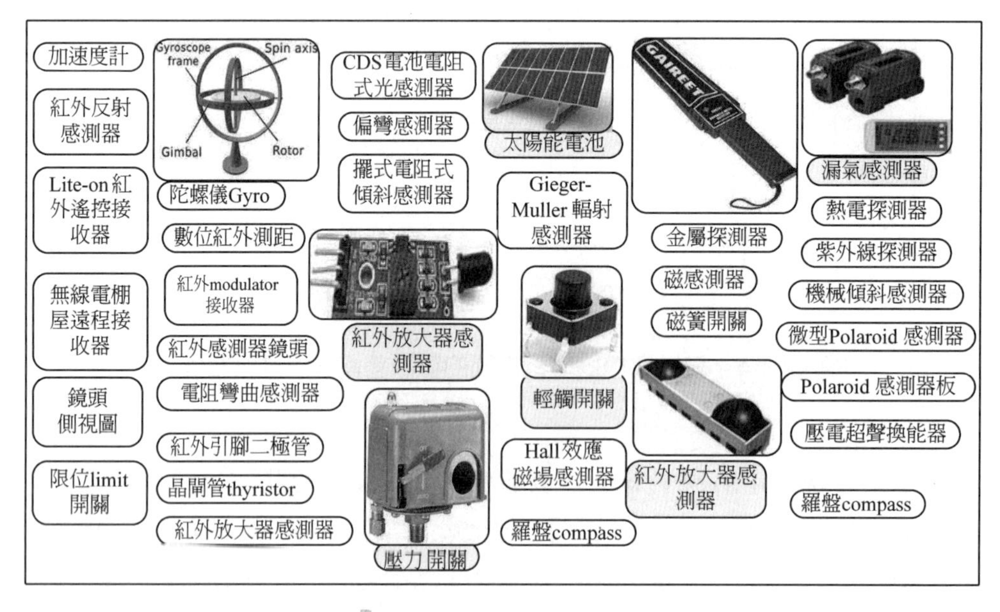

圖 3-5　感測器隨處可見

2.（監督）機器學習

旨在準確的「預測、分類」。迄今，Stata 推出 Lasso 推論模型具有「預測 + 推論」二項功能，性能眞是棒。

ML 旨在求得可重複預測的模型。儘管個人建議進行測試來確保模型預測確實有效性，但我們並不關心模型是否可解釋。機器學習是關於結果的一切，ML 可能應用在某家公司的工作中，ML 的價值僅取決於 ML 表現。相對地，統計建模多數在尋找變數之間的關係及關係強度的顯著性，同時還要滿足預測的需要。

假設你是環境、車聯網、遠距監控、公衛專家、物聯網專家，主要處理遠處感測器 (sensor) 傳來的數據。假如你試圖證明感測器能夠對某種刺激（例如：氣體濃度、溫度）做出反應，那麼使用統計模型來確定信號反應是否具有統計意義（可當預測變數）。你將嘗試理解這種（線性 / 非線性）關係並 test 其可重複性，以便可準確地求得感測器反應的迴歸式，並根據此建模來進行推論。測試反應是否可歸因於氣體濃度而不是感測器的隨機噪音所造成。

相比之下，你還可求得 100 個不同類型（溫度、濃度、水 ph 值、密度、速度、距離、陀螺傾斜度等）感測器的陣列，並用它來預測你的新特性感測器的反應。假設有 100 個不同變數來預測感測器反應結果的預測模型，但你不會認爲它有特別可解釋性。由於化學動力學及物理變數與氣體濃度之間的非線性關係，該模型可能更像神經網路那樣深奧。

統計學家透過建立嚴謹的統計模型來做預測，所以它能給出預測的可信性、信賴區間。若試圖證明你的數據變數之間的關係具有一定的統計意義，旨在發表到科學論文中，那麼該用統計模型而不是 ML。因爲你更關心變數之間的關係，而不是進行預測。早期大多數 ML 演算法都缺乏解釋性，因此很難證明數據之間的關係（研究者使用的演算法無法理解及獲取虛假推論）。早期 ML 法並不直接適用於計量經濟學及相關領域的研究問題，但自從 Stata 提供很棒的 Lasso 因果推理，情況就改觀。

可見，「OLS、ML」兩者使用類似的方法來實作，但它們的目標是不同的。ML 目標是搭建一套高效可靠的系統，能夠持續的預測未來並且穩定的工作。ML 演算法使用測試集（樣本外）來評估、複驗其準確性。相對地，統計模型須一系列的事前假定，統計模型可透過信賴區間 (CI)、迴歸顯著性檢定對參數進行分析，來評估模型的合理性。

(五) 機器學習與統計在方法論的差異

兩者之間的差異在於，機器學習強調最佳化及 performance 勝於推論，而統計學重點在推論 (inference)。

統計專家及機器學習從業者，將透過以下方式描述同一模型的結果：

(1) ML 專家：「在給定特徵自變數 a、b 及 c 的情況下，該模型在預測 Y 上的準確度爲 88%」。

(2) 統計學家：「在給定特徵自變數 a、b 及 c 的情況下，該模型在預測 Y 上的準確度爲 88%；我 92% 肯定您會獲得相同的結果」。

機器學習不需要事先假定變數之間的潛在關係（不須研究假設）。只需要 input 所有數據，演算法便會處理數據並發現 patterns（例如：美國總統連任前 3 個月，若 DJ 股市漲，則再當選機率 >82%），您可使用這些 patterns 對新數據集進行預測。機器學習將演算法視爲黑盒，它常常用於大數據「高維數據集」分析，當讀入數據越多，預測就越準確。

相反，統計專家必須了解：

(1) 數據的收集方式（隨機 vs. 非隨機抽樣）。estimator 的統計屬性（p 值、unbiased estimators）、研究母群的基本分布。如果是多次進行實驗，則希望得到的屬性種類 (kinds of properties)。

(2) 需要精確地知道自己在做什麼？並提供可提供預測能力的參數。這種統計建模技術常常應用於低維數據集。

3-1-2 智慧設備如何運作：感測器、物聯網、大數據及 AI

1. 智慧設備：來自物聯網感測器的大數據

物聯網 (IoT) 是呈指數級增長：越來越多的設備收集、儲存及交換數據。例如：消費者、組織、政府及公司自己也會產生越來越多的數據，像社群媒體上的數據，數據量就呈指數級增長。當人們使用一個或多個太大而無法使用常規資料庫管理系統維護的數據集時，人們會談論大數據。

越來越多的人聽說大數據描述了一個開發。它包含兩個組件。首先是計算機技術：越來越複雜的硬體及軟體，可收集、處理及儲存更多數據。第二個組件是統計數據，可在單獨數據的集合中查找含義。此定義中的大數據係指我們分析及使用不斷增加的數據量的可能性。大數據主要是關於從數據的處理及分析中實現附加值。特點是它涉及來自不同類型的源的非結構化，變化的數據，這些數據是即時處理的。

2. 智慧設備：為什麼傳統分析還不夠

在 IoT 方面，通常需要確定來自數十個感測器 (sensors) 的 input 與快速產生數百萬個數據點的外部因素之間的相關性。機器學習從結果變數（例如：節能）開始，然後自動搜尋預測變數及其相互作用。如果您知道自己想要什麼，機器學習就很有價值，可惜您不知道做出決定的重要 input 變數有哪些？因此，您將演算法賦予目標，然後讓它「學習」哪些因素（特徵）對於實現該目標很重要。

此外，機器學習對準確預測未來事件。隨著捕獲及抽樣更多數據，演算法不斷得到改進。這意味著演算法可進行預測，並且可看到實際發生的情況，可進行比較以使調整變得更加準確。透過機器學習實現的預測分析對於許多 IoT 應用來說非常有價值。透過從多個感測器收集數據，演算法可了解什麼是典型的，然後檢測何時發生異常。

3. 智慧設備：IoT，大數據及人工智慧是不可分割的

實質上，IoT 涉及嵌入在各種設備中的感測器，並透過 Internet 連接將數據流發送到一個或多個中央（雲）位置。然後可分析該數據。這些結果用於改善使用者的生活。所有 IoT 設備都遵循以下 5 個基本步驟：測量、發送、儲存、分析、運作。IoT 應用程式值得購買（或製造）的原因在於該鍊條的最後一步「行動」。performance 可意味著無數的事物，從物理行為到提供資訊。無論 performance 如何，其價值完全取決於「分析」。AI（或者說機器學習）在這種分析中有著至關重要的作用。透過機器學習，可在數據中檢測模型。當機器學習應用於「分析」步驟時，你需要提高大數據分析的速度及準確性，以確保 IoT 履行其承諾。如果我們不能使用它，世界上的所有數據都是完全無用的。分析 IoT 產生的這些數據的唯一方法是使用機器學習。透過機器學習，可找到模型、相關性及異常，從中可學習經驗，進而最終可做出更好的決策。大數據的潛力只有在與 AI 結合時才能眞正實現。

4. 智慧設備：AI 及 IoT 構成智慧機器

IoT 解決方案與 AI 的結合可實現即時反應，例如：透過讀取車牌或分析臉

部的遠程攝影機。此外，AI 之後處理數據，例如：搜尋數據中的模型及執行預測分析。AI 使來自 IoT 設備的大量數據變得有價值，而 IoT 則是 AI 需要開發的即時數據的最佳來源。設備轉變爲「智慧」（即透過相應的行動應用連接到 Internet），其特點是設備能夠從與使用者及其他設備的互動中學習。AI 確實可幫助 IoT 設備變得智慧化。

3-1-3a 為何需要資料正規化（收縮法 shrinkage）：L_2、L_1 懲罰項

如圖 3-9 所示，特徵選擇 (feature selection) 有 3 方法：過濾法（例如：子集選擇）、包裝法、嵌入法（收縮法 shrinkage）。其中，正規化 (regularization) 是屬嵌入法（收縮法 shrinkage）。

Step 1　OLS（Ordinary Least Squares，最小平方）

最小平方及任何線性迴歸（OLS、HLM、panal-data、Meta 迴歸）的最佳化目標函式，都是尋找一個平面，使得預測與實際值的誤差平方及 (Sum of Squared Error, SS_E) 最小化（如下圖，實心點代表實際觀測值，空心點爲預測平面，黑色實線則表示實際與預測值之殘差 ε）。

線性迴歸的目標函式：

$$minimize\left\{SSE=\sum_{i=1}^{n}(y_i-\hat{y}_i)^2\right\}$$

可是要最佳化目標函式，資料必須符合以下幾個基本假定 (assumption)：

1. 自變數 x_i 與依變數 y 是線性關係。
2. 自變數符合常態分配 $N(\mu, \sigma^2)$。
3. 自變數 x_i 彼此之間無相關。
4. 殘差變異 σ_ε^2 是同質性（即誤差 vs. 自變數之散布圖是均勻且上下對稱）。
5. 觀測值個數 (n) 需大於特徵個數 (p)(n > p)。
6. 模型 Xs 不能有共線性問題（否則估計迴歸係數會有問題）。

大數據常常存在許多特徵變數（p 很大），隨著特徵變數 (features) 個數增加，現實中，OLS 七項假定不易成立，以至於必須用替代方法來解決線性預測問題。具體來說，當特徵變數量增加（p 增加），我們常會遇到的三個主要問題包括：

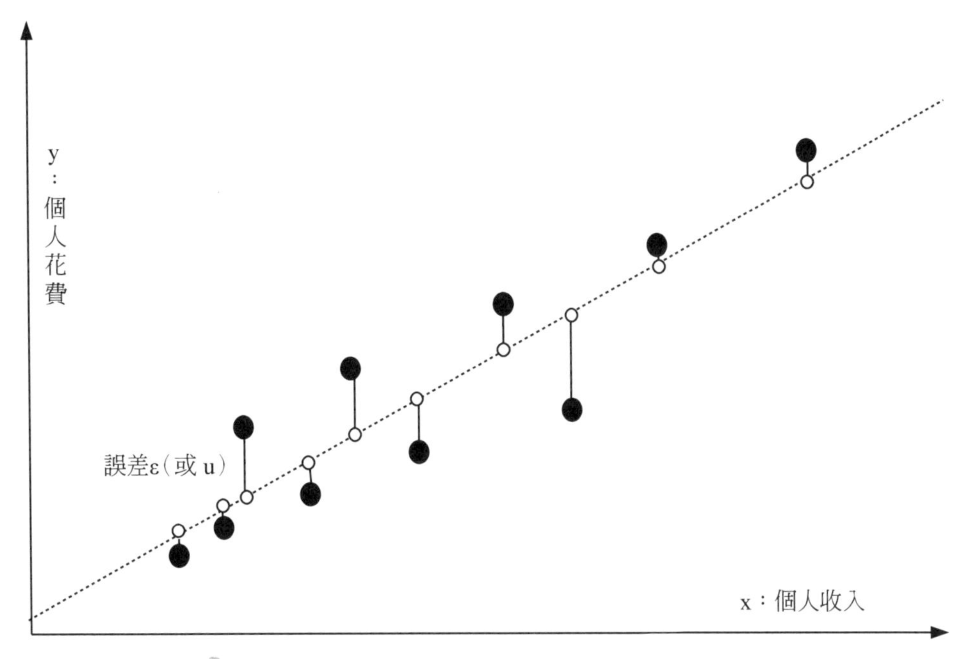

圖 3-6　OLS(Ordinary Least Squares) 之線性迴歸

1. 多元共線性 (multicollinearity)

當特徵變數個數增加（p 增加），就有越高的機會捕捉到存在共線性的變數。而當模型存在共線性時，迴歸係數項就會變得非常不穩定（high variance，高變異）。

舉例來說，預測員工薪資 (y) 的自變數 (regressors) 可能高達 81 個特徵變數。

2. 解決方案不充分 (insufficient solution)

當特徵個數 (p) 超過觀測個數 (n)(p > n) 時，OLS（最小平方法）迴歸之解矩陣是不可逆的 (solution matrix is not invertible)。這代表 (1) 最小平方估計參數解不是唯一。會存在無限的可用的解，但這些解大多都過度配適資料。(2) 在大多數的情況下，這些結果在計算上是不可行的 (computationally infeasible)。

因此，只能透過「變數篩選 Cp、AIC、BIC 等準則」來縮減特徵（自變數），直到 (n>p) 再將資料投入最小平方迴歸模型進行配適。雖然可透過人工的方式事前處理特徵變數過多的問題，但可能很麻煩且容易出錯。

3. 可解釋性 (interpretability)

當特徵變數個數很多時，我們會希望辨識出具有最強解釋效果的較小子集合 (subsetting)。通常我們會偏好透過變數篩選 (feature selection) 的方法來解決。其中一個變數篩選法叫做「hard thresholding feature selection（硬閾值特徵選取）」，可透過線性模型選取 (linear model selection) 來進行 (best subsets & stepwise regression)，但這個方法通常計算上效率較低也不好擴展，而且是直接透過增加或減少特徵變數的方式來進行模型比較。另一個方法叫做「soft thresholding feature selection（軟閾值特徵選取）」，此法將慢慢的將特徵效果逼近 0。

Step 2　正規化迴歸 (regularized regression) ≒ 收縮法 (shrinkage)

當遇到以上問題，一個替代 OLS 迴歸的方法就是透過「正規化迴歸 regularized regression」（又稱作 penalized models 或 shrinkage method）來對迴歸係數做管控（縮減）。正規化迴歸模型會對迴歸係數大小做出約束，並逐漸的將迴歸係數壓縮到 0。而對迴歸係數的限制將有助於降低係數的幅度及波動，並降低模型的變異。

正規化迴歸的目標函式與 OLS 迴歸類似，但多了一個懲罰參數 (penalty parameter, P)：

$$minimize\left\{SSE + P\right\}$$

常見的懲罰係數有兩種（分別對應到 ridge 迴歸、Lasso 迴歸模型），效果是類似的。懲罰係數將會限制迴歸係數的大小，除非該變數可使誤差平方及 (SS_E) 降低對應水準，該特徵係數才會上升。以下就來進一步介紹兩種最常見的正規化迴歸法。

(一) Ridge迴歸(L_2 form)

Ridge 迴歸透過將懲罰參數 $\lambda\sum_{j=1}^{p}\beta_j^2$ 加入目標函式中。也因爲該參數爲對係數做出二階懲罰，故又稱爲 L_2 Penalty 懲罰參數。

$$minimize\left\{SSE + \lambda\sum_{j=1}^{p}\beta_j^2\right\}$$

L_2 懲罰參數的值可透過「tuninig parameter, λ」來控制。當 $\lambda \to 0$，L_2 懲罰參數就跟 OLS 迴歸一樣，目標函式只有最小化 SS_E；而當 $\lambda \to \infty$ 時，懲罰效果最大，迫使所有係數都趨近於 0。如下圖所示，調整 (turning) 參數 λ 由 0 變化到 821(log(821) = 6.7) 時，迴歸係數 β 逐漸被 ridge 法正規化的過程。

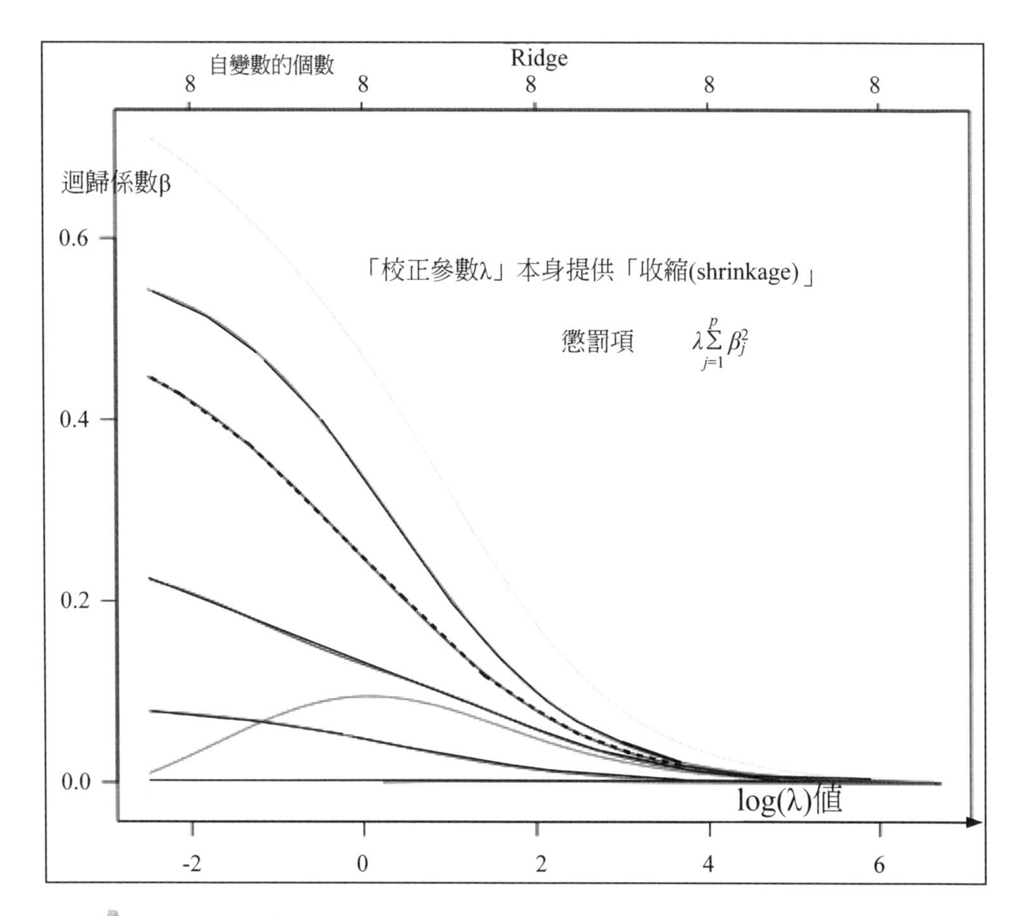

圖 3-7 λ 係數由 0 變化到 821，迴歸係數逐漸被 ridge 法正規化的過程

由上圖可看出：部分特徵係數會波動，直到 $\log(\lambda) \approx 0$ 才逐漸穩定開始收斂至 0。這表示存在多重共線性，唯有透過 $\log(\lambda) > 0$ 調整參數來限制係數，來降低模型變異及誤差。

λ 是調整參數，旨在避免模型對訓練資料集產生過度配適的情況。然而，爲了找出最適的 λ，此時需要利用 cross-validation 來協助。但如何決定最適的收縮

(shrinkage) 的程度（調整參數 λ）來最小化模型誤差呢？請見第 4 章 dsregress、dslogit、dspoisson 指令。

Ridge 優點

實質上，Ridge 模型會將具有相關性的自變數推向彼此，並避免使得其中一個有極大正係數另一個有極大負係數的情況。

此外，許多不相干的變數之係數 β_j 會被逼近爲 0（但不會 =0）。表示 Ridge 可降低資料集的雜訊，幫助我們更清楚的辨識出模型中眞正的訊號 (signals)。

Ridge 缺點

然而，Ridge 模型會保留「所有」控制變數。假如你覺得需要保留所有變數並將較無影響力的變數雜訊給減弱並最小化共線性，則模型 Ridge 很好用。

Ridge 模型不具有變數篩選 (feature selection) 功能的。假如妳需要更近一步減少資料中的訊號 (signals) 並尋找 subset 來解釋，則改 Lasso 模型會更適合。

(二) Lasso迴歸(L_1 form)

Lasso(Least absolute shrinkage and selection operator)(Tibshirani, 1996)，是 Ridge 模型的改良版，其目標函式的限制式有所調整。有別於二階懲罰 (L_2 Penalty)，Lasso 模型在目標函式中所使用的是一階懲罰式 (L_1 Penalty) $\lambda\sum_{j=1}^{p}|\beta_j|$。

$$minimize\left\{SSE+\lambda\sum_{j=1}^{p}|\beta_j|\right\}$$

不像 Ridge 模型只會將係數逼近到接近 0（但不會眞的是 0），Lasso 模型則眞的會將係數推進成 0（如圖 3-8）。因此，Lasso 模型不僅能使用正規化 (regulariztion) 來最佳化模型，且可自動執行自變數篩選 (feature selection)。

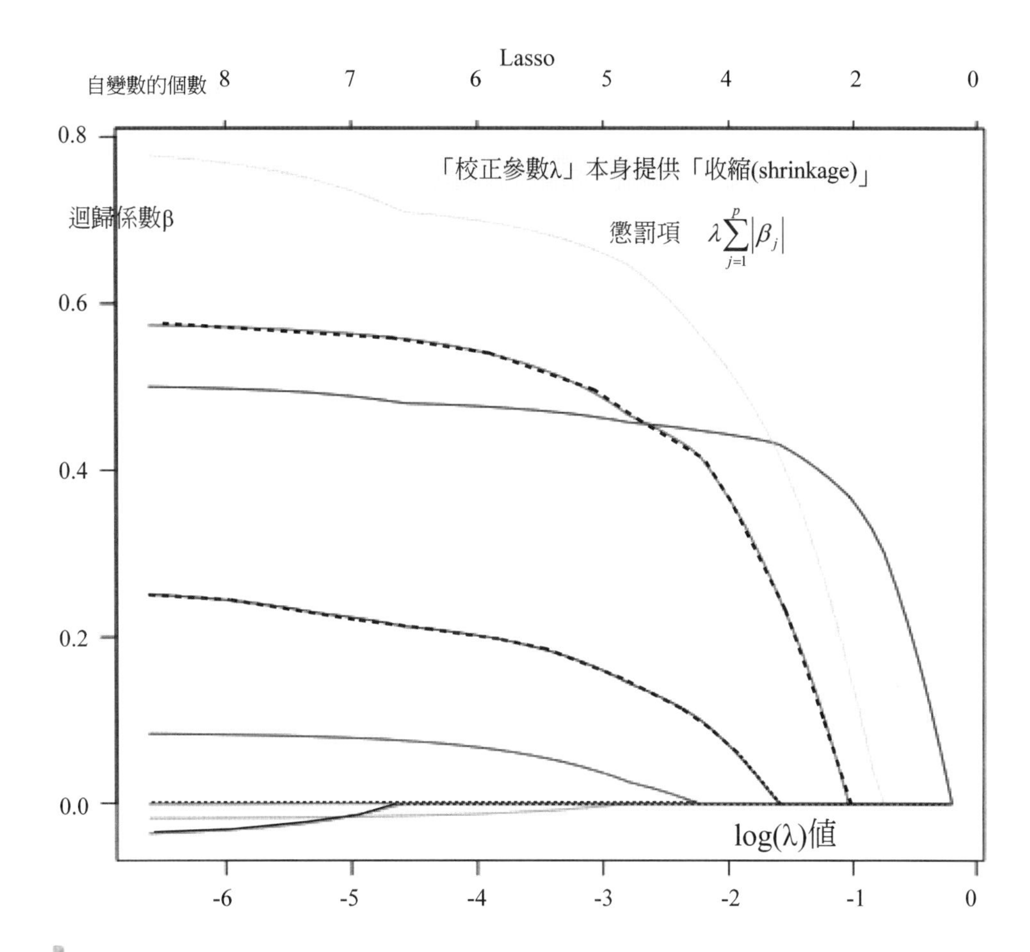

圖 3-8　Lasso 模型用正規化來最佳化模型，且可自動執行自變數篩選 (feature selection)

從圖 3-8 我們可看到，在 $\log(\lambda) = -6$ 時，所有 8 個自變數（圖表上方數字）都包還在模型內，而當在 $\log(\lambda) = -3$ 時只剩下 6 個變數，最後當在 $\log(\lambda) = -1$ 時，只剩 2 個變數被保留在模型內。因此，當遇到資料變數非常多時，Lasso 模型是可幫你辨識並挑選出有最強（也最一致）訊號的變數。

Lasso 優點

與 Ridge 模型一樣，Lasso 模型亦會將具有相關性的自變數推向彼此，來避免使得其中一個有極大正係數另一個有極大負係數的情況。

與 Ridge 模型最大的差別，就是 Lasso 會將不具影響力的變數係數變成 0，自動進行自變數篩選 (feature selection)。這樣處理方式可簡化且自動化辨識出那些對模型有高度影響力的自變數。

Lasso 缺點

然而，時常在我們移除變數的同時也會犧牲掉模型的正確性。所以爲了得到 Lasso 產生的更清楚與簡潔的模型結果，我們也會降低模型的正確性。

一般來說，Ridge 及 Lasso 模型所產生的最小 MS_E 不會有太大差別（如下結果所示）。所以除非你單純只看最小化 MS_E 的結果，實質上他們兩的差異並不顯著。

3-1-3b 正規化迴歸 (regularized regression)：收縮法 (shrinkage)

正規化，又稱「懲罰化」(penalization)，旨在預防過度適配。常見的正規化迴歸有：Lasso、Ridge、Elastic net 迴歸，至今延伸具有「預測與推論」統計功能的「Lasso 推論模型」。

正規化是迴歸方法的延伸，它對模型複雜度越高對其懲罰也越大，它喜歡相對簡約，適配度也很好的概化模型。

定義：正規化 (regularization)、懲罰項

概括來講，機器學習的訓練過程，就是要找到一個足夠好的函式 F^* 用以在新的資料上進行推理。爲了定義什麼是「好」，人們引入了損失函式的概念。一般地，對於範例$(\vec{x},y)$和模型 F，有預測值$\hat{y}=F(\vec{x})$。損失函式是定義在$\mathbb{R}\times\mathbb{R}\rightarrow\mathbb{R}$上的二元函式$\ell(y,\hat{y})$，用來描述基準真相和模型預測值之間的差距。一般來說，損失函式是一個有下確界的函式；當基準真相和模型預測值足夠接近，損失函式的值也會接近該下確界。

因此，機器學習的訓練過程可以被轉化爲訓練集 D 上的最小問題。我們的目標是泛函空間內，找到使得全域損失$L(F)=\sum_{i\in D}\ell(y_i,\hat{y}_i)$最小的模型 F^*。

$$F^* := \arg\min_F L(F)$$

由於損失函式只考慮在訓練上的經驗風險，這種做法可能會導致過適。爲了對抗過適，我們需要向損失函式中加入描述模型複雜程度的正規項 $\Omega(F)$，將經驗風險最小化問題轉化爲結構風險最小化。

$F^* \coloneqq \arg\min_F Obj(F) = \arg\min_F \left(L(F) + \gamma\Omega(F)\right), \gamma > 0$

這裡，Obj(F) 稱爲目標函式，它描述模型的結構風險；$L(F)$ 是訓練集上的損失函式；$\Omega(F)$ 是正確項，描述模型的複雜程度；γ 是用於控制正規項重要程度的參數。正規項通常包括對光滑度及向量空間範數上界的限制。L_p 範數是一種常見的正規項。

在貝葉斯學派的觀點看來，正規項是在模型訓練過程中引入某種模型對數的先驗分布。

所謂範數 (norm) 即是抽象之長度，通常意義上滿足長度的三種性質：非負性、齊次性及三角不等式。

以函式的觀點來看，範數是定義在$\mathbb{R}^n \to \mathbb{R}$的函式；並且它和損失函式類似，也具有下確界。後一性質是由範數的非負性和齊次性保證的。這一特性使得 L_p 範數天然適合做正規項，因爲目標的函式仍可用梯度下降等方式求解最佳化問題。L_p 範數作爲正規項時被稱爲 L_p 正規項。

1. 如果懲罰項是參數的 L_2 範數 (norm)，就是 Ridge 迴歸 (Ridge regression)。

$$\sum_{i=1} (y_i - \sum_{j=1}^{p} x_{ij}\beta_j)^2 + \lambda \sum_{j=1}^{p} \beta_j^2$$

2. 如果懲罰項是參數的 L_1 範數，就是套索迴歸 (Lasso regrission)。

$$\sum_{i=1}^{n} (y_i - \sum_{j=1}^{p} x_{ij}\beta_j)^2 + \lambda \sum_{j=1}^{p} |\beta_j|$$

上式，如果 λ（讀作 lambda）爲 0，那麼我們將返回 OLS；但 λ 非常大的值將使迴歸係數爲 0，因此適配不足。故選擇適當的 λ 值很重要。

機器學習及逆問題領域中，正規化 (regularization) 係指爲解決適定性問題或過適配而加入額外資訊的過程。泛指 Ridge、Lasso、Elastic Net 迴歸、Lasso 推論模型等，這些迴歸都是 Stata v16 版的功能之一。

在線性迴歸模型中，爲了最佳化目標函式（最小化「誤差平方或 RSS」），資料需符合許多假定，才能得到不偏誤 (unbias) 之迴歸係數，使得模型變異數 (variance) 最低。可惜現實中，數據常常有多個特徵變數 (features, regressors)，使得模型假定不成立而產生過度配適問題，這時則需透過正規化法來約束

(constraint)/ 收縮 (shrinkage) 迴歸係數，藉此降低模型變異及樣本外預測的誤差。

3-2 特徵選擇 (feature selection)（從衆多預測變數組合中，挑有意義 Xs）

特徵選擇與特徵萃取 (extraction) 有所不同。特徵萃取是從原有特徵的功能中創造新的特徵，而特徵選擇則只返回原有特徵中的子集。特徵選擇技術的常常用於許多特徵但樣本（即數據點）相對較少的領域。特徵選擇應用的典型用例包括：圖形辨識、解析書面文本及微陣列數據，這些場景之特徵有成千上萬，但樣本只有幾十到幾百筆。

線性迴歸何時才稱為「機器學習」(ML)？

ML 不是簡單地找到一條最佳適配 (fitting line) 線而已？

我不想問線性迴歸何時與機器學習相同。正如某些人所說，單一演算法並不構成研究領域。同理，一個人使用的演算法若只是 OLS 線性迴歸時（無正規項），不能說是機器學習。正確的說法是，線性迴歸係數的求解，若加上某些條件之懲罰項，像 Lasso 迴歸、Ridge 迴歸，才稱得上「機器學習」。因此懲罰項之線性迴歸「被用作」機器學習的一部分。

3-2-1 特徵選擇有 3 方法：過濾法（例如：子集選擇）、包裝法、嵌入法（收縮法 shrinkage）

使用特徵選擇有三個原因：

1. 簡化模型，使之更易於被研究者或用戶理解。
2. 縮短訓練時間。
3. 改善通用性、降低過度適配（即降低誤差的變異數）。

在機器學習及數據挖掘領域，若某模型擁有 P 個（高維）特徵變數（人臉辨識的 P ≒ 500 個），則資料分析就變成一項挑戰。爲此，特徵選擇提供了有效的解法，它可透過刪除無關及冗餘的數據來解決此問題，進而減少計算時間、模型複雜度、來改進學習準確性，並有助於更好地了解學習模型或數據。

在機器學習及統計學中，變數選擇又稱爲特徵選擇 (feature selection)、屬性選擇或子集選擇。統稱：為了建構模型而選擇相關特徵（即屬性、指標、預測變數）子集的過程。範例請見「2-4-4 道瓊預測之非線性模型」。

特徵選擇是從所有特徵中選擇相關特徵（自變數或預測變數）的子集的過程，該過程用於建構模型。

兩難的是，你必須在預測精度與模型可解釋性之間進行權衡 (trade-off)。因為如果使用大量自變數，雖然預測精度可能會上升，但模型可解釋性則會下降。

(1) 如果特徵數量較少，則很容易解釋模型，過適配的可能性較小，但預測準確性較低。

(2) 如果我們有大量的特徵，那麼很難解釋模型，更可能過度適配，它將提供高的預測精度。

使用特徵選擇技術的假設是：訓練數據包含許多冗餘或無關的特徵，因而移除這些特徵並不會導致丟失資訊。冗餘或無關特徵是兩個不同的概念。如果一個特徵本身有用，但如果這個特徵與另一個特徵的相關高，且該特徵也出現在數據中，那麼這個特徵可能就變得多餘。

如下圖示為特徵選擇的方法：

1. 特徵選擇技術主要有兩種類型：包裝法 (wrapper) 及過濾法 (filter)。
2. filter-based 的特徵選擇法，使用統計測量 (measures) 對可過濾來選擇最攸關特徵 (relevant features) 的 input 變數之間的相關性或依賴性 (dependence) 進行評分。
3. 必須根據 input 變數及 output 或反應變數的數據類型 (type)，仔細選擇用於特徵選擇的統計測量。

1. 過濾法 (filter)

篩選方法也稱為單因素分析。使用這種方法，可評估每個變數（特徵）的預測能力。可用各種統計手段來確定預測能力，老在求特徵與目標（我們正在預測的）相關聯。當然，具有最高相關性的特徵是最好的。

例如：Y 是目標變數（target variable，依變數），「*X1, X2, X3,…Xn*」是自變數。我們發現目標變數與自變數之間的相關性。$(Y\rightarrow X1)$, $(Y\rightarrow X2)$, $(Y\rightarrow X3)$, … $(Y\rightarrow Xn)$。因此，將與 Y 相關越高之特徵選擇 (correlation feature selection, CFS) 視為越佳特徵。

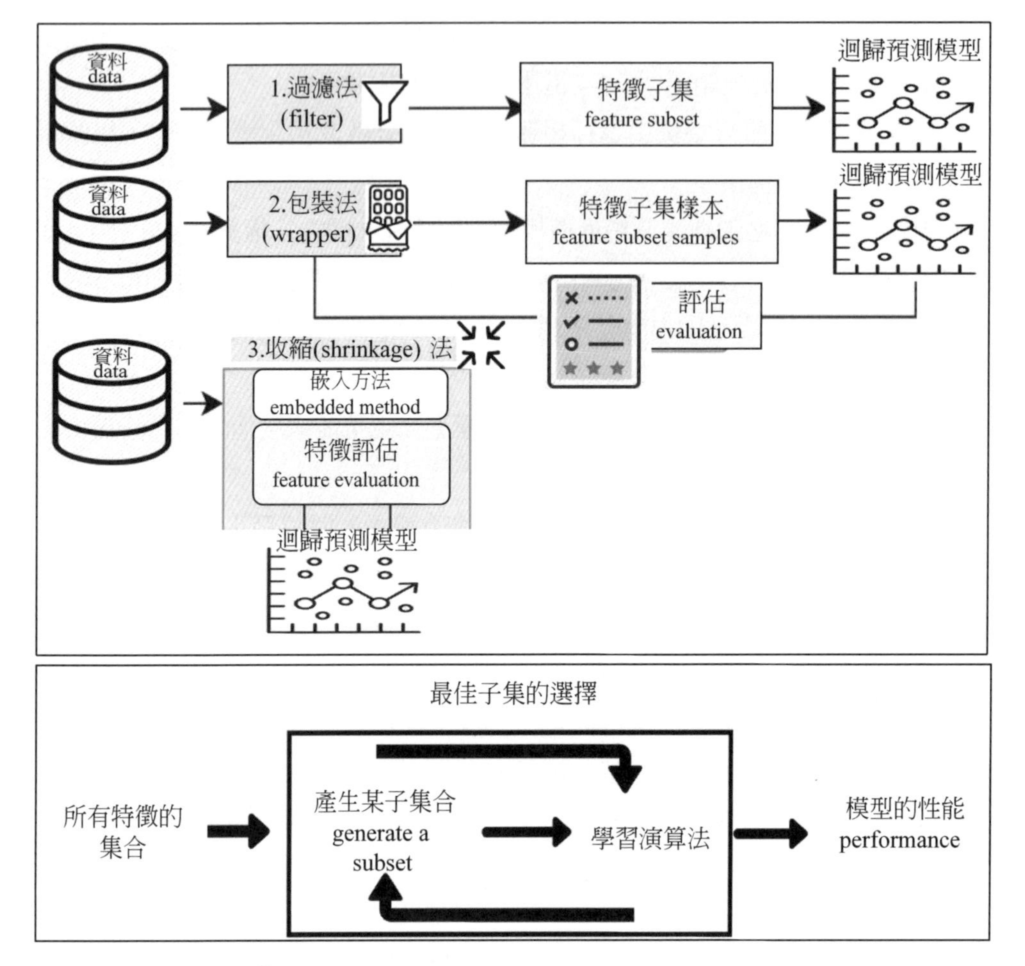

圖 3-9　特徵選擇 (feature selection) 的方法

2. 包裝法 (wrapper)

包裝法旨在找到變數的最佳組合，它使用變數組合來確定預測能力。常見的包裝方法包括：子集選擇 (subset selection)、逐步迴歸，每一輪添加該輪最優的特徵或者刪除最差的特徵。主要的調控因素是決定何時停止演算法。在機器學習領域，這個時間點通常透過交叉驗證來找出。在統計學中，某些條件已經最佳化。因而導致嵌入法（收縮法 shrinkage）會出問題。此外，還有更 robust 的方法，包括：分支、約束 (constraint) 及分段線性網路等。實際上，wrapper 法是針對每個 feature 測試它們所建構的測試模型，來評估結果，因此非常消耗計算時間，故不建議將此方法用於大量 feature。

子集選擇是使用 N 個特徵的每種可能組合來適配模型。假設我們在一個數據集中有 N 個獨立的 Predictor（特徵），因此子集選擇中的模型總數爲 2^N 個模型。假設我們有 N = 2（假設 X_1 及 X_2）。所以我們將有 $2^2 = 4$ 個模型。

$$(Y = B_0,\ Y = B_0 + B_1{*}X_1\ ,\ 0 = C_0 + C_1{*}X_2\ ,\ Y = D_0 + D_1{*}X_1 + D_2{*}X_2)$$

子集選擇需要巨大的計算能力才能執行，假設 N = 10，那麼總模型將爲 2^{10} = 1024 個模型。爲了降低此計算次方，將其分爲 2 部分。

第 1 部分　適配所有 N 個預測變數中只有 k 個預測變數的模型的所有組合。從所有 k 個預測變數模型 (Model(k)) 的集合中選擇最佳模型。假設有 4 個預測變數 (X_1，X_2，X_3，X_4)，即 N = 4。

(1) 假設 k = 1，那麼我們將有 4 個模型，即 (Y = f(X_1)，Y = f(X_2)，Y = f(X_3)，Y = f(X_4))。我們計算這 4 個模型，然後從中選擇最佳模型（高 R^2_{adj}、低 AIC）。

(2) 假設 k = 2，那麼我們將有 6 個模型，即 [Y = f(X_1, X_2), Y = f(X_1, X_3), Y = f(X_1, X_4), Y = f(X_2, X_3), Y = f(X_2, X_4), Y = f(X_3, X_4)]。我們再計算這 6 個模型，然後從中挑選最佳模型。如此對 k 個值進行操作。

第 2 部分　從 k 個模型中選擇一個最佳模型，即 $\text{Model}_{(1)}$，$\text{Model}_{(2)}\cdots\text{Model}_{(N)}$。選擇我們使用的最佳模型 [RSS（殘差平方和，$SS_E$），交叉驗證誤差低或調整後 R^2 高。

注意，要用「測試誤差」(test error) 來評估最佳特徵，否則，如果使用「訓練誤差」進行選擇，則最終可能會選擇具有正好 *N* 個特徵的模型。

3. 嵌入法（收縮法 shrinkage)

嵌入式方法是內建 (inbuilt) 變數選擇方法。不會選擇（或拒絕）模型中任何預測變數（外部變數）。這可控制參數的值，即非重要的預測變數賦予非常低的權重（接近 0），也稱爲正規化。

(1) Lasso 迴歸，使估計值正規化或將預測變數的係數縮小爲 0 的方法。在套索中，一些係數趨於等於 0($\beta \doteq 0$)。這就是爲什麼我們丟棄（或拒絕）給出 (β = 0) 的此類預測變數。

$$\sum_{i=1}^{n}(y_i-\beta_0-\sum_{j=1}^{p}\beta_j x_{ij})^2+\lambda\sum_{j=1}^{p}|\beta_j|=RSS+\lambda\sum_{j=1}^{p}|\beta_j|$$

(2) Ridge 迴歸，會增加一個 penalty，該 penalty 等於係數大小的平方 (β^2)。所有係數均相同縮小的因子（因此，沒有消除任何預測變數）。

調整參數 (λ) 控制懲罰項的強度。當 $\lambda = 0$ 時，Ridge 迴歸等於最小平方法迴歸。如果 $\lambda = \infty$，則所有係數都縮小為 0。因此，理想的 penalty 介於 0 到∞之間。

注意，Ridge 不能保證特徵選擇會導致更高的性能。如果預測變數與問題同等重要，則刪除（或拒絕）預測變數將是有害的。

$$\sum_{i=1}^{n}(y_i-\beta_0-\sum_{j=1}^{p}\beta_j x_{ij})^2+\lambda\sum_{j=1}^{p}\beta_j^2=RSS+\lambda\sum_{j=1}^{p}\beta_j^2$$

tuning 參數 (λ) 控制懲罰項的強度。當 $\lambda = 0$ 時，Ridge 迴歸等於最小平方迴歸。如果 $\lambda = \infty$，則所有係數都縮小為 0。因此，理想的懲罰值介於 0 到∞之間。

3-2-2a 子集選擇 (subset selection)：衆多預測變數的過濾

特徵選擇 (feature selection) 有：過濾法、包裝法、嵌入法（收縮法 shrinkage）三種方法，其中，子集選擇是屬過濾法之一。

範例請見「2-4-4 道瓊預測之非線性模型」。

一、子集選擇 (subset selection) 的原理

1. 總體思考是為每個模型大小 (model size)，選擇最佳模型，然後在不同模型大小之間進行選擇。
2. 例如：$y=\beta_0+\beta_1X_1+\beta_2X_2+...+\beta_pX_p$ 迴歸模型：
   - 對於 $k=1,2,...,p$，選擇 k 個預測變數（regressors，迴歸變數）的「最佳」模型。
   - 對於較大的模型，請根據有懲罰的模型適配（例如：交叉驗證 CV 或資訊準則 BIC）來選擇這 p 個模型。
3. 子集選擇的方法有四種：

   舉個例子，假設現在資料中有 x_1～x_5 五個自變數，那線性迴歸就能寫成：

$$y = a + b_1\times x_1 + b_2\times x_2 + b_3\times x_3 + b_4\times x_4 + b_5\times x_5$$

這時候，如果是最佳子集 (best subset) 的手法，就會開始列出所有的排列組合：

情況 1 模型只有一個變數（共 5 個模型）：

$y = a + b_1 \times x_1$、$y = a + b_2 \times x_2$⋯以此類推。

情況 2 模型挑選兩個變數（共 10 個模型）：

$y = a + b_1 \times x_1 + b_2 \times x_2$、$y = a + b_1 \times x_1 + b_3 \times x_3$，以此類推

情況 3 模型挑選三個變數（共 10 個模型）

情況 4 模型挑選四個變數（共 5 個模型）

情況 5 模型挑選五個變數（共 1 個模型 = 原模型）

此時就會有 31 個模型，然後根據 Masllow Cp、AIC 或 BIC 指標，選取一個表現最佳的模型！但可想見的，這樣的做法是會耗費大量的時間，n 個變數就會需要建 2^{n-1} 個模型，效率面讓人不喜愛。

所以逐步 (stepwise) 迴歸改善了這種情況：只需要建構「一個模型」，然後在上面直接新增（或減少）變數。一般有兩種方法：向前選取法 (forward) 跟向後選取法 (backward)：

(1) 正向逐步 (forwards stepwise)：在一個空的迴歸中，逐一添加變數，直到任何一個變數的額外貢獻度（AIC 值）已經沒有統計意義了，那就停止。（$p >> n$ 可使用）。即「由 specific 至 general」。

(2) 向後逐步 (backwards stepwise)：在一個完整的迴歸中，逐一移除變數，直到移除任何一個變數時，模型都會損失過多的解釋力，那就停止。（只有 $n > p$ 才可使用）。即「由 general 至 specific」。

(3) 混合 (hybrid)：以上兩種方法的結合，同時考量新增 / 移除變數對模型的影響，缺點是運算效率會比較慢。

(4) 最佳子集 (best subset)：Stata 外掛指令包括 gvselect、vselect、gvselect、allpossible、subset。

- 對於 k = 1, 2, ..., p, 找到 k 個預測變數 (regressors) 的最佳適配模型。
- p 個自變數的組合數 $= \binom{p}{0} + \binom{p}{1} + \binom{p}{2} + \ldots + \binom{p}{p} = 2^p$ 個 regressors。
- 通常 $p < 40$ 是可控，儘管實務上工作，p 可達數千（例如：人臉辨識）。

要注意的是，forward 在新增變數後就不會再取出，並以現狀為基準，來

衡量後續添加變數的貢獻，因此有時候會因爲添加順序而產生問題（例如：一開始先選 x_1，那接下來就會選 x_2；可是如果先選 x_2，卻不保證接下來一定會選 x_1）。backward 跟 hybrid 也同理。

二、預測變數的子集選擇 (subset selection of regressors) 之原理

如上述，在眾多預測變數（特徵）中，如何挑選重要且精簡的關鍵因素，是大家關心的議題，挑選預測變數 (regressors) 方法有：前進、後退、逐步、最佳子集及 Mallows's Cp 等 5 種方法。

(一) 最小平方法(least square estimation, OLS)求解多元迴歸模型

在多元迴歸模型中，常常有數個解釋變數（explanatory variable，又稱預測變數）：$(1, X_1, X_2, \cdots, X_p)$，及一個反應變數(response variable)Y（又稱依變數），在多元迴歸模型中，假定母群體 (population) 的性質爲：反應變數與解釋變數存在著線性關係，則條件期望值 (conditional expectation) 的表示式爲：

$$\mathbb{E}(Y|X_1, \cdots, X_p) = \beta_0 \times 1 + \beta_1 X_1 + \cdots + \beta_p X_p$$

其中，迴歸係數 $(\beta_0, \cdots, \beta_p)$ 是待估計參數。

實務上，你會蒐集 n 個觀察值 (obs)/ 個體 (subject) 作爲隨機樣本 (random sample)，因此第 i 個觀察值，你會得到一組解釋變數的實際值 $(1, X_{i1}, \cdots, X_{ip})$ 與一個依變數的實際值 Y_i，因此可將樣本的迴歸模型改爲：

$$Y_i = \beta_0 \times 1 + \beta_1 X_{i1} + \cdots + \beta_p X_{ip} + \varepsilon_i \text{，其中 } i = 1, 2, \cdots, n \text{。}$$

你可將 n 個個體反應變數的值寫作向量式 $Y_{n\times 1} = \begin{bmatrix} Y_1 \\ Y_2 \\ \vdots \\ Y_n \end{bmatrix}$，並將解釋變數寫作一個矩陣 $X_{n\times(p+1)} = \begin{bmatrix} 1 & X_{11} & X_{12} & \cdots & X_{1p} \\ 1 & X_{21} & X_{22} & \cdots & X_{2p} \\ \vdots & \vdots & \vdots & \vdots & \vdots \\ 1 & X_{n1} & X_{n2} & \cdots & X_{np} \end{bmatrix}$，那麼就可將多元迴歸模型以矩陣的形式表達：

$$Y = X\beta + \varepsilon，$$

其中係數為$\beta_{(p+1)\times 1} = [\beta_0 \quad \beta_1 \quad \cdots \quad \beta_p]^T$，殘差項為 $\varepsilon_{n\times 1} = [\varepsilon_1, \varepsilon_2, \cdots, \varepsilon_n]^T$。

寫成矩陣表達式，旨在便於計算，且可透過線性代數的理論來了解多元迴歸的投影性質，線性代數請見作者《多變量統計之線性代數基礎》二書。上面的矩陣式迴歸模型後，就需用抽樣得到的解釋變數實際值 X（矩陣）與反應變數實際值 Y（矩陣）來估計母體參數 β，在傳統的線性多元迴歸模型，常常利用最小平方法 (least square estimation) 進行估計，目標是極小化你估計的平方誤差及 (sum of square error, SS_E)，數學形式寫作：

$min_{\beta_0, \cdots, \beta_p} \Sigma_{i=1}^{n} [Y_i - (\beta_0 + \beta_1 X_{i1} + \cdots + \beta_p X_{ip})]^2$，或是寫成線性代數式$\min_{\beta} \|Y - X\beta\|_2^2$。

透過矩陣的微積分，可得出 β 的最小平方估計式為$\hat{\beta}_{ols} = (X^T X)^{-1} X^T Y$，也就完成了整個多迴歸分析最重要的部分：參數（迴歸係數）估計。

三、為何需要進行變數篩選 (variable selection)？

情況 1 許多情況，常常沒有辦法選出能夠完全解釋反應變數 Y（矩陣）的解釋變數，有時可能選到「不相關」的變數，有時可能會少放了重要的變數。若忽略重要的變數，最小平方法得出的估計式將會是偏誤估計式 (biased estimator)，也就是說對於係數 β_j 而言，$(\hat{\beta}_{j\,ols}) \neq \beta_j$，這樣的狀況你稱作「省略變數的偏誤 (omitted variable bias)」。

情況 2 迴歸式納入「過多」的變數，也就是說，實際上你只須 p 個重要的解釋變數，但你蒐集了 $k < p$ 個解釋變數 $(X_1, \cdots, X_k)$，即認定的解釋變數仍存在不重要的變數。什麼樣的情況下，會將一個變數 X_i 稱作「不重要的變數」呢？很簡單，就是變數 X_i 對應到的迴歸係數 β_i 近似 0 時，也就是解釋變數 X_i 對於反應變數 Y 不會造成任何影響。納入太多不重要的變數會有什麼問題呢？從解釋的觀點來看，會排擠對於其他重要變數係數估計（品質變差了），易言之，若 $\beta_i \neq 0$，但迴歸模型中存在不重要的解釋變數，此時$Var(\hat{\beta}_{i_{ols}})$將會變大，也就是估計的誤差變大了。從預測的角度來看，由於多元迴歸的演算法旨在極小化平方誤差及 (RSS, SS_E)，故變數越多，通常在樣本內的平方誤差會越低，但可能會造成過度配適 (overfitting) 的問題。可見，變數篩選對於迴歸模型的品質有著決定性的

影響，以下將會介紹三種常用的變數篩選方法，分別是「子集合選取法（fitstat、rsquare、stepwise 指令）」、「懲罰項迴歸（Lasso、dsregress 系列指令）」、及「資訊準則法 (AIC, BIC)」。

四、子集合選取法 (subset selection)：解釋變數組合的選擇

「子集合選取法」概念很簡單，就是在所有解釋變數 $X_1, \cdots, X_k$ 中，找出這些變數中哪一個組合最強的「解釋能力」。例如：有 k 個解釋變數，則會有 2^k 種可能的組合（每一個變數都可選 / 不選），某一演算法則在這 2^k 種可能的解釋變數組合（含交互作用項、多次方項等）中，選出一組使得調整後 R^2 最大的變數組合，作爲最終的多元迴歸模型，而這樣的方法，你叫做最佳子集合選取法 (best subset selection)。

上述方法中，有一重要的思考，必須在選取最佳的子集合前先做決定，來決定衡量「解釋能力」的指標。常見的指標有：殘差平方及 (residual sum of squares, RSS、SS_E)、調整後決定係數 R^2(adjusted R^2)、Mallow's Cp 等。在確定「解釋能力」指標後，再試著用窮盡法去找出最佳的子集合，但這樣方法最大的問題在於：假設你現在有 1,000 個解釋變數（常見於醫療問題、圖形辨識），則你將會有 $2^{1,000}$ 種可能的子集合，對電腦的運算能力看來，很難運用最佳子集合選取法進行變數篩選，因此在找出「好的子集合」的方法中，也有許多其他不同的演算法，如 forward/backward 迴歸、逐步 (stagewise) 迴歸、Lasso 推論模型之選收縮率 λ 值有 plugin 公式、交叉驗證 (CV)、adaptive lasso 等三方法。

3-2-2b 用 OLS 挑選所有自變數的最佳組合 vs. Lasso 推論模型（regression、rsquare、dsregress 指令）

如圖 3-9 所示，特徵選擇 (feature selection) 有 3 方法：過濾法（e.g. 子集選擇）、包裝法、嵌入法（收縮法 shrinkage）。本例 rsquare 指令是屬過濾法；Lasso 推論模型（dsregress 指令）則屬嵌入法（收縮法 shrinkage）。

所謂，包裝法旨在找到變數的最佳組合，它使用變數組合來確定預測能力。常見的包裝方法包括：子集選擇 (subset selection)、逐步迴歸、Mallow's Cp（rsquare 指令），每一輪添加該輪最優的特徵或者刪除最差的特徵。

一、適配度測量 (goodness-of-fit) 來做特徵選擇：子集選擇

常見適配度有下列 4 個準則：

(1) Akaike information criterion(AIC)：學者提出許多資訊準則，旨在平衡模型複雜度的懲罰項來避免過度適配問題，其中最常用的兩個模型選擇方法：Akaike information criterion (AIC) 及 Bayesian 資訊準則 (Bayesian information criterion, BIC)。AIC 是評估統計模型的複雜度及測量統計模型「適配度」(goodness of fit) 優劣的準則之一。AIC = $-2\ln L + 2p$。其中，自變數的組合數 p 越多，AIC 值就越高。因此自變數的組合數 2p，就是懲罰項。從一組可供選擇的模型中選擇最佳模型時，通常選擇 AIC 最小的模型。

(2) 貝葉斯資訊準則 (Bayesian information criterion) BIC = $-2\ln L + p\times\ln N$，$p\times\ln N$ 就是懲罰項。BIC 值越小，代表你界定的模型越佳。

(3) Masllows CP 旨在評估以最小平方法（ordinary least square 或 OLS）爲假定的線性迴歸的優劣性，進而做挑選模型 (model selection) 誰優？當模型中含有多個自變數（independent variables 或 explanatory variables），Mallows's Cp 可爲模型精選出自變數子集。Cp 數值越小模型準確性越高。對於高斯線性模型 (Gaussian Linear Regression)，Masllows 的 Cp 值被證明與 Akaike Information Criterion(AIC) 等效。

(4) Adjusted R^2 ($\overline{R}^2$)的公式是：

$$R^2_{adj} = 1 - \frac{(n-1)(1-R^2)}{n-p-1}$$

其中 n 是樣本數量，p 是模型中自變數的個數。

在其他變數不變的情況下，引入新的變數，總能提高模型的 R^2。修正 R^2 就是相當於給變數的個數加懲罰項，抑制過多的自變數所造成 R^2 越高假象。

換句話說，如果兩個模型，樣本數一樣，R^2 一樣，那麼從修正 R^2 的角度看，使用自變數個數較少的那個模型較優。

補充說明：迴歸模型之適配度指標：IC

1. R square 代表的是一個迴歸模型的解釋能力，假設某一線性迴歸之決定係數 R Square = 0.642，即 $R^2 = 0.642$，表示此模型的解釋能力高達 64.2%。
2. AIC (Akaike information criterion) 屬於一種判斷任何迴歸（e.g 時間序列模型）是否恰當的訊息準則，一般來說數值越小，線性模型的適配較好。二個敵對模型優劣比較，是看誰的 IC 指標小，那個模型就較優。

   $\text{AIC} = T \times Ln(SS_E) + 2p$

   $\text{BIC} = T \times Ln(SS_E) + p \times Ln(T)$
3. BIC(Bayesian information criterion) 亦屬於判斷任何迴歸是否恰當的訊息準則，一般來說數值越小，線性模型的適配較好。常用在非線性迴歸、HLM。
4. 判定係數 R^2、AIC 與 BIC，雖然是幾種常用的準則，但是卻沒有統計上所要求的『顯著性』。故 LR test（概似比）在非線性迴歸、類別型迴歸就出頭天，旨在比對兩個模型（如 HLM vs. 單層固定效果 OLS）是否顯著的好。

二、範例多元迴歸模型 (x_1 x_2 x_3 x_4) 之衆多自變數篩選：子集選擇

(一) 問題說明

研究者想了解，54 條河流之流域（分析單位），其氮排放量的有效預測模型爲何？預測的自變數挑 x_1,x_2,x_3,x_4 四個（都是連續變數），依變數 y 爲氮排放量（y 衡量河流受汙染程度，因爲氮化物會造成水質的優氧化）；因爲氮排放量非常態分配，故取對數函數使它呈現常態分配，logy 爲 Log(Y)。N= 54 河流域。

1. 依變數 y：河流流域之氮排放量。因它非常態故它再取 log()，變成常態分配之 logy 變數。
2. x_1 自變數：住宅人數（百萬）。
3. x_2 自變數：農耕面積。
4. x_3 自變數：森林面積。
5. x_4 自變數：工業 / 商業。
6. x_2x_3：人工新增的 x_2 及 x_3 交互作用項。因爲農耕面積增加，森林面積就會減少，故這兩個變數有「一長一減」交互關係。

(二) 數據檔之內容

「OLS_Bayes.dta」數據檔內容如下圖。

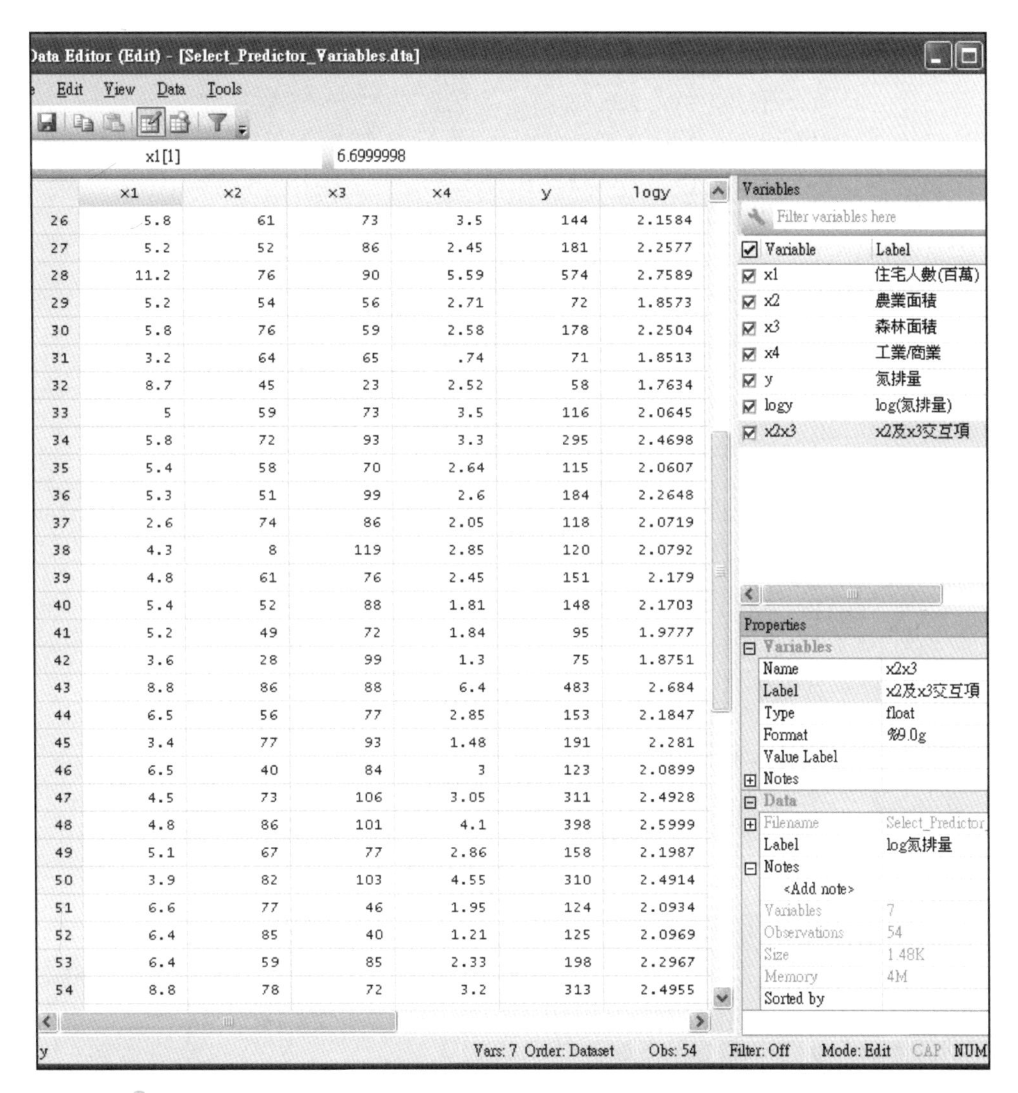

圖 3-10 「OLS_Bayes.dta」資料檔（N= 54 河流，7 variables）

1. 你可在 Stata 選「Data > Data editor > Data editor (Edit)」來新建數據檔（如上圖）。
2. 亦可採用，Stata 新建數據檔「input」指令（如下，存在 OLS_Bayes.do 檔）：

```
* 存在「OLS_Bayes.do」指令批次檔
. clear
. * 讀入原始資料
. input x1 x2 x3 x4 y logy
   6.7  62   81  2.59  200  2.3010
   5.1  59   66  1.70  101  2.0043
   7.4  57   83  2.16  204  2.3096
   6.5  73   41  2.01  101  2.0043
   7.8  65  115  4.30  509  2.7067
   5.8  38   72  1.42   80  1.9031
   5.7  46   63  1.91   80  1.9031
   3.7  68   81  2.57  127  2.1038
   6.0  67   93  2.50  202  2.3054
   3.7  76   94  2.40  203  2.3075
   6.3  84   83  4.13  329  2.5172
   6.7  51   43  1.86   65  1.8129
   5.8  96  114  3.95  830  2.9191
   5.8  83   88  3.95  330  2.5185
   7.7  62   67  3.40  168  2.2253
   7.4  74   68  2.40  217  2.3365
   6.0  85   28  2.98   87  1.9395
   3.7  51   41  1.55   34  1.5315
   7.3  68   74  3.56  215  2.3324
   5.6  57   87  3.02  172  2.2355
   5.2  52   76  2.85  109  2.0374
   3.4  83   53  1.12  136  2.1335
   6.7  26   68  2.10   70  1.8451
   5.8  67   86  3.40  220  2.3424
   6.3  59  100  2.95  276  2.4409
   5.8  61   73  3.50  144  2.1584
   5.2  52   86  2.45  181  2.2577
  11.2  76   90  5.59  574  2.7589
   5.2  54   56  2.71   72  1.8573
   5.8  76   59  2.58  178  2.2504
   3.2  64   65  0.74   71  1.8513
   8.7  45   23  2.52   58  1.7634
   5.0  59   73  3.50  116  2.0645
```

```
  5.8  72   93  3.30  295  2.4698
  5.4  58   70  2.64  115  2.0607
  5.3  51   99  2.60  184  2.2648
  2.6  74   86  2.05  118  2.0719
  4.3   8  119  2.85  120  2.0792
  4.8  61   76  2.45  151  2.1790
  5.4  52   88  1.81  148  2.1703
  5.2  49   72  1.84   95  1.9777
  3.6  28   99  1.30   75  1.8751
  8.8  86   88  6.40  483  2.6840
  6.5  56   77  2.85  153  2.1847
  3.4  77   93  1.48  191  2.2810
  6.5  40   84  3.00  123  2.0899
  4.5  73  106  3.05  311  2.4928
  4.8  86  101  4.10  398  2.5999
  5.1  67   77  2.86  158  2.1987
  3.9  82  103  4.55  310  2.4914
  6.6  77   46  1.95  124  2.0934
  6.4  85   40  1.21  125  2.0969
  6.4  59   85  2.33  198  2.2967
  8.8  78   72  3.20  313  2.4955
. end

. label variable y "氮排量"
. label variable x3 "森林面積"
. label variable x2 "農耕面積"
. label variable x1 "住宅人數（百萬）"
. label variable x4 "工業 / 商業"
. gen x2x3=x2*x3
*因為農耕面積增加，森林面積就會減少，故這兩個變數有「一長一減」交互作用關係
```

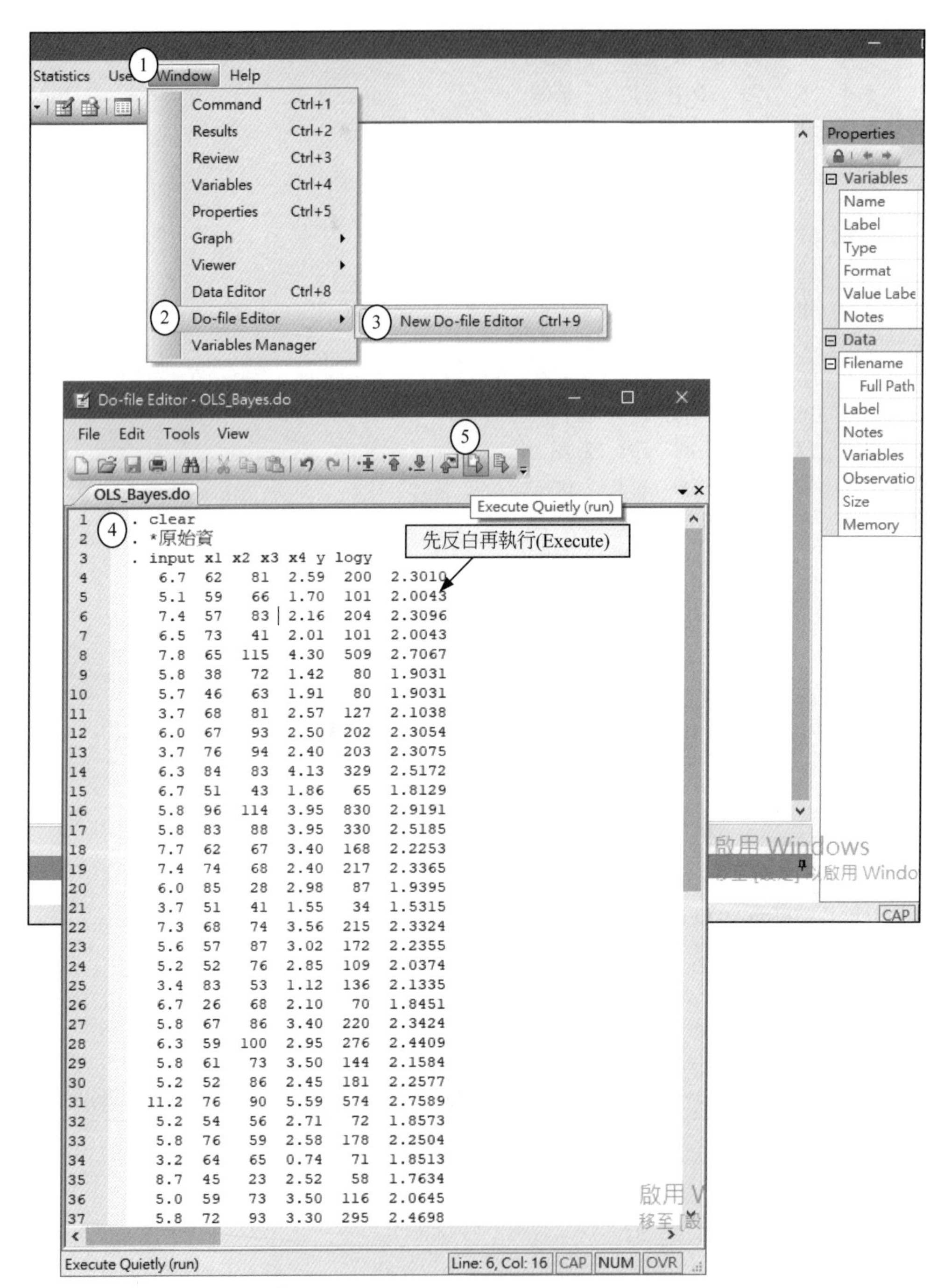

圖 3-11 「OLS_Bayes.do 檔」內容

(三) 建立多元迴歸模型(x_1 x_2 x_3 x_4)之選擇表操作

```
Statistics > Linear models and related > Linear regression
```

我們會依序檢測下列四個多元迴歸型，看哪一個模型最佳（QQ 圖呈 45 度、誤差散布均勻）：

```
Model 1: y= x1+ x2+ x3 +x4
Model 2: logy= x1+ x2+ x3 +x4
Model 3: y= x2+ x3
Model 4: logy= x2+ x3
```

(四) 建立多元迴歸模型(x_1 x_2 x_3 x_4)

Step 1　先判斷依變數：y vs. logy，何者較適合於迴歸模型

Step 1-1　先判斷 y 在 (x_1 x_2 x_3 x_4) 迴歸之殘差圖

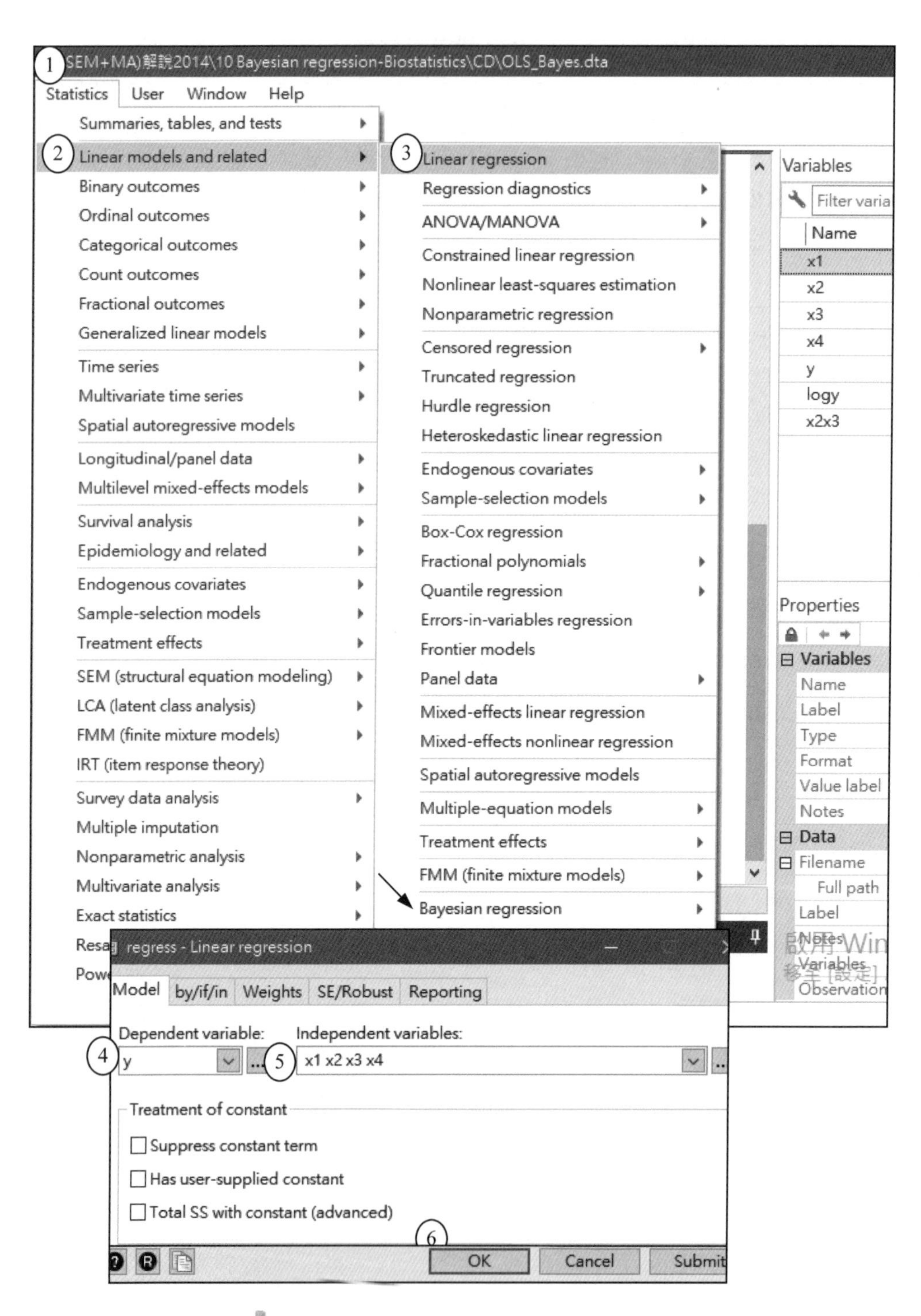

圖 3-12　多元線性迴歸之選擇表操作

```
. use OLS_Bayes.dta
. regress y x1 x2 x3 x4

      Source |       SS       df       MS              Number of obs =      54
-------------+------------------------------           F(  4,    49) =   62.79
       Model |  936264.538     4  234066.135           Prob > F      =  0.0000
    Residual |  182666.962    49  3727.89718           R-squared     =  0.8367
-------------+------------------------------           Adj R-squared =  0.8234
       Total |   1118931.5    53  21111.9151           Root MSE      =  61.057

------------------------------------------------------------------------------
           y |      Coef.   Std. Err.      t    P>|t|     [95% Conf. Interval]
-------------+----------------------------------------------------------------
          x1 |   33.16383   7.017275     4.73   0.000      19.06209    47.26557
          x2 |    4.27186   .5633845     7.58   0.000      3.139696    5.404023
          x3 |   4.125738   .5111609     8.07   0.000      3.098522    5.152955
          x4 |   14.09156   12.52533     1.13   0.266     -11.07902    39.26215
       _cons |  -621.5975   64.80043    -9.59   0.000     -751.8189   -491.3762
------------------------------------------------------------------------------

* 將這次迴歸之殘差(residual)，存到數據檔 r 變數中
. predict r, resid

* 繪殘差常態機率圖（Q-Q 圖），如下圖
. qnorm r, ylabel(-100(100)300)xlabel(-200(100)200)
```

多元迴歸模型的 output 報表，由上表之 F value 顯示，其具有足夠的證據能夠拒絕虛無假設，並且調整後的 R 百分比可高達 82.34%，RMS_E 爲 61.057，其中各個迴歸項係數爲 β_0 = (-621.59)($p < 0.05$)、人口數 β_1 = 33.16($p < 0.05$)、農耕面積 β_2 = 4.27($p < 0.05$)、森林面積 β_3 = 4.13($p < 0.05$)、工業面積 β_4 = 14.09($p > 0.05$)，利用以上的係數，建立預測模型，進行殘差分析，得 $\sqrt{MS_E} = \sqrt{3727.897}$，高達 61.057，此結果並非理想。

殘差常態機率圖

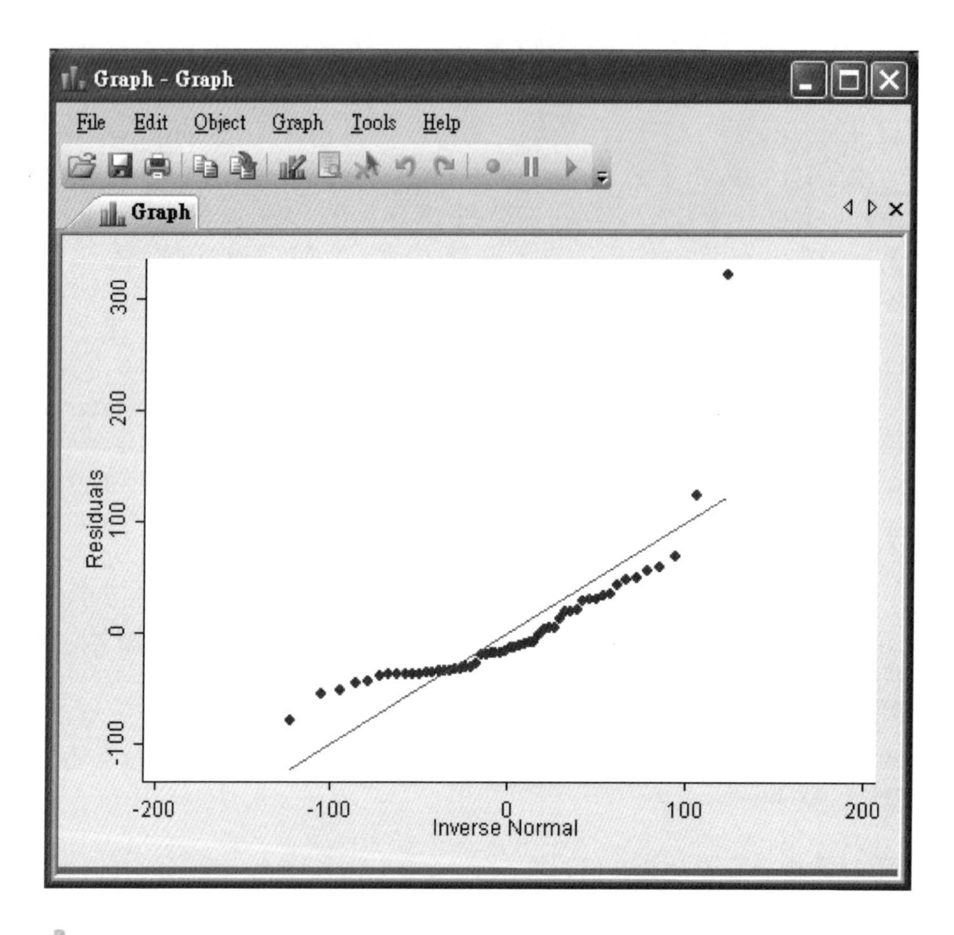

圖 3-13 (x_1 x_2 x_3 x_4) 對 y 預測的 Q-Q 圖（未接近 45 度線，故未盡理想）

Step 1-2 再判斷 logy 在 (x_1 x_2 x_3 x_4) 迴歸之殘差圖

```
* quietly 係指，只做歸迴分析，但不印出結果
. quietly regress logy x1 x2 x3 x4
* quietly 不印迴歸結果
* 將這次迴歸之殘差 (residual)，存到數據檔 r2 變數中
. predict r2, resid

* 繪殘差常態機率圖 (Q-Q 圖)，如下圖
. qnorm r2, ylabel(-.15(.6).15)xlabel(-.15(.6).15)
```

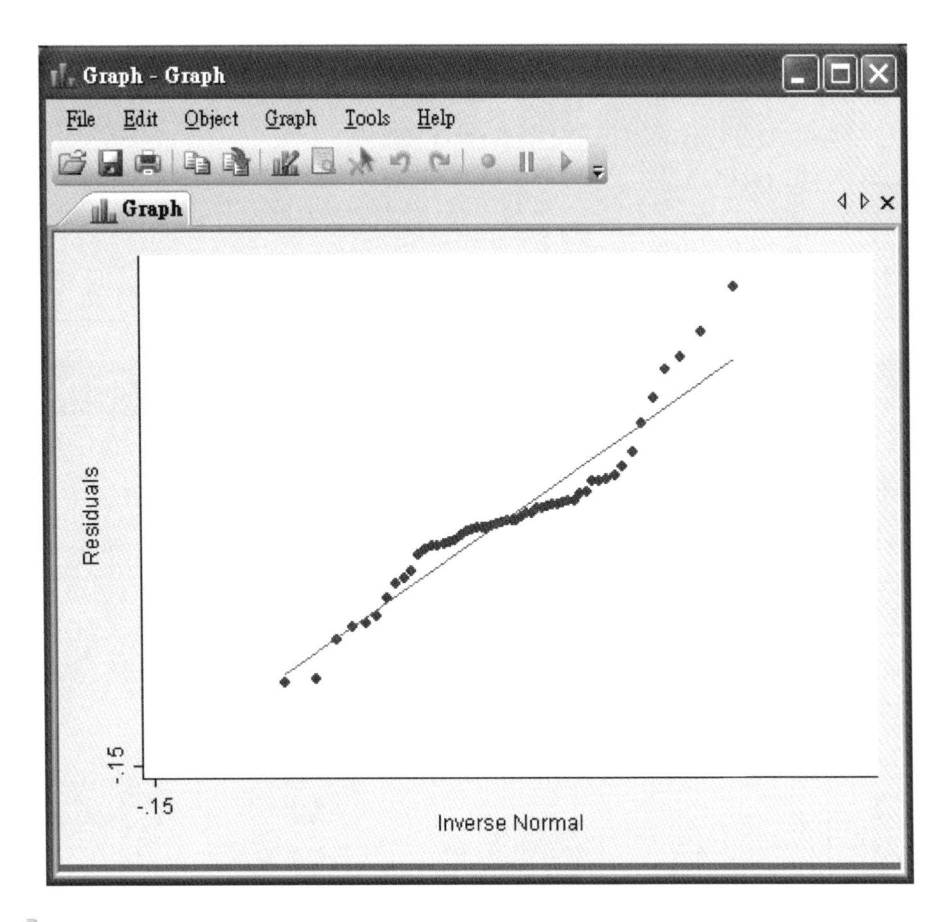

圖 3-14 (x_1 x_2 x_3 x_4) 對 logy 預測的 Q-Q 圖（logy 比 y 更接近 45 度線，故 logy 較理想）

Step 2 測試交互作用項 ($x_2 \times x_3$) 對 y vs. logy 迴歸，何者較佳？

Step 2-1 先測試交互作用項 ($x_2 \times x_3$) 在 y 的迴歸之殘差圖

由於 x_2, x_3 二預測變數有彼消此長（一增一減關係），故我們仍測試一下，這二個預測變數之「相乘積之交互作項」是否適合來當預測變數？在此我們先用繪圖法來看「交互作項」殘差是否同質？

```
. quietly regress y x2  x3

* 將這次迴歸之殘差(residual)，存到數據檔 r1 變數中
. predict r1, resid

* 繪殘差常態機率圖(Q-Q 圖)，如下圖
. graph twoway scatter r1 x2x3, ylabel(-200(100)400)xlabel(0(5000)10000)
```

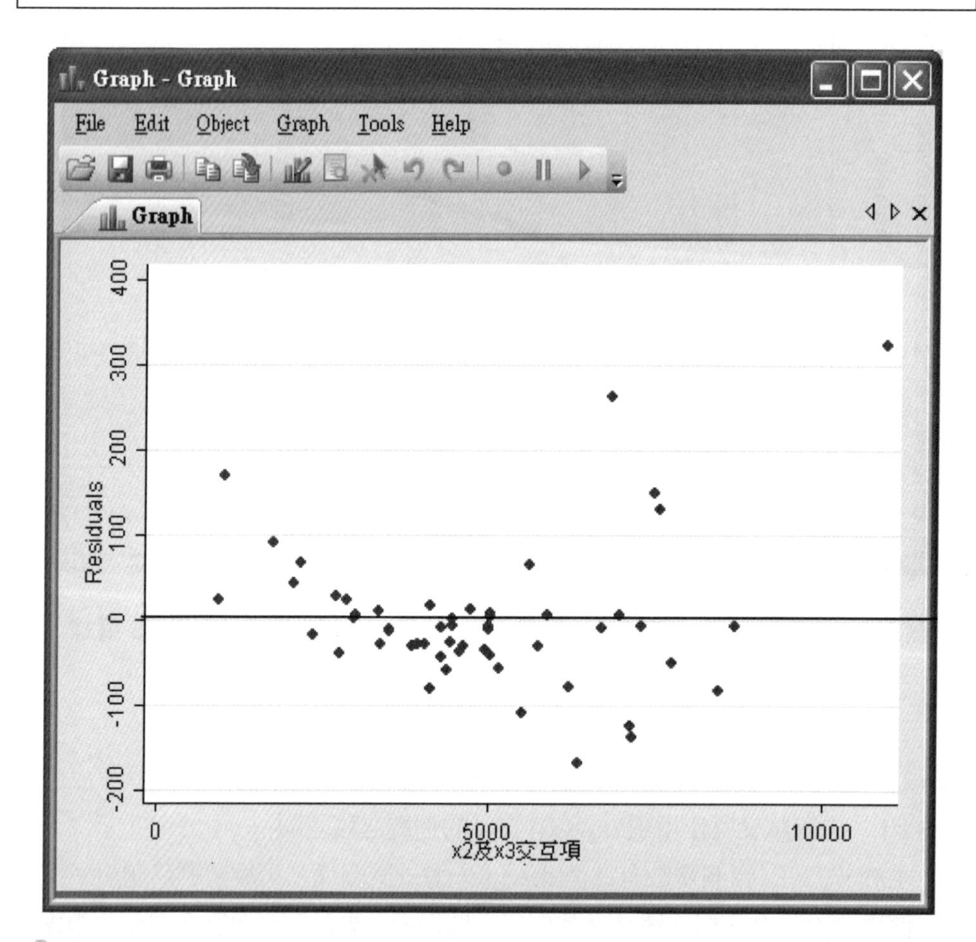

圖 3-15　交互作用項 $(x_2 \times x_3)$ 對 y 預測的殘差散布圖（未均勻分布，故未盡理想）

儘管，x_2, x_3 二變數有彼消此長（一增一減關係），但殘差分布圖顯示：殘差是異質，呈現上下不均勻之非常態分配。故 x_2, x_3 二變數之「相乘積之交互作項」不適合來當預測變數。

Step 2-2　再測交互作用項 ($x_2 \times x_3$) 在 logy 的迴歸之殘差圖

由於 x_2, x_3 二變數之「相乘積之交互作項」殘差呈現不均勻分布，我們懷疑可能是 y 變數本身不是常態分布，故 y 變數做變數變換，取對數 log(y) 存至 logy 變數，使用常態化。

接著再繪 x_2, x_3 二變數「交互作項」對 logy 依變數之殘差圖。

```
. quietly regress logy x2 x3
* 將這次迴歸之殘差 (residual)，存到數據檔 r3 變數中
. predict r3, resid
* 繪殘差常態機率圖，如下圖
. graph twoway scatter r3 x2x3, ylabel(-.4(.1)0.4)xlabel(0 5000 10000)
```

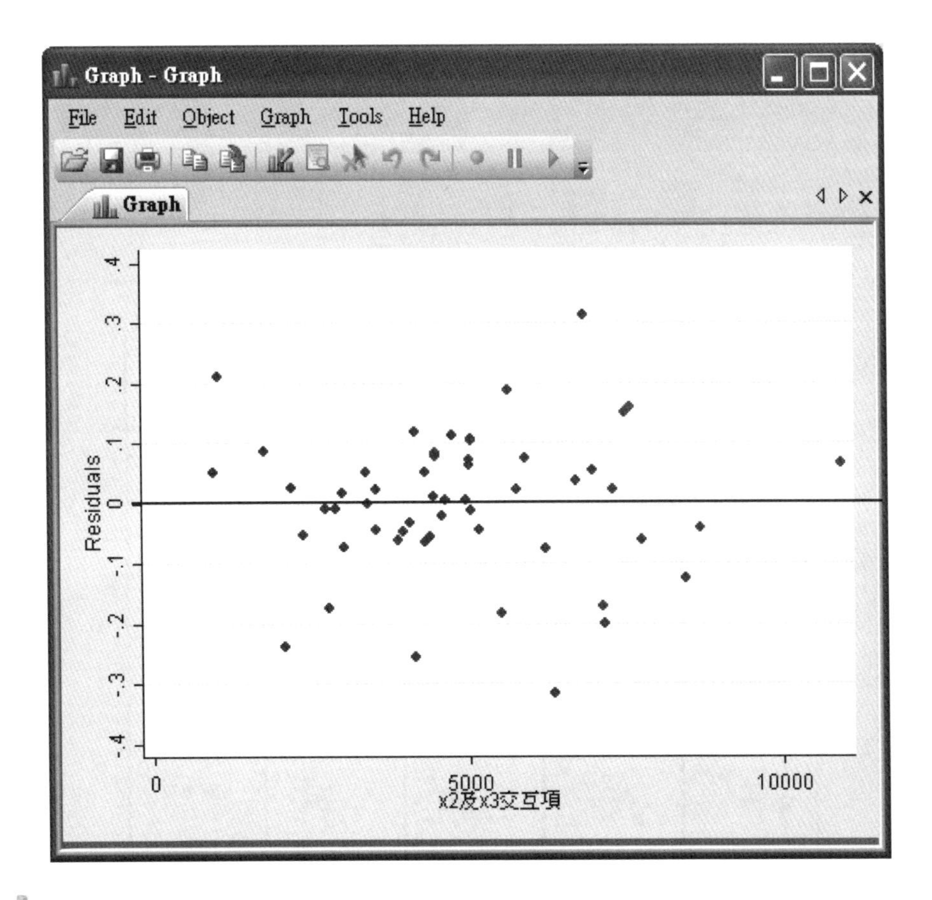

圖 3-16　($x_2 \times x_3$) 對 logy 預測的殘差散布圖（logy 比 y 更均勻分布，故 logy 較理想）

由於 ($x_2 \times x_3$) 交互作用項對 logy 之殘差圖，遠比對 y 來得均勻，故我們決定捨棄 y，改以 logy 來取代。

前次 Q-Q 圖發現 logy 殘差也比 y 更接近 45 度線。而且這次殘差散布圖（上面二個圖），logy 也比 y 更接近常態，故你可肯定：logy 比 y 更適合於 (x_1 x_2 x_3 x_4)。

可惜本例之迴歸仍有一問題，就是此模型的殘差圖與$\sqrt{MS_E}$值似乎不盡理想，所以，需再利用 Mallow's CpStatistic 與 Adjusted R-square(R_a^2) 的方法，進行較佳的模型篩選。

Step 3　再次確認，logy 對 x_1～x_4 相關之散布圖，是否呈均勻分布

```
. graph matrix logy x1 x2 x3 x4
```

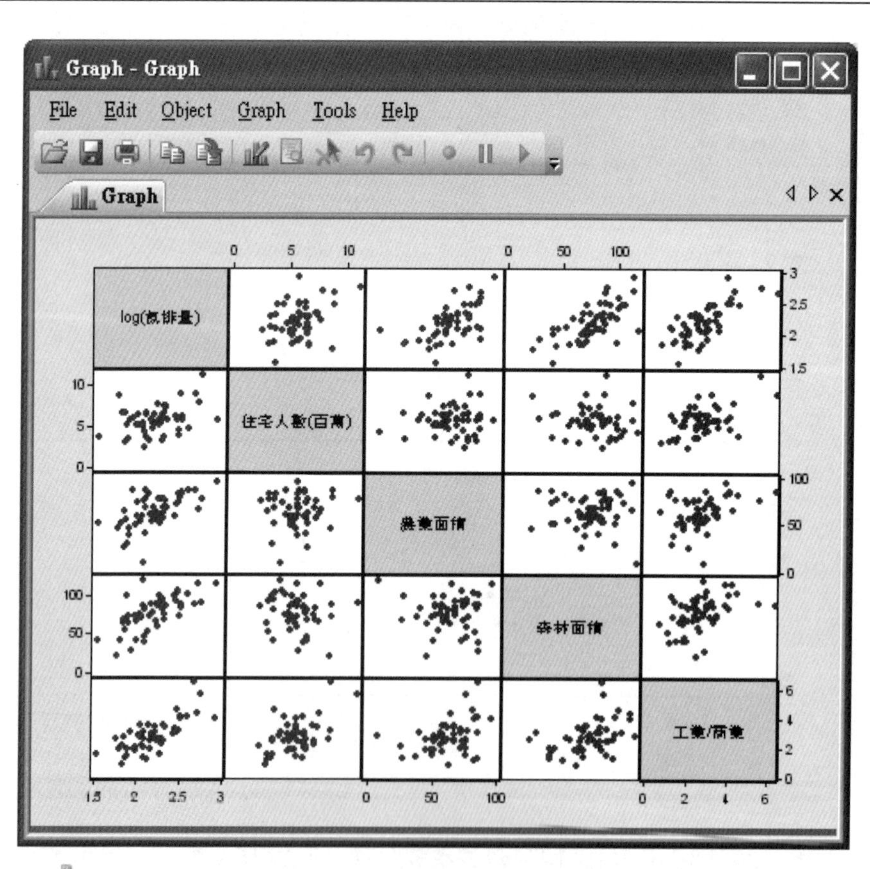

圖 3-17　logy 對 (x_1 x_2 x_3 x_4) 相關之散布圖矩陣（大致都呈常態）

粗略來看，logy 對 (x_1 x_2 x_3 x_4) 相關之散布圖矩陣，大多呈常態分布。此圖再次確認 logy 是可被 (x_1 x_2 x_3 x_4) 所預測的。

Step 4　用 rsquare 指令，計算所有可能預測變數們的 R^2，即可自動地找出最佳的可能組合

Stata 有個外加「rsquare」package，你可用「findit rsquare」指令找（或直接網址下載：http://www.ats.ucla.edu/stat/stata/ado/analysis），並安裝它。接著再執行「rsquare logy x1 x2 x3 x4」指令即可。

```
* 先外掛 rsquare 指令、亦可用 ssc install rsquare 來安裝
. findit rsquare

* 模型比較 By Mallow's CpStatistic & Adjusted R-square
. rsquare logy x1 x2 x3 x4

Regression models for dependent variable : logy

R-squared  Mallows C          SEE        MSE      models with 1 predictor
0.1200       1510.59          3.4961     0.0672    x1
0.3515       1100.01          2.5763     0.0495    x2
0.4424        938.86          2.2153     0.0426    x3
0.5274        788.15          1.8776     0.0361    x4
R-squared  Mallows C          SEE        MSE      models with 2 predictors
0.4381        948.55          2.2325     0.0438    x1 x2
0.6458        580.14          1.4072     0.0276    x1 x3
0.5278        789.34          1.8758     0.0368    x1 x4
0.8130        283.67          0.7430     0.0146    x2 x3
0.6496        573.44          1.3922     0.0273    x2 x4
0.6865        507.90          1.2453     0.0244    x3 x4
R-squared  Mallows C          SEE        MSE      models with 3 predictors
0.9723          3.04          0.1099     0.0022    x1 x2 x3
0.6500        574.71          1.3905     0.0278    x1 x2 x4
0.7192        451.99          1.1156     0.0223    x1 x3 x4
0.8829        161.66          0.4652     0.0093    x2 x3 x4
R-squared  Mallows C          SEE        MSE      models with 4 predictors
0.9724          5.00          0.1098     0.0022    x1 x2 x3 x4
```

如何挑選本例 4 個預測變數之最佳組合呢？若用暴力法來排列組合，則有 15 種可能排列組合。因此採暴力法來測試最佳迴歸模型，係非常不智的。故你可改用，根據迴歸項各種組合來看「Mallow's Cp Statistic & Adjusted R-square」值。總之，模型組合之挑選準則是：Mallow's Cp 挑最小者；Adjusted R-square 挑最大者。

1. 依「Mallows Cp 準則法」，我們挑「x_1 x_2 x_3」，Mallows Cp=3.04 最小值。
2. 依「R^2_{Adj} 準則法」，我們挑最大值「x_1 x_2 x_3 x_4」，$R^2_{Adj}=0.972$；或「x1 x2 x3」，$R^2_{Adj}=0.972$。

根據上述二準則法的交集，從 4 個預測變數 15 種可能組合中，所挑選的最佳組合爲：

$$「y= x_1 +x_2 +x_3」。$$

Step 5　用逐步 (stepwise) 迴歸，再次確認最佳組合「x_1 x_2 x_3」

1. 逐步 (stepwise) 迴歸之選擇表

```
Statistics > Other > Stepwise estimation
```

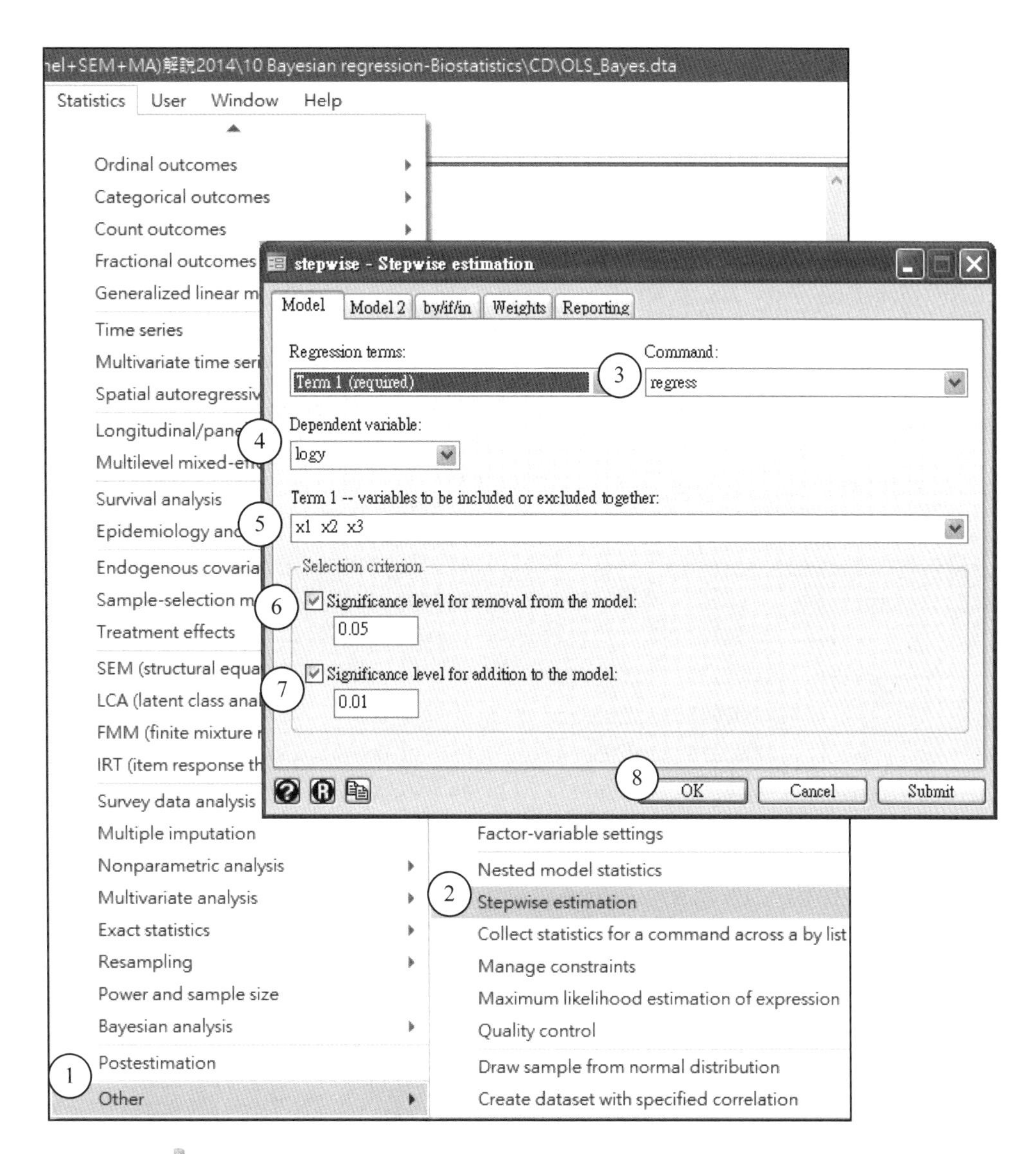

圖 3-18　逐步 (stepwise) 迴歸之選擇表（只選「x_1 x_2 x_3」）

註：Statistics > Other > Stepwise estimation

```
. use OLS_Bayes.dta, clear
* 線性逐步 (stepwise) 迴歸之指令
. stepwise, pr(0.05)pe(0.01): regress logy (x1  x2  x3)
                      begin with full model
p < 0.0500            for all terms in model

      Source |       SS       df       MS              Number of obs =      54
-------------+------------------------------           F(  3,     50)=  586.04
       Model |  3.86291372     3  1.28763791              Prob > F      =  0.0000
    Residual |  .109858708    50  .002197174              R-squared     =  0.9723
-------------+------------------------------           Adj R-squared =  0.9707
       Total |  3.97277243    53   .07495797              Root MSE      =  .04687


------------------------------------------------------------------------------
        logy |      Coef.   Std. Err.      t    P>|t|     [95% Conf. Interval]
-------------+----------------------------------------------------------------
          x1 |   .0692251   .0040779    16.98   0.000     .0610343    .0774159
          x2 |   .0092945   .0003825    24.30   0.000     .0085263    .0100628
          x3 |   .0095236   .0003064    31.08   0.000     .0089082    .0101391
       _cons |   .4836209   .0426287    11.34   0.000     .3979985    .5692432
------------------------------------------------------------------------------
```

逐步 (stepwise) 迴歸結果：

1. 整體模型達顯著 $F_{.95(3,\,50)} = 586.04$，($p < 0.05$)。解釋量 $R^2_{Adj} = 97\%$ 非常高。誤差平方根 $\sqrt{MS_E} = 0.0468$ 裳非常小。
2. 最佳線性迴歸之組合為：$y = 0.4836 + .069\ x_1 + 0.009\ x_2 + 0.009\ x_3$。即
   氮排放量 = 0.4836 + 0.069 住宅人口 + 0.009 農耕面積 + 0.009 森林面積

Step 6　最佳線性迴歸的共線性診斷 (collinearity diagnostics)

容忍值 (tolerance) 是共線性的指標，容忍值 =（1- 自變數被其他變數所解釋的變異量），容忍值（0～1 之間），越大越好。容忍值越大，代表共線性問題越小，容忍值的倒數 = 變異數膨脹因素 (variance inflation faction, VIF)，VIF 的值越小越好，代表越沒有共線性問題。

```
. estat vif
*    自變數      變異數膨脹因素   容忍值
    Variable |       VIF       1/VIF
-------------+----------------------
          x1 |      1.03    0.970108
          x3 |      1.02    0.977506
          x2 |      1.01    0.991774
-------------+----------------------
    Mean VIF |      1.02
```

x_1, x_2, xy 的容忍值均大於 0.97 非常高，變異數膨脹因素均小於 1.01 都非常小，故此三個自變數「排除其他自變數之後」，它們可解釋的變異量已非常高。

Step 7　最佳組合之 OLS 迴歸分析

本例求得：「x_1, x_2, x_3」一次無交互作用項是最佳的自變數組合。故以這三個自變數，重新執行 OLS 分析，結果如下：

```
. regress y x1 x2 x3

      Source |       SS           df       MS      Number of obs   =        54
-------------+----------------------------------   F(3, 50)        =     82.85
       Model |  931546.037         3  310515.346   Prob > F        =    0.0000
    Residual |  187385.463        50  3747.70926   R-squared       =    0.8325
-------------+----------------------------------   Adj R-squared   =    0.8225
       Total |   1118931.5        53  21111.9151   Root MSE        =    61.219

------------------------------------------------------------------------------
           y |      Coef.   Std. Err.      t    P>|t|     [95% Conf. Interval]
-------------+----------------------------------------------------------------
          x1 |   38.32274   5.325891     7.20   0.000     27.62538    49.02011
          x2 |   4.567732   .4995591     9.14   0.000     3.564338    5.571126
          x3 |   4.485036   .4001741    11.21   0.000     3.681263    5.288809
       _cons |  -659.1794   55.67408   -11.84   0.000    -771.0041   -547.3547
------------------------------------------------------------------------------
```

1. 以「x_1, x_2, x_3」的自變數組合，求得 OLS 分析結果為：

   $y = -659.179 + 38.323\ x_1 + 4.568\ x_2 + 4.485\ x_3$

Step 8　當對照組：改用 Lasso 推論模型來 control 被 OLS 迴歸排除之自變數 (X_4)，的干擾

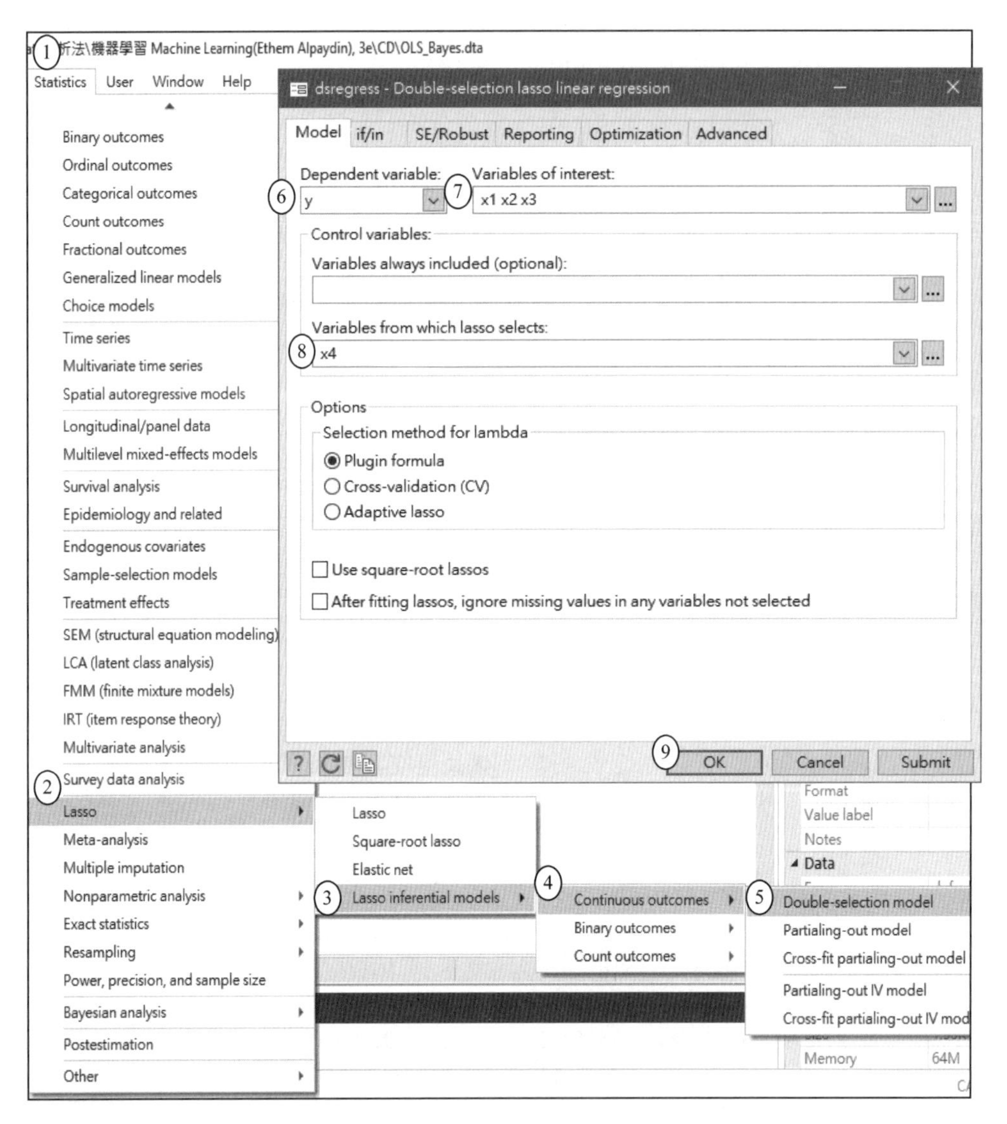

圖 3-19　Lasso 推論模型：「dsregress y x_1 x_2 x_3, controls(x4)」之畫面

```
. dsregress y x1 x2 x3, controls(x4)

Estimating lasso for y using plugin
Estimating lasso for x1 using plugin
Estimating lasso for x2 using plugin
Estimating lasso for x3 using plugin

Double-selection linear model          Number of obs               =        54
                                       Number of controls          =         1
                                       Number of selected controls =         1
                                       Wald chi2(3)                =     31.16
                                       Prob > chi2                 =    0.0000

------------------------------------------------------------------------------
             |               Robust
           y |      Coef.   Std. Err.      z    P>|z|     [95% Conf. Interval]
-------------+----------------------------------------------------------------
          x1 |   33.16383   6.477356     5.12   0.000     20.46844    45.85921
          x2 |    4.27186   .9549922     4.47   0.000     2.400109     6.14361
          x3 |   4.125738   .8357334     4.94   0.000     2.487731    5.763746
------------------------------------------------------------------------------
Note: Chi-squared test is a Wald test of the coefficients of the variables
      of interest jointly equal to zero. Lassos select controls for model
      estimation. Type lassoinfo to see number of selected variables in each
      lasso.
```

1. 以「x_1, x_2, x_3」當「有興趣」自變數，並控制外在變數 x_4 的干擾，求得 Lasso 線性模型之結果爲：

   $y = 33.163\ x_1 + 4.272\ x_2 + 4.126\ x_3$（不含截距項）

2. 對比 OLS 分析結果爲：

   $y = -659.179 + 38.323\ x_1 + 4.568\ x_2 + 4.485\ x_3$

比較上面二迴歸式，可發現 OLS 比 Lasso 迴歸高估了「x_1、x_2、x_3」的迴歸係數值（對依變數影響效果）。意即，「控制」且不排除外在變數 x_4 的干擾之下，更能精確來推論（拒絕假設）本例線性模型。

3-2-2c 四次方多項式之過濾法「自變數組合之子集選擇」（regression 指令）

單一自變數 X 之多項式迴歸，其適配情況有下圖 3 種。

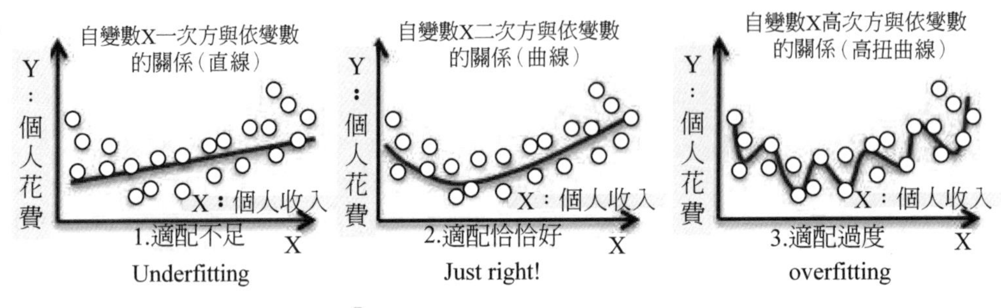

圖 3-20　適配有三種情況

自變數組合的挑選，另一範例，請見「3-2-2b 用 OLS 挑選所有自變數的最佳組合 vs. Lasso 推論模型」。

範例：模擬的 GDP 成長曲線，用 $y = b_0 + b_1x + b_2x^2 + b_3x^3 + b_4x^4$ 來適配（regression 指令）

(一) 問題說明

為預測 GDP 成長曲線？（分析單位：季資料）

研究者模擬 40 筆數據並整理成下表，此「fit of polynomial regression.dta」資料檔內容之變數如下：

變數名稱	說明	編碼 Codes/Values
反應變數 / 依變數：y	GDP	連續變數
預測變數 / 自變數：x_1（一次方）	x	連續變數
預測變數 / 自變數：x_2（二次方）	x^2	連續變數
預測變數 / 自變數：x_3（三次方）	x^3	連續變數
預測變數 / 自變數：x_4（四次方）	x^4	連續變數

(二) 資料檔之內容

「fit of polynomial regression.dta」資料檔內容內容如下圖。

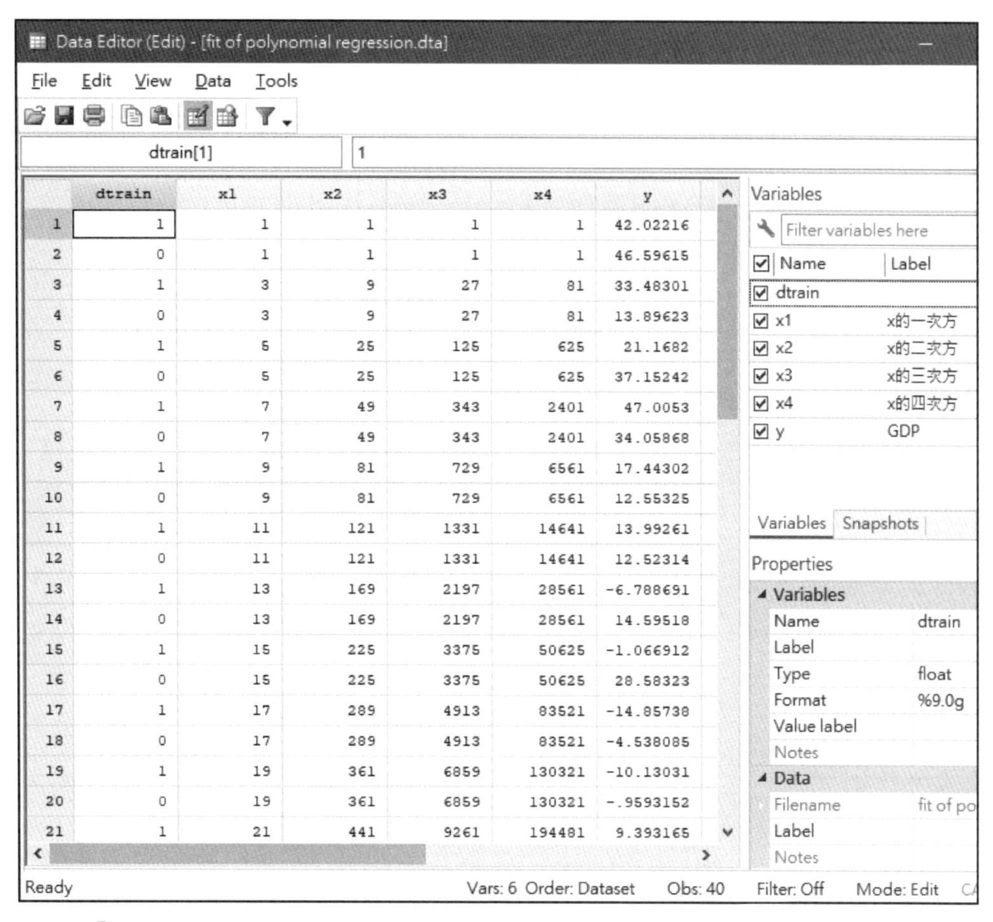

	dtrain	x1	x2	x3	x4	y
1	1	1	1	1	1	42.02216
2	0	1	1	1	1	46.59615
3	1	3	9	27	81	33.48301
4	0	3	9	27	81	13.89623
5	1	5	25	125	625	21.1682
6	0	5	25	125	625	37.15242
7	1	7	49	343	2401	47.0053
8	0	7	49	343	2401	34.05868
9	1	9	81	729	6561	17.44302
10	0	9	81	729	6561	12.55325
11	1	11	121	1331	14641	13.99261
12	0	11	121	1331	14641	12.52314
13	1	13	169	2197	28561	-6.788691
14	0	13	169	2197	28561	14.59518
15	1	15	225	3375	50625	-1.066912
16	0	15	225	3375	50625	28.58323
17	1	17	289	4913	83521	-14.85738
18	0	17	289	4913	83521	-4.538085
19	1	19	361	6859	130321	-10.13031
20	0	19	361	6859	130321	-.9593152
21	1	21	441	9261	194481	9.393165

圖 3-21 「fit of polynomial regression.dta」資料檔內容（N=40 筆）

觀察資料之特徵

```
. use fit of polynomial regression.dat
. des y x1 x2 x3 x4

              storage   display    value
variable name   type    format     label      variable label
-----------------------------------------------------------------------------
y               float   %9.0g                 GDP
x1              float   %9.0g                 x 的一次方
x2              float   %9.0g                 x 的二次方
x3              float   %9.0g                 x 的三次方
x4              float   %9.0g                 x 的四次方

. sum y x1 x2 x3 x4

    Variable |        Obs        Mean    Std. Dev.       Min        Max
-------------+---------------------------------------------------------
           y |         40    15.86777    18.33615  -27.20636    47.0053
          x1 |         40          20    11.67948          1         39
          x2 |         40         533    482.3498          1       1521
          x3 |         40       15980    18319.84          1      59319
          x4 |         40    510933.8    688126.3          1    2313441
```

(三) 分析結果與討論

Step 1 用 OLS 適配 $y = b_0 + b_1x + b_2x^2 + b_3x^3 + b_4x^4$

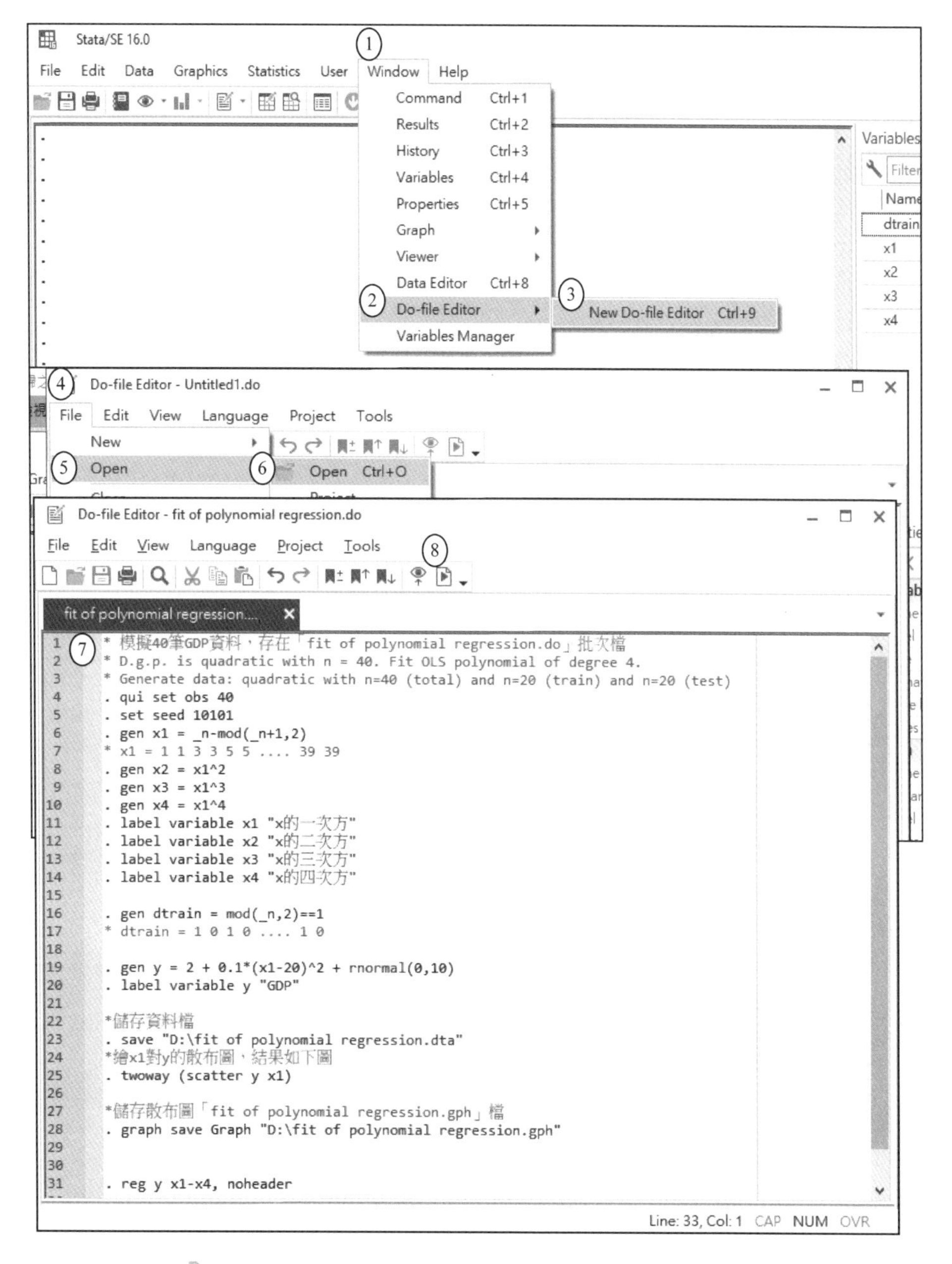

圖 3-22 「fit of polynomial regression.do」批次檔

【Stata 程式解說】

```
* 模擬 40 筆 GDP 資料，存在「fit of polynomial regression.do」批次檔
* D.g.p. is quadratic with n = 40. Fit OLS polynomial of degree 4.
* Generate data: quadratic with n=40 (total)and n=20 (train)and n=20 (test)
* quiet 旨在讓指令執行時「安靜，不要回應」
. quiet set obs 40
* 設定隨機函數之初始種子
. set seed 10101
* mod(x,y) 函數是：「x 除以 y」再取餘數
. gen x1 = _n-mod(_n+1,2)
* x1 = 1 1 3 3 5 5 .... 39 39
. gen x2 = x1^2
. gen x3 = x1^3
. gen x4 = x1^4
. label variable x1 "x 的一次方 "
. label variable x2 "x 的二次方 "
. label variable x3 "x 的三次方 "
. label variable x4 "x 的四次方 "

* 指標變數 dtrain(假設 0=traing set; 1= test set)
. gen dtrain = mod(_n,2)==1
* dtrain = 1 0 1 0 .... 1 0

. gen y = 2 + 0.1*(x1-20)^2 + rnormal(0,10)
. label variable y "GDP"

* 儲存資料檔
. save "D:\fit of polynomial regression.dta"
* 繪 x1 對 y 的散布圖，結果如下圖
. twoway (scatter y x1)

* 儲存散布圖「fit of polynomial regression.gph」檔
. graph save Graph "D:\fit of polynomial regression.gph"



. reg y x1-x4, noheader
```

```
------------------------------------------------------------------------------
           y |      Coef.   Std. Err.      t    P>|t|     [95% Conf. Interval]
-------------+----------------------------------------------------------------
          x1 |   .4540487   3.347179     0.14   0.893    -6.341085    7.249183
          x2 |   -.437711   .3399652    -1.29   0.206    -1.127877    .2524551
          x3 |    .020571   .0127659     1.61   0.116    -.0053452    .0464871
          x4 |  -.0002477   .0001584    -1.56   0.127    -.0005692    .0000738
       _cons |   37.91263   9.619719     3.94   0.000     18.38357     57.4417
------------------------------------------------------------------------------
```

1. 用 OLS 求 $y = b_0 + b_1x + b_2x^2 + b_3x^3 + b_4x^4$ 迴歸式，顯示這四個自變數都無顯著的預測力 (p>0.05)。

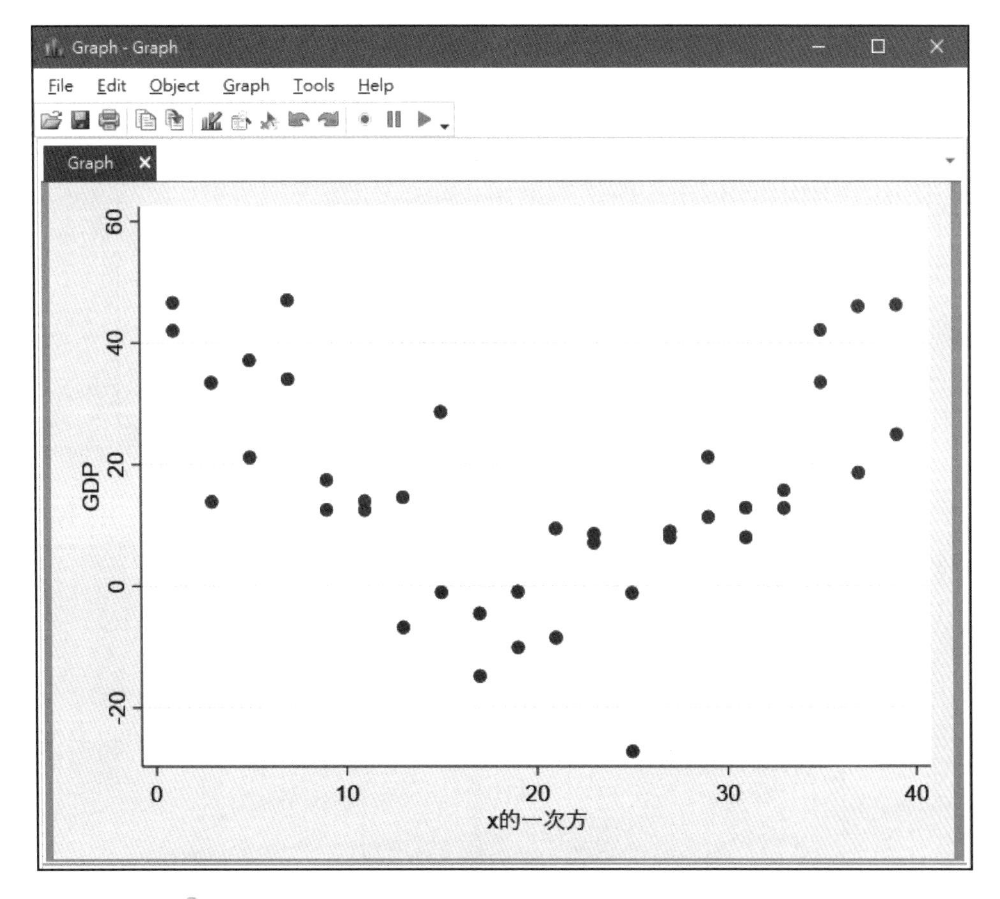

圖 3-23 散布圖「fit of polynomial regression.gph」檔

Step 2　分別繪 traing data set, test data set 二群組之迴歸曲線

```
* 分 traing set, test set 二群組，再作 OLS 迴歸
. by dtrain, sort : regress y x1 x2 x3 x4
*OLS 預測值 ŷ 存至 y_hat 變數
. quiet predict y_hat
(option xb assumed; fitted values)

* 分別繪 traing set, test set 二群組之迴歸曲線
. twoway (scatter y x1)(line y_hat x1, sort), by(dtrain)
```

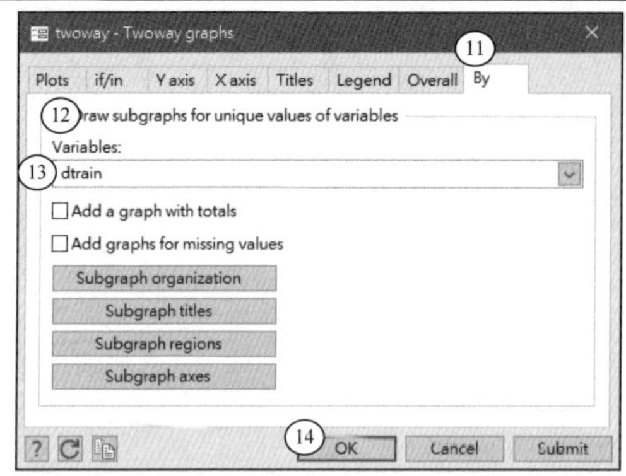

圖 3-24　「twoway (scatter y x1)(line y_hat x1, sort), by(dtrain)」指令畫面

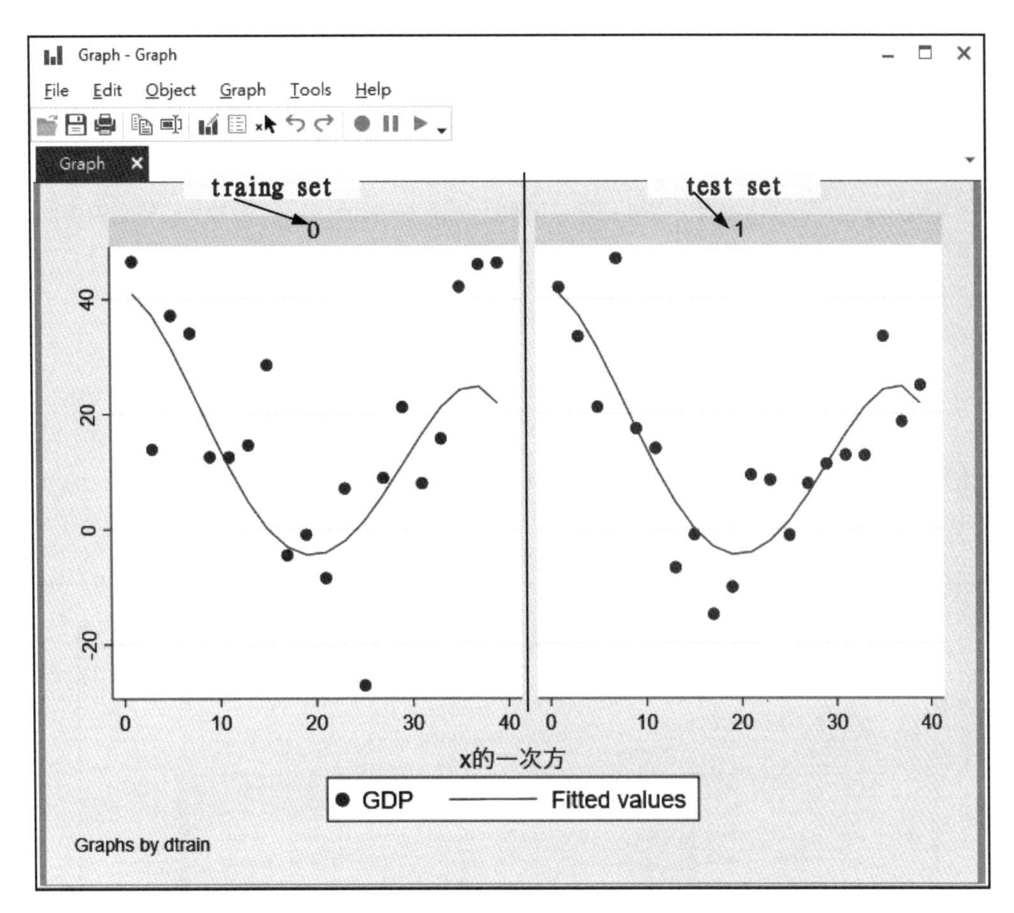

圖 3-25 分別繪 traing set, test set 二群組之迴歸曲線

Step 3 切割樣本再三角驗證 (single split-sample validation)

```
* Split sample validation training and test MSE for polynomials up to degree 4
* 迴圈 for 執行 4 次，依序求 X,X^2,X^3,X^4 四個自變數的變異數誤差 MSE
.forvalues i = 1/4 {
   reg y x1-x'i' if dtrain==1
   predict y'i'hat
   gen y'i'errorsq = (y'i'hat -y)^2
   sum y'i'errorsq if dtrain == 1
   scalar mse'i'train = r(mean)
   sum y'i'errorsq if dtrain == 0
```

```
   scalar mse'i'test = r(mean)
}
* forvalue 求得訓練數據集、test 數據集的變異數誤差 MS_E，如下圖。

* 用 display 印出 X,X^2,X^3,X^4 四個自變數，在訓練數據集、test 數據集的變異數誤差 MSe
. di _n "MSE linear Train = " mse1train " Test = " mse1test _n
. di "MSE quadratic Train = " mse2train " Test = " mse2test _n
. di "MSE cubic Train = " mse3train " Test = " mse3test _n
. di "MSE quartic Train = " mse4train " Test = " mse4test _n

* 變異數誤差 MS_E 另存新檔「fit of polynomial regression2.dta」，再求「Five-fold cross validation」
. save "D:\fit of polynomial regression2.dta", replace
```

Stata/SE 16.0 - D:\fit of polynomial regression.dta

Data Editor (Edit) - [fit of polynomial regression.dta]

File Edit View Data Tools

1C | 13.768664

	x4	y	y_hat	y1hat	y1errorsq	y2hat	y2errorsq	y3hat	y3errorsq	y4hat	y4
1	194481	-8.51401	-4.104164	13.76866	496.5176	-.2999733	67.47041	.1561725	75.17207	-4.104164	1
2	2401	34.05868	24.69001	17.56238	272.1277	21.39928	160.2602	19.66224	207.2573	24.69001	8
3	279841	7.078984	-2.066589	13.2267	37.79447	.0107116	49.96047	1.333074	33.01548	-2.066589	8
4	2313441	46.25836	21.77676	8.891026	1396.318	33.1914	170.7454	28.7267	307.3592	21.77676	5
5	625	37.15242	31.54177	18.10434	362.8292	27.90976	85.42681	27.51812	92.81982	31.54177	3
6	923521	7.955956	16.52011	11.05887	9.628051	9.779899	3.326769	12.26336	18.55373	16.52011	7
7	50625	28.58323	.0296585	15.39454	173.9415	3.88384	610.06	1.833488	715.5489	.0296585	8
8	707281	21.17491	11.24537	11.60083	91.66302	6.058635	228.5016	8.781687	153.5919	11.24537	9
9	1185921	15.69912	21.11862	10.51691	26.85537	14.35381	1.809872	16.09085	.1534481	21.11862	2
10	83521	-4.538085	-3.085433	14.85258	375.998	1.636591	38.12662	.3142289	23.54495	-3.085433	2
11	1	46.59615	41.0034	19.18826	751.1924	43.48864	9.656663	47.95334	1.841952	41.0034	3
12	28561	14.59518	4.711901	15.9365	1.799157	6.983734	57.93406	4.435768	103.2136	4.711901	9
13	6561	12.55325	17.51475	17.02042	19.95561	15.74146	10.16464	13.258	.4966619	17.51475	2
14	81	13.89623	37.28355	18.6463	22.56322	35.27287	456.961	36.91776	529.9911	37.28355	5
15	390625	-27.20636	1.420564	12.68474	1591.3	1.174041	805.4473	3.224394	926.0309	1.420564	8
16	1874161	46.00533	24.78045	9.432986	1337.536	26.05956	397.8337	24.41467	466.1566	24.78045	4
17	1500625	42.1045	24.19565	9.974946	1032.308	19.78036	498.3674	20.172	481.0347	24.19565	
18	130321	-.9593152	-4.474496	14.31062	233.1711	.2419865	1.443126	-.2141593	.5552573	-4.474496	
19	531441	8.900408	6.014115	12.14279	10.51301	3.190016	32.60858	5.737982	10.00094	6.014115	8
20	14641	12.52314	10.6769	16.47846	15.64462	10.93627	2.518136	8.213221	18.57537	10.6769	3
21	923521	12.81053	16.52011	11.05887	3.068334	9.779899	9.184736	12.26336	.2993978	16.52011	1
22	81	33.48301	37.28355	18.6463	220.1277	35.27287	3.203625	36.91776	11.79756	37.28355	1
23	1874161	18.64915	24.78045	9.432986	84.93762	26.05956	54.9142	24.41467	33.24125	24.78045	3
24	531441	7.886425	6.014115	12.14279	18.1166	3.190016	22.05626	5.737982	4.615808	6.014115	3
25	1185921	12.7604	21.11862	10.51691	[illegible]	14.35381	2.538954	16.09085	11.09189	21.11862	6
26	390625	-1.1733	1.420564	12.68474	192.0454	1.174041	5.51001	3.224394	19.33971	1.420564	6

Variables

Name
dtrain
x1
x2
x3
x4
y
y_hat
y1hat

Properties

Variables: Name, Label, Type, Format, Value label, Notes

Data: Frame, Filename, Label, Notes, Variables

圖 3-26 「forvalue 求得訓練數據集、test 數據集的變異數誤差 MSE」之資料檔

3-2-2d 子集選擇之自變數篩選：Stata 外掛指令 vselect

vselect 外掛指令，旨在做線性迴歸之自變數選 (linear regression variable selection)。

承上例資料檔「OLS_Bayes-v12.dta」。

```
* 存在「vselect.do」批次檔
*step 1: 基於 x1，x2 及 x3 考慮所有 8 種可能的模型
. use OLS_Bayes-v12.dta

* 使用外掛指令 vselect 前，先用" find vselec" 或" ssc install vselec" 安裝它
. find vselec

*step 2 ：基於 x1，x2,x3 及 x4 考慮所有 4 種可能的模型
. vselect y x1 x2 x3 x4, best

Response :             y
Selected predictors:   x3 x2 x1 x4

Optimal models:

   # Preds     R2ADJ        Cp        AIC       AICC        BIC
         1  .5125587  93.54543  654.1138  654.5938  658.0918
         2   .645747   54.3169  637.8306   638.647  643.7976
         3  .8224837  4.265727  601.4501  602.7001   609.406
         4  .8234221         5  602.0729  603.8601  612.0178

predictors for each model:

1  :  x4
2  :  x3 x2
3  :  x3 x2 x1
4  :  x3 x2 x1 x4
```

1. 依據 MS_E、AIC、BIC、Cp 越小，該模型適配度越佳之準則，我們應挑：
   $y = \beta_0 + \beta_3 x_3 + \beta_2 x_2 + \beta_1 x_1 + \varepsilon$

```
* 存在「vselect.do」批次檔
*step 2 : vselect also does forward selection and backward selection
. vselect y x1 x2 x3 x4, forward aic
FORWARD variable selection
Information Criteria: AIC

------------------------------------------------------------------------------
Stage 0 reg y  : AIC   691.946
------------------------------------------------------------------------------
AIC   685.8787  :              add         x1
AIC   674.1515  :              add         x2
AIC   671.7789  :              add         x3
AIC   654.1138  :              add         x4
------------------------------------------------------------------------------
Stage 1 reg y x4 : AIC  654.1138
------------------------------------------------------------------------------
AIC   656.0998  :              add         x1
AIC   644.0663  :              add         x2
AIC   644.2295  :              add         x3
------------------------------------------------------------------------------
Stage 2 reg y x4 x2 : AIC  644.0663
------------------------------------------------------------------------------
AIC   645.7385  :              add         x1
AIC   620.3538  :              add         x3
------------------------------------------------------------------------------
Stage 3 reg y x4 x2 x3 : AIC  620.3538
------------------------------------------------------------------------------
AIC   602.0729  :              add         x1

Final Model

      Source |       SS       df       MS              Number of obs =      54
-------------+------------------------------           F(  3,    50)=   53.46
       Model |  853000.729     3  284333.576           Prob > F      =  0.0000
    Residual |  265930.771    50  5318.61541           R-squared     =  0.7623
-------------+------------------------------           Adj R-squared =  0.7481
       Total |   1118931.5    53  21111.9151           Root MSE      =  72.929
```

```
------------------------------------------------------------------------------
           y |      Coef.   Std. Err.      t    P>|t|     [95% Conf. Interval]
-------------+----------------------------------------------------------------
          x4 |   52.77323   11.32477     4.66   0.000     30.02677    75.51969
          x2 |   3.615818   .6521869     5.54   0.000     2.305862    4.925774
          x3 |   2.927928   .5302176     5.52   0.000     1.862954    3.992901
       _cons |  -402.0995   53.97535    -7.45   0.000    -510.5122   -293.6868
------------------------------------------------------------------------------
```

* 以上是 AIC 準則，採 forward 所建議 4 個自變數的最佳模型：y=b0+b4× x4+b2× x2+b3× x3

```
. vselect y x1 x2 x3 x4, backward bic
BACKWARD variable selection
Information Criteria: BIC


------------------------------------------------------------------------------
Stage 0 reg y x1 x2 x3 x4 : BIC  612.0178
------------------------------------------------------------------------------
BIC   628.3097  :              remove         x1
BIC   649.9474  :              remove         x2
BIC   653.6944  :              remove         x3
BIC   609.406   :              remove         x4
------------------------------------------------------------------------------
Stage 1 reg y x1 x2 x3  : BIC   609.406
------------------------------------------------------------------------------
BIC   643.7976  :              remove         x1
BIC   658.4913  :              remove         x2
BIC   673.255   :              remove         x3

Final Model

      Source |       SS       df       MS              Number of obs =      54
-------------+------------------------------           F(  3,    50)=   82.85
       Model |  931546.037     3  310515.346           Prob > F      =  0.0000
    Residual |  187385.463    50  3747.70926           R-squared     =  0.8325
-------------+------------------------------           Adj R-squared =  0.8225
       Total |   1118931.5    53  21111.9151           Root MSE      =  61.219
```

```
------------------------------------------------------------------------------
           y |      Coef.   Std. Err.      t    P>|t|     [95% Conf. Interval]
-------------+----------------------------------------------------------------
          x1 |   38.32274   5.325891     7.20   0.000     27.62538    49.02011
          x2 |   4.567732   .4995591     9.14   0.000     3.564338    5.571126
          x3 |   4.485036   .4001741    11.21   0.000     3.681263    5.288809
       _cons |  -659.1794   55.67408   -11.84   0.000    -771.0041   -547.3547
------------------------------------------------------------------------------
以上是 BIC 準則，採 backward 所建議 4 個自變數的最佳模型：y=b0+b1× x1+b2× x2+b3×
x3
```

```
* 存在「vselect.do」批次檔
*step 3 ：you can specify that some regressors always (如 x1) be included
* 模型強制納入 x1
. vselect y x2 x3 x4, fix(x1)best

Response :              y
Fixed predictors :      x1
Selected predictors:    x3 x2 x4

Optimal models:

   # Preds     R2ADJ          C        AIC       AICC        BIC
         1  .5349627   86.31411   652.5244   653.3407   658.4913
         2  .8224837   4.265727   601.4501   602.7001    609.406
         3  .8234221          5   602.0729   603.8601   612.0178

predictors for each model:

1  :  x3
2  :  x3 x2
3  :  x3 x2 x4
```

1. 模型強制納入 x_1，求得的最佳模型是：$y = b_0 + b_1 \times x_1 + b_2 \times x_2 + b_3 \times x_3$

3-2-2e 子集選擇之適配度：Stata巨集指令求MS_E、AIC、BIC、Cp、R^2_{Adj}

適配度 (Goodness of fit) 準則取決於條件的屬性和模型的性質。在具有固定效果的廣義線性建模中，偏差 (deviance) 是一項重要測量。

統計模型的適配度描述，它對一組觀測值的適配程度。適配度的測量通常總結觀察值與該模型下預期值之間的差異。此類測量可用於統計假設檢定，例如：爲了檢定殘差的常態性，檢定是否從相同分布中抽取兩個樣本（Kolmogorov-Smirnov 檢定），或者結果頻率是否遵循指定的分布（請參見 Pearson 卡方檢定）。在變異數分析中，變異數被劃分成的成分之一可能是 lack-of-fit 的平方。

ML 模型常用的適配度，包括：MS_E、AIC、BIC、Cp、R^2_{Adj} 等。

一、AIC、BIC 資訊準則：「資訊角度」的變數篩選指標

迴歸分析中尚有很常見的變數篩選方式，就是從「資訊量」的角度出發，這種類型的變數篩選方法最常被應用在時間序列預測 (time series forecasting)、HLM 模型、FMM 模型中、Panel-data 迴歸。假設 $(X_1, X_2, X_3, \cdots, X_t)$ 是一時間序列，人們常常建立自我迴歸模型 (autoregressive model, AR) 來預測 X_t，AR(p) 模型的形式如下：

$$X_t = \beta_0 + \beta_1 X_{t-1} + \beta_2 X_{t-2} + \cdots + \beta_p X_{t-p} + \varepsilon_i$$

在 ARiMA(p, q) 的迴歸模型中，最常遇到的問題是，要運用落後幾期的資訊？也就是要決定 p 期的值。這時常會用到 Akaike 資訊準則 (Akaike information criterion, AIC)，AIC 的背後其實隱藏著一個很深理論，是關於「分配間距離」的 Kullback–Leibler divergence (KL divergence)。KL divergence 的概念其實不難，主要是想要衡量兩個不同的分配「差距多大」，運用在此，旨在了解「估計出的迴歸模型」與「眞實的迴歸模型」的差距多大？實際上，你需要用觀察到的樣本來估計 KL divergence，因此 AIC 提供了一個大樣本情況的不偏估計式：

$AIC = -2\ln(L(\beta_0, \cdots, \beta_p)) + 2p$，其中$L(\beta_0, \cdots, \beta_p)$是最大化的概似函數。

透過極小化 AIC，你可選出最適合的 p 期，如此一來也就幫我們在過去無數的落後期數中，選擇出重要的前 p 期，進而達到變數篩選的功能。

AIC 的優點是：在大樣本中，極小化 AIC 等同於極小化一步預測 (one-step

prediction) 的平均平方誤差 (mean squared error, MS_E)，同時也針對變數進行選擇，但最大的缺點就是對於模型有分配的假定，當分配假定錯誤時 AIC 便不是一個衡量 KL divergence 的好指標。

時間序列範例，請見作者《總體經濟與財務金融：Stata 時間數列分析》、《Stata 廣義時間數列：panel data 迴歸模型》二書。

小結：多元迴歸的變數篩選

自變數篩選是特徵選擇 (feature selection)，它有 3 方法：過濾法（例如：子集選擇）、包裝法、嵌入法（收縮法 shrinkage）。目前常見的手法是「子集合選擇」之「資訊準則」、「正規化」等方法。其實，每一種方法都有其優缺點，故你要了解瞭不同情境與問題下，該採用哪一種變數篩選的方法？

二、子集選擇之範例：依 MS_E、AIC、BIC、Cp、R^2_{Adj} 來篩選自變數

本例旨在示範如何實作這些適配度指標。

Data Editor (Edit) - [OLS_Bayes-v12.dta]

le Edit View Data Tools

x2[1] 62

	x1	x2	x3	x4	y	logy
1	6.699999809	62	81	2.59	200	2.301000118
2	5.099999905	59	66	1.7	101	2.004300117
3	7.400000095	57	83	2.16	204	2.309600115
4	6.5	73	41	2.01	101	2.004300117
5	7.800000191	65	115	4.3	509	2.706700087
6	5.800000191	38	72	1.42	80	1.903100014
7	5.699999809	46	63	1.91	80	1.903100014
8	3.700000048	68	81	2.57	127	2.103800058
9	6	67	93	2.5	202	2.305399895
10	3.700000048	76	94	2.4	203	2.307499886
11	6.300000191	84	83	4.13	329	2.517199993
12	6.699999809	51	43	1.86	65	1.812899947
13	5.800000191	96	114	3.95	830	2.919100046
14	5.800000191	83	88	3.95	330	2.51850009
15	7.699999809	62	67	3.4	168	2.225300074
16	7.400000095	74	68	2.4	217	2.336499929
17	6	85	28	2.98	87	1.939499974
18	3.700000048	51	41	1.55	34	1.531499982
19	7.300000191	68	74	3.56	215	2.332400084
20	5.599999905	57	87	3.02	172	2.235500097
21	5.199999809	52	76	2.85	109	2.037400007
22	3.400000095	83	53	1.12	136	2.133500099
23	6.699999809	26	68	2.1	70	1.845100045
24	5.800000191	67	86	3.4	220	2.342400074
25	6.300000191	59	100	2.95	276	2.440900087
26	5.800000191	61	73	3.5	144	2.158400059
27	5.199999809	52	86	2.45	181	2.257699966
28	11.19999981	76	90	5.59	574	2.758899927
29	5.199999809	54	56	2.71	72	1.857300043
30	5.800000191	76	59	2.58	178	2.250400066

Properties

Variables	
Name	x2
Label	農業面積
Type	float
Format	%9.0g
Value Label	
Notes	
Data	
Filename	OLS_Bayes-
Label	indicator th
Notes	
<Add note>	
Variables	8
Observations	54
Size	1.69K
Memory	32M

圖 3-27 「OLS_Bayes-v12.dta」資料檔內容

範例：自變數「x1，x2 及 x3」三者的組合，共有 8 種 (2^3) 可能的模型。如何在眾多自變數中找到最佳組合呢？

```
* 存在「penalized goodness-of-fit measures.do」批次檔
*step 1: 基於 x1，x2 及 x3 考慮所有 8 種可能的模型。
. use OLS_Bayes-v12.dta

. des

Contains data from D:\OLS_Bayes-v12.dta
  obs:            54                          log 氮排量
 vars:             7                          25 Jul 2019 06:52
 size:         1,512
--------------------------------------------------------------------------
              storage  display     value
variable name   type   format      label      variable label
------------------------------------------------------------------------
x1              float  %9.0g                  住宅人數（百萬）
x2              float  %9.0g                  農業面積
x3              float  %9.0g                  森林面積
x4              float  %9.0g                  工業 / 商業
y               float  %9.0g                  氮排量
logy            float  %9.0g                  log(氮排量)
x2x3            float  %9.0g                  x2 及 x3 交互項
--------------------------------------------------------------------------
Sorted by:

* Regressor lists for all possible models
. global xlist1
. global xlist2 x1
. global xlist3 x2
. global xlist4 x3
. global xlist5 x1 x2
. global xlist6 x2 x3
. global xlist7 x1 x3
. global xlist8 x1 x2 x3
```

```
* Full sample estimates with AIC, BIC, Cp, R2adj penalties
. quietly regress y $xlist8

* Needed for Mallows Cp
. scalar s2full = e(rmse)^2

*Manually get various measures. All (but MSE)favor model with just x1.
forvalues k = 1/8 {
  quietly regress y ${xlist'k'}
  scalar mse'k' = e(rss)/e(N)
  scalar r2adj'k' = e(r2_a)
  scalar aic'k' = -2 *e(ll)+ 2 * e(rank)
  scalar bic'k' = -2 * e(ll)+ e(rank)* ln(e(N))
  scalar cp'k' = e(rss)/s2full -e(N)+ 2 * e(rank)
  display "Model " "${xlist'k'}" _col(15)" MSE=" %6.3f mse'k' " R2adj=" %6.3f
r2adj'k' " AIC=" %7.2f aic'k' " BIC=" %7.2f bic'k' " Cp=" %6.3f cp'k'
}

* 求自變數最佳組合之迴歸式
. regression y x2 x3
```

```
Model          MSE= 2.1e+04 R2adj= 0.000 AIC= 691.95 BIC= 693.93 Cp=246.564
Model x1       MSE= 1.8e+04 R2adj= 0.122 AIC= 685.88 BIC= 689.86 Cp=207.132
Model x2       MSE= 1.4e+04 R2adj= 0.294 AIC= 674.15 BIC= 678.13 Cp=156.938
Model x3       MSE= 1.4e+04 R2adj= 0.324 AIC= 671.78 BIC= 675.76 Cp=148.043
Model x1 x2    MSE= 1.2e+04 R2adj= 0.389 AIC= 667.29 BIC= 673.25 Cp=127.613
Model x2 x3    MSE=7063.461 R2adj= 0.646 AIC= 637.83 BIC= 643.80 Cp=53.776
Model x1 x3    MSE=9272.393 R2adj= 0.535 AIC= 652.52 BIC= 658.49 Cp=85.604
Model x1 x2 x3 MSE=3470.101 R2adj= 0.822 AIC= 601.45 BIC= 609.41 Cp= 4.000
```

1. 自變數「x_1，x_2 及 x_3」三者的組合，共有 8 種可能的模型。
2. 八種模型中，挑 MS_E、AIC、BIC、Cp 越小，該模型適配度越佳。R^2_{Adj} 越高，該模型適配度越佳。根據上述這些準則者，挑選的最佳迴歸爲：

$$y = \beta_0 + \beta_2 x_2 + \beta_3 x_3 + \varepsilon$$

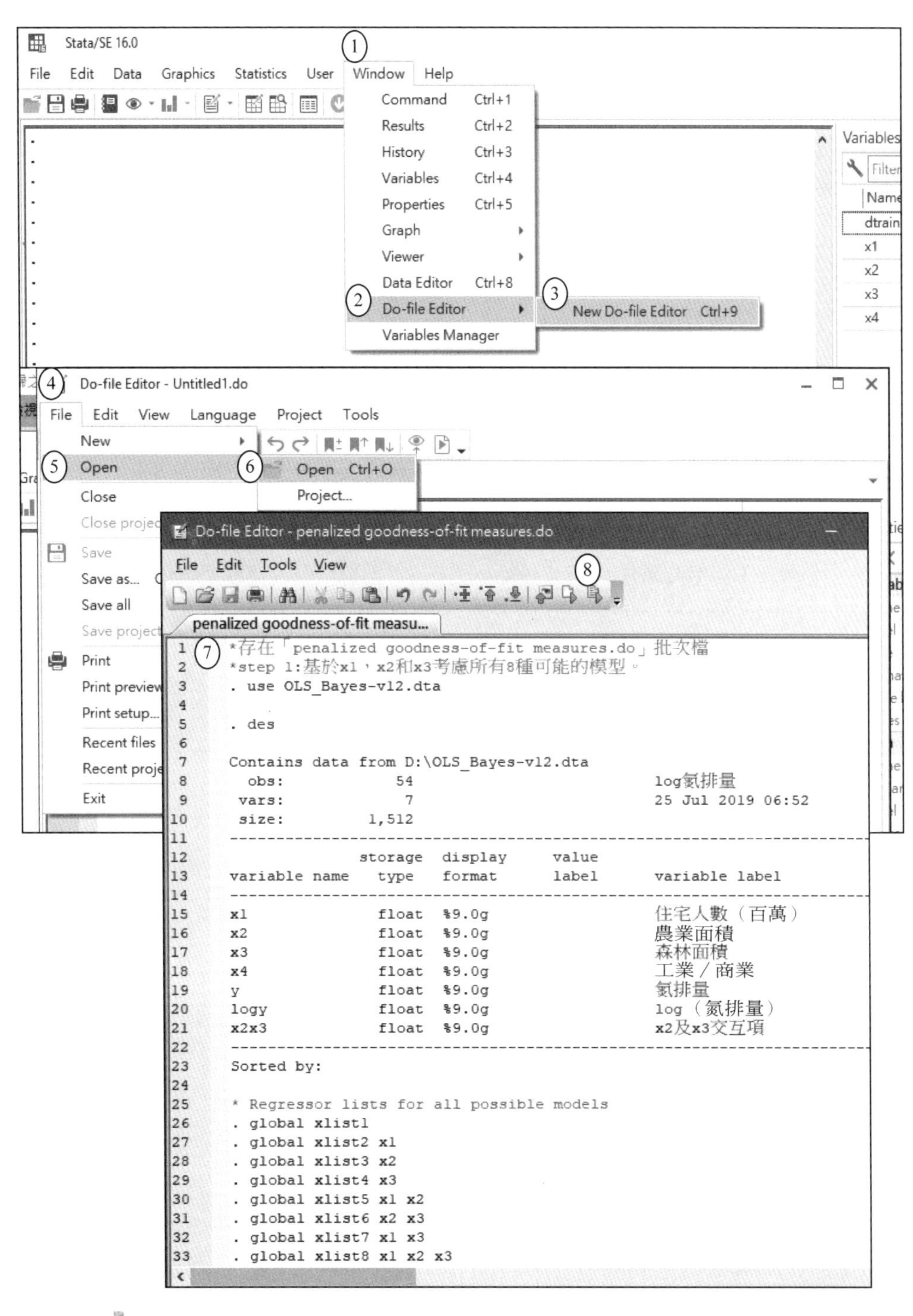

圖 3-28 「penalized goodness-of-fit measures.do」批次檔之程序

```
*Step 2: 求自變數最佳組合之迴歸式
. regress y x2 x3

      Source |       SS           df       MS      Number of obs   =        54
-------------+----------------------------------   F(2, 51)        =     49.31
       Model |  737504.604         2  368752.302   Prob > F        =    0.0000
    Residual |  381426.896        51  7478.95874   R-squared       =    0.6591
-------------+----------------------------------   Adj R-squared   =    0.6457
       Total |   1118931.5        53  21111.9151   Root MSE        =    86.481

------------------------------------------------------------------------------
           y |      Coef.   Std. Err.      t    P>|t|     [95% Conf. Interval]
-------------+----------------------------------------------------------------
          x2 |   4.882612   .7029944     6.95   0.000     3.471292    6.293932
          x3 |    4.05844   .5590716     7.26   0.000     2.936057    5.180823
       _cons |  -424.5641   63.74962    -6.66   0.000    -552.5468   -296.5814
------------------------------------------------------------------------------
```

1. 求得最佳組合之迴歸式爲：$y = -424.56 + 4.88x_2 + 4.06x_3$

   氮排量 = –424.56 + 4.88× 農業面積 + 4.06× 森林面積

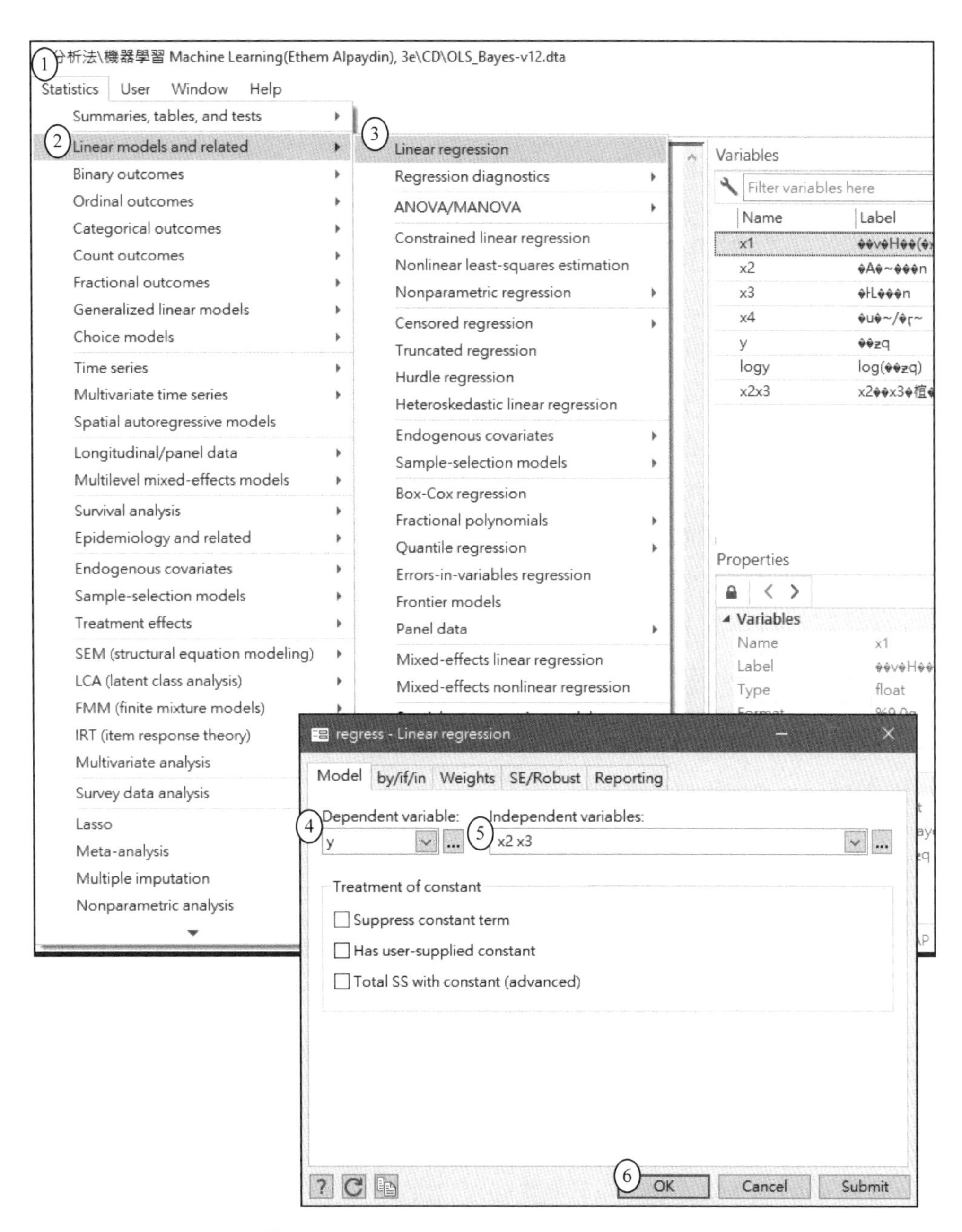

圖 3-29 「regress y x2 x3」指令之畫面

3-2-3 帶懲罰 (penalized) 適配度的測量：for 嵌入法（收縮法 shrinkage）

適配度測量 (goodness-of-fit measures)：

1. 我們期望，給定 $x = (x_1, x_2, \cdots, x_p)$ 來預測 y
2. 訓練數據集 d 產生預測規則 f(x)
   - 在點 x_0，使用 $\hat{y}_0 = \hat{f}(x_0)$ 來預測 y
   - 例如：對於 OLS，$\hat{y}_0 = x_0 (X^T X)^{-1} X^T Y$
3. 對於迴歸，請考慮平方誤差損失 (squared error loss)：$(y - \hat{y})^2$
4. 一些方法可適應其他損失函數
   - 例如：絕對誤差損失及對數概似損失 (log-likelihood loss)
   - 當 $y \neq \hat{y}$ 時，分類的損失函數為 1
5. 我們希望，估計眞實的預測誤差 (true prediction error)
   - $Err_d = E_F[(y - \hat{y})_2]$
   - 用於測試數據設定點 $(x_0, y_0) \sim F$

一、適配度如何測量 (goodness-of-fit measures)

1. 我們要估計眞實的預測誤差
   - $E_F[(y_o - \hat{y}_o)^2]$ 爲測試數據設定點 $(x_0, y_0) \sim F$
2. 明顯的準則是樣本內之均方誤差
   - $MS_E = \frac{1}{n} \Sigma_{i=1}^n (y_i - \hat{y}_i)^2$，其中 MS_E = mean squared error
3. 問題出在：樣本內 MS_E 低估了眞實的預測誤差
   - 直觀地，樣本內「過度適配 (overfit)」進行建模
4. 例子：假設 $y = Xb + \varepsilon$，其中，ε 是誤差
   - 則 $\hat{\varepsilon} = (y - X\hat{\beta}_{OLS}) = (I - M)\varepsilon$，其中 $M = X(X'X)^{-1}X$
     如此 $|\hat{\varepsilon}_i| < \varepsilon_i$（OLS 殘差小於眞實的未知誤差）
   - 且使用

$$\hat{\sigma}^2 = s^2 = \frac{1}{n-k} \Sigma_{i=1}^n (y_i - \hat{y}_i)^2 \text{ 而不是：} \frac{1}{n} \Sigma_{i=1}^n (y_i - \hat{y}_i)^2$$

5. 二種解法：

(1) 對過度適配給予懲罰 (penalize) 值，例如：R^2_{Adj}, AIC, BIC, Cp
(2) 使用估計外 (out-of-estimation) 的樣本來預測（交叉驗證）

二、樣本內的模型過度適配 (models overfit in sample)

在統計中，過度適配是「過於緊密或精確地對應於特定數據集的分析結果，因此可能無法適配其他數據或可靠地預測未來的觀察結果」。過度適配模型是統計模型包含：比數據更多個參數（自變數個數）。

過度適配的本質是在不知不覺中納入一些殘差變化（即噪音 noise），好像該變化 (variation) 代表了基礎模型結構一樣。

當統計模型無法充分捕獲數據的基礎結構時，就會發生適配不足 (underfitted)。例如：當將線性模型適配到非線性數據時，就會發生適配不足。這樣的模型往往具有較差的預測性能。

特別是在機器學習中，過度適配及適配不足都常發生。在 ML 中，這種現象有時稱爲「過度訓練」(overtraining)、「訓練不足」。

當模型複雜度增加時，通常偏誤會減少，變異數會增加。模型複雜度的選擇是透過最小化總誤差（垂直虛線）的目標來實現的。

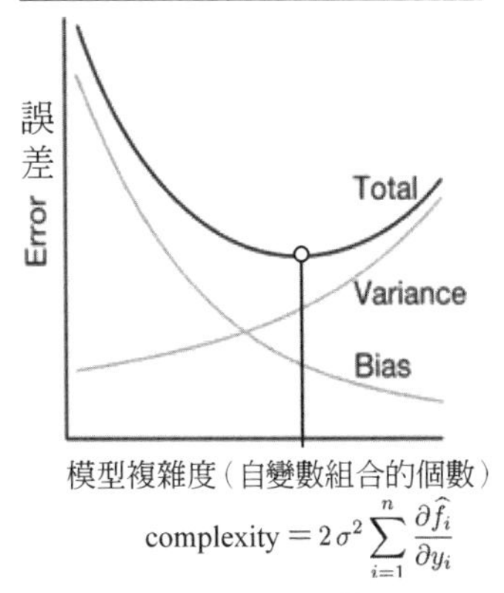

合理模型與過適配模型之間的 Y 預測在X = 0.9（橙色圓圈）時存在較大差異（粗虛線）。

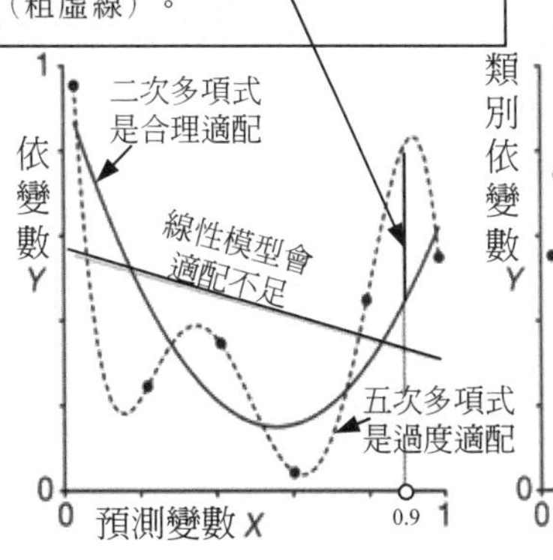

1.實線有點適配不足
2.虛線有點適配過度
3.兩類分類（空心圓和實心圓），具有決策邊界不足（虛的對角線），合理（黑色曲線）和過度適配（虛線）。過度適配受異常值（箭頭）的影響

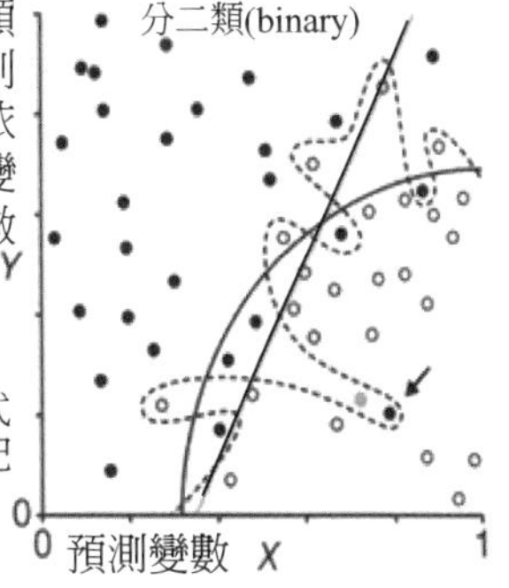

圖 3-30　過度適配是迴歸、分類問題的挑戰

存在過度適配的可能性，因爲用於選擇模型的準則或與用於判斷模型的適用性的標準不同。例如：可透過使模型在某些訓練數據集上的性能最大化來選擇模

型，但是其適用性可能取決於其在看不見的數據上表現良好的能力；然後，當模型開始「記憶」訓練數據而不是「學習」從趨勢進行概化時，就會發生過度適配。

舉一個極端的例子，如果參數（自變數 p）的個數等於或大於觀察值的個數 n，則模型可簡單地透過完整地記住數據來完美地預測訓練數據。（例子說明，請參見「四次方多項式之「自變數組合之子集選擇」）。但是，這樣的模型在進行預測時通常會嚴重失效。

過度適配的不僅取決於參數 p 個及數據數 n，可能還取決於模型結構與數據形狀的一致性、與數據中預期的 noise 或誤差水平相比時模型誤差的大小。

為了減少過度適配的機會或過度適配的數量，可使用幾種技術，例如：模型比較、交叉驗證、正規化、提早停止、修剪 (pruning) 迴歸樹、貝葉斯先驗 (Bayesian priors) 或 dropout。常用技術的基礎有：(1) 明確懲罰過於複雜的模型。或 (2) 透過評估一組未用於訓練的數據的性能來測試模型的概化能力，假定該數據近似於模型將遇到的典型看不見的數據。

三、懲罰適配度 (penalized goodness-of-fit measures)

1. 通用參數 (parametric) 模型的兩個準則是
   - Akaike 的資訊準測，$AIC = -2\ln L + 2k$
   - BIC(Bayesian information criterion)，$BIC = -2\ln L + (\ln n) \times k$
2. 同樣的自變數個數之二個模型，其 AIC 及 BIC 值越小模型越佳
3. 對於較大的模型，AIC 的懲罰程度比 BIC 小
4. 模型的自變數越多，BIC 的懲罰程度更大
5. 如果 $-\Delta 2\ln L > 2\Delta k$，則嵌套模型 (nested models) 該選擇 AIC 較大的模型
   - 而 LR test $= -2\Delta \ln L$ of size α requires $-\Delta 2\ln L > \chi^2_\alpha(k)$.
   - 具有 iid 常態誤差之古典迴歸

     $\ln L = -\frac{n}{2}\ln 2\pi - \frac{n}{2}\ln\sigma^2 - \frac{1}{2\sigma^2}\Sigma_{i=1}^{n}(y_i - x'_i\beta)^2$
6. 相同樣本相自變數，不同的程序 (stepwise、lasso linear) 所獲得 AIC 及 BIC 亦不同
7. 計量經濟學家慣用 $\hat{\beta}$ and $\hat{\sigma}^2 = MSE = \frac{1}{n}\Sigma_{i=1}^{n}(y_i - x'_i\hat{\beta})^2$

   然後 $AIC = -\frac{n}{2}\ln 2\pi - \frac{n}{2}\ln\hat{\sigma}^2 - \frac{n}{2} + 2k$

8. 機器學習慣用$\hat{\beta}$ and $\tilde{\sigma}^2 = \frac{1}{n-p}\Sigma_{i=1}^{n}(y_i - x'_i\tilde{\beta}_p)^2$
   - 其中 $\tilde{\beta}_p$ 是從考慮 OLS 中求得之最大模型，它具有 p 個 regressors（包括截距）
9. 此外，ML 經常會刪除，諸如 $-\frac{1}{2}\ln 2\pi$ 之類的常數
10. 還有一個有限的樣本校正 (finite sample correction) 是：
    AICC = AIC + 2 $(K+1)(K+2)/(N-K-2)$
11. A^2_{Adj}（或 $\tilde{R}^2$）是 OLS 迴歸式好壞之測量準測：
    $$\bar{R}^2 = 1 - \frac{\frac{1}{n-k}\Sigma_{i=1}^{n}(y_i-\hat{y}_i)^2}{\frac{1}{n-1}\Sigma_{i=1}^{n}(y_i-\bar{y})^2}\ (\text{whereas } \bar{R}^2 = 1 - \frac{\frac{1}{n-k}\Sigma_{i=1}^{n}(y_i-\hat{y}_i)^2}{\frac{1}{n-1}\Sigma_{i=1}^{n}(y_i-\bar{y})^2})$$
    - $\tilde{R}^2$對模型複雜性的影響很小
    - 如果子集檢定 $F>1$，則 $\tilde{R}^2$ 傾向於使用較大的嵌套模型
12. 相對於 OLS，機器學習者還使用 Mallows Cp 度量
    $C_p = (n \times \text{MSE}/\tilde{\sigma}^2) - n + 2k$
    其中 $\text{MS}_\text{E} = \frac{1}{n}\Sigma_{i=1}^{n}(y_i - x'_i\hat{\beta})^2$ and $\tilde{\sigma}^2 = \frac{1}{N-p}(y_i - \tilde{y}_i)^2$
    - 有人改用「有效自由度」$p = \frac{1}{\sigma^2}\sum_{i-1}^{n} Cov(\hat{\mu}_i, y_i)$ 來代替 p
13. 請注意，對於線性迴歸：AIC、BIC、AICC 及 Cp 設計模型具有同質 (homoskedastic) 的誤差

3-3 收縮估計法 (shrinkage estimation)：自變數（特徵）選擇採用嵌入法

一、收縮估計 (shrinkage estimation)

1. 考慮帶有 p 個潛在 regressors（預測自變數）的線性迴歸模型，往往遇到 regressors 個數 = p 太大。這時這些眾多外在變數有 P 個，不須因嚴重多元共線性而被排除在迴歸之外，故 Ridge 迴歸、Lasso 迴歸、elastic net、Lasso 推論模型、都改採收縮方式來縮小迴歸係數的權重。
2. 降低模型複雜度的方法是：
   - 只選一部分 (subset) 之重要 regressors（預測因子）。
   - 將迴歸係數縮小到 0。

3. Ridge（脊）迴歸、LASSO 迴歸、彈性網 (elastic net) 迴歸都是收縮法之迴歸。
   - 減小 regressors 的個數，例如：主成分分析。

3-3-1 偏誤與變異數的權衡 (bias-variance tradeoff)

一、偏誤 (bias)、變異數 (variance) 是什麼？

可用軍人打靶的經驗，來詮釋「準」跟「確」這兩個概念所對應的 bias、variance。意即：

1. 如果說打靶射得很「準」，表示子彈射中的地方離靶心很近，意即 low bias。
2. 如果說你打靶射得很「確」，表示你在發射數槍之後這幾槍彼此之間在靶上的「距離很近（很集中）」，意即 low variance。

請看下圖之說明，就可一目了然。

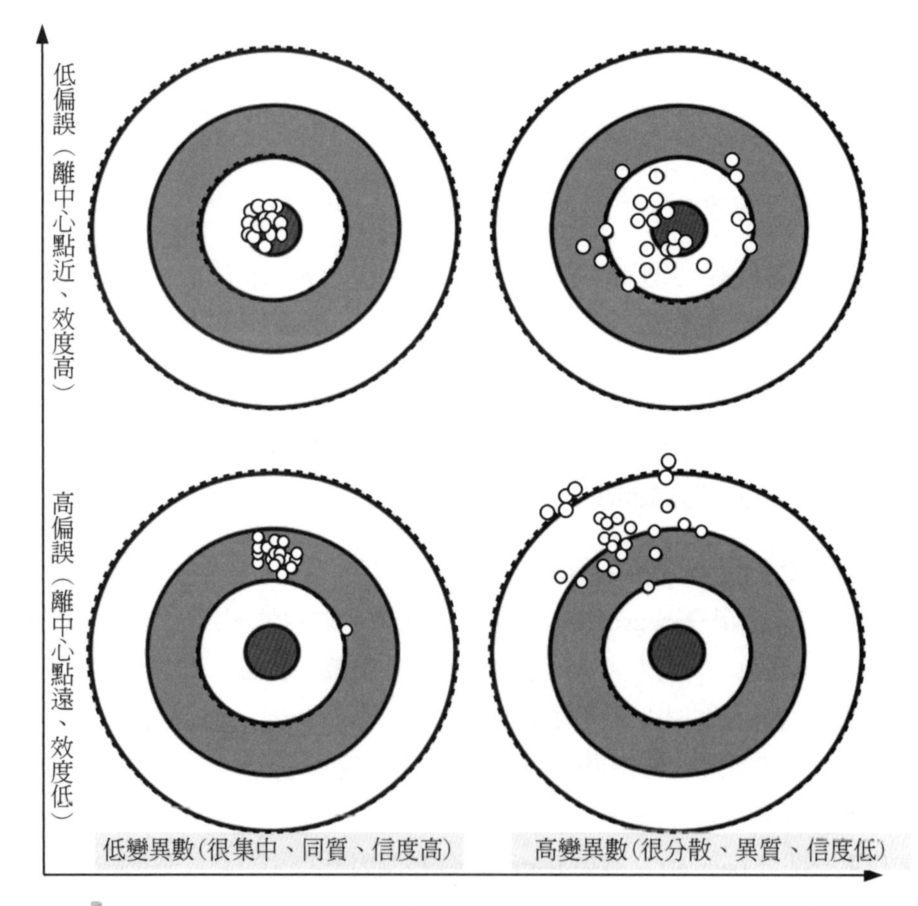

圖 3-31　打靶「準、確」這兩個概念所對應的「bias、variance」

在 ML 領域，大家都期望能夠把模型訓練到非常的「準確」（有信效度），即你界定（假設）的模型是可眞實描述數據背後之眞實規律、眞實意義，以便後續用此模型來執行一些描述性任務或預測性迴歸。

可惜眞實世界並未這麼美好。通常，在假設模型的實作上會遇到 3 個誤差：隨機誤差、偏誤 (bias)、變異數 (variance)，其中，隨機誤差的部分源於數據本身，基本上沒有辦法消除，偏誤與變異數的部分又跟 overfitting & underfitting 的問題有關聯，所以才造就 bias-variance tradeoffem 兩難問題，顧名思義，就是你須取捨「bias error、variance error」，來使得總誤差 (total error) 達到最小。

由於 bias-variance 二者是蹺蹺板，若想把總誤差降到最低，就是想方設法把「bias error 與 variance error」總和找到最佳平衡點（總誤差降到最低）？

易言之，達到上圖左上（low bias 且 low variance）是理想狀況。如果你今天有「大數據 + 最快的演算法模型 + 超快電腦」，理論上是有辦法辦到的。然而現實生活中，常常「現實 vs. 理想」事與願違，可惜在解決一些實際的工程問題時，就會發現，你的大數據與電腦計算能力都是有限的，演算法模型也不全然都是完美的（會留點機會給後人來改善）。

舉個例子，假設今天取到一批資料的分布如下圖。

下圖若用肉眼來看，直觀上看出資料似乎呈現某種線性分布，不過帶有一些隨機雜訊 (noise) 成分在裡面。這時候你讓電腦用一個非常簡單的線性數學模型，即 $y = b_0 + b_1x$。

相對地，若極力想去逼近（適配）這批資料的時候，會發現其偏誤會比複雜的多項式模型高很多。如果在一個平面座標系上有 N 個點，你是可用一個 N 次多項式來完美透過每一個點。

$$y = b_0 + b_1x + b_2x^2 + b_3x^3 + \cdots + b_px^p$$

於是你畫一條奇形怪狀曲線來通過每一個數據點，然後你發現這樣曲線模型，看起來偏誤可就降到 0，聽起來似乎很不錯啊，可惜先別高興得太早，因爲你最終目的是希望求得一個模型對往後一些未知的樣本外資料可做預測。故你再拿另一筆全新的資料（即不存在訓練集當中，模型之前完全沒看過的資料）要給模型來做預測，你就會發現用 N 次多項式模型所做出來的預測，答案錯的有夠離譜，反而線性模型做出來的預測會比較接近眞實答案。

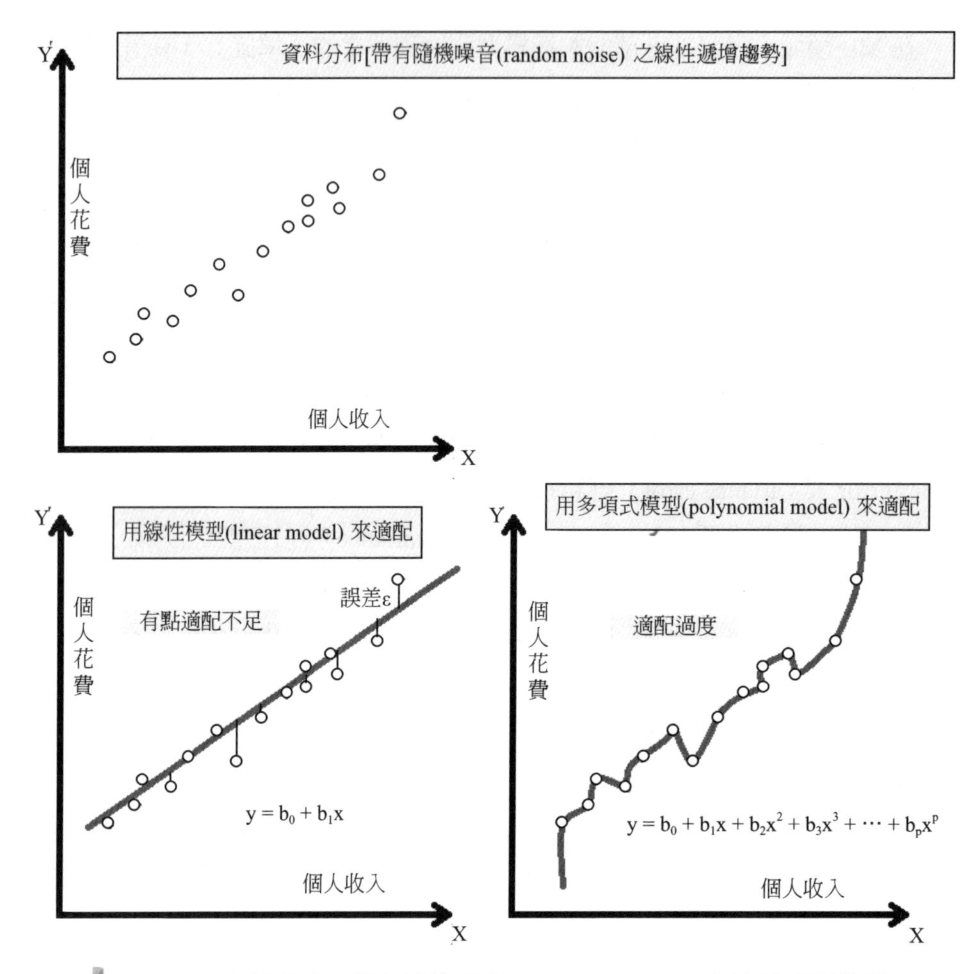

圖 3-32　資料分布 [帶有隨機噪音 (random noise) 之線性遞增趨勢]

問題出在，一開始你太過希望能把偏誤降到 0，所以建了一個非常複雜的曲線模型，讓模型可死記硬背的將所有訓練集中的資料都硬背下來，這麼做有一個明顯的問題就是，資料裡面帶有很多隨機誤差，你又把這些隨機誤差都全部 fit 到模型裡面，會容易導致你的模型失去概化的能力，對於這樣的結果，稱作適配過度 (overfitting)，意指你的模型過度 fitting。

模型一旦適配過度，對於未知的資料預測的能力就會很差，隨之造就了很高的誤差變異 (variance error)。

若將「模型複雜度」與「模型預測的誤差」關係畫成下圖，會發現，隨著模型複雜度的增加偏誤會越來越低；而變異數卻呈現了越來越高的趨勢，兩者是呈現蹺蹺板 (tradeoff) 的現象，只有在模型複雜度適中的時候，才有辦法得到最低的總誤差。

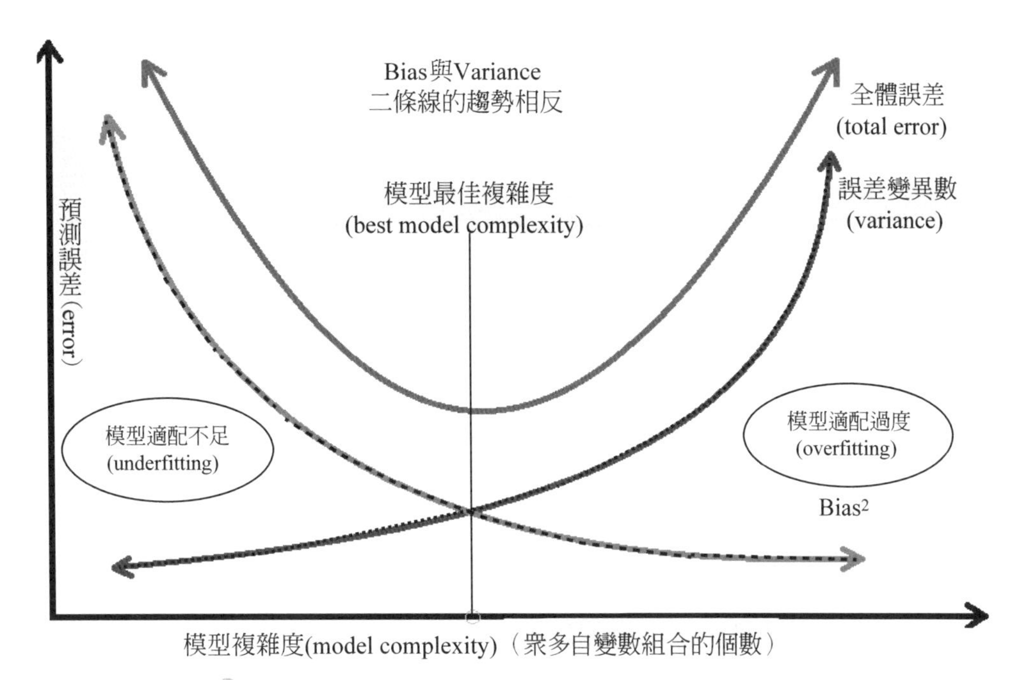

圖 3-33 誤與變異數的權衡 (bias-variance tradeoff)

既然如此，最佳（低）總誤差的點會落在 total error 函數的轉折點，而 total error 來自「Bias + Variance」，因此你應該能寫出某一數學式子來找出那個最佳模型複雜度是多少吧？

理論上雖然是如此說，可惜實務上你很難去計算模型的偏誤與誤差變異數。因此在實務上你更常透過模型外在的表現來判斷它現在是適配不足 (underfitting) 還是適配過度 (overfitting)，再透過調整模型的超參數 (hyperparameter) 來調整模型的複雜度。實際操作上，你會將 dataset 切割成 training set 與 validation set。其中，training set 用於訓練模型；而 validation set 將不會參與訓練，只用來評估模型是否適配過度。

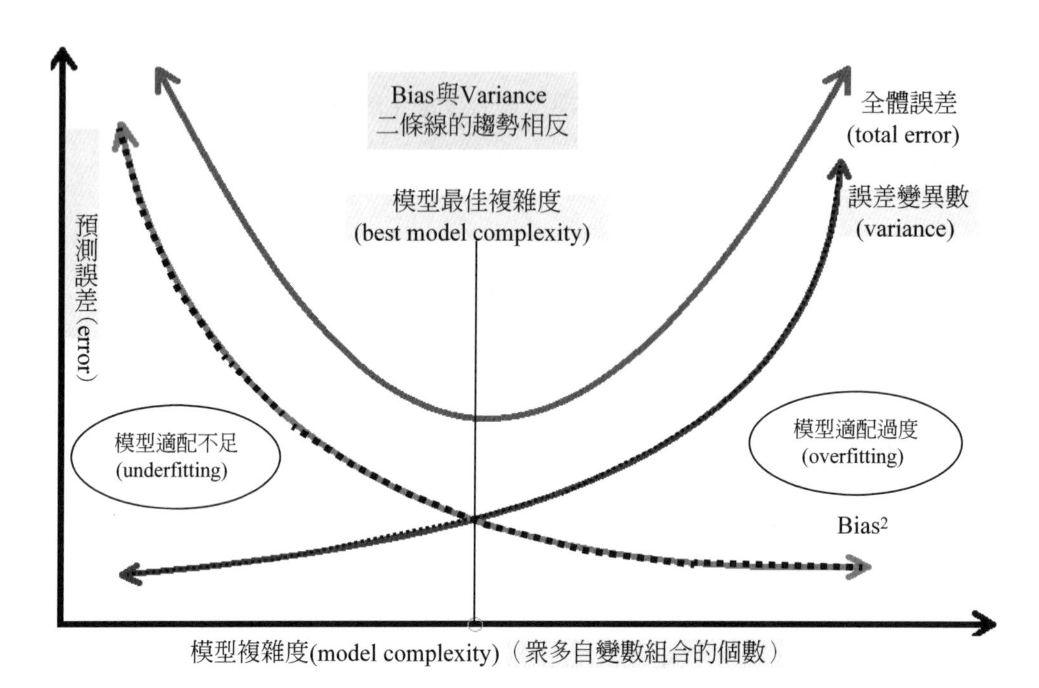

圖 3-34　「模型的複雜度」與「模型預測的誤差」蹺蹺板畫成對映圖

如果把「模型複雜度」與「模型預測的誤差」蹺蹺板畫成對映圖，如上圖，可觀察到：

(1) 在Underfitting的時候，不論是在training set還是validation set的error都很高。

(2) 在 overfitting 的時候，training set 的 error 已經將降低了，但 validation set 上的 error 會很高。

有了以上這兩個重要的觀察，在訓練的時候就可很容易的判斷 model fitting 的好與劣。

二、overfitting 與 underfitting 的應對之道

情況一：underfitting

如前面所說，發生 underfitting 的原因就是你假設的模型太過簡單，故解決方案就是提高模型的複雜度，你可透過：

(1) 增加訓練的疊代次數。

(2) 調整超參數（修改模型架構）。

(3) 產生更多的特徵來訓練模型。

(4) 如果有使用正規化 (regularization) 可先將其移除。

(5) 更換一個更複雜的模型。

情況二：overfitting

如前面所說，發生 overfitting 的根本原因就是你假設的模型太過複雜，故解決方案就是降低模型的複雜度，你可透過：

(1) 演算法提早結束 (early stopping)。

(2) 增加訓練資料。

(3) 降低特徵維度（減少自變數組合的個數）。

(4) 如果沒有使用正規化 (regularization) 可將其加入。

(5) 調整超參數（修改模型架構）。

(6) 更換一個較爲簡單的模型。

三、收縮估計 (shrinkage estimation) 原理

1. 考慮迴歸模型：

$$Y = f(x) + \varepsilon$$

$E(\varepsilon) = 0$，且 ε 獨立於 x

2. 對於樣本外估計點 (y0，x0)，其 MS_E 爲：

$$E[(y_0 - \hat{f}(x_0)^2] = Var\,[\hat{f}(x_0)] + \{Bias\,(\hat{f}(x_0))\}^2 + Var\,(\varepsilon)$$
$$MS_E = \text{Variance} + \text{Bias-squared} + \text{Error variance}$$

3. **情況 1**：越可行模型 (flexible model) 偏誤 (bias) 越小，但變異數 (variance) 卻越大。

4. **情況 2**：如果最小化 MS_E 是你的目標，那麼偏誤 (bias) 可能會很好。

因此，收縮率估計 (shrinkage estimators) 就求得學界的認同。其中，收縮率估計最著名的是，Stata 指令 Lasso(least absolute shrinkage and selection operator, Tibshirani, 1996)。

3-3-2 收縮法 (shrinkage) ≒正規化 (regularization)：衍生出 Ridge 迴歸、Lasso 迴歸、elastic net 迴歸

在統計中，收縮 (shrinkage) 旨在減少抽樣易變性 (variation) 的影響。迴歸分析中，適配關係 (fitted relationship) 在「新數據集」的表現常常不如數據集的適配。特別是決定係數 (coefficient of determination) 的值「縮小 (shrinks)」。shrinks 是對過度適配的補救，且是對決定係數「調整」的補充，以補償進一步抽樣的虛擬 (subjunctive) 效果，例如：控制新解釋變數的機會，進而改善模型：「調整公式」本身提供「收縮 (shrinkage)」。但是調整公式會產生人爲的收縮。

收縮率估計法 (shrinkage estimator) 是一種顯式（或隱式）結合了收縮效果的估計法。這意味著，透過它與其他資訊結合，來改善 naive 或原始的估計。此概念，即使改進的估計值比原始估計值更接近「其他資訊」提供的值。從這個意義上說，收縮旨在正規化不適定 (regularize ill-posed) 的推理問題。

Shrinkage 在貝葉斯推論及懲罰概似推論中是隱式的，但在 James-Stein-type 推論中則是顯式的。相反，最大概似及最小平方估計法的簡單類型 (types)，不包括收縮效果，儘管可在收縮估計 schemes 中使用它們。

常見的結果是，許多正規化估計（Lasso 迴歸、Ridge 迴歸），往往都可將均方誤差 (MS_E) 縮小至近似 0（或任何其他 fixed constant 值）。假定原始估計的期望值≠ 0，並考慮將原始估計值乘以某個參數（懲罰項）來求得新估計量，使得新估計的 MS_E 最小化。若此參數值（懲罰項），產生新估計的 MS_E 會比原始估計的小，則表示新模型 performance 已改進，此改進效果，有可能是將無偏誤的原始估計轉換爲改進的有偏誤估計。

一、收縮原理

如圖 3-9 所示，特徵選擇 (feature selection) 有 3 方法：過濾法（例如：子集選擇）、包裝法、嵌入法（收縮法 shrinkage）。其中，收縮法 (shrinkage) ≒正規化 (regularization) 是屬嵌入法 (embedding method)。

過濾法（例如：子集選擇）旨在保留一部分預測變數並丟棄剩餘的變數。例如：子集選擇 (subset selection) 只保留一些可解釋的、預測誤差（可能比全模型低）的模型，然而，因爲這是一個離散的過程（變數不是保留就是丟棄），所以經常表現爲高變異數，因此不會降低全模型的預測誤差，而收縮方法 (shrinkage methods) 更加連續，因此不會受高易變性 (high variability) 太大的影響，bias-variance 是二難問題。若最小化 MS_E(RSS) 是你的目標，那麼偏誤 (bias) 可能要優先考量。因此，收縮率估計 (shrinkage estimators) 大獲學界的認同。收縮率估計最著名的是，Stata 指令 Lasso(least absolute shrinkage and selection operator, Tibshirani, 1996) 推論模型，旨在執行 Lasso 系列迴歸（Stata 有 4 種指令）。

1. 存在「平均數 - 變異數」(mean-variance) 折衷（權衡，trade-off）。
2. 收縮率估計 (shrinkage estimators) 旨在將殘差平方及（residual sum of squares, RSS，或 SS_E）最小化，並減少模型大小 (model size)。
   - 可能將參數估計值縮小趨近於 0。
3. 收縮程度由調整參數 (tuning parameter) 來確定。
   - 它是透過交叉驗證來決定大小，例如：AIC、BIC、虛 R^2。
4. Ridge、Lasso、elastic net 對於預測變數 (regressors) 尺度 (rescaling) 的縮放不變，因此首先要資料標準化 (standardize the data)。
   - 所以下面的 x_{ij} 實際上係指 $\frac{(x_{ij}-\bar{x})}{s_j}$，即原始分數距離平均數有幾個標準差。
   - 且中心化 (demean) y_i，因此以下 y_i 實際上係指 $y_i-\bar{y}$
   - x_i 不包括截距，也不包含數據矩陣 X
   - 你可將截距 β_0 恢復爲 $\hat{\beta}_0=\bar{y}$。
   - 所以用 $y=x'\beta+\varepsilon=\beta_1x_1+\beta_2x_2+\cdots+\beta_px_p+\varepsilon$

【Stata 變數的中心化 (demeans)】

```
* 存在「Demeaning_data.do」批次檔
* 以下命令會自動執行此操作
* 但是為了完整起見，請遵循 code demeans.
. use OLS_Bayes-v12.dta

. * Standardize regressors and demean y
foreach var of varlist x1 x2 x3 x4{
  quietly egen z'var' = std('var')
}

. quietly summarize y
```

```
. quietly generate ydemeaned = y -r(mean)
* 印出 ydemeaned 及 z 開頭所有變數。
. summarize ydemeaned z*

    Variable |        Obs        Mean    Std. Dev.       Min        Max
-------------+---------------------------------------------------------
   ydemeaned |         54    6.99e-07    145.2994  -163.1667   632.8333
         zx1 |         54   -3.59e-09           1  -1.985818    3.37901
         zx2 |         54   -2.76e-09           1  -3.268193   1.938127
         zx3 |         54    2.04e-09           1  -2.545952   1.970891
         zx4 |         54   -4.35e-09           1  -1.872516   3.415443
```

1. 嶺迴歸（脊迴歸，Ridge regression）是根據迴歸係數的大小加上懲罰因數，來進行收縮，使得 Ridge 迴歸係數之帶懲罰的殘差平方達到最小化。

$$\hat{\beta}^{ridge} = \underset{\beta}{\arg\min}\left\{\sum_{i=1}^{N}(y_i - \beta_0 - \sum_{j=1}^{p} x_{ij}\beta_j)^2 + \lambda\sum_{j=1}^{p}\beta_j^2\right\} \tag{1}$$

其中，$\lambda \geq 0$ 是控制收縮程度的參數：λ 值越大，收縮的程度越大。每個係數都向 0 收縮。透過迴歸係數平方及懲罰想法在神經網路，謂之權重衰減 (weight decay)。

定義：arg max f(x)、arg min f(x)

arg max f(x)：當 f(x) 最大值時，x 的取值。

arg min f(x)：當 f(x) 最小值時，x 的取值。

正式寫法是：

$$\underset{x}{\arg\min} f(x) \coloneqq \{x \mid \forall y : f(y) \leq f(x)\}$$

它可簡寫成：

$$\underset{x}{\arg\min} f(x)$$

例如：函數 F(x, y)：

arg min F(x,y) 就係指當 F(x,y) 取得最小值時，參數 (x,y) 的取值。

arg max F(x,y) 就係指當 F(x,y) 取得最大值時，參數 (x,y) 的取值。

Ridge 迴歸問題，相當於：

$$\hat{\beta}^{ridge} = \arg\min_{\beta} \sum_{i=1}^{N} (y_i - \beta_0 - \sum_{j=1}^{p} x_{ij}\beta_j)^2$$

$$\text{subject to} \sum_{j=1}^{p} \beta_j^2 \le t \tag{2}$$

上式用參數顯式表達了對迴歸參數大小的約束。

上面二式，(1) 式的 λ、(2) 式的 t 都存在一一對應。當在線性迴歸模型中有許多相關變數，它們的係數可能很難確定且有高變異數。某個變數的較大的正係數可與相關性強的變數的差不多大的負係數相互抵消。透過對係數加入大小限制（如上式），這個問題才得以減輕。

input 按比例進行縮放時，Ridge 迴歸的解不相等，因此求解 (1) 式前，你需要對 input 進行標準化。另外，注意到懲罰項不包含截距 β_0。因爲截距的懲罰會使得過程依受到 Y 初始選擇的干擾；也就是，對每個 y_i 加上常數 c，不會只簡單地導致預測值會偏離同樣的量 c。可證明，經過對 input 進行中心化 (demean)（每個 x_{ij} 替換爲$x_{ij} - \bar{x}_j$）後，(1) 式的解可分成兩部分。我們用 $\bar{y} = \frac{\sum_{i=1}^{N} y_i}{N}$來估計 β_0。剩餘的參數用中心化的 x_{ij} 替再透過無截距的 Ridge 迴歸來估計。今後我們假設中心化已經完成，則 input 矩陣 X 有 p（不是 $p+1$）個 column，因少一個截距項。

將 (1) 式的準則寫成矩陣形式：

$$\text{RSS}(\lambda) = (y - X\beta)^T (y - X\beta) + \lambda\beta^T\beta \tag{3}$$

可簡單地看出 Ridge 迴歸的解爲：

$$\hat{\beta}^{ridge} = (X^T X + \lambda I)^{-1} X^T y \tag{4}$$

其中，單位矩陣 I 是 $p \times p$ 維。請注意，選擇二次函數懲罰 $\beta^T\beta$，Ridge 迴歸的解仍是 y 的線性函數。求解 $X^T X$ 逆矩陣的對角元上加入正的常數值，即使 $X^T X$ 不是滿秩，這樣會使得問題是非奇異，而且這是第一次將 Ridge 迴歸引入統計學中 (Hoerl and Kennard, 1970) 的主要動力。傳統的 Ridge 迴歸的描述從定義 (4) 式開始。我們選擇透過 (1) 式及 (2) 式來闡述，因爲這兩式讓我們看清楚了它是怎樣實現的。

總之，Ridge 迴歸的懲罰項 (penalty) 是 $\sum_{j=1}^{p}\beta_j^2$ 的倍數。其中，β_j 是第 j 個迴歸係數。旨在將 $\frac{\sum_{i=1}^{N}(y_i - x'_i)^2}{n} + \lambda\sum_{j=1}^{p}\beta_j^2$ 最小化。

2. Lasso(Least Absolute Shrinkage and Selection Operator, Tibshirani, 1996).

Lasso 迴歸像 Ridge 迴歸一樣是個收縮方法，有微妙但很重要的區別。Lasso 估計定義如下：

$$\hat{\beta}^{lasso} = \arg\min_{\beta} \sum_{i=1} (y_i - \beta_0 - \sum_{j=1}^{p} x_{ij}\beta_j)^2$$

$$\text{subject to } \sum_{j=1}^{p}|\beta_j| \le t \tag{5}$$

正如在 Ridge 迴歸中一樣，你可透過標準化預測變數來對常數 β_0 再參量化；β_0 的解爲 $\bar{y}$，接著再適配無截距的模型。

$$\hat{\beta}^{lasso} = \arg\min_{\beta}\left\{\sum_{i=1}^{N}(y_i - \beta_0 - \sum_{j=1}^{p} x_{ij}\beta_j)^2 + \lambda\sum_{j=1}^{p}|\beta_j|\right\} \tag{6}$$

在信號處理中，Lasso 也被稱作 basis pursuit (Chen et al., 1998).

你也可將 Lasso 問題等價地寫成拉格朗日形式 (Lagrangian form)：

$$\hat{\beta}^{lasso} = \arg\min_{\beta}\left\{\sum_{i=1}^{N}(y_i - \beta_0 - \sum_{j=1}^{p} x_{ij}\beta_j)^2 + \lambda\sum_{j=1}^{p}|\beta_j|\right\} \tag{7}$$

請注意，這與 Ridge 迴歸問題 (2) 式或 (1) 式的相似性：L_2($l2$-norm) 的 Ridge 迴歸懲罰 $\sum_{j=1}^{p}\beta_j^2$，替換爲 L_1 的 Lasso 懲罰 $\sum_{j=1}^{p}|\beta_j|$。計算 Lasso 的解是二次規劃問題，儘管我們在 (4) 式中看到，當 λ 不同時，求解的整個路徑存在與 Ridge 迴歸同樣計算量的演算法。

由於 (5) 式的約束本質，令 t 充分小，就會造成一些參數恰恰等於 0。因此 Lasso 完成一個連續子集選擇。如果所選的 t 大於 $t_0 = \sum_{j=1}^{p}\left|\hat{\beta}_j\right|$（其中 $\hat{\beta}_j = \hat{\beta}_j^{OLS}$，$\hat{\beta}_j^{OLS}$ 爲最小平方估計），則 Lasso 估計爲 $\hat{\beta}_j$。另一方面，當 $t = t_0/2$，最小平方係數平均收縮了 50%。然而，收縮的本質不是很顯然。類似在變數子集選

擇中子集的大小，或者 Ridge 迴歸的懲罰參數，應該自適應地選擇 t 使預測誤差期望值的估計最小化。

總之，Lasso 迴歸的懲罰項是 $\sum_{j=1}^{p}|\beta_j|$ 的倍數。其中，下標字 j 是第 j 個自變數。

Lasso 旨在將 $\frac{\sum_{i=1}^{N}(y_i - x'_i)^2}{n} + \lambda\sum_{j=1}^{p}|\beta_j|$ 最小化。

Lasso 估計也可寫成：

$$\hat{\beta}_L = \arg\min \sum_{i=1}^{N}(y_i - x_i'\beta)^2 \quad \text{s.t.} \quad \sum_{j=1}^{p}|\beta_j| < \tau$$

二、正規化 (regularization)：「個體預測變數」的收縮

「正規化」，又稱「懲罰 (penalization)」，旨在預防過度適配。圖 2-16 為正規化 (regularization) 之示意圖。正規化這類 Lasso、Ridge、Elastic net 迴歸的概念很簡單，假設你現在有解釋變數 $(X_1, \cdots, X_k)$，此時最小平方法會試著進行以下最佳化：

$$min_{\beta_0, \cdots, \beta_k}\Sigma_{i=1}^{n}[Y_i - (\beta_0 + \beta_1 X_{i1} + \cdots + \beta_k X_{ik})]^2$$

此時，你可試著在本來試圖極小化的目標函數 $f(\beta_0, \cdots, \beta_p) = \Sigma_{i=1}^{n}[Y_i - (\beta_0 + \beta_1 X_{i1} + \cdots + \beta_k X_{ik})]^2$ 中加上「正規項」(regularizer) 或是懲罰項 (penalty term)：$\lambda\sum_{j=0}^{k}\beta_j^2$。正規化的目的是在於，當估計出的非 0 參數（迴歸係數）太多時（高維），即有可能會選擇到不重要的參數，因此在求解極小「平方誤差及 (RSS)」時，也同時要考量到非 0 係數的大小或個數。

有名的正規化迴歸模型有 3 種：Lasso、Ridge、Elastic net 迴歸。其中，脊 (Ridge) 迴歸，此正規項是係數的平方及 $\Sigma_{j=0}^{k}\beta_j^2$，因此 Ridge 迴歸的參數估計問題變為以下形式：

$$min_{\beta_0, \cdots, \beta_k}\Sigma_{i=1}^{n}[Y_i - (\beta_0 + \beta_1 X_{i1} + \cdots + \beta_k X_{ik})]^2 + \lambda\Sigma_{j=0}^{k}\beta_j^2$$

其中，λ 為事先給定的常數。

此處的 λ 你稱為「調整參數 (tuning parameter)」，旨在控制「懲罰」的輕

重程度，λ 越大，代表你對於係數大小的懲罰越重。通常你會透過交叉驗證(cross validation)的方法來決定 λ 的值。Ridge 迴歸有兩個特色，一是估計出來的參數 $\hat{\beta}_{j\,ridge}$ 將會是有偏誤(bias)的估計式。此外，ridge 迴歸其實跟主成分分析(principal component analysis)有很大的關係，由於背後的理論跟線性代數中的投影(projection)有關，因此你在此暫不討論。

再者，ridge 迴歸有一個非常重要的「存在性定理」(existence theorem)，這也是爲什麼許多與迴歸分析有關的機器學習演算法喜歡用 Ridge 迴歸的原因，「存在性定理」是針對調整參數 λ 的定理，其敘述如下：

一定存在一個調整參數值 λ_0，使得 Ridge 迴歸得出的迴規參數其平方誤差(RSS、SS_E)比最小平方法得出來的迴規模型更小，也就係指，

$$\mathbb{E}\,\|\hat{\beta}_{ridge}-\beta\|^2<\mathbb{E}\,\|\hat{\beta}_{ols}-\beta\|^2$$

嚴格來說，Ridge 迴歸並未「眞正進行變數篩選」，只是收縮法(shrinkage)，主要原因在於你可能會估計出許多靠近 0 但非 0 的 $\hat{\beta}_{j\,ridge}$。

因此誕生另一個有劃時代的迴歸模型：Lasso(least absolute shrinkage and selection operator)，這 Lasso 論文被引用己超過百萬篇，非常的驚人！其實 Lasso 的想法簡單，只是將正規項改爲 $\Sigma_{j=0}^{k}|\beta_j|$，因此 Lasso 在解最佳化問題時，適當 λ 値是關鍵。

Lasso 僅僅由 Ridge 的 $\sum_{j=1}^{p}\beta_j^2$ 正規項（懲罰項），改變成 $\sum_{j=1}^{p}|\beta|$，Lasso 卻能夠得到一項非常了不起的結果：稀疏表達(sparse representation)。什麼是稀疏表達呢？前面有提到，Ridge 迴歸會估計出許多靠近 0 但非 0 的 $\hat{\beta}_{j\,ridge}$，如此一來並沒有眞正的解決變數篩選的問題，而 Lasso 的正規化可強制使得不重要的解釋變數 X_j 其估計出的係數 $\hat{\beta}_{j\,lasso}=0$，因此也達到了變數篩選的功能。Lasso 在實務上最大的缺點就是「極小化」比較困難，此外 Lasso 在高維度的變數篩選（也就是變數個數 p 比樣本數 n 還多時），會有一些不夠好的性質。因此，產生其他的分支，包括：結合 Ridge 迴歸與 Lasso 的 elastic net 迴歸，它將變數分群化的 group Lasso 等。

3-4 交叉驗證：避免一次性訓練及測試資料所產生偏誤（Stata 外掛指令 loocv 指令）

交叉驗證的理論是由 Seymour Geisser 所開始的。它對於防範根據數據建議的測試假設是非常重要的，特別是當後續的樣本是危險、成本過高或科學上不適合時去搜集。

一、交叉驗證的使用

假設有個未知模型具有一個或多個待定的參數，且有一個數據集能夠反映該模型的特徵屬性（訓練集）。適應的過程是對模型的參數進行調整，以使模型儘可能反映訓練集的特徵。若從同一個訓練樣本中選擇獨立的樣本作爲驗證集合，當模型因訓練集過小或參數不合適而產生過適配時，驗證集的測試予以反映。交叉驗證是預測模型適配性能的方法之一。

交叉驗證 (cross validation) 是用來驗證分類器的性能之統計分析法，基本思想是把在某種意義下將原始資料 (dataset) 進行分組，一部分作爲訓練集 (training set)，另一部分作爲驗證集 (validation set)，首先用訓練集對分類器進行訓練，在利用驗證集來測試訓練得到的模型(model)，以此來作爲評價分類器的性能指標。

二、為什麼需要交叉驗證 (cross validation, CV)？

如同三角驗法一樣，交叉驗證旨在避免依賴某一特定的訓練及測試資料所產生偏誤 (bias)。在機器學習中，通常將數據集分爲訓練數據集、驗證數據集及測試數據集（下圖）。

訓練數據集 60%	驗證數據集 20%	測試數據集 20%

圖 3-35 數據集分為訓練數據集、驗證數據集及測試數據集

1. 訓練數據集：用於訓練模型，它可變化，但是通常我們使用 60% 的可用數據進行訓練。
2. 驗證數據集：一旦選擇對訓練數據表現良好的模型，就可在驗證數據集上運行模型。這是數據的子集，通常範圍是 10% 到 20%。驗證數據集有助於提供

對模型適用性的公正評估。如果驗證數據集上的誤差增加，則我們有一個過適配模型。

3. 測試數據集：又稱爲保持數據集。該數據集包含訓練中從未使用過的數據。測試數據集有助於最終模型評估。通常是數據集的 5% 到 20%。

爲了避免依賴一次性的訓練及測試資料所產生偏誤 (bias)。較佳的方式，是把原始資料按不同的方法分割，並計算不同分割的平均 MS_E 得分。

誇大來講，假設你都只有用一部分特定的測試資料來測試訓練的結果，倘若剛好那一部分測試資料剛好 100% 一樣，而其他部分剛好都不準確，你就誤認這個訓練結果是百分之百的。

三、有時只能有訓練及測試集，而沒有驗證集。這種方法有什麼問題？

答：

(1) 由於訓練及測試集之間的樣本變異性 (sample variability)，即使模型可對訓練數據進行更好的預測，但不能推廣測試數據。這導致較低的訓練錯誤率、較高的測試錯誤率。

(2) 當我們將數據集分爲訓練、驗證及測試集時，僅使用一部分數據，當我們訓練較少的觀察值時，該模型將無法很好地執行，並且高估了該模型的測試錯誤率以適合整個數據集。

爲了解決這兩個問題，可用交叉驗證法。交叉驗證是統計技術之一，涉及將數據分爲多個子集，在一個子集上訓練數據，然後使用另一個子集來評估模型的性能。

爲了減少可變性，對來自同一數據的不同子集執行了多輪交叉驗證。將這些多輪的驗證結果結合起來，得出模型預測性能的估計值。

交叉驗證將使你能夠更準確地評估模型的性能 (performance)。

四、常見的交叉驗證形式

1. Holdout 驗證

常識來說，Holdout 驗證並非一種交叉驗證，因爲數據並沒有交叉使用。隨機從最初的樣本中選出部分，形成交叉驗證數據，而剩餘的就當作訓練數據。一般來說，少於原本樣本三分之一的數據被選做驗證數據。

2. K- 摺交叉驗證 (K-fold cross-validation)

K- 摺交叉驗證，將訓練集分割成 K 個子樣本，一個單獨的子樣本被保留作爲驗證模型的數據，其他 K-1 個樣本用來訓練。交叉驗證重複 K- 摺，每個子樣本驗證一次，平均 K- 摺的結果或者使用其他結合方式，最終得到一個單一估測。這個方法的優勢在於，同時重複運用隨機產生的子樣本進行訓練及驗證，每次的結果驗證一次，10 次交叉驗證是最常用的。

3. 留一驗證 (Leave-One-Out Cross Validation, LOOCV)

正如名稱所建議，留一驗證意指只使用原本樣本中的一項來當作驗證資料，而剩餘的則留下來當作訓練資料。這個步驟一直持續到每個樣本都被當作一次驗證資料。事實上，這等同於 K-fold 交叉驗證是一樣的，其中 K 爲原本樣本個數。在某些情況下是存在有效率的演算法，如使用 kernel regression 及 Tikhonov regularization。

五、交叉驗證怎麼做？

在 k 摺 (K-fold) 交叉驗證中，是使用不同的資料組合來驗證你訓練的模型，舉例來說，假設你有 1,000 個樣本，你可第一次先使用前 900 個做訓練，另外 100 個做測試，然後換第 800 到 900 個做訓練，不斷重複這個動作，這樣你可得到不同的訓練 / 測試資料組合，提供更多數據去驗證。

【要幾摺才夠(How many folds?)】

1. loocv(leave-one-out cross-validation) 指令是「K = N」的 K- 摺交叉驗證的特例
   - loocv 幾乎沒有偏誤 (bias)。因爲除了一個觀測值以外的所有觀測值都用來適配。
   - 但變異數 (variance) 很大
     (1) 因爲 $\hat{y}_{(-1)}$ 預測值用的樣本數 n，非常近似的樣本數。
     (2) 因此後續平均不會大幅減少變異數。
2. 根據經驗法則，若選擇 K = 5 或 K = 10 是一個不錯的選擇。且可避免高偏誤及高變異數。
3. 切記：爲獲得可複製性 (replicability)，loocv 指令請預先設定「隨機函數之種子 (seed)」，再決定幾褶數目？

六、交叉驗證 (cross-validation) 的原理

交叉驗證 (cross validation)：樣本為何需切割成訓練數據集、測試數據集。

1. 目標：給定 p 個解釋變數 (regressors) $x_1, x_2, \cdots, x_p$，來預測 y 值。
2. 準則：利用「誤差損失的平方 (squared error loss)」$(y-\hat{y})^2$
   - 有些方法可適應其他損失函數。
3. 訓練數據集：產生預測規則 $\hat{f}(x_1, x_2, ..., x_p)$
   - 例如：最小平方法 (OLS) 產生 $\hat{y} = \hat{\beta}_0 + \hat{\beta}_1 x_1 + \hat{\beta}_2 x_2 + ... + \hat{\beta}_p x_p$
4. 測試數據集：產生真實預測誤差 (true prediction error) 的估計
   - 訓練數據集不涵蓋 $(y_0, y_{10}, y_{20}, ..., x_{p0})$ 之 $E[(y_0 - y_0)^2]$。
5. 注意，我們不使用訓練數據集的變異數誤差 (mean squared error, MS_E)
   - 所謂 $MS_E = \frac{1}{n}\sum_{i=1}^{n}(y_i - \hat{y}_i)^2$
   - 因為模型過度適配樣本（他們的目標 y 不是 $E[y \mid x_1, x_2, ..., x_p]$）

   例如：若自變數個數 $p = n - 1$，則 $R^2 = 1$ 且 $\sum_{i=1}^{n}(y_i - \hat{y}_i)^2 = 0$

(一) 交叉驗證

1. 先從單一分拆 (single-split) 驗證開始，是基於教學原因。
2. 然後進行 K 摺 (K-fold) 交叉驗證
   - 廣泛用於機器學習
   - 推廣到 MS_E 以外的損失函數，例如：$\frac{\sum_{i=1}^{n}|y_i - \hat{y}_i|}{n}$
3. 並提出留一法 (leave-one-out) 交叉驗證
   - 廣泛用於非參數迴歸中的局部適配。
4. 給定選定的模型，最終估計值將在整個數據集中
   - 通常的推論忽略了數據挖掘。

(二) 單一分拆(single-split)驗證

1. 將可用數據隨機分拆為兩部分：

   (1) 模型適合訓練集。

   (2) 計算 MS_E，用於驗證集的預測。

3-4-1a 留一 (leave-one-out) 驗證：模型誰優？（外掛指令 loocv、looclass）

loocv，這個字中 loo 是 leave one out，什麼意思？留一個起來當驗證資料。

一、交叉驗證有 4 類型

1. LOOCV(Leave one out cross-validation)：留出一個交叉驗證。
2. K 摺 (K-Fold)，Stata Lasso 推論模型，內定 10 摺交叉驗證。
3. 分層交叉驗證 (Stratified cross-validation)。
4. 時間序列交叉驗證 (Time series cross-validation)。

二、留一驗證 (leave-one-out cross validation, LOOCV) 之原理

1. 使用單一觀察值進行驗證，再用剩下 $(n-1)$ 個觀察值來進行訓練。
   - $\hat{y}_{(-i)}$是對觀測值 $1, \cdots, i-1, i+1, \cdots, n$, 所進行 OLS 後的$\hat{y}$ 預測。
   - 循環疊代所有 n 個觀測值。
2. LOOCV 測量是：

   $$CV_{(n)} = \frac{1}{n}\Sigma_{i=1}^{n} MSE_{(-i)} = \frac{1}{n}\Sigma_{i=1}^{n} (y_i - \hat{y}_{(-i)})^2$$

3. 一般，它需要 n 輪的迴歸
   - 除了 OLS 可顯示 $CV_{(n)} = \frac{1}{n}\Sigma_{i=1}^{n}\left(\frac{y_i - \hat{y}_i}{1 - h_{ii}}\right)$

     其中，$\hat{y}_i$是來自完整訓練樣本的 OLS 的適配值。

     h_{ii} 是 hat 矩陣 $X(X'X)^{-1}X$ 中的主對角線第 i 個元素
4. 常用於局部非參數迴歸中的帶寬選擇 (bandwidth choice in local nonparametric regression)
   - 例如：k- 最近鄰、核及局部線性迴歸 (local linear regression)。
   - 但不用於機器學習。

     如下圖所示爲留一驗證 (leave-one-out cross validation, LOOCV)。

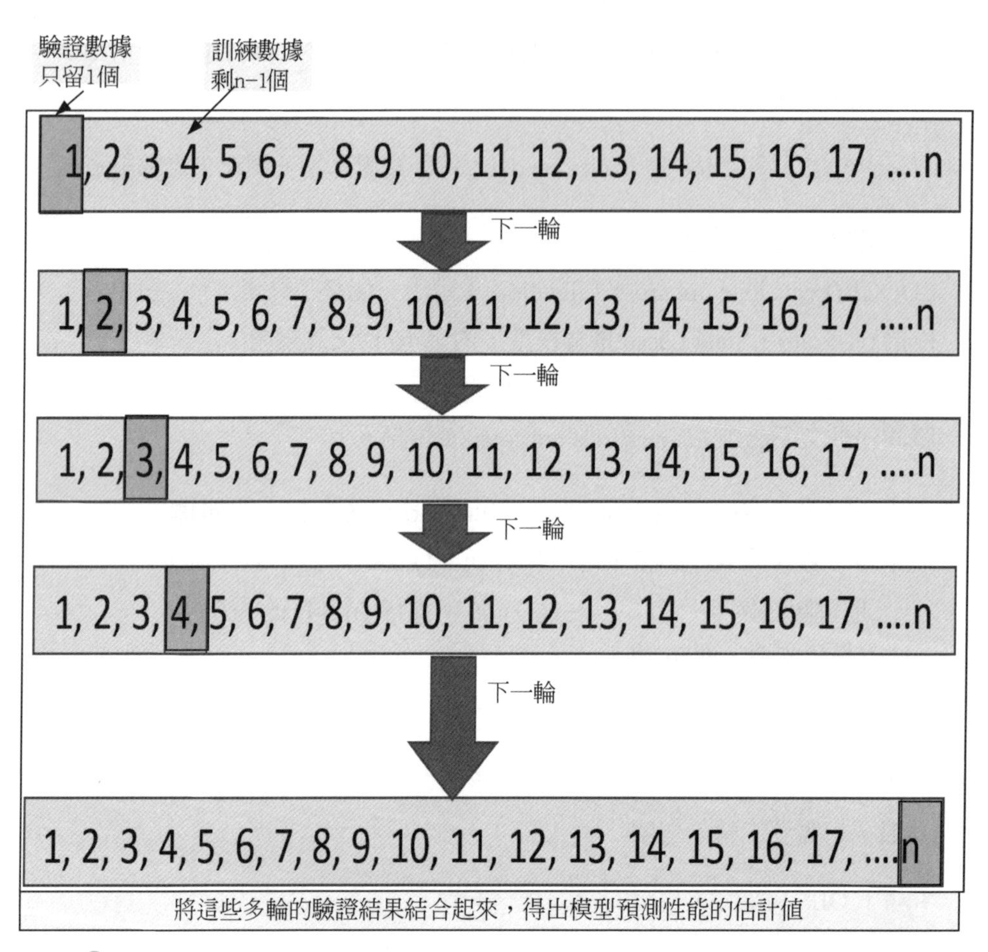

圖 3-36　留出一個交叉驗證 (leave one out cross validation, LOOCV)

留一驗證 (LOOCV) 是指只使用原本樣本中的一項來當作驗證資料，而剩餘的則留下來當作訓練資料。步驟一直持續到每個樣本都被當作一次驗證資料。事實上，LOOCV 等同於 K-fold（K= 樣本數 N）交叉驗證是一樣的。在某些情況下是存在有效率的演算法，如使用 kernel regression 及 Tikhonov regularization。

$$\text{MAE} = \frac{\sum_{i=1}^{N} |r_i - p_i|}{n}$$

leave-one-out cross validation

```
for each user
   for each item i
      withhold rating r
      compute prediction p from other ratings of user
      compute  r - p, and remember
   end for
end for

add up all | r - p |
divide this sum by the number of | r - p | values
```

(一) LOOCV的優點

1. 與我們僅使用數據的一部分（假設爲 60%）進行訓練的驗證集方法
2. 相比之下，LOOCV 將整個數據集用於訓練的偏誤要小得多。
3. 訓練 / 測試數據沒有隨機性，因爲多次執行 LOOCV 會產生相同的結果。

(二) LOOCV的缺點

1. 由於測試數據使用單個觀察值，因此 MS_E 會有所不同，這可能會導致變異性。
2. 如果某一數據點是異常值，則變異性會更高。
3. 執行代價昂貴，因爲該模型必須執行 n 輪。

三、Stata 快速入門：looclass

下圖所示爲 Stata 留一驗證 (leave-one-out cross validation) 有六個外掛令。其中，Stata 外掛指令 looclass：對二元結果的迴歸模型執行「交叉驗證 (cross validation)」，然後產生分類測量來幫助確定預測（分類）模型的誤差率（或相反地，準確性）。

Leave-one-out 交叉驗證只是 n 輪的交叉驗證，其中，n 是資料檔中樣本數。遺漏每個觀察結果，並對所剩下觀察值來估計 logit（或 probit）模型。然後計算一次保持觀察的預測值，並將準確度確定爲預測該觀察結果的成功或失敗（Witten 等人 2011）。所有 n 個預測的結果旨在計算分類表中，顯示的最終誤差估計 (accuracy) 接著 looclass 再產生 ROC 曲線。

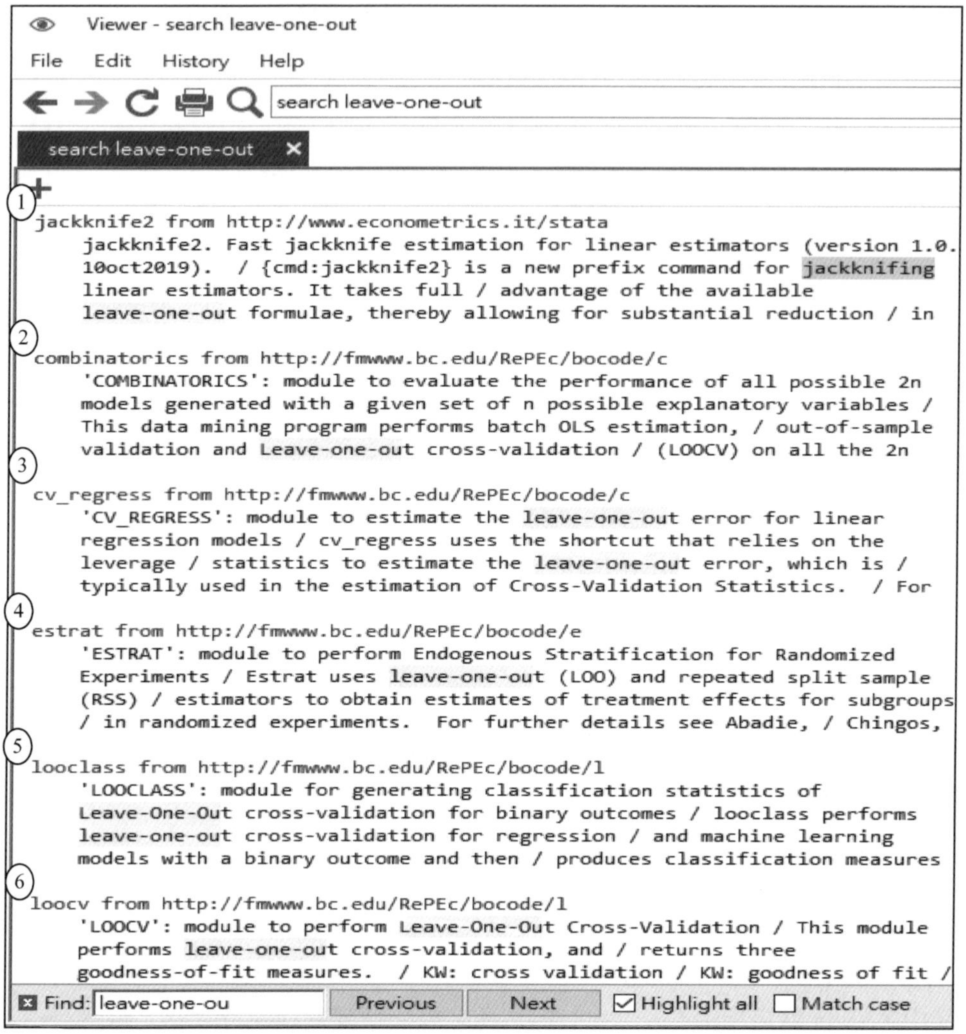

```
Viewer - search leave-one-out
File   Edit   History   Help
search leave-one-out
search leave-one-out  ×
+
① jackknife2 from http://www.econometrics.it/stata
     jackknife2. Fast jackknife estimation for linear estimators (version 1.0.
     10oct2019).  / {cmd:jackknife2} is a new prefix command for jackknifing
     linear estimators. It takes full / advantage of the available
     leave-one-out formulae, thereby allowing for substantial reduction / in

② combinatorics from http://fmwww.bc.edu/RePEc/bocode/c
     'COMBINATORICS': module to evaluate the performance of all possible 2n
     models generated with a given set of n possible explanatory variables /
     This data mining program performs batch OLS estimation, / out-of-sample
     validation and Leave-one-out cross-validation / (LOOCV) on all the 2n

③ cv_regress from http://fmwww.bc.edu/RePEc/bocode/c
     'CV_REGRESS': module to estimate the leave-one-out error for linear
     regression models / cv_regress uses the shortcut that relies on the
     leverage / statistics to estimate the leave-one-out error, which is /
     typically used in the estimation of Cross-Validation Statistics.  / For

④ estrat from http://fmwww.bc.edu/RePEc/bocode/e
     'ESTRAT': module to perform Endogenous Stratification for Randomized
     Experiments / Estrat uses leave-one-out (LOO) and repeated split sample
     (RSS) / estimators to obtain estimates of treatment effects for subgroups
     / in randomized experiments.  For further details see Abadie, / Chingos,

⑤ looclass from http://fmwww.bc.edu/RePEc/bocode/l
     'LOOCLASS': module for generating classification statistics of
     Leave-One-Out cross-validation for binary outcomes / looclass performs
     leave-one-out cross-validation for regression / and machine learning
     models with a binary outcome and then / produces classification measures

⑥ loocv from http://fmwww.bc.edu/RePEc/bocode/l
     'LOOCV': module to perform Leave-One-Out Cross-Validation / This module
     performs leave-one-out cross-validation, and / returns three
     goodness-of-fit measures.  / KW: cross validation / KW: goodness of fit /
Find: leave-one-ou   Previous   Next   ☑ Highlight all   ☐ Match case
```

圖 3-37　Stata 留一驗證 (leave-one-out cross validation) 有六個外掛令

四、範例：連續依變數之留一驗證 (leave-one-out cross validation)，loocv 指令

loocv(Leave-One-Out Cross-Validation) 指令，估計樣本中的每個觀察值：估計你界定的「除第 i 個觀察值以外」的所有模型，使用剩餘的 N-1 個觀察值來適配模型，並使用求得參數來預測第 i 個觀察值的依變數值。第 i 個變數的預測誤差仍暫存在記憶體內，如此疊代到樣本中下一個觀察值。

loocv 會印出三種適配度：均方誤差的開根方 (RMS_E)，平均絕對誤差 (MA_E) 及虛 R^2（依變數的預測值及觀察值的相關係數的平方）。

請注意，樣本中的每個觀察值，loocv 都估計一個迴歸，因此對於大型估計樣本可能需要花較長時間的計算。

loocv指令語法

```
loocv model [if] [in] [weights], [eweights] [model_options]
```

用法	說明
model	The model one wishes to evaluate, such as "**reg** yvar x1var x2var" (without the quotations).
weights	Model weights. These weights are used to estimate the model, so they must be compatible with the estimation method in use.

Options	Description
eweights	Weights for error evaluation purposes. These may be the same as or different than the model weights, but must be specified. loocv does not assume that *weights* and *eweights* are the same.
model_options	Modelling command options (such as *fe* for **xtreg**).

(一) 問題說明

試問預測員工薪資 (wage) 之影響因素有那些？（分析單位：個人）

(二) 資料檔之內容

「nlsw88.dta」資料檔內容內容如圖 3-38。

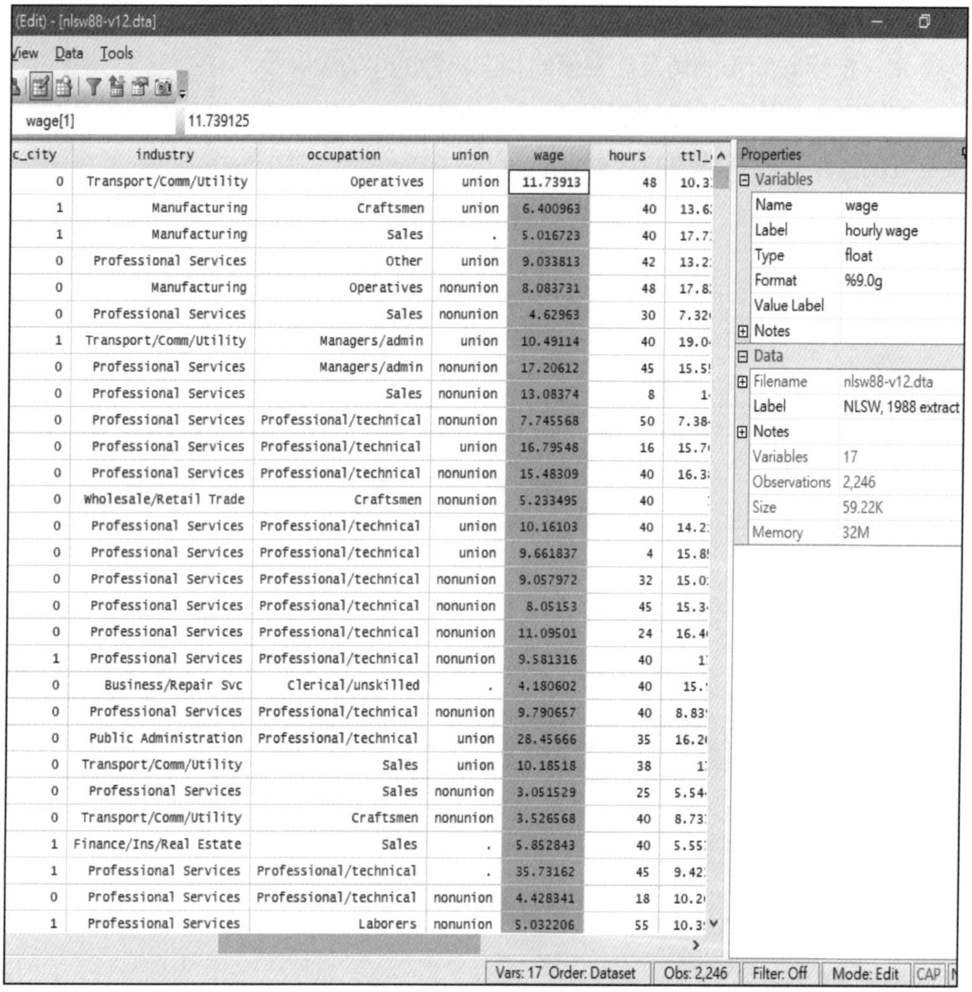

(Edit) - [nlsw88-v12.dta]

View Data Tools

wage[1] 11.739125

c_city	industry	occupation	union	wage	hours	ttl_
0	Transport/Comm/Utility	Operatives	union	11.73913	48	10.3
1	Manufacturing	Craftsmen	union	6.400963	40	13.6
1	Manufacturing	Sales	.	5.016723	40	17.7
0	Professional Services	Other	union	9.033813	42	13.2
0	Manufacturing	Operatives	nonunion	8.083731	48	17.8
0	Professional Services	Sales	nonunion	4.62963	30	7.32
1	Transport/Comm/Utility	Managers/admin	union	10.49114	40	19.0
0	Professional Services	Managers/admin	nonunion	17.20612	45	15.5
0	Professional Services	Sales	nonunion	13.08374	8	1
0	Professional Services	Professional/technical	nonunion	7.745568	50	7.38
0	Professional Services	Professional/technical	union	16.79548	16	15.7
0	Professional Services	Professional/technical	nonunion	15.48309	40	16.3
0	Wholesale/Retail Trade	Craftsmen	nonunion	5.233495	40	
0	Professional Services	Professional/technical	union	10.16103	40	14.2
0	Professional Services	Professional/technical	union	9.661837	4	15.8
0	Professional Services	Professional/technical	nonunion	9.057972	32	15.0
0	Professional Services	Professional/technical	nonunion	8.05153	45	15.3
0	Professional Services	Professional/technical	nonunion	11.09501	24	16.4
1	Professional Services	Professional/technical	nonunion	9.581316	40	1
0	Business/Repair Svc	Clerical/unskilled	.	4.180602	40	15.
0	Professional Services	Professional/technical	nonunion	9.790657	40	8.83
0	Public Administration	Professional/technical	union	28.45666	35	16.2
0	Transport/Comm/Utility	Sales	union	10.18518	38	1
0	Professional Services	Sales	nonunion	3.051529	25	5.54
0	Transport/Comm/Utility	Craftsmen	nonunion	3.526568	40	8.73
1	Finance/Ins/Real Estate	Sales	.	5.852843	40	5.55
1	Professional Services	Professional/technical	.	35.73162	45	9.42
0	Professional Services	Professional/technical	nonunion	4.428341	18	10.2
1	Professional Services	Laborers	nonunion	5.032206	55	10.3

Properties

Variables	
Name	wage
Label	hourly wage
Type	float
Format	%9.0g
Value Label	
Notes	

Data	
Filename	nlsw88-v12.dta
Label	NLSW, 1988 extract
Notes	
Variables	17
Observations	2,246
Size	59.22K
Memory	32M

Vars: 17 Order: Dataset | Obs: 2,246 | Filter: Off | Mode: Edit | CAP

圖 3-38 「nlsw88.dta」大數據之內容（N=2,246 個人）

觀察資料之特徵

```
* 開啟資料檔
. use nlsw88.dta, clear

. des wage age collgrad married  hours grade industry race occupation union
hours

              storage  display     value
variable name   type   format      label      variable label
---------------------------------------------------------------------------
wage            float  %9.0g                  hourly wage
age             byte   %8.0g                  age in current year
collgrad        byte   %16.0g      gradlbl    college graduate
married         byte   %8.0g       marlbl     married
hours           byte   %8.0g                  usual hours worked
grade           byte   %8.0g                  current grade completed
industry        byte   %23.0g      indlbl     industry
race            byte   %8.0g       racelbl    race
occupation      byte   %22.0g      occlbl     occupation
union           byte   %8.0g       unionlbl   union worker
hours           byte   %8.0g                  usual hours worked
```

(三) 分析結果與討論

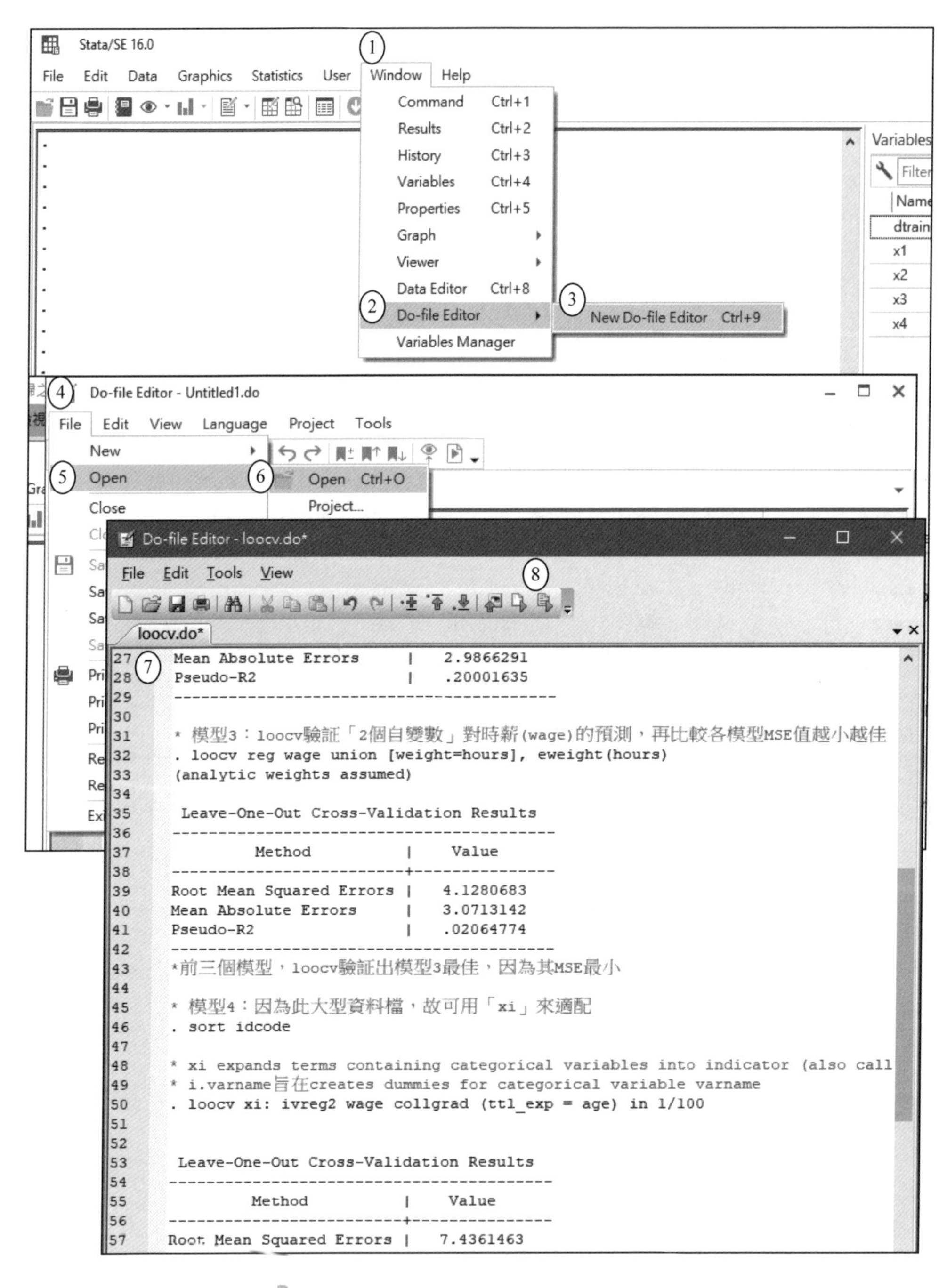

圖 3-39 「loocv.do」批次檔之指令

Step 1　loocv 驗證線性迴歸（reg 指令），並求出你界定模型之適配度指標 $\sqrt{MS_E}$、$\frac{1}{n}\sum MSE_n$、Pseudo-R^2。前二者適配值越小，表示該模型適配度越佳。但 Pseudo-R^2 值越大，表示該模型適配度越佳。

```
* 存在「loocv.do」指令檔
* 開啟網路之資料檔
. sysuse nlsw88
(NLSW, 1988 extract)

. findit loocv
* 模型 1：loocv 驗證「3 個自變數」對時薪 (wage) 的預測，再比較各模型 MS_E 值越小越佳
. loocv reg wage age collgrad married

 Leave-One-Out Cross-Validation Results
----------------------------------------
        Method          |    Value
------------------------+---------------
Root Mean Squared Errors |   5.5467815
Mean Absolute Errors     |   3.3990273
Pseudo-R2                |   .07084915
----------------------------------------

* 模型 2：loocv 驗證「4 個自變數」對時薪 (wage) 的預測，再比較各模型 MS_E 值越小越佳
. loocv reg wage hours grade i.race i.industry i.occupation

 Leave-One-Out Cross-Validation Results
----------------------------------------
        Method          |    Value
------------------------+---------------
Root Mean Squared Errors |   5.1635111
Mean Absolute Errors     |   2.9866291
Pseudo-R2                |   .20001635
----------------------------------------
* 模型 3：loocv 驗證「2 個自變數」對時薪 (wage) 的預測，再比較各模型 MS_E 值越小越佳
. loocv reg wage union [weight=hours], eweight(hours)
(analytic weights assumed)

 Leave-One-Out Cross-Validation Results
```

```
---------------------------------------
        Method           |    Value
-------------------------+--------------
Root Mean Squared Errors |   4.1280683
Mean Absolute Errors     |   3.0713142
Pseudo-R2                |   .02064774
---------------------------------------
* 前三個模型，loocv 驗證出模型 3 最佳，因為其 MS_E 最小

* 模型 4：因為此大型資料檔，故可用「xi」來適配
. sort idcode

* xi expands terms containing categorical variables into indicator (also
called dummy)variable sets by creating new variables and, in the second syntax
(xi: any_stata_command), executes the specified command with the expanded
terms. The dummy variables created are：
* i.varname 旨在 creates dummies for categorical variable varname
. loocv xi: ivreg2 wage collgrad (ttl_exp = age)in 1/100


 Leave-One-Out Cross-Validation Results
---------------------------------------
        Method           |    Value
-------------------------+--------------
Root Mean Squared Errors |   7.4361463
Mean Absolute Errors     |   5.2287439
Pseudo-R2                |   .00001683
---------------------------------------

. ret list

scalars:
                 r(r2)=  .0000168265967266
                r(mae)=  5.228743877410889
               r(rmse)=  7.436146288561151

. mat list r(loocv)

r(loocv)[3,1]
              LOOCV
     RMSE  7.4361463
      MAE  5.2287439
Pseudo-R2  .00001683
```

前三個模型，loocv 驗證出模型 3 最佳，因為其 MS_E 最小。

3-4-2 二元依變數迴歸：K- 摺 (K-fold) 交叉驗證（外掛指令 crossfold）

交叉驗證 (cross-validation) 旨在避免依賴某一特定的訓練及測試資料所產生偏誤 (bias)。

一、交叉驗證 (cross-validation) 在醫學研究上的應用

在醫學研究上，針對感興趣的結果變數 (outcome) 去找出影響因子常會使用到線性迴歸模型 (linear regression model)，邏輯斯迴歸模型 (logistic regression model) 等方法，而其目的除了要找出顯著的影響因子外，有時還須評估模型的預測能力。例如：研究者欲找出影響代謝症候群的因素，所以建立一邏輯斯迴歸模型，而模型一旦建立後，如有一新個案的資料，代入影響因子的值，即可預測其有代謝症候群的可能性有多高，而交叉驗證可用來檢視模型預測能力的好壞。

二、k- 摺交叉驗證 (K-fold cross-validation) 原理

一般來說，在做機器學習 (machine learning) 的時候，我們會習慣將資料集 (dataset) 切割 (splits) 成訓練集 (training set) 跟驗證集 (validation set)。顧名思義，training set 是用來訓練 machine learning 的模型；而 validation set 則用來驗證這個模型訓練的適配度好不好。為什麼要這麼做？主因是偏誤與變異數的權衡 (bias-variance tradeoff)。由於很難實際去計算模型的偏誤與變異數，所以我們更常透過模型外在的表現來判斷它現在是過度適配還是適配不足。

所謂「外在表現」意指：觀察該模型在 training set 跟 validation set 的誤差 (Error) 為多少？

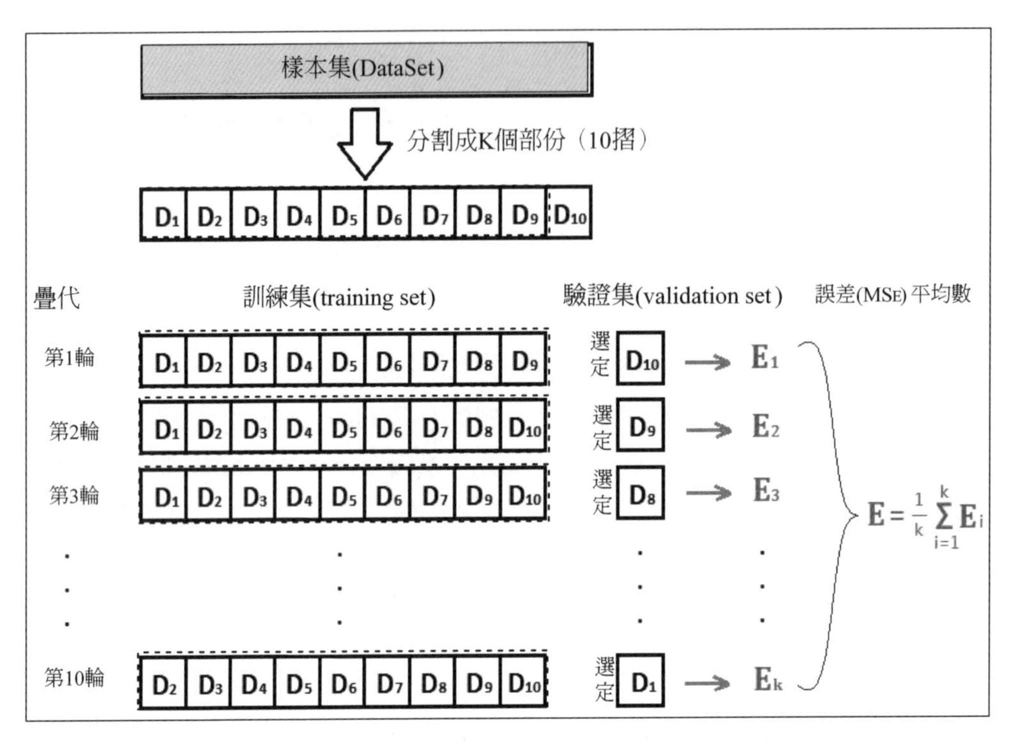

圖 3-40　k- 摺交叉驗證 (K-fold cross-validation)

1. 將數據集（樣本）分割成 K 個大小相等的互斥折疊
   - 對於 $j = 1, \cdots, K$，使用除 j 以外的所有 folds 來進行適配，並預測 j。
   - 標準上，常常選擇 $K = 5$ 及 K = 10 摺。
2. 上圖所示爲 $K = 10$ 摺。
3. K 摺 CV（交叉驗證）估算爲：$CV_K = \frac{\sum_{j=1}^{K} MSE_j}{K}$，$MSE_j$ 爲第 j 摺的均方誤差。

三、範例：K=5 摺 CV（交叉驗證）

續前例之資料檔「OLS_Bayes-v12.dta」。

要使用前 crossfold 指令前，要用「findit 指令來安裝外掛 crossfold 指令」（下圖）。

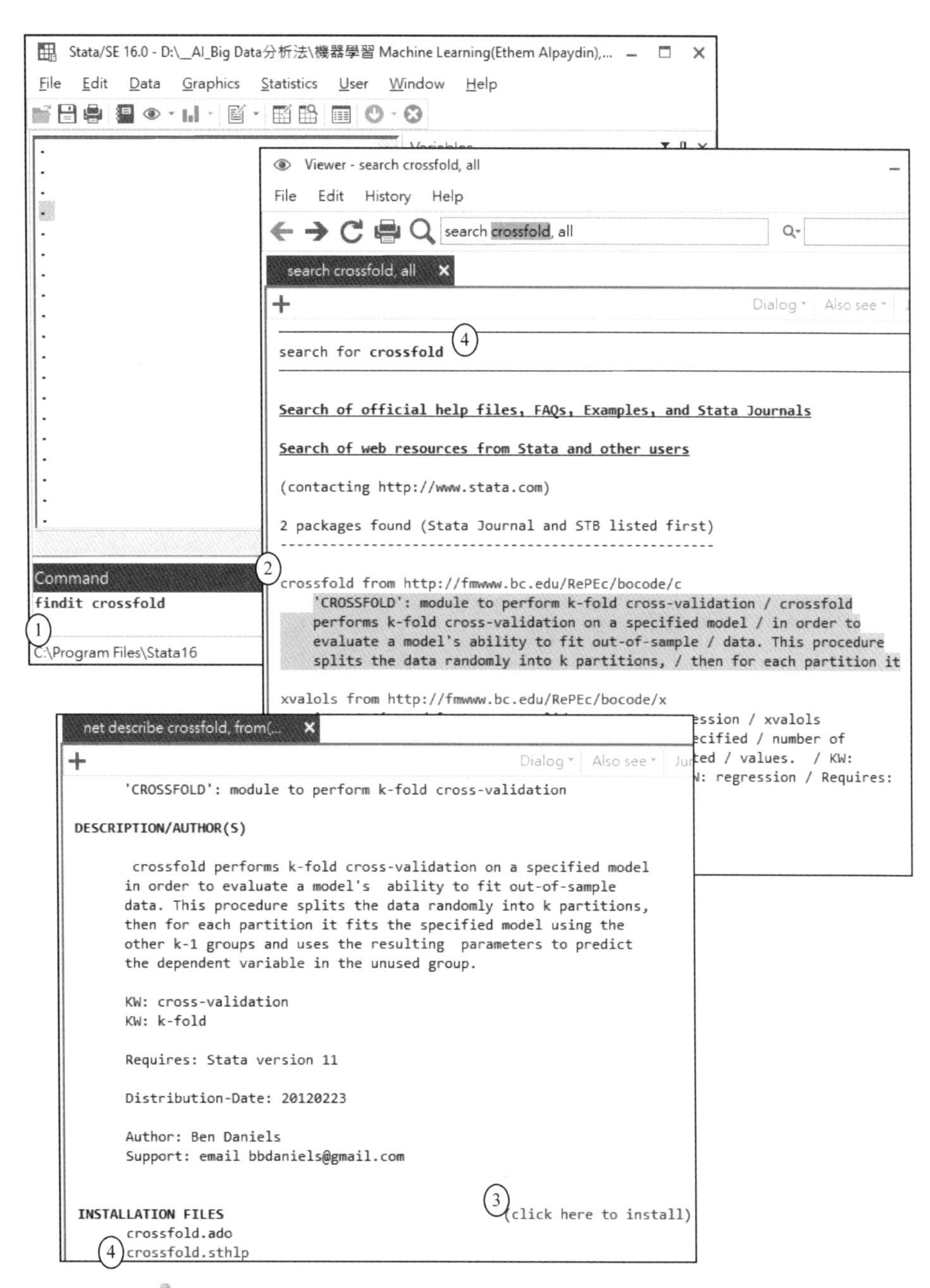

圖 3-41 「用 findit 指令來外掛 crossfold 指令」之過程

```
* 存在「5-fold cross-validation.do」批次檔
* 開啟資料檔
. use "D:\CD\OLS_Bayes-v12.dta", clear
* 用 findit 指令，來外掛 crossfold 指令
. findit crossfold

*step-1 Five -fold cross validation example for model with all regressors
. set seed 10101
. crossfold regress y x1 x2 x3, k(5)

             |      RMSE
-------------+-----------
        est1 |  47.56933
        est2 |  44.21417
        est3 |  64.72186
        est4 |   120.857


        est5 |  40.79229

. matrix RMSEs = r(est)
. svmat RMSEs, names(rmse)
. quietly generate mse = rmse^2
. quietly sum mse
. display _n "CV5 (average MSE in 5 folds)= " r(mean)" with st. dev. = " r(sd)
CV5 (average MSE in 5 folds)= 4935.4146 with st. dev. = 5495.7628
```

```
* 存在「5-fold cross-validation.doc」批次檔

* step-2 自變數有三個，故有八個模型來做 K = 5 摺。指令 forvalues loop 如下：
* Regressor lists for all possible models
. global xlist1
. global xlist2 x1
. global xlist3 x2
. global xlist4 x3
. global xlist5 x1 x2
```

```
. global xlist6 x2 x3
. global xlist7 x1 x3
. global xlist8 x1 x2 x3

* 刪除由先前交叉折疊創建的變數
. drop _est*
. drop rm*

* model with「x1 x2 x3” has lowest CV(5)
forvalues k = 1/8 {
  set seed 10101
  quietly crossfold regress y ${xlist'k'}, k(5)
  matrix RMSEs'k' = r(est)
  svmat RMSEs'k', names(rmse'k')
  quietly generate mse'k' = rmse'k'^2
  quietly sum mse'k'
  scalar cv'k' = r(mean)
  scalar sdcv'k' = r(sd)
  display "Model " "${xlist'k'}" _col(16)" CV5 = " %7.3f cv'k' " with st. dev.
= " %7.3f sdcv'k'
}
```

```
Model           CV5 =  2.1e+04 with st. dev. =  2.0e+04
Model x1        CV5 =  1.9e+04 with st. dev. =  2.0e+04
Model x2        CV5 =  1.7e+04 with st. dev. =  1.3e+04
Model x3        CV5 =  1.6e+04 with st. dev. =  1.3e+04
Model x1 x2     CV5 =  1.6e+04 with st. dev. =  1.5e+04
Model x2 x3     CV5 = 8480.182 with st. dev. = 5677.498
Model x1 x3     CV5 =  1.1e+04 with st. dev. =  1.2e+04
Model x1 x2 x3  CV5 = 4935.415 with st. dev. = 5495.763
```

K = 5 摺，交叉驗證 (CV) 求得：三個自變數的最佳組合之迴歸式爲：

$$y = \beta_0 + \beta_1 x_1 + \beta_2 x_2 + \beta_3 x_3$$

```
*Step-3 再求三個自變數之OLS
. regress y x1 x2 x3

      Source |       SS           df       MS      Number of obs   =        54
-------------+----------------------------------   F(3, 50)        =     82.85
       Model |  931546.037         3  310515.346   Prob > F        =    0.0000
    Residual |  187385.463        50  3747.70926   R-squared       =    0.8325
-------------+----------------------------------   Adj R-squared   =    0.8225
       Total |   1118931.5        53  21111.9151   Root MSE        =    61.219

------------------------------------------------------------------------------
           y |      Coef.   Std. Err.      t    P>|t|     [95% Conf. Interval]
-------------+----------------------------------------------------------------
          x1 |   38.32274   5.325891     7.20   0.000     27.62538    49.02011
          x2 |   4.567732   .4995591     9.14   0.000     3.564338    5.571126
          x3 |   4.485036   .4001741    11.21   0.000     3.681263    5.288809
       _cons |  -659.1794   55.67408   -11.84   0.000    -771.0041   -547.3547
------------------------------------------------------------------------------
```

求得只三個自變數的最佳組合之迴歸式爲：

$y = -659.18 + 38.32x_1 + 4.57x_2 + 4.49x_3$

氮排量 = –659.18 + 38.32× 住宅人數 + 4.57× 農業面積 + 4.49× 森林面積

3-4-3 Five-fold 交叉驗證 (cross-validation)（crossfold 外掛指令）

5 摺及 10 摺是最常用的交叉驗證。

如前面所示，「fit of polynomial regression2.dta」爲例子。

Step 1　印出 RMSEs

crossfold 指令對指定的模型執行 k- 摺 (k-fold) 交叉驗證，旨在評估模型適配樣本數據的能力。此過程將數據隨機分爲 k partitions，然後分別對於 k- 分割做交叉驗證。

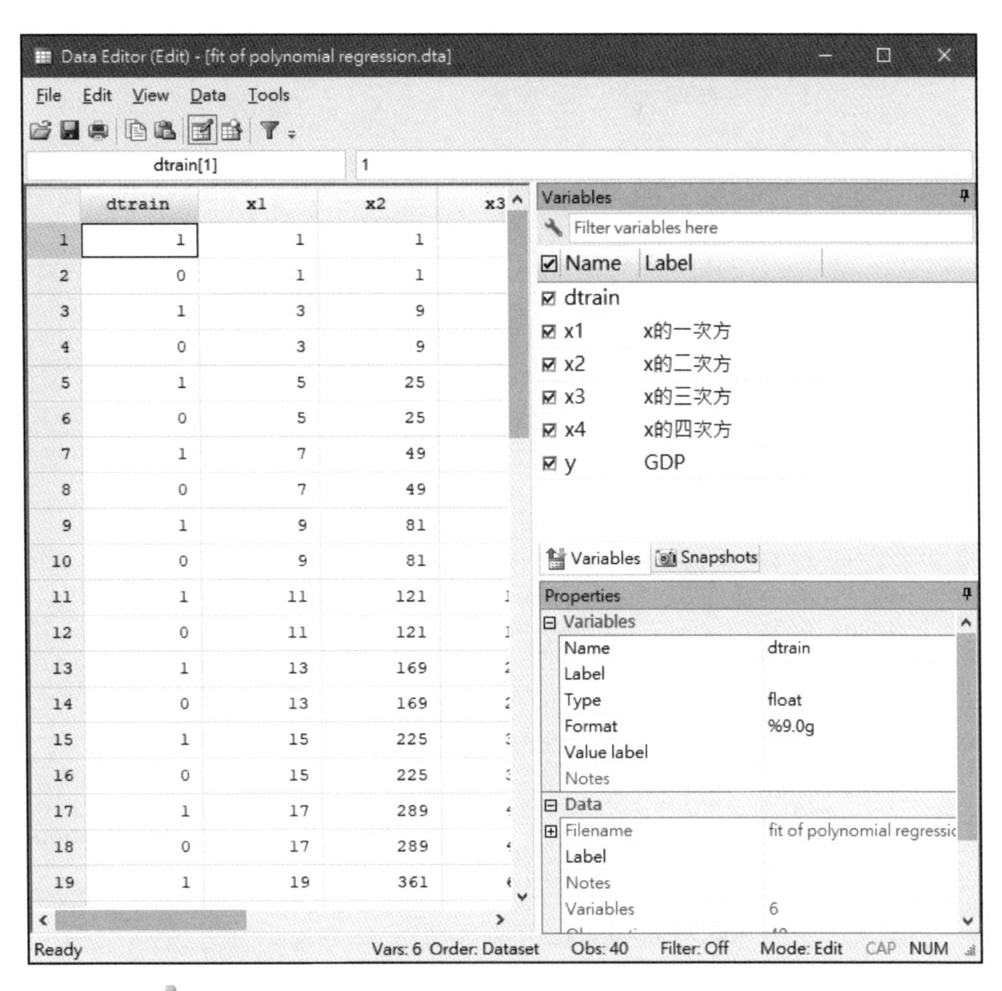

	dtrain	x1	x2
1	1	1	1
2	0	1	1
3	1	3	9
4	0	3	9
5	1	5	25
6	0	5	25
7	1	7	49
8	0	7	49
9	1	9	81
10	0	9	81
11	1	11	121
12	0	11	121
13	1	13	169
14	0	13	169
15	1	15	225
16	0	15	225
17	1	17	289
18	0	17	289
19	1	19	361

圖 3-42 「fit of polynomial regression2.dta」資料檔之內容

```
. use  fit of polynomial regression2.dta , clear
* Five-fold cross validation example for quadratic

. set seed 10101
* 使用 crossfold 外掛指令前，先用 findit 指令來外掛（如下圖）
. findit crossfold
. crossfold regress y x1 x2

             |      RMSE
-------------+----------
```

```
         est1 |  11.70546
         est2 |  7.257663
         est3 |  10.85598
         est4 |   14.1857
         est5 |  16.09571

* Compute fivefold cross validation measure average of the above
* 將最近一次迴歸之 estimates restore，用 r(est) 存到 RMSEs
. matrix RMSEs = r(est)
* RMSEs 存至 rmses 新變數
. svmat RMSEs, names(rmses)

* 印出 rmses 變數之描述統計
. summarize  rmses

    Variable |        Obs        Mean    Std. Dev.       Min        Max
-------------+---------------------------------------------------------
      rmses1 |          5     12.0201    3.370289   7.257663   16.09571
```

Step 2 求出多項迴歸式 $y = b_0 + b_1x + b_2x^2$，K- 摺的交叉驗證 (cross-validation, CV)

本例從共有 40 個觀察值：

1. 隨機形成 5 摺 (5-folds)。
2. 四次估計 ($n_{Train} = 32$)，五次預測 ($n_{Test} = 8$)。
3. 接下來，對二次 (quadratic) 模型執行此操作。

```
*續前例
* Five-fold cross validation example for quadratic
* Compute fivefold cross validation measure average of the above
* 將最近一次迴歸之 estimates restore，用 r(est) 存到 RMSEs
. matrix RMSEs = r(est)
* RMSEs 存至 rmses 新變數
. svmat RMSEs, names(rmses)
```

```
* 印出 rmses 變數之描述統計
. summarize  rmses

    Variable |        Obs        Mean    Std. Dev.       Min        Max
-------------+---------------------------------------------------------
      rmses1 |          5     12.0201    3.370289   7.257663   16.09571
```

```
. use  fit of polynomial regression2.dta
* 對 1、2、3、4 次的多項式執行此「Five-fold cross validation」
*for 迴圈執行 4 loops，結果「產生多項式四個自變數之誤差」，結果如下圖。
* quiet 旨在讓指令執行時「安靜，不要列出」
forvalues i = 1/4 {
   qui set seed 10101
   qui crossfold regress y x1 -x'i'
   qui matrix RMSEs'i' = r(est)
   qui svmat RMSEs'i', names(rmses'i')
   qui summarize rmses'i'
   qui scalar cv'i' = r(mean)
}

* display 印出 1~4 次方多項式的交叉驗證 (CV)
. di _n "CV(5)for i = 1,..,4 = " cv1 ", " cv2 ", "cv3 ", "cv4

CV(5)for i = 1,..,4 = 12.39305, 12.39305, 12.629339, 12.475117
*
```

1. 二次模型之 5- 摺交叉驗證：

$$CV_{(5)} = \frac{1}{5}(15.27994 + \cdots + 8.444316) = 12.39305$$

2. 求得本例最小 RMSEs 是 cv2，代表樣本 2-fold 是最佳交叉驗證。

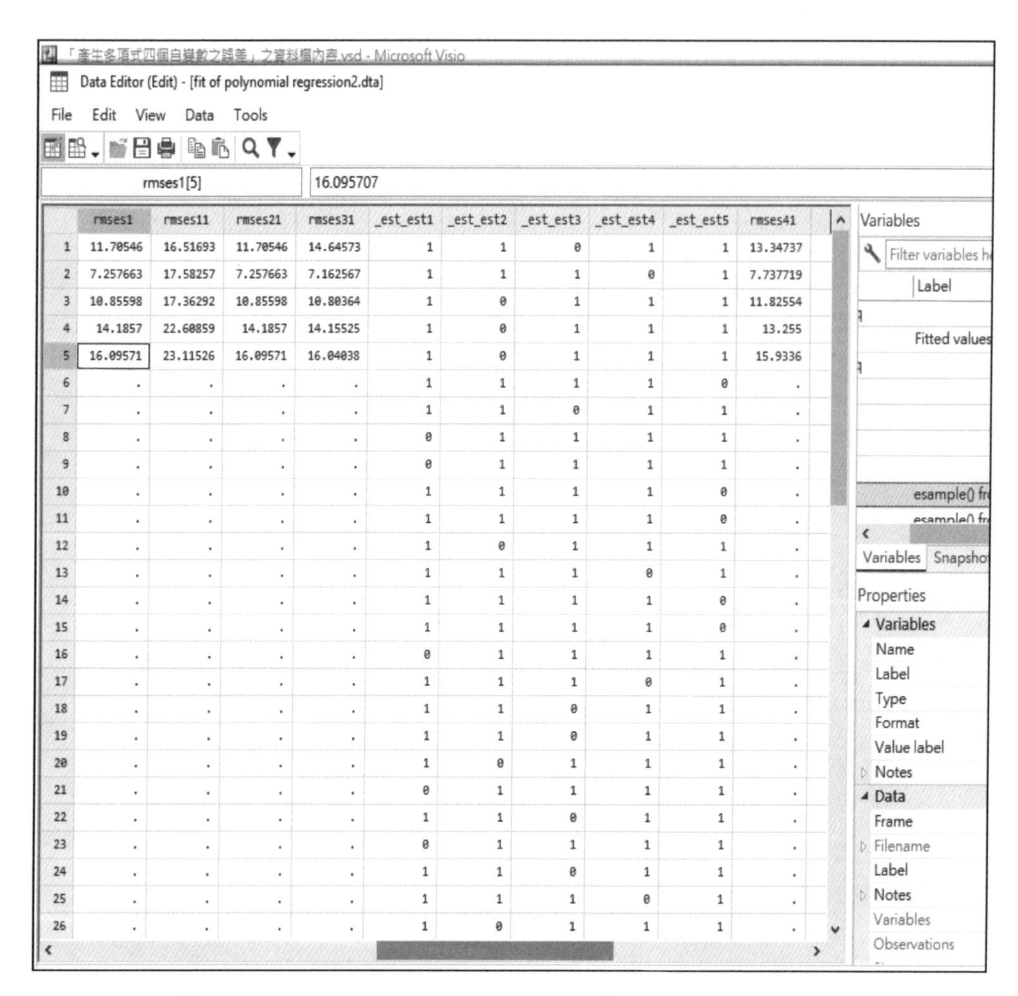

	rmses1	rmses11	rmses21	rmses31	_est_est1	_est_est2	_est_est3	_est_est4	_est_est5	rmses41
1	11.70546	16.51693	11.70546	14.64573	1	1	0	1	1	13.34737
2	7.257663	17.58257	7.257663	7.162567	1	1	1	0	1	7.737719
3	10.85598	17.36292	10.85598	10.80364	1	0	1	1	1	11.82554
4	14.1857	22.60859	14.1857	14.15525	1	0	1	1	1	13.255
5	16.09571	23.11526	16.09571	16.04038	1	0	1	1	1	15.9336
6	.	.	.	.	1	1	1	1	0	.
7	.	.	.	.	1	1	0	1	1	.
8	.	.	.	.	0	1	1	1	1	.
9	.	.	.	.	0	1	1	1	1	.
10	.	.	.	.	1	1	1	1	0	.
11	.	.	.	.	1	1	1	1	0	.
12	.	.	.	.	1	0	1	1	1	.
13	.	.	.	.	1	1	1	0	1	.
14	.	.	.	.	1	1	1	1	0	.
15	.	.	.	.	1	1	1	1	0	.
16	.	.	.	.	0	1	1	1	1	.
17	.	.	.	.	1	1	1	0	1	.
18	.	.	.	.	1	1	0	1	1	.
19	.	.	.	.	1	1	0	1	1	.
20	.	.	.	.	1	0	1	1	1	.
21	.	.	.	.	0	1	1	1	1	.
22	.	.	.	.	1	1	0	1	1	.
23	.	.	.	.	0	1	1	1	1	.
24	.	.	.	.	1	1	0	1	1	.
25	.	.	.	.	1	1	1	0	1	.
26	.	.	.	.	1	0	1	1	1	.

圖 3-43 「產生多項式四個自變數之誤差」之資料檔內容

Step 3 懲罰測量 (penalty measures) 之實作

1. 交叉驗證有另一替代方法，它使用所有數據（不必分 training dataset、test dataset）並且速度更快。
   - 越特定的模型，其通用性就越差。
2. 著重於損失函數平方誤差或對數概似 (loss function squared error or log-likelihood)
   - 因此交叉驗證法是相當普遍。

3. 模型適己度之領先指標

很多參數估計問題均採用概似函數 (LR) 作爲目標函數，當訓練數據足夠多時，可不斷提高模型精準度，但提高模型複雜度 (complexity) 爲其付出代價，同時也帶來一個機器學習中非常普遍的問題：過度適配。所以，模型選擇問題在模型複雜度與模型精簡度（即概似函數）之間尋求最佳平衡。

預測性模型（迴歸式）旨在關注哪些變數是模型的潛在變數及模型的可能形式。好的模型應該是最能預測結果的模型。

Step 4 不再切割 (traing dataset,test dataset)，求全體樣本 (full sample) 的 AIC 及 BIC 懲罰測量 (penalty measures)

1. 樣本數 n = 40，並分別計算 1、2、3、4 次的多項式的 AIC 及 BIC 值。
2. 二次模型 (quadratic model) 求 AIC 及 BIC 最小化的模型。Stata 程式如下：

```
. use  fit of polynomial regression2.dta
* quiet 旨在讓指令執行時「安靜，不要列出」
* Full sample estimates with AIC, BIC penalty polynomials up to degree 4
forvalues i = 1/4 {
   qui reg y x1 -x'i'
   qui scalar aic'i' = 2* e(11)+ 2*e(rank)
   qui scalar bic'i' = 2* e(11)+ e(rank)*ln(e(N))
}

*display 印出 1~4 次方多項式的 AIC、BIC
. di _n "AIC for i = 1,..,4 = " aic1 ", " aic2 ", "aic3 ", "aic4,
 AIC for i = 1,..,4 = 348.99841, 314.26217, 316.01317, 315.3112
* 求得 AIC 最小值是二次多項式： y  = b0 + b1x + b2x2，此模型適配度最佳

. di _n "BIC for i = 1,..,4 = " bic1 ", " bic2 ", "bic3 ", "bic4
 BIC for i = 1,..,4 = 352.37617, 319.32881, 322.76869, 323.7556
* 求得 BIC 最小值是二次多項式： y  = b0 + b1x + b2x2，此模型適配度最佳
```

Step 5 Masllow’s Cp（rsquare 指令）

使用 Mallows Cp 可幫助您在多個迴歸模型中進行選擇。它可幫助您在模型

中的預測變數數方面實現重要平衡。Mallows Cp 會將全模型的精確度及偏誤與具有預測變數子集的模型進行比較。

通常情況下，您應當查找 Mallows Cp 較小且接近於模型中的預測變數加上常量 (p) 所得數值的模型。較小的 Mallows Cp 值表明模型在估計實際迴歸係數及預測未來回應時相對比較精確（變異數較小）。接近預測變數數加上常量的 Mallows Cp 值表明模型在估計眞實迴歸係數及預測未來回應時相對無偏誤。失適配偏誤的模型的 Mallows Cp 值大於 p。

Mallows Cp 可解決「過度適配」的問題，其中，隨著向模型中添加更多變數，模型選擇統計資訊（例如：殘差平方及）總是變小。因此，如果你旨在選擇殘差平方及最小的模型，那麼將始終選擇包括所有變數的模型。取而代之的是，根據數據樣本計算的 Cp 統計量將變異數預測誤差 (MS_{PE}) 估計為其總體目標：

$$E\sum_j (\hat{Y}_j - E(Y_j|X_j))^2/\sigma^2$$

其中，$\hat{Y}_j$ 是從迴歸模型用於適配值 ĵ 個情況下，$E(\hat{Y}_j \mid X_j)$ 是為期望值 ĵ 個的情況下，及 σ^2 是誤差變異數（穿過箱子假定常數）。隨著添加更多變數，MS_{PE} 不會自動變小。在此標準下的最佳模型是一個摺中方案，受樣本數，不同預測變數的影響大小及它們之間的共線性程度影響。

如果從 $K > P$ 的集合中選擇 P 個預測變數，則該特定預測變數集的 Cp 統計量定義為：

$$C_p = \frac{SSE_p}{S^2} - N + 2P$$

其中：

$SSE_p = \sum_{i=1}^{n} (Y_i - Y_{pi})^2$ 是具有 P 預測變數的模型的平方誤差總及。

Y_{pi} 是來自 P 迴歸的 Y 的第 i 個觀測值的預測值。

S^2 是在完整的 K 個預測變數集上進行迴歸後的殘差變異數，可透過變異數誤差 MSE 進行估計。

N 是樣本數。

```
. use  fit of polynomial regression2.dta
* Full sample estimates with Masllow's CP penalty polynomials up to degree 4
. rsquare y x1-x4

Regression models for dependent variable : y

R-squared  Mallows C        SEE          MSE        models with 1 predictor
0.0053         58.40    13042.4247    343.2217      x1
0.0148         57.50    12918.4037    339.9580      x2
0.0577         53.43    12356.0844    325.1601      x3
0.0962         49.77    11850.7980    311.8631      x4
R-squared  Mallows C        SEE          MSE        models with 2 predictors
0.6030          3.68     5205.9461    140.7012      x1 x2
0.5993          4.03     5254.3789    142.0102      x1 x3
0.5676          7.04     5669.8343    153.2388      x1 x4
0.5390          9.75     6045.1525    163.3825      x2 x3
0.4782         15.52     6842.2495    184.9257      x2 x4
0.3927         23.63     7962.6178    215.2059      x3 x4
R-squared  Mallows C        SEE          MSE        models with 3 predictors
0.6054          5.45     5173.6398    143.7122      x1 x2 x3
0.6039          5.60     5194.4615    144.2906      x1 x2 x4
0.6137          4.66     5064.7384    140.6872      x1 x3 x4
0.6310          3.02     4838.2480    134.3958      x2 x3 x4
R-squared  Mallows C        SEE          MSE        models with 4 predictors
0.6312          5.00     4835.7056    138.1630      x1 x2 x3 x4
```

* 求得 BIC 最小值是二次多項式：$y = b_0 + b_1x + b_2x^2$，此模型適配度最佳

1. Mallows Cp 的值與參數個數值越近越好。
2. 本例最低值「Mallows CP= 3.68」，模型帶有二個自變數「x1 x2」，最佳迴歸式是：二次多項式：$y = b_0 + b_1x + b_2x^2$。

Step 6　Adjusted R^2（先 regression 指令、再 fitstat 指令）

adjusted R^2 是考慮到了自由度下的 R^2。

$$R^2 = 1 - \frac{SS_{\text{Res}}}{SS_{\text{Total}}}$$

考慮到殘差的平方及 SS_{Res} 的自由度爲 n–p–1，總體平方及 S_{STotal} 的自由度爲 n–1，那麼你修正後的 R^2_{Adj} 的公式爲：

$$R^2_{Adj} = 1 - \frac{SS_{Res}/(n-p-1)}{SS_{Total}/(n-1)} = 1 - \frac{SS_{Res}}{SS_{Total}}\frac{(n-1)}{(n-p-1)} = 1 - (1-R^2)\frac{n-p-1}{n-1}$$

其中，n 是樣本的個數，p 是變數的個數。

```
. use  fit of polynomial regression2.dta
*使用 fitstat 前，先用「findit fitstat」、或「ssc install fitstat」安裝它
. findit fitstat

* quiet 旨在讓指令執行時「安靜，不要列出」
* Full sample estimates with R2Adj penalty polynomials up to degree 4
forvalues i = 1/4 {
   qui reg y x1 -x'i'
   fitstat
}

Measures of Fit for regress of y

Log-Lik Intercept Only:       -172.606   Log-Lik Full Model:          -172.499
D(38):                         344.998   LR(1):                           .214
                                         Prob > LR:                       .644
R2:                              0.005   Adjusted R2:                   -0.021
AIC:                             8.725   AIC*n:                        348.998
BIC:                           204.821   BIC':                            .475
BIC used by Stata:             352.376   AIC used by Stata:            348.998

Measures of Fit for regress of y
Log-Lik Intercept Only:       -172.606   Log-Lik Full Model:          -154.131
D(37):                         308.262   LR(2):                         36.950
                                         Prob > LR:                      0.000
R2:                              0.603   Adjusted R2:                    0.582
AIC:                             7.857   AIC*n:                        314.262
BIC:                           171.774   BIC':                         -29.572
BIC used by Stata:             319.329   AIC used by Stata:            314.262
```

```
Measures of Fit for regress of y

Log-Lik Intercept Only:      -172.606   Log-Lik Full Model:        -154.007
D(36):                        308.013   LR(3):                       37.199
                                        Prob > LR:                    0.000
R2:                             0.605   Adjusted R2:                  0.573
AIC:                            7.900   AIC*n:                       16.013
BIC:                          175.214   BIC':                        26.133
BIC used by Stata:            322.769   AIC used by Stata:          316.013

Measures of Fit for regress of y

Log-Lik Intercept Only:      -172.606   Log-Lik Full Model:        -152.656
D(35):                        305.311   LR(4):                        9.901
                                        Prob > LR:                     .000
R2:                             0.631   Adjusted R2:                   .589
AIC:                            7.883   AIC*n:                       15.311
BIC:                          176.200   BIC':                        25.146
BIC used by Stata:            323.756   AIC used by Stata:          315.311
```

求得最大值 $R^2_{Adj} = 0.582$ 是二次多項式：$y = b_0 + b_1x + b_2x^2$，故此模型適配度最佳。

3-5 降維（降低維度，dimension reduction）

維數災難 (curse of dimensionality) 旨在如何將問題最佳化，當描述（數學）空間維度大增時，分析及組織高維空間（尚常有上百千維度），會因量體指數增加而遇到各種困難。此難題在低維空間是不會遇到，例如：物理空間常用 3D 來建模。

假設有一高維度模型，原始迴歸式：$y = b_0 + b_1x + b_2x^2 + \cdots + b_px^p$，其對應資料檔之相關矩陣是 $X_{p\times p}$。

1. 高維只是意味著 p（自變數的個數）相對大於 n（樣本數）。
   - 特別是 p> n
   - 樣本數 n 可大也可小。

2. $p > n$ 的問題（例如：人臉辨識）：
   - Masllow Cp、AIC、BIC、R^2 不能有效使用（篩選變數）。
     - 由於多重共線性導致你無法確定最佳模型，而只是許多好的模型之一。
   - 不能使用傳統統計來推論訓練集 (training set)。
3. 解決之道：
   (1) 在訓練 data 時，使用 Forward stepwise, ridge, Lasso, PCA（主成分分析），是很有用。
   (2) 使用交叉驗證或獨立 test data 來評估模型。
   (3) 使用其他法（如 MS_E 或 R^2）。

相對地，降維是指在某些限定條件下，降低隨機變數個數，得到一組「不相關」主變數的過程。降維可進一步細分爲變數選擇和特徵提取兩大方法。

下圖所示爲 3D 降維至 2D 方法之一。

原始迴歸式 $y = b_0 + b_1x + b_2x^2 + \cdots + b_px^p$。降維之後，$M < p$，自變數只剩 M 個，成爲 $y = b_0 + b_1x + b_2x^2 + \cdots + b_Mx^M$。

1. 從 p 個 regressor 減少到 M 個線性 regressors 組合。其中，$M < p$。
2. 聯立方程式的降維，矩陣的形式是 $X^*_{p\times M} = X_{p\times p\times}A_{p\times M}$，即求得轉換矩陣 $A_{p\times M}$，使得：
   $Y = \beta_0 + X\beta + u$，降維至
   $Y = \beta_0 + X^*\beta + v$
   $= \beta_0 + X\beta^* + u$，其中 $\beta^* = A\beta$
3. 兩種降維方法
   (1) 主成分 (Principal components)
   僅使用矩陣 X 來形成 A（無監督）
   (2) 偏微最小平方法 (partial least squares)
   仍使用 y 及 X 之間的關係，來形成 A（受監督）。

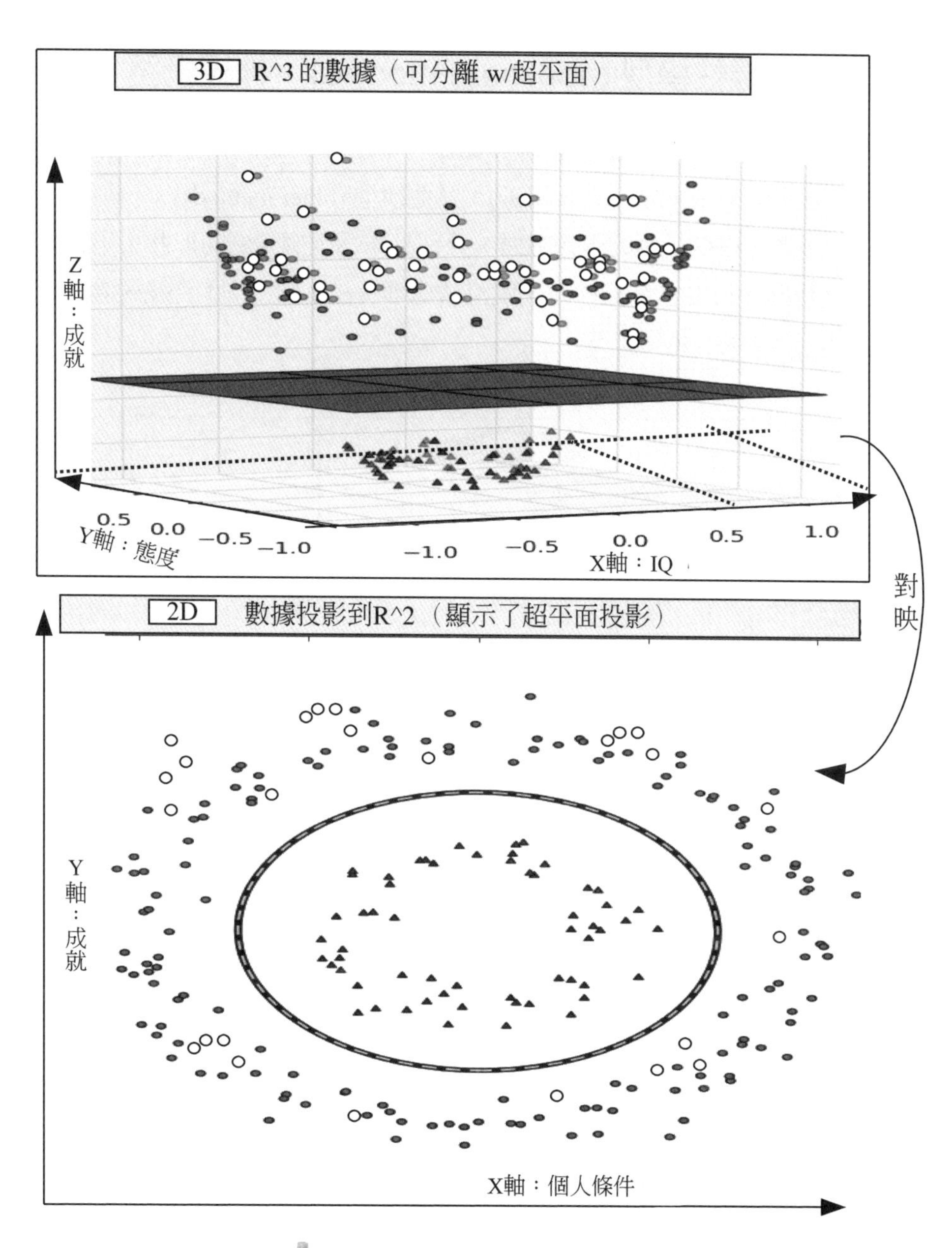

圖 3-44 3D 對映到 2D 之示意圖

3-6 非線性模型 (nonlinear models)：神經網路

非線性模型在經濟學、生醫統計等領域，都己受到認同。非線性模型有大類：基本函數模型 (basis functon models)、其他模型 (other methods)。

例如：下圖二個例子中的兩類數據，分別分布為兩個圓圈的形狀，不論是任何高級的分類器，只要它是線性的，就沒法處理，SVM 也不行。因為這樣的數據本身就是線性不可分的。

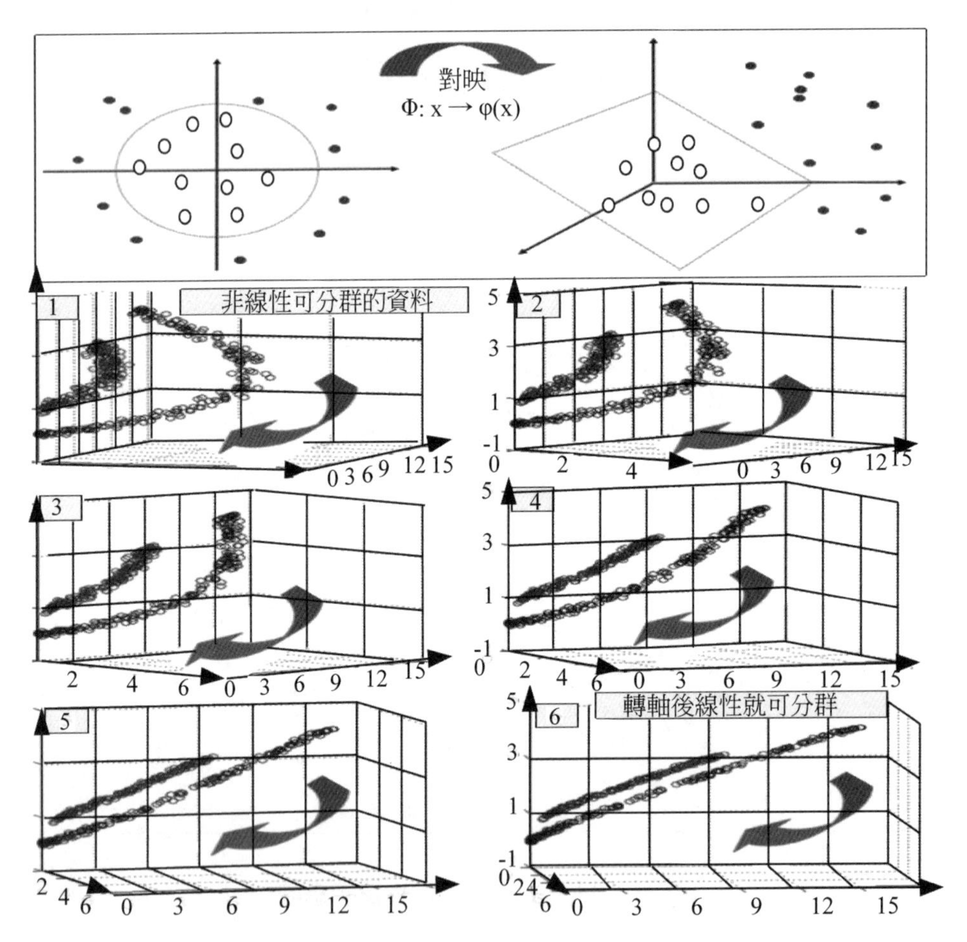

圖 3-45　非線性問題：核函數將它轉換成直線的過程（存在光碟片「非線性問題之核函數轉軸 .gif」檔）

一、基本函數模型，有 5 類

(一) 多項式迴歸(polynomal regresson)

【源由】

當遇到一組相關的雙變數資料 (x_i, y_i), $i = 1, \cdots, n$ 時，通常會想由其中一個變數值 x_i 來預測另一個變數值 y_j。建立兩變數之間的迴歸方程式，是解決此類問題最簡單也是最好的方法，在此我們以多項式迴歸 (Montgomery and Peck, 1991) 爲例，即以 $\hat{y}_i = \hat{\beta}_0 + \hat{\beta}_1 x_i + \cdots + \hat{\beta}_k x_i^k$，$i = 1, \cdots, n$ 來預測 y_j。

希望透過此 Applet 來對所 input 的雙變數資料點，計算並畫出兩變數之間的多項式迴歸方程式。

【方法】

多項式迴歸方程式 $\hat{y}_i = \hat{\beta}_0 + \hat{\beta}_1 x_i + \cdots + \hat{\beta}_k x_i^k$，$i = 1, \cdots, n$ 是平面上許多數據點的一條最佳配適曲線，使用的方法稱爲最小平方法。此方法是要使所有數據點到迴歸方程式的殘差平方及 (RSS) 爲最小，或者是說數據點到迴歸線的垂直距離平方及達到最小，即求解 $\min_{\beta_0, \cdots, \beta_i} \sum_{i=1}^{n} (y_i - \hat{\beta}_0 y_i - \hat{\beta}_1 x_i y_i - \cdots y_i - \hat{\beta}_k x_i^k)^2$。

多項式迴歸模型兩個基本的使用型態爲：

(1) 眞正的曲線反應函數的確爲一個多項式函數。

(2) 眞正的曲線反應函數未知或是非常複雜，但是透過多項式迴歸模型可做出不錯的近似效果。

多項式迴歸的範例，請見「3-2-2c 四次方多項式之過濾法「自變數組合之子集選擇」。

(二) 階躍函數(step functons)

在數學中，功能上的實數被稱爲階躍函數（或階梯函數），如果它可被寫爲一個有限的線性組合的指示器功能的時間間隔。非正式地講，階躍函數是只有有限個數的分段之常數函數。其中，常數函數是一個函數，其 (output) 值是每一個 input 值是相同的。

(三) 迴歸樣條(regresson splines)

在數學學科數值分析中，樣條 (spline) 是一種特殊的函數，由多項式分段定義。樣條源自可變形的樣條工具，那是一種在造船及工程製圖時用來畫出平滑化形狀的工具。

在插值問題中，樣條插值通常比多項式插值好用。用低階的樣條插值能產生及高階的多項式插值類似的效果，並且可避免被稱爲龍格現象的數值不穩定的出現。並且低階的樣條插值還具有「保凸」的重要性質。

在電腦科學的電腦輔助設計及電腦圖形學中，樣條通常係指分段定義的多項式參數曲線。由於樣條構造簡單，使用方便，適配準確，並能近似曲線適配及互動式曲線設計中複雜的形狀，樣條是這些領域中曲線的常用表示方法。

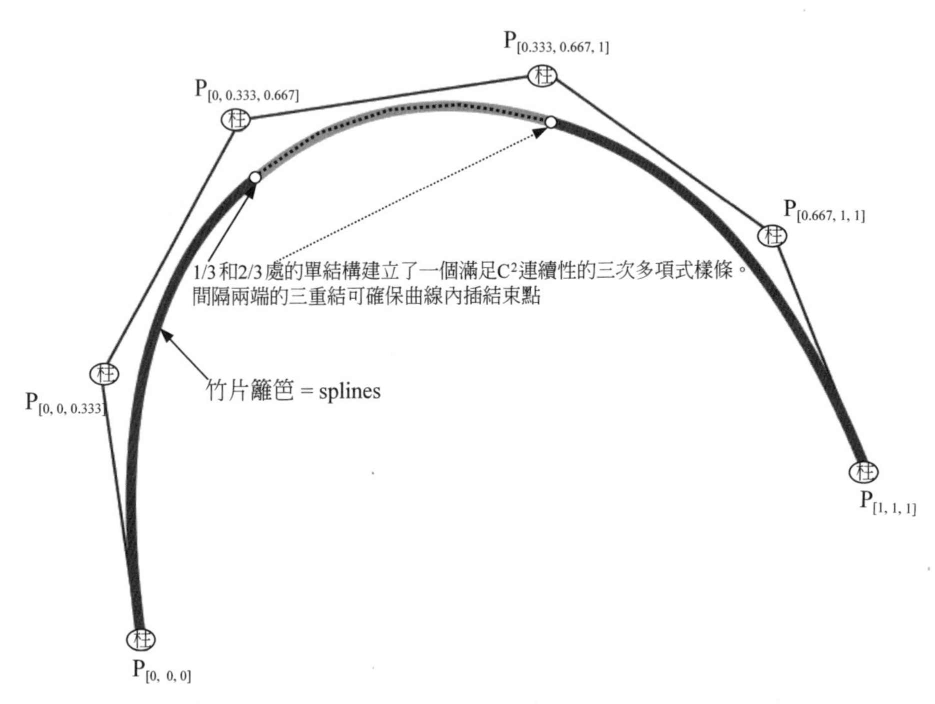

圖 3-46　迴歸樣條 (regresson splines) 之示意圖

(四) 平滑化樣條曲線(smoothng splines), B-splines

線性迴歸用於不同的數據集 (dataset) 時，你會發現它非常簡單方便，但現實遇到的問題多數是非線性的，這種依賴依變數及參數之間線性關係的做法，有時行不通。這時，你嘗試了多項式迴歸，雖然大部分時間它給出了更好的結果，但在面對高度可變的數據集時，你的模型也會頻繁地過度適配 (overfit)。

你也許聽說過加權最小平方法估計 (weighted least-squares)、核估計 (kernel smoother)、局部多項式估計 (local polynomial fitting)，但談到對模型中未知函數的估計，樣條 (splines) 估計依然占據著重要的位置。樣條估計是迴歸樣條法 (regression spline) 之一。

(五) 小波(wavelets)

系統辨識 (system identification) 是從系統 input 及 output 的測量值中辨識（或測量）系統數學模型的方法。系統辨識的應用包括可測量 input 及 output 的任何系統，包括工業過程、控制系統、經濟數據、生物學及生命科學、醫學、社會系統等等。

從歷史上看，非線性系統的系統辨識著眼於特定的系統類別，可大致分爲五種基本方法，每種方法均由模型類定義：

(1) Volterra series 模型

$$y(k)=h_0+\sum_{m_1=1}^{M}h_1(m_1)u(k-m_1)+\sum_{m_1=1}^{M}\sum_{m_2=1}^{M}h_2(m_1,m_2)u(k-m_1)u(k-m_2)$$
$$+\sum_{m_1=1}^{M}\sum_{m_3=1}^{M}\sum_{m_2=1}^{M}h_3(m_1,m_2,m_3)u(k-m_1)u(k-m_2)u(k-m_3)+\cdots$$

(2) block structured 模型

(3) 神經網路模型

(4) NARMAX 模型 (nonlinear autoregressive moving average model with exogenous inputs)

$$y(k)=F[y(k-1),y(k-2),\cdots,y(k-n_y),u(k-d-1),\cdots,u(k-d-n_u)$$
$$e(k-1),e(k-2),\cdots,e(k-n_e)]+e(k)$$

(5) 狀態空間模型

在控制工程中，狀態空間表示是物理系統的數學模型，是一組與一階微分方程或差分方程相關的 input，output 及狀態變數。狀態變數是其值隨時間變化的變數，其方式取決於它們在任何給定時間所具有的值，並且還取決於 input 變數的外部施加值。output 變數的值取決於狀態變數的值。

「狀態空間」是歐幾里得空間，其中軸上的變數是狀態變數。系統狀態可表示爲該空間內的向量。

以上，系統辨識都要遵循四個步驟：數據收集、模型假設、參數辨識及模型驗證。

小結

所謂多項式 (polynomial) 是全區的 (global)，其他多項式則將 x 的範圍分成幾部分。

二、其他模型 (other methods)，尚有 3 類

1. 局部多項式迴歸 (local polynomial regresson)
2. 廣義加性模型 (generalized additive models)（gam 外掛指令）

線性模型簡單、直觀、便於理解，但是，在現實生活中，變數的作用通常不是線性的，線性假設很可能不能滿足實際需求，甚至直接違背實際情況。廣義加性模型是自由靈活的統計模型，它可用來探測到非線性迴歸的影響。

【背景】

非參數迴歸不需要滿足線性的假定 (assumption) 前提，即可靈活地探測資料間的複雜關係，但是當模型中自變數數目較多時，模型的估計變異數會加大，另外，基於核與平滑化樣條 (spline) 估計的非參數迴歸中自變數與依變數間關係的解釋也有難度，Stone(1985) 提出加性模型 (additive models)，模型中每一個加性項使用單個平滑化函數來估計，在每一加性項中可解釋依變數如何隨自變數變化而變化，很好地解決了上述問題。Hastie & Tibshirani(1990) 擴展了加性模型的應用範圍，提出了廣義加性模型 (generalized additive models)。

【模型形式】

經典的線性迴歸模型，假定依變數 Y 與自變數 $X_1, X_2, \cdots, X_P$ 是線性形式：

$$E(Y|X_1, X_2, \cdots, X_p) = \beta_0 + \beta_1 X_1 + \beta_2 X_2 + \cdots + \beta_p X_p$$

其中，$\beta_0, \beta_1, \beta_2, \cdots, \beta_P$，透過最小平方法來求得。

加性模型擴展了線性模型，是：

$$E(Y|X_1, X_2, \cdots, X_p) = s_0 + s_1(X_1) + s_2(X_2) + \cdots + s_p(X_p)$$

其中，$s_i(\cdot), i = 1, 2, \cdots, p$ 是平滑化函數，$Es_j(X_j) = 0$，$s_i(\cdot)$ 透過 backfitting 演算法求得。

廣義加性模型是廣義線性模型的擴展：

$$g(\mu)=s_0+s_1(X_1)+s_2(X_2)+\cdots+s_p(X_p)$$
$$n=s_0+\Sigma_{i=1}^{p} s_i(X_i)$$

其中，$\mu=E(Y|X_1, X_2, \cdots, X_p)$，$n$ 爲線性預測值，$s_i(\cdot)$ 是非參數平滑化函數，它可是平滑化樣條函數、核函數或者局部迴歸平滑化函數，它的非參數形式使得模型非常靈活，揭示出自變數的非線性效果。

模型不需要 Y 對 X 的任何假定，由隨機部分 Y (random component)、加性部分 n (additive component) 及連結兩者的連接函數 $g(\cdot)$ (link function) 組成，反應變數 Y 的分布屬於指數分布族，可是二項分布、Poisson 分布、Gamma 分布等。

模型中不必每一項都是非線性的，可納入線性等參數項，因爲每個解釋變數的關係如都用非參數適配會出現計算量大、過度適配等問題，有時依變數與某個預測變數的關係簡化成參數形式會更便於解釋，這樣就出現了半參數廣義加性模型 (semi-parametric generalized additive models)，其形式爲：

$$g(\mu)=s_0+X^{\beta}+\Sigma s_i(X_i)$$

3-6-1 神經網路 (neural networks, NN)（annfit、brain 指令）

神經網路亦適用於非線性迴歸。NN 原理及範例，可另見「2-4 類神經網路 (ANN)：單一隱藏層」。

一、NN 原理

1. 神經網路是非常豐富的參數模型 f(x)
   - 僅需要估計參數。
   - 像往常一樣，須防止過度適配。
2. 建構具有兩層的神經網路
   - Y 取決於 m 個 Zs（隱藏層），而 Z 取決於 p 個 Xs（自變數）。如下：

$$Z_1=g(\alpha_{01}+X'\alpha_1) \quad \text{e.g.} \quad g(v)=1/(1+e^{-v})$$
$$\vdots \qquad \vdots \quad \vdots$$
$$Z_m=g(\alpha_{0m}+X'\alpha_m)$$

$T = \beta_0 + \Sigma_{m=1}^{M} \beta_m Z_m$

$f(X) = h(T)$ unuslly $h(T) = T$

3. 所以，上面的 g(.)and 及 h(.)

$$f(X) = \beta_0 + \Sigma_{m=1}^{M} \beta_m \times \frac{1}{1+\exp(-\alpha_{0m} - x'_i \alpha_m)}$$

4. 你需要找到隱藏單元的數量 M 並估計出 α's
5. 殘差平方總及的最小化，需要對 α 進行懲罰，以避免過度適配。
   - 由於引入了懲罰項，因此將自變數 x's 標準化爲 (0,1)。
   - 最好有很多的隱藏單元 (hidden units)，然後使用懲罰來避免過度適配。
6. 神經網路有助於預測
   - 特別是在語音辨識 (SiRI)、影像辨識（人臉辨識）等。
   - 但很難（不可能）解釋你界定的模型（聯立方程式）。
7. 深度學習常用非線性變換 (nonlinear transformatons)，例如：神經網路
   - 深度網度（二層以上隱藏）旨在對原始神經網路（只一層隱藏）的改進。
   - 著名例子：它大大改善了 Google 翻譯的準確度。
8. 現成的 (off-the-shelf) 軟體
   - 轉換：例如：影像或文本 input 至 y 陣列，input 數據至 x 矩陣。
   - 使用隨機梯度下降法 (stochastic gradient descent) 來運行深度網路。

   著名的軟體，包括：Microsoft 公司 Cognitive Toolkit(CNTK) 或 Tensor ‡ ow（Google 公司）或 mxnet。
9. 推論：

   神經網路是在給定之樣本內$\hat{y}_i = \psi_i(x_i)'\hat{\beta}$

   因此，在給定$\widetilde{\beta}$及標準誤$se(\widetilde{\beta})$下，求得$\psi_i(x_i)'\hat{\beta}$對 y_i 的 OLS 迴歸之樣本外預測。

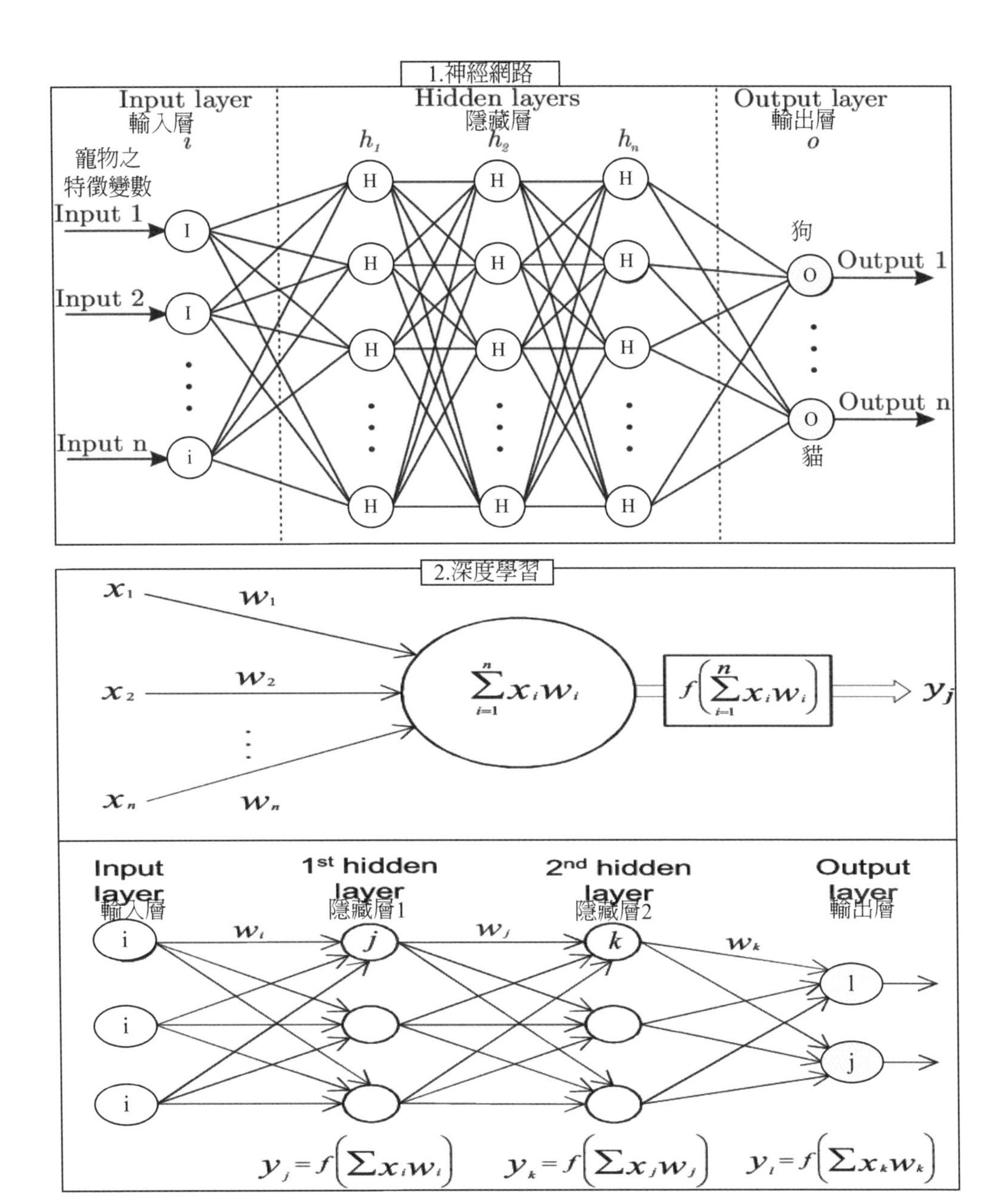

圖 3-47　神經網路 (neural networks)

二、神經網路 (neural networks) 之 Stata 例子

Stata 外掛指令有 2 個，包括：

1. annfit 指令：Approximation by neural networks

【Stata annfit 指令語法】

annfit 指令語法 (approximation by neural networks) 如下：

```
annfit depvar [if exp] [in range], neural (varlist) [linear (varlist)
             units(#) repeat(#) nocons debug delete seed(#)]
```

```
* annfit 指令：Approximation by neural networks 之指令語法
. annfit depvar [if exp] [in range] , neural(varlist)[linear(varlist)
              units(#)repeat(#)nocons debug delete seed(#)]

*用 findit 指令、或" ssc install"指令，來安裝外掛指令 annfit
. findit annfit
```

2. brain 指令：反向傳遞的簡潔實作 (no-frills implementation of a backpropagation)

brain 指令語法 (backpropagation networks) 如下：

```
Neural Network

        brain define [if] [in], input(varlist) output(varlist) [hidden(numlist)] [spread(default =

        brain save filename

        brain load filename

        brain signal, [raw]

        brain feed input_signals, [raw]

        brain train [if] [in], iter(default = 0) [eta(default = 0.25)] [nosort]

        brain think output_varlist [if] [in]

        brain margin [input_varlist] [if] [in]

Description

brain implements a backpropagation network based on the following matrices:

input  - defining input variable names, containing the input signal and normalization parameters
output - defining output variable names, containing the output signal and normalization parameters
neuron - containing neuronal signals
layer  - defining the structure of the network
brain  - containing the synapse weights and bias
```

【Stata brain 範例】

```
* 反向傳遞的簡潔實作之範例
*Example 1: OLS vs brain on unobserved interaction and polynomials
. set obs 100
. gen x1 = invnorm(uniform())
. gen x2 = invnorm(uniform())
. gen y = x1 + x2 + x1^2 + x2^2 + x1*x2

. sum y
. scalar ymean = r(mean)
. egen sst = sum((y-ymean)^2)

. reg y x1 x2

. predict yreg
. egen rreg = sum((y-yreg)^2)
* 分三段完成
. brain define, input(x1 x2)output(y)hidden(10 10)
. brain train, iter(500)eta(1)
. brain think ybrain

. egen rbrain = sum((y-ybrain)^2)
* display 旨在印出某變值
. di "R-squared reg: " 1-rreg/sst
. di "R-sq.   brain: " 1-rbrain/sst

* Example 2: OLS vs brain on non-linear function
* 解說，請見第 2 章「2-4-3  神經網路（brain 指令）vs. OLS 迴歸之預測模型比較」。
. set obs 200
. gen x = 4*_pi/200 *_n
. gen y = sin(x)

. reg y x
. predict yreg

* 用 findit 指令、或 " ssc install" 指令，安裝外掛指令 brain
```

```
. findit brain

. brain define, input(x)output(y)hidden(20)
. brain train, iter(500)eta(2)
. brain think ybrain

* 用圖畫出 OLS 與神經網路，二者預測的差異圖
. twoway (scatter y x, sort)(line yreg x, sort)(line ybrain x, sort)
```

3-7 集成學習 (ensemble learning)：決策樹、迴歸樹至隨機森林

集成演算法 (ensemble algorithms)，就是「結合弱者 (combine weak learners)，團結力量大 (unity is strength)」的思維。嚴格來說，它不算是機器學習演算法，反而像是最佳化手段（策略），它通常是結合多個簡單的弱機器學習演算法，去做更可靠的決策。它非常萬能且有效，集成模型是一種能在各種的機器學習任務上提高準確率的強有力技術，集成演算法往往是很多數據競賽關鍵的一步，能夠很好地提升演算法的性能。其哲學思想爲「3 個臭皮匠勝過 1 個諸葛亮」。以分類問題來說，直觀的理解，就是單個分類器的分類是可能出錯，不可靠的，但是如果多個分類器投票，那可靠度就會高很多。

在現實生活中，人們經常透過投票、開會等方式，做出較可靠的決策。集成學習類似此概念。集成學習就是有策略的產生一些基礎模型，然後有策略地把它們都彙總起來以做出最終的決策。故集成學習又叫多分類器系統。

集成方法是由多個較弱的模型集成模型組，常見的弱分類器包括：決策樹 (DT)、支援向量機 (SVM)、神經網路 (NN)、k 個最近的鄰居 (KNN) 等構成。其中的模型可單獨進行訓練，並且它們的預測能以某種方式結合起來去做出一個總體預測。該演算法主要的問題是要找出哪些較弱的模型可結合起來，以及如何結合的方法。

集成演算法家族強大，最常見集成思想的架構，包括 Bagging、Boosting、Stacking 三種：

1. Bagging (Bootstrap aggregating)：通常考慮同質的弱學習者，彼此平行地獨立學習，並按照確定性的平均過程進行組合。
2. Boosting：通常考慮同質弱學習者，以非常適應性的方式順序學習它們（基本模型取決於先前的學習者），並按照確定性策略進行組合。
3. Stacking（stacked generalization，又稱 meta ensembling）：通常考慮異構弱學習者，並透過訓練元模型以基於不同的弱模型預測 output 預測來組合它們。

概略來說，Bagging 焦點在獲得具有比其 components 更少的變異數的集成模型，而 boosting 及堆疊 (stacking) 主要嘗試產生比其 components 更少的偏誤的強 (strong) 模型（即使變異數也可減小）。

3-7-1 集成學習 (ensemble learning) 理論：Bagging 法、提升法 (Boosting)、Stacking 法

一、集成學習 (ensemble learning) 的原理

集成學習是「結合弱者 (combine weak learners)，團結力量大 (unity is strength)」的思維。認爲多個學習加總的效果，會比單個學習的效果更好。例如：如果想購買一輛機車，應該不可能突然想買什麼車就直接下訂購買 (Strong Learner)，而是會集成下列動作來求得數種決定的參考值：

Weak Learner 1. 上網查詢搜集各種不同車款的資訊及比較。

- 車商不同車款的比較結果：Motor A > Motor B > Motor C

Weak Learner 2. 到各個網站或討論區瀏覽車友的評價或心得。

- 車友們的評價心得：Motor A > Motor B > Motor C

Weak Learner 3. 詢問親朋好友參考他們的意見想法。

- 親朋好友的建議：Motor B > Motor C > Motor A

Weak Learner 4. 與車商的行銷專員討論。

- 行銷專員的推薦：Motor C > Motor B > Motor A

Weak Learner 5. 現場觀察並試駕。

- 實際觀察及試駕結果：Motor A > Motor C > Motor B

最後，心裡會給予這 5 種決定投票（給予不同的權重），可能現場試駕的票數最高，網友建議的票數最低，親友推薦則嗤之以鼻，最終在這 5 種決定的票數中，得出了購買的決定是 Motor A。

上例，合併所有不同 decision（可視爲弱學習），最終再得出最佳的 decision（可視爲強學習）的決策方法，便是集成學習的核心思想。

權重的計算方式(max voting)

最簡單直覺的方法，以最多票數的作爲最佳決定。以上例的買車來說，如果採用 Max Voting，Motor A 會是最後的決定（有三票）。

	Motor A	Motor B	Motor C
上網查詢搜集	V	–	–
網站或討論區評價	V	–	–
詢問親朋好友	–	V	–
行銷專員推薦	–	–	V
現場觀察試駕	V	–	–
票數	3	1	1

集成 (ensemble) 是組合多個機器學習模型（KNN、決策樹、SVM 等）以產生功能更強大的模型的方法（如圖 3-48）。集成模型背後的主要原理是一群弱學習者聚在一起形成一個強學習者。常見機器學習的集成模型，包括：隨機森林，梯度提升決策樹等。

機器學習的監督學習演算法中，都在學習出一個穩定且在表現都較好的模型，但實際情況往往不這麼理想，有時只能得到多個有偏好的模型（弱監督模型，只侷限在某些方面表現才較好）。集成學習就是組合這些多個弱監督模型以期得到一個更好更全面的強監督模型，集成學習潛在的思想是即便某一個弱分類器得到了錯誤的預測，其他的弱分類器也可將錯誤糾正回來。

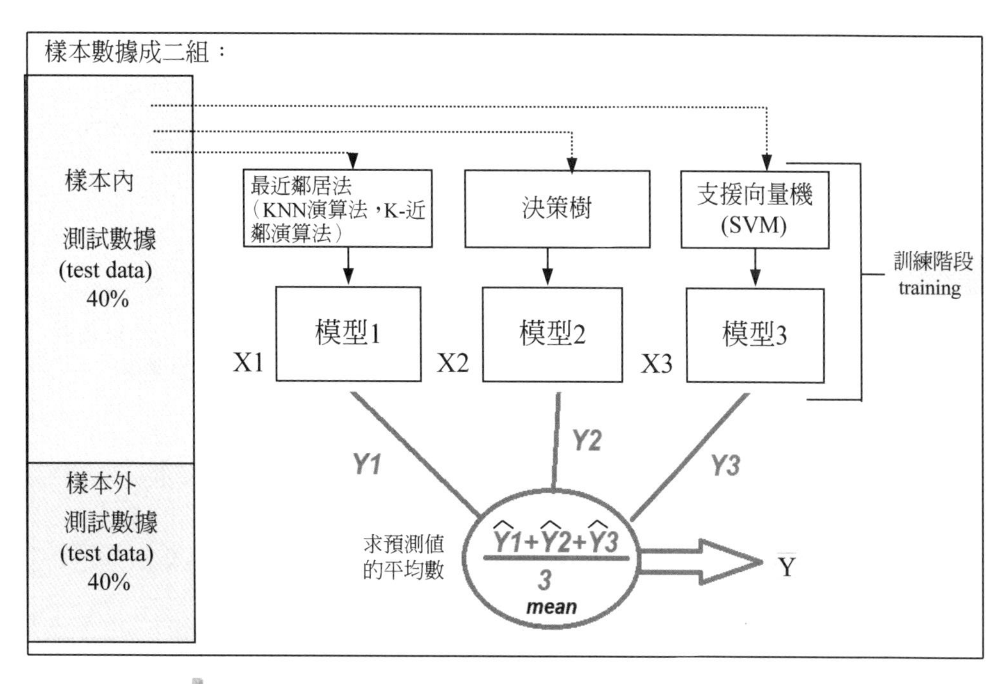

圖 3-48 Ensemble 法，Bagging (medium.com, 2020)

集成學習對數據集大小，都有搭配適合的策略：

情況 1 大數據集：劃分成多個小數據集，學習多個模型再進行組合。

情況 2 小數據集：利用 Bootstrap 方法進行抽樣，得到多個數據集，分別訓練多個模型再進行集成（如圖 3-49）。

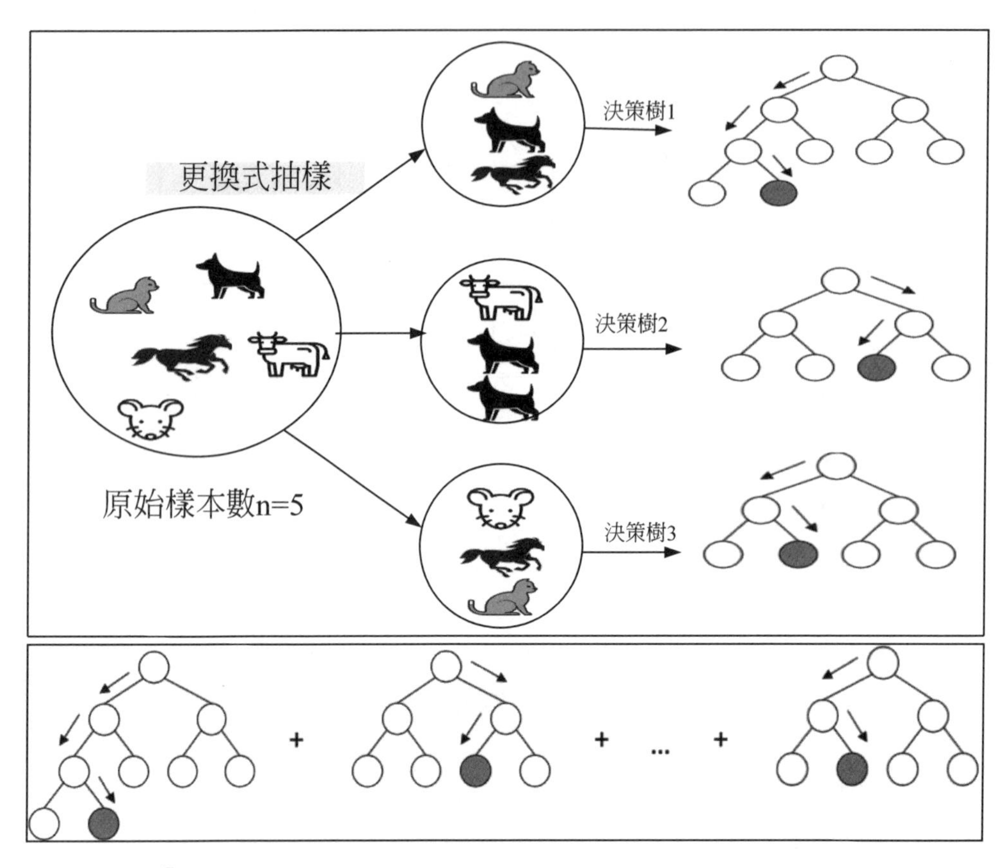

圖 3-49　樣本分 3 群的自助法 (Bootstrap sample of size 3)

詳情請見「第 7 章　支援向量機 (SVM) 之分析（外掛指令：svmachines）」解說。

二、集成學習的類型：Bagging 法、Boosting 法、Stacking 法

如圖 3-50 所示，集成學習 (ensemble learning) 有三類：誤差分析的集成、同質集成、異質集成。

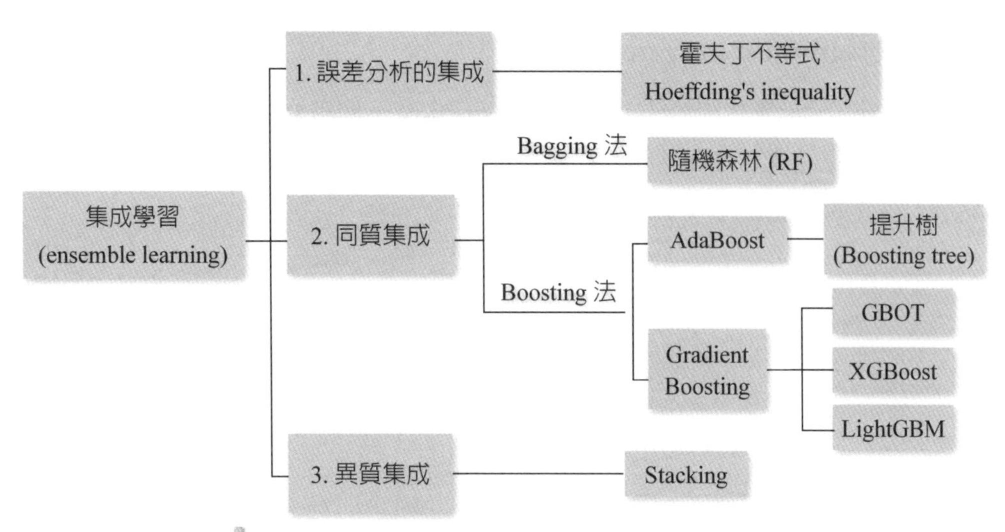

圖 3-50　集成學習 (ensemble learning) 有三類

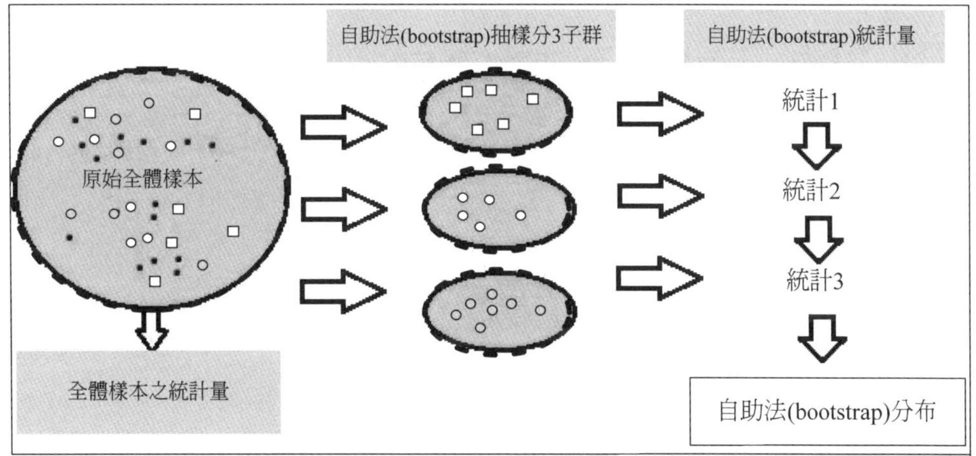

圖 3-51　Bootstrap, Bagging 及隨機森林

集成學習的精神就是「三個臭皮匠，勝過一個諸葛亮」，希望藉由團隊合作，結合多種模型的表現，提升最後的預測 / 分類結果。它有三種常見的架構：Bagging 法、提升法 (Boosting)、Stacking 法。

(一) Bagging(bootstrap aggregating)

Bagging 又稱裝袋演算法，在抽取訓練樣本時，採用 Bootstrap 方法，其特色在於藉由重複抽樣及多模型預測來改善 training accuracy 高，但 test accuracy 卻又令人沮喪的 model（即 over-fit）。

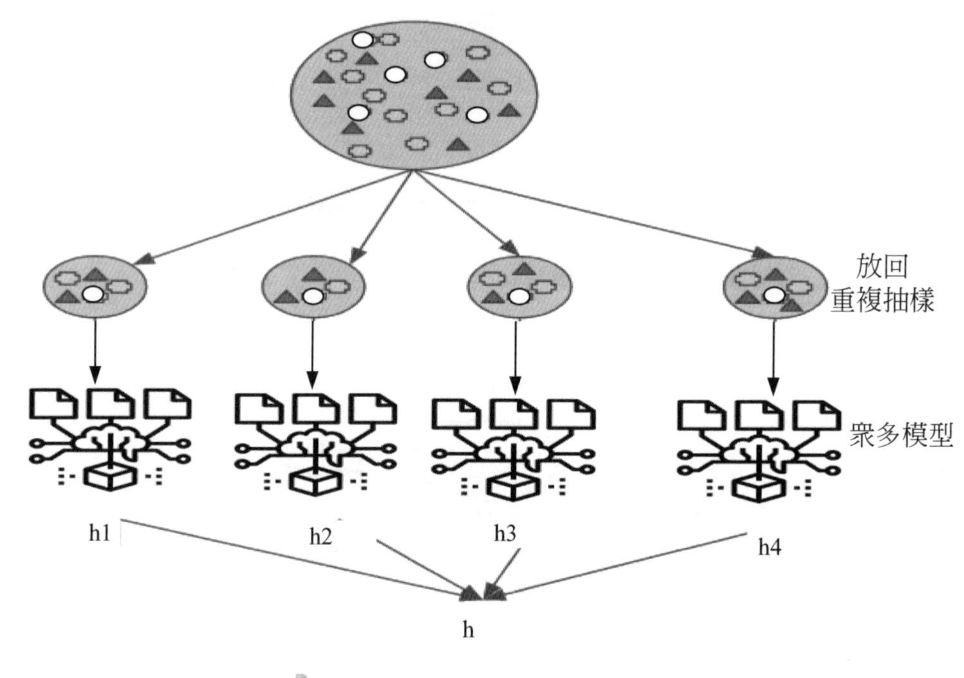

圖 3-52　Bagging（裝袋演算法）

上圖，Bagging 從訓練集抽取 k 次 subset，分別用來訓練 k 個單獨的模型，然後用這 k 個模型來做預測。最後，如果是迴歸問題，則 Average k 個模型的 output；如果是分類 (classification) 問題，則進行 majority vote。

如下圖所示 Bagged decision trees，圖 a 中的數據點，是根據拋物線圖（虛線）疊加噪音（干擾，noise）而產生。如果直接採用 CART decision tree，適配模型如圖 a 的粗實線；圖 b 給出了 4 個 Bootstraps 分別的適配影像；圖 c 的細實線則是將 4 個 Bootstrap 進行了平均，更佳地還原了拋物線影像。

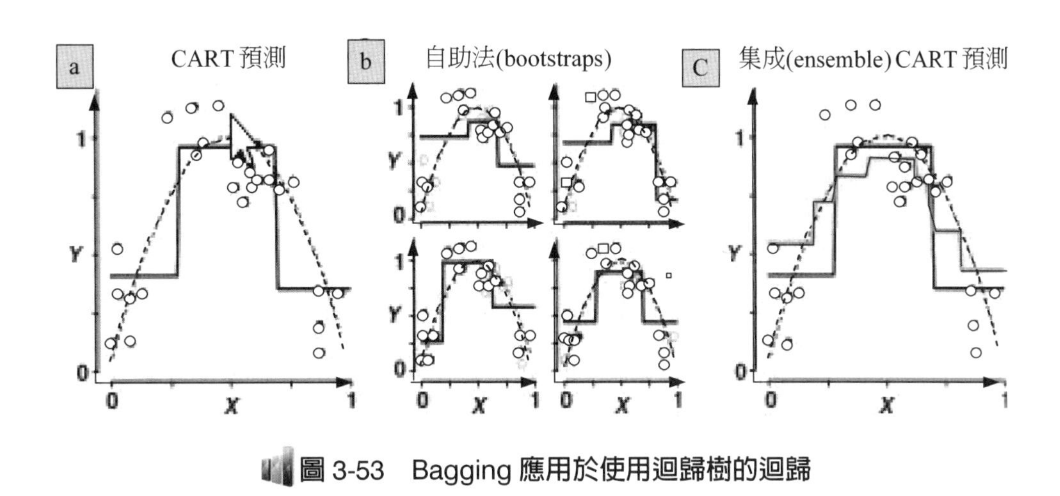

圖 3-53 Bagging 應用於使用迴歸樹的迴歸

自助法(bootstrap)

Boostrap 是統計學中的抽樣法之一，藉由針對進行多次的可放回重複抽樣(resampling)，能估算出母體的分配及變異。

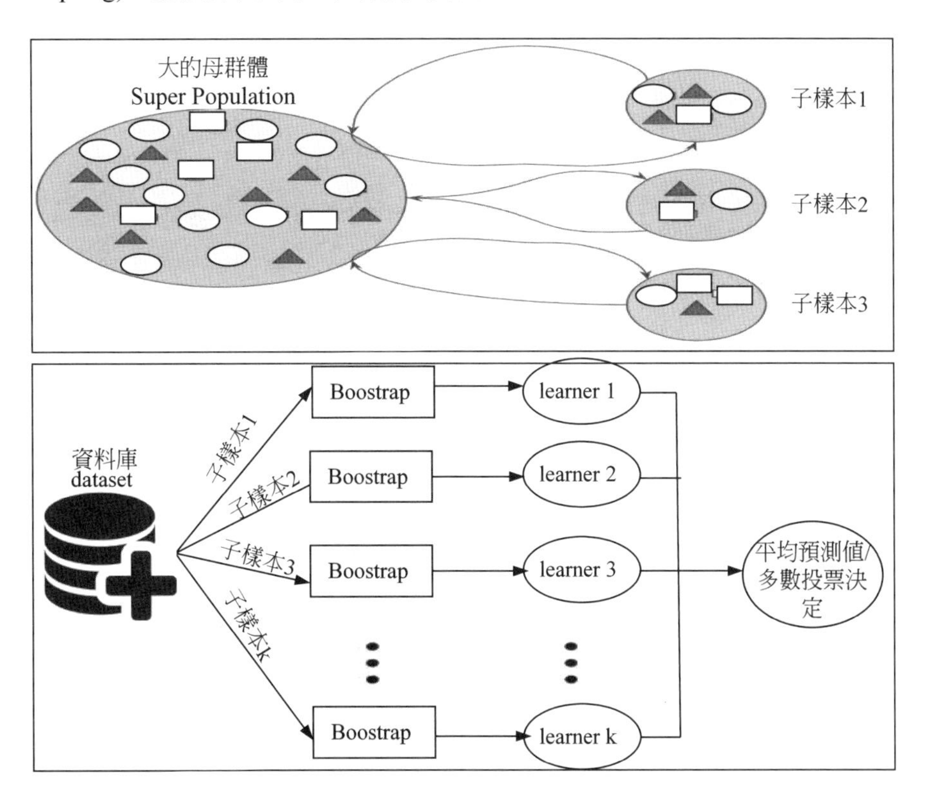

圖 3-54 Boostrap 是多次的可放回重複採樣

Bootstrap 是放回再抽樣方法之一，旨在求得統計量的分布及信賴區間。具體步驟如下：

Step 1　採用重抽樣方法（有放回抽樣）從原始樣本中抽取一定數量的樣本。

Step 2　根據抽出的樣本計算想要得到的統計量 T。

Step 3　重複上述 N 次（一般大於 1,000），得到 N 個統計量 T。

Step 4　根據這 N 個統計量，即可計算出統計量的信賴區間。

Bagging 方法係利用 bootstrap 方法從整體數據集中採取有放回抽樣得到 N 個數據集，在每個數據集上學習出一個模型，最後的預測結果利用 N 個模型的 output 得到，具體地：分類問題採用 N 個模型預測投票的方式，迴歸問題採用 N 個模型預測平均的方式。

例如：隨機森林 (random forest) 就屬於 Bagging。它是用隨機的方式建立一個森林，森林是由很多決策樹所組成，隨機森林的每一棵決策樹之間是沒有關聯的。

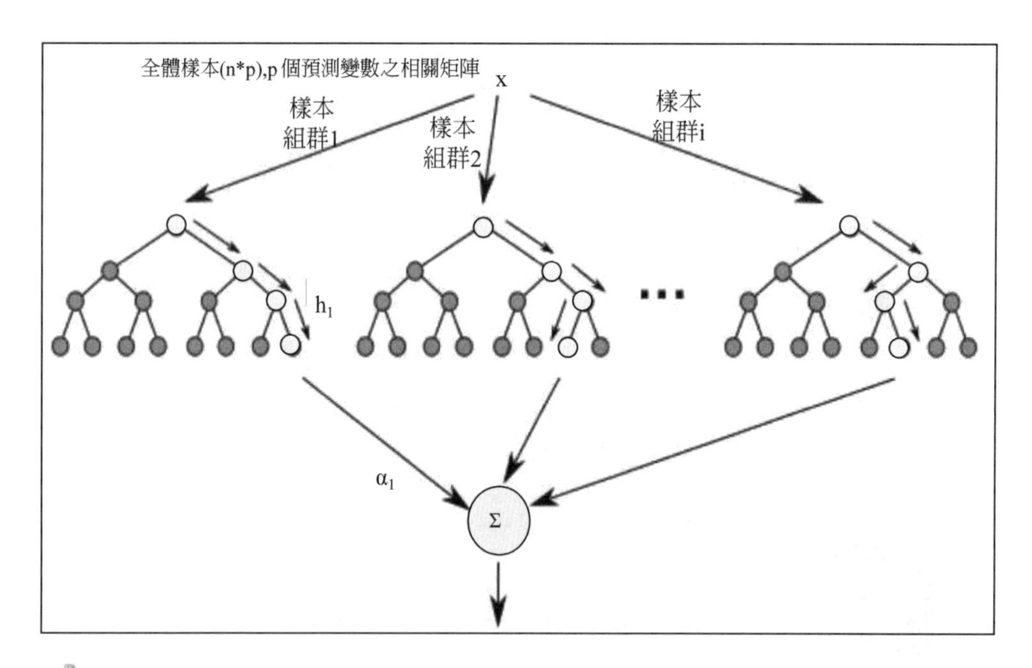

圖 3-55　決策樹增強集成之示意圖 (gradient boosted decision tree ensemble)

學習每一棵決策樹的時候，就需要用到 Bootstrap 方法。在隨機森林中，有兩個隨機抽樣的過程：

(1) 對 input 數據的 row（樣本數 N）與 column（特徵有 M 個自變數）都進行抽樣。

(2) 先對 row 抽樣，採取有放回的方式，若有 N 個數據，則抽樣出 N 個數據（可能有重複），這樣在訓練的時候每一棵樹都不是全部的樣本，相對而言不易出現適配過度；再進行 column 抽樣從 M 個 feature 中選擇出 m 個 (m<<M)，最近進行決策樹的學習。

預測的時候，隨機森林中的每一棵樹的都對 input 進行預測，最後進行投票，哪個類別多，input 樣本就屬於哪個類別。這就相當於前面說的，每一個分類器（每一棵樹）都比較弱（比預期差），但組合到一起（投票）就比較強了。

(二) 提升法(Boosting)

提升法旨在減少監督學習中偏誤 (bias) 的機器學習演算法。主要也是學習一系列弱分類器，並將其組合爲一個強分類器。

Boosting 概念很簡單，大概是，對一份資料，建立 M 個模型（比如分類），一般這種模型比較簡單，稱爲弱分類器 (weak learner) 每次分類都將上一次分錯的資料權重提高一點再進行分類，這樣最終得到的分類器在測試資料與訓練資料上都可得到比較好的成績。

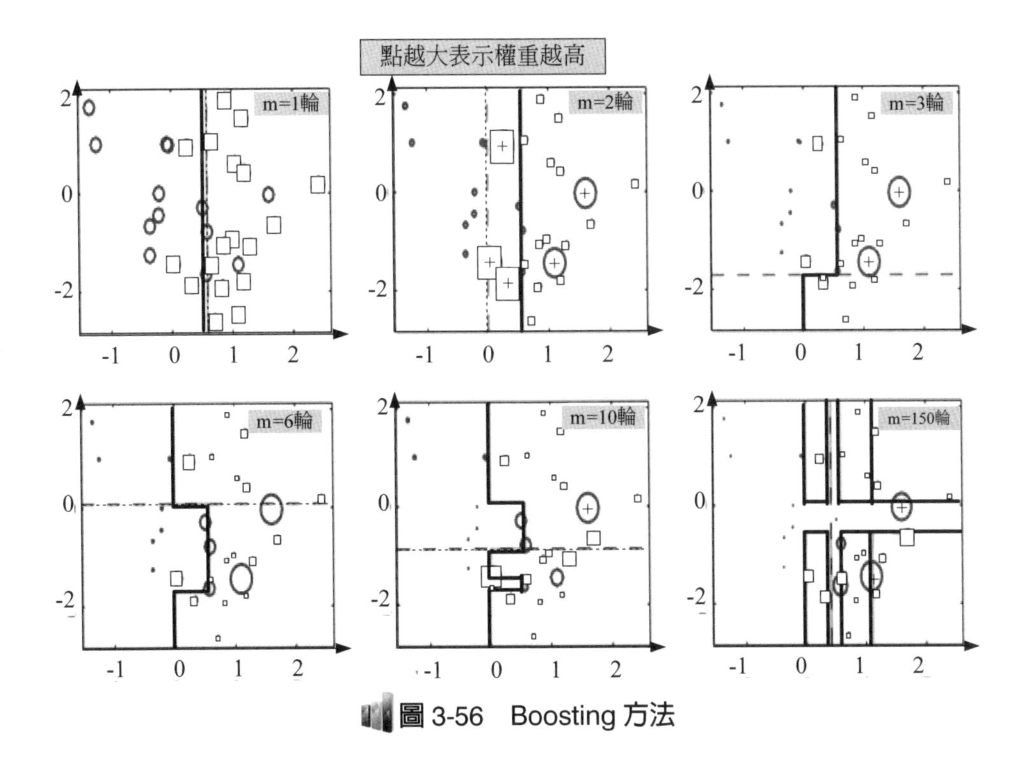

圖 3-56　Boosting 方法

上圖就是一個 Boosting 的過程，粗實線表示目前取得的模型（模型是由「前 m 次」得到的模型合併得到的），虛線表示「當前」這次模型。每次分類的時候，會更關注分錯的資料，上圖中，方形及圓形的點就是樣本資料，點越大表示權重越高，看看右下角的圖片，當 m=150 輪的時候，獲取的模型已經幾乎能夠將方形及圓形的點區分開了。

Boosting 可用下面的公式來表示：

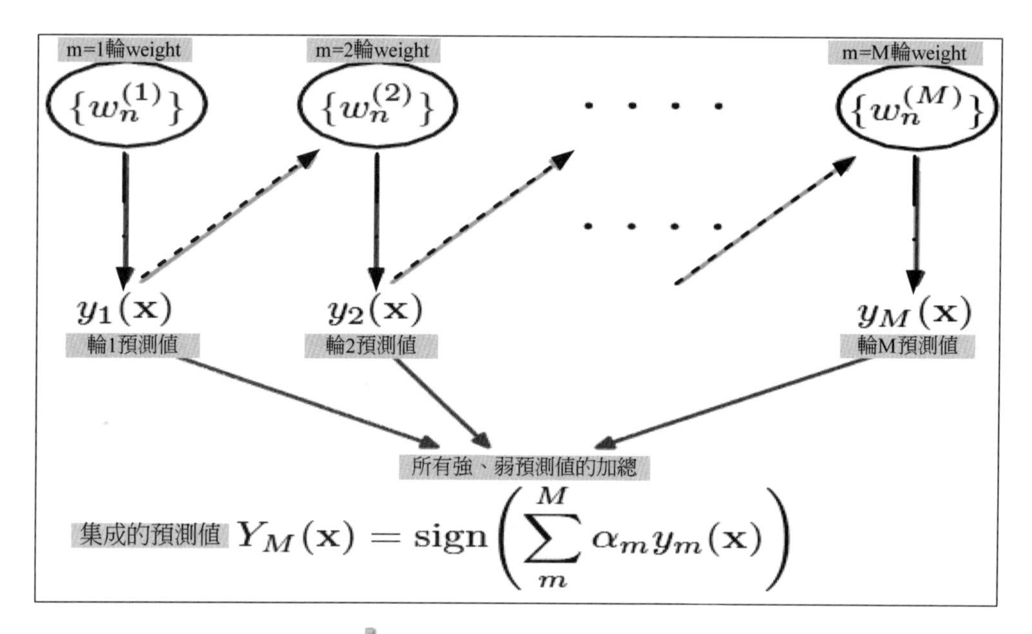

圖 3-57　Boosting 的公式

訓練集中一共有 n 個點，你可對散布圖的每一個點指定一個權重 W_i $(0 \leq i < n)$，來表示這個點的重要程度，透過依序訓練模型的過程，我們對點的權重進行修正，如果分類正確了，權重降低，如果分類錯了，則權重則提高 (Boosting)，初始的時候，權重都是一樣的。上圖中虛線就是表示依序訓練模型，可想像得到，程式越往後執行，訓練出的模型就越會在意那些容易分錯（權重高）的點。當全部的程式執行完後，會得到 M 個模型，分別對應上圖的 $y_1(x)\cdots y_M(x)$，透過加權的方式，集成成一個最終的模型 $Y_M(x)$。

此外，Boosting 最出名的是 Adaptive Boosting（自適應增強，AdaBoost），此法的自適應在於：前一個分類器分錯的樣本會旨在訓練下一個分類器。

AdaBoost 法對於噪音（noise，干擾）數據或異常數據很敏感。但在某些問題上，AdaBoost 法相對於其他學習演算法，它不易出現過度適配現象。AdaBoost 法中使用的分類器可能很弱（e.g 出現很大錯誤率），但只要它的分類效果比隨機好一點（e.g 兩類問題分類錯誤率略小於 0.5），就能夠改善最終得到的模型。而錯誤率高於隨機分類器的弱分類器也是有用的，因爲在最終得到的多個分類器的線性組合中，可給它們賦予負係數，同樣也能提升分類效果。

AdaBoost 法採用疊代演算法，在每一輪中加入一個新的弱分類器，直到達到某個預定的足夠小的錯誤率。每一個訓練樣本都被賦予一個權重，表明它被某個分類器選入訓練集的概率。如果某個樣本點已經被準確地分類，那麼在構造下一個訓練集中，它被選中的概率就被降低；相反，如果某個樣本點沒有被準確地分類，那麼它的權重就得到提高。透過這樣的方式，AdaBoost 法能「聚焦於」那些較難分（更富資訊）的樣本上。在具體實現上，最初，令每個樣本的權重都相等，對於第 k 次疊代操作，就根據這些權重來選取樣本點，進而訓練分類器 C_k。然後就根據這個分類器，來提高被它分錯的樣本的權重，並降低被正確分類的樣本權重。然後，權重更新過的樣本集被用於訓練下一個分類器 C_k。整個訓練過程如此疊代地進行下去。

1. begin initial $D = \{x^1, y_1, \cdots, x^n, y_n\}$，kmax（最大循環次數），$W_k(i) = 1/n$，$i = 1, \cdots, n$
2. $k \leftarrow 0$
3. do $k \leftarrow k+1$
4. 訓練使用按照 $W_k(i)$ 採樣的 D 的弱學習器 C_k
5. $E_k \leftarrow$ 對使用 $W_k(i)$ 的 D 測量的 C_k 的訓練誤差
6. $\alpha_k \leftarrow \frac{1}{2}\ln\frac{1-E_k}{E_k}$
7. $W_{k+1}(i) \leftarrow \frac{W_k(i)}{Z_k} \times \begin{cases} e^{-\alpha_k}, & \text{if } h_k(x^i) = y_i \\ e^{\alpha_k}, & \text{if } h_k(x^i) \neq y_i \end{cases}$
8. until $k = k_{max}$
9. retum C_k 和 α_k，$k = 1, \cdots, k_{max}$（帶權値分類器的總體）
10. end

注意第 5 行中，當前權重分必須布考慮到分類器 C_k 的誤差率。在第 7 行中，

Z_k 只是一個歸一化係數，使得 $W_k(i)$ 能夠代表一個眞正的分布，而 h_k(x^i) 是分量分類器 C_k 給出的對任一樣本點 x^i 的標記 (+1 或 -1)，$h_k(x^i) = y_i$ 時，樣本被正確分類。第 8 行中的疊代停止條件可以被換爲判斷當前誤差率是否小於一個閾值。最後的總體分類的判決可以使用各個分量分類器加權平均來得到：

$$g(x) = \left[\sum_{k=1}^{k_{max}} \alpha_k h_k(x)\right]$$

這樣，最後對分類結果的判定規則是：

$$H(x) = \text{sing}\,(g(x))$$

此外，梯度提升 (gradient boost) 是一個機器學習爲迴歸及分類的問題，其產生的預測模型以的形式合奏弱預測模型，典型的決策樹。像其他增強方法一樣，它以分階段的方式建構模型，並透過允許對任意可微分損失函數進行最佳化來對其進行概括。所謂 GBDT(gradient boost decision tree) 也是 boosting 法，它與 AdaBoost 不同，GBDT 每一次的計算是爲了減少上一次的殘差 (residual)，GBDT 在殘差減少（負梯度）的方向上建立一個新的模型。

(三) Stacking（投票法）

投票會遇到什麼問題？

並不是每一個系統都是好的，例如：小張的 Classifier 根本亂寫，但是他還是占一票，這樣可能會把投票結果變糟。

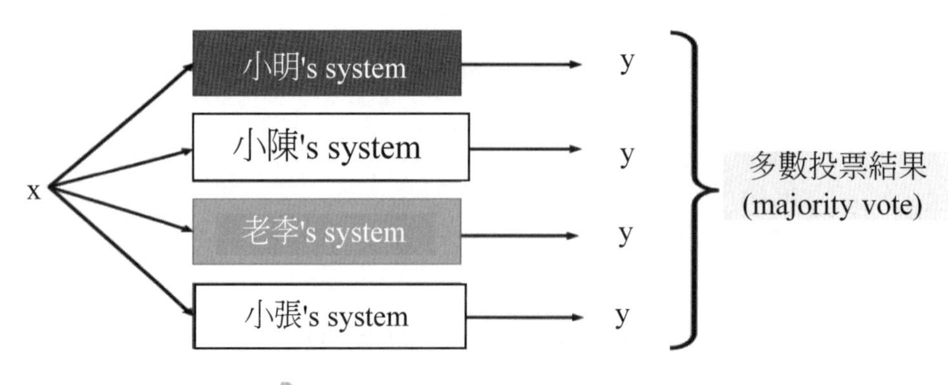

圖 3-58　Stacking：投票法 (voting)

下圖所示爲 Stacking 方法，它將 training 數據切成兩部分：一部分拿來 learning 前面的 classifier，另一部分拿來 trainning 後面的 Final Classifier。

Final Classifier 可不用太複雜，倘若前面的都太複雜了。那最後的 Final Classifier 可是簡單的 Logistic 迴歸即可。

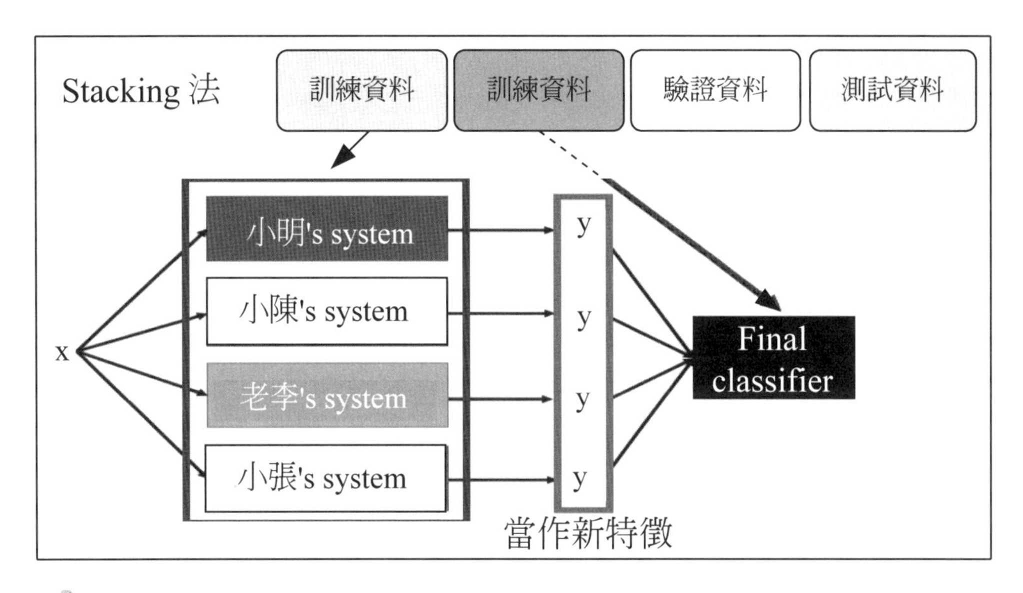

圖 3-59　Stacking 方法：樣本部分來 learning 前面 classifier，部分拿來 trainning 後面的 Final Classifier

Stacking 法旨在訓練一個模型用於組合其他各個模型。首先我們先訓練多個不同的模型，然後把之前訓練的各個模型的 output 爲 input 來訓練一個模型，以得到一個最終的 output。理論上，Stacking 可表示上面提到的兩種 Ensemble 方法，只要我們採用合適的模型組合策略即可。但在實際中，通常使用 logistic 迴歸作爲組合策略。

所謂 Stacking，係指整個模型在訓練學習中至少會分成兩層 stacking，第一層由各個不同的分類器進行預測 output，其結果會作第二層的 traininginput 再訓練出新的 model（下圖）。

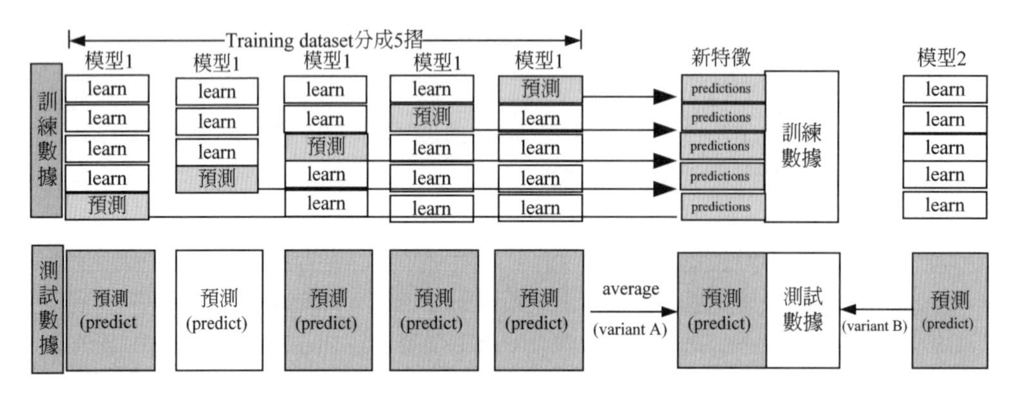

圖 3-60　Stacking 係指整個模型在訓練學習中至少會分成兩層 stacking

以上圖爲例，第一個 stacking 稱爲模型 1，先針對訓練數據分成 n 摺（本例爲 5 摺）的交叉驗證 (cross validation)，每一摺 validation 的預測結果集中形成第二個 Stacking（模型 2）的 Training data。而第二層 stack 的測試數據，則用每一摺 Predictoutput 的結果針對測試數據進行預測，output 的結果再進行平均，作爲下一層 Sacking 的 Test data。整個過程爲：

$$Stack\ 1\ Training \rightarrow Predict \rightarrow Stack2\ Training \rightarrow Predict \rightarrow Final\ result$$

因此，Stacking 可組合來自於不同 model 資訊再產生新的模型進行預測，等於是將多個表現普通的模型合併成一個強大的模型。

又如下圖，先在全部訓練數據集，透過 bootstrap 抽樣得到各個訓練集合，得到一系列分類模型，稱之爲 Tier-1 分類器（可採用交叉驗證的方式學習），然後將 output 用於訓練 Tier-2 分類器。

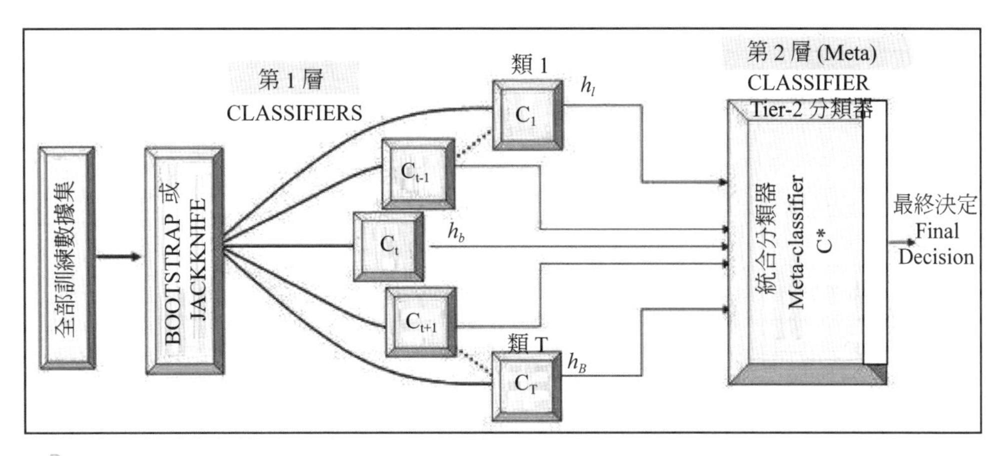

圖 3-61　**全體樣本用 bootstrap 抽樣得到各個訓練集合，得到一系列分類模型，稱之為 Tier 1 分類器**

3-7-2 決策樹 (decision tree)vs. 隨機森林

決策論中（如風險管理），決策樹 (DT) 由一個決策圖及可能的結果（包括資源成本及風險）組成，用來創建到達目標的規劃。決策樹建立並用來輔助決策，是特殊的樹結構。決策樹是一個利用像樹一樣的圖形或決策模型的決策支援工具，包括隨機事件結果，資源代價及實用性。它是一個演算法顯示的方法。

一、決策樹 (decision tree, DT) 是什麼？

決策樹是用來處理分類問題的樹狀結構，使用方法爲：選出分類能力最好的屬性作爲樹的內部節點，將內部節點的所有不同資料產生出對應的分支，遞迴重複上面的過程直到滿足終止條件，ID3、C4.5、C5.0、CHAID 及 CART 是決策樹演算法的代表。

決策樹都是自上而下的來產生的。每個決策或事件（即自然狀態）都可能引出兩個或多個事件，導致不同的結果，把這種決策分支畫成圖形很像一棵樹的枝幹，故稱決策樹。

決策樹就是將決策過程各個階段之間的結構繪製成一張箭線圖，你可用下圖來表示。

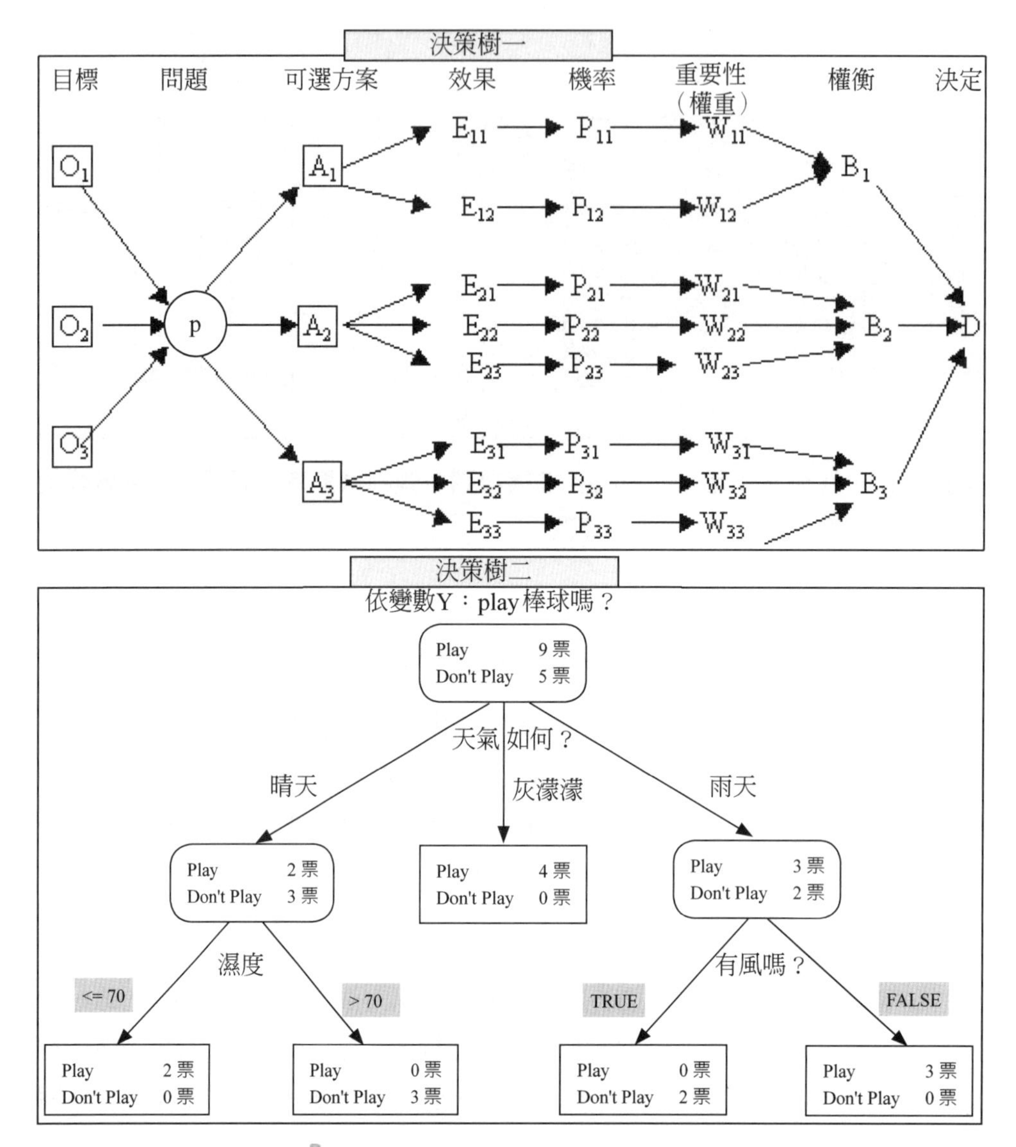

圖 3-62　決策樹 (decision tree,DT)

1. 決策樹圖示
   (1) 每個內部節點表示一個評估欄位
   (2) 每個分支代表一個可能的欄位 output 結果
   (3) 每個樹葉節點代表不同分類的類別標記
2. 欄位屬性
   (1) 分類樹：分析是當預計結果可能爲離散類型（例如：三個種類的毛豆、青蛙、死活等）使用的概念。可分割出不同值域的分支，每個分支的表示亦可以子集合的型態表示。

(2) 迴歸樹：分析是當局域結果可能爲實數（例如：房價、個人信用等級、患者住院時間等）使用的概念。可採用離散化的方式，將資料分割成許多區間，但是仍需要保持資料的順序性。

(3) 上述二者的 CART(Classification And Regression Trees) 分析結合。Stata cart 之指令語法如下：

```
. cart varlist [if] [in] ,  time(var)fail(var)
        [ strata(varlist)adjust(varlist)name(string)
         pval(real 0.05)minsize(int 10)minfail(int 10)
         sumby(varlist)tabby(varlist)at(string)]
```

3. 常用的屬性選擇指標有：

(1) 資訊獲利 (Information Gain, IG)：ID3、C4.5、C5.0。公式爲：

$$IG\,(A, S) = H(S) - \Sigma_{t\in T}\, p(t)\, H(t)$$

(2) 吉尼係數 (Gini Index)：CART

(3) χ^2 獨立性檢定：CHAID

4. 選擇分割的方法有好幾種，

但是目的都是一致的：對目標類嘗試進行最佳的分割。

從根到葉子節點都有一條路徑，這條路徑就是一條「規則」。

決策樹可是二叉的，也可是多叉的。

對每個節點的衡量：

(1) 透過該節點的記錄數。

(2) 如果是葉子節點的話，分類的路徑。

(3) 對葉子節點正確分類的比例。

有些規則的效果可比其他的一些規則要好。

(一) 決策樹學習

決策樹學習旨在產生一個模型，該模型基於多個 input 變數來預測目標變數的值。

決策樹是對例子進行分類的簡單表示。對於本節中，假設所有的 input 特徵具有有限離散域，並且存在被稱爲「分類」的單個目標特徵。分類領域的每個元素稱爲一個類。決策樹或分類樹是其中每個內部節點（非葉子）都標記有 input 要素的樹。來自標有 input 特徵的節點的弧被標記爲目標或 output 特徵的每個可能值，或者弧通向另一 input 特徵上的從屬決策節點。樹的每個葉子都標記有一個類別或類別上的概率分布，表示該樹已將數據集分類爲特定類別或特定概率分布。

決策樹學習是統計、數據挖掘及機器學習中使用的預測建模方法。它使用決策樹（作爲預測模型）從對項目（在分支中表示）的觀察得出對項目目標值（在葉子中表示）的結論。目標變數可採用離散值集的樹模型稱爲分類樹；在這些樹結構中，葉子代表類標籤，分支代表連詞導致這些類標籤的功能。目標變數可採用連續值（通常爲實數）的決策樹稱爲迴歸樹。

在決策分析中，決策樹可用於直觀，直觀地表示決策。在數據挖掘中，決策樹描述了數據（但是結果分類樹可作爲決策的 input）。

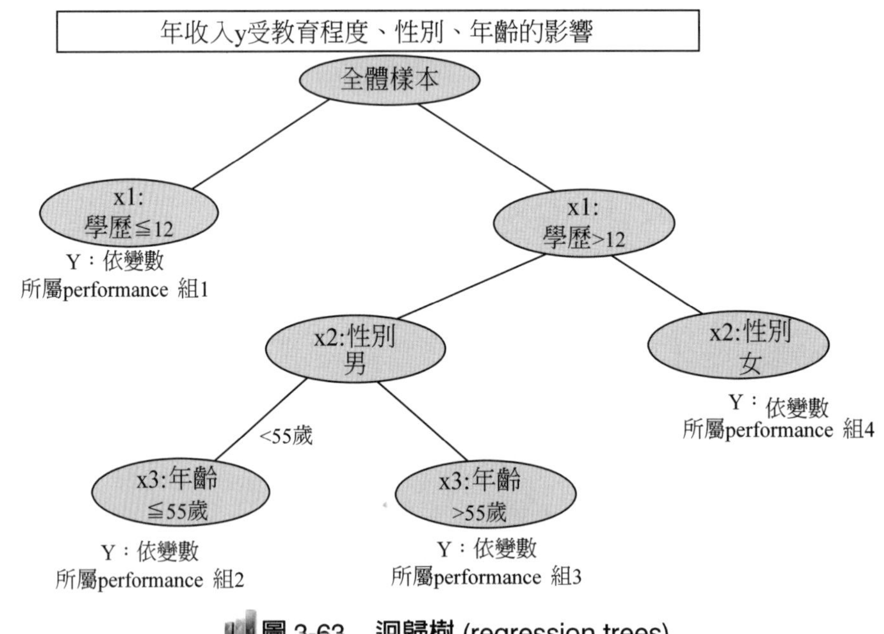

圖 3-63　迴歸樹 (regression trees)

1. 迴歸樹，將預測變數 x 依序分拆 (split) 爲最能預測 y 的區域

- 上圖，第一次分拆是教育程度「< 12」或「> 12」

  第二分拆是教育 > 12 再分拆性別

  第三分拆是，年齡層是 55 歲以上，受教育程度 > 12 歲的男性

  然後再分配個體之教育程度該屬於哪一群組 (group)。

2. 那麼 $\hat{y}_i = \bar{y}_{R_j}$ 是 x_i 落入的區域中 y's 的平均值。
   - J blocks 之殘差平方及：$RSS = \Sigma_{j=1}^{J} \Sigma_{i \in R_j} (y_i - \bar{y}R_i)^2$
3. 需要確定要分拆的預測變數 j 及分拆點 s。
   - 每次分拆都在「降低 RSS」的分拆。
   - 何時停止？例如：每個區域少於五個觀測值時。
4. 例如：上圖，年收入 y 受教育程度 (x1)、性別 (x2)、年齡 (x3) 的影響。

二、隨機森林 (random forest, RF)

它是機器學習演算法之一，它使用裝袋 (bagging) 方法來產生一堆具有數據隨機子集的決策樹。在數據集的隨機樣本上對模型進行了多次訓練，以利用隨機森林演算法實現良好的預測性能。在這種集成學習方法中，將隨機森林中所有決策樹的 output 組合在一起，以進行最終預測。隨機森林演算法的最終預測是透過輪詢每個決策樹的結果或僅透過在決策樹中出現次數最多的預測來得出的。

例如：假設有 7 個朋友來挑你喜歡餐廳 R，但另有 3 人不挑你喜歡餐廳 R，那麼「多數投票，同意票 7> 不同意票 3」的預測是「您喜歡餐廳 R」，因爲多數人總是贏。

(一) 隨機森林演算法的優點

(1) 與決策樹機器學習演算法不同，對於隨機森林而言，過度適配不再是問題。無需修剪隨機森林。

(2) 演算法很快，但並非在所有情況下都如此。在具有 100 個變數及 50,000 個案例的數據集的 800 MHz 機器上執行時，隨機森林演算法可在 11 分鐘內產生了 100 個決策樹。

(3) 隨機森林旨在各種分類及迴歸任務的最有效，用途最廣泛的機器學習演算法之一，因爲它們對噪音（干擾，noise）更 robust。

(4) 很難建立壞的隨機森林。在隨機森林法的實現中，很容易確定要使用的參數，因爲它們對用於運行該演算法的參數不敏感。無需太多調整就可輕鬆建

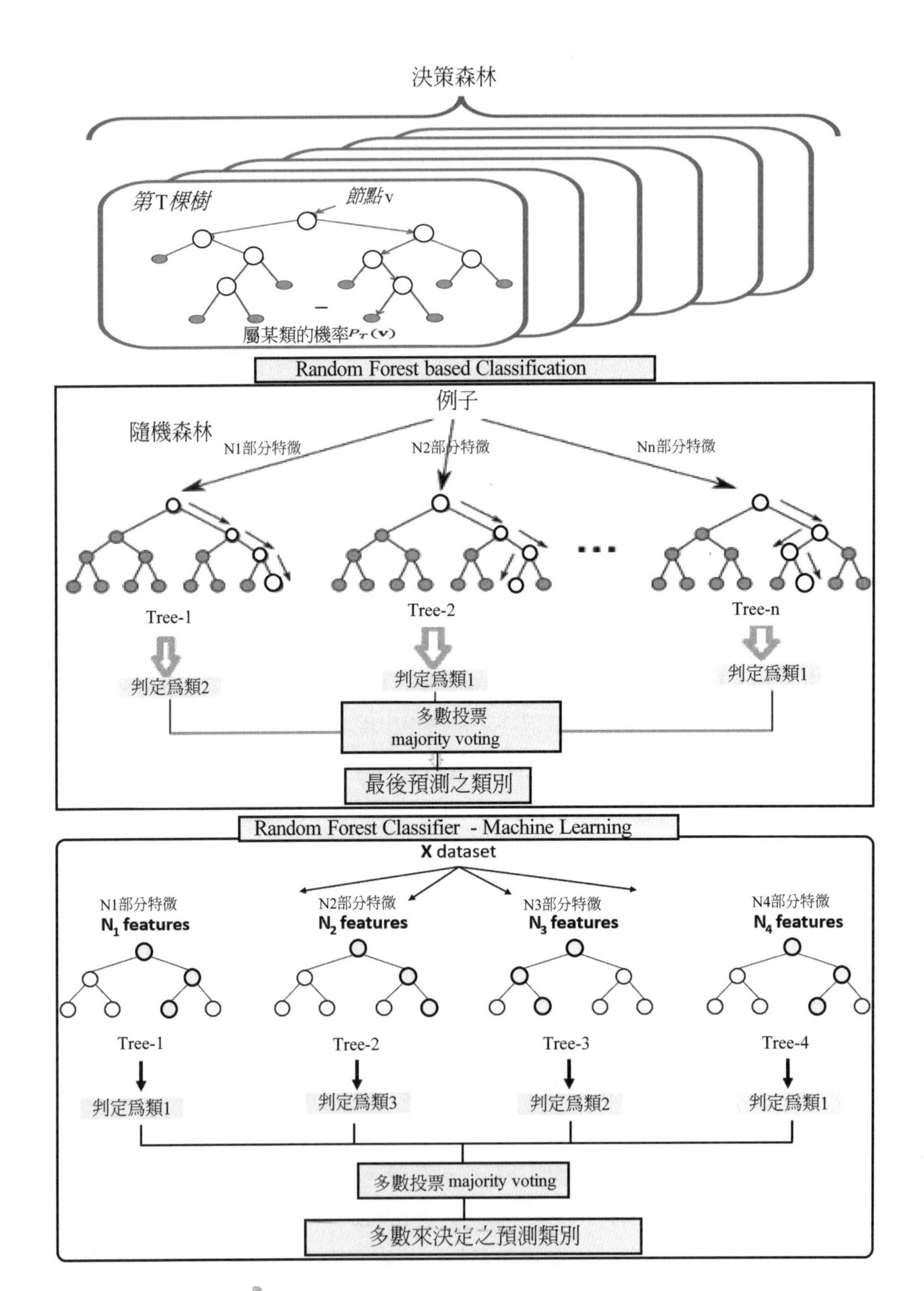

圖 3-64　隨機森林 (random forest) 之分類

構好的模型。

(5) 隨機森林法可並行增長。

(6) 該演算法可在大型資料庫上高效運行。

(7) 具有較高的分類精度。

(二) 隨機森林法的缺點

(1) 它們可能易於使用，但從理論上進行分析卻很困難。

(2) 隨機森林中的大量決策樹會減慢演算法進行即時預測的速度。

(3) 如果數據由具有不同級別數的類別變數組成，則該演算法將偏向那些具有更多級別的屬性。在這種情況下，可變之重要性評分似乎並不可靠。

(4) 當使用 Random Forest 演算法進行迴歸任務時，它不會預測超出訓練數據中反應値的範圍。

(三) 隨機森林法的應用

(1) 銀行用來預測貸款申請人是否可能存在高風險。

(2) 在汽車工業中用於預測機械零件的故障（vs. 無故障）。

(3) 這些演算法在醫療保健行業中用於預測患者是否可能患上慢性疾病。

(4) 它們還可用於迴歸任務，例如：預測社群媒體占有率的平均數量及績效得分。

(5) 最近，該演算法還被用於預測語音辨識軟體中的 pattern 及對影像及文本進行分類。

3-7-3 bagging、隨機森林及提升法 (bagging, random forests, Boosting)

一、tree 的原理

1. 由於高 variance，tree 預測會不佳：
   - 例如：將數據一分爲二，然後可得到完全不同的樹。
   - 例如：第一分拆決定了未來的分拆。
   - 所謂貪婪演算法，是因爲它不考慮將來的分裂。
2. Bagging (bootstrap averaging) 來計算迴歸樹 (regression trees)：
   - bootstrap 獲得的許多不同樣本。

- 然後，跨樹之間 (across the trees) 求得「平均預測」（如下圖）。

3. 隨機森林在每個 bootstrap 樣本中，僅使用預測變數的子集。
4. Boosting 使用先前長成的 tree 的資訊來生長新 tree：
   - 且適配原始數據集的修改版本。
5. Bagging 及 boosting 是通用方法（不僅對於 tree）。但 bagging（預防訓練集適配不足）與 boosting（預防訓練集適配過度）使用場合不一樣（如下圖）。

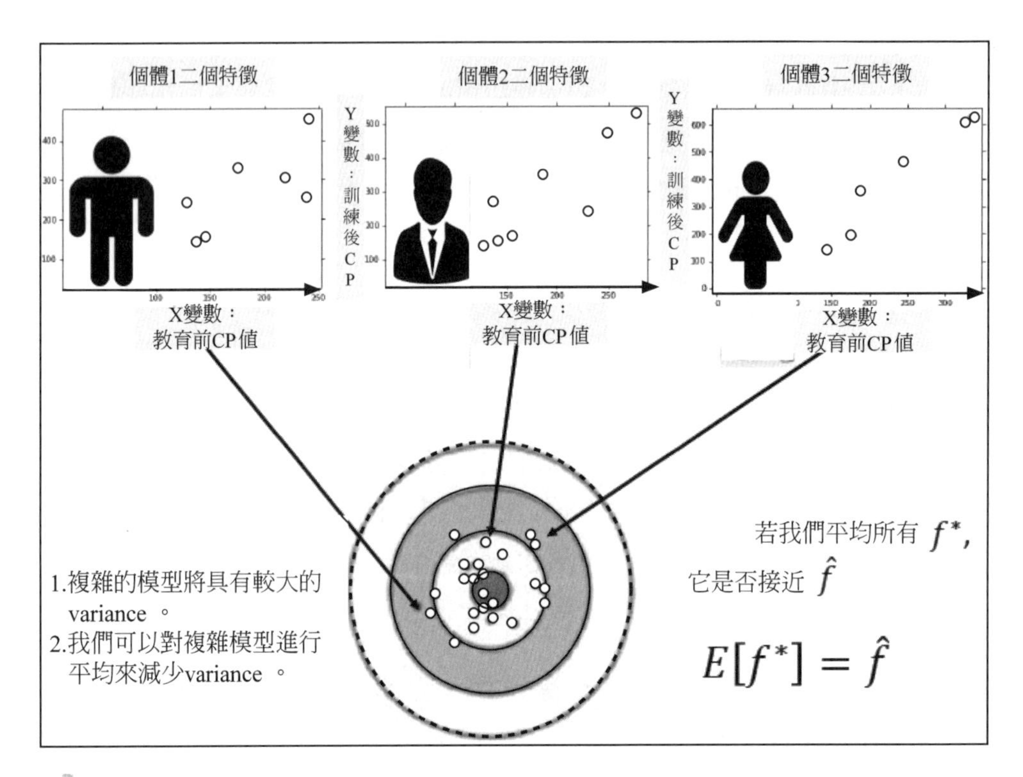

圖 3-65 Bagging(bootstrap averaging) 來計算迴歸樹：跨樹之間 (across the trees) 求得「平均預測」

二、bagging、boosting 是什麼？

自助法匯總 (Bootstrap aggregating, bagging) 是機器學習首批集成演算法之一，可與其他分類、迴歸演算法結合，來提高準確率、穩定性，並降低「結果的變異數」、避免過度適配的發生。即 bagging 是透過模型平均，來減少 variance

及最小化過度適配 (overfitting)。

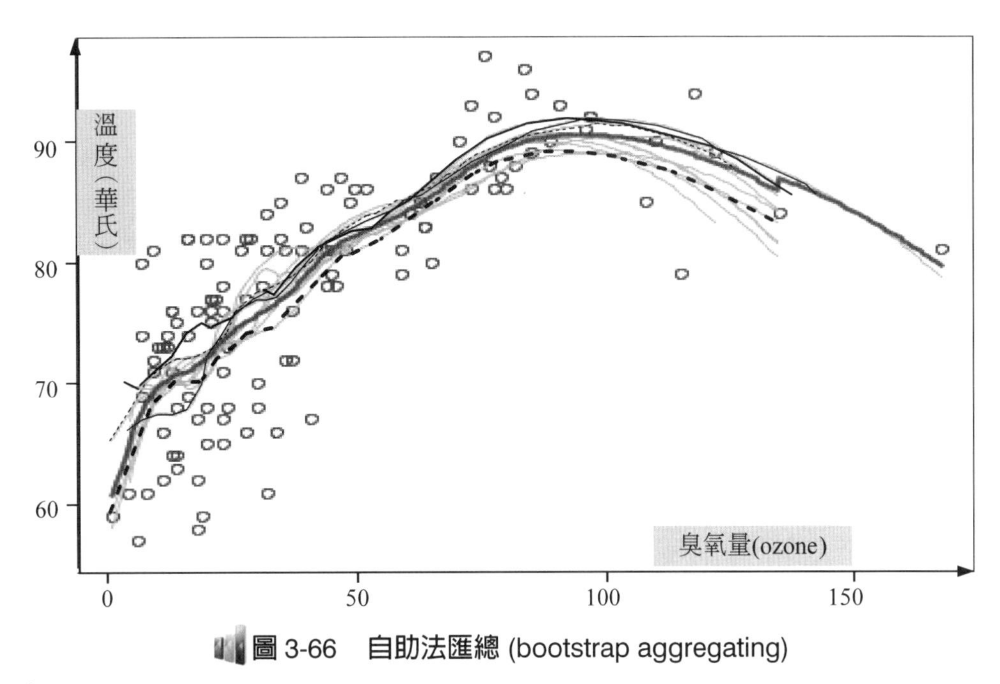

圖 3-66 自助法匯總 (bootstrap aggregating)

來源：Wikipedia(2020). Bootstrap aggregating. https://en.wikipedia.org/wiki/Bootstrap_aggregating

如下圖所示，bagging 與 boosting 使用場合不一樣。套袋 (bagging) 及隨機森林 (random forests) 是「套袋」演算法，旨在降低「過度適配」訓練數據，造成模型太過複雜性。相反，boosting 是預防訓練數據適配不足的模型中，所造成「偏誤」(high bias) 偏高。

前面講迴歸，Bias 跟 Variance 是有權衡的 (trade-off)，一大一小蹺蹺板是兩難問題，如何取捨呢？

(1) 你界定的迴歸模型越簡單，誤差的 bias 越大，但誤差的 variance 就越小。

(2) 你界定的迴歸模型越複雜，誤差的 bias 越小，但誤差的 variance 就越大。

兩者的組合下（上圖），誤差率 (error rate) 隨著 model 複雜度（自變數組合的個數）增加逐漸下降，然後再逐漸上升（因爲 overfitting）。

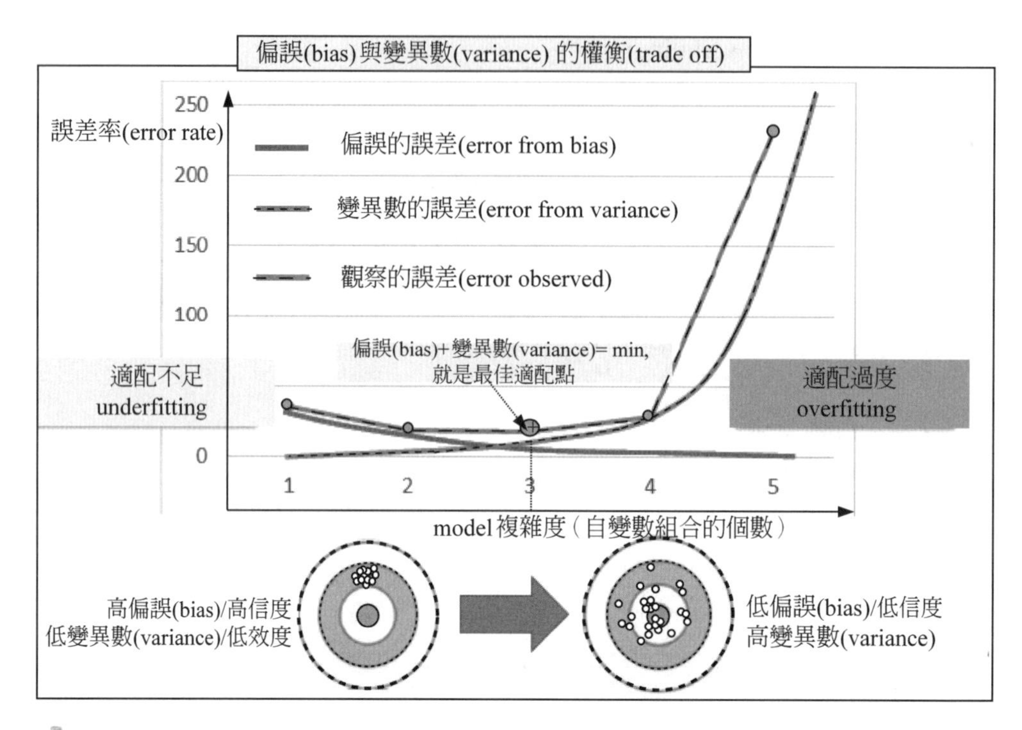

圖 3-67　bagging（預防訓練集適配不足）與 boosting（預防訓練集適配過度）使用場合不一樣

三、Bagging 決策樹：Random Forests

隨機森林 (Random Forests, RF) 是由 Breiman 提出的一類基於決策樹 CART 的集成學習 (ensemble learning)。

Fernández-Delgado 等人 (2014) 比較 121 數據集之 179 個分類器，效果最好的是 RF，準確率要優於基於高斯核 SVM 及多項式 LR。RF 自適應非線性數據，不易過度適配，所以在 Kaggle 競賽大放異彩，大多數的 wining solution 都用到了 RF。

集成學習主要分爲兩大流派：Bagging 與 Boosting，兩者在訓練基分類器的思路截然不同：

Bagging 透過 bootstrap sampling（有放回地取樣）方式訓練基分類器，每一個基分類器相互獨立，互不影響。

Boosting 則是透過再加權 (re-weighting) 法疊代地訓練基分類器，當前的樣本權值的分布依賴於上一輪基分類器的分類結果；對於無法接受帶權樣本的基分類演算法，則採用「重抽樣法」(re-sampling) 來處理，即分錯的樣本在下一輪學習出現的次數會增加。

RF 屬於集成學習中的 Bagging 學派。若 Bagging 演算法直接採用 CART 做基分類器，存在著一個問題：如果某些 feature 具有很強的預測性，則會被許多基分類器 CART 所選擇，這樣就增加了基分類器之間的相關性。

RF 對樣本集 bootstrap 取樣，與其他的 Bagging 演算法相似。RF 演算法的計算流程如下：

演算法 (algorithm)：Random Forest for Regression or Clasification.
1. For $b = 1$ to B: (a) Draw a bootstrap sample Z^* of size N from the training data. (b) Grow a random-forest tree T_b to the bootstrapped data, by recursively repeating the following steps for each terminal node of the tree, until the minimum node size n_{min} is reached. i. Select m variables at random from the p variables. ii. Pick the best variable/split-point among the m. iii. Split the node into two daughter nodes. 2. Output the ensemble of trees $\{T_b\}^B$. To make a prediction at a new point x: *Regression*: $\hat{J}_{rf}^{B}(x) = \frac{1}{B}\Sigma_{b=1}^{B} T_b(x)$. *Classification*: Let $\hat{C}_b(x)$ be the class perdiction of the bth random-forest tree. Then $\hat{C}_{rf}^{B}(x) = majority\ vote\ \{\hat{C}_b(x)\}_1^B$.

所謂 Feature Bagging 是對特徵集合取樣 K 個特徵。每一棵策樹的每一個結點分裂，RF 都從特徵集合中取樣，並且每一次取樣都互不影響。RF 的決策樹產生演算法如下：

演算法 (algorithm)：The random tree algorithm in RF.
Input: Data set $D = \{(x_1, y_1), (x_2, y_2), \cdots, (x_m, y_m)\}$; Feature subset size K. Process: 1. $N \leftarrow$ create a tree node based on D; 2. if *all instances in the same class* then return N 3. $\mathcal{F} \leftarrow$ the set of features that can be split further; 4. if $\mathcal{F}$ *is empty* then return N 5. $\tilde{\mathcal{F}} \leftarrow$ select K features from $\mathcal{F}$ randomly; 6. $N.f \leftarrow$ the feature which has the best split point in $\tilde{\mathcal{F}}$; 7. $N.p \leftarrow$ the best split point on $N.f$; 8. $D_l \leftarrow$ subset of D with values on $N.f$ smaller than $N.p$; 9. $D_r \leftarrow$ subset of D with values on $N.f$ no smaller than $N.p$; 10. $N_l \leftarrow$ call the process with parameters (D_l, K); 11. $N_r \leftarrow$ call the process with parameters (D_r, K); 12. return N Output: A random decision tree

如果特徵集合的 base 較小（即特徵數量不足），則很難抽樣出相互獨立的特徵集合。RF 採取了線性加權的方式組合 (Linear Combinations of Inputs) 成新 feature，形成新的特徵集合。

3-8 大數據 (big data)

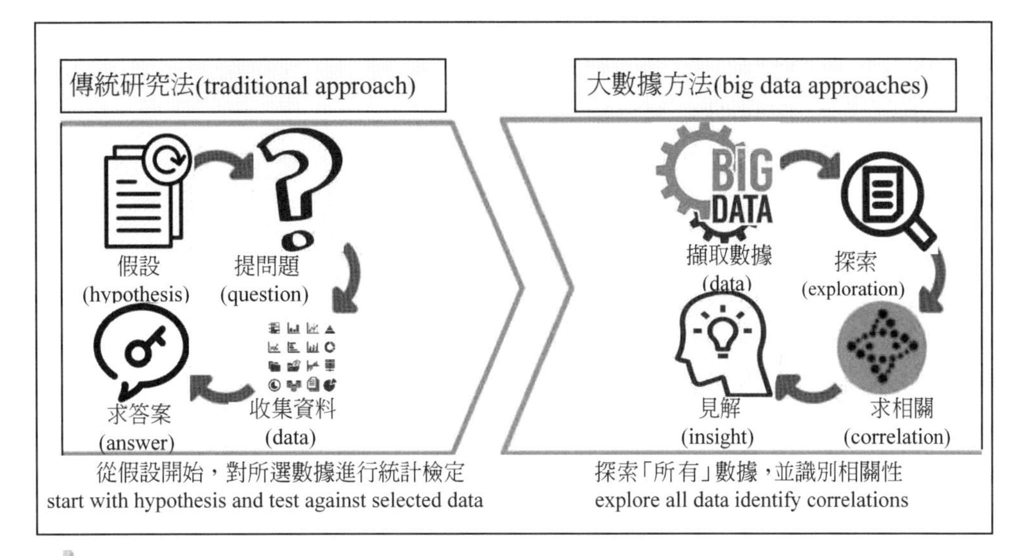

圖 3-68　傳統研究法 vs. 大數據方法的比較 (traditional and big data approaches in research)

3-8-1 大數據 (big data) 是什麼？

如下圖所示爲英國南安普敦大學利用大數據分析：武漢封城之前近 6 百萬名武漢人的「大逃亡」路線。

1. 大數據分析，請見作者《大數據概論》，全華圖書、Hal Varian (2014), .Big Data: New Tricks for Econometrics., *JEP, Spring*, 3-28.。
2. 著名的大數據之處理工具：
   (1) 檔案系統 (file system)，將檔案分拆爲跨電腦的 blocks
   - 軟體有：Google file system（Google公司），Hadoop file system（生態系統）

   (2) 資料庫管理系統，可處理多臺電腦上的大數據
   - 軟體有：Bigtable（Google 公司），Cassandra 資料庫

(3) 在多臺電腦上，擷取及處理大數據集
   - 軟體有：MapReduce（Google 公司），Hadoop.

(4) Mapreduce / Hadoop 之程式語言
   - 軟體有：Sawzall (Google), Pig

(5) 並行處理 (parallel processing) 的電腦語言
   - 軟體有：Go（Google 公司之 open source）

(6) 簡化的結構化查詢語言 (SQL) 用於數據查詢
   - 軟體有：Dremel, Big Query（Google 公司），Hive, Drill, Impala.

3. 大數據處理 (big data processing)

巨量資料 (big data)，又稱爲大數據，係指傳統資料處理軟體不足以應付其巨大且多型態（文字、圖片、影片、語音）的複雜資料集。大數據是來自各種來源（感測、交易等）的大量非結構化或結構化資料。大數據並沒有抽樣；它是持續觀察及追蹤發生的事情（數據）。

作者另有《大數據分析概論》專書，深度介紹大數據處理、平臺及技術。

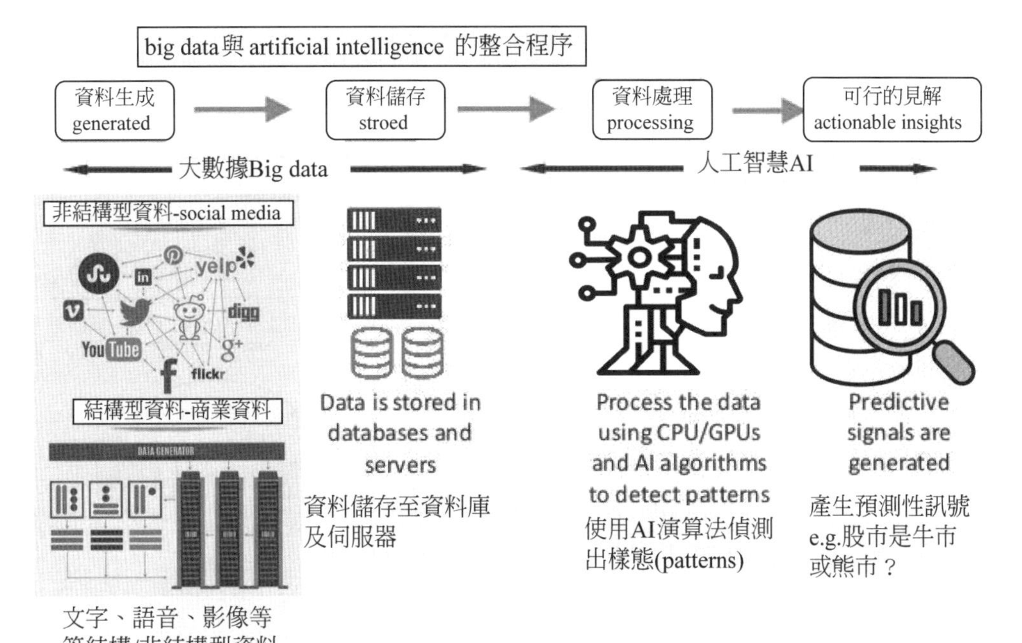

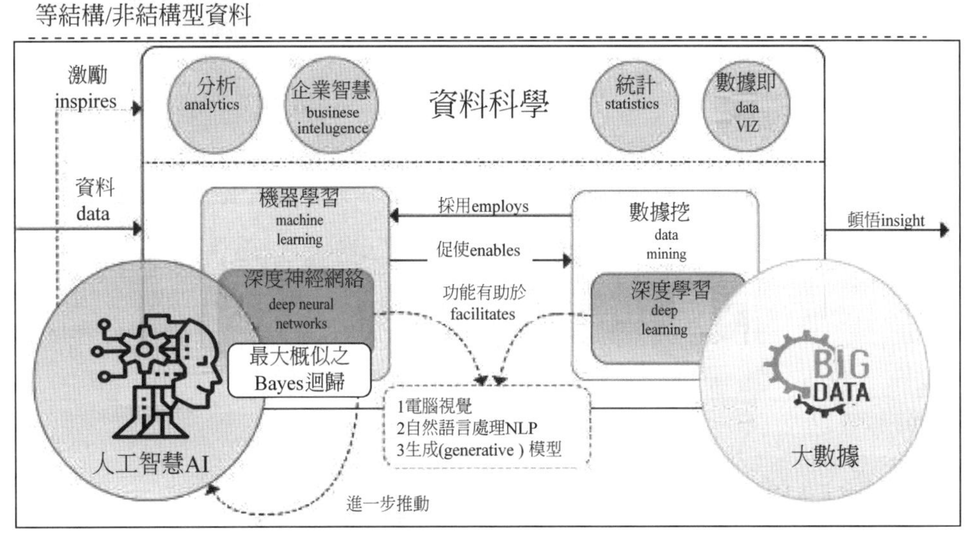

圖 3-69 big data 與 artificial intelligence 的整合程序

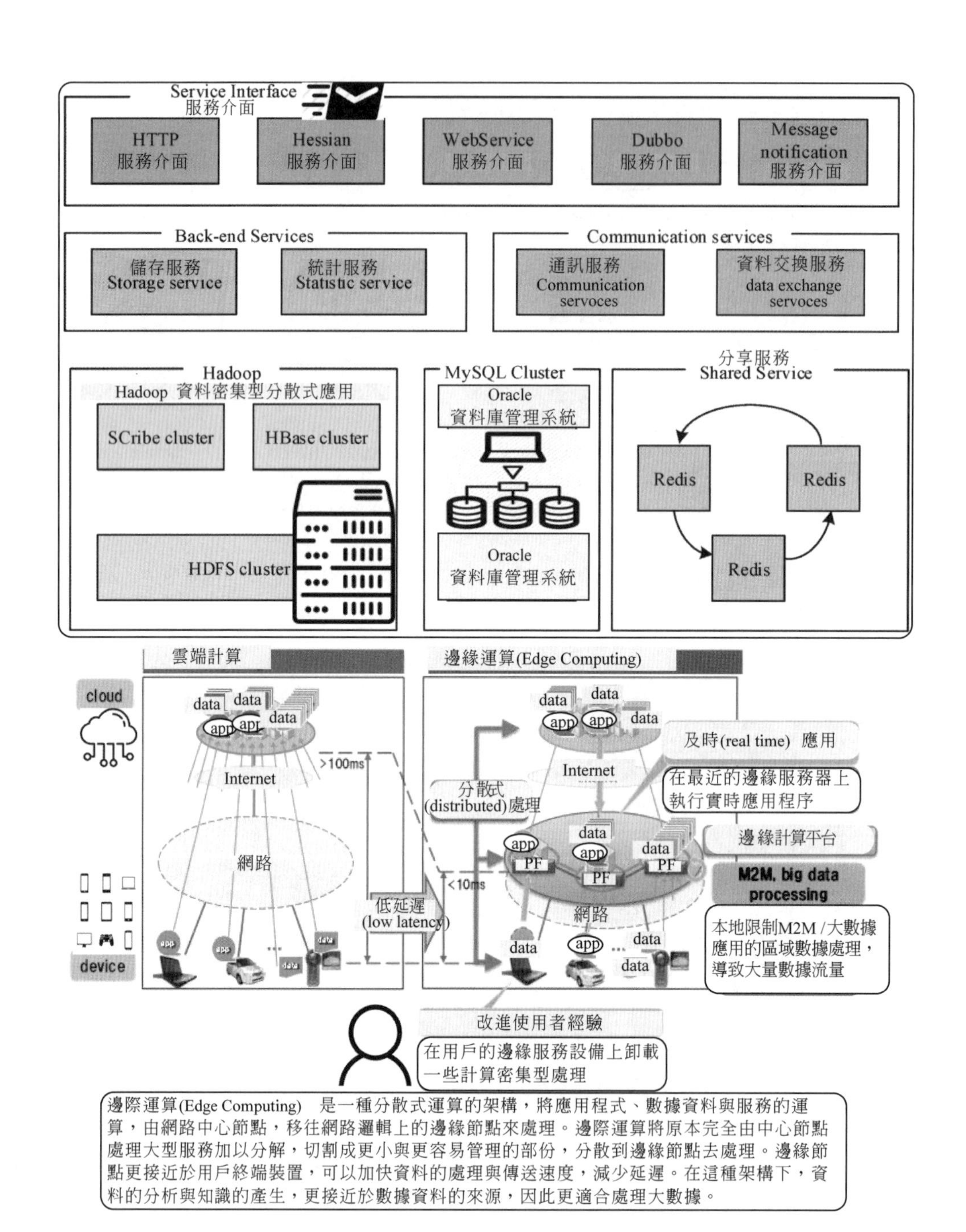

圖 3-70　大數據的平臺 (platform)

3-8-2 大數據分析的能耐 (capabilities) 有 16 種

迄今，電腦處理能力的不斷提高，已有一系列先進演算法及建模技術，這些技術都可讓你從大數據中獲得有價值的見解。

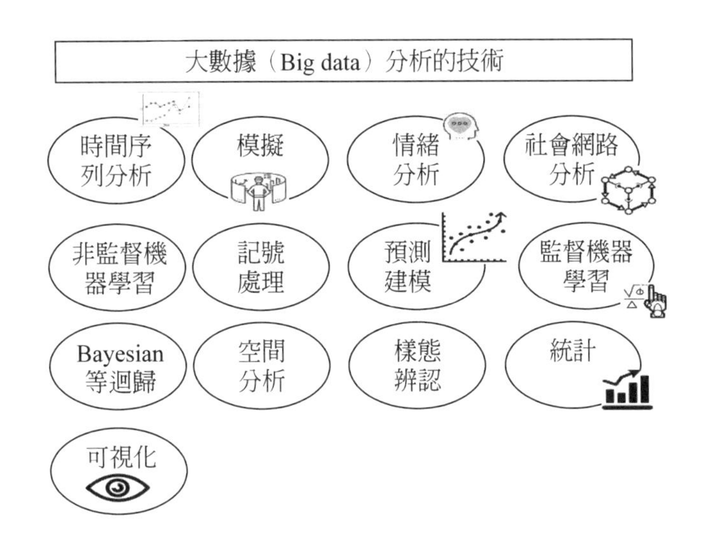

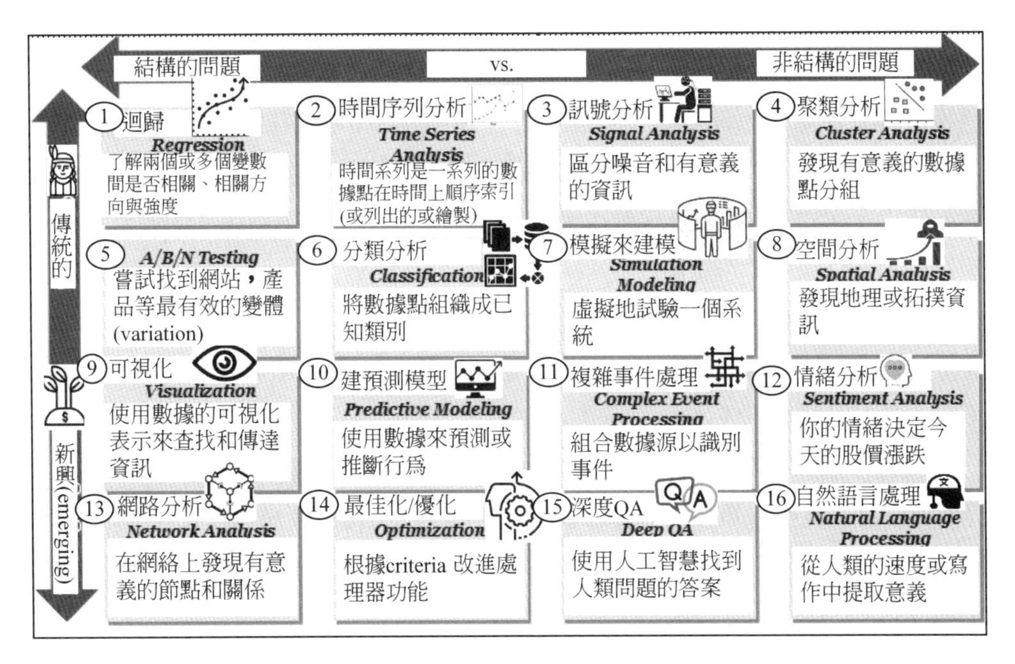

圖 3-71　大數據分析的 16 種能耐

現代大數據，多數用於預測分析、用戶行爲分析或從數據中提取價值的方法，鮮少涉及特定大小的數據集。毫無疑問，現在可用的數據量體確實很大，但這並不是新數據生態系統最相關的特徵。大數據分析旨在找到：商業趨勢、預防疾病、診斷、打擊犯罪等相關因素。科學家常遇到的局限性 e-Science 工作，包括：氣象、基因組學、連接組學、複雜的物理模擬、生物學及環境研究。

爲何數據集迅速增長？部分原因是，坊間已有越來越多廉價且眾多的資訊設備收集器，包括：行動設備、航空（遙控）、軟體日誌、照相機、麥克風、射頻辨識 (RFID) 閱讀器及無線感測器。

3-8-3 資料處理 (data processing) 與機器學習方法

一、數據處理 (data processing) 的演進

(一) 傳統ETL(extract, transform, load)（萃取、轉換、載入）

在計算中，萃取、轉換、載入 (ETL) 是數據庫使用中的一個過程，用於準備分析數據，尤其是在數據倉庫中。ETL 過程在 70 年代成爲流行的概念。數據萃取涉及從同構或異構源中萃取數據，而數據轉換透過將數據轉換爲適當的儲存格式 / 結構來處理數據，以便進行查詢及分析；最後，數據載入描述了將數據插入最終目標數據庫，例如：操作數據儲存，數據集市，或數據倉庫。正確設計的 ETL 系統從源系統中萃取數據，實施數據品質及一致性標準，符合數據以便可一起使用單獨的源，最後以示範文稿格式提供數據，以便應用程式開發者可建構應用程式及最終用戶可做出決定。

由於數據萃取需要時間，因此通常並行執行三個階段。在萃取數據的同時，在處理已接收的數據時執行另一個轉換過程，並在數據載入開始時準備載入，而不等待先前階段的完成。

ETL 系統通常集成來自多個應用程式（系統）的數據，通常由不同供應商開發及支援或託管在單獨的計算機硬體上。包含原始數據的單獨系統經常由不同的員工管理及操作。例如：成本會計系統可組合來自工資單，銷售及購買的數據。

(二) 數據儲存（Hbase資料庫，……）：NoSQL資料庫

HBase 是一個 column-oriented 的數據庫，是 Google Big Table 儲存架構的

open source 實現。它可管理結構化及半結構化數據，並具有一些內置功能，如可伸縮性，版本控制，壓縮及垃圾收集。

由於它使用預寫日誌記錄及分散式配置，因此可提供容錯功能並從單個伺服器故障中快速恢復。HBase 建構在 Hadoop / HDFS 之上，儲存在 HBase 中的數據可使用 Hadoop 的 MapReduce 功能進 row 操作。

現在來比較 HBase（column-oriented 數據庫）vs. 熟悉的 raw-oriented 的數據儲存不同。如下圖所示，在 raw-oriented 的數據儲存中，row 是一起讀取或寫入的數據單元。在 column-oriented 的數據儲存中，column 中的數據儲存在一起，因此可快速檢索。

Row ID	Customer	Product	Amount
0001	張三	Chairs	$400.00
0002	李四	Lamps	$500.00
0003	王五	Lamps	$150.00
0004	陳時中	Desk	$700.00
0005	劉備	Desk	$650.00
0006	拜登	Desk	$900.00

圖 3-72 raw-oriented 的數據庫（當今的主流）

(三) 串流處理的工具(tools for processing of streaming)

即時 (real time) 數據對企業才有潛在的高價值，但它也帶有易逝的截止日期。若在某個特定時間 window 內沒有實現該數據的值，則其值將丟失，因此決策或動作將永遠不會發生。這些數據連續且非常快，因此，將其稱爲串流 (stream) 數據。數據串流需要特別注意，因爲感測器讀數變化很快、日誌文件中的光點、股票價格突然變化，這些都要即時發出警報。

雖然有許多技術可用，但仍然在考慮數據湖中的串流媒體時，有必要建立一個執行效率的數據湖 (lake)，在萃取方面提供嚴格的規則及串流程。

坊間著名的，即時數據串流工具及技術，包括：

1. Apache Flink

Apache Flink 是一個 open-source 流 (stream) 處理大數據工具。它是分散式、高性能，始終可用且準確的數據流應用程式。Flink 提供了許多 API，包括靜態數據 API，如 DataStream API，DataSet API for Java，Scala 及 Python，以及類似 SQL 的查詢 API，用於嵌入 Java，Scala 靜態 API 代碼。Flink 還有自己的機器學習庫 FlinkML，它自己的 SQL 查詢稱爲 MRQL 以及圖形處理庫。

Apache Flink 是串流數據流引擎之一，旨在爲數據流提供分散式計算的工具。將批處理作爲數據流的一種特殊情況處理，Flink 作爲批處理及即時處理框架都是有效的。

特色：

(1) 提供準確的結果，即使對於無序或遲到的數據也是如此。

(2) 它具有狀態及容錯能力，可從故障中恢復。

(3) 它可在大規模上運行，在數千個節點上運行。

(4) 具有良好的吞吐量及延遲特性。

(5) 這個大數據工具支援使用事件時間語義進行流處理及 window 化。

(6) 它支援基於數據驅動視窗的時間，計數或會話的靈活 window。

(7) 它支援各種用於數據源及接收器的第三方系統連接器。

下載網站 : https://flink.apache.org/

相對地，Storm 用於分散式機器學習，即時分析以及許多其他情況，尤其是具有高數據速度的情況。Storm 在 YARN 上運行並與 Hadoop 生態系統整合。Storm 是一個沒有批量支援的流處理引擎，一個眞正的即時處理框架，將流作爲整個「事件」而不是一系列小批量。Storm 具有低延遲，非常適合必須作爲單個實體攝取的數據。風暴確實受到缺乏 YARN 直接支援的影響。Storm 是批處理及流處理之間的橋梁，Hadoop 本身並不是爲處理而設計的。

2. Apache Storm

APACHE STORM

Apache Storm 是一個免費的 open source 大數據計算系統。它提供分散式即時、容錯處理系統。具有即時計算功能。

Storm 是一個分散式即時計算系統。其應用程式設計爲有向無環圖。Storm 可與任何編程語言一起使用。眾所周知，每個節點每秒處理超過一百萬個元組，這是高度可擴展的，並提供處理作業保證。Storm 是用 Clojure 編寫的，它是類似 Lisp 的函數優先編程語言。

特色：

(1) 它的基準測試是每個節點每秒處理 100 萬個 100 位元組 (byte) 的訊息。

(2) 它使用跨機器集群運行的並行計算。

(3) 若節點死亡，它將自動重啟。該工作程式將在另一個節點上重新啟動。

(4) Storm 保證每個數據單元至少處理一次或完全一次。

(5) 一旦安裝部署，Storm 肯定是 Bigdata 分析最簡單的工具。

下載網站 : http://storm.apache.org/downloads.html

3. Kinesis

Kafka 及 Kinesis 非常相似。雖然 Kafka 是免費的，但要求您將其作爲組織的企業級解決方案。但亞馬遜透過提供 Kinesis 作爲開箱即用的流媒體數據工具來解救。Kinesis 包括 Kafka 稱之爲分區的碎片。對於利用即時或接近即時訪問大型數據儲存的組織，Amazon Kinesis 非常棒。

Kinesis Streams 解決了各種流數據問題。一種常見的用法是數據的即時聚合，然後將聚合數據載入到數據倉庫中。數據被放入 Kinesis 流中。這確保了耐用性及彈性。Amazon Kinesis 是託管、可擴展、基於雲的服務，允許即時處理大型數據流。

4. Samza

Apache Samza 是另一個分散式流處理框架，它與 Apache Kafka 消息傳遞系統緊密相關。Samza 專爲利用 Kafka 獨特的架構而設計，可確保容錯、緩沖及狀態儲存。

Samza 使用 YARN 進行資源協商。表示在內定下，Hadoop 集群是必需的，

Samza 依賴於 YARN 內置的豐富功能。Samza 能夠透過使用容錯的檢查點系統來儲存狀態，該系統被實現爲本地鍵值儲存。因此，這有助於 Samza 提供至少一個交付保證，但它不提供在發生故障時恢復聚合狀態的可靠性及準確性。它還提供高級抽象，在許多方面比 Storm 等系統提供的原始選項更容易使用。Samza 只支援 JVM 語言，它與 Storm 沒有相同的語言靈活性。

5. Kafka

Kafka 是一個分散式發布、訂閱消息傳遞系統，它集成了應用程式 / 數據流。它最初是在 Linkedin 公司開發的，後來成爲 Apache 專案的一部分。因此，Apache Spark 是快速、可擴展且可靠的消息傳遞系統，它是 Hadoop 技術堆棧中的關鍵組件，用於支援物聯網 (IoT) 數據的即時資料分析或貨幣化。

Kafka 可處理許多 TB 的數據，而不會產生太大的影響。Apache Kafka 與傳統的消息傳遞系統完全不同。它被設計爲一個分散式系統，並且很容易擴展 Kafka 旨在提供超過 AMQP、JMS 等三個主要優勢。

Lasso迴歸、平方根lasso迴歸、elastic net迴歸、Lasso推論模型：（收縮法shrinkage）

這波數據科學及機器學習 (ML) 革命，如火如荼正在經濟學及社會科學中進行。

ML 是透過演算法將收集到的資料進行分類或預測（+ 推論）模型訓練，在未來中，當得到新的資料時，可透過訓練出的模型進行未來（樣本外）預測。

下圖所示為 ML 演算法的架構，分支包括：深度學習、決策樹、規則系統 (rule-based)、貝葉斯 (Bayesian)、集成法 (ensemble)、降維 (dimensionality reduction)、神經網路、正規化 (regularization)、實例基礎 (instance based)、迴歸、聚類分析 (clustering)。

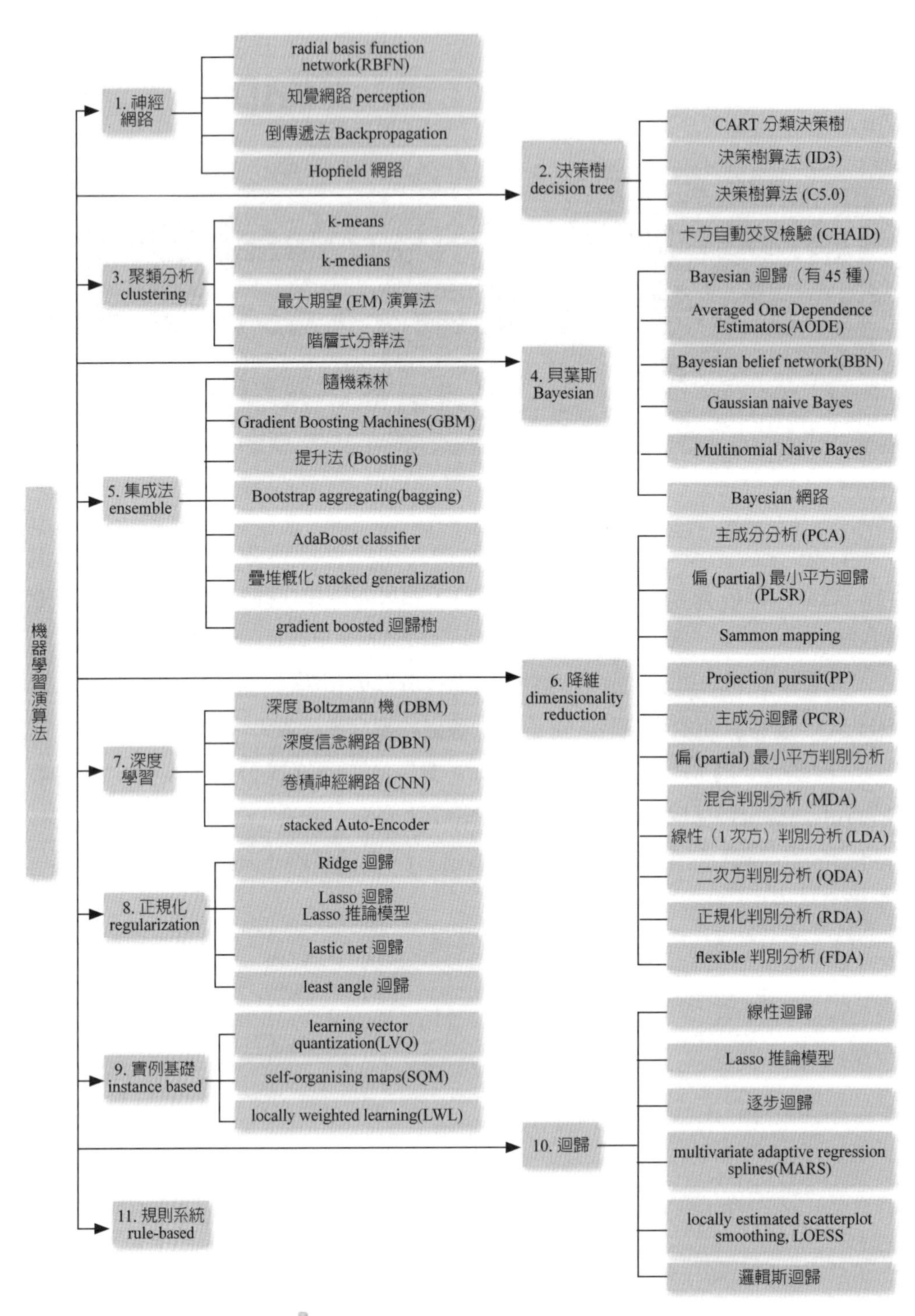

圖 4-1　機器學習演算法的架構

4-1 Ridge 迴歸 (L_2-norm)、Lasso(L_1-norm)、elastic net 迴歸是什麼？

如圖 3-9 所示，特徵選擇 (feature selection) 有 3 方法：過濾法（e.g. 子集選擇）、包裝法、嵌入法（收縮法 shrinkage）。其中，Ridge 迴歸、Lasso、elastic net 迴歸都是屬嵌入法（收縮法 shrinkage）。

因果推論 (causal inference)

1. 機器學習在樣本外預測方面，有些方法都優於傳統 OLS。通常經濟學家 / 科學家對因果推理更感興趣。例如：Belloni、Chernozhukov、Hansen 發表的最新理論，都顯示這些 Lasso 推論模型也可用於結構模型的估計，尤其 Stata 之 Lasso 推論模型更是棒。

實務上常見的問題

1. 當許多潛在控制變數可用時，選擇控制變數來解決遺漏 (omitted) 變數的偏誤，故須 Ridge 迴歸、Lasso、elastic net 迴歸。
2. 當有很多潛在的工具變數可用時，如何正確選擇工具變數呢？故須 Partialing-out lasso instrumental-variables 迴歸：連續依變數（poivregress 指令）的協助。

一、機器學習的線性迴歸：有 4 種模型

線性迴歸也許是統計和 ML 中最著名和最易理解的演算法之一。

線性迴歸是線性模型，例如：假設輸入變數 (x) 與單個輸出變數 (y) 之間存在線性關係的模型。更具體地說，可根據輸入變數 (x) 的線性組合來計算 y。

當只有一個輸入變數 (x) 時，該方法稱爲簡單線性迴歸。當存在多個輸入變數時，統計學稱爲多元線性迴歸。

【線性迴歸學習有4種模型】

1. 簡單線性迴歸（見「2-4-4 道瓊預測之非線性模型」）

當只有一個輸入時，透過簡單的線性迴歸，可用統計數據來估計迴歸係數。亦可從數據中計算統計屬性，包括：平均值、標準差、相關性和共變數。

最小平方法 (ordinary least squares, OLS)

當有多個輸入變數時，可用 OLS 來估計係數的值。最小平方法旨在最小化殘差平方的總和。這意味著，給定一條透過數據的迴歸線，你可計算出每個數據

點到迴歸線的距離，將其平方，然後將所有平方誤差求總和。這是最小平方試圖最小化的數量。

這種方法將數據視爲矩陣，並使用線性代數運算來估計係數的最佳值。這意味著所有數據都必須可用，並且您必須有足夠的記憶體來容納數據並執行矩陣運算。

2. 梯度下降 (gradient descent)（第 5 章）

當有一個或多個輸入時，您可透過疊代最小化訓練數據上的模型誤差來使用最佳化係數值的過程，謂之「梯度下降」，它是從每個係數的隨機值開始。爲每對「輸入和輸出值」計算平方誤差的總和。學習率視爲比例因子，並且朝著最小化誤差的方向來更新係數。重複該過程，直到獲得最小平方和誤差或無法進一步改善。

使用此方法時，必須選擇一個學習率 (α) 參數，該參數確定在該過程的每次疊代中採取的改進步驟的大小。

實際上，當行數或列數可能無法容納到記憶體中的數據集非常大時，此功能很有用。

3. 正則化 / 正規化 (regularization)（第 3、4 章）

正規化方法是線性模型訓練的擴展。它試圖最小化訓練數據上模型的平方誤差之和（使用最小平方法），又試著降低模型的複雜性（例如：模型中所有係數之和的數量或絕對大小）。

線性迴歸的正規化程序的兩個常見示例是：

(1) 拉索 (Lasso) 迴歸：修改最小平方以最小化係數的絕對和（稱爲 L_1 正則化）。

(2) Ridge 迴歸（嶺迴歸、脊迴歸）：修改最小平方也可最小化係數的絕對和的平方（稱爲 L_2 正則化）。

當輸入值存在共線性並且最小平方法會過度擬合訓練數據時，這些方法將非常有效。

4. Lasso 推論模型（自動求得收縮率 λ，並推論你有興趣的自變數對依變數效果是否顯著）（第 4 章）

例如：大數據、高維，預測變數（自變數）眾多且錯綜複雜時，就須 Lasso 推論模型，因爲它具迴歸預測（可挑選眾多外在變數來控制）及推論（有理論基礎的因果模型：自己界定納入的少數自變數）。

二、Lasso 迴歸、Ridge 迴歸、elastic net 迴歸是什麼？

在多元迴歸模型中，通常你有數個解釋變數 (explanatory variable)，又稱預測變數 $(1, X_1, X_2, \cdots, X_p)$，及一個反應變數 (response variable) Y（又稱依變數），在多元迴歸模型中，你假定母群體 (population) 的性質為：反應變數（依變數）與解釋變數 (regressors) 存在著線性關係，以條件期望值 (conditional expectation) 的形式表示可寫為：

$$\mathbb{E}(Y|X_1, \cdots, X_p) = \beta_0 \times 1 + \beta_1 X_1 + \cdots + \beta_p X_p,$$

其中，迴歸係數 $(\beta_0, \cdots, \beta_p)$ 是待估計參數。

前面有提到，Ridge 迴歸會估計出許多靠近 0 但非 0 的$\hat{\beta}_{j\,ridge}$，如此一來並沒有真正的解決變數篩選的問題，而 Lasso 的正規化可強制使得不重要的解釋變數 X_j 其估計出的係數 $\hat{\beta}_{j\,lasso} = 0$，因此也達到變數篩選的功能。Lasso 在實務上最大的缺點就是「極小化」比較困難，此外 Lasso 在高維度的變數篩選（也就是變數個數 p 比樣本數 n 還多時），會有一些不夠好的性質。因此，產生其他的分支，例如：結合 Ridge 迴歸與 Lasso 而成的 elastic net 迴歸，它是將變數分群化 (group) 的 Lasso 等。

三、帶懲罰項迴歸之機器學習

用於預測的 ML 法 (machine learning methods) 已在統計 (statistical) 與電腦科學文獻中確立。將 ML 法（Lasso 推論模型、ridge 迴歸）應用於因果關係，在經濟學、工程、生醫、社會科學等領域已獲得認同。

(一) Lasso工具箱，可用於預測及模型選擇，包括：

- lasso linear 指令是 lasso 迴歸。
- elasticnet 指令是 elastic-net（含 ridge）迴歸。
- sqrtlasso 指令是 quare-root lasso 迴歸。統計分析結果，與 lasso linear 很相似。
- Lasso 推論模型 (inference model) 有三：連續依變數、二元依變數、計數 (count) 依變數。
- 以上指令都可搭配依變數類型：linear, logit, probit, Poisson 關鍵字，分門別類處理不同的模型。

在某些情況下，ML 方法可「現成」(off-the-shelf) 來預測政策問題。

Kleinberg et al. (2015)、Athey (2017) 提供了一些例子：

1. 預測患者的預期壽命，以決定髖關節置換手術是否有益。
2. 預測被告是否會出庭接受審判，以決定在等待審判期間哪些人可被釋放出監獄。
3. 預測還貸概率。

早期，ML 方法並不直接適用於計量經濟學及相關領域的研究問題，但自從 Stata 提供 Lasso 因果推理，情況就改觀。

4-1-1 Ridge 迴歸（嶺迴歸、脊迴歸）原理：L_2-norm

Ridge 迴歸旨在克服共線性資料（具偏誤估計）之迴歸法，實質上，它是改良的最小平方估計法，放棄了最小平方法的無偏性（在反覆抽樣的情況下，樣本平均數的集合的期望等於總體平均值）。Ridge 用損失部分資訊、降低精度爲代價來求得迴歸係數才是較實際、更可靠的迴歸法。Ridge 對共線性問題及不適定數據的適配都優於最小平方法，它常用於多維問題與不適定問題 (ill-posed problem)。

Ridge 迴歸透過：引入一個懲罰項來解決了最小平方法 (OLS) 的不適定。Ridge 迴歸相關係數旨在求懲罰殘差平方的最小化：

$$\min_{x} \|X\omega - y\|_2^2 + \alpha\|\omega\|_2^2$$

其中，α 是收縮率，既控制模型複雜度的因數。α 值越大，那麼正規項，也是懲罰項的作用就越明顯；α 的數值越小，正規項的作用就越弱。極端情況下，$\alpha=0$ 則及原來的損失函數是一樣的，如果 $\alpha = \infty$，則損失函數只有正規項，此時其最小化的結果必然是 $w = 0$。

一、原理

有些矩陣，矩陣中某個元素的很小變動，就會引起最後計算結果誤差加大，這種矩陣稱爲「不適定矩陣」。有些時候不正確的計算法反而使一個正常的矩陣在運算中表現出不適定。以高斯消去法來說，如果相關矩陣「對角線上」的元素很小，在計算時就會表現出不適定的特徵。

迴歸分析中常用 OLS 就是無偏估計。只能求解適定問題，通常 X 是列滿秩 (full rank) 才適用：

$$X\theta = y$$

採用 OLS，定義損失函數爲殘差的平方，最小化損失函數：

$$\|X\theta - y\|^2$$

上述最佳化問題可採用梯度下降法來求解，也可採用如下矩陣公式來求解：

$$\theta = (X^TX)^{-1}X^Ty$$

當 X 不是列滿秩 (full rank) 時（矩陣是秩不足），或者某些列之間的線性相關性比較大時，X^TX 的行列式接近於 0，即 X^TX 接近於奇異，上述問題就變成不適定問題，此時，計算 $(X^TX)^{-1}$ 時誤差會很大，傳統的OLS缺乏穩定性與可靠性。

爲了解決上述問題，你需要將不適定問題轉化爲適定問題：我們爲上述損失函數加上一個正則化項，變爲：

$$\|X\theta - y\|^2 + \|\Gamma\theta\|^2$$

其中，我們定義：

$$\Gamma = \alpha I$$

於是：

$$\theta(\alpha) = (X^TX + \alpha I)^{-1}X^Ty$$

上式中，I 是單位矩陣。

隨著 α 的增大，$\theta(\alpha)$ 各元素 $\theta(\alpha)_i$ 的絕對值均趨於不斷變小，它們相對於正確值 θ_i 的偏差也越來越大。當 α 趨於無窮大時，$\theta(\alpha)$ 趨於 0。其中，$\theta(\alpha)$ 隨 α 的改變而變化的軌跡，就稱爲 ridge（脊）跡。實際計算中，可選非常多的 α 值，做出一個脊跡圖，比較這圖在取哪個値的時候變穩定了，那就確定 α 値了。

Ridge 迴歸是對 OLS 的一種補充，它損失了無偏性，來換取高的數値穩定性，從而得到較高的計算精度。

二、特性

通常 Ridge 迴歸方程的 R^2 會稍低於 OLS 迴歸分析，但 ridge 迴歸係數的顯著性往往明顯高於 OLS 迴歸，在存在共線性問題及不適定數據偏多的研究中有較大的實用價值。

三、Ridge 迴歸（嶺迴歸、Ridge 迴歸）之重點整理

Ridge 迴歸＝ OLS 迴歸＋約束條件（懲罰項）。在 ML 中也稱作權重衰減。也有人稱之爲 Tikhonov 正規化。

Ridge 迴歸旨在解決的問題有二：

(1) 當預測變數（p 個）的數量遠超過觀測變數的樣本數（n 個）的時候（預測變數相當於特徵 features，觀測依變數相當於標籤 label）。

(2) 數據集之間具有多重共線性，即預測變數之間具有相關性。

一般的，迴歸分析的（矩陣）形式如下：

$$y=\Sigma_{j=1}^{p}\beta_j x_j+\beta_0$$

其中，x 是預測變數，y 是觀測依變數，β_j 及 β_0 是待求的參數。而截距項 β_0 可理解成偏誤 (Bias)。

一般情況下，使用最小平方法求解，上述迴歸問題的目標是最小化，如下式子：

$$\hat{\beta}=\arg\min_{\beta}\sum_{i=1}^{N}(y_i-\beta_0-\sum_{j=1}^{p}\beta_j x_i)^2$$

其中，1, ⋯, N 是訓練集中的樣本。

那麼，ridge 迴歸就求得上述最小化目標中，加上一個懲罰項：

$$\hat{\beta}_{ridge}=\arg\min_{\beta}\{\sum_{i=1}^{N}(y_i-\beta_0-\sum_{j=1}^{p}\beta_j x_i)^2+\lambda\sum_{j=1}^{p}\beta_j^2\}$$

對應的線性代數是：

$$\min_{\beta}\|Y-X\beta\|_2^2$$

其中，λ 也是待估參數。也就是說，Ridge 迴歸是具有二範數 (L_2) 懲罰的最小平

方迴歸。ridge 迴歸的這種估計目標叫做收縮估計值 (shrinkage estimator)。

傳統迴歸分析，初始，習慣全部納入「所有」預測變數 (regressors)，迴歸係數 β_j 都要透過 t-test 來確定該預測變數（自變數）係數是否達到顯著，如果不顯著則剔除該預測變數，然後繼續下一回的迴歸，如此重複直到最終結果。但 ridge 迴歸不需要這樣，只要將其係數 β 逼近 0「收縮」即可減小該變數對依變數的影響。

同理，在多元迴歸模型中，假設母體 (population) 的性質為：依變數與解釋變數存在著線性關係，以條件期望值(conditional expectation)的形式表示可寫為：

$$\mathbb{E}(Y|X_1, \cdots, X_p) = \beta_0 \times 1 + \beta_1 X_1 + \cdots + \beta_p X_p,$$

其中，$(\beta_0, \cdots, \beta_p)$ 為待估計參數。

實際上，你會蒐集 n 個個體作為隨機樣本 (random sample)，因此第 i 個體你會得到一組解釋變數的實際值$(1, X_{i1}, \cdots, X_{ip})$與一個依變數的實際值 Y_i，因此你通常可將樣本的迴歸模型寫為：

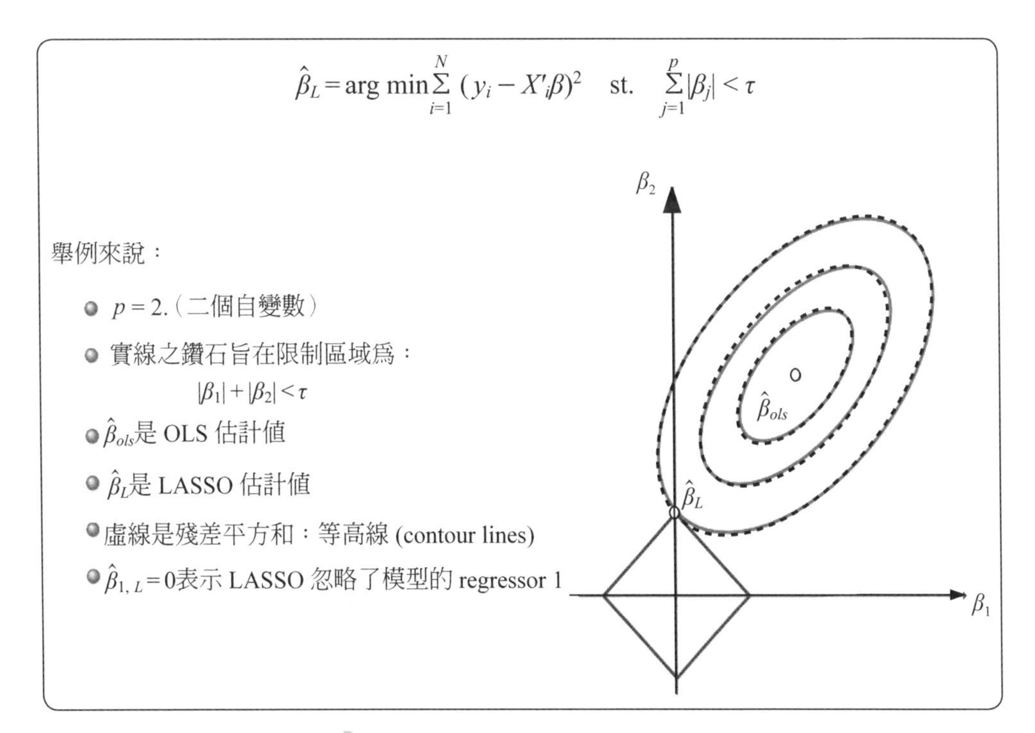

圖 4-2　Lasso 與 OLS 的比較圖

$$Y_i = \beta_0 \times 1 + \beta_1 X_{i1} + \cdots + \beta_p X_{ip} + \varepsilon_i，$$

其中 $i = 1, 2, \cdots, n$。

四、Ridge 迴歸及最小平方法之區分？什麼時候比較適合用 Ridge 迴歸？

先從最佳化的角度來談此問題。OLS 求解的最小化是：$\min \|y - Ax\|^2$，這個問題解存在且唯一的條件是：A 列滿秩：rank $(A) = \dim(x)$

當此條件不滿足時，你需要添加一些額外的假設來達到唯一的解。比如 Ridge 迴歸在成本函數 (cost function) 中加 L_2 的測度項。

當矩陣 A 違反「列滿秩」這個條件，在迴歸上，可簡單理解爲：所有的樣本沒有辦法提供給你足夠的有效的資訊。

這時候，你就需要一些額外的假設。從 Bayesian 的角度，比如你假設 x 應該是服從多元常態分布$N(0, \Sigma_x)$，那麼根據 Bayes theorem，你可推知 Ridge 迴歸的結果就是 MAP(maximum a priori) 的估計。

當預測變數 X 不是列滿秩時，固然需要透過正則化來獲得唯一解 ($\min_\beta \|y - X\beta\|^2 \rightarrow \min_\beta \|y - X\beta\|^2 + \lambda\|\beta\|^2$)。但即使 X 列滿秩，我們來看看，當有其中兩 column 相關程度很高時，會發生什麼？

例如：模型中有 2 個係數 (β)：例如：身高 x_1 及體重 x_2，假設依變數 y 是某種性荷爾蒙的水準（或者別的什麼跟身體發育相關的因子）。雖然我們適配後能得到唯一解$\hat{y} = ax_1 + bx_2 + c$，但由於 x_1 及 x_2 高度相關，所以係數 a 及 b 之間存在互相抵消的效應：你可把 a 弄成一個很大的正數，同時把 b 弄成一個絕對值很大的負數，最終$\hat{y}$可能不會改變多少。這會導致用不同人群適配出來的 a 及 b 差別可能會很大，模型的可解釋性就大大降低了。怎麼辦？最簡單就是給一個限制，令$a^2 + b^2 \le t$，這正好就是 Ridge 迴歸。

五、嶺迴歸（又稱脊迴歸）之重點

1. 大型 model 的懲罰項是 $\sum_{j=1}^{p} \beta_j^2 < \tau$
2. 迴歸係數 β 的 ridge estimator $\hat{\beta}_\lambda$是

$$\Sigma_{i=1}^{n} (y_i - x'_i\beta)^2 + \lambda \Sigma_{j=1}^{p} \beta_j^2$$

其中，$\lambda \ge 0$ 是調整參數 (tuning parameter)。

3. 上式等同於，Lasso 旨在最小化 RSS（或 MS_E），使得 $\sum_{j=1}^{p}\beta_j^2<\tau$。
4. Ridge 估計值是：

$$\hat{\beta}_\lambda=(X'X+\lambda I)^{-1}X'y$$

5. 特徵：
   (1) 明顯有偏誤時，將所有係數縮小為 0。
   (2) 存在用於計算 $\hat{\beta}_\lambda$ 許多值的 λ 的演算法。
   (3) 接著，透過交叉驗證選擇 λ。

4-1-2 套索迴歸 (Lasso regression) 原理：L_1-norm

Lasso 是採用 L_1 正規化 (L_1-regularization) 的線性迴歸法，採用 L_1 正規化會使得「部分」學習到的特徵（自變數）權值為 0，從而達到稀疏化及特徵選擇的目的。

在考慮一般的線性迴歸問題，給定 n 個數據樣本點 $\{(x_1, y_1), (x_2, y_2), \cdots, (x_n, y_n)\}$，其中每個 $x_i\in R^d$ 是一個 d 維的向量，即每個觀測到的數據點是由 d 個變量的值組成的，每個 $y_i\in R$ 是一個實值。現在要做的是根據觀察到的數據點，尋找到一個映射 $f: R^d\rightarrow R$，使得誤差平方和最小，最佳化目標為：

$$\beta^*, \beta_0^*=arg\ min_{\beta,\beta_0}\frac{1}{n}\sum_{i=0}^{n}(y_i-\beta^Tx_i-\beta_0)^2$$

其中，$\beta\in R^d$，$\beta_0\in R$ 是需要最佳化的係數。一般來說要以看作是偏誤 (bias)，現在我們先來看看偏置項如何處理，假設現在固定住 β 的值，那麼利用一階導數求最優 β_0。接下來對上面的損失關於 β_0 求導數，得：

$$\frac{1}{n}\sum_{i=0}^{n}(y_i-x_i^T\beta-\beta_0)=0\Rightarrow\beta_0=\frac{1}{n}\sum_{i=0}^{n}y_i-\frac{1}{n}\sum_{i=0}^{n}x_i^T\beta=\bar{y}-\bar{x}^T\beta$$

將得到的結果代入原最佳化目標得到：

$$\beta^*=argmin_\beta\frac{1}{n}\sum_{i=0}^{n}((y_i-\bar{y})-\beta^T(x_i-\bar{x}))^2$$

從上面式子可以看出，假如我們事先對數據進行標準化（中心化），即每個樣本數據減去均值，從而得到 0 均值的數據樣本，此時做線性迴歸就可以不使用偏置。下面爲了方便介紹，我們假定給定的 n 個數據樣本點 $\{(x_1, y_1), (x_2, y_2), \cdots, (x_n, y_n)\}$ 是 0 均值的，即 $\sum_{i=1}^{n} x_i = 0$，那麼線性迴歸的最佳化目標就可以記爲：

$$\beta^* = argmin_\beta \frac{1}{n} \sum_{i=0}^{n} ((y_i - \beta^T x_i)^2$$

上面也可以表示爲矩陣形式，記 $X = [x_1, x_2, \cdots, x_n]^T$，這裡把每個數據點 x_i 當作列向量，那麼 $X \in R^{n \times d}$，記 $y = [y_1, y_2, \cdots, y_n]^T$，那麼矩陣形式的最佳化目標爲：

$$\beta^* = argmin_\beta \frac{1}{n} \| y - X\beta \|_2^2$$

上面是基本的線性迴歸問題，它有 d 個變數，故稱爲多元 (multiple) 線性迴歸，它不是多變數 (multivariate) 線性迴歸（如 VAR，SVAR，VECM），後者指的是同時適配多個輸出的 Y 值（多個依變數），而不是單個依變數 Y，即 [迴歸式] 不再是一個方程式，而是一個聯立方程式。有關 (VAR, SVAR, VECM) 迴歸分析，請見《計量經濟及高等研究法：使用 JMulTi、Eviews 統計分析》、《Stata 在財務金融與經濟分析的應用》二書。

一般來說，迴歸問題是函數適配的過程，那麼我們希望模型不要太複雜，否則很容易發生適配過度現象。故要加入正則化項，不同的正則化項就產生了不同的迴歸法，其中以 Ridge 迴歸及 Lasso 最爲經典，前者是加入了 L_2 正則化項，後者加入的是 L_1 正則化項。面分別給出其最佳化目標。

Ridge 迴歸的最佳化目標爲：

$$\beta^* = argmin_\beta \frac{1}{n} \| y - X\beta \|_2^2 + \lambda \|\beta\|_2^2$$

Lasso 迴歸的最佳化目標爲：

$$\beta^* = argmin_\beta \frac{1}{n} \| y - X\beta \|_2^2 + \lambda \|\beta\|_1$$

一、Lasso(least absolute shrinkage and selection) 是什麼？

在統計學及 ML 中，Lasso 演算法，又稱最小「絕對值」收斂與選擇運算元、套索演算法是一種同時進行特徵選擇及正規化 (regularization) 的迴歸分析方法，旨在增強統計模型的預測準確性及可解釋性，最初由 Robert Tibshirani(1996) 基於 Leo Breiman 的非負參數推論 (Nonnegative Garrote, NNG) 提出 (Tibshirani,

1996; Breiman, 1995)。Lasso 演算法最初用於計算最小平方法 (OLS) 模型，此演算法開啟很多估計量的重要性質，如估計量與嶺迴歸（Ridge，脊）及最佳「自變數組合之子集選擇」法，Lasso 係數估計值 (estimate) 及軟閾值 (soft thresholding) 之間的聯繫。它也揭示了當共變數（調節變數）共線時，Lasso 係數估計值不一定唯一（類似標準線性迴歸）。

雖然 Lasso 起初是爲 OLS 而定義的演算法，但 Lasso 正規化也拓展許多統計學模型，包括：廣義線性模型、廣義估計方程、成比例災難模型及 M- 估計 (Tibshirani, 1996; Tibshirani, 1997)。Lasso「選擇自變數組合之子集」的能力仰賴於約束條件（懲罰項）的形式，並且有多種表現形式，包括幾何學、貝葉斯統計、及凸分析。

二、Lasso 原理

1. 大型 model 的懲罰項是 $\sum_{j=1}^{p}|\beta|<\tau$
2. 迴歸係數 β 的 ridge estimator $\hat{\beta}_\lambda$ 是：

$$\Sigma_{i=1}^{n}(y_i - x'_i\beta)^2 + \lambda\Sigma_{j=1}^{p}|\beta_j|$$

   其中，$\lambda \geq 0$ 是調整參數 (tuning parameter)。

   Stata 指令 Lassoselect，旨在 Lasso 之後選擇適當的 lambda 值 (select lambda after Lasso)。

3. Lasso 旨在最小化 RSS，使得 $\sum_{j=1}^{p}|\beta|<\tau$。
4. 特徵：

   (1) 降低預測變數 (regressors)。

   (2) 當少數 regressors 的 $\beta_j \neq 0$，但大多數 $\beta_j = 0$ 時，模型會最佳。

   (3) 導致 Lasso 比 ridge 更可解釋的模型。

$$\hat{\beta}_L = \arg\min \sum_{i=1}^{N} (y_i - X'_i\beta)^2 \quad \text{st.} \quad \sum_{j=1}^{p} |\beta_j| < \tau$$

LASSO 迴歸

舉例來說：

- $p = 2.$（二個自變數）
- 實線之鑽石旨在限制區域為：

  $|\beta_1| + |\beta_2| < \tau$
- $\hat{\beta}_{ols}$是 OLS 估計值
- $\hat{\beta}_L$是 LASSO 估計值
- 虛線是殘差平方和：等高線 (contour lines)
- $\hat{\beta}_{1,L} = 0$表示 LASSO 忽略了模型的 regressor 1

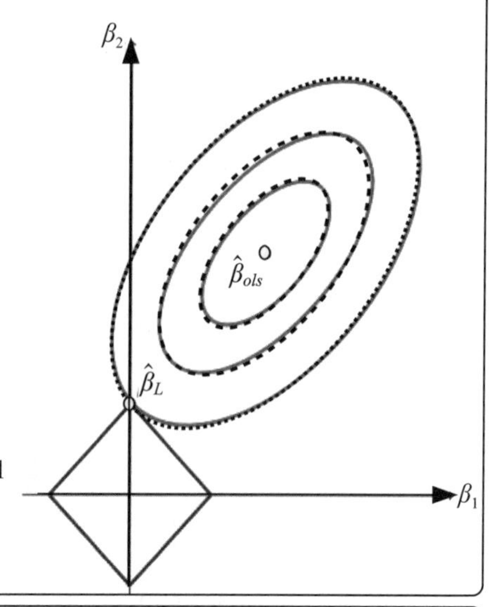

$$\hat{\beta}_L = \arg\min \sum_{i=1}^{N} (y_i - X'_i\beta)^2 \quad \text{st.} \quad \sum_{j=1}^{p} |\beta_j| < \tau$$

LASSO 迴歸

舉例來說：

- $p = 2.$（二個自變數）
- 實線之鑽石旨在限制區域為：

  $\beta_1^2 + \beta_2^2 < \tau$
- $\hat{\beta}_{ols}$ is the OLS estimate.
- $\hat{\beta}_L$是 LASSO 估計值
- 虛線是殘差平方和：等高線 (contour lines)
- $\hat{\beta}_{1,L} = 0$表示 LASSO 忽略了模型的 regressor 1

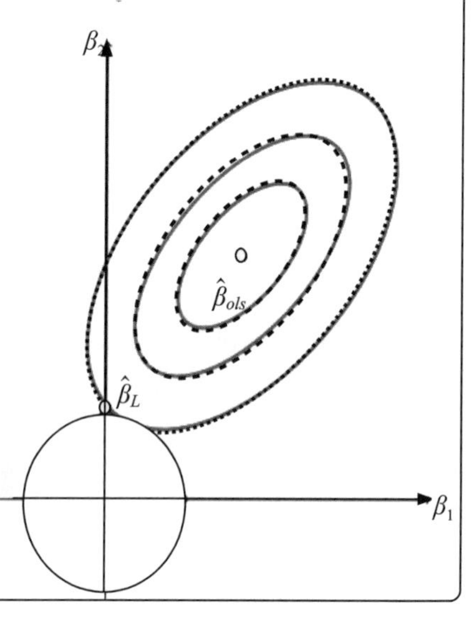

圖 4-3　Lasso 迴歸 vs. Ridge 迴歸的差異

回到非正交的情形，一些圖形有助於了解 Ridge 迴歸、Lasso 迴歸之間的關係。當只有兩個參數時，上圖描繪了 Lasso（下）及 Ridge 迴歸（上）。殘差平方及 $(\Sigma(y-\hat{y})^2)$ 爲橢圓形的等高線，以最小平方估計爲中心。Ridge 迴歸的約束區域爲圓盤 $\beta_1^2+\beta_2^2 \le \tau$；Lasso 的約束區域爲菱形 $|\beta_1|+|\beta_2| \le \tau$，這兩種方法都尋找當橢圓等高線達到約束區域的第一個點。與圓盤不同，菱形 (diamond) 是有角，如果解出現在角上，則有一個參數 β_j 等於 0。當自變數的個數 $p > 2$，菱形變成了偏菱形 (rhomboid)，而且有許多角，平坦的邊及面；對於參數估計有更多的可能爲 0。

比較：子集的選擇 (subset selecation)、Ridge 迴歸、Lasso 迴歸

有約束的線性迴歸模型的三種方法：子集選擇、Ridge 迴歸及 lasso 迴歸。

在正交輸入矩陣的情況下，三種過程都有顯式解。每種方法對最小平方估計 $\hat{\beta}_j$ 應用簡單的變換，詳見下圖：

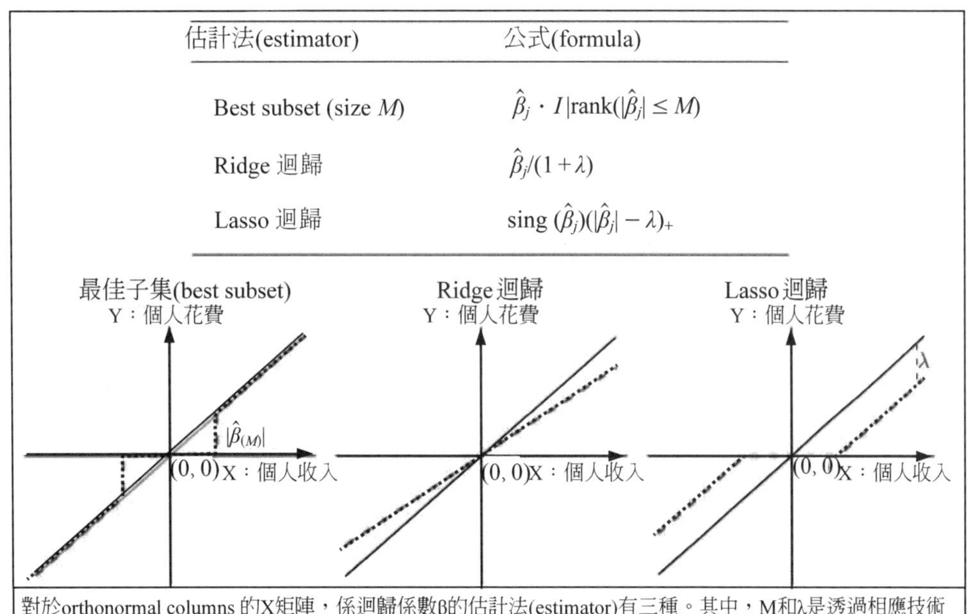

估計法(estimator)	公式(formula)
Best subset (size M)	$\hat{\beta}_j \cdot I\|\text{rank}(\|\hat{\beta}_j\| \le M)$
Ridge 迴歸	$\hat{\beta}_j/(1+\lambda)$
Lasso 迴歸	sing $(\hat{\beta}_j)(\|\hat{\beta}_j\|-\lambda)_+$

對於orthonormal columns 的X矩陣，係迴歸係數β的估計法(estimator)有三種。其中，M和λ是透過相應技術選擇的常數；
sign表示其自變數（±1）的符號、x+表示x的"positive part"。
在表格上方，粗的虛線是estimators。
細的45度實線是「不受限制(untestricted)」估計的參考值。

圖 4-4　子集選擇、Ridge 迴歸及 lasso 迴歸的比較

Ridge 迴歸做等比例的收縮、lasso 透過常數因數 λ 變換每個係數，在 0 處截去。這也稱作「軟閾限」，而且用在基於小波光滑的內容中。最佳子集選擇刪掉所有係數小於第 M 個大係數的變數；這是「硬閾限」的形式之一。

三、Lasso 與 Ridge 的比較

如上圖所示，假設自變數個數 p = 2 時，例如：X_1 身高、X_2 體重。

1. $\hat{\beta} = (\hat{\beta}_1, \hat{\beta}_2)$ 最小化殘差平方及 (residual sum of squares, RSS)
   - 上圖，較大的橢圓表示具有較大的 RSS。
   - 選擇第一個橢圓來觸摸陰影（受限）區域。
2. Lasso（上圖之下半部）給出 $\hat{\beta}_1 = 0$ 的邊角 (corner) 解。

4-1-3 L_1-norm, L_2-norm 懲罰項之迴歸（lasso 2、pdslasso 外掛指令）

Stata v15 以下版本，可用「lasso2、pdslasso」指令來執行 L_1-norm, L_2-norm 懲罰項之迴歸（本書光碟有附這二個外掛模組）：

一、Stata 外掛 lassopack package

它適用於高維 (high-dimensional) 帶有懲罰項之迴歸的程序套件，在高維設置中，預測變數的個數 p 就會很多，甚至可能大於觀察值 n 的數量。Lassopack 提供 lasso、logistic lasso 迴歸。該軟體包含 6 個程序：lasso2 指令（執行 lasso 迴歸）、square-root lasso、elastic net、ridge regression、adaptive lasso 及 post-estimation OLS。

此外，外掛指令 cvlasso 支援橫斷、縱橫面 (panel) 及時間序列數據，進行 K-摺交叉驗證或滾動 (rolling) 交叉驗證 (CV)。

> 定義：高維 (high-dimensional)
>
> 在統計理論中，高維統計領域研究的數據的維數大於古典多元分析中考慮的維數。高維統計依賴於理論的隨機向量。在許多應用中，數據向量的維數 p 可能大於樣本數 n。

傳統上，統計推斷會考慮總體的概率模型，並考慮作爲總體樣本的數據。對於許多問題，總體特徵（參數）的估計值可隨著樣本量趨近無窮大的增加而得到實質性的改進（理論上）。估計量的要求是要一致性，即收斂到未知的參數眞實值。

安德烈．科莫格洛夫 (Andrey Kolmogorov, 1968) 提出另一漸近性的設置，其中，變數 p 的維數隨著樣本數 n 的增加而增大，因此比率 p/n 趨於恆定。它被稱爲「增加維度漸近線」或 Kolmogorov 漸近線。

最近，學者對更大尺寸的案例更加感興趣，例如：$p = O(\exp(n^a))$，其中 $0 < a < 1$。現今計算技術已經使數據量呈指數增長。大據集（可能包含數千個變數）在現代人類活動的幾乎每個分支（包括網路、金融及遺傳學）中都發揮著重要作用。然而，分析這樣的數據對統計學家及數據分析員提出了挑戰，並且需要開發能夠將信號 (signal) 與噪音 (noise) 分離的新統計方法（例如：Lasso 推論模型）。

範例　Lasso2 外掛指令：前列腺特異性抗原的影響因素

```
* 資料檔 "prostate.dta"：前列腺 (prostate) 數據（Hastie 等，2009），以下變數包含
在 97 位男性的數據集中：
. use prostate.dta
(一) 預測變數 (predictors) 的註解：
. label variable lcavol "log(癌症體積)"
. label variable lweight "log(前列腺重量)"
. label variable age " 患者年齡 "
. label variable lbph "log(良性前列腺增生量)"
. label variable svi " 精囊侵犯 "
. label variable lcp "log(膠囊滲透)"
. label variable gleason "Gleason 得分 "
. label variable pgg45 "Gleason 得分 4 或 5"
(二) 反應變數 (outcome) 的註解：
. label variable lpsa "log(前列腺特異性抗原)"
```

```
* 存在「lasso2.do」指令批次檔
* 開啟資料檔（或 . use prostate.dta)
```

```
. insheet using https://web.stanford.edu/~hastie/ElemStatLearn/datasets/
  prostate.data, clear tab
. findit lasso2

*Step1 內定情況下，lasso2 使用 lasso 估計量（即 alpha(1)）。lasso2 後面之第 1 變數
是依變數；然後是一系列預測變數。
. lasso2 lpsa lcavol lweight age lbph svi lcp gleason pgg45

Knot|  ID     Lambda      s      L1-Norm        EBIC       R-sq    | Entered/removed
----+------------------------------------------------------------+----------------
   1|   1   163.62492     1     0.00000     35.57115    0.0000   | Added _cons.
   2|   2   149.08894     2     0.06390     34.98739    0.0043   | Added lcavol.
   3|   9    77.73509     3     0.40800     -0.15868    0.1488   | Added svi.
   4|  11    64.53704     4     0.60174     -1.67592    0.2001   | Added lweight.
   5|  21    25.45474     5     1.35340    -21.40796    0.4268   | Added pgg45.
   6|  22    23.19341     6     1.39138    -13.98342    0.4436   | Added lbph.
   7|  29    12.09306     7     1.58269    -10.83200    0.5334   | Added age.
   8|  35     6.92010     8     1.71689     -5.57543    0.5820   | Added gleason.
   9|  41     3.95993     9     1.83346      1.73747    0.6130   | Added lcp.
Use 'long' option for full output. Type 'lasso2, lic(ebic)' to run the model
selected by EBIC.
```

```
*Step2 繪圖
*plotopt() 允許指定其他傳遞給 Stata line 命令的繪圖選項。本例中，legend(off) 用
於隱藏圖例。plotlabel 觸發該行旁邊的變數標籤的顯示。

. lasso2 lpsa lcavol lweight age lbph svi lcp gleason pgg45,plotpath(lnlambda)
  plotopt(legend(off)) plotlabel
* 結果略
* 請參考：https://statalasso.github.io/docs/lasso2/
```

```
*Step3 改用 Lasso 推論模型：lpsa 是連續變數
* 感興趣自變數有 "lcavol lweight i.svi"，制的外在變數有 "age lbph lcp gleason
 pgg45"
. dsregress lpsa lcavol lweight i.svi, controls(age lbph lcp gleason pgg45)

Estimating lasso for lpsa using plugin
Estimating lasso for lcavol using plugin
```

```
Estimating lasso for lweight using plugin
Estimating lasso for lbn.svi using plugin

Double-selection linear model          Number of obs               =         97
                                       Number of controls          =          5
                                       Number of selected controls =          3
                                       Wald chi2(3)                =     117.33
                                       Prob > chi2                 =     0.0000

------------------------------------------------------------------------------
             |               Robust
        lpsa |      Coef.   Std. Err.      z    P>|z|     [95% Conf. Interval]
-------------+----------------------------------------------------------------
      lcavol |   .5662561    .074734     7.58   0.000     .4197801    .7127321
     lweight |    .582458   .2198499     2.65   0.008       .15156    1.013356
       1.svi |   .7766943   .2287413     3.40   0.001     .3283697    1.225019
------------------------------------------------------------------------------
Note: Chi-squared test is a Wald test of the coefficients of the variables
      of interest jointly equal to zero. Lassos select controls for model
      estimation. Type lassoinfo to see number of selected variables in each
      lasso.
```

1. dsregress 從 5 個控制變數中，只挑 3 個。
2. lcavol 每增加一單位，log(psa) 將增加 0.566 單位。
3. 控制 5 個外在變數 "age lbph lcp gleason pgg45" 之後，dsregress 發現「lcavol lweight svi」三個預測變數都是 lpsa（前列腺特異性抗原）顯著的危險因子 ($p<0.05$)。
4. Lasso 迴歸式的 EBIC(Extended Bayesian Information Criterion)，值越小模型越佳：$\text{EBIC}_\gamma(\lambda, \alpha) = N\log(\hat{\sigma}^2(\lambda, \alpha)) + df(\lambda, \alpha)\log(N) + 2\gamma df(\lambda, \alpha)\log(p)$

   rlasso(lasso and sqrt-lasso estimation with data-driven penalization) 指令，可對橫斷面及 panel-data 執行 lasso、平方根 lasso 懲罰項的迴歸。

   lassopack 包括：外掛 lassologit、cvlassologit 及 rlassologit 指令，都是邏輯 lasso 迴歸的程序。

Stata 內建指令有：

(1) lasso(Least Absolute Shrinkage and Selection Operator, Tibshirani 1996)、平方根 lasso(Belloni et al. 2011) 及自適應 lasso(Zou 2006)，三者都是使用 L_1 範數 (norm) 罰懲項來求稀疏解的正則化方法。通常，完整的 p 個預測變數集，大多數預測變數的係數都設定為 0。

(2) Ridge 迴歸 (Hoerl & Kennard 1970) 採用 L_2 norm 的懲罰。

(3) 彈性網 (Zou & Hastie 2005) 混合 L_1 及 L_2 懲罰項。外掛指令 lasso2 旨在執行 lasso、square-root lasso、elastic net、ridge、adaptive lasso、post-estimation OLS。

指令 rlasso 使用資料驅動的懲罰方法（lasso、平方根 lasso）（Belloni 等人，2012、2013、2014、2016）。cvlasso 實作 K 摺交叉驗證及 h-step 向前滾動交叉驗證（for 時間序列及 panel-data），為已實作的估計量選擇懲罰參數。rlasso 也適用於高維環境的 regressors 聯合顯著性檢定 (test of joint significance) (Chernozhukov et al., 2013)。

外掛 lassologit、rlassologit 及 cvlassologit 指令，都是二元依變數之 Lasso 迴歸。

二、帶懲罰項迴歸之適配度的重要指標

1. 機器學習專注於預測
   - 使用交叉驗證 (CV) 或 AIC / BIC 來防止模型之過度適配。

   常見 Lasso 迴歸式常見的資訊準則 (information criteria, IC)，值越小模型越佳：

$$\text{AIC}(\lambda, \alpha) = N\log(\hat{\sigma}^2(\lambda, \alpha)) + 2df(\lambda, \alpha)$$

$$\text{BIC}(\lambda, \alpha) = N\log(\hat{\sigma}^2(\lambda, \alpha)) + df(\lambda, \alpha)\log(N)$$

$$\text{AICc}(\lambda, \alpha) = N\log(\hat{\sigma}^2(\lambda, \alpha)) + 2df(\lambda, \alpha)\frac{N}{N - df(\lambda, \alpha)}$$

$$\text{EBIC}_\gamma = N\log(\hat{\sigma}^2(\lambda, \alpha)) + df(\lambda, \alpha)\log(N) + 2\gamma(\lambda, \alpha)\log(p)$$

   其中，Lasso 的自由度 (df) 是 non-zero coefficients (Zou et al., 2007)。

2. 監督學習的前提（要件）
   - 通常求最小化迴歸之均方誤差：$MS_E = bias^2 + varance$
   - 分類旨在 (0,1) 損失函數之最小化。
3. 目前，很受歡迎的機器學習法，仍深層神經網路 (deep neural nets)。
4. 經濟學家 / 生醫 / 社科學家，常用以下因果推理：

- Lasso 迴歸、Ridge 迴歸、Elastic net 迴歸、Lasso 推論模型（又分三大類）。
- 隨機森林 (random forest)。

4-1-4 迴歸與分類（邏輯斯迴歸、Poisson 迴歸）的差異

迴歸 ML 演算法及分類 ML 演算法的差異，有時會使大多數數據科學家感到困惑，這使他們在解決預測問題時採用錯誤的方法。

讓你開始討論兩種技術之間的相似之處。

1. 監督的機器學習

迴歸及分類歸入有監督的 ML 的同一範疇。兩者具有利用已知數據集（稱爲訓練數據集）進行預測的相同概念。

在監督學習中，採用演算法是從學習從輸入變數 (x) 到輸出變數 (y) 的映射函數；就是 y = f(X)。

這種問題的目的是盡可能精確地近似映射函數 (f)，以便每當有新的輸入數據 (x) 時，就可預測數據集的輸出變數 (y)。

以下圖表顯示了機器學習的不同分組：

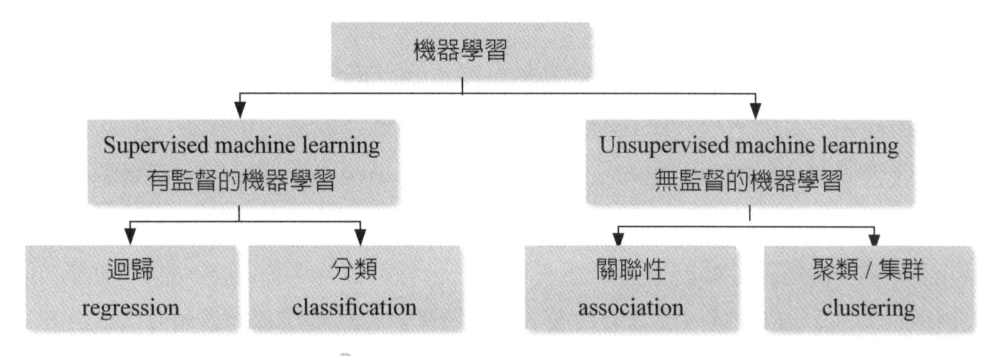

圖 4-5　機器學習法之類型

迴歸與分類 ML 之間主要區別在於，迴歸中的輸出變數是數字的（或連續的），而分類的輸出變數是分類的（或離散的）。

2. 機器學習迴歸

在 ML 中，迴歸演算法嘗試估計從輸入變數 (x) 到數值或連續輸出變數 (y) 的映射函數 (f)。

在這種情況下，y 是一個實數值，可是整數或浮點值。因此，迴歸預測問題通常是數量或大小。

例如：當提供有關房屋的數據集並要求您預測房屋價格時，這是一項迴歸任務，因為價格將是連續輸出。

常見迴歸演算法的例子包括線性迴歸、支持向量迴歸 (SVR) 及迴歸樹。

3. 機器學習中的分類

另一方面，分類演算法嘗試從輸入變數 (x) 到離散或分類輸出變數 (y) 估計映射函數 (f)。

在這種情況下，y 是映射函數預測的類別。如果提供單個（或多個）輸入變數，分類模型將嘗試預測單個（或多個）結論的值。

例如：當抽取房屋的數據集時，分類演算法可嘗試預測房屋的價格「賣得比建議零售價高還是低」。

此時，可將對房屋的價格分為兩類：「高於」或「低於」所述價格進行分類。

常見分類演算法的統計包括：邏輯斯迴歸、樸素貝葉斯、決策樹及 K 最近鄰。其中，樸素 (naïve) 是指的對於模型中各個 feature（特徵）有強獨立性的假定，並未將 feature 間的相關性納入考慮中。

一、什麼是迴歸 (regression)，它與分類 (classification) 有何不同？

迴歸分析是強大統計法之一，可讓您檢查兩個或多個目標變數之間的關係。

儘管迴歸分析的類型很多，但它們的核心都是檢查一個或多個自變數對依變數的效果。其中，自變數 (indepent variable) 又稱預測變數 (regressors)。

迴歸分析是確定哪些變數對感興趣的主題有影響的可靠方法。執行迴歸的過程使您可自信地確定哪些因素最重要，哪些因素可忽略及這些因素如何相互影響。

為了充分理解迴歸分析，你必須理解以下術語：

(1) 依變數：這是您試圖了解或預測的主要因素。

(2) 自變數（預測變數 regressors）：這些是您假設會影響依變數的因素。在數學中，y = f(x)。在這一方程中自變數是 x，依變數是 y。將這個方程運用到心理學的研究中，自變數是指研究者主動操縱，而引起依變數發生變化的因素或條件，因此自變數被看作是依變數的原因。自變數又分連續變數及類別變數二種。如果實驗者操縱的自變數是連續變數，則實驗是函數型實驗。如實驗者操縱的自變數是類別變數，則實驗是因素型的。在心理學實驗中，一個明顯的問題是要有一個有機體作爲被試對刺激作反應。顯然，這裡刺激變數就是自變數。

在上面的應用訓練例子，與會者對活動的滿意度是依變數；相對地，活動的主題、會議時間長短、提供的食物及門票費用都是自變數（的效果）。

迴歸分析如何工作？

爲了進行迴歸分析，您需要定義一個假設「依變數」，假設該變數受到一個（或幾個）自變數的效果。

接著，您需要建立（抽樣）全面的數據集（通常是結構資料庫），即對感興趣的群體進行調查法（或實驗法）來建立此數據集（資料檔）。您的調查應包括您感興趣問題的所有自變數。

例如：假設有一個連續 2 年員工的應用程式訓練。在這種情況下，你要衡量過去 2 年左右（或您認爲具有統計學意義的時間）對事件的滿意程度的歷史水準，及有關自變數的任何可能資訊。例如：探討事件門票的價格 (X) 對滿意度 (Y) 的影響效果。

此時，繪製樣本散布圖，是看清自變數及依變數之間是否存在（直線 vs. 非線性 vs. 無）關係的第一步，如下圖。

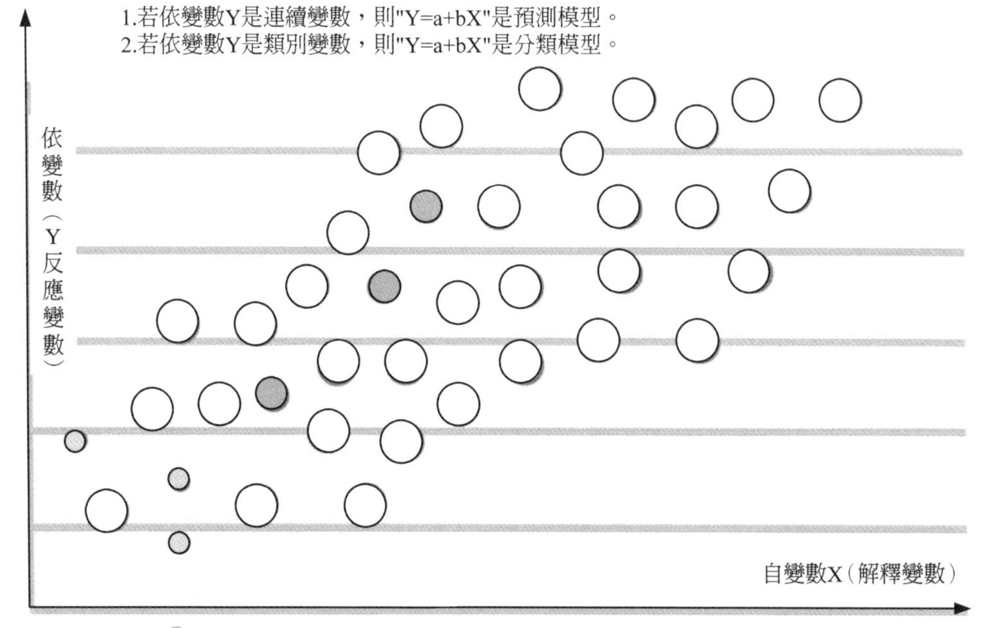

圖 4-6　散布圖來預視自變數及依變數之間是否存在關係

其中：

1. 連續變數是可從其無限可能的值集中取任何值的變數，可能值的數量是無數的 (countless)。
2. 離散變數是可從有限的可能值集合取任何值的變數，可能值的數量是可數的 (countable)。

本例中依變數（事件的滿意度）應在 y 軸上繪製，而你的自變數（事件的價格）應在 x 軸上繪製。

繪製散布圖之後，您可能看出「X→Y」有相關性。如果散布圖看看出「門票價格 (X) 對活動滿意度 (Y) 的直線關係，那麼可自信地說「門票價格越高，活動滿意度就越高」。

【如何分辨票價 (X) 對事件滿意度 (Y) 的效果呢？】

要回答這個問題，請在散布圖上所有數據點的中間畫一條直線，該線稱爲迴歸線，可用統計程式（如 Excel、Stata、SPSS）精確計算。

你將再次使用散布圖來描述迴歸線的外觀。

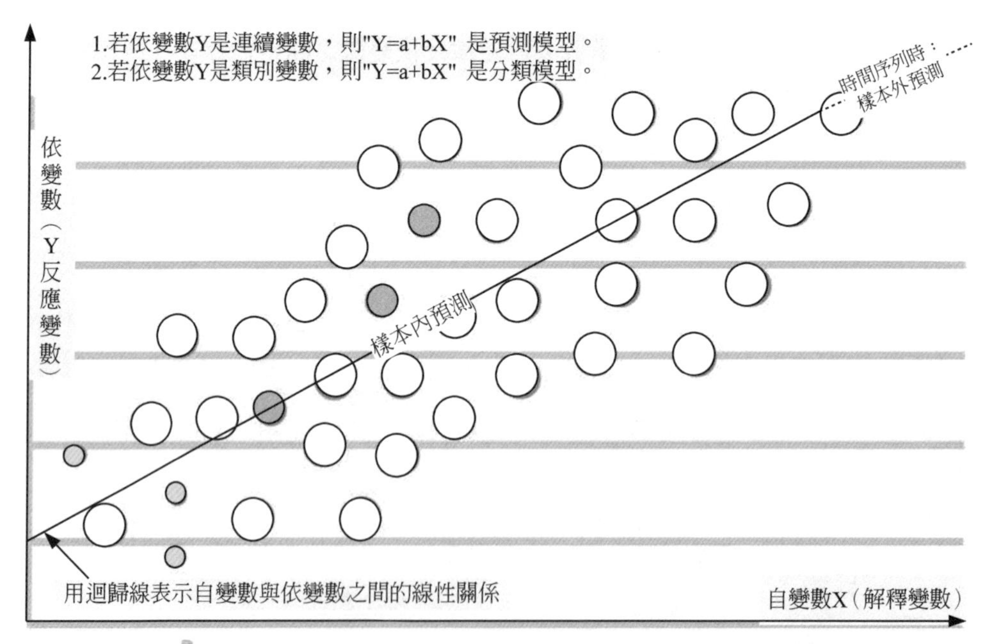

圖 4-7　用迴歸線表示自變數與依變數之間的線性關係

Excel/Stata 甚至會提供直線斜率的公式，從而爲自變數及依變數之間的關係添加更多上下文。

迴歸線的公式可能類似於 Y = 30 + 7X + 誤差項。

這告訴您，如果沒有 "X"，則 Y =30。如果 X 是你的機票價格上漲，那麼這告訴你，如果沒有機票價格上漲，活動滿意度至少 30 點。

您會注意到，Excel/Stata 計算的斜率公式包含誤差項。實際上，迴歸線總是考慮一個誤差項，自變數從未是依變數的 100% 精確預測者。在審視「票價對事件滿意度」的效果時，也是如此，顯然，還有其他因素也會干擾「價格之外的事件滿意度」。

總之，迴歸線只是根據您可用數據來估計的。因此，若誤差項越大，代表不確定性就越高。

4-2 三種 Lasso 迴歸式，挑選最佳 λ 之收縮率（lasso linear 等指令）

一、Lasso 指令之整理

The LASSO (Least Absolute Shrinkage and Selection Operator. Tibshirani, 1996). "ℓ_1 norm".
Minimize: $\frac{1}{n}\sum_{i=1}^{n}(y_i - x'_i\beta)^2 + \lambda\sum_{j=1}^{p}\lvert\beta_j\rvert$

1. 估計 (estimation)

(1) lasso、elasticnet（含 ridge）、sqrtlasso 指令，三種迴歸式。但 lasso 推論模型則有「連續依變數、二元依變數、計數依變數」三大類 Lasso 系列迴歸。

(2) 雙選 Lasso 挑 λ 最佳值，有三種方法：plugin、cross-validation（crossfold、cv_regress、kfoldclass、looclass、rdcv 外掛指令）、adaptive lasso（下圖）。

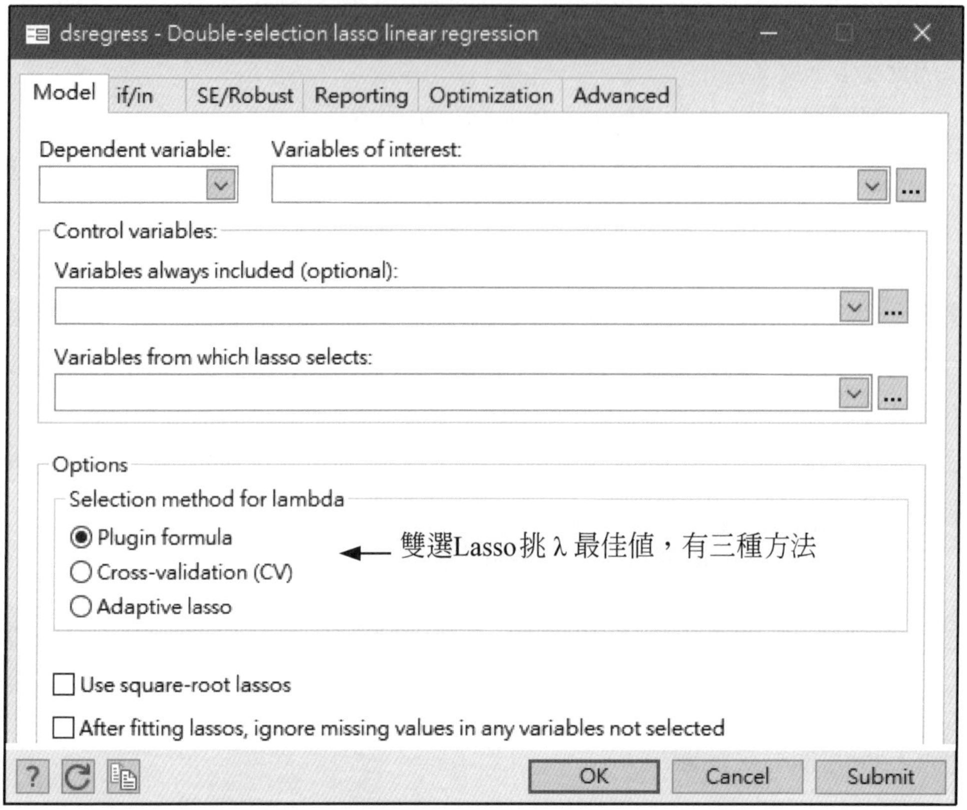

圖 4-8　雙選 Lasso 挑 λ 最佳值，有三種方法

2. 繪圖 (Graph)

(1) cvplot 指令：繪 cross-validation plot

(2) coefpath 指令：繪 coefficient path

3. 探索工具 (exploratory tools)

(1) lassoinfo 指令：Lasso 事後，再印出 summary of lasso fitting

(2) lassoknots 指令：detailed tabulate table of knots

(3) lassoselect 指令：手動選擇調整參數 (manually select a tuning parameter)

(4) lassocoef 指令：印出 lasso coefficients

4. 預測 (prediction)

(1) splitsample 指令：randomly divide data into different samples

(2) predict 指令：prediction for linear, binary, and count data

(3) lassogof 指令：evaluate in-sample and out-of-sample prediction

二、Lasso 如可做預測？

套索 (Lasso) 試圖找出下列迴歸式之解答：

$$y=\beta_1x_1+\beta_2x_2+\cdots+\beta_p x_p+\varepsilon$$

當迴歸模型是稀疏的 (sparse) 時（很多自變數係不必然要納入模型中），在模型不太複雜的約束下，將預測誤差最小化。

拉索透過min $\Sigma|\beta_1|+|\beta_2|+\cdots+|\beta_p|$來衡量複雜性。透過最小化獲得解答：

$$\frac{1}{2N}(y-X\beta')'(y-X\beta')+\lambda\sum_{j=1}^{p}|\beta_j|$$

其中，第一項$(y-X\beta')'(y-X\beta')$-是樣本內預測誤差，它等同於最小平方法的最小化值。第二項是懲罰，$\lambda\sum_{j=1}^{p}|\beta_j|$ 值越大則模型越複雜。

4-2-1 Lasso 指令界定三種 λ 的模型適配度比較

The LASSO (Least Absolute Shrinkage and Selection Operator. Tibshirani, 1996). "ℓ_1 norm".

Minimize: $\frac{1}{n}\sum_{i=1}^{n}(y_i-x'_i\beta)^2+\lambda\sum_{j=1}^{p}|\beta_j|$

機器學習 (ML) 是冗長過程。但有 Stata 軟體就便利許多，ML 眾多步驟都已包含在 Stata 一個指令中，包括 (1)Stata v14 外掛指令：lassoregress、ridgeregress、elasticregress；(2)Stata v16 內建指令：「lasso linear y x1 x2」、「lasso logit y x1 x2」、「lasso poisson y x1 x2」，它們都可大大省略 ML 分析之複雜度。

一、Lasso 相關指令之說明

Stata Lasso 相關指令	說明
. coefpath	Lasso 之後係數的繪製路徑。
. cvplot	Lasso 之後繪製交叉驗證函數（陡坡圖來決定 ML 分析應保留的 λ 值）
. dslogit	雙重選擇 Lasso 邏輯斯迴歸
. dspoisson	雙重選擇 Lasso poisoon 迴歸
. dsregress	雙重選擇 Lasso 線性迴歸
. elasticnet	彈性網用於預測及模型選擇
. estimates store	在記憶體及 disk 中保存及還原估計值
. lasso	Lasso 用於預測及模型選擇
. lassocoef	Lasso 估計結果之後，顯示被挑選控制變數的係數
. lassogof	Lasso 之後的適配度用於預測
. lassoinfo	Lasso 事後，再顯示有關 Lasso 估計結果的資訊
. lassoknots	Lasso 估計之後顯示摘要表
. lassoselect	Lasso 之後選擇 lambda 值
. poivregress	Partialing-out（分模）Lasso 工具變數迴歸
. pologit	Partialing-out Lasso 邏輯斯迴歸
. popoisson	Partialing-out Lasso Poisson 迴歸
. poregress	Partialing-out Lasso 線性迴歸
. sqrtlasso	平方根 Lasso 用於預測及模型選擇
. xpoivregress	交叉適配 partialing-out：Lasso 工具變數迴歸
. xpologit	交叉適配 partialing-out：Lasso 邏輯斯迴歸
. xpopoisson	交叉適配 partialing-out：LassoPoisson 迴歸
. xporegress	交叉適配 partialing-out：Lasso 線性迴歸

二、「lasso linear」、「lasso logit」、「lasso poisson」指令之例子

我們面臨著越來越多的數據，通常包含「許多」且描述不清或理解不清的自

變數。甚至可能擁有比樣本多（n 個）更多的變數（p 個）。古典技術在應用於此類數據時會崩潰。

套索 (Lasso) 旨在透過數據驅動，並對能預測結果的特徵萃取（自變數）的篩選。Stata 提供「Lasso linear 依變數自變數們」進行預測及表徵數據的組合模式（模型選擇）。使用 Lasso 本身來選擇具有有關您的反應變數 (y) 的眞實資訊的自變數。使用分割抽樣及適配度來確保找到的功能，能在訓練（估計）樣本外之概化。

使用 lasso 命令，生醫領域您可指定潛在的共變數（社科叫作「預測變數」），並選擇要在模型中關鍵的共變數。適配模型能進行樣本外預測，但不適用於統計推論。如果您對推理感興趣，請參閱本章最後面之 Lasso 的因果推理。

Stata 有很多 Lasso 命令，針對「連續、二元、計數」依變數檢建構最佳的預測模型。

例如：一個結果變數 y、自變數 x1-x1000。這 1,000 個自變數的組合中，只有少數是對 y 有預測力的子集 (subset)。Lasso 指令會試圖找到它們之指令爲：

```
. use newdata.dta
.lasso linear y x1-x1000
```

查看所選的自變數之指令爲：

```
. lassocoef
```

用新數據進行預測之指令爲：

```
* 預測值存至 yhat 新變數
. predict yhat
```

查看新數據中的適配度 (goodness of fit, GOF)，指令爲：

```
*「dslasso linear」不能用下例指令。限「lasso linear」、「lasso logit」、「lasso poisson」
. lassogof
```

Lasso 除線性模型，也適配 logit 模型、probit 模型及 Poisson 模型。對應指令爲：

```
. lasso logit z x1-x1000
. lasso probit z x1-x1000
. lasso poisson c x1-x1000
```

由於山 ridge 迴歸是彈性網 (elastic net) 的特例，因此 elastic net 也適配 ridge 迴歸。

平方根套索 (square-root lasso) 是線性模型的套索變體，指令爲：

```
. sqrtlasso y x1-x1000
```

您可強制選擇 x1-x4 自變數，指令爲：

```
. lasso linear y (x1-x4) x5-x1000
```

適配 Lasso 後，可再使用 postlasso 之事後命令：

```
* table of estimated models by lambda
. lassoknots
* 印出已選定自變數的迴歸係數(selected variables)
. lassocoef
* 印出適配度(goodness of fit)
. lassogof

* select model for another lambda
. lassoselect lambda = 0.1
```

```
* 繪出迴歸係數路徑 (plot coefficient path)
. coefpath
* 繪出交叉效度之函數 (plot cross-validation function) (陡坡圖來決定 ML 分析應保留的 λ 值)
. cvplot
```

然後，有些功能將使上述所有操作變得更加容易。是否需要將您的數據分爲訓練及測試樣本？

```
* splitsample，若相訓練集占 70%、測驗集占 30%，split 選項之設定如下：
* splitsample, generate(sample) split(0.70 0.30)
* 以下 splitsample，若選用 nsplit(2)，則樣本會平均分成：訓練集 vs. 測驗集
. splitsample, generate(sample) nsplit(2)
. label define lbsample 1 "Training 集 " 2 "Testing 集 "
. label value sample lbsample
```

需要管理大型變數列表嗎？上面輸入 x1-x1000，但是您的變數會具有眞實名稱，可是您不想全部輸入它們。可使用 vl 命令創建變數列表：

```
* creates vlcontinuous, vlcategorical, ...
. vl set
. vl create myconts        = vlcontinuous
. vl modify myconts        = myconts -(kl srh srd polyt)
. vl create myfactors      = vlcategorical
*「#」是交互作用項
. vl substitute myvarlist = i.myfactors myconts i.myfactors#c.myconts
```

上面指令，剛剛創建了 myvarlist，可在 Lasso 命令中使用此巨集，例如：

```
. lasso linear y $myvarlist
```

例子：一大串變數名稱的縮簡

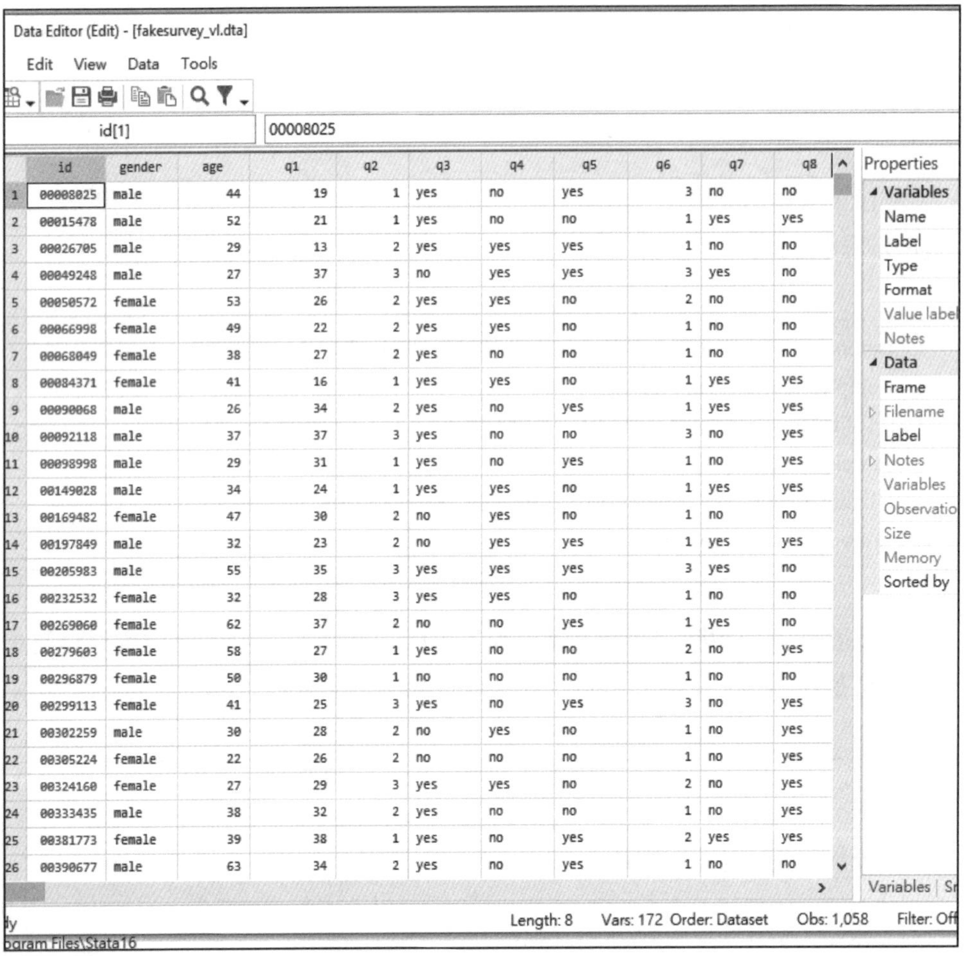

Data Editor (Edit) - [fakesurvey_vl.dta]

Edit View Data Tools

id[1] 00008025

	id	gender	age	q1	q2	q3	q4	q5	q6	q7	q8
1	00008025	male	44	19	1	yes	no	yes	3	no	no
2	00015478	male	52	21	1	yes	no	no	1	yes	yes
3	00026705	male	29	13	2	yes	yes	yes	1	no	no
4	00049248	male	27	37	3	no	yes	yes	3	yes	no
5	00050572	female	53	26	2	yes	yes	no	2	no	no
6	00066998	female	49	22	2	yes	yes	no	1	no	no
7	00068049	female	38	27	2	yes	no	no	1	no	no
8	00084371	female	41	16	1	yes	yes	no	1	yes	yes
9	00090068	male	26	34	2	yes	no	yes	1	yes	yes
10	00092118	male	37	37	3	yes	no	no	3	no	yes
11	00098998	male	29	31	1	yes	no	yes	1	no	yes
12	00149028	male	34	24	1	yes	yes	no	1	yes	yes
13	00169482	female	47	30	2	no	yes	no	1	no	no
14	00197849	male	32	23	2	no	yes	yes	1	yes	yes
15	00205983	male	55	35	3	yes	yes	yes	3	yes	no
16	00232532	female	32	28	3	yes	yes	no	1	no	no
17	00269060	female	62	37	2	no	no	yes	1	yes	no
18	00279603	female	58	27	1	yes	no	no	2	no	yes
19	00296879	female	50	30	1	no	no	no	1	no	no
20	00299113	female	41	25	3	yes	no	yes	3	no	yes
21	00302259	male	30	28	2	no	yes	no	1	no	yes
22	00305224	female	22	26	2	no	no	no	1	no	yes
23	00324160	female	27	29	3	yes	yes	no	2	no	yes
24	00333435	male	38	32	2	yes	no	no	1	no	yes
25	00381773	female	39	38	1	yes	no	yes	2	yes	yes
26	00390677	male	63	34	2	yes	no	yes	1	no	no

Properties
- Variables
  - Name
  - Label
  - Type
  - Format
  - Value label
  - Notes
- Data
  - Frame
  - Filename
  - Label
  - Notes
  - Variables
  - Observatio
  - Size
  - Memory
  - Sorted by

Variables | Sı

ly Length: 8 Vars: 172 Order: Dataset Obs: 1,058 Filter: Off

ogram Files\Stata16

圖 4-9 「fakesurvey_vl.dta」資料檔之內容（N=1,023 人，176 個變數）

```
* 開啟資料檔亦用：use https://www.stata-press.com/data/r16/fakesurvey_vl
* 存在「vl.do」批次檔
. use fakesurvey_vl, clear

* 查看依變數 q104，它是連續變數，故你要選「lasso linear」或「elasticnet linear」
 . sum q104
```

```
   Variable | Obs Mean     Std. Dev.       Min Max
-------------+----------------------------------------------------
 q104 |       1,023     17.02542     4.317549   4   29

* 連續型依變數 q104 是使用 vl 的 Fictitious 調查數據
* 原來是，一一列出自變數名稱。「(i.gender i.q3 i.q4 i.q5)」4 變數是強迫納入的
. lasso linear q104 (i.gender i.q3 i.q4 i.q5) i.q2 i.q6 i.q7 i.q8 i.q9 i.q10
i.q11 i.q13 i.q14 i.q16 i.q17 i.q19 i.q25 i.q26 i.q29 i.q30 i.q32 i.q33 i.q34
i.q36 i.q37 i.q38 i.q40 i.q41 i.q42 i.q43 i.q44 i.q46 i.q47 i.q48 i.q49 i.q50
i.q51 i.q55 i.q56 i.q57 i.q58 i.q59 i.q61 i.q64 i.q65 i.q67 i.q68 i.q69 i.q71
i.q72 i.q73 i.q74 i.q75 i.q77 i.q78 i.q79 i.q82 i.q83 i.q84 i.q85 i.q86 i.q88
i.q89 i.q90 i.q91 i.q94 i.q95 i.q96 i.q97 i.q98 i.q100 i.q101 i.q102 i.q105
i.q108 i.q109 i.q110 i.q113 i.q114 i.q115 i.q116 i.q117 i.q118 i.q122 i.q123
i.q125 i.q126 i.q128 i.q130 i.q133 i.q134 i.q136 i.q137 i.q138 i.q140 i.q142
i.q143 i.q144 i.q145 i.q146 i.q147 i.q148 i.q149 i.q150 i.q151 i.q152 i.q153
i.q154 i.q155 i.q156 i.q158 i.q159 i.q160 i.q161 age q1 q15 q18 q20 q21 q22
q24 q31 q35 q45 q52 q53 q62 q63 q7 q76 q87 q93 q103 q111 q112 q120 q121 q129
q131 q132 q139 q157

* 疊代部分省略
Grid value 28:     lambda = .0709685    no. of nonzero coef. =       82
Folds: 1...5....10    CVF = 11.80366
... cross-validation complete ... minimum found

Lasso linear model                          No. of obs          =        916
                                            No. of covariates =        272
Selection: Cross-validation                 No. of CV folds     =         10

--------------------------------------------------------------------------
         |                                No. of      Out-of-      CV mean
         |                               nonzero       sample   prediction
      ID |     Description      lambda     coef.    R-squared        error
---------+----------------------------------------------------------------
       1 |    first lambda    .8749328         4       0.0184      17.9433
      24 |   lambda before    .1029631        63       0.3590     11.71737
    * 25 | selected lambda    .0938162        67       0.3593     11.71286
      26 |    lambda after    .0854818        70       0.3582     11.73216
```

```
      28 |     last lambda    .0709685         82         0.3543      11.80366
-----------------------------------------------------------------------------
* lambda selected by cross-validation.
* lambda selected by cross-validation.
* 求得 ID=25，λ=0.0938，從 142 個自變數中只挑選 67 個當控制變數（可用 lassocoef
印出變數串）

. lassocoef, display(coef, postselection)


------------------------
             |    active
-------------+----------
    1.gender |  .7220489
        1.q3 |  .5657829
        1.q4 |  .2142809
        1.q5 |  .9188659
             |
          q6 |
          2  |   .299773
          3  | -.2046098
             |
        0.q7 |  .2613606
          q7 |         0
       0.q14 | -.8805868
       3.q16 | -.6411068
       0.q19 | -1.839818
       0.q25 |  .1472816
       0.q32 | -.2453492
       0.q33 | -.3712923
             |
         q34 |
          1  | -.1948981
          2  |  .8860377
             |
         q38 |
          3  |  .3402826
          4  | -1.637163
```

```
         |
   0.q40 |   .2888293
   0.q41 |  -.5084343
   0.q43 |  -1.178641
   0.q48 |  -1.552244
   0.q49 |   .3849681
   0.q50 |    1.02036
   0.q56 |  -1.097745
   0.q73 |  -1.424344
   0.q77 |   .1386547
   3.q78 |  -.4970995
   0.q82 |   .4231761
         |
     q84 |
      2  |  -.7513075
      3  |   .0983393
         |
   0.q85 |  -1.455066
   0.q88 |   1.684424
   0.q89 |   .4503949
   0.q91 |  -.7433065
   0.q96 |  -.2580289
  0.q101 |   1.386499
  0.q102 |  -.1791142
  1.q105 |  -.3491727
         |
    q110 |
      1  |  -.1749803
      3  |   .1871048
         |
  0.q115 |   .2651902
  0.q118 |  -.5070512
  0.q122 |  -.6944006
  0.q125 |  -.2320236
  0.q126 |   .4490084
         |
    q134 |
```

```
           1  | -.2126169
           2  |  .2497715
              |
     0.q147   |  .2895026
     0.q149   | -.3458315
     0.q150   | -.3597361
     2.q155   | -.6784608
     3.q156   | -1.621938
     0.q160   | -.1922764
        age   | -.0191387
        q20   |   .039305
        q22   | -.0881275
        q31   |  .1932042
        q53   |  .0455475
        q63   | -.0489809
        q76   |  .0070763
        q93   | -.1209481
       q111   | -.0713043
       q139   | -.1128162
      _cons   |   20.8664
------------------------
Legend:
  b -base level
  e -empty cell
  o -omitted
```

在指令最後面，使用 vl rebuild：來縮簡一長串自變數

```
. vl rebuild

* 連續依變數是 q104
. lasso linear q104 ($idemographics) $ifactors $vlcontinuous
```

爲了能夠比較這三個模型的樣本外預測，透過以下指令，將樣本一分爲 2 組：

```
* splitsample，若相訓練集占 70%、測驗集占 30%，split 選項如下：
* splitsample, generate(sample) split(0.70 0.30)

* 以下 splitsample，若選用 nsplit(2)，則樣本會平均分成：訓練集 vs. 測驗集
. splitsample, generate(sample) nsplit(2) rseed(1234)
* 產生新變數 sample, 用「sample == 1」當訓練組、「sample == 2」當 test 組（下圖）
```

Data Editor (Edit) - [fakesurvey_vl.dta]

File Edit View Data Tools

1C | 2

	q156	q157	q158	q159	q160	q161	check8	sample
1	2	very strongly disagree	1	yes	no	yes	1	2
2	2	very strongly disagree	3	yes	yes	yes	1	1
3	2	strongly disagree	1	no	yes	no	1	2
4	3	disagree	2	no	yes	yes	1	2
5	3	very strongly disagree	3	no	no	no	1	1
6	3	strongly agree	1	no	no	no	1	2
7	2	strongly agree	2	yes	no	yes	1	2
8	1	strongly disagree	1	no	no	no	1	2
9	2	strongly disagree	3	no	yes	yes	1	1
10	3	disagree	2	no	no	yes	1	2
11	2	very strongly disagree	2	no	no	no	1	2
12	2	neither agree nor disagree	2	yes	no	yes	1	1
13	2	strongly agree	3	yes	no	yes	1	1
14	3	very strongly disagree	1	no	no	yes	1	2
15	3	very strongly disagree	3	no	no	no	1	1
16	1	agree	1	yes	no	yes	1	2
17	3	strongly disagree	3	no	no	yes	1	1
18	1	strongly disagree	2	yes	yes	yes	1	1
19	1	strongly agree	1	.	yes	no	1	1
20	1	very strongly agree	2	yes	no	yes	1	2
21	1	agree	3	no	no	no	1	1
22	3	neither agree nor disagree	3	no	no	yes	1	2
23	2	strongly disagree	2	no	yes	yes	1	1
24	1	very strongly agree	3	yes	yes	yes	1	2
25	3	very strongly agree	2	no	no	no	1	1
26	2	strongly agree	3	no	no	no	1	2

Ready　　Vars: 173 Order: Dataset

圖 4-10 「plitsample, generate(sample) nsplit(2)」產生新變數 sample, 用「sample == 1」訓練組、「sample == 2」test 組

範例　三個 Lasso 模型之 λ 比較，在 test 組 performance 的比較

例 1　λ 估計法選用內定的交叉驗證 (CV) 法。

例 2　與 Lasso 相同，但你可用「lassoselect id」選擇 λ 之最小化 BIC。

例 3　相同的 Lasso，λ 估計法改選 adaptive Lasso。

模型選擇比預測困難許多。LASSO 只在相當強的不可表示 (irrepresentable) 條件下一致的模型選擇 (Zhao and Yu, 2006; Meinshausen and Bühlmann, 2006)。

這種缺點激發自適應 (Adaptive) LASSO (Zou, 2006)：

$$\hat{\beta}_{\text{alasso}} = \arg\min \frac{1}{N}\sum_{i=1}^{N}(y_i - x'_i\beta)^2 + \lambda\sum_{j=1}^{p}\hat{\phi}_j|\beta_j|$$

其中，$\hat{\phi}_j = 1/|\hat{\beta}_{0,j}|^{\theta}$，$\hat{\beta}_{0,j}$ 是 OLS 或 Lasso 初始估計。

比標準 LASSO 弱的假定 (assumptions) 下，固定 p 的自適應 LASSO 變數選擇會更一致。

本例，將「sample == 1」適配這三個模型，再用「sample == 2」來比較預測。

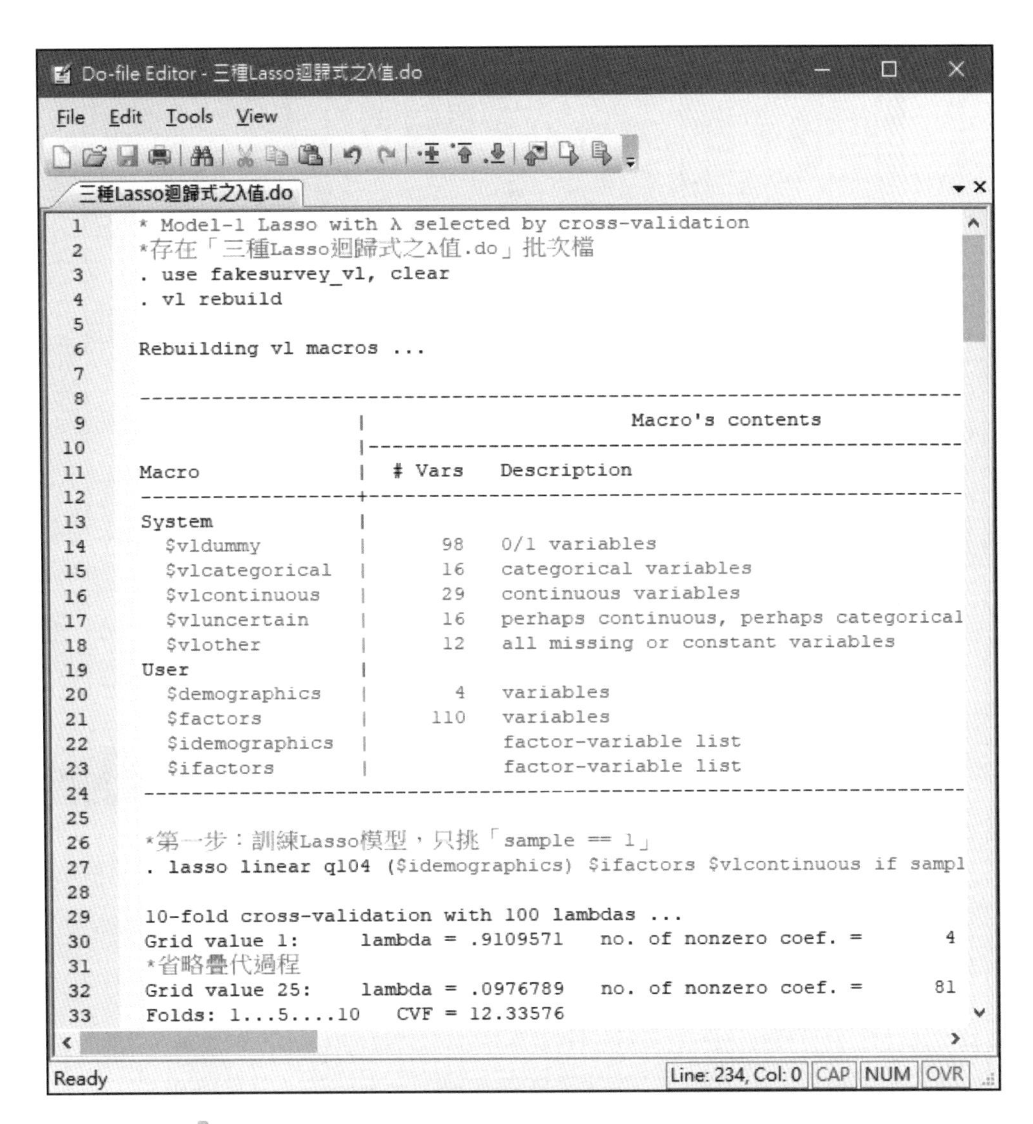

```
* Model-1 Lasso with λ selected by cross-validation
*存在「三種Lasso迴歸式之λ值.do」批次檔
. use fakesurvey_vl, clear
. vl rebuild

Rebuilding vl macros ...

-------------------------------------------------------------------------------
                      |                      Macro's contents
                      |--------------------------------------------------------
Macro                 |  # Vars   Description
----------------------+--------------------------------------------------------
System                |
  $vldummy            |      98   0/1 variables
  $vlcategorical      |      16   categorical variables
  $vlcontinuous       |      29   continuous variables
  $vluncertain        |      16   perhaps continuous, perhaps categorical
  $vlother            |      12   all missing or constant variables
User                  |
  $demographics       |       4   variables
  $factors            |     110   variables
  $idemographics      |           factor-variable list
  $ifactors           |           factor-variable list
-------------------------------------------------------------------------------

*第一步：訓練Lasso模型，只挑「sample == 1」
. lasso linear q104 ($idemographics) $ifactors $vlcontinuous if sampl

10-fold cross-validation with 100 lambdas ...
Grid value 1:      lambda = .9109571   no. of nonzero coef. =       4
*省略疊代過程
Grid value 25:     lambda = .0976789   no. of nonzero coef. =      81
Folds: 1...5....10   CVF = 12.33576
```

圖 4-11 「三種 Lasso 迴歸式之 λ 值 .do」批次檔之內容

例子 1 Lasso with λ selected by cross-validation

如上圖「fakesurvey_vl.dta」資料檔，係用 Lasso 內定的交叉驗證選擇方法，指令如下：

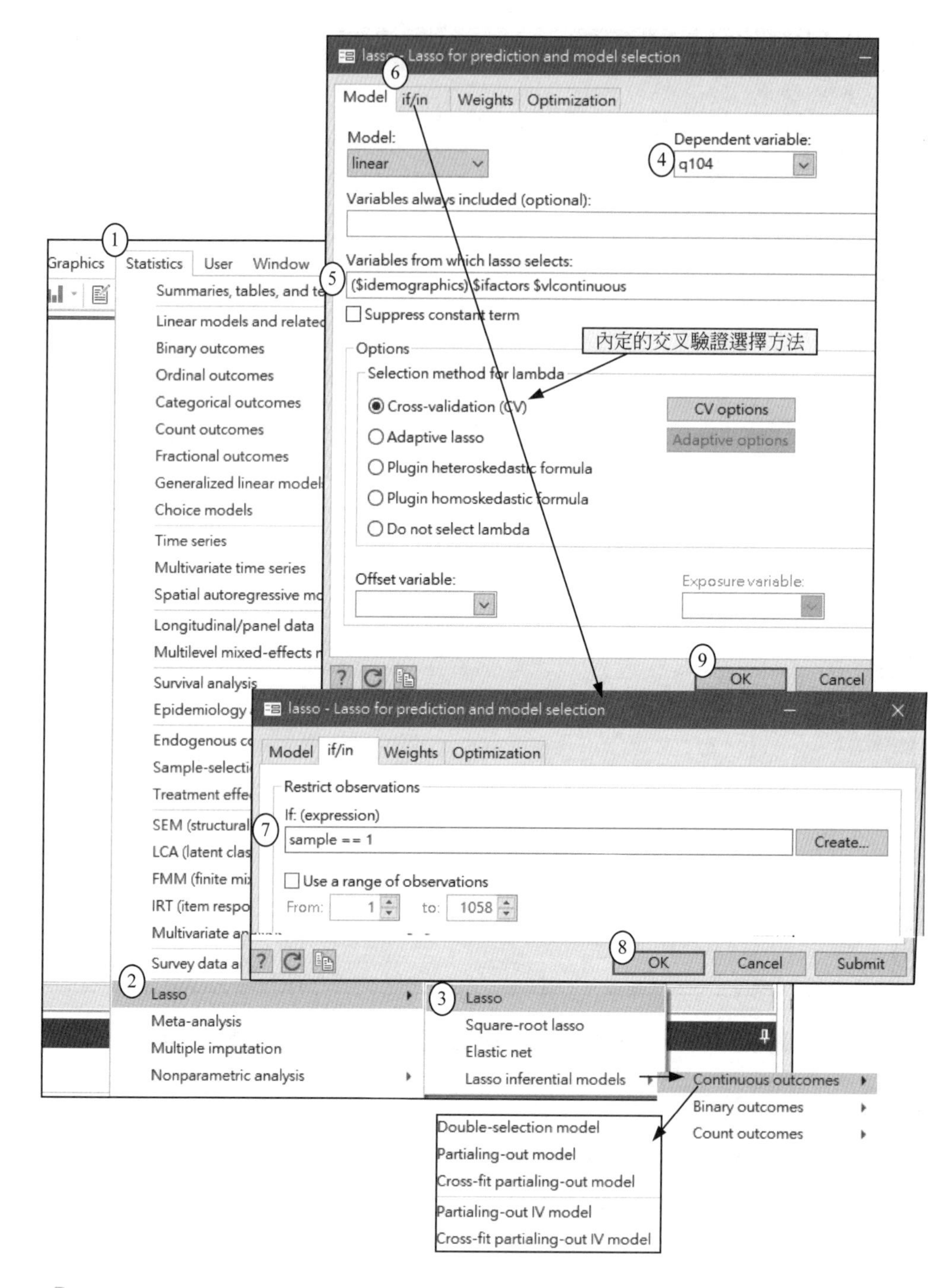

圖 4-12 「lasso linear q104 ($idemographics) $ifactors $vlcontinuous if sample == 1」畫面

```
* Model-1 Lasso with λ selected by cross-validation
* 存在「三種 Lasso 迴歸式之 λ 值 .do」批次檔
. use fakesurvey_vl, clear
. vl rebuild

Rebuilding vl macros ...

----------------------------------------------------------------------------
                 |                       Macro's contents
                 |----------------------------------------------------------
Macro            |  # Vars   Description
-----------------+----------------------------------------------------------
-
System           |
  $vldummy       |      98   0/1 variables
  $vlcategorical |      16   categorical variables
  $vlcontinuous  |      29   continuous variables
  $vluncertain   |      16   perhaps continuous, perhaps categorical variables
  $vlother       |      12   all missing or constant variables
User             |
  $demographics  |       4   variables
  $factors       |     110   variables
  $idemographics |           factor-variable list
  $ifactors      |           factor-variable list
----------------------------------------------------------------------------
-

* 第一步：訓練 Lasso 模型，只挑「sample == 1」
* 連續型依變數 q104 是使用 vl 的 Fictitious 調查數據
. lasso linear q104 ($idemographics) $ifactors $vlcontinuous if sample == 1

10-fold cross-validation with 100 lambdas ...
Grid value 1:      lambda = .9109571    no. of nonzero coef. =       4
* 省略疊代過程
Grid value 25:     lambda = .0976789    no. of nonzero coef. =      81
Folds: 1...5....10   CVF = 12.33576
... cross-validation complete ... minimum found
```

```
Lasso linear model                          No. of obs         =        458
                                            No. of covariates  =        273
Selection: Cross-validation                 No. of CV folds    =         10

--------------------------------------------------------------------------
         |                                No. of     Out-of-      CV mean
         |                               nonzero      sample   prediction
      ID |     Description      lambda     coef.   R-squared        error
---------+----------------------------------------------------------------
       1 |    first lambda    .9109571         4      0.0014     17.20879
      21 |   lambda before    .1417154        62      0.2875     12.24446
    * 22 | selected lambda    .1291258        66      0.2877     12.24164
      23 |    lambda after    .1176546        74      0.2861     12.26783
      25 |     last lambda    .0976789        81      0.2822     12.33576
--------------------------------------------------------------------------
* lambda selected by cross-validation.
```

1. 資料檔「fakesurvey_vl.dta」原始變數有 175 個，但 Lasso 分析的共變數只挑 273 個。
2. Lambda(λ) 是 Lasso 的懲罰參數。Lasso 適配各類型之模型，從沒有共變數的模型到有很多模型（從大 λ 模型到小 λ 模型）。
3. Lasso 會選擇一個模型。若你沒有另外指定，Lasso 會用內定的交叉驗證 (CV) 選擇模型 ID =22，其 λ= 0.129。該模型挑選 66 個共變數 (covariates)。

   Stata 交叉驗證選擇最小化交叉驗證功能的模型。以下是它的圖表。

```
* Stata menu 選「Statistics > Postestimation」
* 繪 CV 陡坡圖，來決定 ML 分析應保留的 λ 值（內定用 CV 法）
. cvplot
```

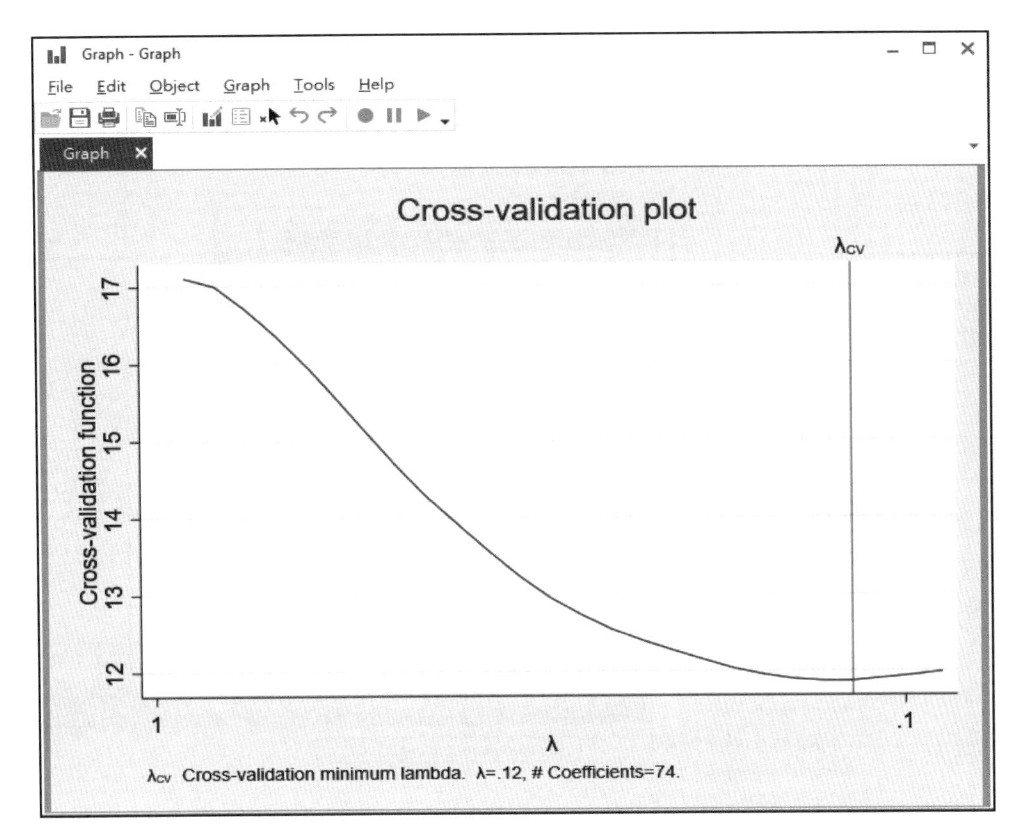

圖 4-13　「cvplot」繪出：交叉驗證選擇最小化交叉驗證功能的模型（繪 CV 陡坡圖）

我們計畫將此模型與其他兩個模型進行比較，因此須儲存這些估計值。我們將其儲存爲 cv。

```
* Stata menu 選「Statistics > Postestimation」
. estimates store cv
```

例子 2　同上例 lasso，但自選 λ 來求得 BIC 最小化

適配套索 (Lasso) 後，我們可選擇與任何 λ 相對應的模型。選擇具有最小 (Bayes information criterion, BIC) 的 λ，在某些條件下可提供良好的預測。

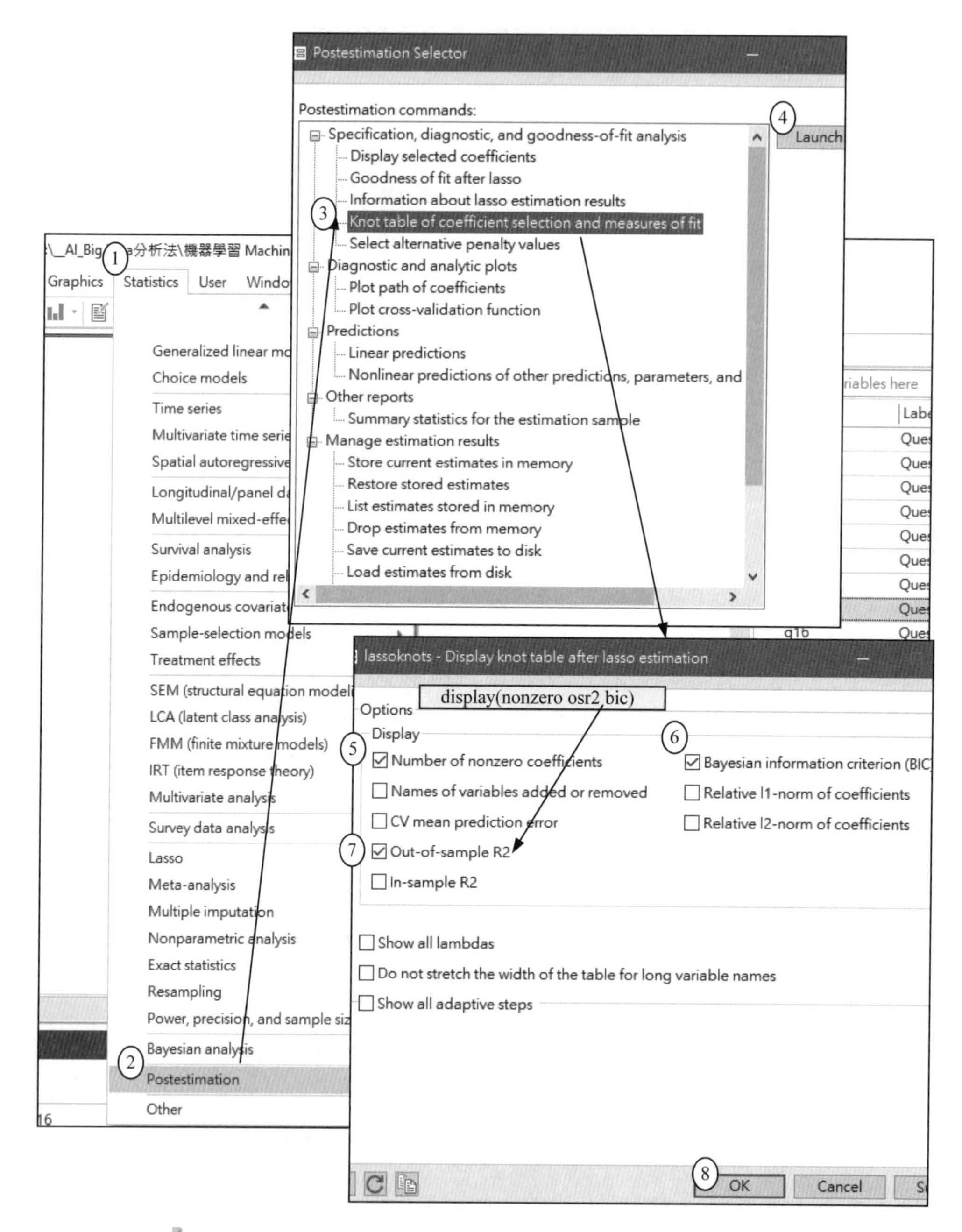

圖 4-14　「lassoknots, display(nonzero osr2 bic)」畫面

首先，我們使用 lassoknots 來顯示每個模型的 BIC：

```
* Model-2 同上例 lasso, 但自選 λ 來求得 BIC 最小化
* Stata menu 選「Statistics > Postestimation」
. lassoknots, display(nonzero osr2 bic)


-------------------------------------------------------
       |                No. of     Out-of-
       |               nonzero      sample
    ID |   lambda        coef.   R-squared         BIC
-------+-----------------------------------------------
     1 | .9109571            4      0.0045    2618.642
     2 | .8300302            7      0.0106    2630.961
     3 | .7562926            8      0.0276    2626.254
     4 | .6891057            9      0.0478    2619.727
     5 | .6278874           10      0.0705    2611.577
     6 | .5721076           13      0.0957    2614.155
     8 | .4749738           14      0.1475    2588.189
     9 | .4327784           16      0.1709    2584.638
    10 | .3943316           18      0.1913    2580.891
    11 | .3593003           22      0.2112    2588.984
    12 |  .327381           26      0.2299    2596.792
    13 | .2982974           27      0.2461    2586.521
    14 | .2717975           28      0.2588    2578.211
    15 | .2476517           32      0.2699    2589.632
    16 |  .225651           35      0.2784    2593.753
    17 | .2056048           37      0.2860    2592.923
    18 | .1873395           42      0.2930    2609.975
    19 | .1706967           49      0.2996    2639.437
    20 | .1555325           55      0.3044    2663.451
    21 | .1417154           62      0.3077    2693.929
    22 | .1291258           66      0.3092    2707.174
  * 23 | .1176546           74      0.3093    2744.508
    24 | .1072025           78      0.3072    2757.677
    25 | .0976789           81      0.3051    2765.839
    26 | .0890014           89      0.3025    2804.886
-------------------------------------------------------
* lambda selected by cross-validation.
```

1. 如果在模型中添加或刪除新變數，則 λ 是一個結 (knot)。
2. 我們可用 lassoselect 指令來選擇不同的 λ 值對模型的適配度。

   故選擇最小的 BIC，我們預期 ID = 14，即 28 個共變數。

```
* Stata menu 選「Statistics > Postestimation」
. lassoselect id = 14

ID = 14  lambda = .2717975 selected
```

(一) 如何選擇λ呢？lasso有3種方法：

對於套索，你可透過交叉驗證，自適應套索，插件及自定義選擇來選擇 λ。

1. 交叉驗證（Cross-validation，CV 選項）模仿「樣本外」預測的過程。它產生樣本外 MS_E 的估計值，並自動選擇 MS_E 最小的 λ。
2. Adaptive lasso（自適應）套索是交叉驗證套索的疊代過程。與常規套索相比，它在較小係數上增加了較大的懲罰負荷。係數較大的協變數更可能被選擇，係數較小的協變數更可能被捨棄。
3. Plugin（插件）法找到足夠大的 λ 來支配估計噪音（noise，干擾）。

(二) 交叉驗證(cross-validation)如何運作呢？

1. 根據數據，按 $\lambda_1 > \lambda_2 > \cdots > \lambda_k$ 計算 λ 的序列。λ1 將所有係數設置爲 0（即未選擇任何變數）
2. 對於每個 λ_j，進行 K- 摺交叉驗證，以求得樣本外 MS_E 的估計值（下圖）。

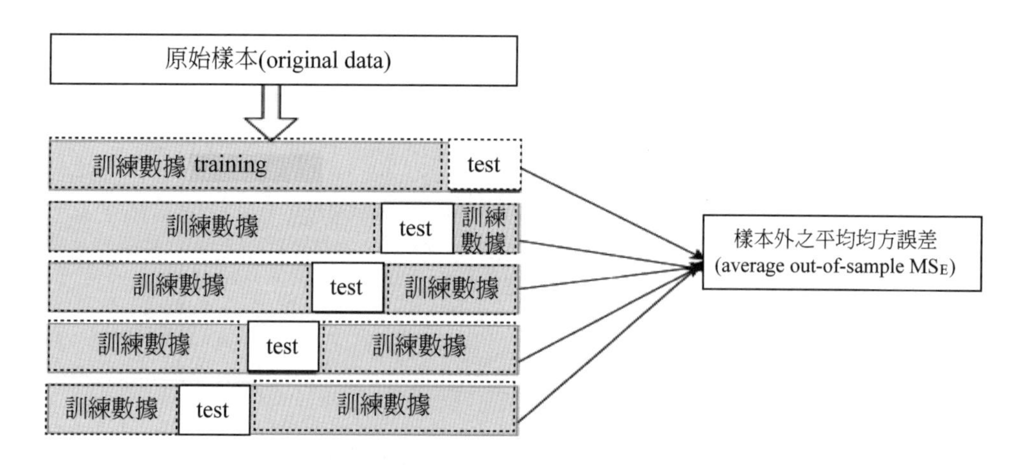

圖 4-15　K- 摺交叉驗證，來求得 MS_E 的估計值

3. 選擇樣本外 MS_E 估計最小值的 λ，並使用 λ 及原始數據重新適配 lasso.
   我們可用 cvplot 來重繪 CV 圖：

```
* 繪 CV 陡坡圖，來決定 ML 分析應保留的 λ 值（內定用 CV 法）
. cvplot
```

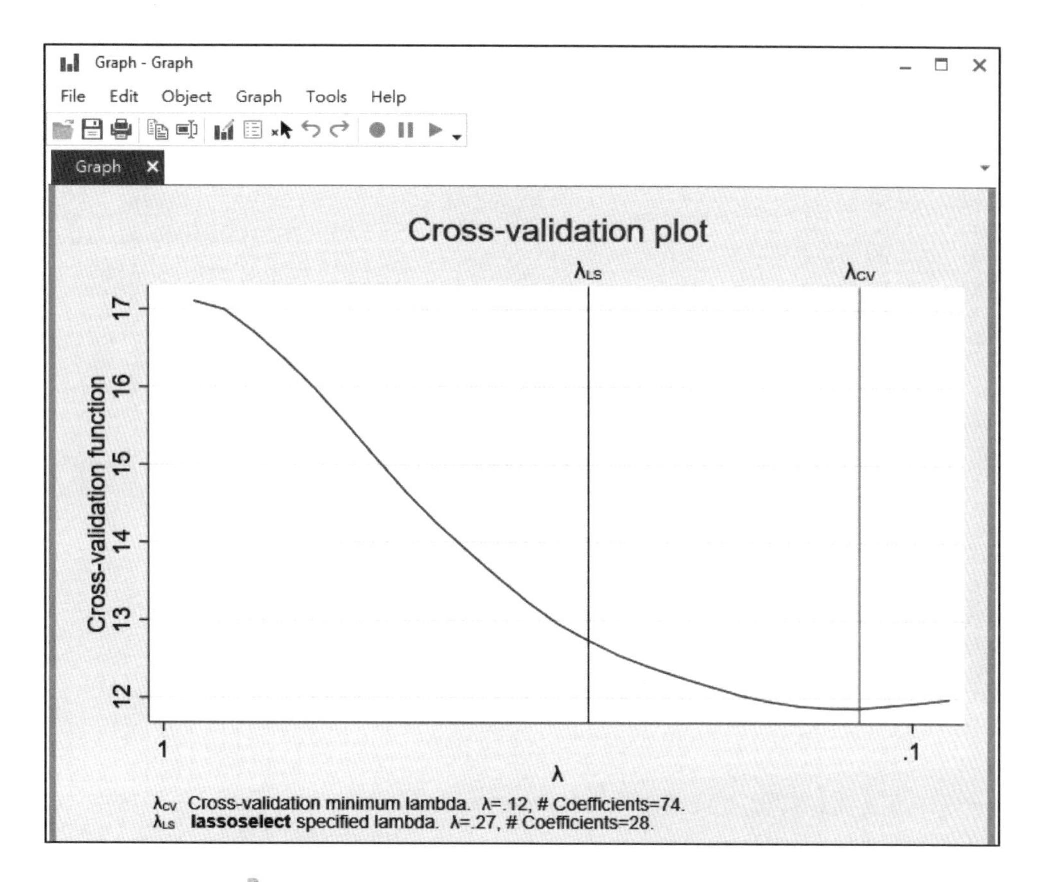

圖 4-16 「cvplot」重繪 CV 圖（繪 CV 陡坡圖）

此圖與我們之前看到的 CV 圖相同。我們剛剛在函數上選擇了另一點。

我們計畫將此模型與以前的模型進行比較。將這個模型儲存在新變數 _minBIC。

```
* Stata menu 選「Statistics > Postestimation」
. estimates store minBIC
```

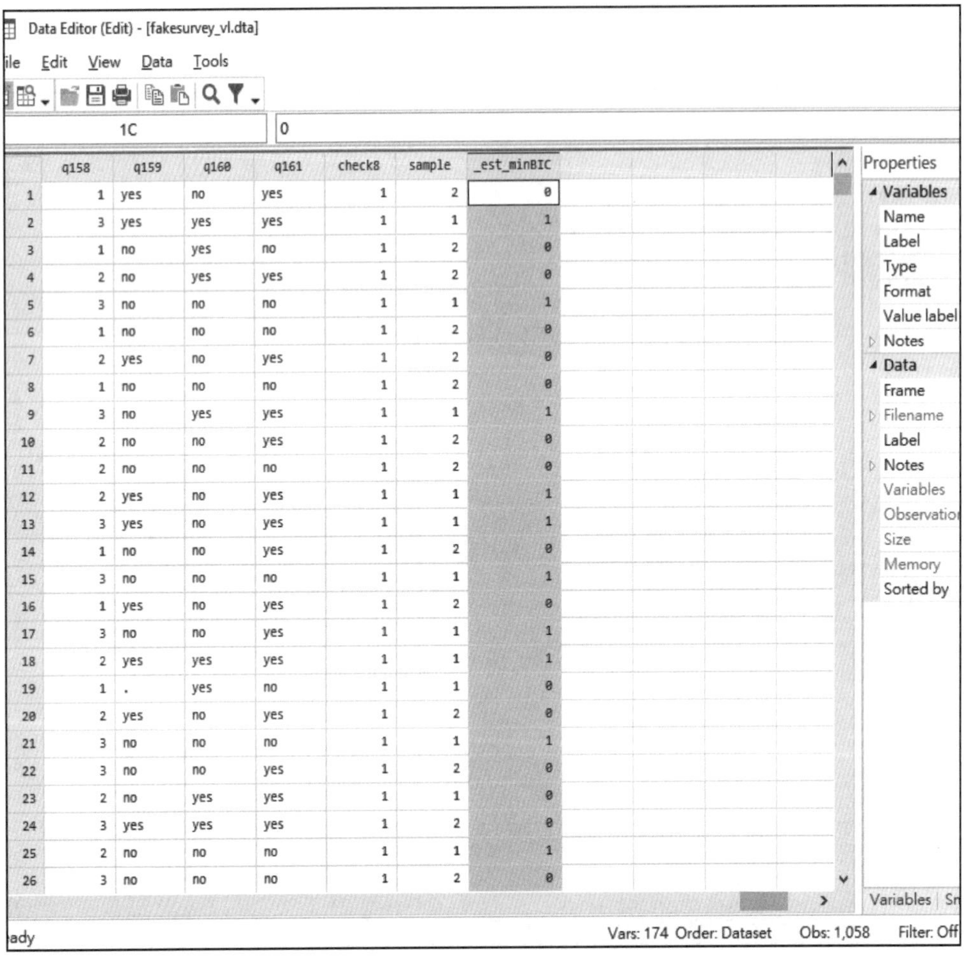

Data Editor (Edit) - [fakesurvey_vl.dta]

ile Edit View Data Tools

1C | 0

	q158	q159	q160	q161	check8	sample	_est_minBIC
1	1	yes	no	yes	1	2	0
2	3	yes	yes	yes	1	1	1
3	1	no	yes	no	1	2	0
4	2	no	yes	yes	1	2	0
5	3	no	no	no	1	1	1
6	1	no	no	no	1	2	0
7	2	yes	no	yes	1	2	0
8	1	no	no	no	1	2	0
9	3	no	yes	yes	1	1	1
10	2	no	no	yes	1	2	0
11	2	no	no	no	1	2	0
12	2	yes	no	yes	1	1	1
13	3	yes	no	yes	1	1	1
14	1	no	no	yes	1	2	0
15	3	no	no	no	1	1	1
16	1	yes	no	yes	1	2	0
17	3	no	no	yes	1	1	1
18	2	yes	yes	yes	1	1	1
19	1	.	yes	no	1	1	0
20	2	yes	no	yes	1	2	0
21	3	no	no	no	1	1	1
22	3	no	no	yes	1	2	0
23	2	no	yes	yes	1	1	0
24	3	yes	yes	yes	1	2	0
25	2	no	no	no	1	1	1
26	3	no	no	no	1	2	0

Properties: Variables (Name, Label, Type, Format, Value label, Notes); Data (Frame, Filename, Label, Notes, Variables, Observatio, Size, Memory, Sorted by)

ady — Vars: 174 Order: Dataset Obs: 1,058 Filter: Off

圖 4-17 「estimates store」將這個模型儲存在新變數 _minBIC

例子 3 同上例，改用 adaptive lasso 來適配模型

自適應 Lasso 是另一種選擇技術，傾向於選擇較少的共變數。它還使用交叉驗證，但執行多個 Lassoo。內情況下，它執行兩個。

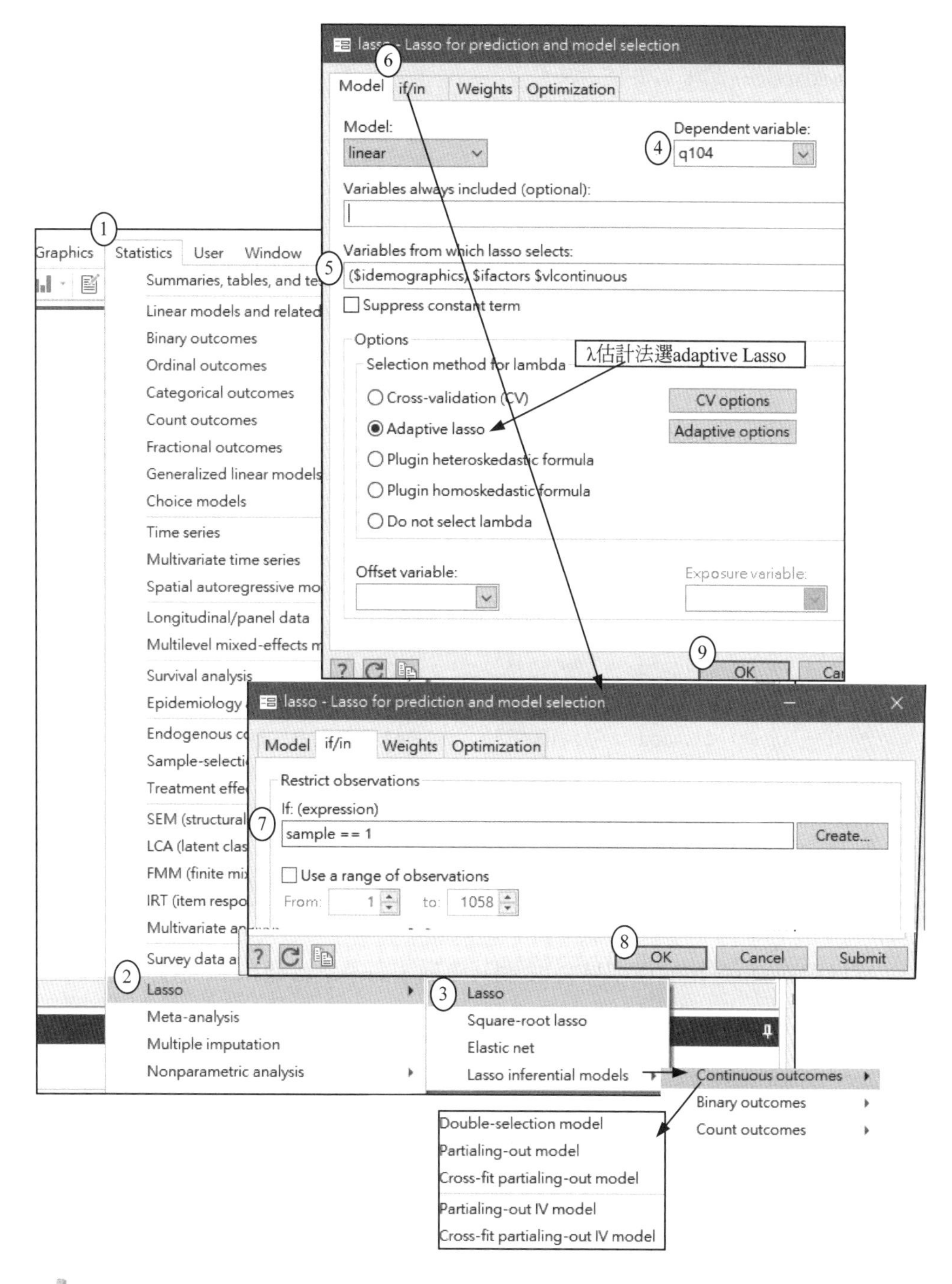

圖 4-18　「lasso linear q104 ($idemographics) $ifactors $vlcontinuous if sample == 1, selection(adaptive)」畫面

爲了適應自適應 (adaptive)lasso，我們使用相同 lasso 命令，但要改用 selection(adaptive) 法來另外估計 λ。

```
* Model-3 同上例 lasso, 改用 adaptive lasso 來適配模型
. lasso linear q104 ($idemographics) $ifactors $vlcontinuous if sample == 1,
selection(adaptive)

Lasso linear model                          No. of obs         =        458
                                            No. of covariates  =        273
Selection: Adaptive                         No. of lasso steps =          2

Final adaptive step results
--------------------------------------------------------------------------
         |                                No. of      Out-of-      CV mean
         |                               nonzero       sample   prediction
      ID |     Description      lambda     coef.    R-squared        error
---------+----------------------------------------------------------------
      26 |    first lambda    28.95483         4       0.0040     17.25364
      70 |   lambda before    .4829958        42       0.3944     10.40659
    * 71 | selected lambda    .4400877        42       0.3949      10.3981
      72 |    lambda after    .4009916        42       0.3949     10.39909
     125 |     last lambda    .0028955        63       0.3781     10.68686
--------------------------------------------------------------------------
* lambda selected by cross-validation in final adaptive step.
```

自適應 Lasso 選擇的模型具有 42 個共變數，而不是普通 Lasso 選擇的 66 個。我們將這些結果儲存爲新變數 adaptive。

```
* Stata menu 選「Statistics > Postestimation」
. estimates store adaptive
```

三個 Lasso 模型之 λ 比較

1. λ 估計法選用內定的 CV 的模型。
2. minBIC 包含我們選擇的與最小 BIC 對應的模型。

3. λ 估計法改用 adaptive Lasso 的模型。

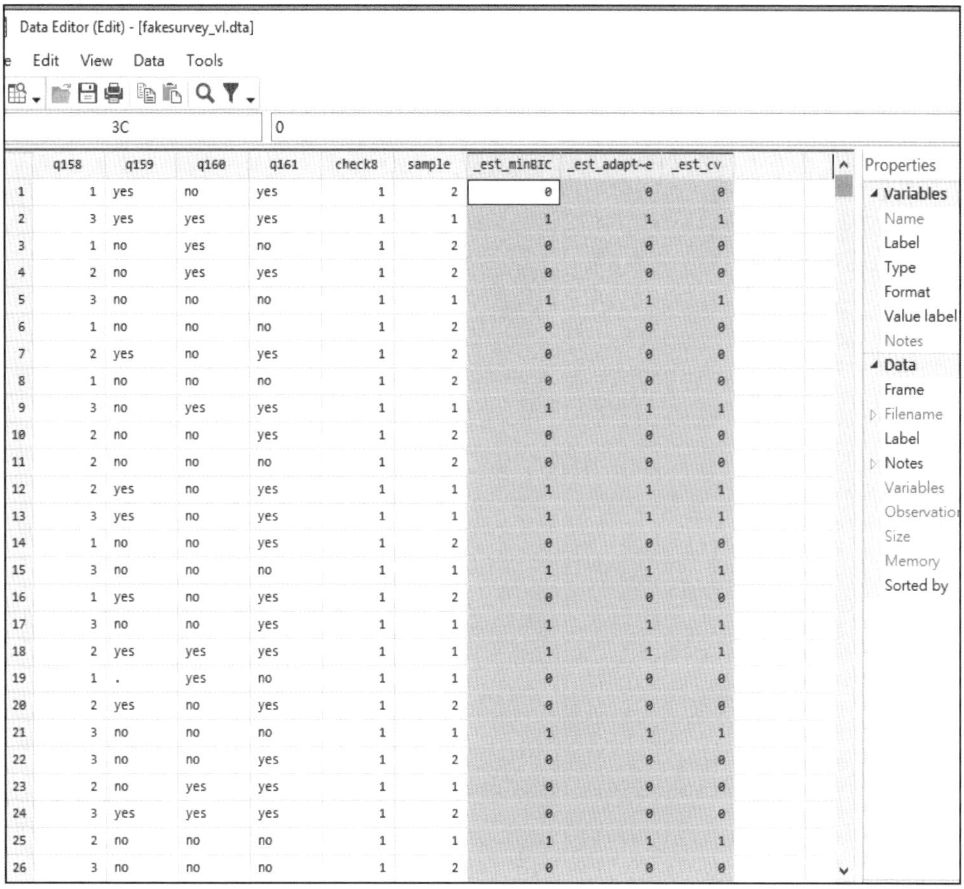

Data Editor (Edit) - [fakesurvey_vl.dta]

e Edit View Data Tools

3C | 0

	q158	q159	q160	q161	check8	sample	_est_minBIC	_est_adapt~e	_est_cv
1	1	yes	no	yes	1	2	0	0	0
2	3	yes	yes	yes	1	1	1	1	1
3	1	no	yes	no	1	2	0	0	0
4	2	no	yes	yes	1	2	0	0	0
5	3	no	no	no	1	1	1	1	1
6	1	no	no	no	1	2	0	0	0
7	2	yes	no	yes	1	2	0	0	0
8	1	no	no	no	1	2	0	0	0
9	3	no	yes	yes	1	1	1	1	1
10	2	no	no	yes	1	2	0	0	0
11	2	no	no	no	1	2	0	0	0
12	2	yes	no	yes	1	1	1	1	1
13	3	yes	no	yes	1	1	1	1	1
14	1	no	no	yes	1	2	0	0	0
15	3	no	no	no	1	1	1	1	1
16	1	yes	no	yes	1	2	0	0	0
17	3	no	no	yes	1	1	1	1	1
18	2	yes	yes	yes	1	1	1	1	1
19	1	.	yes	no	1	1	0	0	0
20	2	yes	no	yes	1	2	0	0	0
21	3	no	no	no	1	1	1	1	1
22	3	no	no	yes	1	2	0	0	0
23	2	no	yes	yes	1	1	0	0	0
24	3	yes	yes	yes	1	2	0	0	0
25	2	no	no	no	1	1	1	1	1
26	3	no	no	no	1	2	0	0	0

Properties
- Variables
  - Name
  - Label
  - Type
  - Format
  - Value label
  - Notes
- Data
  - Frame
  - Filename
  - Label
  - Notes
  - Variables
  - Observatio
  - Size
  - Memory
  - Sorted by

圖 4-19 三個新變數「_est_ cv、_est_ minBI、_est_ adaptive」的內容

首先，讓我們比較每個選定的變數。lassocoef 命令執行此操作。我們指定 sort(coef, standardized)，以便首先列出其係數的絕對值最大的變數。

```
* 三個 Lasso 模型之 λ 比較

* Stata menu 選「Statistics > Postestimation」
. lassocoef cv minBIC adaptive, sort(coef, standardized) nofvlabel
```

```
-------------------------------------------
             |    cv      minBIC   adaptive
-------------+-----------------------------
      0.q19  |     x         x         x
      0.q85  |     x         x         x
     3.q156  |     x         x         x
       1.q5  |     x         x         x
     0.q101  |     x         x         x
      0.q48  |     x         x         x
      0.q88  |     x         x         x
             |
        q38  |
          4  |     x         x         x
             |
        q22  |     x         x         x
      0.q56  |     x         x         x
        q31  |     x         x         x
       q139  |     x         x         x
      0.q73  |     x         x         x
      0.q96  |     x         x         x
      3.q16  |     x         x         x
   1.gender  |     x         x         x
      0.q50  |     x         x         x
       1.q3  |     x         x         x
      0.q43  |     x         x         x
      2.q84  |     x         x         x
     0.q149  |     x         x         x
     0.q109  |     x                   x
      0.q49  |     x                   x
     0.q159  |     x         x         x
     0.q115  |     x         x         x
      0.q91  |     x                   x
     0.q140  |     x                   x
        q93  |     x                   x
     3.q134  |     x         x         x
      0.q14  |     x                   x
     0.q108  |     x         x         x
```

```
      0.q153 |    x                    x
       2.q34 |    x                    x
             |
         q65 |
           3 |    x                    x
             |
         q53 |    x                    x
             |
         q38 |
           3 |    x         x          x
             |
      0.q160 |    x         x          x
        1.q4 |    x         x          x
      0.q154 |    x                    x
             |
         q65 |
           4 |    x                    x
             |
         age |    x                    x
      1.q110 |    x
      0.q102 |    x                    x
      0.q142 |    x
       0.q44 |    x
       0.q97 |    x
        q111 |    x
      0.q138 |    x
       0.q33 |    x
       3.q95 |    x
         q20 |    x
      0.q130 |    x
         q18 |    x
       0.q74 |    x
      2.q105 |    x
       0.q55 |    x
       0.q71 |    x
       0.q13 |    x
         q52 |    x
```

```
       0.q75 |     x
         q70 |     x
       0.q59 |     x
             |
         q38 |
           2 |     x
             |
       0.q94 |     x
       0.q37 |     x
        q120 |     x
       _cons |     x          x          x
--------------------------------------------
Legend:
  b -base level
  e -empty cell
  o -omitted
  x -estimated
```

1. 從頂部開始向下看，將看到所有三種方法都選擇了表中列出的前 23 個變數，這些變數的係數最大。
2. 哪個模型可產生最佳預測？讓我們進行樣本外預測以找出答案。爲此，一開始將數據分爲兩個樣本。我們將模型適配到 sample=1（訓練組）上。你可比較 sample=2（test 組）的預測。

lassogof 指令可印出適配度之統計量。當指定選項 postselection，它根據 postselection 係數（不是懲罰係數）來比較預測。例如：指定選項 over(sample)，以便 lassogof 分別計算 sample 二組的適配統計量。

```
* 以上三個模型之適配度比較
* Stata menu 選「Statistics > Postestimation」
. lassogof cv minBIC adaptive, over(sample) postselection

Penalized coefficients
----------------------------------------------------------
Name                sample |        MSE    R-squared        Obs
```

```
------------------------+-----------------------------------
cv                      |
                      1 |    8.453206       0.5179        499
                      2 |    15.15269       0.2393        485
------------------------+-----------------------------------
minBIC                  |
                      1 |    9.740229       0.4421        508
                      2 |    13.44496       0.3168        503
------------------------+-----------------------------------
adaptive                |
                      1 |    8.807175       0.4960        505
                      2 |    14.41578       0.2728        495
------------------------------------------------------------
```

1. sample=2（test 組）的 MS_E（挑最小）及 R^2（挑最大）之比較，結果顯例子 2 之模型最佳。即「lassoselect id = 14」時、$\lambda = 0.1176$、模型有 74 個共變數 (covariates) 是最佳模型適配。
2. 三個模型適配的比較用「lassoselect id」自選 λ 之 minBIC，可求得最佳最佳模型，它比「交叉驗證、自適應 Lasso」所選擇 λ 值更優。
3. 本例最佳模型是：$y = (y - X\beta')'(y - X\beta') + 0.1176 \times \sum_{j=1}^{p} |\beta_j|$
   其中，第一項$(y - X\beta')'(y - X\beta')$是樣本內預測誤差，它等同於最小平方法的最小化值。第二項是懲罰，$\lambda \sum_{j=1}^{p} |\beta_j|$ 值越大則模型越複雜。

4-2-2 練習題：線性、logistic、Poisoon 依變數之 lasso 迴歸

```
* Step-1: 求 lasso 線性迴歸
* 開啟網站之資料檔 cattaneo2
* 或「. use cattaneo2, clear」
. webuse cattaneo2, clear

* lasso linear regression
*「c.」運算子
. lasso linear bweight c.mage##c.mage c.fage##c.fage c.mage#c.fage c.fedu##c.
medu i.(mmarried mhisp fhisp foreign alcohol msmoke fbaby prenatal1)
```

```
* lasso linear regression using the plugin selection to obtain lambda
. lasso linear bweight c.mage##c.mage c.fage##c.fage c.mage#c.fage c.fedu##c.
medu i.(mmarried mhisp fhisp foreign alcohol msmoke fbaby prenatal1),
selection(plugin)
```

```
* Step-2: 求 logistic lasso 迴歸
* 開啟網站之資料檔 cattaneo2
. webuse cattaneo2, clear

* Lasso logistic regression
. lasso logit lbweight c.mage##c.mage c.fage##c.fage c.mage#c.fage c.fedu##c.
medu i.(mmarried mhisp fhisp foreign alcohol msmoke fbaby prenatal1)

* Lasso logistic regression using adaptive Lassoto select lambda
. lasso logit lbweight c.mage##c.mage c.fage##c.fage c.mage#c.fage c.fedu##c.
medu i.(mmarried mhisp fhisp foreign alcohol msmoke fbaby prenatal1),
selection(adaptive)
```

```
* Step-3: 計數依變數 lasso 迴歸

* 開啟網站之資料檔 cattaneo2
. webuse cattaneo2, clear

* Lasso Poisson regression
. lasso poisson nprenatal c.mage##c.mage c.fage##c.fage c.mage#c.fage
c.fedu##c.medu i.(mmarried mhisp fhisp foreign alcohol msmoke fbaby prenatal1)

* Lasso Poisson regression extending the lambda grid to include smaller values
. lasso poisson nprenatal c.mage##c.mage c.fage##c.fage c.mage#c.fage
c.fedu##c.medu i.(mmarried mhisp fhisp foreign alcohol msmoke fbaby
prenatal1), grid(100, ratio(1e-5))
```

4-3 elastic net 迴歸 ⊃Ridge 迴歸（elasticnet linear 等指令）

Elastic Net 是 l_1 (LASSO-type) 及 l_2 (ridge-type) penalization 的混合 (Zou and Hastie, 2005)：

$$\hat{\beta}_{\text{elastic}} = \arg\min \frac{1}{N}\sum_{i=1}^{N}(y_i - x'_i\beta)^2 + \frac{\lambda}{N}\left[\alpha\sum_{j=1}^{p}\psi_j|\beta_j| + (1-\alpha)\sum_{j=1}^{p}\psi_j\beta_j^2\right]$$

其中 $\alpha \in [0, 1]$ controls the degree of ℓ_1 (LASSO-type) to ℓ_2 (ridge-type) penalization. $\alpha = 1$ 相當於 LASSO, and $\alpha = 0$ 是 Ridge 迴歸。

4-3-1 elastic net 迴歸原理

涵蓋 Ridge 及 Lasso 兩個模型的優點，就是 Elastic Net 模型 (Zou & Hasie, 2005)，Elastic Net 模型綜合了兩個懲罰限制式，如下：

$$minimiza\left\{SSE + \lambda_1\sum_{j=1}^{p}\beta_j^2 + \lambda_2\sum_{j=1}^{p}|\beta_j|\right\}$$

雖然 Lasso 模型會執行變數挑選，但一個源自於懲罰參數的結果就是，通常當兩個高度相關的變數的係數在被逼近成爲 0 的過程中，可能一個會完全變成 0 但另爲一個仍保留在模型中。此外，這種一個在內、一個在外的處理方法不是很有系統。相對的，Ridge 模型的懲罰參數就稍具效率一點，可有系統的將高相關性變數的係數一起降低。於是，Elastic Net 模型的優勢就在於，它綜合了 Ridge Penalty 達到有效正規化優勢及 Lasso Penalty 能夠進行變數挑選優勢。

$$Q_{\lambda,\alpha}(\beta) = \Sigma_{i=1}^{n}(y_i - x'_i\beta)^2 + \lambda\Sigma_{j=1}^{p}\{\alpha|\beta_j| + (1-\alpha)\beta_j^2\}$$

在 Ridge 及 Lasso 模型中，λ 是主要調整的參數，然而在 Elastic Net 模型中，我們會需要調整 λ 及 α(alpha) 兩個參數。

Elastic Net 與 Ridge、Lasso 一樣是使用 α 參數（介於 0～1 之間）。當 $\alpha = 0.5$ 時，Ridge 及 Lasso 的組合是平均的，而當 $\alpha \to 0$ 時，會有較多的 Ridge Penalty 權重，而當 $\alpha \to 1$ 時，則會有較多的 Lasso Penalty 權重。

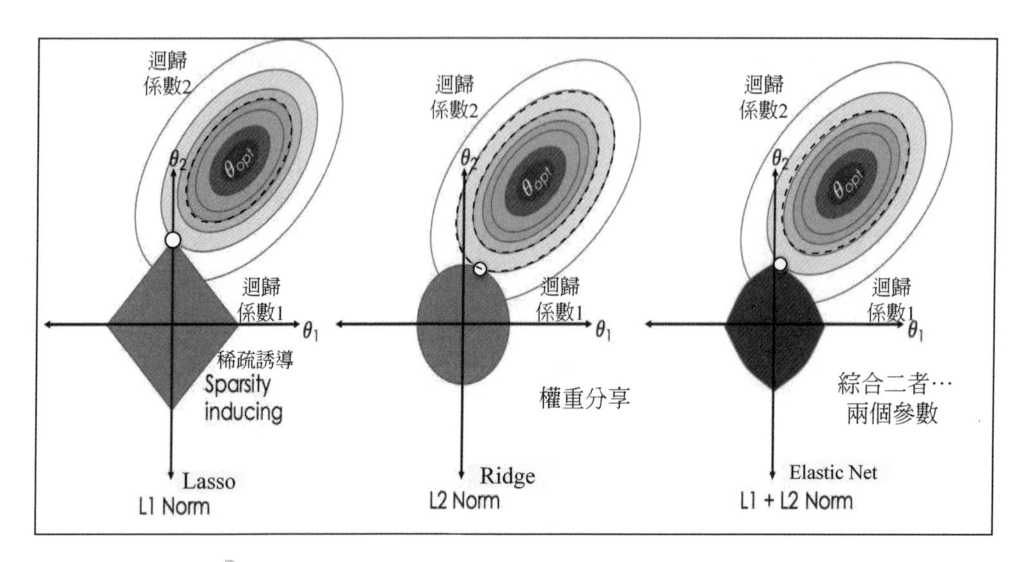

圖 4-20　Lasso、Ridge 與 Elastic Net 三者的比較

一、Elastic Net 迴歸之原理

1. 彈性網 (elastic net) 結合了嶺 (ridge) 迴歸及 LASSO 的目標函數：

$$Q_{\lambda,\alpha}(\beta) = \Sigma_{i=1}^{n}(y_i - x'_i\beta)^2 + \lambda\Sigma_{j=1}^{p}\{\alpha|\beta_j| + (1-\alpha)\beta_j^2\}$$

   (1) ridge 懲罰 λ 平均相關變數。

   (2) LASSO 懲罰 alpha 導致稀疏 (sparsity)。

2. Stata v14 版以後，才有外掛 lassopack package(Townsend 2018)，但 Stata v16 版以後就改成內建指令「lasso linear y x1 x2」、「elasticnet linear y x1 x2」、「sqrtlasso linear y x1 x2」：

   (1) ridgeregress 指令 (alpha=0)：執行 Ridge 迴歸

   這是一個便捷命令，等效於帶有選項 alpha(0) 的 elasticregress。

   (2) lassoregress 指令 (alpha=1)：執行 LASSO 迴歸

   它是一個便捷命令，等效於帶有選項 alpha(1) 的 elasticregress。

   (3) elasticregress 指令：執行 Elastic Net 迴歸

   它計算彈性淨正則化 (net-regularized) 迴歸：不鼓勵使用於較大參數的線性模型的估計量。該估計法嵌套 (nests)LASSO 及 Ridge 迴歸，可分別將

alpha 設置爲 1 及 0 來估計。

3. 常你使用 K- 摺 (K-fold) 分類，Stata 內定值 K = 10。
   • 爲可複製性，你須在 Stata 程式中，先「. set seed 某整數」。

4-3-2 彈性網 (elastic net) 迴歸（含 Ridge 迴歸）（elasticnet linear 等指令）

elastic net（彈性網）迴歸式如下，它有二個待估參數「λ、α」：

$$Q = \frac{1}{2N}\sum_{i=1}^{N}(y_i - \beta_0 - x_i\beta')^2 + \lambda\sum_{j=1}^{p}\left(\frac{1-\alpha}{2}\beta_j^2 + \alpha|\beta_j|\right)$$

elasticnet 選擇共變數，並使用彈性網適配線性模型、邏輯斯模型、概率模型及 Poisson 模型。Elasticnet 的結果可用於預測及模型選擇。

Elasticnet 儲存（但不顯示）估計的係數。Lasso 估計的事後指令（下表），都可用於產生預測值、印出係數及適配度。

Lasso 的事後指令	說明
coefpath	繪出係數的路徑
cvplot	繪出交叉驗證函數（繪 CV 陡坡圖，來決定 ML 分析應保留的 λ 值（內定用 CV 法））
lassocoef	顯示所選係數
lassogof	Lasso 預測後的適配度 (goodness of fit)
lassoinfo	Lasso 事後，再印出 Lasso 估計結果的資訊
lassoknots	係數選擇結表及適配度
lassoselect	選擇備選 λ*（彈性網則選擇 α*）
estat summarize	估計樣本的摘要統計
estimates	分類估計結果
predict	預測值存至某新變數
predictnl	廣義 ()generalized 預測的點估計

一、快速入門

適配 y1 的線性模型，並使用交叉驗證 (CV) 從 x1-x100 中選擇共變數。

```
. elasticnet linear y1 x1-x100
```

如上所述，但使用 numlist 來指定網格 (grid)$\alpha = 0.1, 0.2, \cdots, 1$

```
. elasticnet linear y1 x1-x100, alpha(0.1(0.1)1)
```

如上所述，但強迫將 x1 及 x2 納入模型中。Elasticnet 再從 x3-x100 中選擇。

```
. elasticnet linear y1 (x1 x2) x3-x100, alpha(0.1(0.1)1)
```

適配具有網格 $\alpha = 0.7, 0.8, 0.9, 1$ 的二元依變數 y2 的邏輯斯模型

```
*Fit a logistic model for binary outcome y2 with grid α = 0.7, 0.8, 0.9, 1
. elasticnet logit y2 x1-x100, alpha(0.7 0.8 0.9 1)
```

如上所述，爲重製性來設定一個隨機數種子

```
*As above, and set a random-number seed for reproducibility
. elasticnet logit y2 x1-x100, alpha(0.7 0.8 0.9 1) rseed(1234)
```

如上所述，但改用機率 (probit) 模型

```
. elasticnet probit y2 x1-x100, alpha(0.7 0.8 0.9 1) rseed(1234)
```

用 poisson 模型適配 exposure（適配）對結果 y3 的計數

```
. elasticnet poisson y3 x1-x100, alpha(0.1(0.1)1) exposure(適配)
```

計算超出 CV 最小值的 CV 函數，以獲得完整的係數路徑、結數等。

```
*Calculate the CV function beyond the CV minimum to get the full coefficient
paths, knots, etc.
. elasticnet linear y2 x1-x100, alpha(0.1(0.1)1) selection(cv, alllambdas)
```

關閉早期停止規則，並疊代 λ，直到找到最小值或直到 λ 網格的盡頭爲止

```
* Turn off the early stopping rule, and iterate over λ's until a minimum is
found or until the end of the λ grid is reached
. elasticnet linear y2 x1-x100, alpha(0.1(0.1)1) stop(0)
```

二、elastic net 之指令語法

`elasticnet` *model depvar* [(*alwaysvars*)] *othervars* [*if*] [*in*] [*weight*] [, *options*]

model is one of `linear`, `logit`, `probit`, or `poisson`.

alwaysvars are variables that are always included in the model.

othervars are variables that `elasticnet` will choose to include in or exclude from the model.

options	說明
Model	
`noconstant`	suppress constant term
`selection(cv` [, *cv_opts*]`)`	select mixing parameter α^* and lasso penalty parameter λ^* using CV
`selection(none)`	do not select α^* or λ^*
`offset(`*varname$_o$*`)`	include *varname$_o$* in model with coefficient constrained to 1
`exposure(`*varname$_e$*`)`	include ln(*varname$_e$*) in model with coefficient constrained to 1 (`poisson` models only)
Optimization	
[`no`]`log`	display or suppress an iteration log
`rseed(`#`)`	set random-number seed
`alphas(`*numlist* | *matname*`)`	specify the α grid with *numlist* or a matrix
`grid(`#$_g$ [, `ratio(`#`)` `min(`#`)`]`)`	specify the set of possible λ's using a logarithmic grid with #$_g$ grid points
`crossgrid(augmented)`	augment the λ grids for each α as necessary to produce a single λ grid; the default

crossgrid(union)	use the union of the λ grids for each α to produce a single λ grid
crossgrid(different)	use different λ grids for each α
stop(#)	tolerance for stopping the iteration over the λ grid early
cvtolerance(#)	tolerance for identification of the CV function minimum
tolerance(#)	convergence tolerance for coefficients based on their values
dtolerance(#)	convergence tolerance for coefficients based on deviance
penaltywt(*matname*)	programmer's option for specifying a vector of weights for the coefficients in the penalty term

三、範例 1：Elastic net，自變數之間沒有高共線性 (data that are not highly correlated)，當 α^* = 1 時

同前例之資料檔「fakesurvey_vl.dta」。先用 vl 指令，將一百多個變數名稱，簡化。因此會有 4 個自定之變數清單：demographics, factors, idemographics 及 ifactors。其中，idemographics 及 ifactor 包含人口變數及因子變數之 factor-variable。在idemographics中，虛擬（類別）變數q3在統計時會視爲「i.q3」，「i」運算子旨在將多類別（level 數 ≥ 2）變數估計時自動以「level 1」當比較的基準點。

你可使用 idemographics、ifactors、及系統定義的變數列表 vlcontinuous 作爲 Elasticnet 的參數。它們自重包含你要指定的潛在變數。變數 lists 實際上是 global macros，當你在命令中將它們用作參數時，會在它們前面加上 $。

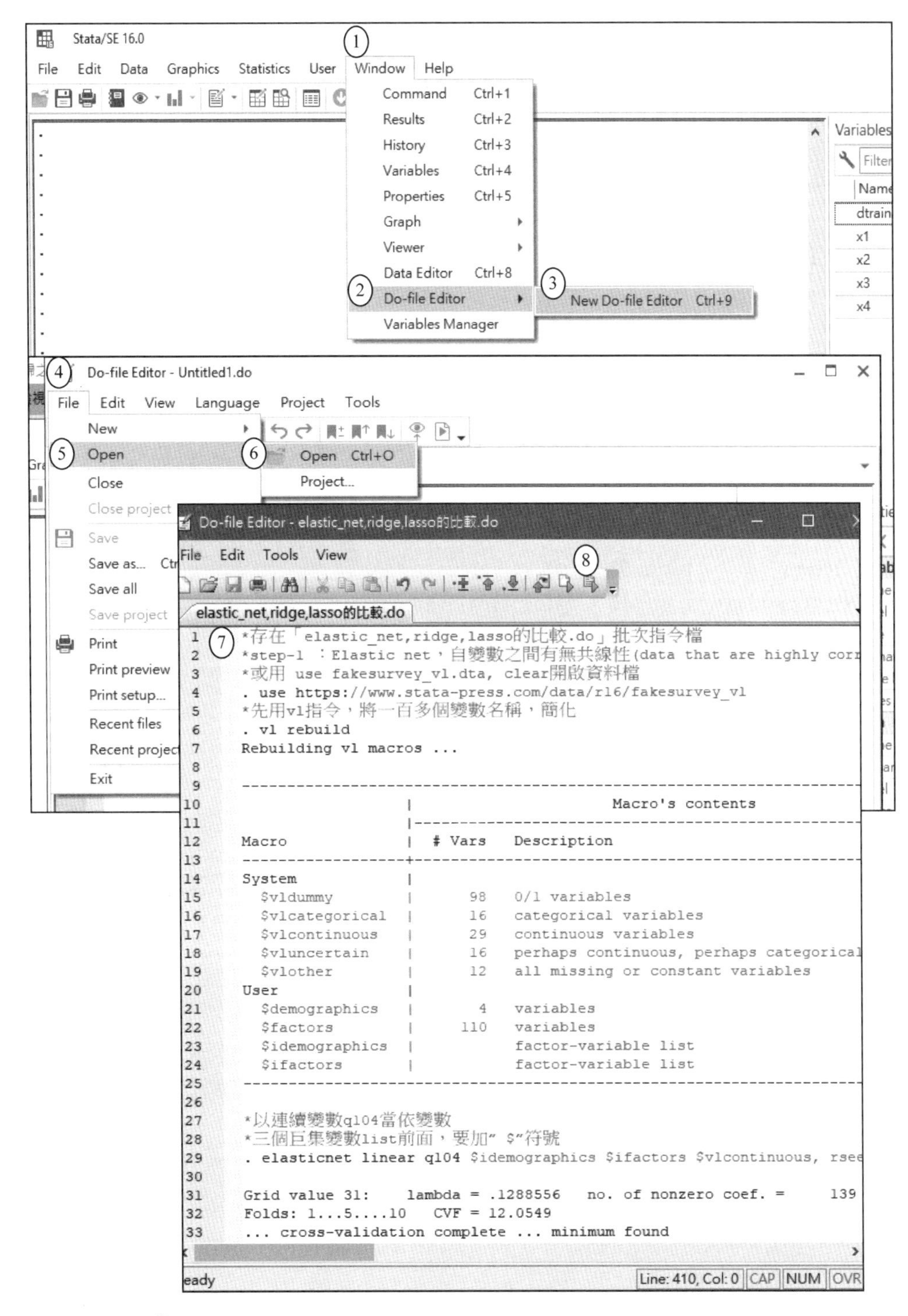

圖 4-21 「elastic_net, ridge, lasso 的比較 .do」批次指令檔

```
*存在「elastic_net,ridge,lasso 的比較 .do」批次指令檔
*step-1 ：Elastic net，自變數之間有無共線性(data that are highly correlated)
*或用 use fakesurvey_vl.dta, clear 開啟資料檔
. use https://www.stata-press.com/data/r16/fakesurvey_vl
*先用 vl 指令，將一百多個變數名稱，簡化
. vl rebuild
Rebuilding vl macros ...

-------------------------------------------------------------------------------
                  |                      Macro's contents
                  |------------------------------------------------------------
-
Macro             |  # Vars   Description
------------------+------------------------------------------------------------
System            |
  $vldummy        |      98   0/1 variables
  $vlcategorical  |      16   categorical variables
  $vlcontinuous   |      29   continuous variables
  $vluncertain    |      16   perhaps continuous, perhaps categorical variables
  $vlother        |      12   all missing or constant variables
User              |
  $demographics   |       4   variables
  $factors        |     110   variables
  $idemographics  |           factor-variable list
  $ifactors       |           factor-variable list
-------------------------------------------------------------------------------

*以連續變數 q104 當依變數
*三個巨集變數 list 前面，要加「$」符號
*因為依變數 q104 是連續變數，故你要選「lasso linear」或「elasticnet linear」
. elasticnet linear q104 $idemographics $ifactors $vlcontinuous, rseed(1234)


Grid value 31:     lambda = .1288556    no. of nonzero coef. =      139
Folds: 1...5....10    CVF = 12.0549
... cross-validation complete ... minimum found

Elastic net linear model                          No. of obs        =        914
```

```
                                          No. of covariates =        277
Selection: Cross-validation               No. of CV folds   =         10

-------------------------------------------------------------------------
               |                                No. of    Out-of-      CV mean
               |                               nonzero     sample   prediction
alpha       ID |     Description      lambda     coef.  R-squared        error
---------------+---------------------------------------------------------
1.000          |
             1 |    first lambda    1.818102         0     0.0016     18.34476
            32 |   lambda before    .1174085        58     0.3543     11.82553
          * 33 | selected lambda    .1069782        64     0.3547     11.81814
            34 |    lambda after    .0974746        66     0.3545     11.8222
            37 |     last lambda    .0737359        80     0.3487     11.92887
---------------+---------------------------------------------------------
0.750          |
            38 |    first lambda    1.818102         0     0.0016     18.34476
            71 |     last lambda    .0974746       126     0.3473     11.95437
---------------+---------------------------------------------------------
0.500          |
            72 |    first lambda    1.818102         0     0.0012     18.33643
           102 |     last lambda    .1288556       139     0.3418     12.0549
-------------------------------------------------------------------------
* alpha and lambda selected by cross-validation.
```

1. elastic net（彈性網）迴歸是 Ridge 及 Lasso 的合體，公式如下，它有二個待估參數「λ、α」：

$$Q=\frac{1}{2N}\sum_{i=1}^{N}(y_i-\beta_0-x_i\beta')^2+\lambda\sum_{j=1}^{p}\left(\frac{1-\alpha}{2}\beta_j^2+\alpha|\beta_j|\right)$$

2. CV（交叉驗證）選擇 $\alpha^*=1$，代入上式，本例只須用一般 Lasso 迴歸分析，就足夠。
3. 使用彈性網，在這些選定的數據 α^* 來適配的所有模型。因為自變數之相關性不足，因此不需用到彈性網。

四、範例 2：Elastic net，自變數之間有高共線性 (data that are highly correlated)

Data Editor (Edit) - [fakesurvey2_vl-v14.dta]

Edit View Data Tools

id[1] 00007146

	id	gender	age	q1	q2	q3	q4
1	00007146	male	21	13	1	no	y
2	00062299	female	48	21	4	yes	y
3	00074657	male	36	22	3	yes	
4	00079717	female	63	18	2	no	y
5	00079722	male	62	12	1	no	
6	00085312	female	47	19	2	no	
7	00095476	female	41	30	4	yes	
8	00125551	female	28	21	4	yes	
9	00144825	male	42	21	4	yes	y
10	00182574	female	55	25	4	yes	
11	00201369	female	35	16	2	no	
12	00203236	female	21	11	1	no	
13	00225623	male	26	22	3	yes	
14	00226812	male	33	28	4	yes	y
15	00233962	male	29	18	2	no	
16	00250429	female	53	21	3	yes	
17	00264665	female	19	17	2	no	y
18	00276278	male	28	18	2	yes	y
19	00279358	female	30	22	3	yes	

Variables

Name	Label
id	Respondent ID
gender	Gender: 0 = Fema
age	Age (y)
q1	Question 1
q2	Question 2
q3	Question 3
q4	Question 4
q5	Question 5

Properties

Variables	
Name	id
Label	Resp
Type	str8
Format	%9s
Value label	
Notes	
Data	
Filename	fakes
Label	Fictiti
Notes	
Variables	172

Length: 8 Vars: 172 Order: Dataset Obs: 1,058 Filter: Off Mode:

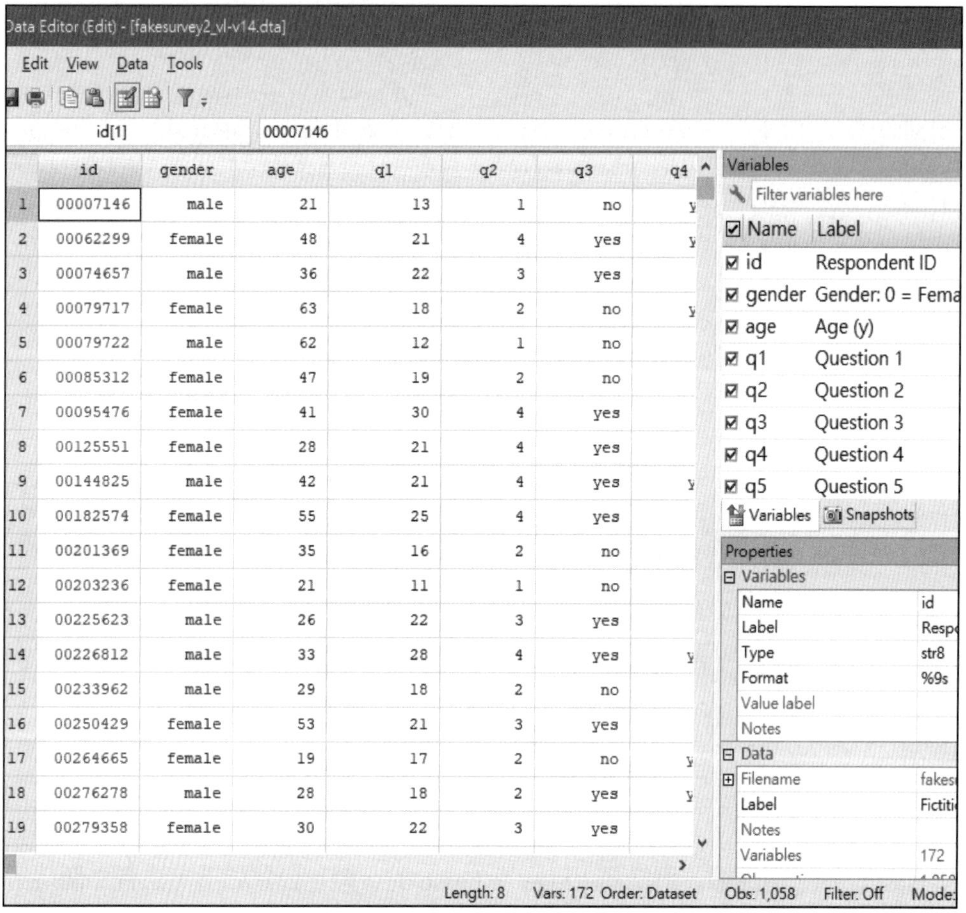

圖 4-22 「fakesurvey2_vl.dta」資料檔（N=1,058 人，171 個數值型變數）

```
*step-2 ：Elastic net，自變數之間有高共線性(data that are highly correlated)
. use https://www.stata-press.com/data/r16/fakesurvey2_vl, clear

*將眾多自變數用 vl 指令，縮成三個巨集變數 list。
. vl rebuild
Rebuilding vl macros ...
```

```
-------------------------------------------------------------------------------
                 |                        Macro's contents
                 |-------------------------------------------------------------
Macro            |  # Vars   Description
-----------------+-------------------------------------------------------------
System           |
  $vldummy       |     98   0/1 variables
  $vlcategorical |     16   categorical variables
  $vlcontinuous  |     29   continuous variables
  $vluncertain   |     16   perhaps continuous, perhaps categorical variables
  $vlother       |     12   all missing or constant variables
User             |
  $demographics  |      4   variables
  $factors       |    110   variables
  $idemographics |          factor-variable list
  $ifactors      |          factor-variable list
-------------------------------------------------------------------------------
```

預期這次的彈性網將會有趣的結果。訓練模型時，要將數據隨機分爲兩個大小相等的樣本：(1) 將模型適配的模型。(2) 用來測試其預測的模型。我們使用 splitsample 產生一個 sample 的指標變數。

```
* 為了固定「交叉驗證」抽樣的比較基礎，故須設定「隨機種子 seed」
. set seed 1234
* splitsample，若相訓練集占 70%、測驗集占 30%，split 選項如下：
* splitsample, generate(sample) split(0.70 0.30)

* 以下 splitsample，若選用 nsplit(2)，則樣本會平均分成：訓練集 vs. 測驗集
* splitsample 指令隨機將樣本分割二部分：「sample==1」當訓練組；「sample==2」當測試組
. splitsample, generate(sample) nsplit(2)
. label define svalues 1 "Training 組" 2 "Testing 組"
. label values sample svalues
```

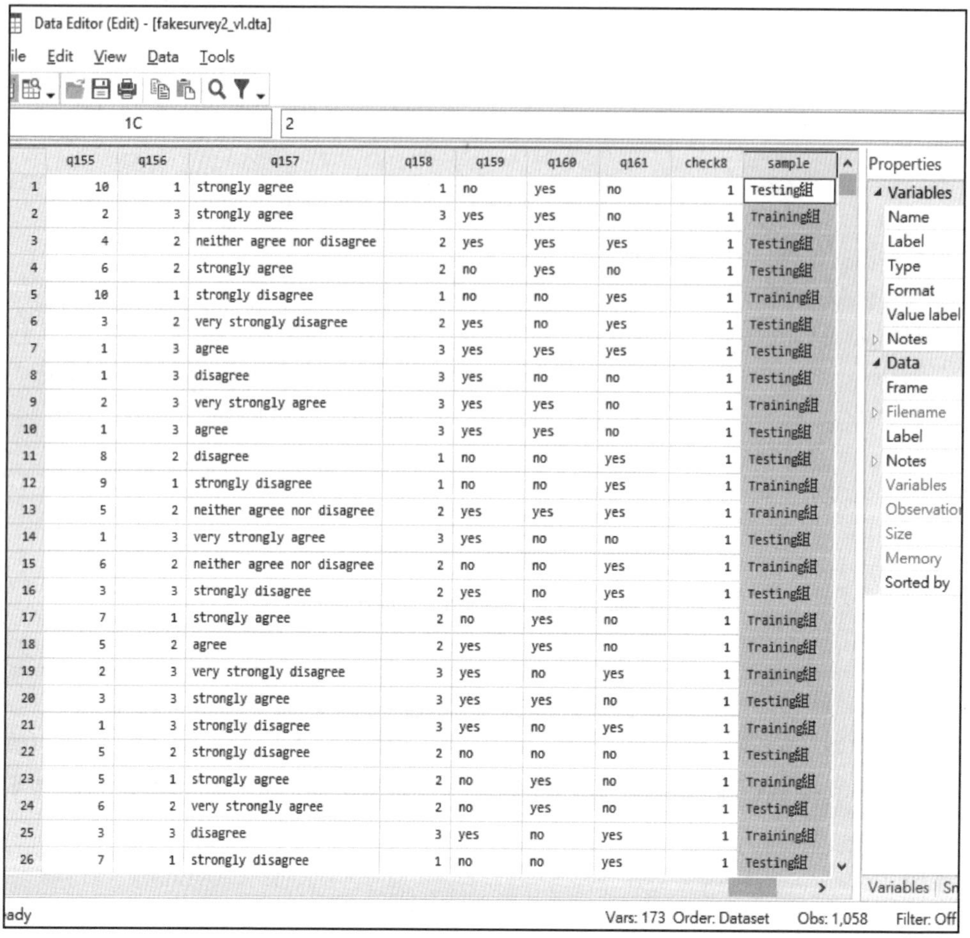

Data Editor (Edit) - [fakesurvey2_vl.dta]

ile Edit View Data Tools

1C | 2

	q155	q156	q157	q158	q159	q160	q161	check8	sample
1	10	1	strongly agree	1	no	yes	no	1	Testing組
2	2	3	strongly agree	3	yes	yes	no	1	Training組
3	4	2	neither agree nor disagree	2	yes	yes	yes	1	Testing組
4	6	2	strongly agree	2	no	yes	no	1	Testing組
5	10	1	strongly disagree	1	no	no	yes	1	Training組
6	3	2	very strongly disagree	2	yes	no	yes	1	Testing組
7	1	3	agree	3	yes	yes	yes	1	Testing組
8	1	3	disagree	3	yes	no	no	1	Testing組
9	2	3	very strongly agree	3	yes	yes	no	1	Training組
10	1	3	agree	3	yes	yes	no	1	Testing組
11	8	2	disagree	1	no	no	yes	1	Testing組
12	9	1	strongly disagree	1	no	no	yes	1	Training組
13	5	2	neither agree nor disagree	2	yes	yes	yes	1	Training組
14	1	3	very strongly agree	3	yes	no	no	1	Testing組
15	6	2	neither agree nor disagree	2	no	no	yes	1	Training組
16	3	3	strongly disagree	2	yes	no	yes	1	Testing組
17	7	1	strongly agree	2	no	yes	no	1	Training組
18	5	2	agree	2	yes	yes	no	1	Training組
19	2	3	very strongly disagree	3	yes	no	yes	1	Training組
20	3	3	strongly agree	3	yes	yes	no	1	Testing組
21	1	3	strongly disagree	3	yes	no	yes	1	Training組
22	5	2	strongly disagree	2	no	no	no	1	Testing組
23	5	1	strongly agree	2	no	yes	no	1	Training組
24	6	2	very strongly agree	2	no	yes	no	1	Testing組
25	3	3	disagree	3	yes	no	yes	1	Training組
26	7	1	strongly disagree	1	no	no	yes	1	Testing組

Properties
Variables
Name
Label
Type
Format
Value label
Notes
Data
Frame
Filename
Label
Notes
Variables
Observatio
Size
Memory
Sorted by

Variables | Sn

ady   Vars: 173 Order: Dataset   Obs: 1,058   Filter: Off

圖 4-23　splitsample 指令隨機將樣本分割二部分：「sample==1」當訓練組；「sample==2」當測試組

接著，使用系統內容 α's 值來適配 elastic-net 模型。

```
* 因為依變數 q104 是連續變數，故你要選「lasso linear」或「elasticnet linear」
* 依變數 q104 是連續型變數(linear)。elasticnet 下列只挑「sample==1」訓練組來分析
. clasticnet linear q104 $idemographics $ifactors $vlcontinuous if sample == 1,
rseed(1234)
Grid value 46:    lambda =    .11102    no. of nonzero coef. =      115
```

```
Folds: 1...5....10   CVF = 14.90808
... cross-validation complete ... minimum found

Elastic net linear model                    No. of obs         =       449
                                            No. of covariates  =       275
Selection: Cross-validation                 No. of CV folds    =         0

--------------------------------------------------------------------------
              |                             No. of    Out-of-    CV mean
              |                            nonzero     sample  prediction
alpha      ID |   Description      lambda    coef.  R-squared       error
--------------+-----------------------------------------------------------
1.000         |
            1 |   first lambda   6.323778        0     0.0036    26.82324
           42 |    last lambda    .161071       29     0.4339    15.12964
--------------+-----------------------------------------------------------
0.750         |
           43 |   first lambda   6.323778        0     0.0036    26.82324
           82 |    last lambda   .1940106       52     0.4360    15.07523
--------------+-----------------------------------------------------------
0.500         |
           83 |   first lambda   6.323778        0     0.0022    26.78722
          124 |  lambda before    .161071       87     0.4473    14.77189
        * 125 | selected lambda  .1467619       92     0.4476    14.76569
          126 |   lambda after    .133724       96     0.4468    14.78648
          128 |    last lambda     .11102      115     0.4422    14.90808
--------------------------------------------------------------------------
* alpha and lambda selected by cross-validation.

*將上述結果，存至系統變數_est_elasticnet，才可與其他模型做比
. estimates store elasticnet
```

1. 跟前例來比，這次 $\lambda \neq 1$，故不適合單純只用 Lasso 迴歸。本例改用 elastic-net 迴歸是恰當的。
2. 可喜！elastic-net 選擇 $\alpha^* = 0.5$。但我們不應該就此停止。因為可能會有較小的 α 值，進而降低了 CV 函數的最小值。如果觀測值的數量 (n = 1058) 及潛在變數的個數 (p = 171) 不太大，則可在第一次執行 elasticnet 時指定選項

alpha(0(0.1)1)「α 從 0 至 1，每次步進 0.1 格」。但是，如果執行此操作，則該命令將比內定命令執行時間更長。即 $\alpha = 0.1$ 時 elastic-net 將特別慢。

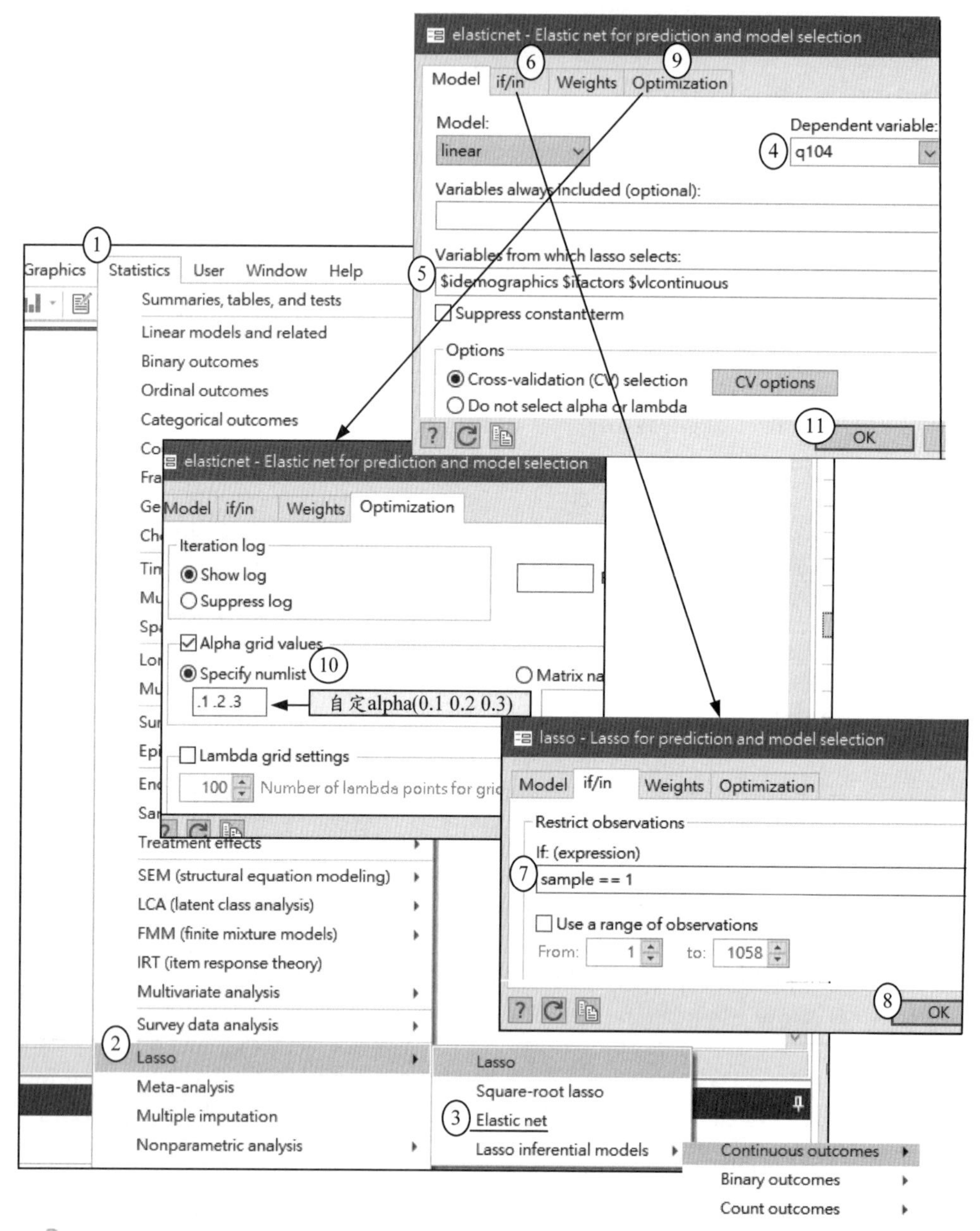

圖 4-24 「elasticnet linear q104 $idemographics $ifactors $vlcontinuous if sample == 1, rseed(1234) alpha(0.1 0.2 0.3)」

```
. elasticnet linear q104 $idemographics $ifactors $vlcontinuous if sample == 1,
rseed(1234) alpha(0.1 0.2 0.3)
Grid value 51:     lambda = .3371909    no. of nonzero coef. =      162
Folds: 1...5....10   CVF = 14.81783
... cross-validation complete ... minimum found

Elastic net linear model                         No. of obs          =       449
                                                 No. of covariates =       275
Selection: Cross-validation                      No. of CV folds     =        10

-----------------------------------------------------------------------------
               |                                No. of      Out-of-     CV mean
               |                                nonzero     sample   prediction
alpha       ID |     Description      lambda     coef.    R-squared       error
---------------+-------------------------------------------------------------
0.300          |
             1 |    first lambda    31.61889         0       0.0036    26.82324
            59 |     last lambda     .160193       122       0.4447    14.84229
---------------+-------------------------------------------------------------
0.200          |
            60 |    first lambda    31.61889         0       0.0036    26.82324
           110 |   lambda before    .3371909       108       0.4512    14.66875
         * 111 | selected lambda    .3072358       118       0.4514    14.66358
           112 |    lambda after    .2799418       125       0.4509    14.67566
           115 |     last lambda    .2117657       137       0.4457    14.81594
---------------+-------------------------------------------------------------
0.100          |
           116 |    first lambda    31.61889         0       0.0034    26.81813
           166 |     last lambda    .3371909       162       0.4456    14.81783
-----------------------------------------------------------------------------
* alpha and lambda selected by cross-validation.
```

1. 這次根據 CV(cross-validation) 所選 $\alpha^* = 0.2$，會比「$\alpha = 0.1$」或「$\alpha = 0.3$」好。
2. 根據這次自定 alpha(0.1 0.2 0.3) 之結果，用 cvplot 繪出 cross-validation 圖。

```
* 繪 CV 陡坡圖，來決定 ML 分析應保留的 λ 值（內定用 CV 法）
. cvplot
```

1. 根據 CV(cross-validation) 選出 α=0.2 最佳、λ=0.31 最佳。

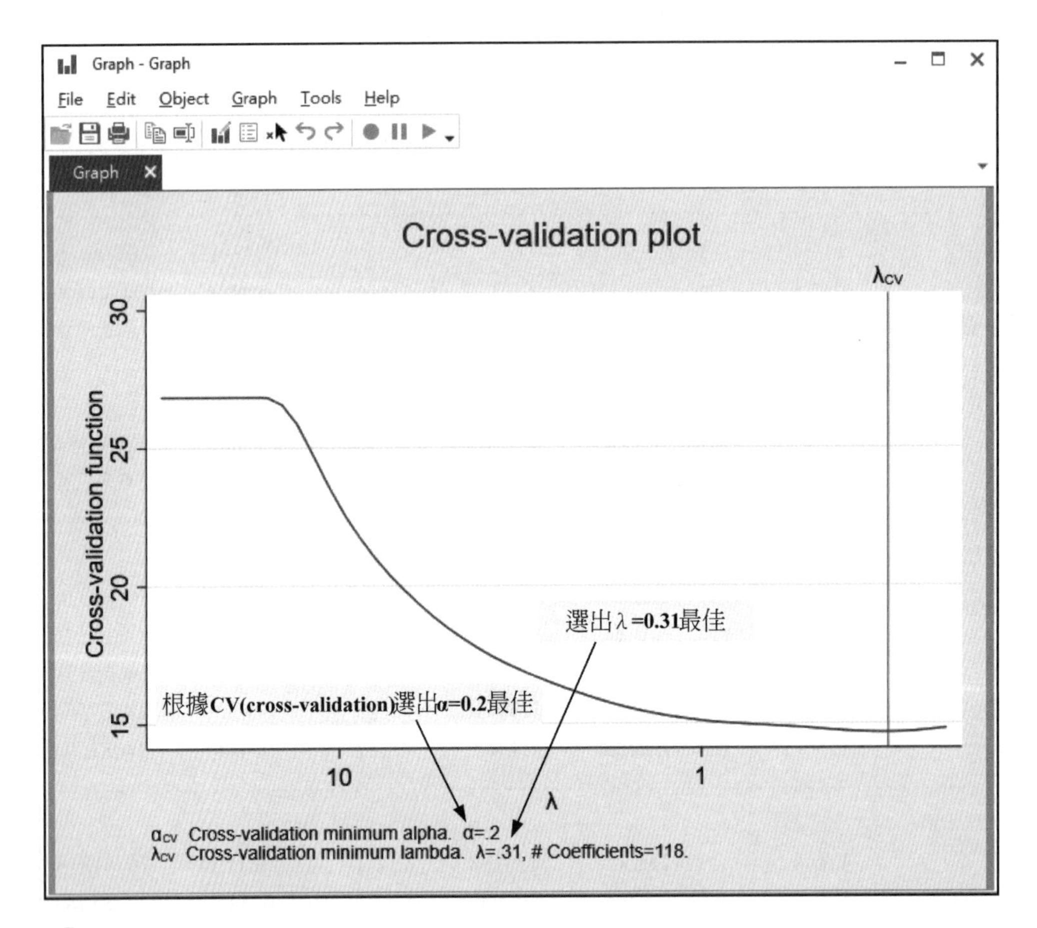

圖 4-25　自定 alpha(0.1 0.2 0.3) 之結果，用 cvplot 繪出 cross-validation 圖（繪 CV 陡坡圖）

上圖，CV 函數所選定的 λ* 附近看起來很平坦。故可用 lassoknots 來評估替代的 λ（及替代 α）。執行 lassoknots 的選項 (nonzero cvmpe osr2)，要求顯示非 0 係數的數量 (nonzero)，及 CV 函數 (cvmpe) 及樣本外 R^2 的估計值 (osr2)。

```
. lassoknots, display(nonzero cvmpe osr2)


-----------------------------------------------------
            |                No. of   CV mean    Out-of-
            |               nonzero     pred.     sample
alpha    ID |    lambda       coef.     error  R-squared
------------+----------------------------------------
0.300       |
         15 | 9.603319            4  26.42296     0.0114
         16 | 8.750186           13  25.59751     0.0423
         17 | 7.972844           23  24.49401     0.0836
         18 | 7.264559           29   23.4056     0.1243
         19 | 6.619195           34  22.42569     0.1610
         20 | 6.031164           38  21.56161     0.1933
         21 | 5.495372           40  20.80788     0.2215
         23 | 4.562354           42  19.58781     0.2671
         24 | 4.157047           43  19.08806     0.2858
         25 | 3.787747           45  18.62681     0.3031
         26 | 3.451254           46  18.20907     0.3187
         28 | 2.865292           47  17.49705     0.3454
         29 | 2.610747           48  17.19074     0.3568
         30 | 2.378815           45  16.92008     0.3670
         31 | 2.167488           47  16.67944     0.3760
         33 | 1.799487           48  16.25004     0.3920
         33 | 1.799487           48  16.25004     0.3920
         34 | 1.639625           47   16.0553     0.3993
         35 | 1.493965           51  15.87017     0.4062
         36 | 1.361246           49  15.70237     0.4125
         37 | 1.240316           48   15.5545     0.4180
         38 |  1.13013           48  15.41571     0.4232
         38 |  1.13013           48  15.41571     0.4232
         39 | 1.029732           49  15.29961     0.4276
         40 | .9382538           50  15.20247     0.4312
         40 | .9382538           50  15.20247     0.4312
         42 | .7789548           52  15.05778     0.4366
         42 | .7789548           52  15.05778     0.4366
         43 | .7097546           51  15.00443     0.4386
```

```
         44 | .646702            49    14.96448        0.4401
         46 | .5369033           52    14.93451        0.4412
         46 | .5369033           52    14.93451        0.4412
         47 | .4892063           54    14.92747        0.4415
         47 | .4892063           54    14.92747        0.4415
         48 | .4457466           62    14.90532        0.4423
         49 | .4061477           70    14.87137        0.4436
         50 | .3700666           74    14.84268        0.4447
         51 | .3371909           80    14.79911        0.4463
         52 | .3072358           87    14.74829        0.4482
         53 | .2799418           90    14.71089        0.4496
         53 | .2799418           90    14.71089        0.4496
         54 | .2550726           92    14.67746        0.4509
         55 | .2324126           98    14.66803        0.4512
         56 | .2117657          105    14.67652        0.4509
         57 | .1929531          113     14.7108        0.4496
         58 | .1758116          119    14.76762        0.4475
         58 | .1758116          119    14.76762        0.4475
         59 |  .160193          122    14.84229        0.4447
------------+----------------------------------------
0.200       |
         69 | 14.40498            4    26.54791        0.0067
         70 | 13.12528           18    25.85794        0.0326
         71 | 11.95927           30    24.83041        0.0710
         72 | 10.89684           40    23.80024        0.1095
         73 | 10.53963           44    23.44846        0.1227
         74 | 9.603319           53    22.53648        0.1568
         75 | 8.750186           61    21.72741        0.1871
         76 | 7.972844           64    21.01853        0.2136
         77 | 7.264559           66    20.40074        0.2367
         78 | 6.619195           67    19.85518        0.2571
         80 | 5.495372           68    18.90237        0.2928
         81 | 5.007178           69    18.48814        0.3083
         81 | 5.007178           69    18.48814        0.3083
         85 | 3.451254           67    17.17541        0.3574
         86 | 3.144654           69    16.93136        0.3665
         87 | 2.865292           69    16.70222        0.3751
```

```
       87 | 2.865292        69    16.70222     0.3751
       88 | 2.610747        69    16.48452     0.3832
       88 | 2.610747        69    16.48452     0.3832
       89 | 2.378815        71    16.28265     0.3908
       89 | 2.378815        71    16.28265     0.3908
       91 | 1.974934        69    15.91096     0.4047
       91 | 1.974934        69    15.91096     0.4047
       92 | 1.799487        66    15.74536     0.4109
       92 | 1.799487        66    15.74536     0.4109
       93 | 1.639625        65    15.59822     0.4164
       93 | 1.639625        65    15.59822     0.4164
       95 | 1.361246        67     15.3601     0.4253
       96 | 1.240316        65    15.26164     0.4290
       96 | 1.240316        65    15.26164     0.4290
       97 |  1.13013        61    15.17841     0.4321
      100 | .8549019        57    15.00311     0.4387
      101 | .7789548        57    14.96953     0.4399
      101 | .7789548        57    14.96953     0.4399
      102 | .7097546        59    14.94052     0.4410
      103 |  .646702        67    14.91204     0.4421
      103 |  .646702        67    14.91204     0.4421
      104 | .5892507        76    14.87613     0.4434
      105 | .5369033        78    14.84548     0.4446
      105 | .5369033        78    14.84548     0.4446
      106 | .4892063        87    14.80309     0.4462
      107 | .4457466        95    14.75606     0.4479
      107 | .4457466        95    14.75606     0.4479
      108 | .4061477       100     14.7171     0.4494
      109 | .3700666       102    14.68786     0.4505
      110 | .3371909       108    14.66875     0.4512
    * 111 | .3072358       118    14.66358     0.4514
      112 | .2799418       125    14.67566     0.4509
      113 | .2550726       127    14.70695     0.4498
      113 | .2550726       127    14.70695     0.4498
      114 | .2324126       131    14.75445     0.4480
      115 | .2117657       137    14.81594     0.4457
------------+-----------------------------------------
```

```
0.100        |
        117 | 28.80996        4   26.67947    0.0018
        118 | 26.25056       23   26.18995    0.0201
        119 | 23.91853       45   25.33664    0.0521
        120 | 21.79368       64   24.40181    0.0870
        121 | 19.85759       80   23.50889    0.1204
        122 | 18.09349       86   22.69812    0.1508
        123 | 16.48612       94   21.97341    0.1779
        124 | 15.80945       96   21.67491    0.1891
        125 | 14.40498       98   21.06718    0.2118
        126 | 13.12528       99   20.51847    0.2323
        127 | 11.95927      100   20.01831    0.2510
        128 | 10.89684      102   19.55844    0.2682
        133 | 7.264559      100   17.99248    0.3268
        134 | 6.619195      102   17.72702    0.3368
        135 | 6.031164      102    17.4833    0.3459
        135 | 6.031164      102    17.4833    0.3459
        136 | 5.495372      105   17.25587    0.3544
        136 | 5.495372      105   17.25587    0.3544
        137 | 5.007178      106     17.038    0.3625
        137 | 5.007178      106     17.038    0.3625
        138 | 4.562354      108   16.82787    0.3704
        138 | 4.562354      108   16.82787    0.3704
        139 | 4.157047      113   16.62747    0.3779
        139 | 4.157047      113   16.62747    0.3779
        140 | 3.787747      110   16.43704    0.3850
        140 | 3.787747      110   16.43704    0.3850
        141 | 3.451254      112   16.25967    0.3917
        142 | 3.144654      106   16.09705    0.3977
        143 | 2.865292      104   15.94867    0.4033
        144 | 2.610747      103   15.81362    0.4084
        144 | 2.610747      103   15.81362    0.4084
        145 | 2.378815      104    15.6889    0.4130
        146 | 2.167488      100   15.57586    0.4172
        147 | 1.974934       93   15.47179    0.4211
        148 | 1.799487       89   15.37777    0.4247
        149 | 1.639625       88   15.29864    0.4276
```

```
       149 | 1.639625          88    15.29864        0.4276
       150 | 1.493965          88    15.23202        0.4301
       150 | 1.493965          88    15.23202        0.4301
       151 | 1.361246          87    15.17411        0.4323
       151 | 1.361246          87    15.17411        0.4323
       152 | 1.240316          90    15.12086        0.4343
       152 | 1.240316          90    15.12086        0.4343
       153 |  1.13013          89    15.07765        0.4359
       153 |  1.13013          89    15.07765        0.4359
       154 | 1.029732          99    15.03843        0.4374
       155 | .9382538         111     14.9935        0.4390
       156 | .8549019         118    14.94795        0.4407
       157 | .7789548         121    14.89944        0.4426
       157 | .7789548         121    14.89944        0.4426
       159 |  .646702         133    14.81798        0.4456
       160 | .5892507         137    14.78693        0.4468
       160 | .5892507         137    14.78693        0.4468
       161 | .5369033         143    14.76586        0.4476
       162 | .4892063         148    14.75827        0.4478
       162 | .4892063         148    14.75827        0.4478
       163 | .4457466         152    14.76197        0.4477
       164 | .4061477         161    14.77617        0.4472
       165 | .3700666         164    14.79394        0.4465
       165 | .3700666         164    14.79394        0.4465
       166 | .3371909         162    14.81783        0.4456
       166 | .3371909         162    14.81783        0.4456
----------------------------------------------------------
* alpha and lambda selected by cross-validation.
```

1. elastic net（彈性網）迴歸是 Ridge 及 Lasso 的合體，公式如下，它有二個待估參數「λ、α」：

$$Q=\frac{1}{2N}\sum_{i=1}^{N}(y_i-\beta_0-x_i\beta')^2+\lambda\sum_{j=1}^{p}\left(\frac{1-\alpha}{2}\beta_j^2+\alpha|\beta_j|\right)$$

2. 本例 CV（交叉驗證）選擇 $\alpha^*=2$，代入上式，本例若只用一般 Lasso 迴歸分析，是不夠的。
3. 當 $\alpha=2$ 時，最好挑 ID=111, lambda=0.307 最佳，被挑選的控制變數只有 118

個（可用 lassocoef 印出這些變數名稱）。

4. 本例求得 elastic net 迴歸式為：

$$Q=\frac{1}{2*1058}\sum_{i=1}^{1058}(y_i-\beta_0-x_i\beta')^2+0.307\sum_{j=1}^{170}\left(\frac{1-2}{2}\beta_j^2+2|\beta_j|\right)$$

五、範例 3：Ridge regression 公式如下

$$\hat{\beta}_R=\arg\min\sum_{i=1}^{n}(y_i-x'_i\beta)^2 \quad \text{s.t.} \quad \sum_{j=1}^{p}\beta_j^2<\tau$$

elastic net（彈性網）迴歸是 Ridge 及 Lasso 的合體，公式如下，它有二個待估參數「λ、α」：

$$Q=\frac{1}{2N}\sum_{i=1}^{N}(y_i-\beta_0-x_i\beta')^2+\lambda\sum_{j=1}^{p}\left(\frac{1-\alpha}{2}\beta_j^2+\alpha|\beta_j|\right)$$

因此只要界定 alpha(0)，懲罰項$\alpha|\beta_j|$就逼近 0，elastic net 迴歸就退化成 Ridge 迴歸。可見 Ridge 迴歸是 elastic net 迴歸的特例。

承前例資料檔「fakesurvey2_vl.dta」。

```
*step-3 ：Ridge 迴歸
. use fakesurvey2_vl.dta, clear

* 因為依變數 q104 是連續變數，故你要選「lasso linear」或「elasticnet linear」
. elasticnet linear q104 $idemographics $ifactors $vlcontinuous if sample == 1,
rseed(1234) alpha(0)
```

```
* 將求得參數值，存至系統變數 _est_ridge，再跟其他模型比較適配度
. estimates store ridge
```

在此實作中，ridge 迴歸使用 CV(cross-validation) 來選擇 λ^* 最佳值。接著 cvplot 來繪製 CV 函數。

```
* 繪 CV 陡坡圖，來決定 ML 分析應保留的 λ 值（內定用 CV 法）
. cvplot
```

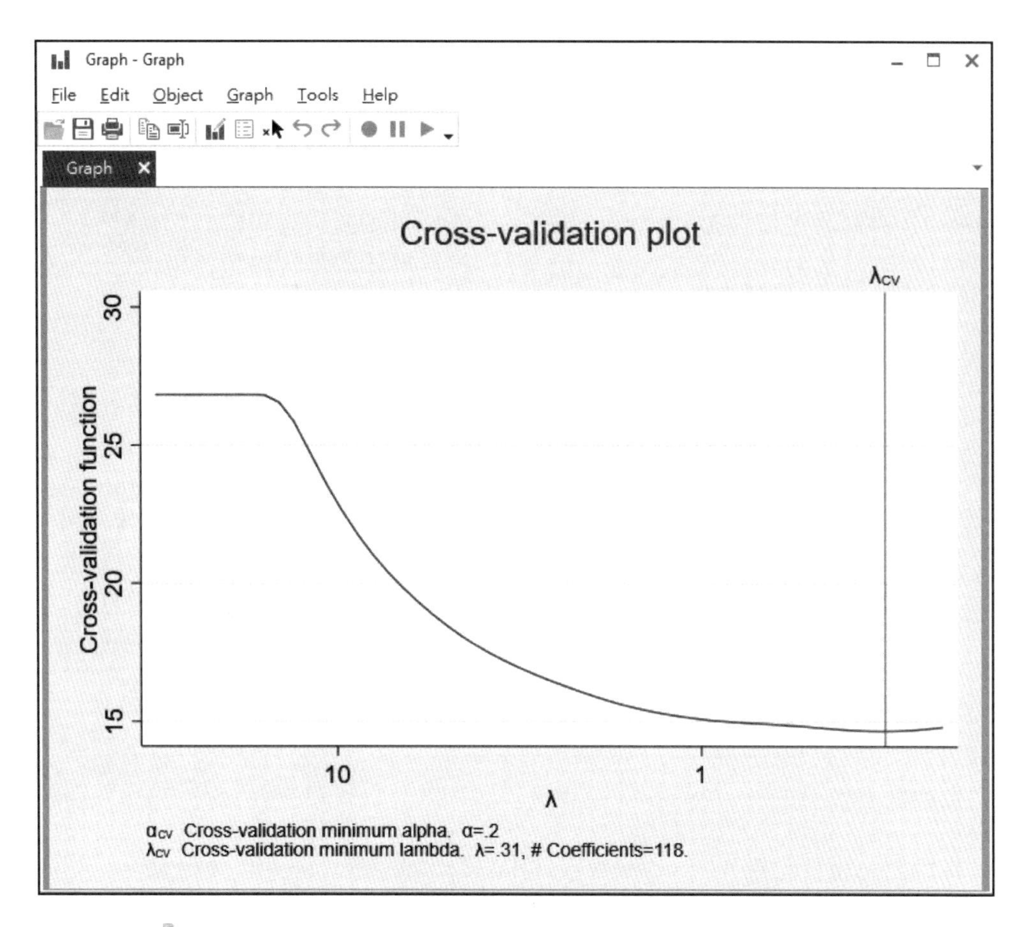

圖 4-26 ridge 迴歸使用 CV(cross-validation) 來選擇 λ 最佳值

六、範例 4：比較 elastic net、ridge regression、lasso 模型

承前例之資料檔。本例中，用一半樣本（訓練組）來適配彈性網及脊，接著再評估另一半樣本（測驗組）的預測好壞。

讓我們繼續比較範例 2 及範例 3 的數據，來適配 Lasso。

```
*step-4 ：比較 elastic net、ridge regression、lasso 模型
* 只用一半樣本（訓練組）：sample == 1
. lasso linear q104 $idemographics $ifactors $vlcontinuous if sample == 1,
rseed(1234)
```

```
Grid value 33:     lambda =  .161071    no. of nonzero coef. =       29
Folds: 1...5....10   CVF = 15.12964
... cross-validation complete ... minimum found

Lasso linear model                          No. of obs        =         449
                                            No. of covariates =         275
Selection: Cross-validation                 No. of CV folds   =          10

--------------------------------------------------------------------------
         |                                No. of      Out-of-      CV mean
         |                               nonzero       sample   prediction
      ID |     Description      lambda     coef.    R-squared        error
---------+----------------------------------------------------------------
       1 |    first lambda    3.161889         0       0.0020     26.67513
      28 |   lambda before    .2564706        18       0.4348     15.10566
    * 29 | selected lambda    .2336864        21       0.4358     15.07917
      30 |    lambda after    .2129264        21       0.4355     15.08812
      33 |     last lambda     .161071        29       0.4339     15.12964
--------------------------------------------------------------------------
* lambda selected by cross-validation.

*將上述Lasso分析果，存至系統變數_est_lasso，以便後面「test組」的比較
. estimates store lasso
```

使用以上儲存的系統變數（較早的彈性網及脊的結果）。對於 Lasso 結果，我們進行了相同的操作。現在可用 lassogof 來比較樣本外預測。

```
*樣本分二組，記錄在新變數sample
* lassogof 來比較前面三個迴歸
. lassogof elasticnet ridge lasso, over(sample)

Penalized coefficients
-------------------------------------------------------------
Name               sample |         MSE    R-squared        Obs
-----------------------+-------------------------------------
elasticnet             |
```

```
            Training組 |    11.4881       0.5568        489
             Testing組 |   14.57795       0.5030        504
-----------------------+----------------------------------
ridge                  |
            Training組 |   11.70471       0.5520        480
             Testing組 |   14.60949       0.4967        501
-----------------------+----------------------------------
lasso                  |
            Training組 |   13.41709       0.4823        506
             Testing組 |   14.91674       0.4867        513
----------------------------------------------------------
```

1. 基於均方誤差 (MS_E) 及 R^2，彈性網在樣本外（測驗組）的表現，比 ridge 及 lasso 好。

請注意，對於每個模型，訓練樣本及測試樣本的觀察個數略有不同。splitsample 將樣本精確地分成兩半，每半個樣本中有 529 個觀察值。由於不同的模型包含不同的所選變數集，因此各個模型的樣本數有所不同。因此，missing 值的 pattern 是不同的。如果要在刪除 missing 值後使一半樣本完全相等，則可將包含依變數及所有潛在變數的可選 varlist 與 splitsample 一起使用，來忽略這些變數中的任何 missing 值。

在求出 elastic net 勝過 ridge 及 lasso 結論之前，必須指出我們對 lasso 不公平。理論很簡單，對於 lasso 線性模型，postselection 係數會提供了更好的預測。

因此用下表「lassogof lasso」重新執行 postselection，結果會上表結果不同。

```
. lassogof lasso, over(sample) postselection

Penalized coefficients
----------------------------------------------------------
Name            sample |        MSE    R-squared       Obs
-----------------------+----------------------------------
lasso                  |
            Training組 |   13.14487       0.4928        506
             Testing組 |   14.62903       0.4966        513
----------------------------------------------------------
```

提醒大家，elastic net 限制：

postselection 係數不應與彈性網一起使用，尤其是它與 Ridge 迴歸無關。Ridge 透過縮小係數估計來計算，這些是應該用於預測的估計。因爲 postselection 係數是所選係數的 OLS 迴歸係數，而且因爲 ridge 始終選擇「所有」變數，所以 ridge 之後的 postselection 係數是所有潛在變數的 OLS 迴歸係數，顯然我們不想將它用於預測。

4-4 ridge、Lasso、elastic net 迴歸的比較（外掛指令 lassoregress、ridgeregress、elasticregress）

1. 線性迴歸很簡單，用線性函式適配數據，用 mean square error (MS_E) 計算損失 (cost)，然後用梯度下降法找到一組使 MS_E 最小的權重。
2. lasso 迴歸及嶺迴歸 (ridge regression) 其實就是在標準線性迴歸的基礎上分別加入 L1 及 L2 正則化 (regularization)。

Stata 另外提供 lassoregress、ridgeregress、elasticregress 三個外掛指令，方便你使用 Stata v14 以上版本，即何分析 ridge、Lasso、elastic net 迴歸。例如：你可用「. findit lassoregress」來分別安裝 lassoregress.ado 執行檔；亦可將本書光碟所附「*ado 資料夾直接 copy 到磁碟機 C 的 ado 資料夾*」中「ado」資料夾，用檔案管理人工 copy 至硬碟「C:\ado」資料夾，即可使用它們。若要查這些外掛指的語法，可下命令「. help lassoregress」來查詢。

以下 lassoregress、ridgeregress、elasticregress 三個外掛指令，都使用「auto.dta」資料檔。依變數都是耗油率 (mpg)，自變數都是：車重 (weight) 連續變數、進口車嗎 (foreign) 虛擬變數。

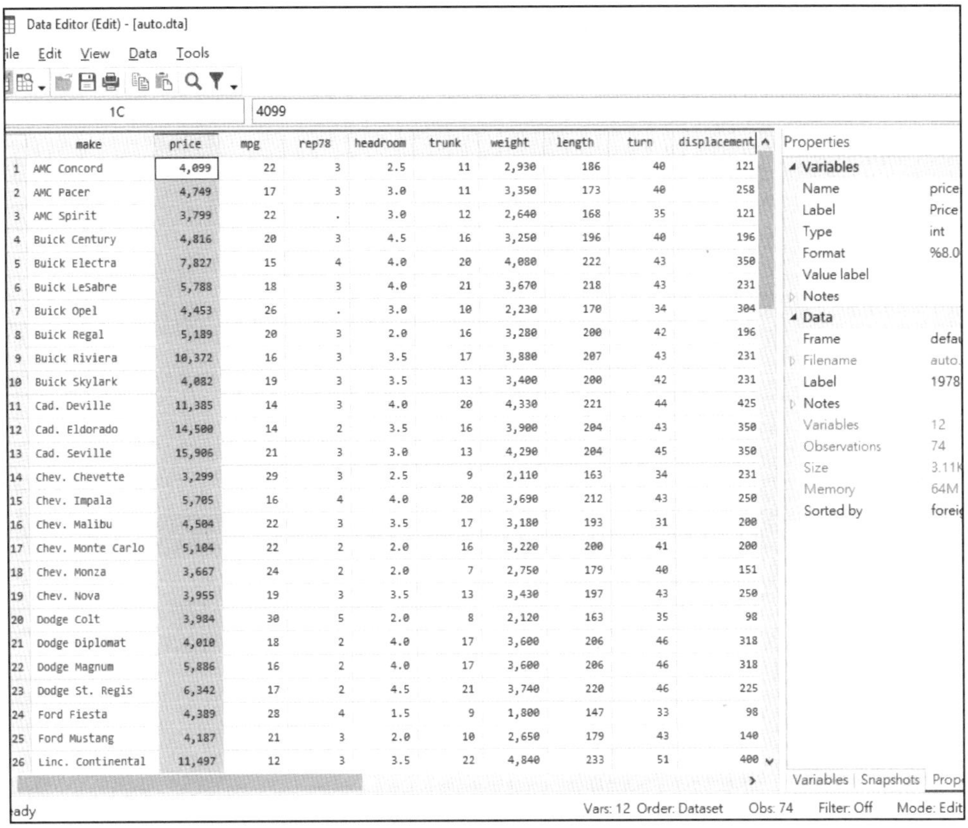

Data Editor (Edit) - [auto.dta]

ile Edit View Data Tools

1C | 4099

	make	price	mpg	rep78	headroom	trunk	weight	length	turn	displacement
1	AMC Concord	4,099	22	3	2.5	11	2,930	186	40	121
2	AMC Pacer	4,749	17	3	3.0	11	3,350	173	40	258
3	AMC Spirit	3,799	22	.	3.0	12	2,640	168	35	121
4	Buick Century	4,816	20	3	4.5	16	3,250	196	40	196
5	Buick Electra	7,827	15	4	4.0	20	4,080	222	43	350
6	Buick LeSabre	5,788	18	3	4.0	21	3,670	218	43	231
7	Buick Opel	4,453	26	.	3.0	10	2,230	170	34	304
8	Buick Regal	5,189	20	3	2.0	16	3,280	200	42	196
9	Buick Riviera	10,372	16	3	3.5	17	3,880	207	43	231
10	Buick Skylark	4,082	19	3	3.5	13	3,400	200	42	231
11	Cad. Deville	11,385	14	3	4.0	20	4,330	221	44	425
12	Cad. Eldorado	14,500	14	2	3.5	16	3,900	204	43	350
13	Cad. Seville	15,906	21	3	3.0	13	4,290	204	45	350
14	Chev. Chevette	3,299	29	3	2.5	9	2,110	163	34	231
15	Chev. Impala	5,705	16	4	4.0	20	3,690	212	43	250
16	Chev. Malibu	4,504	22	3	3.5	17	3,180	193	31	200
17	Chev. Monte Carlo	5,104	22	2	2.0	16	3,220	200	41	200
18	Chev. Monza	3,667	24	2	2.0	7	2,750	179	40	151
19	Chev. Nova	3,955	19	3	3.5	13	3,430	197	43	250
20	Dodge Colt	3,984	30	5	2.0	8	2,120	163	35	98
21	Dodge Diplomat	4,010	18	2	4.0	17	3,600	206	46	318
22	Dodge Magnum	5,886	16	2	4.0	17	3,600	206	46	318
23	Dodge St. Regis	6,342	17	2	4.5	21	3,740	220	46	225
24	Ford Fiesta	4,389	28	4	1.5	9	1,800	147	33	98
25	Ford Mustang	4,187	21	3	2.0	10	2,650	179	43	140
26	Linc. Continental	11,497	12	3	3.5	22	4,840	233	51	400

Properties

Variables	
Name	price
Label	Price
Type	int
Format	%8.0
Value label	
Notes	
Data	
Frame	defau
Filename	auto.
Label	1978
Notes	
Variables	12
Observations	74
Size	3.11k
Memory	64M
Sorted by	forei

Variables | Snapshots | Prop

ady   Vars: 12 Order: Dataset   Obs: 74   Filter: Off   Mode: Edit

圖 4-27 「auto.dta」資料檔

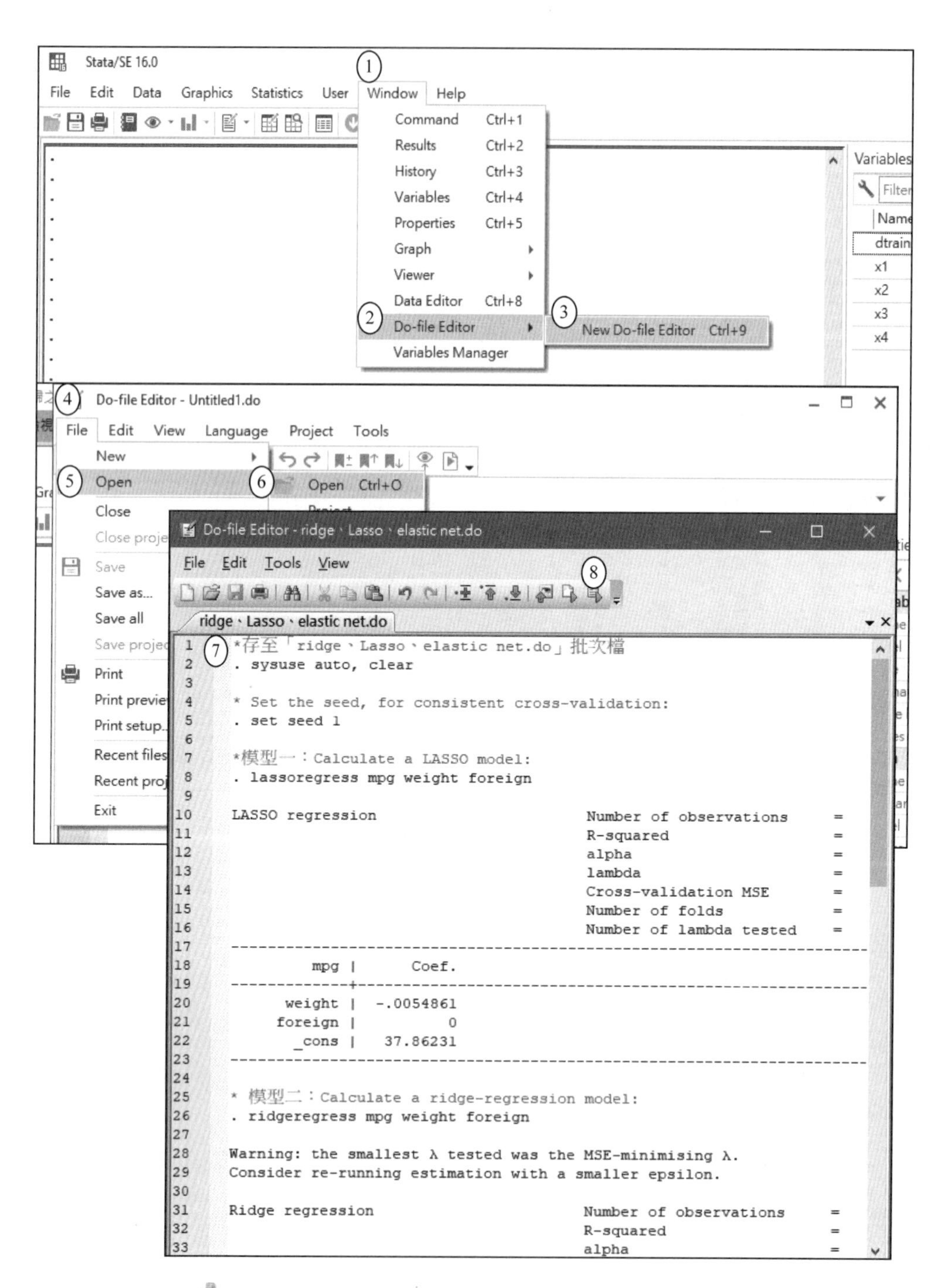

圖 4-28 「ridge、Lasso、elastic net.do」批次檔

```
* 存至「ridge、Lasso、elastic net.do」批次檔
. sysuse auto, clear

* Set the seed, for consistent cross-validation:
. set seed 1
* 模型 0：對照組之 OLS 迴歸模型
* 依變數 mpg（耗油率）
. regress mpg weight foreign

      Source |       SS           df       MS      Number of obs   =        74
-------------+----------------------------------   F(2, 71)        =     69.75
       Model |  1619.2877         2  809.643849   Prob > F        =    0.0000
    Residual |  824.171761        71   11.608053   R-squared       =    0.6627
-------------+----------------------------------   Adj R-squared   =    0.6532
       Total |  2443.45946        73  33.4720474   Root MSE        =    3.4071


------------------------------------------------------------------------------
         mpg |      Coef.   Std. Err.      t    P>|t|     [95% Conf. Interval]
-------------+----------------------------------------------------------------
      weight |  -.0065879   .0006371   -10.34   0.000    -.0078583   -.0053175
     foreign |  -1.650029   1.075994    -1.53   0.130      -3.7955    .4954422
       _cons |    41.6797   2.165547    19.25   0.000     37.36172    45.99768
------------------------------------------------------------------------------
* OLS 求得迴歸式：mpg= 0.67 -0.006×weight -1.65×(foreign=1)

* 模型一：計算 LASSO 迴歸模型
. lassoregress mpg weight foreign

LASSO regression                       Number of observations     =         74
                                       R-squared                  =     0.6466
                                       alpha                      =     1.0000
                                       lambda                     =     0.4034
                                       Cross-validation MSE       =    12.0339
                                       Number of folds            =         10
                                       Number of lambda tested    =        100
------------------------------------------------------------------------------
         mpg |      Coef.
```

```
-------------+-----------------------------------------------------------
      weight |  -.0054861
     foreign |          0
       _cons |   37.86231
-------------------------------------------------------------------------
* LASSO 求得迴歸式：
```

$$mpg = 37.86 - 0.0055 \times weight - 0 \times (foreign = 1) + 0.403 \times \sum_{j=1}^{2} |\beta_j|$$

```
* 模型二：計算 ridge-regression 迴歸模型
. ridgeregress mpg weight foreign

Warning: the smallest λ tested was the MSE-minimising λ.
Consider re-running estimation with a smaller epsilon.

Ridge regression                       Number of observations    =        74
                                       R-squared                 =    0.2343
                                       alpha                     =    0.0000
                                       lambda                    =    4.6383
                                       Cross-validation MSE      =   27.1411
                                       Number of folds           =        10
                                       Number of lambda tested   =       100
-------------------------------------------------------------------------
         mpg |      Coef.
-------------+-----------------------------------------------------------
      weight |  -.0010224
     foreign |   .6956361
       _cons |   24.17757
-------------------------------------------------------------------------
* Ridge 求得：
```

$$mpg = 24.18 - 0.001 \times weight + 0.696 \times (foreign = 1) + 4.64 \times \sum_{j=1}^{2} \beta_j^2$$

```
*模型三：Calculate OLS — equivalent to lasso or ridge with lambda=0:
. lassoregress mpg weight foreign, lambda(0)

LASSO regression                       Number of observations    =        74
                                       R-squared                 =    0.6627
```

```
                                   alpha                    =      1.0000
                                   lambda                   =      0.0000
-----------------------------------------------------------------------------
         mpg |       Coef.
-------------+---------------------------------------------------------------
      weight |  -.0065875
     foreign |  -1.649645
       _cons |   41.67843
-----------------------------------------------------------------------------
```

* 模型四：計算 elastic-net 迴歸（它是 lasso 及 ridge 的合體）

* $Q=\frac{1}{2N}\sum_{i=1}^{N}(y_i-\beta_0-x_i\beta')^2+\lambda\sum_{j=1}^{p}\left(\frac{1-\alpha}{2}\beta_j^2+\alpha|\beta_j|\right)$

```
. elasticregress mpg weight foreign

Warning: the smallest λ tested was the MSE-minimising λ.
Consider re-running estimation with a smaller epsilon.

Elastic-net regression             Number of observations     =          74
                                   R-squared                  =      0.6622
                                   alpha                      =      0.2000
                                   lambda                     =      0.0232
                                   Cross-validation MSE       =     12.8399
                                   Number of folds            =          10
                                   Number of alpha tested     =           6
                                   Number of lambda tested    =         100
-----------------------------------------------------------------------------
         mpg |       Coef.
-------------+---------------------------------------------------------------
      weight |  -.0063764
     foreign |  -1.402116
       _cons |   40.96739
-----------------------------------------------------------------------------
```

* Elastic-net 求得迴歸式：

$$mpg = 40.97 - 0.009 \times weight - 1.4 \times (foreign = 1) + 0.0232 \times \sum_{j=1}^{p=2}\left(\frac{1-0.2}{2}\beta_j^2 + 0.2|\beta_j|\right)$$

1. 以上模型適配度的測量，R^2 值越大模型越佳。
2. 交叉驗證 MS_E 值越小模型越佳。

4-5 Lasso 推論模型：連續依變數

早期，機器學習 (ML) 法並不直接適用於計量經濟學及相關領域的研究問題，但自從 Stata 提供 Lasso 因果推理，情況就改觀。

ML 在樣本外預測能力優於 OLS 的方法。Belloni。Chernozhukov、Hansen 的最新理論發現，這些方法也可用於結構模型的估算。

經濟學家對因果推理更感興趣，但有二個問題尚待解決：

1. 當有許多潛在的控制變數可用時，選擇控制變數來解決遺漏變數的偏誤 (bias)。
2. 當有很多潛在的工具變數 (IV)，如何界定 IVs 對內生解釋變數的關係？

一、「深度學習訓練」與「推論」(inference) 之間有什麼差別？

ML/ 深度神經網路在進行「訓練」階段，就猶如校園裡的授課活動。更明確的說，經過訓練的神經網路會在數位環境裡發揮所學習到的內容，透過應用程式這種簡單的型態來辨識影像、人類語言、血液疾病，或是建議人們可能下一雙會買的手機等等。這個速度更快、效率更高的神經網路會按照訓練過的內容，猜想新資料的走向。在人工智慧謂之「推論」(inference)。

未經過訓練便不會進行推論，在多數情況下，我們也是這麼獲得及運用知識。如同我們不會將所有師資、滿載的書架及一間校舍帶在身邊才能閱讀牛頓定律一樣，推論也不需要訓練方式的各種基礎架構才能做好工作。

(一) 訓練需要用到大量運算資源

要是演算法告訴 ML/ 神經網路它錯了，並不會獲得正確的答案，而錯誤內容會傳回網路各層，網路得猜測其他內容。在每次嘗試裡網路都必須考慮其他屬性，例如：「像狗」這個屬性（特徵），在更高或更低的各層對研究的屬性給予權重值。然後一而再、再而三進行猜測，直到每次都獲得正確的權重值及答案。才求得解答：這是一隻狗。

(二) AI運算的訓練與推論

人工智慧運算主要分成兩個階段：

(1) 訓練階段，即是透過大量的資料提供、運算並進行參數調整，從而獲得一個可用的人工智慧運算模型。

(2) 推論階段，即是模型完成後正式用在營運上，進行各種智慧偵測、智慧辨識。換句話說，訓練階段就是一個程式的開發階段（dev 適配），而推論階段其實就是程式的執行階段（run 適配）。

例如：撰寫一個可辨認狗臉的 AI 演算法，然後先提供 1,000 張各種不同狗臉的照片，由演算法標示出照片中的狗臉位置，初期演算法辨識不佳，但經過開發者對程式的判別進行調整修正後，辨識度高到一個可接受的程度，演算法即開發（訓練）完成。

接著，將這套演算法放置在學校門口，用攝影機拍攝大門畫面，而後演算法對照片進行有無狗臉的辨識，有則標註 (label) 起來，這個在前線現場例行執行的工作便是「推論」。

二、機器學習的因果推理 (causal inference with machine learning)

Stata v16 版以後，才有提供三大類之 Lasso 推論模型：

(1) 連續依變數：dsregress、poregress、xporegress、poivregress、xpoivregress 指令。

(2) 邏輯斯依變數：dslogit、pologit、xpologit 內建指令。

(3) 計數 (count) 依變數：dspoisson、popoisson、xpopoisson 內建指令。

Lasso 模型選擇之後，推理的最先進估計法 (cutting-edge estimators)，包括：

. double-selection: dsregress, dslogit, and dspoisson 指令。

. partialing-out: poregress, poivregress, pologit, and popoisson 指令。

. cross-fit partialing-out: xporegress, xpoivregress, xpologit, and xpopoisson 指令。

易言之，爲了因果推理，Stata 分別爲「連續型、二元型、計數型」依變數，提供 Lasso inferential models 一系列指令眾多，如下圖所示。

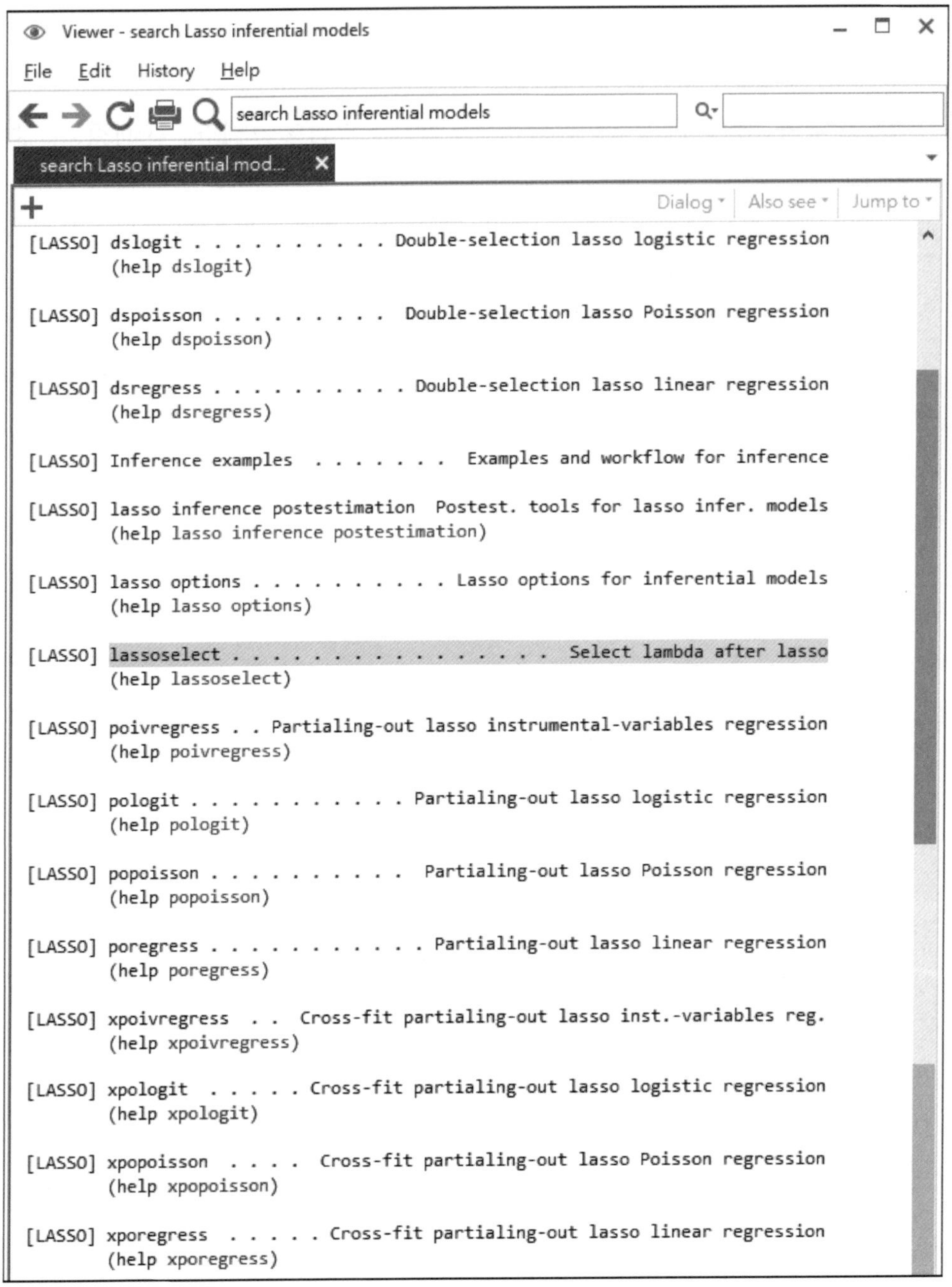

```
Viewer - search Lasso inferential models
File  Edit  History  Help
search Lasso inferential models
search Lasso inferential mod...
Dialog  Also see  Jump to

[LASSO] dslogit . . . . . . . . . . Double-selection lasso logistic regression
        (help dslogit)

[LASSO] dspoisson . . . . . . . . .  Double-selection lasso Poisson regression
        (help dspoisson)

[LASSO] dsregress . . . . . . . . . . Double-selection lasso linear regression
        (help dsregress)

[LASSO] Inference examples  . . . . . . .  Examples and workflow for inference

[LASSO] lasso inference postestimation  Postest. tools for lasso infer. models
        (help lasso inference postestimation)

[LASSO] lasso options . . . . . . . . . . Lasso options for inferential models
        (help lasso options)

[LASSO] lassoselect . . . . . . . . . . . . . . . . .  Select lambda after lasso
        (help lassoselect)

[LASSO] poivregress . . Partialing-out lasso instrumental-variables regression
        (help poivregress)

[LASSO] pologit . . . . . . . . . . . Partialing-out lasso logistic regression
        (help pologit)

[LASSO] popoisson . . . . . . . . . .  Partialing-out lasso Poisson regression
        (help popoisson)

[LASSO] poregress . . . . . . . . . . . Partialing-out lasso linear regression
        (help poregress)

[LASSO] xpoivregress  . .  Cross-fit partialing-out lasso inst.-variables reg.
        (help xpoivregress)

[LASSO] xpologit  . . . . . Cross-fit partialing-out lasso logistic regression
        (help xpologit)

[LASSO] xpopoisson  . . . .  Cross-fit partialing-out lasso Poisson regression
        (help xpopoisson)

[LASSO] xporegress  . . . . . Cross-fit partialing-out lasso linear regression
        (help xporegress)
```

圖 4-29　Stata 提供 Lasso 迴歸的指令

三、機器學習的因果推理 (causal inference with machine learning)

1. 在控制混雜因素 (confounding factors) 之後，著重於關鍵參數的因果估計，例如：平均邊際效果 (average marginal effect)。
2. 對於具有可觀察對象篩選的模型（無疑慮）
   - 例如：迴歸時，再填加控制組、或傾向得分的匹配 (regression with controls or propensity score matches)。
   - 良好的控制使這個假定 (assumption) 更加合理。
   - 因此，僅使用 ML 方法（特別是 Lasso）來篩選最佳控制項 (controls)。
3. 並使用許多可能的工具變數 (instrumental variables, IV) 來估計，即二階段迴歸 (2SLS)。在統計學、流行病學、計量經濟學及相關學科中，當受控實驗 (controlled experiments) 不可行、或隨機實驗中未成功地對每個單位進行 treatment 時，就可使用工具變數 (IV) 方法來估計因果關係。直覺上，當感興趣的解釋變數 (X) 與誤差項 (ε) 相關時就使用 IV，在這種情況下，普通最小平方法 (OLS) 或變異數分析 (ANOVA) 會產生偏誤結果。有效的工具會引起解釋變數的變化，但對依變數沒有獨立影響，卻可表達解釋變數 (X) 對依變數 (y) 的因果關係 (X→y)。

   在迴歸模型中，求解釋變數（或共變數）與誤差項有相關時，工具變數方法即能一致的估計。這種關聯可能在以下情況下發生：

   (1) 依變數 y 的變化會改變一個以共變數 X 的值（「反向」因果關係）。
   (2) 有遺漏變數，同時影響依變數 y 及自變數 X 二者。
   (3) 共變數（即自變數）要符合非隨機測量誤差。
      - 使用一些工具變數 (IV) 可避免很多工具的問題。
      - 使用 ML 方法（特別是 Lasso）篩選最佳工具。

(一) 內生共變數之線性迴歸(2SLS)

一般傳統估計採用最小平方法時，必須有一致性 (consistency)，假設解釋變數跟誤差項是無相關的。當模型中的變數是穩定時，可直接使用最小平方法。但是在模型中的變數是不穩定時，直接使用最小平方法將會產生虛假迴歸的問題 (spurious regression)。

某些情況下，解釋變數 x 跟誤差項（符號 u 或 ε）是相關的 (relevant)，在這種情況下，最小平方法 (ordinary least squares, OLS) 並無法產生一致性結果。根據經驗法則，若同時檢定最小平方法 (OLS)、最大概似法 (maximum likelihood, ML)、加權最小平方法 (weighted least square, WLS)、廣義最小平方法 (generalized least squares, GLS)、廣義動差法 (generalized method of moments, GMM)，你會發現 OLS 較易產生估計結果偏誤 (bias)。故改用工具變數之兩階最小平方法 (2SLS) 是個好的分析法，尤其在「長期間」的資料估計時，2SLS 的估計結果會比 OLS 的效果要好。

2SLS 這種因果模型是納入工具變數 Z，範例請見《高等統計：應用 SPSS 分析》、《Panel-data 迴歸模型：Stata 在廣義時間序列的應用》專書。

4. 但是對於資料探勘 (data mining)，需要控制才能有效的統計推論。
   - 目前是計量經濟學研究的很紅的領域。
5. 商業例子，就是線上網站，電商可能調整價格 (p) 來預測需求量 (q) 變化，這種 (X→y) 關係通常是非線性。
6. $q(p) = f(p) + e(p)$，其中，$e(p)$ 是誤差
   - naive 機器學習適配 $f(p)$ 非常好。
   - 上式微分，得 $\dfrac{dq(p)}{dp} = \dfrac{df(p)}{dp} + \dfrac{de(p)}{dp}$
7. 假設 $y = g(x) + e(p)$ 其中，x 是內生變數 (endogenous)
   - 工具 Z 的 E [ε|z] = 0E
   - 則 $\pi(z) = E[y \mid z] = E[g(x) \mid z] = \int g(x) dF(x \mid z)$
   - 使用機器學習來求得：$\hat{\pi}(z)$及$\hat{F}(x \mid z)$
   - 然後，求上式之積分式。
8. 經濟學家很容易使用現成的 ML 之套件，程式語言包括 Stata、Python、C++、JavaScript、Java、C#、Julia、Shell、R 等。
   - 這些 ML 套件，都不須讓你費時撰寫 2SLS 內生性 (endogeneity) 的程式碼 (coding)。

四、Lasso 推論 (Lasso for inference)

(一) 動機：推論(Inference)

1. 我們說什麼？(What we say?)

(1) 因果推論

(2) 無論如何，我們有一個完美的數據及理論模型

(3) 印出點估計及標準誤

2. 我們所做的 (What we do?)

(1) 嘗試多種功能形式

(2) 選擇一個支持我們故事的「好」模型

(3) 就像沒有模型選擇過程一樣報告結果

(二) 有何問題呢？

假設我有許多潛在的控制 (control) 變數，那麼我應該在模型中包括哪一個控制來對某些感興趣的變數執行有效的推論？

答：請考慮模型選擇過程。如下例子：空氣汙染效果 (air pollution effect)。

4-5-1 Double-Selection lasso：連續依變數（dsregress 指令）

連續變數 (continuous variable) 是指可採用一組不可數的值之變數。

在統計理論中，連續變數的概率分布可用概率密度函數表示。

在連續時間動力學中，可變時間被視爲連續時間，描述某些變數隨時間變化的方程是微分方程。瞬時變化率是一個定義明確的概念。

dsregress 適配 Lasso 線性迴歸模型，並印出係數及標準誤差，檢定統計量及指定共變數的信賴區間。雙重選擇方法用於估計這些變數的效果，並從潛在的控制變數中選擇要納入模型中的變數。

一、快速入門

1. 印出自變數 d1 對連續依變數 y 的線性迴歸，並且納入一百個 x1–x100 當潛在控制變數，來給 lassos 挑選。

```
. dsregress y d1, controls(x1-x100)
```

2. 同上例，只是自變數 d2 是多類別 (categorical)

```
*levels>2 類別變數，都可用「i.」運算子來轉換成虛擬變數，以 level=1 當比較基準點。
. dsregress y d1 i.d2, controls(x1-x100)
```

3. 改用 cross-validation (CV) 取代「疊代」lasso 最佳公式的選擇

```
. dsregress y d1 i.d2, controls(x1-x100) selection(cv)
```

4. 同上例，設定重製性之隨機種子 (set a random-number seed for reproducibility)

```
. dsregress y d1 i.d2, controls(x1-x100) selection(cv) rseed(28)
```

5. 同上例，爲「y, d1, and i.d2」加 lassos 選項

```
. dsregress y d1 i.d2, controls(x1-x100) lasso(*, selection(cv), stop(0))
```

6. 計算大於 CV 最小值的套索，來獲得完整的係數路徑、結 (knots) 等。

```
. dsregress y d1 i.d2, controls(x1-x100) lasso(*, selection(cv, alllambdas))
```

二、語法

`dsregress` *depvar varsofinterest* [*if*] [*in*] [, *options*]

varsofinterest are variables for which coefficients and their standard errors are estimated.

options	說明
Model	
`controls(`[`(`*alwaysvars*`)`] *othervars*`)`	*alwaysvars* and *othervars* make up the set of control variables; *alwaysvars* are always included; lassos choose whether to include or exclude *othervars*
`selection(plugin)`	use a plugin iterative formula to select an optimal value of the lasso penalty parameter λ^* for each lasso; the default
`selection(cv)`	use CV to select an optimal value of the lasso penalty parameter λ^* for each lasso
`selection(adaptive)`	use adaptive lasso to select an optimal value of the lasso penalty parameter λ^* for each lasso
`sqrtlasso`	use square-root lassos
`missingok`	after fitting lassos, ignore missing values in any *othervars* not selected, and include these observations in the final model
SE/Robust	
`vce(`*vcetype*`)`	*vcetype* may be `robust` (the default), `ols`, `hc2`, or `hc3`

Reporting	
level(#)	set confidence level; default is level(95)
display_options	control columns and column formats, row spacing, line width, display of omitted variables and base and empty cells, and factor-variable labeling
Optimization	
[no]log	display or suppress an iteration log
verbose	display a verbose iteration log
rseed(#)	set random-number seed
Advanced	
lasso(*varlist*, *lasso_options*)	specify options for the lassos for variables in *varlist*; may be repeated
sqrtlasso(*varlist*, *lasso_options*)	specify options for square-root lassos for variables in *varlist*; may be repeated
reestimate	refit the model after using lassoselect to select a different λ*
noheader	do not display the header on the coefficient table
coeflegend	display legend instead of statistics

varsofinterest, *alwaysvars*, and *othervars* may contain factor variables. Base levels of factor variables cannot be set for *alwaysvars* and *othervars*.

三、範例：空氣汙染效果 (air pollution effect)，（dsregress 指令）

雙選 lasso 式 → Partialing-out lasso 式

$$\tilde{y}=\tilde{d}\gamma+\varepsilon \quad \Rightarrow \quad y-x_y^*\hat{\beta}_y=d\gamma-x_d^*\hat{\beta}_{dy}+\varepsilon$$

(一) 模型

$$\text{react}_i = \text{no }2_i\,\gamma + X_i\beta + \varepsilon_i$$

react_i：測量兒童 i 的反應時間（命中時間）。

no 2_i：兒童 i 的學校中汙染水平的測量。

X 向量：可能需要包含的控制變數向量。

(二) 資料檔之內容

「breathe.dta」資料檔內容內容如下圖。

Data Editor (Edit) - [breathe.dta]

ile Edit View Data Tools

react[1] 764.584

	react	correct	omissions	no2_class	no2_home	age	age0	sex	grade
1	764.584	125	2	16.08773	26.79401	10.34086	8.0	Female	4th
2	855.8189	127	1	16.08773	33.39834	10.23409	3.0	Female	4th
3	932.98305	118	4	16.08773	29.15418	9.015742	3.0	Male	3rd
4	506.44094	127	0	16.08773	25.06727	10.42847	3.0	Female	4th
5	580.30159	126	0	16.08773	30.57206	9.330595	6.0	Male	3rd
6	839.15	120	3	16.08773	25.93976	10.04791	3.0	Female	4th
7	772.22222	126	1	16.05277	23.7357	9.226557	6.0	Male	2nd
8	911.90909	110	10	16.08773	26.82081	9.453798	3.0	Male	3rd
9	619.93548	124	3	16.05277	26.20005	8.692677	3.0	Female	2nd
10	955.81102	127	0	16.05277	25.14199	8.227242	3.0	Male	2nd
11	610.91339	127	0	16.08773	30.11204	9.451061	3.0	Male	3rd
12	795.80469	128	0	16.08773	47.95613	10.74059	3.0	Female	4th
13	705.34711	121	0	16.05277	22.0975	8.136892	3.0	Male	2nd
14	635.71875	128	0	16.08773	23.35722	9.368925	3.0	Female	3rd
15	760.08065	124	0	16.08773	31.04029	10.5024	3.0	Female	4th
16	861.69828	116	2	16.08773	25.73741	9.741273	3.0	Male	3rd
17	651.15574	123	0	41.3384	90.09444	9.344285	3.0	Male	3rd
18	694.19685	127	0	41.3384	94.77422	9.845311	4.0	Female	3rd
19	668.43307	127	1	41.3384	117.2632	10.74333	3.0	Male	4th
20	588.53175	126	0	41.3384	62.24862	9.590692	3.0	Female	3rd
21	877.07143	126	2	41.3384	44.33498	11.11567	3.0	Female	4th
22	551.6875	128	0	41.3384	56.83258	9.952087	3.0	Male	4th
23	607.17355	121	4	41.3384	59.55417	9.516769	3.0	Female	3rd
24	661.21667	120	6	41.3384	61.1424	9.199179	3.0	Female	3rd
25	611.816	125	1	41.3384	30.60677	10.63655	3.0	Female	4th
26	786.72269	119	4	41.3384	72.43357	10.16564	4.0	Male	4th

Properties

Variables	
Name	react
Label	Reactio
Type	double
Format	%10.0g
Value label	
Notes	
Data	
Frame	default
Filename	breathe
Label	Nitroge
Notes	
Variables	22
Observations	1,089
Size	73.38K
Memory	64M
Sorted by	

Variables | Snapshots | Propert

ady   Vars: 22 Order: Dataset   Obs: 1,089   Filter: Off   Mode: Edit

圖 4-30 「breathe.dta」資料檔內容（N=1,089，22 個變數）

觀察資料之特徵

```
. use breathe.dta, clear
. summarize

    Variable |        Obs        Mean    Std. Dev.       Min        Max
-------------+---------------------------------------------------------
       react |      1,084    742.4808    145.4446   434.0714    1303.26
     correct |      1,084    121.8266    7.001609         60        128
```

```
   omissions |      1,084    1.728782    3.812825          0         50
   no2_class |      1,089    30.16779    9.895886   7.794096   52.56397
    no2_home |      1,089    54.71832    18.04786   2.076335   118.6568
-------------+---------------------------------------------------------
         age |      1,089     9.08788     .886907    7.45243   11.63313
        age0 |      1,082    3.218022    1.293168          0          9
         sex |      1,089    .4986226    .5002278          0          1
       grade |      1,089    1.878788    .7882408          1          3
  overweight |      1,063    .2408278    .4277873          0          1
-------------+---------------------------------------------------------
    lbweight |      1,089    .0853994    .2796036          0          1
  breastfeed |      1,088    2.130515    .6571851          1          3
     msmoke |      1,087    .0386385    .1928205          0          1
  meducation |      1,089    3.650138    .6121491          1          4
  feducation |      1,086     3.54512    .6797188          1          4
-------------+---------------------------------------------------------
siblings_old |      1,081     .573543    .6752252          0          4
siblings_y~g |      1,083     .565097    .6906831          0          6
    sev_home |      1,089    .4196807    .1999143   .0645161   .9677419
  green_home |      1,089    .1980721     .077777   .0184283   .5258679
noise_school |      1,089    37.96354    4.491651       28.8       51.1
-------------+---------------------------------------------------------
  sev_school |      1,089    .4096389    .2064394   .1290323   .8387097
      precip |      1,089    .5593205      1.2364          0        5.8

. describe

Contains data from D:\CD\breathe.dta
  obs:         1,089                          Nitrogen dioxide and attention
 vars:            22                          20 Jul 2019 00:34
                                              (_dta has notes)
------------------------------------------------------------------------------
              storage   display    value
variable name   type    format     label      variable label
------------------------------------------------------------------------------
react           double  %10.0g              * Reaction time (ms)
correct         int     %10.0g              * Number of correct responses
```

```
omissions       byte    %10.0g              * Failure to respond to stimulus
no2_class       float   %9.0g                 Classroom NO2 levels (ug/m3)
no2_home        float   %9.0g                 Home NO2 levels (ug/m3)
age             float   %9.0g                 Age (years)
age0            double  %4.1f                 Age started school
sex             byte    %9.0g     sex         Sex
grade           byte    %9.0g     grade       Grade in school
overweight      byte    %32.0g    overwt    * Overweight by WHO/CDC definition
lbweight        byte    %18.0g    lowbw     * Low birthweight
breastfeed      byte    %19.0f    bfeed       Duration of breastfeeding
msmoke          byte    %10.0f    smoke     * Mother smoked during pregnancy
meducation      byte    %17.0g    edu         Mother's education level
feducation      byte    %17.0g    edu         Father's education level
siblings_old     byte     %1.0f                   Number of older siblings in
house
siblings_young  byte     %1.0f                  Number of younger siblings in
house
sev_home            float    %9.0g                          Home socio-economic
vulnerability index
green_home        double  %10.0g                  Home greenness (NDVI), 300m
buffer
noise_school    float   %9.0g                 School noise levels (dB)
sev_school          float    %9.0g                        School socio-economic
vulnerability index
precip          double  %10.0g                Daily total precipitation
                                            * indicated variables have notes
------------------------------------------------------------------------
```

(三) 分析結果與討論

步驟 1：最危險的樸素方法 (mostly dangerous naive approach)

所謂，樸素 (naïve) 是指的對於模型中各個 feature（特徵）有強獨立性的假定，並未將 feature 間的相關性納入考慮中。

Step 1　Lasso 迴歸：no_2 及所有 X 對依變數 react（X* 是被選定的 X）

Step 2　線性 regress：no_2 及 X* 對依變數 react

Step 3　對 no_2 之係數 γ 進行推論，就好像我們只進行了一次迴歸

如果你執行以上步驟，則得出的推論大多是無效 (invalid)。

即使只有一個控制變數，「推論」也可能出錯

1. 考慮一個簡單的模型：

$y_i = d_i\alpha + x_i\beta + \varepsilon$

2. 假設你執行下列樸素法：

Step 1　用 regress 指令，求 d 及 x 對依變數 y 之線性迴歸

Step 2　若 X_i 的迴歸係數未達 5% 顯著性 (significant)，則刪除該自變數 X

Step 3　少掉一個自變數 X 之後，再重新執行 regress 指令，否則使用 Step 1 的結果。

問題：若係數 $|\beta_i|$ 非常近似 0（但不是 0）時，你會得到錯誤的推論。

步驟 2：為什麼樸素法會失敗 (Why the naive approach fails)?

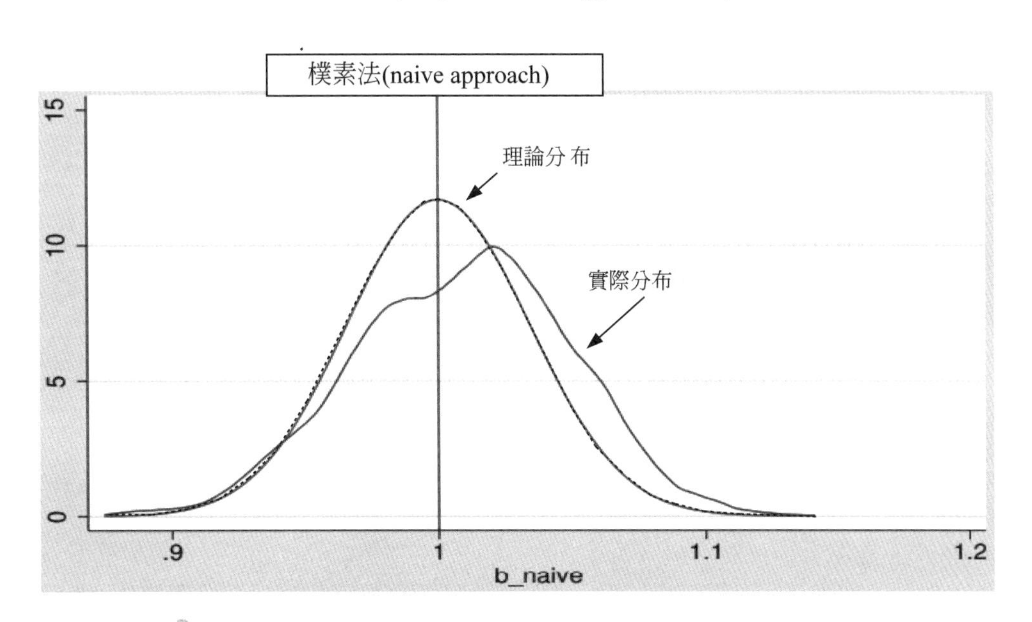

圖 4-31　樸素法 (naive approach) 之理論分布 vs. 實際分布

1. 利用眞實數據、模型選擇技術，不可避免地都會因缺少「小 β」而造成錯誤。
2. α 的實際分布不集中（它具有多種模式）。(Leeb and Pötscher, 2005)

步驟 3：解決之道

1. Pseudo 解決方案：
   - 假定眞實模型中的 β 很小，謂之 beta-min 條件（對眞實數據的限制太多）。
   - 不做任何選擇（當自變數個數 p 很大時，不是可靠的估計；當 p> N 時，是不可行的）。
2. 現實的解決方案 (Realistic solutions)：對模型選擇錯誤具有強健性 (robust)
   (1) 雙選法 (Double selection): Belloni et al. (2014), Belloni et al. (2016)
   包括（dsregress, dslogit, dspoisson 指令）
   (2) 分模法 (Partialing-out): Belloni et al. (2016), Chernozhukov et al. (2015)
   包括（poregress, poivregress, pologit, popoisson 指令）
   (3) 交叉適配分模法 [cross-fit Partialing-out（雙重機器學習）]：Chernozhukov et al. (2018)
   包括（xporegress, xpoivregress, xpologit, xpopoisson 指令）

步驟 4：雙選法 (double selection works)

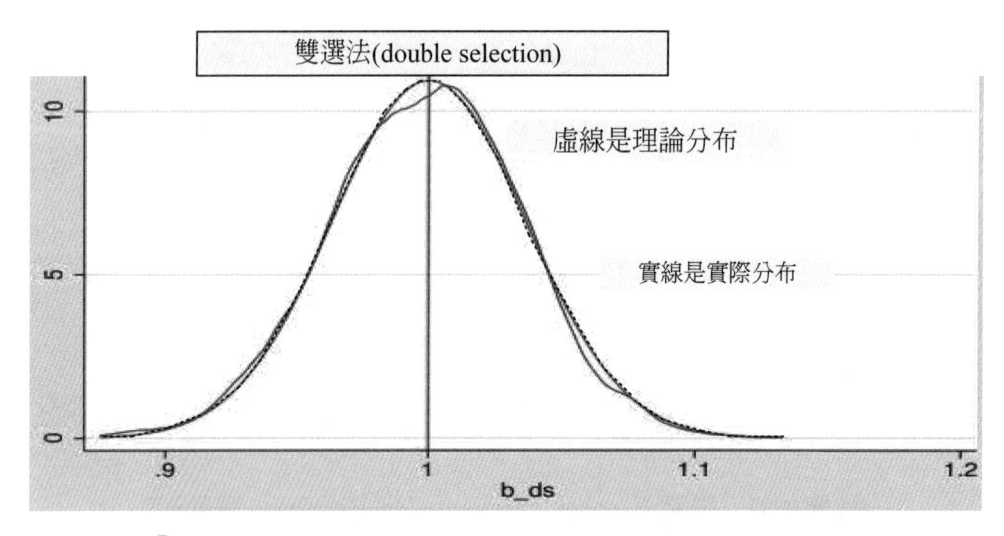

圖 4-32　雙選法 (double selection) 之理論分布 vs. 實際分布

雙選 lasso 式		Partialing-out lasso 式
$\tilde{y}=\tilde{d}\gamma+\varepsilon$	$\Rightarrow$	$y-x_y^*\hat{\beta}_y=d\gamma-x_d^*\hat{\beta}_{dy}+\varepsilon$

1. 雙選 Lasso 法

   Step 1　lasso y on X, denote selscted X as X_y^*

   Step 2　lasso y on X, denote selscted X as X_d^*

   Step 3　regress y on d, X_y^* and X_d^*

2. 直覺

   在 Step1 及 Step2 中均未考慮 x 對「α 的分布」影響可忽略不計

步驟 5：雙選法之 dsregress 指令 : 線性 Lasso 迴歸

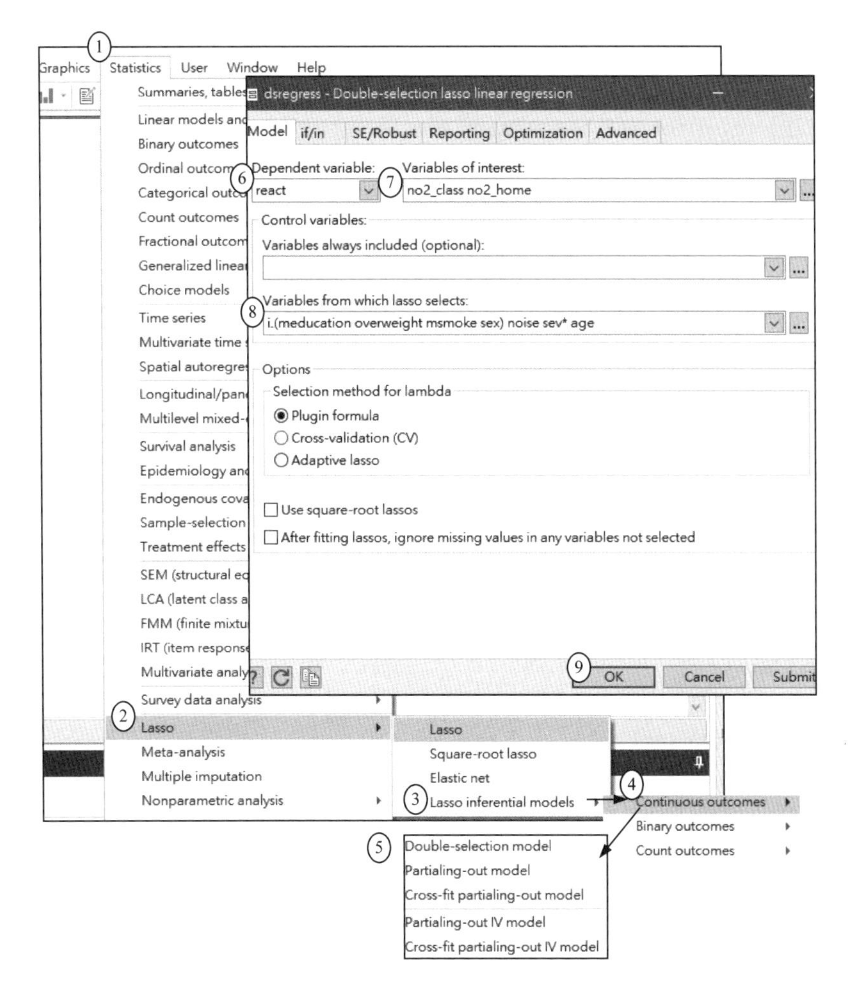

圖 4-33　「dsregress react no2_class no2_home, controls(i.(meducation overweight msmoke sex) noise sev*age)」畫面

註：Statistics > Lasso > Lasso inferential models > Continuous outcomes > Double-selection model

```
* 存在「雙選法之 dsregress.do」指令批次檔
* 開啟資料檔
* 開啟網站資料檔案，或用「. use breathe.dta」亦可
. webuse breathe

*model-1: Double-selection lasso linear regression for outcome reaction time
and inference on classroom and home nitrogen oxide
. dsregress react no2_class no2_home, controls(i.(meducation overweight msmoke
sex) noise sev* age)



Estimating lasso for react using plugin
Estimating lasso for no2_class using plugin
Estimating lasso for no2_home using plugin

Double-selection linear model         Number of obs               =      1,056
                                      Number of controls          =         14
                                      Number of selected controls =          4
                                      Wald chi2(2)                =      24.22
                                      Prob > chi2                 =     0.0000

------------------------------------------------------------------------------
             |               Robust
       react |      Coef.   Std. Err.      z    P>|z|     [95% Conf. Interval]
-------------+----------------------------------------------------------------
   no2_class |   2.207908   .4515834     4.89   0.000     1.322821    3.092995
    no2_home |  -.4670372   .2457718    -1.90   0.057    -.9487411    .0146666
------------------------------------------------------------------------------
Note: Chi-squared test is a Wald test of the coefficients of the variables
      of interest jointly equal to zero. Lassos select controls for model
      estimation. Type lassoinfo to see number of selected variables in each
      lasso.
```

1. dsregress 從 14 個控制變數中，只挑 4 個。
2. 教室空汙，NO_2 每立方公尺增加 1 微克 (microgram)，平均反應時間將延緩 2.21 毫秒 ($p < 0.05$)。即學校空汙會顯著讓人行動遲緩。

3. 但是，家裡空汙，NO_2 每增加一個 (ug/m^3) 單位，平均反應時間將加快 0.467 毫秒 ($p > 0.05$)。即家裡空汙不會顯著讓人行動靈活。
4. 沒有白吃的午餐。我們無法推論 4 個控制變數之係數。
5. 在內定情況下，所有變數都使用帶有插件 (plugin) λ 的 Lasso。

```
. lassoinfo
    Estimate:  active
     Command:  dsregress
----------------------------------------------------
            |                                No. of
            |           Selection           selected
   Variable |   Model      method    lambda  variables
------------+---------------------------------------
      react |   linear     plugin  .1111407          2
  no2_class |   linear     plugin  .1111407          2
   no2_home |   linear     plugin  .1111407          1
----------------------------------------------------
```

```
*model-2: Double-selection lasso linear regression for outcome reaction time
and inference on classroom and home nitrogen oxide using cross-validation to
select controls
. dsregress react no2_class no2_home, controls(i.(meducation overweight msmoke
sex) noise sev* age) selection(cv)

Estimating lasso for react using cv
Estimating lasso for no2_class using cv
Estimating lasso for no2_home using cv

Double-selection linear model          Number of obs               =      1,056
                                       Number of controls          =         14
                                       Number of selected controls =         10
                                       Wald chi2(2)                =      23.38
                                       Prob > chi2                 =     0.0000

------------------------------------------------------------------------------
             |               Robust
```

```
       react |      Coef.   Std. Err.      z    P>|z|     [95% Conf. Interval]
-------------+----------------------------------------------------------------
   no2_class |   2.166269   .4517498     4.80   0.000     1.280856    3.051682
    no2_home |  -.4758741   .2459163    -1.94   0.053    -.9578611     .006113
------------------------------------------------------------------------------
Note: Chi-squared test is a Wald test of the coefficients of the variables
      of interest jointly equal to zero. Lassos select controls for model
      estimation. Type lassoinfo to see number of selected variables in each
      lasso.
```

1. dsregress 從 14 個控制變數中，只挑 10 個。
2. 教室空汙，NO_2 每立方公尺增加 1 微克 (microgram)，平均反應時間將延緩 2.17 毫秒。即空汙會顯著讓人行動遲緩。
3. 但是，家裡空汙，NO_2 每增加一個 (ug/m^3) 單位，平均反應時間將加快 0.476 毫秒 ($p > 0.05$)。即家裡空汙不會顯著讓人行動靈活。
4. 本例改用 CV 法，所有變數都使用交叉驗證 λ 的 Lasso.
5. 整體而言，在控制 14 個外在變數之後，教室空汙是造成兒童反應延緩的危險因素 ($p < 0.05$)。

步驟 6：DS, PO, XPO 三者的比較

```
* Step6 DS,PO,XPO 三者的比較
. use
*--------double selection -------
. quietly dsregress react no2_class, controls(i.(meducation overweight msmoke
sex) noise sev* age)
. estimates store ds

*--------partialing-out -------
. quietly poregress react no2_class, controls(i.(meducation overweight msmoke
sex) noise sev* age)
. estimates store po

*--------cross-fitting partialing-out -------
```

```
. quietly xporegress react no2_class, controls(i.(meducation overweight msmoke
sex) noise sev* age)
. estimates store xpo

*--------naive approach-------
. * quietly naive_regress, depvar(react) dvar(no2_class) controls(i.(meducation
overweight msmoke sex) noise sev* age)
. * estimates store naive

*--------compare naive with ds, po, and xpo-------
. estimates table  ds po xpo, se

-----------------------------------------------------
    Variable |     ds            po            xpo
-------------+---------------------------------------
   no2_class |  1.9225751      1.91453     1.9969296
             |  .43335462    .43403012     .42938167
-----------------------------------------------------
                                         legend: b/se
```

1. Cross-fit Partialing-out(xpoi) 之標準誤 (se = 0.429) 比 ds、po 小，故此方法最佳。
2. 雙選 Lasso 迴歸式：react = 1.922×no2_class
3. Cross-fit Partialing-out Lasso 迴歸式：react = 1.996×no2_class

推薦建議：

1. 如果有時間，請使用 cross-fit partialing-out 估計法
   xporegress, xpologit, xpopoisson, xpoivregress
2. 若覺得 cross-fit 估計法太花時間，則改用 partialing-out 估計法
   poregress, pologit, popoisson, poivregress
   或選 double-selection 估計法
   dsregress, dslogit, dspoisson

步驟 7：控制個別套索 (Control individual lasso)

```
* Step7 控制單個套索(control lasso individually)
*--------control lasso individually-------
. dsregress react no2_class, controls(i.(meducation overweight msmoke sex)
noise sev* age) lasso(react, selection(adaptive)) sqrtlasso(no2_class,
selection(cv))

Estimating lasso for react using adaptive
Estimating square-root lasso for no2_class using cv

Double-selection linear model          Number of obs              =     1,056
                                       Number of controls         =        14
                                       Number of selected controls =        9
                                       Wald chi2(1)               =     18.72
                                       Prob > chi2                =    0.0000

------------------------------------------------------------------------------
             |               Robust
       react |      Coef.   Std. Err.      z    P>|z|     [95% Conf. Interval]
-------------+----------------------------------------------------------------
   no2_class |   1.877414   .4339356     4.33   0.000     1.026916    2.727912
------------------------------------------------------------------------------
```

1. 選項 lasso():adaptive lasso 用於 react
2. 選項 sqrtlasso(): 將交叉驗證的平方根套索用於 no2_class

步驟 8：界定套索的 cvplot

```
* Step8
*---------cvplot for react -----*
. cvplot, for(react)
```

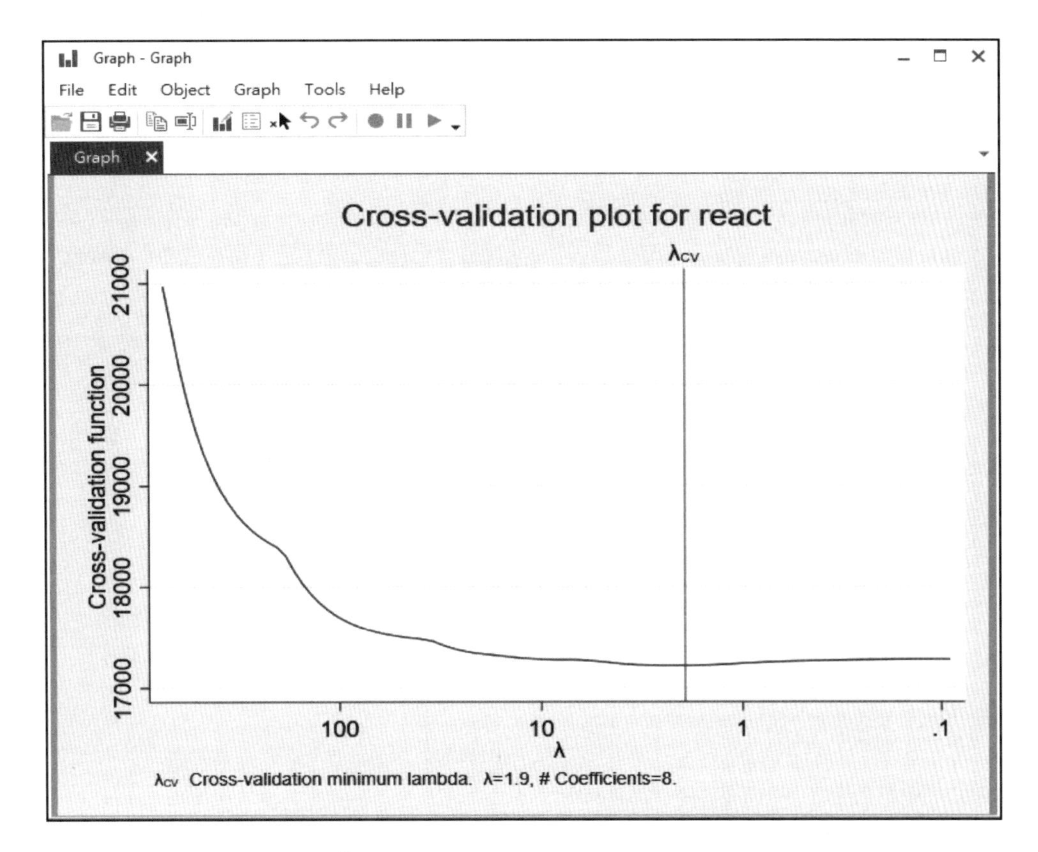

圖 4-34 「cvplot, for(react)」圖

交叉驗證功能曲線對於 react，非常平坦。表示選定的 λ 適配模型很好。

步驟 9：選擇不同的 λ(Choose λ differently)

請問，使用「內定 plugin、CV 與 adaptive lasso」三者有何不同呢？

```
*Step9 用「內定 plugin、CV 與 adaptive lasso」三者有何不同呢？
*--------default plugin ---------------
. quietly dsregress react no2_class, controls(i.(meducation overweight msmoke
sex) noise sev* age)
. estimates store ds_plugin

*--------cross-validation ---------------
```

```
. quietly dsregress react no2_class, controls(i.(meducation overweight msmoke
sex) noise sev* age) selection(cv)
. estimates store ds_cv

*--------adaptive lasso---------------
. quietly dsregress react no2_class, controls(i.(meducation overweight msmoke
sex) noise sev* age) selection(adaptive)
. estimates store ds_adapt

*--------compare plugin, cv, and adaptive lasso--------
. estimates table ds_plugin ds_cv ds_adapt, se


----------------------------------------------------
    Variable | ds_plugin      ds_cv       ds_adapt
-------------+--------------------------------------
   no2_class |  1.9225751    1.8780175    1.8632003
             |  .43335462     .433847     .4333265
----------------------------------------------------
                                         legend: b/se
. lassoinfo ds_plugin ds_cv ds_adapt


    Estimate:  ds_plugin
     Command:  dsregress
----------------------------------------------------
            |                                 No. of
            |           Selection           selected
   Variable |   Model     method    lambda  variables
------------+---------------------------------------
      react |   linear    plugin  .1111407          2
  no2_class |   linear    plugin  .1111407          2
----------------------------------------------------


    Estimate:  ds_cv
     Command:  dsregress
-----------------------------------------------------------------
            |                                              No. of
            |           Selection  Selection             selected
```

```
  Variable |     Model      method  criterion     lambda  variables
------------+-------------------------------------------------------
      react |    linear         cv     CV min.  1.300004         10
  no2_class |    linear         cv     CV min.  .1973154          6
--------------------------------------------------------------------

   Estimate:  ds_adapt
    Command:  dsregress
--------------------------------------------------------------------
            |                                                No. of
            |            Selection  Selection              selected
   Variable |    Model      method  criterion     lambda  variables
------------+-------------------------------------------------------
      react |   linear    adaptive    CV min.  2.833918           7
  no2_class |   linear    adaptive    CV min.  .2050435           4
--------------------------------------------------------------------
```

1. 使用「內定 plugin、CV 與 adaptive lasso」三者標準誤 (se) 都非常接近，故三者都伯仲之間。
2. CV 選擇的變數多於 plugin，因此更能打破稀疏性條件。

步驟 10：大圖 (Big picture)

$$E\left(\underbrace{y}_{\text{outcome}}|D,X\right)=G\left(\underbrace{D}_{\text{variables of interest}}+\overbrace{\alpha}^{\text{effect}}+\underbrace{m(x)}_{\text{controls}}\right)$$

1. G() 是 link 函數
2. 目標：在不知模型中應包含哪些控制變數時，對 α 執行有效推論
3. X 是高維；D 是低維
4. 假定 $m(x)$ 可由稀疏 $X\beta$ 合理地逼近

   簡而言之，DS，PO 及 XPO(DS, PO, and XPO in a nutshell)

   DS、PO 及 XPO 方法可概稱爲建構的矩條件 (moment condition)。

$$E\left[\psi\underbrace{W}_{\text{data}};\overbrace{\alpha}^{\text{effect}},\underbrace{\eta}_{\text{nuisance parameter}}\right]$$

這樣

$$\partial_\eta E\Big(\psi\underbrace{W}_{\text{data}};\overbrace{\alpha}^{\text{effect}},\underbrace{\eta}_{\text{nuisance parameter}}\Big)\Big|_{\eta=\eta_0}=0$$

1. Neyman 正交性：$\psi()$ 對錯估有害參數 (nuisance parameters) 具有 robust。
2. 廣泛的 ML 技術（不僅是 lasso）可用於估計令人討厭的參數 η (β in lasso case)。
3. 你可得到 α 的有效推論。
4. 沒有白吃的午餐。我們無法推論出 η。

步驟 11：Stata Lasso 推論指命令之彙總

(一) 估計(Estimation)：

1. ds*, po*, and xpo*（共 11 估計指令）
2. Robust to the model-selection mistakes
3. Valid inference on some variables of interest
4. High-dimensional potential controls
5. Partial linear, IV, logit, and Poisson models
6. Flexible control of individual lassos

(二) 事後估計(post-estimation)：

1. 除 lassogof 指令外，lasso toolbox 大部分 post-estimation 在 Lasso 推論模型都可續用。
2. 傳統迴歸之事後檢定，例如：(test, contrast 等）亦能續用。

步驟 12：為什麼雙重選擇 (DS) 有用？

考慮一下這個簡單的模型：

$$y = d\alpha + x\beta + \varepsilon$$
$$d = x\gamma + u$$

若刪除 (drop) x 矩陣，則：

$$\sqrt{n}\,(\hat{\alpha}-\alpha)=\text{good terms}+\sqrt{n}\,(d'd)^{-1}\,(x'x)\beta\gamma$$

- Navie approach drops x if $\beta \propto 1/\sqrt{n}$, so

$$\sqrt{n}\,(d'd)^{-1}\,(x'x)\beta\gamma \propto \sqrt{n}\,(d'd)^{-1}\,(x'x)\;1/\sqrt{n}\,\gamma \neq 0$$

- Double selection drops x if $\beta \propto 1/\sqrt{n}$, and $\gamma \propto 1/\sqrt{n}$

$$\sqrt{n}\,(d'd)^{-1}\,(x'x)\beta\gamma \propto \sqrt{n}\,(d'd)^{-1}\,(x'x)\;1/\sqrt{n}\;1/\sqrt{n} \rightarrow 0$$

4-5-2 Partialing-out lasso：連續依變數（poregress 指令）

Partialing-out lasso 迴歸式，包括 poregress、pologit、popoisson 指令，其求解的步驟：

Step 1　lasso y on X, and get post-lasso residuals $\tilde{y}=y-x_y^*\hat{\beta}_y$

Step 2　lasso d on X, and get post-lasso residuals $\tilde{d}=y-x_d^*\hat{\beta}_d$

Step 3　regress y on d, $\tilde{y}$ and $\tilde{d}$

直覺：Partialing-out 是雙重選擇 (DS) 的另一種形式：

雙選 lasso 式		Partialing-out lasso 式
$\tilde{y}=\tilde{d}\gamma+\varepsilon$	$\Rightarrow$	$y-x_y^*\hat{\beta}_y=d\gamma-x_d^*\hat{\beta}_{d\gamma}+\varepsilon$

poregress 適配 Lasso 線性迴歸模型，並印出係數及標準誤，檢定統計量及指定共變數的信賴區間。poregress 方法用於估計這些變數的效果，並從潛在的控制變數中選擇要包含在模型中的變數。

一、快速入門

1. 印出自變數 d1 對連續依變數 y 的 Partialing-out lasso 迴歸，並且納入一百個 x1–x100 當潛在控制變數，來給 lassos 挑選。

```
. poregress y d1, controls(x1-x100)
```

2. 同上例，只是自變數 d2 是多類別 (categorical)

```
*levels>2 類別變數，都可用「i.」運算子來轉換成虛擬變數，以 level=1 當比較基準點。
. poregress y d1 i.d2, controls(x1-x100)
```

3. 改用 cross-validation (CV) 取代「疊代」lasso 最佳公式的選擇

```
. poregress y d1 i.d2, controls(x1-x100) selection(cv)
```

4. 同上例，設定重製性之隨機種子 (set a random-number seed for reproducibility)

```
. poregress y d1 i.d2, controls(x1-x100) selection(cv) rseed(28)
```

5. 在 stop 規則條件關掉的情況下，僅將 Lasso 的 CV 指定爲 y

```
. poregress y d1 i.d2, controls(x1-x100) lasso(y, selection(cv), stop(0))
```

6. 同上例，爲「y, d1, and i.d2」加 lassos 選項

```
. poregress y d1 i.d2, controls(x1-x100) lasso(*, selection(cv), stop(0))
```

7. 計算大於 CV 最小值的套索，來獲得完整的係數路徑、結 (knots) 等。

```
. poregress y d1 i.d2, controls(x1-x100) lasso(*, selection(cv, alllambdas))
```

二、語法

說明

```
poregress depvar varsofinterest [if] [in] [, options]
```

varsofinterest are variables for which coefficients and their standard errors are estimated.

options	Description
Model	
controls([(*alwaysvars*)] *othervars*)	*alwaysvars* and *othervars* make up the set of control variables; *alwaysvars* are always included; lassos choose whether to include or exclude *othervars*
selection(plugin)	use a plugin iterative formula to select an optimal value of the lasso penalty parameter λ^* for each lasso; the default
selection(cv)	use CV to select an optimal value of the lasso penalty parameter λ^* for each lasso
selection(adaptive)	use adaptive lasso to select an optimal value of the lasso penalty parameter λ^* for each lasso
sqrtlasso	use square-root lassos
semi	use semi partialing-out lasso regression estimator
missingok	after fitting lassos, ignore missing values in any *othervars* not selected, and include these observations in the final model
Reporting	
level(#)	set confidence level; default is level(95)
display_options	control columns and column formats, row spacing, line width, display of omitted variables and base and empty cells, and factor-variable labeling
Optimization	
[no]log	display or suppress an iteration log
verbose	display a verbose iteration log
rseed(#)	set random-number seed
Advanced	
lasso(*varlist*, *lasso_options*)	specify options for the lassos for variables in *varlist*; may be repeated
sqrtlasso(*varlist*, *lasso_options*)	specify options for square-root lassos for variables in *varlist*; may be repeated
vce(robust)	robust VCE is the only VCE available
reestimate	refit the model after using lassoselect to select a different λ^*
noheader	do not display the header on the coefficient table
coeflegend	display legend instead of statistics

三、範例：

同前例之資料檔「breathe.dta」。

(一) 觀察變數特徵

```
* 存至「雙選法之 logistic 迴歸 .do」批次檔
*  開啟網站資料檔案，或用「. use breathe.dta」亦可
. webuse breathe


. sum react no2_class no2_home

    Variable |        Obs        Mean    Std. Dev.       Min        Max
-------------+---------------------------------------------------------
       react |      1,084    742.4808    145.4446   434.0714    1303.26
   no2_class |      1,089    30.16779    9.895886   7.794096   52.56397
    no2_home |      1,089    54.71832    18.04786   2.076335   118.6568

* 檢視連續依變數 react（反應時間）
. des react no2_class no2_home

              storage   display    value
variable name   type    format     label      variable label
---------------------------------------------------------------------------
react           double  %10.0g              * Reaction time (ms)
no2_class       float   %9.0g                 Classroom NO2 levels (ug/m3)
no2_home        float   %9.0g                 Home NO2 levels (ug/m3)
```

(二) poregress指令：Partialing-out lasso linear regression

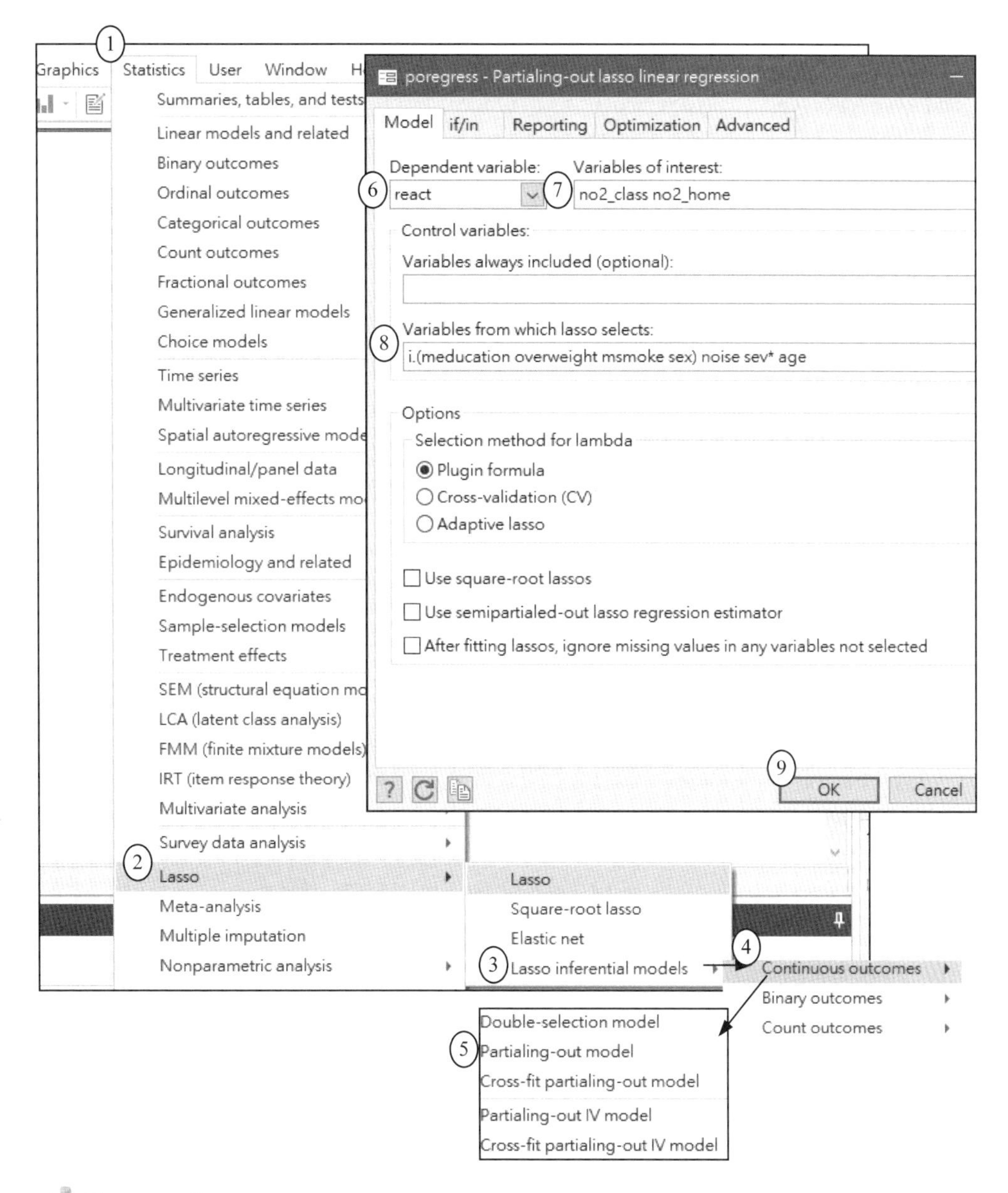

圖 4-35 「poregress react no2_class no2_home, controls(i.(meducation overweight msmoke sex) noise sev* age)」畫面

```
*  開啟網站資料檔案，或用「. use breathe.dta」亦可
. webuse breathe

* model-1: Partialing-out lasso linear regression for outcome reaction time
and inference on classroom and home nitrogen oxide
. poregress react no2_class no2_home, controls(i.(meducation overweight msmoke
sex) noise sev* age)

Estimating lasso for react using plugin
Estimating lasso for no2_class using plugin
Estimating lasso for no2_home using plugin

Partialing-out linear model          Number of obs               =      1,056
                                     Number of controls          =         14
                                     Number of selected controls =          4
                                     Wald chi2(2)                =      23.65
                                     Prob > chi2                 =     0.0000

------------------------------------------------------------------------------
             |               Robust
       react |      Coef.   Std. Err.      z    P>|z|     [95% Conf. Interval]
-------------+----------------------------------------------------------------
   no2_class |    2.18436   .4519267     4.83   0.000     1.298599     3.07012
    no2_home |  -.4485436    .243336    -1.84   0.065    -.9254734    .0283861
------------------------------------------------------------------------------
Note: Chi-squared test is a Wald test of the coefficients of the variables
      of interest jointly equal to zero. Lassos select controls for model
      estimation. Type lassoinfo to see number of selected variables in each
      lasso.
```

1. poregress 從 14 個控制變數中，只挑 4 個。
2. 教室空汙，NO_2 每立方公尺增加 1 微克 (microgram)，平均反應時間將延緩 2.18 毫秒 ($p < 0.05$)。即學校空汙會顯著讓人行動遲緩。
3. 但是，家裡空汙，NO_2 每增加一個 (ug/m^3) 單位，平均反應時間將加快 0.4485 毫秒 ($p > 0.05$)。即家裡空汙不會顯著讓人行動靈活。
4. 沒有白吃的午餐。我們無法推論 4 個控制變數之係數。

5. 在內定情況下，所有變數都使用帶有插件 (plugin)λ 的 Lasso.
6. 整體而言，在控制 14 個外在變數之後，教室空汙是造成兒童反應延緩的危險因素 ($p<0.05$)。
7. poregress 點估計及標準差，與 dsregress 很相近。

```
* model-2: Partialing-out lasso linear regression for outcome reaction time
and inference on classroom and home nitrogen oxide using cross-validation to
select controls

. poregress react no2_class no2_home, controls(i.(meducation overweight msmoke
sex) noise sev* age) selection(cv)

Estimating lasso for react using cv
Estimating lasso for no2_class using cv
Estimating lasso for no2_home using cv

Partialing-out linear model          Number of obs              =      1,056
                                     Number of controls         =         14
                                     Number of selected controls =        11
                                     Wald chi2(2)               =      23.63
                                     Prob > chi2                =     0.0000

------------------------------------------------------------------------------
             |               Robust
       react |      Coef.   Std. Err.      z    P>|z|     [95% Conf. Interval]
-------------+----------------------------------------------------------------
   no2_class |   2.164769     .44915     4.82   0.000     1.284452    3.045087
    no2_home |  -.4755816   .2445721    -1.94   0.052    -.9549341    .0037709
------------------------------------------------------------------------------
```

1. poregress 從 14 個控制變數中，只挑 11 個。
2. 教室空汙，NO_2 每立方公尺增加 1 微克 (microgram)，平均反應時間將延緩 2.16 毫秒 ($p < 0.05$)。即學校空汙會顯著讓人行動遲緩。
3. 但是，家裡空汙，NO_2 每增加一個 (ug/m^3) 單位，平均反應時間將加快 0.4756 毫秒 ($p > 0.05$)。即家裡空汙不會顯著讓人行動靈活。

4. 沒有白吃的午餐。我們無法推論 4 個控制變數之係數。
5. 在內定情況下，所有變數都使用帶有插件 (plugin)λ 的 Lasso.

4-5-3 Cross-fit Partialing-out lasso：連續依變數（xporegress指令）

爲什麼要交叉適配 (cross-fit)？

1. 減輕稀疏狀況
2. 具有更好的有限樣本屬性

基本想法

Step 1　將樣本分爲輔助部分 (auxiliary part) 及主要部分 (main part)

Step 2　所有機器學習技術都應用於輔助樣本

Step 3　所有 Lasso 之後殘差均來自主樣本

Step 4　切換輔助樣本及主要樣本的角色，然後再次執行 Step 2 及 Step 3

Step 5　使用全體樣本求解 moment equation（矩方程）

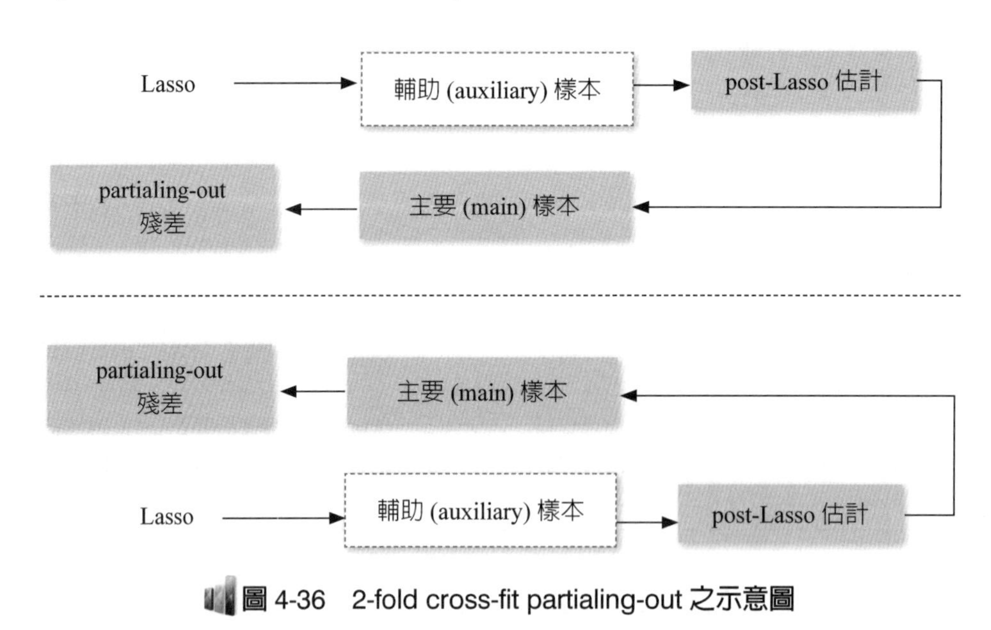

圖 4-36　2-fold cross-fit partialing-out 之示意圖

xporegress 配套索線性迴歸模型，並印出係數及標準誤，檢定統計量及感興趣的指定共變數的信賴區間。交叉適配分份法 (cross-fit partialing-out) 用於估計這些變數的效果，並從潛在的控制變數中進行選擇，以將其包括在模型中。

一、快速入門

1. 印出自變數 d1 對連續依變數 y 的 Cross-fit Partialing-out lasso 迴歸，並且納入一百個 x1–x100 當潛在控制變數，來給 lassos 挑選。

```
. xporegress y d1, controls(x1-x100)
```

2. 同上例，只是自變數 d2 是多類別 (categorical)

```
*levels>2 類別變數，都可用「i.」運算子來轉換成虛擬變數，以 level=1 當比較基準點。
. xporegress y d1 i.d2, controls(x1-x100)
```

3. 同上例，但 cross-fitting 改用 20 folds 來取代 10 摺

```
. xporegress y d1 i.d2, controls(x1-x100) xfolds(20)
```

4. 同上例，但重複 cross-fitting 十五次，且平均十五次的結果

```
. xporegress y d1 i.d2, controls(x1-x100) xfolds(20) resample(15)
```

5. 改用 cross-validation (CV) 取代「疊代」lasso 最佳公式的選擇

```
. xporegress y d1 i.d2, controls(x1-x100) selection(cv)
```

6. 同上例，設定重製性之隨機種子 (set a random-number seed for reproducibility)

```
. xporegress y d1 i.d2, controls(x1-x100) selection(cv) rseed(28)
```

7. 在 stop 規則條件關掉的情況下，僅將 Lasso 的 CV 指定為 y

```
. xporegress y d1 i.d2, controls(x1-x100) lasso(y, selection(cv), stop(0))
```

8. 同上例，爲「y, d1, and i.d2」加 lassos 選項

```
. xporegress y d1 i.d2, controls(x1-x100) lasso(*, selection(cv), stop(0))
```

二、語法

```
xporegress depvar varsofinterest [if] [in] [, options]
```

varsofinterest are variables for which coefficients and their standard errors are estimated.

options	說明
Model	
controls([(*alwaysvars*)] *othervars*)	*alwaysvars* and *othervars* make up the set of control variables; *alwaysvars* are always included; lassos choose whether to include or exclude *othervars*
selection(plugin)	use a plugin iterative formula to select an optimal value of the lasso penalty parameter λ^* for each lasso; the default
selection(cv)	use CV to select an optimal value of the lasso penalty parameter λ^* for each lasso
selection(adaptive)	use adaptive lasso to select an optimal value of the lasso penalty parameter λ^* for each lasso
sqrtlasso	use square-root lassos
xfolds(#)	use # folds for cross-fitting
resample[(#)]	repeat sample splitting # times and average results
technique(dml1 | dml2)	use either double machine learning 1 (dml1) or double machine learning 2 (dml2) estimation technique; dml2 is the default
semi	use semi partialing-out lasso regression estimator
missingok	after fitting lassos, ignore missing values in any *othervars* not selected, and include these observations in the final model
Reporting	
level(#)	set confidence level; default is level(95)
display_options	control columns and column formats, row spacing, line width, display of omitted variables and base and empty cells, and factor-variable labeling
Optimization	
[no]log	display or suppress an iteration log
verbose	display a verbose iteration log
rseed(#)	set random-number seed
Advanced	
lasso(*varlist*, *lasso_options*)	specify options for the lassos for variables in *varlist*; may be repeated
sqrtlasso(*varlist*, *lasso_options*)	specify options for square-root lassos for variables in *varlist*; may be repeated
vce(robust)	robust VCE is the only VCE available
reestimate	refit the model after using lassoselect to select a different λ^*
noheader	do not display the header on the coefficient table
coeflegend	display legend instead of statistics

三、範例：xporegress 指令：Cross-fit partialing-out lasso linear regression

同前例之資料檔「breathe.dta」。

```
*  開啟網站資料檔案，或用「. use breathe.dta」亦可
. webuse breathe

* model-1 : Cross-fit partialing-out lasso linear regression for outcome
reaction time and inference on classroom and home nitrogen oxide
. xporegress react no2_class no2_home, controls(i.(meducation overweight
msmoke sex) noise sev* age)

Cross-fit fold 10 of 10 ...
Estimating lasso for react using plugin
Estimating lasso for no2_class using plugin
Estimating lasso for no2_home using plugin

Cross-fit partialing-out             Number of obs               =     1,056
linear model                         Number of controls          =        14
                                     Number of selected controls =         5
                                     Number of folds in cross-fit =       10
                                     Number of resamples         =         1
                                     Wald chi2(2)                =     23.08
                                     Prob > chi2                 =    0.0000

------------------------------------------------------------------------------
             |               Robust
       react |      Coef.   Std. Err.      z    P>|z|     [95% Conf. Interval]
-------------+----------------------------------------------------------------
   no2_class |   2.142438    .448716     4.77   0.000     1.262971    3.021905
    no2_home |  -.4443716   .2428834    -1.83   0.067    -.9204144    .0316712
------------------------------------------------------------------------------
Note: Chi-squared test is a Wald test of the coefficients of the variables
      of interest jointly equal to zero. Lassos select controls for model
      estimation. Type lassoinfo to see number of selected variables in each
      lasso.
```

1. xporegress 內定使用 10-fold cross-fitting。
2. xporegress 疊代 20 輪 lassos (2 variables x 10 folds)。
3. 內定，只有一個樣品分割 sample-splitting (resample = 1)。
4. 可用選項 resample(#) 求得更穩定的估計。
5. xporegress 從 14 個控制變數中，只挑 5 個。
6. 內定 k = 10 摺交叉驗證。
7. 教室空汙，NO_2 每立方公尺增加 1 微克 (microgram)，平均反應時間將延緩 2.14 毫秒 ($p < 0.05$)。即學校空汙會顯著讓人行動遲緩。
8. 但是，家裡空汙，NO_2 每增加一個 (ug/m^3) 單位，平均反應時間將加快 0.444 毫秒 ($p > 0.05$)。即家裡空汙不會顯著讓人行動靈活。
9. 在內定情況下，所有變數都使用帶有插件 (plugin)λ 的 Lasso.
10. 整體而言，在控制 14 個外在變數之後，教室空汙是造成兒童反應延緩的危險因素 ($p < 0.05$)。

```
* model-2 : Cross-fit partialing-out lasso linear regression for outcome
  reaction time and inference on classroom and home nitrogen oxide using 5
  folds for cross-fitting
. xporegress react no2_class no2_home, controls(i.(meducation overweight
  msmoke sex) noise sev* age) xfolds(5)
*(結果略)
```

4-5-4a 工具變數 (instrumental-variables)：二階段迴歸 (2SLS)

一、線性迴歸採用最小平估計法 (OLS)

若殘差 (residual) ε（或符號 u）符合下列四個假定 (assumption)，則 OLS 估計出的係數才具有「最佳線性不偏估計量」(best linear unbiased estimator, BLUE) 的性質。

例如：OLS 用來估計下述複迴歸中，解釋變數 x 與被解釋變數 y 的關係：

$$y = \beta_0 + \beta_1 x_{1i} + \beta_2 x_{2i} + \cdots + \beta_k x_{ki} + u_i$$

若殘差 ε_i 符合以下假設，用 OLS 估計 β_k 將具有 BLUE 的性質。

1. 殘差期望值爲 0(zero mean)，即 $E(u_i) = 0$。
2. 解釋變數與殘差無相關 (orthogonality)，即 $Cov(x_{ki}, u_i) = 0$。若違反，就有內生性 (endogeneity) 問題。
3. 殘差無數列相關 (non-autocorrelation)，即 $Cov(x_i, u_j) = 0$。請詳見本書第 3 章。
4. 殘差具同質變異 (homoskedasticity)，即 $Var(u_i)= \sigma^2$。請詳見本書第 4 章。

若 OLS 違反解釋變數 (regressor) 與殘差（符號 u 或 ε）無相關的假設，將發生內生性 (endogeneity) 的問題。若解釋變數與殘差爲正相關，則估計係數將高估。一般而言，偵測內生性的方法有三：

1. 可透過描繪殘差與解釋變數的散布圖。
2. 計算殘差與解釋變數的相關係數，來檢視是否具內生性 (endogenity)。
   在統計學及計量經計學的模型中，若一個變數或母體參數與誤差項有相關性，這個變數或參數被稱爲「內生變數」。內生性有多種來源：
   (1) 可能是測量誤差所致。
   (2) 可能是自我相關的誤差所導致的自我迴歸。
   (3) 可能來自聯立方程式。
   (4) 被忽略的解釋變數。
   概括而言，一個模型的自變數與依變數之間互爲因果，就會導致內生性。
   例如：在一個簡單的供需模型中，當要預測均衡的需求量時，價格是內生變數，因爲生產者會依據需求來改變價格（即需求 → 價格），而消費者會依據價格來改變需求（價格 → 需求）。在這情形，只要需求曲線及供給曲線爲已知，價格變數便被稱爲具有全域內生性。相反地，消費者喜好的改變對於需求曲線而言是外生 (exogenous) 變數。
3. 利用 Wu-Hausman 指令 (「estat endogenous」) 來檢定變數是否具內生性，其虛無假設「H_0：變數不具內生性」。若拒絕虛無假設，表示變數具內生性，OLS 估計式不一致者，你就應改用「ivregress、xtivreg 指令」之兩階段最小平方法 (two stage least squares, 2SLS) 或 gmm 指令之廣義動差法 (generalized method of moment, GMM) 等方式，以獲得一致性估計式。

二、工具變數 (IV)

工具變數 (instrumental variables, IV) 專門處理非隨機試驗所面臨問題的方法之一，近來廣泛應用於計量經濟、教育學及流行病學領域；其主要目的在於控制不可觀測的干擾因素，使資料經過調整後「近似」於隨機試驗所得的資料，進而求出處理效果的一致估計值。在 x 與 u 相關時，可使用工具變數 z 將解釋變數 x 變動裡與殘差 u 無關的部分分離出來，使我們能得到一致性估計式。

例如：有人以 1981 年至 2015 年間 43 個亞撒哈拉非洲 (Sub-Saharan Africa) 內陸國家爲分析對象，研究食物生產對國家內部衝突的效果，利用降雨量作爲工具變數 (instrument variable, IV) 以削除因爲個體國家或政府組織能力異質性造成的遺漏變數偏誤 (omitted variable bias)，發現食物生產及國家內部衝突次數存在顯著且負向的關係，且此現象在死傷規模較小的衝突較爲明顯，而種族、宗教及語言的歧異程度及內部衝突沒有統計上的關係。

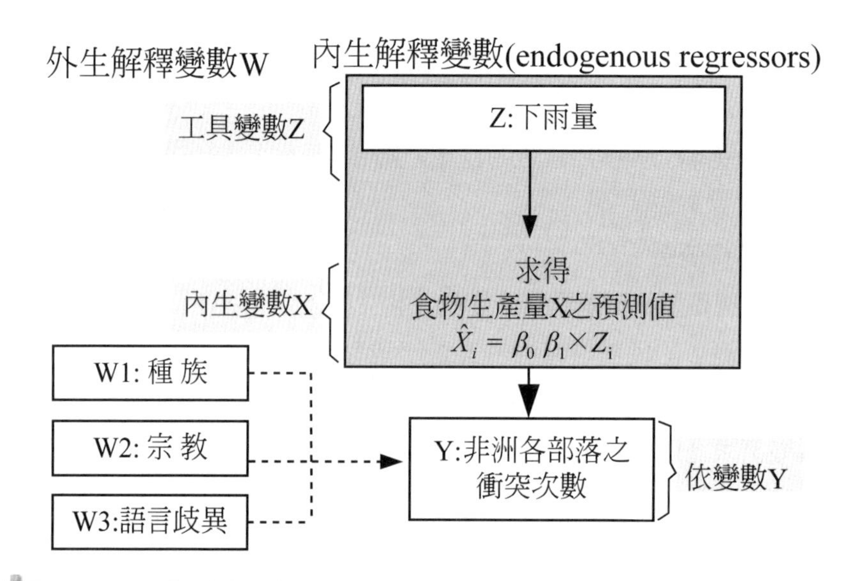

圖 4-37 內部衝突次數為依變數，食物生產量為內生解釋變數之 Panel IV 模型

三、工具變數之應用領域

學術界，工具變數的兩階段迴歸之常見研究主題，包括：

1. 以越戰風險爲工具變數估計教育對薪資之影響。例如：探討越南戰爭對美國越戰世代之教育程度之外生衝擊，進而對其 1980 年代經濟表現造成之影響。文中採用美國於越戰期間各年各州平均陣亡人數作爲一衡量越戰世代所面對戰爭風險之指標。我們利用該戰爭風險指標作為工具變數，捕捉在不同戰爭風險水準之下，年輕男性與年輕女性間大學教育程度之差異，並以此外生造成之差異估計教育對薪資所得之影響。我們發現在越戰期間不論戰爭風險對教育程度之效果，或者這些外生決定之教育程度對薪資所得之效果均為正向且顯著。藉此，我們將於越戰脈絡下對這兩項效果的認知，由目前的限於越戰彩券時期 (1970-1972)，推廣到整個越戰 (1965-1972)。

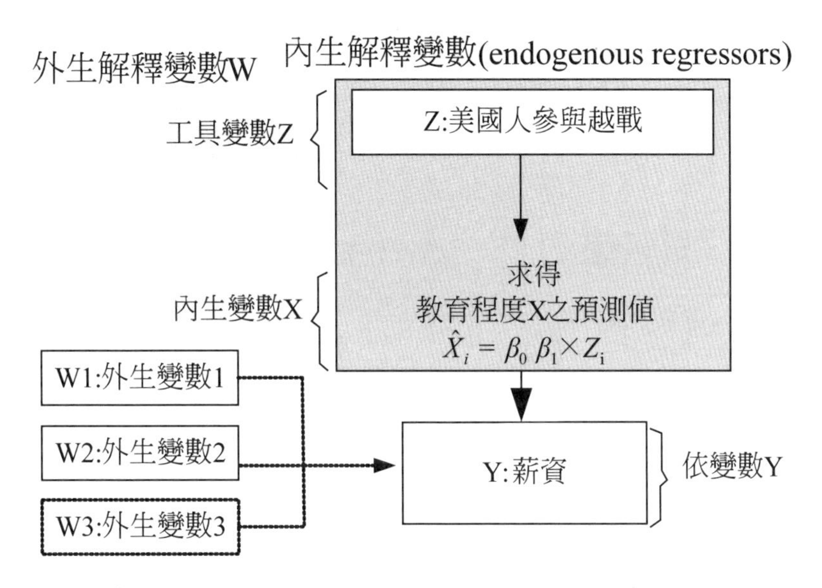

圖 4-38　越南戰爭對美國越戰世代之教育程度之外生衝擊

2. 教育的回報率在臺灣高等教育擴張的效果代價。有人使用華人家庭動態資料庫 RI1999、RI2000、RI2003、RCI2004、與 RCI2005 的混合資料樣本進行估計。面對教育可能存在的內生性問題，即以兩階段最小平方法 (2SLS)、Hausman Taylor 估計法（HT 模型）、與追蹤資料廣義動差估計法 (panel GMM) 來對教育報酬進行估計，試圖對內生性問題加以處理。結果發現，若沒有處理「能力 (IV) 在教育 (X) 與薪資 (Y) 上」所造成的內生性問題時，以 OLS 估計教育報酬的結果可能有低估的偏誤，因為其結果較其他估計法所得出的教育報酬低了至少 20%。此外，不同估計方式所得出的教育報酬結果介於 5%-12%，其中在 OLS 估計下會得出最低的邊際教育報酬，其他依序為以純粹解釋變數落遲期爲工具變數的 panel GMM 估計、2SLS 估計、加入配偶教育年數爲工具變數的 panel GMM 估計、最後爲 HT 模型的估計。最後，對於高教擴張與教育報酬兩者間的關係，我們的研究結果顯示：在我國大學錄取率由 27% 上升到 60% 的這段時間裡，高等教育的擴張並未對教育報酬產生顯著地負向影響。

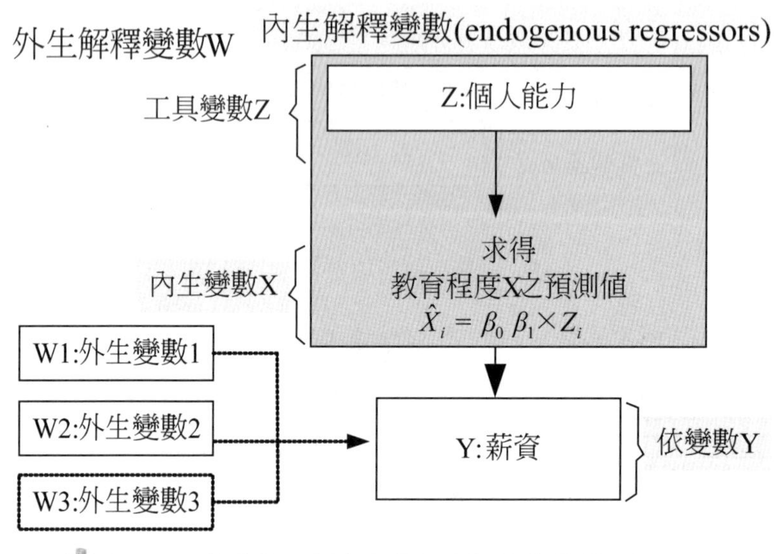

圖 4-39　教育的回報率在臺灣高等教育擴張的效果代價

3. 失業眞的會導致犯罪嗎？並以美元匯率、日圓匯率及能源價格三者分別與製造業就業人口比例乘積作爲失業率的工具變數，並從理論與弱工具變數檢定（weak IV test，rivtest 外掛指令）兩方面同時探討該組工具變數之有效性。結果發現，在 OLS 下失業率對各類犯罪影響幾乎都爲正且顯著；但在兩階段最小平方法 (2SLS) 下，失業率只對財產犯罪（主要在其中的竊盜一項）有正的顯著影響，對暴力犯罪則無。且 2SLS 估計値皆大於 OLS 的結果。

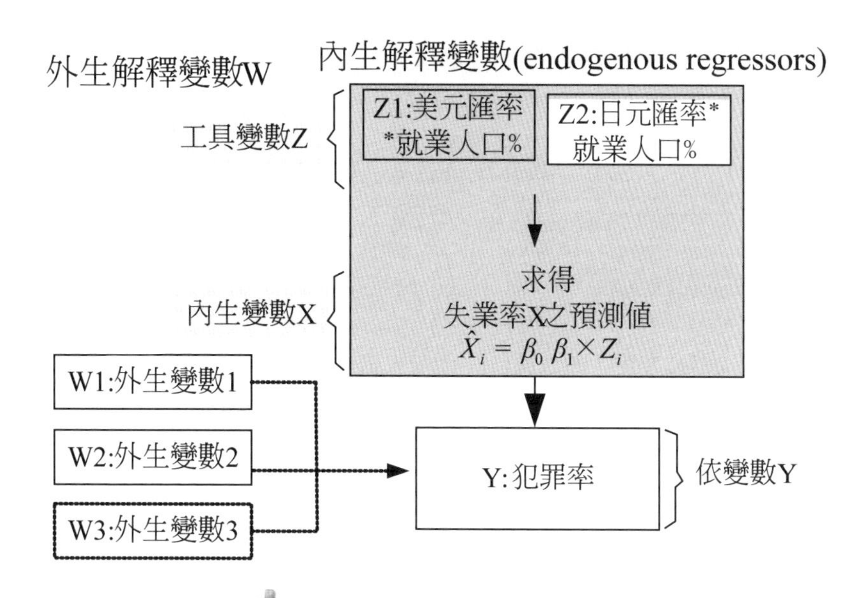

圖 4-40　失業真的會導致犯罪

```
* SPSS 無此指令，Stata 才有：rivtest 外掛指令之弱檢定範例，存在「weak.do」指令檔

. use http://www.stata.com/data/jwooldridge/eacsap/mroz.dta

* Test significance of educ in the lwage equation (homoskedastic VCE)

. ivregress 2sls lwage exper expersq (educ = fatheduc motheduc)
*結果略
. rivtest

Weak instrument robust tests for linear IV
H0: beta[lwage:educ] = 0

----------------------------------------------------
 Test |      Statistic              p-value
------+---------------------------------------------
  CLR | stat(.)  =      3.47   Prob > stat =   0.0636
   AR | chi2(2)  =      3.85   Prob > chi2 =   0.1459
   LM | chi2(1)  =      3.46   Prob > chi2 =   0.0629
```

```
   J | chi2(1)  =      0.39    Prob > chi2 =    0.5323
 LM-J |          H0 not rejected at 5% level
------+------------------------------------------
 Wald | chi2(1)  =      3.85    Prob > chi2 =    0.0497
-------------------------------------------------
Note: Wald test not robust to weak instruments.
*Test significance of educ in the lwage equation and estimate confidence sets
(robust VCE)
* 卡方值 3.85(p<.05), 拒絕「H0: beta[lwage:educ] = 0」，故「educ→lwage」存在工
具變數
```

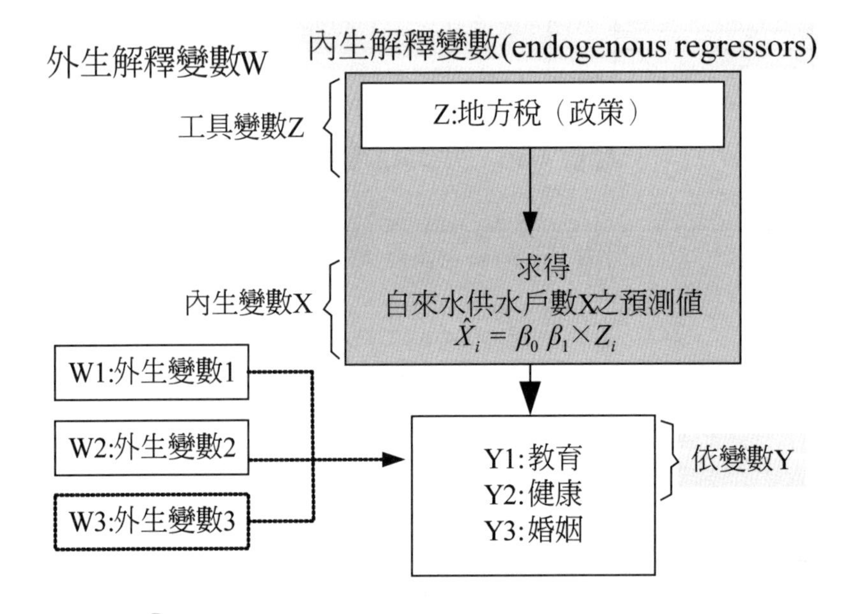

圖 4-41　乾淨用水對長期健康及教育成就的效果

4. 臺灣個人醫療門診次數與居家型態之關係爲何？若以工具變數來排除因居家型態有內生性所造成的偏誤值。研究結果顯示：依其都市化程度的不同，其居家型態、門診次數也會有所改變；迴歸模型方面，當我們納入內生性考量以後，居家型態於有無內生性下會有不同的差異性。在沒有考量內生性下，居家型態於迴歸中沒有顯著的水準；而考量有內生型態時，居家型態會有顯著性的水準存在。

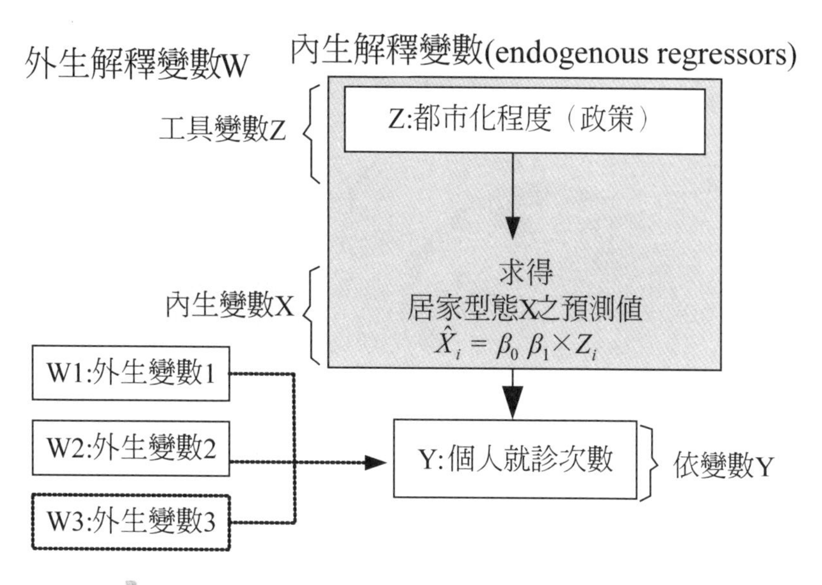

圖 4-42　臺灣個人醫療門診次數與居家型態之關係

4-5-4b 工具變數 (IV) 之重點整理

一、工具變數 (IV) 之示意圖

當 Cov(x, u) ≠ 0 時（解釋變數 x 與殘差 u 有相關），OLS 估計產生偏誤，此時，自變數 x 是內生 (endogenous) 的，解決辦法之一就是採用工具變數 (instrumental variables, IV)。

工具變數可處理：(1) 遺漏變數產生偏差的問題。(2) 應用於古典變數中誤差 (errors-in-variables) 的情況（eivreg 指令）。(3) 估計聯立方程式 (simultaneous equation) 參數，Stata 指令則有三：ivregress(Single-equation instrumental-variables regression)、reg3(Three-stage estimation for systems of simultaneous equations)、xtivreg(Instr. var. & two-stage least squares for panel-data models)。

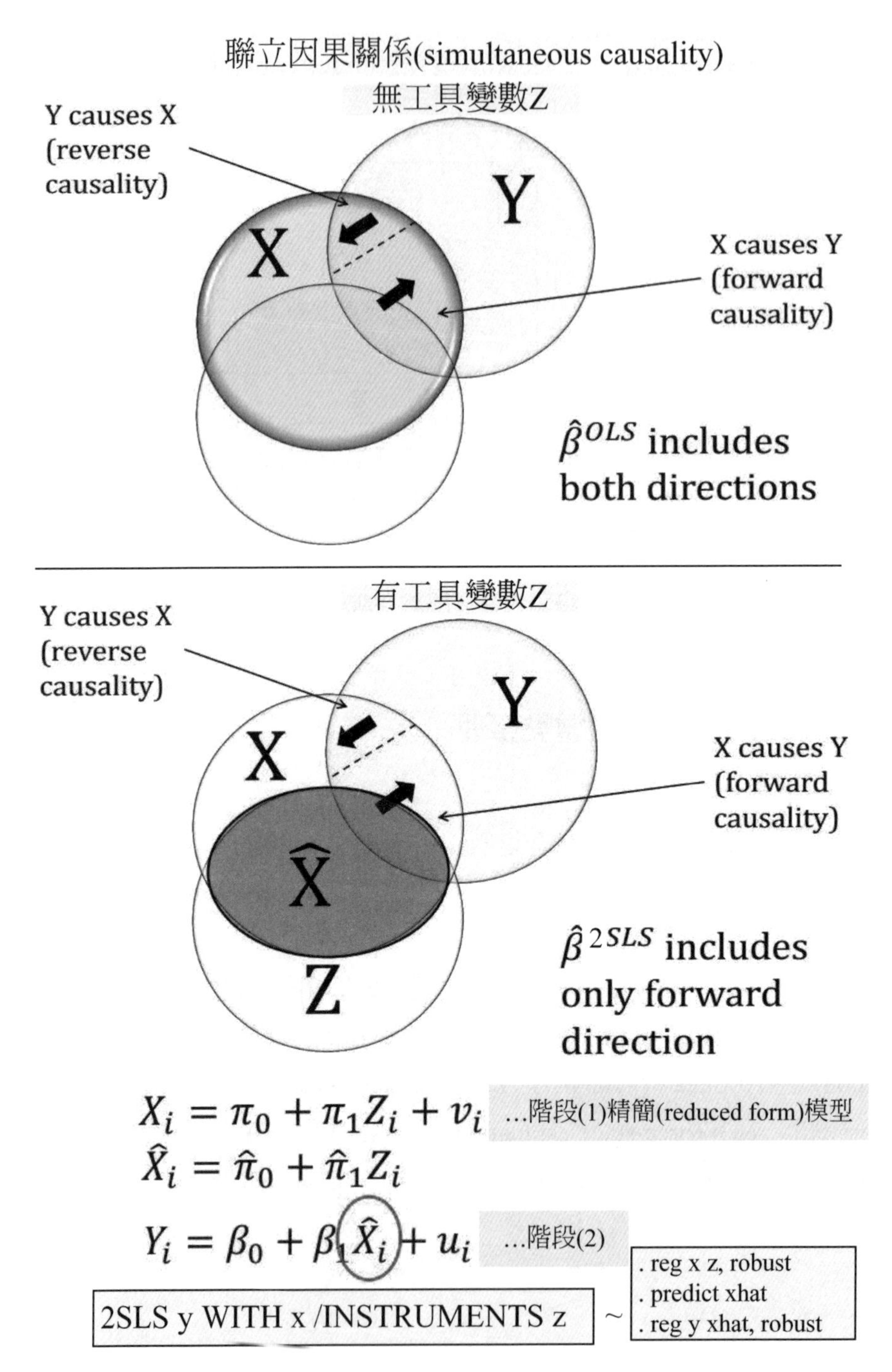

圖 4-43　Simultaneous Causality 中，工具變數 Z 之示意圖

由上圖中可看出：

1. 工具變數 Z 直接影響 X，但與 y 無直接關係。
2. 工具變數 Z 與殘差 u 無關係。

二、如何選擇工具變數 (IV)？

工具變數 Z 必須符合外生性 (exogenous) 與相關性 (relevant)，然而我們該如何尋找？

1. IV 必須是外生的可檢定。
2. IV 可能來自於常識來判斷。
3. IV 可能來自於經濟理論。
4. IV 可能來自於隨機的現象，此現象造成內生變數 X 的改變。

例如：log(wage. = $\beta_0 + \beta_1$ educ + u，此「學歷預測薪資」方程式中，請問：

1. 智力 IQ 是好的工具變數嗎？
2. 父母教育水準是好的工具變數嗎？
3. 家庭中小孩子數目是好的工具變數嗎？
4. 出生的季分是好的工具變數嗎？

答：

我們需找一個工具變數「某變數 Z」，它需滿足二個條件：

1. 具有相關性 (relevant): corr（工具變數 Z_i, 內生解釋變數 x）$\neq 0$
2. 具有外生性 exogenous: corr（工具變數 Z_i, 殘差 u_i）$\neq 0$

又如，學生的「測驗分數 = $\beta_0 + \beta_1$ 班級大小 + u」，此方程式中工具變數 (IV. 是：與班級大小有關，但與 u 無關，包括父母態度、校外學習環境、學習設備、老師品質等。

小結

工具變數 Z 與殘差 U 相關性低，Z 與 X 相關性高，這樣的工具變數被稱爲好工具變數；反之，則稱爲劣工具變數。

好的工具變數的辨識

1. Z 與 U 不相關，即與 Cov(Z, U) = 0。

由於 U 無法觀察，因而難以用正式的工具進行測量，通常由經濟理論來使人們相信。

2. Z與 X 相關，即與 Cov(Z, X) ≠ 0。

舉例：以雙變數模型爲例

$$Y = a + bX + U$$

其中，X 與 U 相關，因而 OLS 估計會有偏誤，假設現在有 X 的工具變數 Z，

於是有 Cov(Z, Y) = Cov(Z, a + bX + U)

= Cov(Z, bX) + Cov(Z, U)（a 爲截距之常數）

= b Cov(Z, X)

所以有 b = Cov(Z, Y)/Cov(Z, X)

工具變數 Z 的優劣之判斷準則：

1. 工具變數 Z 與殘差 U 不相關，即與 Cov(Z, U) = 0；相關性越低，則越好。
2. 工具變數 Z 與解釋變數 X 相關，即與 Cov(Z, X) 不等於 0；相關性越高，則越好。

三、兩階段最小平方法 (two stage least squares, 2SLS)

考慮簡單迴歸模型：$y_i = \beta_0 + \beta_1 x_i + u_i$

兩階段最小平方法 (2SLS) 顧名思義包括兩個階段：

第一個階段：將 x 拆解爲兩個部分，與殘差 u 相關的 regressors 部分，及與殘差 u 無關的 regressors 部分。

x 的變動
- 與 u 相關：丟棄產生偏誤的這一部分
- 與 u 無關：以工具變數將此部分分離，建立一致估計式

$$x_i = \underbrace{\pi_0 + \pi_1 z_i}_{\text{與 u 無關}} + \overbrace{v_i}^{\text{與 u 有關}}$$

若係數 π_1 不顯著，則表示 Cov(z, x) ≠ 0 的條件可能不成立，應找尋其他工具變數。若 π_1 顯著，則進行第兩階段迴歸。

第二個階段：採用與殘差 u 無關的部分估計參數，用以建立一致性的估計

式，所得到的估計式稱爲 2SLS 估計式。

$$y_i = \beta_0 + \beta_1 \hat{x}_1 + \varepsilon_i$$

其中，$\hat{x}_1 = \hat{\pi}_0 + \hat{\pi}_1 \hat{z}_1$，表示 x 中與殘差無關的部分。

在小樣本下，2SLS 估計式確切的分布是非常複雜的；不過在大樣本下，2SLS 估計式是一致的，且爲常態分布。

假設 z 是一個工具變數 (IV)，則 z 應符合 2 項條件：

1. z 必須是外生的 (exogenous)：$Cov(z, \varepsilon) = 0$，工具變數需與殘差無關，工具變數亦爲外生 (exogenous) 解釋變數。
2. z 必須與內生變數 x 有相關：$Cov(z, x) \neq 0$，工具變數需與解釋變數相關。

四、兩階段最小平方法 (2SLS) 之重點整理

通常會根據常識、經濟理論等，來找尋合適的工具變數 Z。其中，兩階段迴歸分析如下：

1. 以 IV 估計簡單迴歸

第一階段，假設簡單迴歸：$y_i = \beta_0 + \beta_1 x_i + u_i$，令 Z 表示符合條件的工具變數，則：

$$\text{Cov}(z, y) = \beta_1 \text{Cov}(z, x) + \text{Cov}(z, u)$$

因此

$$\beta_1 = \frac{\text{Cov}(z, y)}{\text{Cov}(z, x)} - \frac{\text{Cov}(z, u)}{\text{Cov}(z, x)}$$

β_1 的 IV 估計式爲：

$$\boxed{\hat{\beta}_1 = \frac{\Sigma(z_i - \bar{z})(y_i - \bar{y})}{\Sigma(z_i - \bar{z})(y_i - \bar{x})}}$$

同質性假設：$E(u^2/z) = \sigma^2 = Var(u)$

如同 OLS 的情況，漸近變異數與其估計式可證明如下：

$$Var(\hat{\beta}_1) = \frac{\sigma^2}{n\sigma_x^2 \rho_{x,z}^2}$$

其估計式爲：

$$\frac{\hat{\sigma}^2}{SST_x R_{x,z}^2}$$

(1) 第兩階段 OLS 迴歸所得到的標準誤並不是 IV 迴歸的標準誤，此乃由於第兩階段 OLS 迴歸是採用第一階段所得到的預測值，因此必須有所調整。

(2) 計量經濟統計軟體（如 Stata）會自動調整爲 IV 迴歸的標準誤。

(3) 在小樣本下，2SLS 估計式的分布是很複雜的；

(4) 在大樣本下，2SLS 估計式是一致的，且爲常態分布：

$p \lim (\hat{\beta}_1) = \beta_1$

$\hat{\beta}_1 \overset{a}{\sim} Normal\,[\beta_1, se(\hat{\beta}_1)]$

2. IV 與 OLS 之差異比較

IV 與 OLS 估計式標準誤的差別，在於執行 x 對 z 迴歸所得到的 R^2。

$$OLS：Var(\hat{\beta}_1) = \frac{\hat{\sigma}^2}{\Sigma(x_i - \bar{x})^2} = \frac{\hat{\sigma}^2}{SST_x}$$

$$IV：Var(\hat{\beta}_1) = \frac{\hat{\sigma}^2}{SST_x R_{x,z}^2}$$

(1) 由於 $R_{x,z}^2 < 1$，IV 的標準誤是比較大的。

(2) z 與 x 的相關性越高，IV 的標準誤越小。

(3) 當 $Cov(x, u) \neq 0$，OLS 估計式不是一致的，不過符合條件的 IV 估計式可證明是一致的。

(4) IV 估計式並非是不偏誤的。

(5) 由於存在許多的工具變數可供選擇，因此 IV 估計式的標準誤並非最小。

(6) 即便 IV 估計式缺乏效率，但在眾多偏誤的估計式中是一致的。

3. 數個內生解釋變數 (endogenous regressors)

假設我們有數個內生變數，則有 3 種情況：

(1) 過度認定 (over identified)：如果工具變數 Z 個數大於內生變數 X 個數。

(2) 不足認定 (under identified)：如果工具變數 Z 個數小於內生變數 X 個數。

(3) 恰好認定 (just identified)：如果工具變數 Z 個數等於內生變數 X 個數。

基本上，工具變數至少需要與內生自變數一樣多。過度認定或恰好認定，進行 IV 迴歸才有解。在大樣本的情況下，2SLS 可獲得一致的估計式，且爲常態分布，但標準誤 (standard error) 較大。若欲降低標準誤，可找尋與解釋變數相關性較高的工具變數。值得注意的是，若所選擇的工具變數與解釋變數僅存在些許相關，甚至無關時，此法所得之估計式是不一致的。基本上，工具變數至少需要與內生的解釋變數一樣多。若工具變數個數大於內生變數個數，稱爲過度認定（over identified，有多組解）；若等於內生變數的個數，稱爲恰好認定（just identified，恰一組解），若小於內生變數的個數，稱爲不足認定（under identified，無解）。當過度認定時，可進行過度認定限制檢定，檢定某些工具變數是否與誤差項相關。

4-5-4c Partialing-out lasso instrumental-variables regression：連續依變數（poivregress 指令）

poviregress 適配 Lasso 工具變數線性迴歸模型，並印出係數及標準誤差，檢定統計量及特定感興趣共變數的信賴區間。

感興趣的共變數可是內生 (endogenous) 或外生變數 (exogenous)。分模 (partialing-out) 方法用於估計這些變數的效果，並從潛在的控制變數及要包括在模型中的工具變數中進行選擇。

一、快速入門

1. 估計內生變數 d1 對連續依變數 y 的線性迴歸，並且納入一百個 x1–x100 當潛在控制變數、*z1–z100* 當潛在工具變數，來給 lassos 挑選。

```
. poivregress y (d1 = z1-z100), controls(x1-x100)
```

2. 同上例，估計內生變數 d2 的係數。

```
. poivregress y d2 (d1 = z1-z100), controls(x1-x100)
```

3. 改用 cross-validation (CV) 取代「疊代」lasso 最佳公式的選擇

```
. poivregress y d2 (d1 = z1-z100), controls(x1-x100) selection(cv)
```

4. 同上例，設定重製性之隨機種子 (set a random-number seed for reproducibility)

```
. poivregress y d2 (d1 = z1-z100), controls(x1-x100) selection(cv) rseed(28)
```

5. 在 stop 規則條件關掉的情況下，僅將 Lasso 的 CV 指定爲 y

```
. poivregress y d2 (d1 = z1-z100), controls(x1-x100) lasso(y, selection(cv),
stop(0))
```

6. 同上例，爲「y, d1, and i.d2」加 lassos 選項

```
. poivregress y d2 (d1 = z1-z100), controls(x1-x100) lasso(y, selection(cv),
stop(0))
```

7. 計算大於 CV 最小値的套索，來獲得完整的係數路徑、結 (knots) 等。

```
. poivregress y d2 (d1 = z1-z100), controls(x1-x100) lasso(*, selection(cv,
alllambdas))
```

二、語法

---

poivregress *depvar* [*exovars*] (*endovars* = *instrumvars*) [*if*] [*in*] [, *options*]

Coefficients and standard errors are estimated for the exogenous variables, *exovars*, and the endogenous variables, *endovars*. The set of instrumental variables, *instrumvars*, may be high dimensional.

options	說明
Model	
controls([(*alwaysvars*)] *othervars*)	*alwaysvars* and *othervars* are control variables for *depvar*, *exovars*, and *endovars*; *instrumvars* are an additional set of control variables that apply only to the *endovars*; *alwaysvars* are always included; lassos choose whether to include or exclude *othervars*
selection(plugin)	use a plugin iterative formula to select an optimal value of the lasso penalty parameter λ^* for each lasso; the default
selection(cv)	use CV to select an optimal value of the lasso penalty parameter λ^* for each lasso
selection(adaptive)	use adaptive lasso to select an optimal value of the lasso penalty parameter λ^* for each lasso
sqrtlasso	use square-root lassos
missingok	after fitting lassos, ignore missing values in any *instrumvars* or *othervars* not selected, and include these observations in the final model
Reporting	
level(#)	set confidence level; default is level(95)
display_options	control columns and column formats, row spacing, line width, display of omitted variables and base and empty cells, and factor-variable labeling
Optimization	
[no]log	display or suppress an iteration log
verbose	display a verbose iteration log
rseed(#)	set random-number seed
Advanced	
lasso(*varlist*, *lasso_options*)	specify options for the lassos for variables in *varlist*; may be repeated
sqrtlasso(*varlist*, *lasso_options*)	specify options for square-root lassos for variables in *varlist*; may be repeated
vce(robust)	robust VCE is the only VCE available
reestimate	refit the model after using lassoselect to select a different λ^*
noheader	do not display the header on the coefficient table
coeflegend	display legend instead of statistics

三、範例：poivregress 指令：Partialing-out lasso instrumental-variables regression

(一) 觀察變數特徵

```
*存至「雙選法之 logistic 迴歸 .do」批次檔
*  開啟網站資料檔案，或用「. use nlsy80.dta」亦可
. webuse nlsy80

. sum wage exper educ pcollege meduc feduc urban sibs iq age tenure kww
married black south urban

    Variable |        Obs        Mean    Std. Dev.       Min        Max
-------------+---------------------------------------------------------
```

```
        wage |        935    957.9455    404.3608        115       3078
       exper |        935    11.56364    4.374586          1         23
        educ |        935    13.46845    2.196654          9         18
    pcollege |        935    .3165775      .46539          0          1
       meduc |        857    10.68261    2.849756          0         18
-------------+---------------------------------------------------------
       feduc |        741    10.21727      3.3007          0         18
       urban |        935    .7176471    .4503851          0          1
        sibs |        935    2.941176    2.306254          0         14
          iq |        935    101.2824    15.05264         50        145
         age |        935    33.08021    3.107803         28         38
-------------+---------------------------------------------------------
      tenure |        935    7.234225    5.075206          0         22
         kww |        935    35.74439    7.638788         12         56
     married |        935    .8930481    .3092174          0          1
       black |        935    .1283422    .3346495          0          1
       south |        935    .3411765    .4743582          0          1
-------------+---------------------------------------------------------
       urban |        935    .7176471    .4503851          0          1

* 檢視連續依變數 wage、內生變數 educ，工具變數有 i.pcollege##c.(meduc feduc)
. des wage exper educ pcollege meduc feduc urban sibs iq age tenure kww
married black south urban

              storage   display    value
variable name   type    format     label      variable label
------------------------------------------------------------------------------
wage            int     %9.0g                 monthly earnings
exper           byte    %9.0g                 years of work experience
educ            byte    %9.0g                 years of education
pcollege        byte    %9.0g                 =1 if at least one parent attended
college
meduc           byte    %9.0g                 mother's education
feduc           byte    %9.0g                 father's education
urban           byte    %9.0g                 =1 if live in SMSA
sibs            byte    %9.0g                 number of siblings
iq              int     %9.0g                 IQ score
age             byte    %9.0g                 age in years
tenure          byte    %9.0g                 years with current employer
kww             bytc    %9.0g                 knowledge of world work score
married         byte    %9.0g                 =1 if married
black           byte    %9.0g                 =1 if black
south           byte    %9.0g                 =1 if live in south
urban           byte    %9.0g                 =1 if live in SMSA
```

(二) poivregress指令：Partialing-out lasso instrumental-variables regression

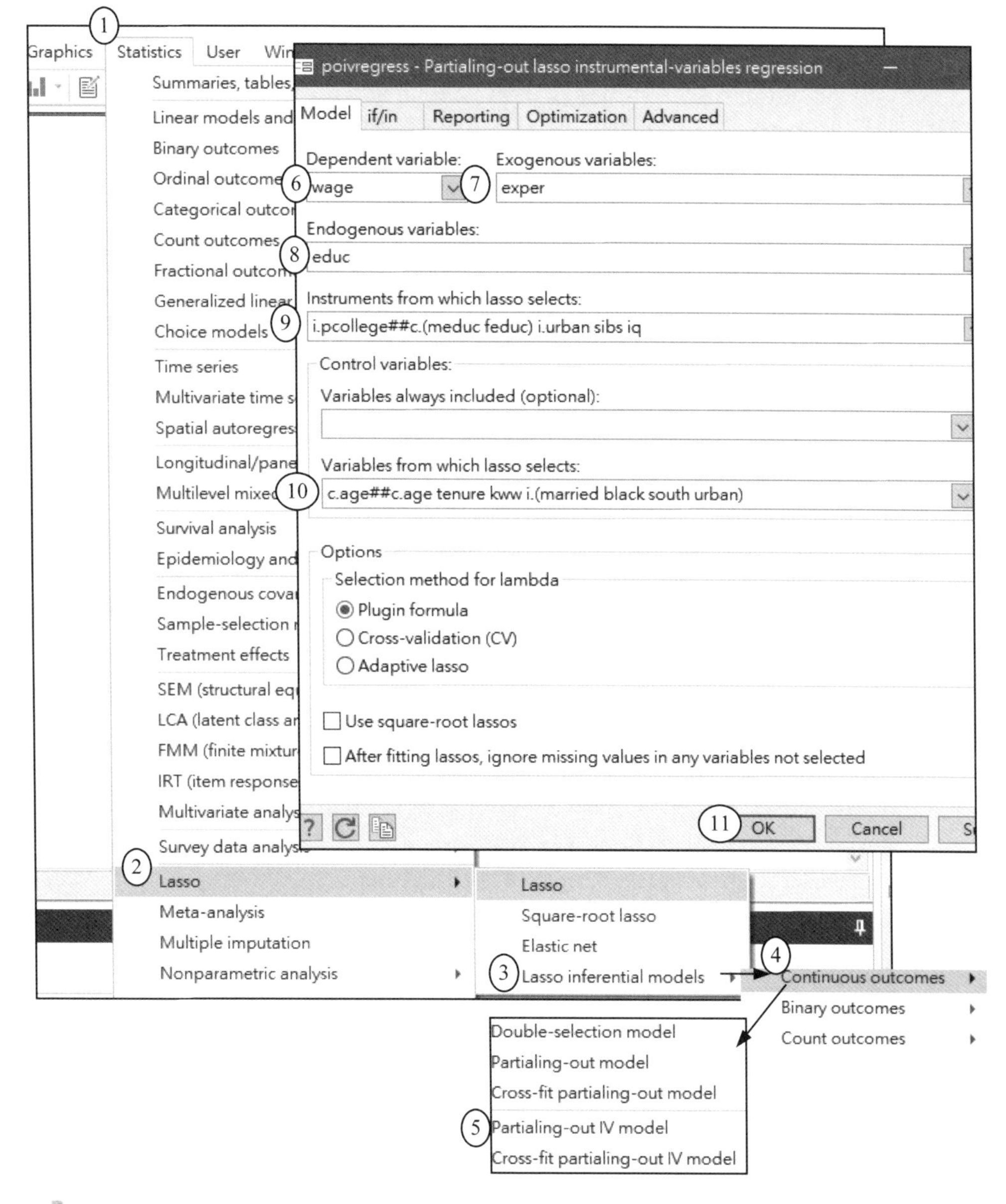

圖 4-44 「poivregress wage exper (educ = i.pcollege##c.(meduc feduc) i.urban sibs iq), controls(c.age##c.age tenure kww i.(married black south urban))」畫面

註：Statistics > Lasso > Lasso inferential models > Continuous outcomes > Partialing-out IV model

```
* 存在「poivregress.do」批次檔
*  開啟網站資料檔案，或用「. use nlsy80.dta」亦可
. webuse nlsy80

*model-1 :Partialing-out lasso instrumental-variables regression for outcome
wage and inference on exper and instrumented endogenous educ
. poivregress wage exper (educ = i.pcollege##c.(meduc feduc) i.urban sibs iq),
controls(c.age##c.age tenure kww i.(married black south urban))

Estimating lasso for wage using plugin
Estimating lasso for educ using plugin
Estimating lasso for pred(educ) using plugin
Estimating lasso for pred(exper) using plugin

Partialing-out IV linear model     Number of obs                 =        722
                                   Number of controls            =         12
                                   Number of instruments         =         13
                                   Number of selected controls   =          5
                                   Number of selected instruments =         5
                                   Wald chi2(2)                  =      43.26
                                   Prob > chi2                   =     0.0000

------------------------------------------------------------------------------
             |               Robust
        wage |      Coef.   Std. Err.      z    P>|z|     [95% Conf. Interval]
-------------+----------------------------------------------------------------
        educ |   111.7742   17.07363     6.55   0.000     78.31054    145.2379
       exper |   27.22617   6.324157     4.31   0.000     14.83105    39.62129
------------------------------------------------------------------------------
Endogenous:   educ
Exogenous:    exper
Note: Chi-squared test is a Wald test of the coefficients of the variables
      of interest jointly equal to zero. Lassos select controls for model
      estimation. Type lassoinfo to see number of selected variables in each
      lasso.
```

1. poivregress從12個控制變數、13個IV中，只挑4個控制變數及5個工具變數。

2. 員工學歷 (edu)，正向影響員工薪資 (educ)。即學歷 (edu) 每增加一級，薪資加 111.77 美元 ($p < 0.05$)。
3. 工作年資 (exper)，正向影響員工薪資 (educ)。即年資 (exper) 每增加一年，薪資加 27.226 美元 ($p < 0.05$)。
4. 在內定情況下，所有變數都使用帶有插件 (plugin)λ 的 Lasso.
5. 整體而言，在控制 12 個外在變數之後，年資及年資是薪資的促進因素 ($p < 0.05$)。

```
* model-2 : Partialing-out lasso instrumental-variables regression for outcome
wage and inference on exper and instrumented endogenous educ using     cross-
validation to select instruments and controls

. poivregress wage exper (educ = i.pcollege##c.(meduc feduc) i.urban sibs iq),
controls(c.age##c.age tenure kww i.(married black south urban)) selection(cv)

Estimating lasso for wage using cv
Estimating lasso for educ using cv
Estimating lasso for pred(educ) using cv
Note: Minimum of CV function not found; lambda selected based on stop()
      stopping criterion.
Estimating lasso for pred(exper) using cv

Partialing-out IV linear model      Number of obs                =       722
                                    Number of controls           =        12
                                    Number of instruments        =        13
                                    Number of selected controls  =         8
                                    Number of selected instruments =       7
                                    Wald chi2(2)                 =     42.26
                                    Prob > chi2                  =    0.0000

------------------------------------------------------------------------------
             |               Robust
        wage |      Coef.   Std. Err.      z    P>|z|     [95% Conf. Interval]
-------------+----------------------------------------------------------------
        educ |   108.2272    16.7857     6.45   0.000     75.32785    141.1266
```

```
       exper |   26.12367   6.345032     4.12   0.000     13.68763    38.5597
------------------------------------------------------------------------------
Endogenous:    educ
Exogenous:     exper
```

1. poivregress 從 12 個控制變數、13 個 IV 中，只挑 8 個控制變數及 7 個工具變數。
2. 員工學歷 (edu)，正向影響員工薪資 (educ)。即學歷 (edu) 每增加一級，薪資加 108.22 美元 ($p < 0.05$)。
3. 工作年資 (exper)，正向影響員工薪資 (educ)。即年資 (exper) 每增加一年，薪資加 26.124 美元 ($p <0.05$)。
4. 在內定情況下，所有變數都使用帶有插件 (plugin)λ 的 Lasso.
5. 整體而言，在控制 12 個外在變數之後，年資及年資是薪資的促進因素 ($p < 0.05$)。

4-5-5 Cross-fit Partialing-out lasso instrumental-variables regression：連續依變數（xpoivregress 指令）

xpoivregress 適配 Lasso 工具變數線性迴歸模型，並報告係數及標準誤差，檢定統計量及界定共變數的信賴區間。

感興趣的共變數可是內生或外生變數。交叉適配分份 (cross-fit partialing-out) 法用於估計這些變數的效果，並從潛在的控制變數及要包含在模型中的工具變數中進行選擇。

一、快速入門

1. 估計內生變數 d1 對連續依變數 y 的線性迴歸，並且納入一百個 x1–x100 當潛在控制變數、*z1–z100* 當潛在工具變數，來給 lassos 挑選。

```
. xpoivregress y (d1 = z1-z100), controls(x1-x100)
```

2. 同上例，估計內生變數 d2 的係數。

```
. xpoivregress y d2 (d1 = z1-z100), controls(x1-x100)
```

3. 同上例，但 cross-fitting 改用 20 folds 來取代 10 摺

```
. xpoivregress y d2 (d1 = z1-z100), controls(x1-x100) xfolds(20)
```

4. 同上例，但重複 cross-fitting 十五次，且平均十五次的結果

```
. xpoivregress y d2 (d1 = z1-z100), controls(x1-x100) xfolds(20) resample(15)
```

5. 改用 cross-validation (CV) 取代「疊代」lasso 最佳公式的選擇

```
. xpoivregress y d2 (d1 = z1-z100), controls(x1-x100) selection(cv)
```

6. 同上例，設定重製性之隨機種子 (set a random-number seed for reproducibility)

```
. xpoivregress y d2 (d1 = z1-z100), controls(x1-x100) selection(cv) rseed(28)
```

7. 在 stop 規則條件關掉的情況下，僅將 Lasso 的 CV 指定爲 y

```
. xpoivregress y d2 (d1 = z1-z100), controls(x1-x100) lasso(*, selection(cv),
stop(0))
```

8. 同上例，爲「y, d1, and i.d2」加 lassos 選項

```
. xporegress y d1 i.d2, controls(x1-x100) lasso(*, selection(cv), stop(0))
```

二、語法

```
xpoivregress depvar [exovars] (endovars = instrumvars) [if] [in] [, options]
```

Coefficients and standard errors are estimated for the exogenous variables, *exovars*, and the endogenous variables, *endovars*. The set of instrumental variables, *instrumvars*, may be high dimensional.

options	說明
Model	
controls([(*alwaysvars*)] *othervars*)	*alwaysvars* and *othervars* are control variables for *depvar*, *exovars*, and *endovars*; *instrumvars* are an additional set of control variables that apply only to the *endovars*; *alwaysvars* are always included; lassos choose whether to include or exclude *othervars*
selection(plugin)	use a plugin iterative formula to select an optimal value of the lasso penalty parameter λ^* for each lasso; the default
selection(cv)	use CV to select an optimal value of the lasso penalty parameter λ^* for each lasso
selection(adaptive)	use adaptive lasso to select an optimal value of the lasso penalty parameter λ^* for each lasso
sqrtlasso	use square-root lassos
xfolds(#)	use # folds for cross-fitting
resample[(#)]	repeat sample splitting # times and average results
technique(dml1 | dml2)	use either double machine learning 1 (dml1) or double machine learning 2 (dml2) estimation technique; dml2 is the default
missingok	after fitting lassos, ignore missing values in any *instrumvars* or *othervars* not selected, and include these observations in the final model
Reporting	
level(#)	set confidence level; default is level(95)
display_options	control columns and column formats, row spacing, line width, display of omitted variables and base and empty cells, and factor-variable labeling
Optimization	
[no]log	display or suppress an iteration log
verbose	display a verbose iteration log
rseed(#)	set random-number seed
Advanced	
lasso(*varlist*, *lasso_options*)	specify options for the lassos for variables in *varlist*; may be repeated
sqrtlasso(*varlist*, *lasso_options*)	specify options for square-root lassos for variables in *varlist*; may be repeated
vce(robust)	robust VCE is the only VCE available
reestimate	refit the model after using lassoselect to select a different λ^*
noheader	do not display the header on the coefficient table
coeflegend	display legend instead of statistics

三、範例：xpoivregress 指令：Cross-fit partialing-out lasso instrumental-variables regression

同前例之資料檔「breathe.dta」。

(一) 觀察變數特徵

```
* 存至「xpoivregress.do」批次檔
*  開啟網站資料檔案，或用「. use nlsy80.dta」亦可
. webuse nlsy80


. sum wage exper educ pcollege meduc feduc urban sibs iq age tenure kww
married black south urban


    Variable |        Obs        Mean    Std. Dev.       Min        Max
-------------+---------------------------------------------------------
        wage |        935    957.9455    404.3608        115       3078
       exper |        935    11.56364    4.374586          1         23
        educ |        935    13.46845    2.196654          9         18
    pcollege |        935    .3165775      .46539          0          1
       meduc |        857    10.68261    2.849756          0         18
-------------+---------------------------------------------------------
       feduc |        741    10.21727      3.3007          0         18
       urban |        935    .7176471    .4503851          0          1
        sibs |        935    2.941176    2.306254          0         14
          iq |        935    101.2824    15.05264         50        145
         age |        935    33.08021    3.107803         28         38
-------------+---------------------------------------------------------
      tenure |        935    7.234225    5.075206          0         22
         kww |        935    35.74439    7.638788         12         56
     married |        935    .8930481    .3092174          0          1
       black |        935    .1283422    .3346495          0          1
       south |        935    .3411765    .4743582          0          1
-------------+---------------------------------------------------------
       urban |        935    .7176471    .4503851          0          1

* 檢視連續依變數 wage、內生變數 educ，工具變數有 i.pcollege##c.(meduc feduc)
. des wage exper educ pcollege meduc feduc urban sibs iq age tenure kww
married black south urban
```

```
                 storage   display    value
variable name     type     format     label       variable label
------------------------------------------------------------------------------
wage              int      %9.0g                  monthly earnings
exper             byte     %9.0g                  years of work experience
educ              byte     %9.0g                  years of education
pcollege          byte     %9.0g                  =1 if at least one parent
attended college
meduc             byte     %9.0g                  mother's education
feduc             byte     %9.0g                  father's education
urban             byte     %9.0g                  =1 if live in SMSA
sibs              byte     %9.0g                  number of siblings
iq                int      %9.0g                  IQ score
age               byte     %9.0g                  age in years
tenure            byte     %9.0g                  years with current employer
kww               byte     %9.0g                  knowledge of world work score
married           byte     %9.0g                  =1 if married
black             byte     %9.0g                  =1 if black
south             byte     %9.0g                  =1 if live in south
urban             byte     %9.0g                  =1 if live in SMSA
```

(二) xpoivregress指令：Cross-fit partialing-out lasso instrumental-variables regression

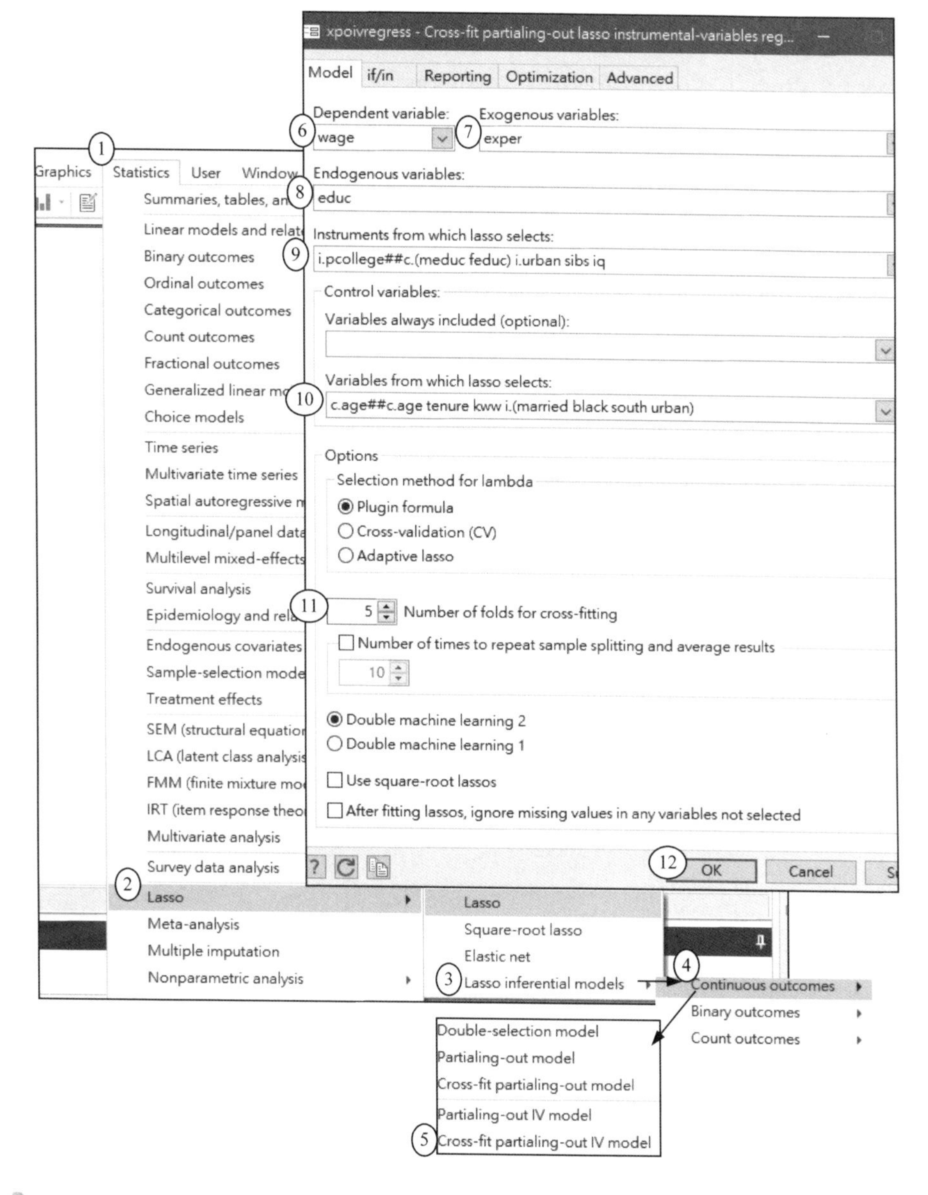

圖 4-45 「xpoivregress wage exper (educ = i.pcollege##c.(meduc feduc) i.urban sibs iq), controls(c.age##c.age tenure kww i.(married black south urban))」畫面

註：Statistics > Lasso > Lasso inferential models > Continuous outcomes > Cross-fit partialing-out IV model

```
* 存至「xpoivregress.do」批次檔
*  開啟網站資料檔案，或用「. use nlsy80.dta」亦可
. webuse nlsy80

* model-1:Cross-fit partialing-out lasso instrumental-variables regression for
outcome wage and inference on exper and instrumented endogenous educ
. xpoivregress wage exper (educ = i.pcollege##c.(meduc feduc) i.urban sibs
iq), controls(c.age##c.age tenure kww i.(married black south urban))

Cross-fit fold 10 of 10 ...
Estimating lasso for pred(educ) using plugin
Estimating lasso for pred(exper) using plugin

Cross-fit partialing-out            Number of obs                =        722
IV linear model                     Number of controls           =         12
                                    Number of instruments        =         13
                                    Number of selected controls  =          5
                                    Number of selected instruments =        5
                                    Number of folds in cross-fit =         10
                                    Number of resamples          =          1
                                    Wald chi2(2)                 =      42.31
                                    Prob > chi2                  =     0.0000

------------------------------------------------------------------------------
             |               Robust
        wage |      Coef.   Std. Err.      z    P>|z|     [95% Conf. Interval]
-------------+----------------------------------------------------------------
        educ |   114.7765    17.69613     6.49   0.000     80.09271    149.4602
       exper |   27.82216    6.328949     4.40   0.000     15.41765    40.22667
------------------------------------------------------------------------------
Endogenous:   educ
Exogenous:    exper
Note: Chi-squared test is a Wald test of the coefficients of the variables
      of interest jointly equal to zero. Lassos select controls for model
      estimation. Type lassoinfo to see number of selected variables in each
      lasso.
```

1. xpoivregress 從 12 個控制變數、13 個 IV 中，只挑 5 個控制變數及 5 個工具變數。
2. 員工學歷 (edu)，正向影響員工薪資 (educ)。即學歷 (edu) 每增加一級，薪資加 108.22 美元 ($p < 0.05$)。
3. 工作年資 (exper)，正向影響員工薪資 (educ)。即年資 (exper) 每增加一年，薪資加 26.124 美元 ($p < 0.05$)。
4. 在內定情況下，所有變數都使用帶有插件 (plugin) λ 的 Lasso.
5. 整體而言，在控制 12 個外在變數之後，年資及年資是薪資的促進因素 ($p < 0.05$)。

```
* model-2Cross-fit partialing-out lasso instrumental-variables regression for
outcome wage and inference on exper and instrumented endogenous educ using
using 5 folds for cross-fitting
. xpoivregress wage exper (educ = i.pcollege##c.(meduc feduc) i.urban sibs
iq), controls(c.age##c.age tenure kww i.(married black south urban)) xfolds(5)
```

```
Cross-fit fold 5 of 5 ...
Estimating lasso for pred(educ) using plugin
Estimating lasso for pred(exper) using plugin

Cross-fit partialing-out            Number of obs                =        722
IV linear model                     Number of controls           =         12
                                    Number of instruments        =         13
                                    Number of selected controls  =          6
                                    Number of selected instruments =        5
                                    Number of folds in cross-fit =          5
                                    Number of resamples          =          1
                                    Wald chi2(2)                 =      37.02
                                    Prob > chi2                  =     0.0000

------------------------------------------------------------------------------
             |               Robust
        wage |      Coef.   Std. Err.      z    P>|z|     [95% Conf. Interval]
-------------+----------------------------------------------------------------
```

```
        educ |   103.8636   17.21233     6.03   0.000     70.12801    137.5991
       exper |   24.27672   6.131823     3.96   0.000     12.25857    36.29487
------------------------------------------------------------------------------
Endogenous:    educ
Exogenous:     exper
```

1. xpoivregress 從 12 個控制變數、13 個 IV 中，只挑 6 個控制變數及 5 個工具變數。
2. 員工學歷 (edu)，正向影響員工薪資 (educ)。即學歷 (edu) 每增加一級，薪資加 103.86 美元 ($p < 0.05$)。
3. 工作年資 (exper)，正向影響員工薪資 (educ)。即年資 (exper) 每增加一年，薪資加 24.277 美元 ($p < 0.05$)。
4. 在內定情況下，所有變數都使用帶有插件 (plugin) λ 的 Lasso.
5. 整體而言，在控制 12 個外在變數之後，年資及年資是薪資的促進因素 ($p < 0.05$)。

小結：DS,PO,XPO 三者的比較

```
* DS,PO,XPO 三者的比較
. use
*--------double selection -------
. quietly dsregress react no2_class, controls(i.(meducation overweight msmoke
sex) noise sev* age)
. estimates store ds

*--------partialing-out -------
. quietly poregress react no2_class, controls(i.(meducation overweight msmoke
sex) noise sev* age)
. estimates store po

*--------cross-fitting partialing-out -------
. quietly xporegress react no2_class, controls(i.(meducation overweight msmoke
sex) noise sev* age)
```

```
. estimates store xpo

*--------naive approach-------
. * quietly naive_regress, depvar(react) dvar(no2_class) controls(i.(meducation
overweight msmoke sex) noise sev* age)
. * estimates store naive

*--------compare naive with ds, po, and xpo-------
. estimates table  ds po xpo, se


-----------------------------------------------------
    Variable |     ds            po           xpo
-------------+---------------------------------------
   no2_class |  1.9225751      1.91453     1.9969296
             |  .43335462    .43403012     .42938167
-----------------------------------------------------
                                         legend: b/se
```

1. Cross-fit Partialing-out(xpoi)之標準誤(se = 0.429)比ds、po小，故此方法最佳。
2. 雙選 Lasso 迴歸式：react = 1.922×no2_class
3. Cross-fit Partialing-out Lasso 迴歸式：react = 1.996×no2_class

推薦建議：

1. 如果有時間，請使用 cross-fit partialing-out 估計法

   xporegress, xpologit, xpopoisson, xpoivregress
2. 若覺得 cross-fit 估計法太花時間，則改用 partialing-out 估計法

   poregress, pologit, popoisson, poivregress

   或選 double-selection 估計法

   dsregress, dslogit, dspoisson

4-6 Lasso 推論模型：二元依變數

例如：武漢肺炎檢疫結果，只有二種情況：陽性 (positive) 或陰性 (negativ)

這二種結果，表示反應變數就是二元 (bianry) 依變數。

二元數據 (binary data) 是其單位只能處於兩種可能狀態的數據，根據二進制數字系統及布爾代數，傳統上將其標記爲 0 及 1。

二進制數據出現在許多不同的技術及科學領域，例如：

1. 計算機科學中的「位 (bit)」（二進制數字）。
2. 數學邏輯及相關領域中的「眞值 (truth value)」。
3. 統計資訊中的「二元變數 (binary variable)」。

4-6-1 Double-Selection lasso：二元依變數（dslogit 指令）

雙選 lasso 式		Partialing-out lasso 式
$\tilde{y}=\tilde{d}\gamma+\varepsilon$	$\Rightarrow$	$y-x_y^*\hat{\beta}_y=d\gamma-x_d^*\hat{\beta}_{d\gamma}+\varepsilon$

雙選 Lasso 法之求解步驟：

Step 1　lasso y on X, denote selscted X as X_y^*

Step 2　lasso y on X, denote selscted X as X_d^*

Step 3　regress y on d, X_y^* and X_d^*

dslogit 適配套索邏輯斯迴歸模型，並印出界定共變數的勝算比 (odds ratios) 及標準誤 (standard errors)、檢定統計量及信整區間。雙重選擇 (double-selection) 法用於估計這些變數的效果，並從潛在的控制變數中選擇要納入至模型的變數。

一、快速入門

1. 印出自變數 d1 對二元依變數 y 的 logistic 迴歸，並且納入一百個 x1–x100 當潛在控制變數，來給 lassos 挑選。

```
. dslogit y d1, controls(x1-x100)
```

2. 同上例，只是自變數 d2 是多類別 (categorical)

```
*levels>2 類別變數，都可用「i.」運算子來轉換成虛擬變數，以 level=1 當比較基準點。
. dslogit y d1 i.d2, controls(x1-x100)
```

3. 改用 cross-validation (CV) 取代「疊代」lasso 最佳公式的選擇

```
. dslogit y d1 i.d2, controls(x1-x100) selection(cv)
```

4. 同上例，設定重製性之隨機種子 (set a random-number seed for reproducibility)

```
. dslogit y d1 i.d2, controls(x1-x100) selection(cv) rseed(28)
```

5. 同上例，爲「y, d1, and i.d2」加 lassos 選項

```
. dslogit y d1 i.d2, controls(x1-x100) lasso(*, selection(cv), stop(0))
```

6. 計算大於 CV 最小值的套索，來獲得完整的係數路徑、結 (knots) 等。

```
. dslogit y d1 i.d2, controls(x1-x100) lasso(*, selection(cv, alllambdas))
```

二、語法

dslogit *depvar varsofinterest* [*if*] [*in*] [, *options*]

varsofinterest are variables for which coefficients and their standard errors are estimated.

options	說明
Model	
controls([(*alwaysvars*)] *othervars*)	*alwaysvars* and *othervars* make up the set of control variables; *alwaysvars* are always included; lassos choose whether to include or exclude *othervars*
selection(plugin)	use a plugin iterative formula to select an optimal value of the lasso penalty parameter λ^* for each lasso; the default
selection(cv)	use CV to select an optimal value of the lasso penalty parameter λ^* for each lasso
selection(adaptive)	use adaptive lasso to select an optimal value of the lasso penalty parameter λ^* for each lasso
sqrtlasso	use square-root lassos for *varsofinterest*
missingok	after fitting lassos, ignore missing values in any *othervars* not selected, and include these observations in the final model
offset(*varname*)	include *varname* in the lasso and model for *depvar* with its coefficient constrained to be 1

SE/Robust	
vce(*vcetype*)	*vcetype* may be robust (the default) or oim
Reporting	
level(#)	set confidence level; default is level(95)
or	report odds ratios; the default
coef	report estimated coefficients
display_options	control columns and column formats, row spacing, line width, display of omitted variables and base and empty cells, and factor-variable labeling
Optimization	
[no]log	display or suppress an iteration log
verbose	display a verbose iteration log
rseed(#)	set random-number seed
Advanced	
lasso(*varlist*, *lasso_options*)	specify options for the lassos for variables in *varlist*; may be repeated
sqrtlasso(*varlist*, *lasso_options*)	specify options for square-root lassos for variables in *varlist*; may be repeated
reestimate	refit the model after using lassoselect to select a different λ*
noheader	do not display the header on the coefficient table
coeflegend	display legend instead of statistics

三、範例：雙選法之 logistic 迴歸

同前例之資料檔「breathe.dta」。

(一) 觀察變數特徵

```
* 存至「雙選法之 logistic 迴歸 .do」批次檔
*  開啟網站資料檔案，或用「. use breathe.dta」亦可
. webuse breathe

. sum lbweight meducation

    Variable |        Obs        Mean    Std. Dev.       Min        Max
-------------+---------------------------------------------------------
    lbweight |      1,089    .0853994    .2796036          0          1
  meducation |      1,089    3.650138    .6121491          1          4

* 檢視二元依變數 lbweight(0= 非早產兒)，(1= 早產兒)
. des lbweight meducation

              storage   display    value
variable name   type    format     label      variable label
------------------------------------------------------------------------------
lbweight        byte    %18.0g     lowbw    * Low birthweight
meducation      byte    %17.0g     edu        Mother's education level
```

(二) dslogit指令：Double-selection lasso logistic regression

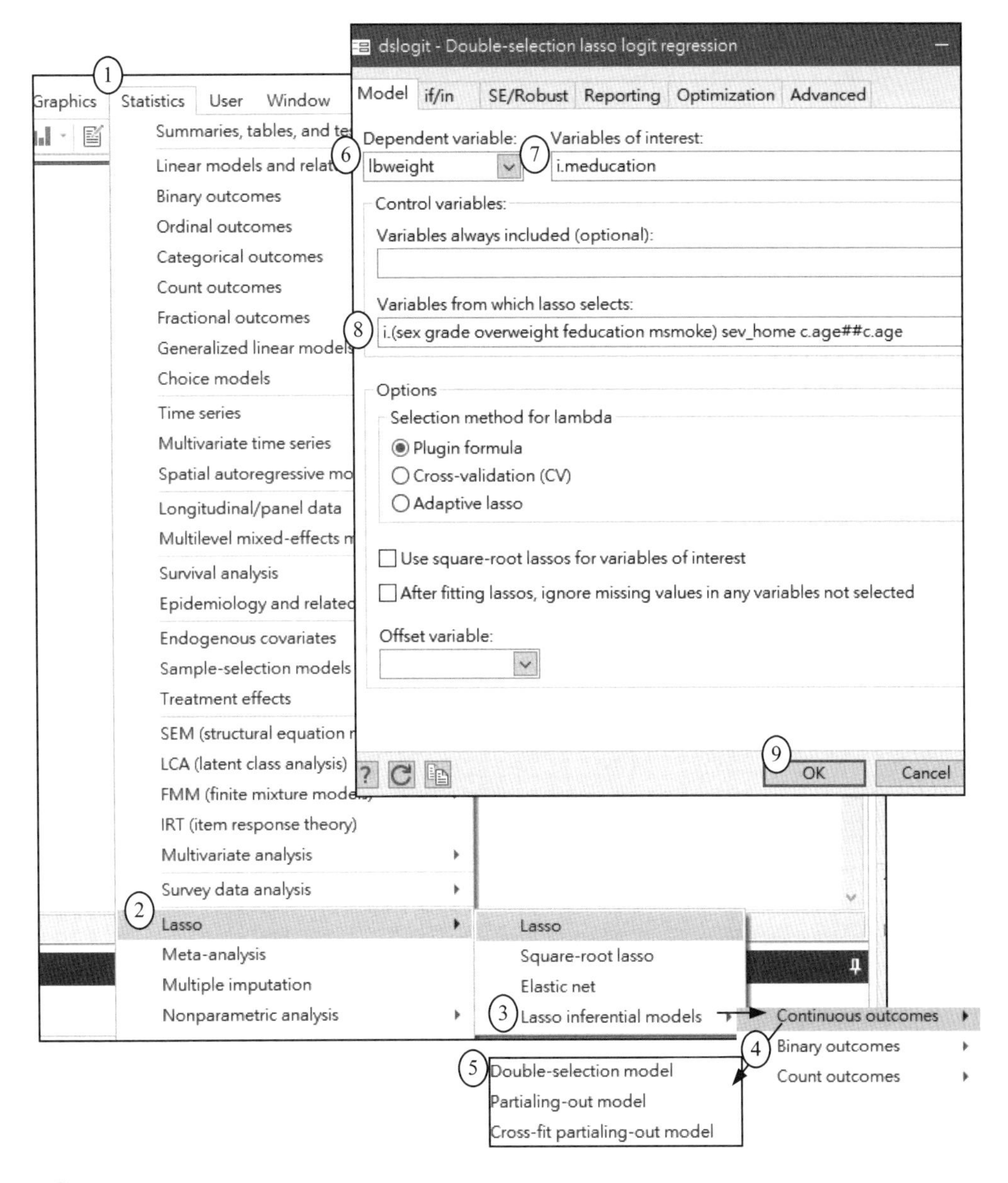

圖 4-46 「dslogit lbweight i.meducation, controls(i.(sex grade overweight feducation msmoke) sev_home c.age##c.age)」畫面

```
* 開啟網站資料檔案，或用「. use breathe.dta」亦可
. webuse breathe

* logic model-1:Double-selection lasso logistic regression for outcome low
birthweight and inference on mothers education level
*「a##b」完全交互作用 =「a, b, a*b」作用
*「i.」將多類別變數，視為虛擬變數，並以 level=1 當比較基準點
. dslogit lbweight i.meducation, controls(i.(sex grade overweight feducation
msmoke) sev_home c.age##c.age)
.

Estimating lasso for lbweight using plugin
Estimating lasso for 2bn.meducation using plugin
Estimating lasso for 3bn.meducation using plugin
Estimating lasso for 4bn.meducation using plugin

Double-selection logit model          Number of obs              =      1,048
                                      Number of controls         =         16
                                      Number of selected controls =         5
                                      Wald chi2(3)               =       2.28
                                      Prob > chi2                =     0.5171

------------------------------------------------------------------------------
             |               Robust
    lbweight | Odds Ratio   Std. Err.      z    P>|z|     [95% Conf. Interval]
-------------+----------------------------------------------------------------
  meducation |
    Primary  |   .2282585   .2937884    -1.15   0.251     .0183171    2.844441
  Secondary  |   .1596758   .2004943    -1.46   0.144     .0136283    1.870839
 University  |   .1728319   .2191549    -1.38   0.166     .0143973    2.074757
------------------------------------------------------------------------------
Note: Chi-squared test is a Wald test of the coefficients of the variables
      of interest jointly equal to zero. Lassos select controls for model
      estimation. Type lassoinfo to see number of selected variables in each
      lasso.
```

1. dslogit 從 16 個控制變數中，只挑 5 個。

2. 產婦 Primary 學歷比「國小以下者」，產下早產兒的勝算比 (odds ratio) 低 0.228 倍 (p > 0.05)。
3. 產婦 University 學歷比「國小以下者」，產下早產兒的勝算比 (odds ratio) 低 0.172 倍 (p > 0.05)。
4. 整體而言，在控制 16 個外在變數之後，產婦學歷不是早產兒的危險因素 (p > 0.05)。

```
. lassoinfo

        Estimate:  active
         Command:  dslogit
----------------------------------------------------------
                |                                   No. of
                |          Selection              selected
       Variable |   Model     method    lambda   variables
----------------+-----------------------------------------
       lbweight |   logit     plugin  .0709537           0
 2bn.meducation |  linear     plugin  .1123048           2
 3bn.meducation |  linear     plugin  .1123048           3
 4bn.meducation |  linear     plugin  .1123048           4
----------------------------------------------------------
```

```
* logic model-2:Double-selection lasso logistic regression for outcome low
birthweight and inference on mothers education level using cross-validation
to select controls
. dslogit lbweight i.meducation, controls(i.(sex grade overweight feducation
msmoke) sev_home c.age##c.age) selection(cv)

Estimating lasso for lbweight using cv
Estimating lasso for 2bn.meducation using cv
Estimating lasso for 3bn.meducation using cv
Estimating lasso for 4bn.meducation using cv

Double-selection logit model          Number of obs          =      1,048
                                      Number of controls     =         16
```

```
                                          Number of selected controls =         10
                                          Wald chi2(3)                =       2.35
                                          Prob > chi2                 =     0.5038

------------------------------------------------------------------------------
             |               Robust
    lbweight | Odds Ratio   Std. Err.      z    P>|z|     [95% Conf. Interval]
-------------+----------------------------------------------------------------
  meducation |
    Primary  |   .2309007   .2907769    -1.16   0.244     .0195656    2.72494
   Secondary |   .1593125   .1961305    -1.49   0.136     .0142669    1.77897
  University |   .1677499   .2084215    -1.44   0.151     .0146921   1.915319
------------------------------------------------------------------------------
```

1. dslogit 從 16 個控制變數中，只挑 10 個。
2. 產婦 Primary 學歷比「國小以下者」，產下早產兒的勝算比 (odds ratio) 低 0.231 倍 ($p > 0.05$)。
3. 產婦 University 學歷比「國小以下者」，產下早產兒的勝算比 (odds ratio) 低 0.168 倍 ($p > 0.05$)。
4. 整體而言，在控制 16 個外在變數之後，產婦學歷不是早產兒的危險因素 ($p > 0.05$)。

4-6-2 Partialing-out lasso：二元依變數（pologit 指令）

Partialing-out lasso 迴歸式，包括 poregress、pologit、popoisson 指令，其求解的步驟：

Step 1　lasso y on X, and get post-lasso residuals $\tilde{y} = y - x_y^* \hat{\beta}_y$

Step 2　lasso d on X, and get post-lasso residuals $\tilde{d} = y - x_d^* \hat{\beta}_d$

Step 3　regress y on d, $\tilde{y}$ and $\tilde{d}$

直覺：Partialing-out 是雙重選擇 (DS) 的另一種形式：

雙選 lasso 式		Partialing-out lasso 式
$\tilde{y} = \tilde{d}\gamma + \varepsilon$	$\Rightarrow$	$y - x_y^* \hat{\beta}_y = d\gamma - x_d^* \hat{\beta}_{d\gamma} + \varepsilon$

pologit 適配 Lasso 邏輯斯迴歸模型，並印出界定的共變數的 odds ratios 及標準誤，檢定統計量及信賴區間。分模 (partialing-out) 方法用於估計這些變數的效果，並從潛在的控制變數中選擇要包含在模型中的變數。

一、快速入門

1. 印出自變數 d1 對連續依變數 y 的 Partialing-out lasso 迴歸，並且納入一百個 x1–x100 當潛在控制變數，來給 lassos 挑選。

```
. pologit y d1, controls(x1-x100)
```

2. 同上例，只是自變數 d2 是多類別 (categorical)

```
*levels>2 類別變數，都可用「i.」運算子來轉換成虛擬變數，以 level=1 當比較基準點。
. pologit y d1 i.d2, controls(x1-x100)
```

3. 改用 cross-validation (CV) 取代「疊代」lasso 最佳公式的選擇

```
. pologit y d1 i.d2, controls(x1-x100) selection(cv)
```

4. 同上例，設定重製性之隨機種子 (set a random-number seed for reproducibility)

```
. pologit y d1 i.d2, controls(x1-x100) selection(cv) rseed(28)
```

5. 在 stop 規則條件關掉的情況下，僅將 Lasso 的 CV 指定爲 y

```
. pologit y d1 i.d2, controls(x1-x100) lasso(y, selection(cv), stop(0))
```

Specify CV for the lasso for y only, with the stopping rule criterion turned off

6. 同上例，爲「y, d1, and i.d2」加 lassos 選項

```
. pologit y d1 i.d2, controls(x1-x100) lasso(*, selection(cv), stop(0))
```

7. 計算大於 CV 最小值的套索，來獲得完整的係數路徑、結 (knots) 等。

```
. pologit y d1 i.d2, controls(x1-x100) lasso(*, selection(cv, alllambdas))
```

二、語法

```
pologit depvar varsofinterest [if] [in] [, options]
```

varsofinterest are variables for which coefficients and their standard errors are estimated.

options	說明
Model	
`controls([(alwaysvars)] othervars)`	*alwaysvars* and *othervars* make up the set of control variables; *alwaysvars* are always included; lassos choose whether to include or exclude *othervars*
`selection(plugin)`	use a plugin iterative formula to select an optimal value of the lasso penalty parameter λ^* for each lasso; the default
`selection(cv)`	use CV to select an optimal value of the lasso penalty parameter λ^* for each lasso
`selection(adaptive)`	use adaptive lasso to select an optimal value of the lasso penalty parameter λ^* for each lasso
`sqrtlasso`	use square-root lassos for *varsofinterest*
`missingok`	after fitting lassos, ignore missing values in any *othervars* not selected, and include these observations in the final model
`offset(varname)`	include *varname* in the lasso and model for *depvar* with its coefficient constrained to be 1
Reporting	
`level(#)`	set confidence level; default is `level(95)`
`or`	report odds ratios; the default
`coef`	report estimated coefficients
display_options	control columns and column formats, row spacing, line width display of omitted variables and base and empty cells, and factor-variable labeling
Optimization	
`[no]log`	display or suppress an iteration log
`verbose`	display a verbose iteration log
`rseed(#)`	set random-number seed
Advanced	
`lasso(varlist, lasso_options)`	specify options for the lassos for variables in *varlist*; may be repeated
`sqrtlasso(varlist, lasso_options)`	specify options for square-root lassos for variables in *varlist*; may be repeated
`vce(robust)`	robust VCE is the only VCE available
`reestimate`	refit the model after using `lassoselect` to select a different λ^*
`noheader`	do not display the header on the coefficient table
`coeflegend`	display legend instead of statistics

三、範例：

同前例之資料檔「breathe.dta」。

(一) 觀察變數特徵

```
* 存至「pologit.do」批次檔。
*  開啟網站資料檔案，或用「. use breathe.dta」亦可
. webuse breathe

. sum lbweight meducation sex grade overweight feducation msmoke sev_home age

    Variable |        Obs        Mean    Std. Dev.       Min        Max
-------------+---------------------------------------------------------
    lbweight |      1,089    .0853994    .2796036          0          1
  meducation |      1,089    3.650138    .6121491          1          4
         sex |      1,089    .4986226    .5002278          0          1
       grade |      1,089    1.878788    .7882408          1          3
  overweight |      1,063    .2408278    .4277873          0          1
-------------+---------------------------------------------------------
  feducation |      1,086     3.54512    .6797188          1          4
      msmoke |      1,087    .0386385    .1928205          0          1
    sev_home |      1,089    .4196807    .1999143   .0645161   .9677419
         age |      1,089     9.08788     .886907    7.45243   11.63313

* 檢視二元依變數 lbweight(0= 非早產兒),(1= 早產兒)
. des lbweight meducation sex grade overweight feducation msmoke sev_home age

              storage   display    value
variable name   type    format     label      variable label
--------------------------------------------------------------------------------
lbweight        byte    %18.0g     lowbw    * Low birthweight
meducation      byte    %17.0g     edu        Mother's education level
sex             byte    %9.0g      sex        Sex
grade           byte    %9.0g      grade      Grade in school
overweight      byte    %32.0g     overwt   * Overweight by WHO/CDC definition
feducation      byte    %17.0g     edu        Father's education level
msmoke          byte    %10.0f     smoke    * Mother smoked during pregnancy
sev_home        float   %9.0g                 Home socio-economic vulnerability
index
age             float   %9.0g                  Age (years)
```

(二) pologit指令：Partialing-out logistic迴歸

```
*  開啟網站資料檔案，或用「. use breathe.dta」亦可
. webuse breathe

*model-1 :Partialing-out logistic regression for outcome low birthweight and
inference on mothers education level

. pologit lbweight i.meducation, controls(i.(sex grade overweight feducation
msmoke) sev_home c.age##c.age)

Estimating lasso for lbweight using plugin
Estimating lasso for 2bn.meducation using plugin
Estimating lasso for 3bn.meducation using plugin
Estimating lasso for 4bn.meducation using plugin

Partialing-out logit model          Number of obs                 =      1,058
                                    Number of controls            =         16
                                    Number of selected controls   =          5
                                    Wald chi2(3)                  =       0.48
                                    Prob > chi2                   =     0.9229

------------------------------------------------------------------------------
             |               Robust
    lbweight | Odds Ratio   Std. Err.      z    P>|z|     [95% Conf. Interval]
-------------+----------------------------------------------------------------
  meducation |
     Primary |   .1035487   .4968612    -0.47   0.636     8.53e-06    1257.458
   Secondary |   .0796177   .3991359    -0.50   0.614     4.30e-06    1473.042
  University |   .0647815   .4612147    -0.38   0.701     5.64e-08    74407.76
------------------------------------------------------------------------------
Note: Chi-squared test is a Wald test of the coefficients of the variables
      of interest jointly equal to zero. Lassos select controls for model
      estimation. Type lassoinfo to see number of selected variables in each
      lasso.
```

1. pologit 從 16 個控制變數中，只挑 5 個。

2. 產婦Primary學歷比「國小以下者」，產下早產兒的勝算比(odds ratio)低0.104倍(p > 0.05)。
3. 產婦University學歷比「國小以下者」，產下早產兒的勝算比(odds ratio)低0.065倍(p > 0.05)。
4. 但總體來看，產婦學歷高低，不是早產的危險因素。
5. pologit點估計及標準差，與dslogit很相近。

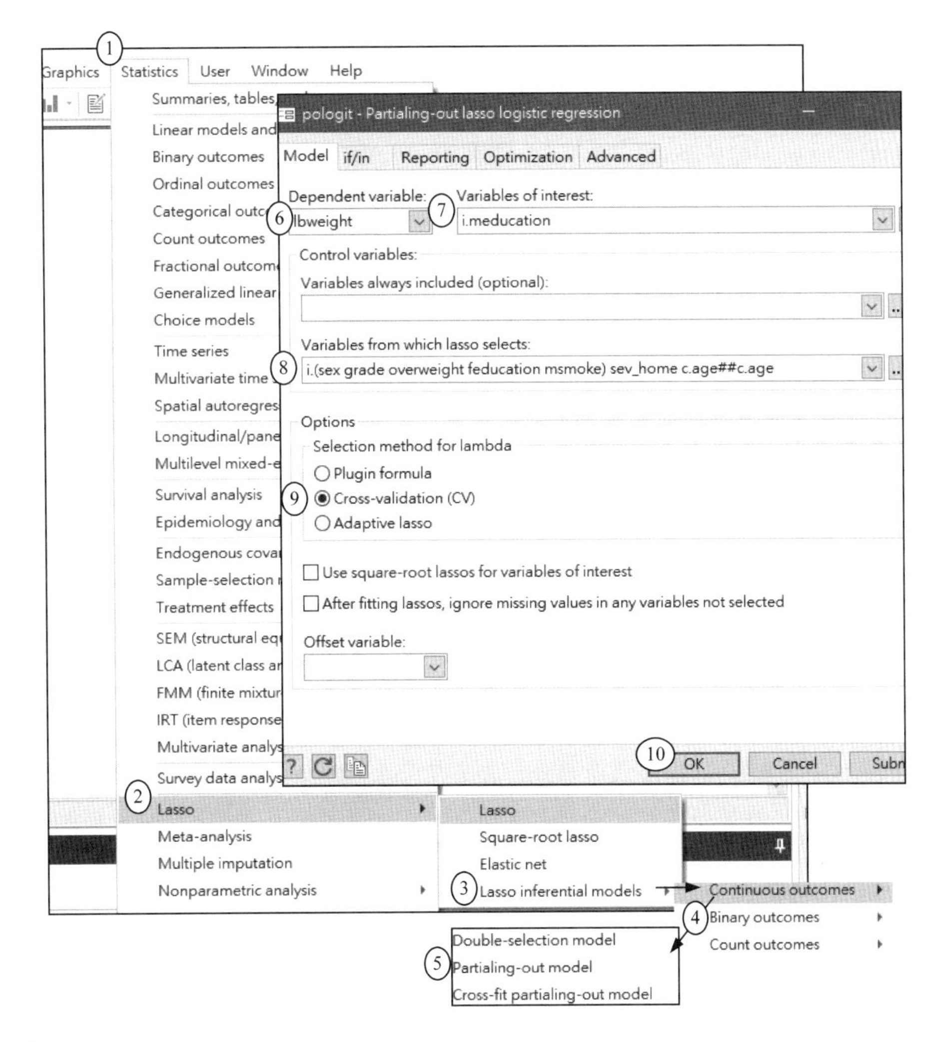

圖 4-47 「pologit lbweight i.meducation, controls(i.(sex grade overweight feducation msmoke) sev_home c.age##c.age) selection(cv)」畫面

註：Statistics > Lasso > Lasso inferential models > Binary outcomes > Partialing-out logit model

```
*model-2: Partialing-out logistic regression for outcome low birthweight and
inference on mothers education level using cross-validation to select controls

. pologit lbweight i.meducation, controls(i.(sex grade overweight feducation
msmoke) sev_home c.age##c.age) selection(cv)

Estimating lasso for lbweight using cv
Estimating lasso for 2bn.meducation using cv
Estimating lasso for 3bn.meducation using cv
Estimating lasso for 4bn.meducation using cv

Partialing-out logit model          Number of obs              =      1,058
                                    Number of controls         =         16
                                    Number of selected controls =        10
                                    Wald chi2(3)               =       0.67
                                    Prob > chi2                =     0.8793

------------------------------------------------------------------------------
             |               Robust
    lbweight | Odds Ratio   Std. Err.      z    P>|z|     [95% Conf. Interval]
-------------+----------------------------------------------------------------
  meducation |
     Primary |   .2377086   .4797867    -0.71   0.477      .0045498    12.41923
   Secondary |   .1525938   .3553089    -0.81   0.419      .0015905    14.63955
  University |   .1551274   .3883321    -0.74   0.457      .0011478    20.96575
------------------------------------------------------------------------------
```

1. pologit 從 16 個控制變數中，只挑 10 個。
2. 產婦 Primary 學歷比「國小以下者」，產下早產兒的勝算比 (odds ratio) 低 0.238 倍 ($p > 0.05$)。
3. 產婦 University 學歷比「國小以下者」，產下早產兒的勝算比 (odds ratio) 低 0.155 倍 ($p > 0.05$)。
4. 但總體來看，產婦學歷高低，不是早產的危險因素（都 $p > 0.05$）。

4-6-3 Cross-fit Partialing-out lasso：二元依變數（xpologit 指令）

爲什麼要交叉適配 (cross-fit)？

1. 減輕稀疏狀況
2. 具有更好的有限樣本屬性

基本想法

Step 1　將樣本分爲輔助部分 (auxiliary part) 及主要部分 (main part)

Step 2　所有機器學習技術都應用於輔助樣本

Step 3　所有 Lasso 之後殘差均來自主樣本

Step 4　切換輔助樣本及主要樣本的角色，然後再次執行 Step 2 及 Step 3

Step 5　使用全體樣本求解 moment equation（矩方程）

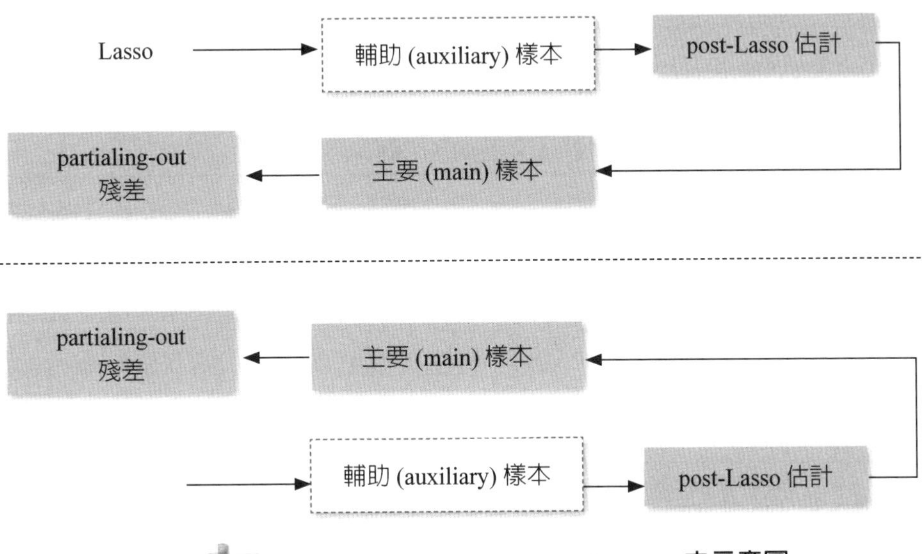

圖 4-48　2-fold cross-fit partialing-out 之示意圖

xpologit 適配 Lasso 邏輯斯迴歸模型，並印出界定的共變數的 odds ratios 及標準誤，檢定統計量及信賴區間。交叉適配分模 (cross-fit partialing-out) 法用於估計這些變數的效果，並從潛在的控制變數中進行選擇，以將其包括在模型中。

一、快速入門

1. 印出自變數 d1 對連續依變數 y 的 Cross-fit Partialing-out lasso 迴歸，並且納入

一百個 x1–x100 當潛在控制變數，來給 lasso 挑選。

```
. xpologit y d1, controls(x1-x100)
```

2. 同上例，只是自變數 d2 是多類別 (categorical)

```
*levels>2 類別變數，都可用「i.」運算子來轉換成虛擬變數，以 level=1 當比較基準點。
. xpologit y d1 i.d2, controls(x1-x100)
```

3. 同上例，但 cross-fitting 改用 20 folds 來取代 10 摺

```
. xpologit y d1 i.d2, controls(x1-x100) xfolds(20)
```

4. 同上例，但重複 cross-fitting 十五次，且平均十五次的結果

```
. xpologit y d1 i.d2, controls(x1-x100) xfolds(20) resample(15)
```

5. 改用 cross-validation (CV) 取代「疊代」lasso 最佳公式的選擇

```
. xpologit y d1 i.d2, controls(x1-x100) selection(cv)
```

6. 同上例，設定重製性之隨機種子 (set a random-number seed for reproducibility)

```
. xpologit y d1 i.d2, controls(x1-x100) selection(cv) rseed(28)
```

7. 在 stop 規則條件關掉的情況下，僅將 Lasso 的 CV 指定爲 y

```
. xpologit y d1 i.d2, controls(x1-x100) lasso(y, selection(cv), stop(0))
```

8. 同上例，爲「y, d1, and i.d2」加 lassos 選項

```
. xpologit y d1 i.d2, controls(x1-x100) lasso(*, selection(cv), stop(0))
```

二、語法

xpologit *depvar varsofinterest* [*if*] [*in*] [, *options*]

varsofinterest are variables for which coefficients and their standard errors are estimated.

options	說明
Model	
controls([(*alwaysvars*)] *othervars*)	*alwaysvars* and *othervars* make up the set of control variables; *alwaysvars* are always included; lassos choose whether to include or exclude *othervars*
selection(plugin)	use a plugin iterative formula to select an optimal value of the lasso penalty parameter λ^* for each lasso; the default
selection(cv)	use CV to select an optimal value of the lasso penalty parameter λ^* for each lasso
selection(adaptive)	use adaptive lasso to select an optimal value of the lasso penalty parameter λ^* for each lasso
sqrtlasso	use square-root lassos
xfolds(#)	use # folds for cross-fitting
resample[(#)]	repeat sample splitting # times and average results
technique(dml1 | dml2)	use either double machine learning 1 (dml1) or double machine learning 2 (dml2) estimation technique; dml2 is the default
missingok	after fitting lassos, ignore missing values in any *othervars* not selected, and include these observations in the final model
offset(*varname*)	include *varname* in the lasso and model for *depvar* with its coefficient constrained to be 1
Reporting	
level(#)	set confidence level; default is level(95)
or	report odds ratios; the default
coef	report estimated coefficients
display_options	control columns and column formats, row spacing, line width display of omitted variables and base and empty cells, and factor-variable labeling
Optimization	
[no]log	display or suppress an iteration log
verbose	display a verbose iteration log
rseed(#)	set random-number seed
Advanced	
lasso(*varlist*, *lasso_options*)	specify options for the lassos for variables in *varlist*; may be repeated
sqrtlasso(*varlist*, *lasso_options*)	specify options for square-root lassos for variables in *varlist*; may be repeated
vce(robust)	robust VCE is the only VCE available
reestimate	refit the model after using lassoselect to select a different λ^*
noheader	do not display the header on the coefficient table
coeflegend	display legend instead of statistics

三、範例：xpologit 指令：Cross-fit partialing-out logistic regression

Data Editor (Edit) - [cattaneo2.dta]

e Edit View Data Tools

1C | 3459

	bweight	mmarried	mhisp	fhisp	foreign	alcohol	deadkids	mage
1	3459	married	0	0	0	0	0	
2	3260	notmarried	0	0	1	0	0	
3	3572	married	0	0	1	0	0	
4	2948	married	0	0	0	0	0	
5	2410	married	0	0	0	0	0	
6	3147	notmarried	0	0	0	0	0	
7	3799	married	0	0	0	0	0	
8	3629	married	0	0	0	0	0	
9	2835	married	0	0	0	0	0	
10	3880	married	0	0	0	0	0	
11	3090	married	0	0	0	0	0	
12	3345	notmarried	0	0	0	0	1	
13	4013	married	0	0	0	0	0	
14	3771	married	0	0	0	0	0	
15	662	notmarried	0	0	0	0	0	
16	3657	married	0	0	0	0	0	
17	3572	married	0	0	0	0	0	
18	3430	married	0	0	0	0	0	
19	4479	married	0	0	0	0	0	
20	3166	notmarried	0	0	0	0	1	
21	4253	married	0	0	0	0	0	
22	4054	married	0	0	0	0	0	
23	3160	married	0	0	0	0	0	
24	2466	married	0	0	0	0	0	
25	3147	married	0	0	0	0	0	
26	3232	married	0	0	0	0	0	

Properties

Variables	
Name	bweight
Label	infant birthwei
Type	int
Format	%9.0g
Value label	
Notes	
Data	
Frame	default
Filename	cattaneo2.dta
Label	Excerpt from C
Notes	
Variables	23
Observations	4,642
Size	113.33K
Memory	64M
Sorted by	

Variables | Snapshots | Properties

dy Vars: 23 Order: Dataset Obs: 4,642 Filter: Off Mode: Edit CAP

圖 4-49　資料檔「cattaneo2.dta」內容

(一) 觀察變數特徵

```
*存至「雙選法之 logistic 迴歸 .do」批次檔
*  開啟網站資料檔案，或用「. use breathe.dta」亦可
. webuse cattaneo2


. sum lbweight mbsmoke alcohol mmarried prenatal mage foreign fedu

    Variable |        Obs        Mean    Std. Dev.       Min        Max
-------------+---------------------------------------------------------
    lbweight |      4,642    .0603188    .2381022          0          1
     mbsmoke |      4,642    .1861267    .3892508          0          1
     alcohol |      4,642    .0323137    .1768508          0          1
    mmarried |      4,642    .6996984    .4584385          0          1
    prenatal |      4,642    1.201853    .5080401          0          3
-------------+---------------------------------------------------------
        mage |      4,642    26.50452    5.619026         13         45
     foreign |      4,642    .0534252    .2249042          0          1
        fedu |      4,642     12.3072    3.684028          0         17

*檢視二元依變數 lbweight(0=非早產兒)，(1=早產兒)
. des lbweight mbsmoke alcohol mmarried prenatal mage foreign fedu

              storage   display    value
variable name   type    format     label      variable label
-----------------------------------------------------------------------
lbweight        byte    %9.0g                 1 if low birthweight baby
mbsmoke         byte    %9.0g      mbsmoke    1 if mother smoked
alcohol         byte    %9.0g                 1 if alcohol consumed during
pregnancy
mmarried        byte    %10.0g     mmarried   1 if mother married
prenatal        byte    %9.0g                 trimester of first prenatal care
visit
mage            byte    %9.0g                 mother's age
foreign         byte    %9.0g                 1 if mother born abroad
fedu            byte    %9.0g                 father's education attainment
```

(二) dslogit指令：Double-selection lasso logistic regression

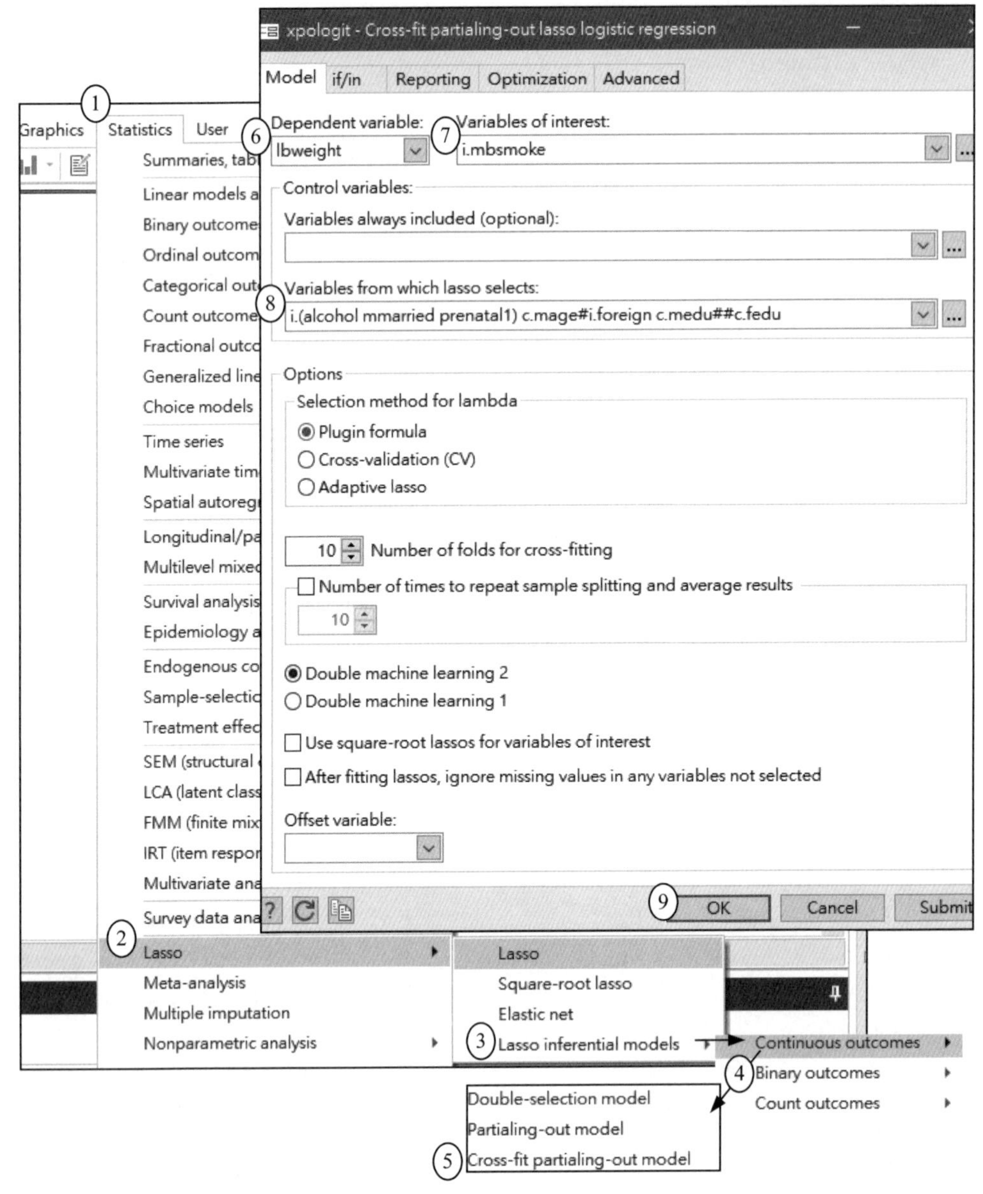

圖 4-50 「xpologit lbweight i.mbsmoke, controls(i.(alcohol mmarried prenatal1) c.mage#i.foreign c.medu##c.fedu)」畫面

註：Statistics > Lasso > Lasso inferential models > Binary outcomes > Cross-fit partialing-out logit model

```
*  開啟網站資料檔案，或用「. use cattaneo2.dta」亦可
. webuse cattaneo2

* model-1 :Cross-fit partialing-out logistic regression for outcome low
birthweight and inference on whether mother smoked during pregnancy

. xpologit lbweight i.mbsmoke, controls(i.(alcohol mmarried prenatal1)
c.mage#i.foreign c.medu##c.fedu)

Cross-fit fold 10 of 10 ...
Estimating lasso for lbweight using plugin
Estimating lasso for 1bn.mbsmoke using plugin

Cross-fit partialing-out              Number of obs            =      4,642
logit model                           Number of controls       =         11
                                      Number of selected controls =       6
                                      Number of folds in cross-fit =     10
                                      Number of resamples      =          1
                                      Wald chi2(1)             =      10.33
                                      Prob > chi2              =     0.0013

------------------------------------------------------------------------------
             |               Robust
    lbweight | Odds Ratio   Std. Err.      z    P>|z|     [95% Conf. Interval]
-------------+----------------------------------------------------------------
     mbsmoke |
      smoker |   1.830943   .3445205     3.21   0.001     1.266217    2.647535
------------------------------------------------------------------------------
Note: Chi-squared test is a Wald test of the coefficients of the variables
      of interest jointly equal to zero. Lassos select controls for model
      estimation. Type lassoinfo to see number of selected variables in each
      lasso.
```

1. xporegress 內定使用 10-fold cross-fitting。
2. xporegress 疊代 20 輪 lassos (2 variables x 10 folds)
3. 內定，只有一個樣品分割 sample-splitting (resample = 1)

4. 可用選項 resample(#) 求得更穩定的估計。
5. xpologit 從 11 個控制變數中，只挑 6 個。
6. 產婦有抽菸 (mbsmoke) 比「無抽菸者」，產下早產兒的勝算比 (odds ratio) 高 1.83 倍 ($p < 0.05$)。
7. 整體而言，在控制 11 個外在變數之後，產婦抽菸是早產兒的危險因素 ($p < 0.05$)。

```
* model-2 :Cross-fit partialing-out logistic regression for outcome low
birthweight and inference on whether mother smoked during pregnancy using
5 folds for cross-fitting

. xpologit lbweight i.mbsmoke, controls(i.(alcohol mmarried prenatal1)
c.mage#i.foreign c.medu##c.fedu) xfolds(5)

Cross-fit fold 5 of 5 ...
Estimating lasso for lbweight using plugin
Estimating lasso for 1bn.mbsmoke using plugin

Cross-fit partialing-out              Number of obs              =      4,642
logit model                           Number of controls         =         11
                                      Number of selected controls =         6
                                      Number of folds in cross-fit =        5
                                      Number of resamples        =          1
                                      Wald chi2(1)               =       9.72
                                      Prob > chi2                =     0.0018

------------------------------------------------------------------------------
             |               Robust
    lbweight | Odds Ratio   Std. Err.      z    P>|z|     [95% Conf. Interval]
-------------+----------------------------------------------------------------
     mbsmoke |
      smoker |   1.811446   .3452116     3.12   0.002     1.246837    2.631727
------------------------------------------------------------------------------
```

梯度下降法、深度學習分析

5-1 梯度下降法 (gradient descent)

根據線性迴歸之概念，若要找到一條線性方程式 $t(x) = ax + b$，這條線性方程式與亂數產生的 1,000 個資料點的距離平方總及爲最小值，意即要找到一個 a 與 b，把資料檔 (dataSetX) 裡所有數據點之 x 帶進這個方程式，並與另一資料檔 (dataSetY) 之誤差平方及 ($\sum_{\min} \varepsilon^2$) 要爲最小值。

下式是數學函示，分母部分除以 n 是爲了取得平均之誤差

$$\frac{1}{n}\sum_{i=1}^{n}(t(x^i) - y^i)^2$$

或者說把 t(x) 展開，會變成這樣：

$$\frac{1}{n}\sum_{i=1}^{n}(a \times x^i + b - y^i)^2$$

那要該怎麼求得最小值呢？就要利用梯度下降，它需要將要最佳化之變數微分，因此對上面之式子中的 a 與 b 做偏微分，得到下列兩個式子：

(1) 對 a 做偏微分：

$$\frac{2}{n}\sum_{i=1}^{n}(a \times x^i + b - y^i) \times x^i$$

(2) 對 b 做偏微分：

$$\frac{2}{n}\sum_{i=1}^{n}(a \times x^i + b - y^i)$$

所以對於 a 與 b 做梯度下降之公式會變成：

$$a=a-r\times\frac{2}{n}\sum_{i=1}^{n}(a\times x^i+b-y^i)\times x^i$$

$$b=b-r\times\frac{2}{n}\sum_{i=1}^{n}(a\times x^i+b-y^i)$$

再來就是不斷疊代上面那兩個函式，最後求出最佳的 a 跟 b。

5-1-1 梯度下降演算法 (gradient descent algorithm)

梯度下降是一階最最佳化演算法，又稱最速下降法。要用梯度下降法找到一個函數之局部極小值，必須向函數上當前點對應梯度（或者是近似梯度）之反方向的規定步長距離點進行疊代搜尋。

梯度下降演算法

```
//Initialize η, ρ, T and W_0
for t = 1…T
  | ∀ψ_k^+ = 0|k ∈ {1…ρ}
  | ∀ψ_k^- = 0|k ∈ {1…ρ}
  | for i ∈ {1…N} //pick i in a random sequence
  |   | W_t = W_{t-1} − η∇E(W_{t-1}, x_i, y_i) //canonical weight update
  |   | Ē_t = 0
  |   | for j = 1…N
  |   |   | E_j = E(W_t, x_j, y_j)
  |   |   | Ē_t = Ē_t + E_j
  |   |   | [ψ^+, ψ^-] = collectInconsistentInstances(i, j, ρ, E_j, Ē_{t-1}, ψ^+, ψ^-)
  |   | End for
  |   | Ē_t = Ē_t/N
  |   |
  |   | [ψ^+, ψ^-, ω_t] = extractConsistentInstances(i, ρ, ψ^+, ψ^-, Ē_t, Ē_{t-1})
  |   |
  |   | //further refinement of W_t with consistent data
  |   | For each k ∈ ω_t
  |   |   | W_t = W_t − η∇E(W_t, x_k, y_k) //canonical weight update
  |   | End for
  |   | t = t+1
  |   | //Check Termination criteria
  | End for
End for
```

梯度下降法，基本上係先找一個點（初始值），然後每次移動都往「更小成本」之方向走一小步，如此疊代往前 n 步等，便可求得最佳解。

假定成本函數 (cost function) 本身是凸函數 (convex)，即能保證偏微分求得最大 / 最小值。在成本函數之凸面圖上移動，基本上是不會上上下下的，它只會一直往上（或往下）。凸面圖若是 3D 圖形，它就像一個碗狀。

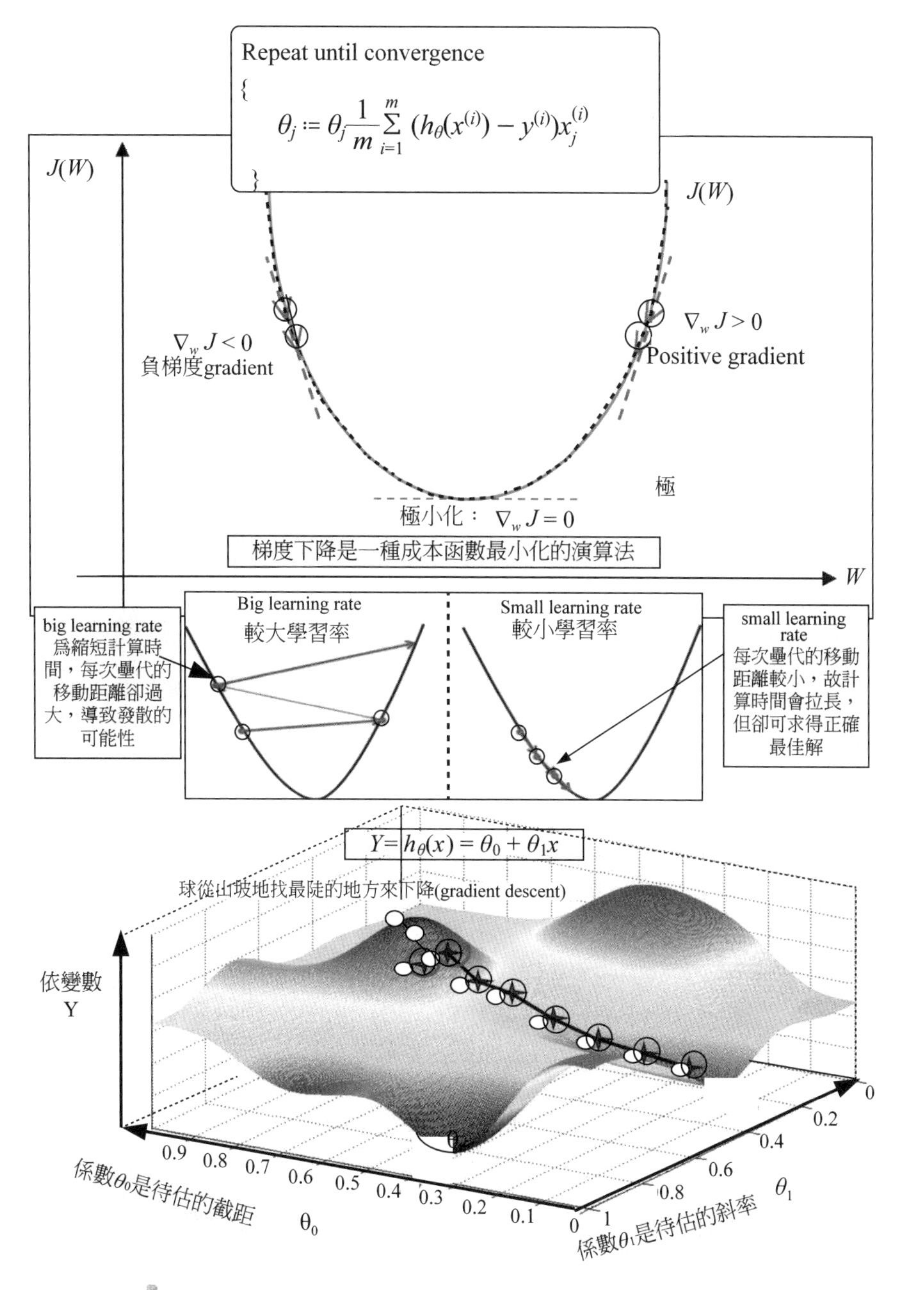

圖 5-1　梯度下降演算法 (gradient descent algorithm)

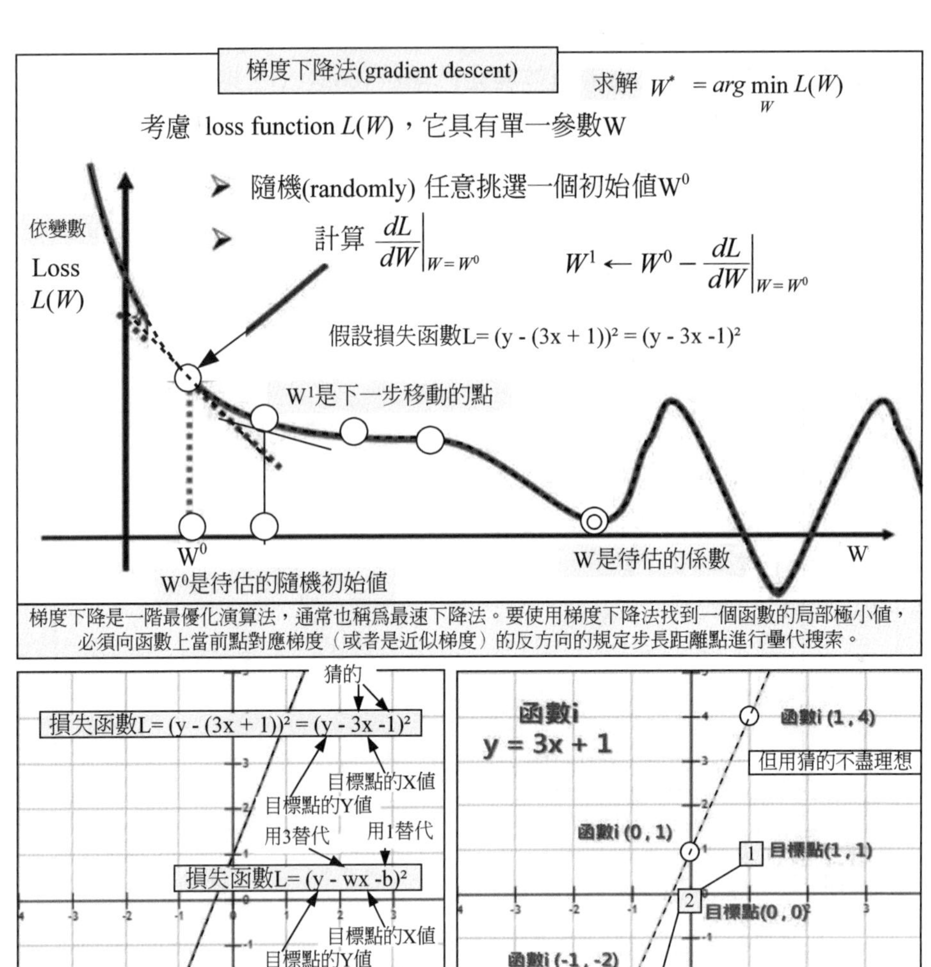

梯度下降是一階最優化演算法，通常也稱爲最速下降法。要使用梯度下降法找到一個函數的局部極小值，必須向函數上當前點對應梯度（或者是近似梯度）的反方向的規定步長距離點進行疊代搜索。

猜的

損失函數L= (y - (3x + 1))² = (y - 3x -1)²

目標點的X值

目標點的Y值

用3替代　用1替代

損失函數L= (y - wx -b)²

目標點的X值

目標點的Y值

y = 3x + 1

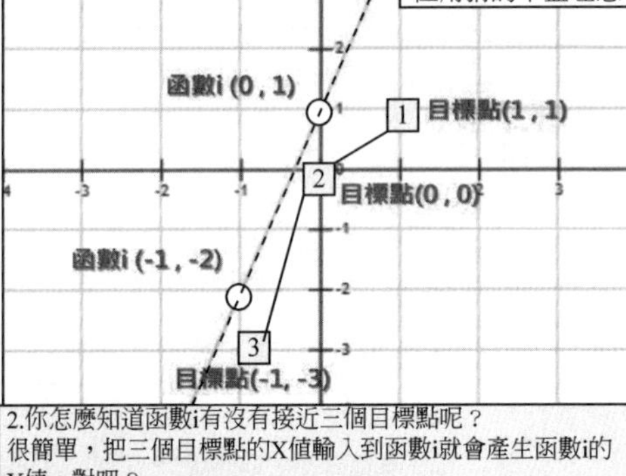

1.程式會先隨機產一條函數，假設是y = 3x + 1好了，取名爲函數i（實際上在深度學習中有很多初始化函數的方式）

2.你怎麼知道函數i有沒有接近三個目標點呢？
很簡單，把三個目標點的X值輸入到函數i就會產生函數i的Y值，對吧？
我們試著輸入X值到函數i後，就會像是空心的圓點。

3.總距離跟某目標點距離怎麼算的？
總距離 =(每個目標點的Y值 - 函數i對應每個目標點X值的輸出值)²
某目標點距離 =(某目標點的Y值 - 函數i對應某目標點X值的輸出值)²
這個假設的公式也是一個函數，這其實就是所謂的損失函數L。距離目標點越近（數值越小），就表示該函數越靠近三個目標點，也就是損失越少

4.損失函數L的組成，是來自兩個部分：(1)猜的，(2)目標點的資料
猜的部分是想更改的目標，我們就是期望改了它，可以讓損失函數更靠近0，盡可能的損失越少越好。爲了能將變數進行替換，我們將猜的部分換成代數，將3替換成w，1替換成b，所以就變成左上圖

5.你用目標點 (x = -1 , y = -3)帶入損失函數L
得到損失函數L(x = -3, y = -1) = (-3 +w - b)²
換句話說，只要讓 w - b 接近3得到 -3 + 3 = 0，
那就是我們對x = -3, y = -1的目標了。

圖 5-2　梯度下降法 (gradient descent) 之示意圖

一、梯度下降 (Gradient Descent) 演算法及其變形 (variants)

梯度下降是最佳化演算法之一，用於最小化各種機器學習演算法中之成本函數。旨在更新學習模型之參數。

梯度下降之類型，有三種：

1. 批量 (batch) 梯度下降：它處理每次梯度下降疊代之所有訓練樣本。但是若訓練樣本之數量很大，那麼批量梯度下降在計算上非常昂貴。因此，若訓練樣本數很大，則不優選批量梯度下降。相反，更喜歡使用隨機梯度下降或小批量梯度下降。
2. 隨機 (stochastic) 梯度下降：每次疊代處理 1 個訓練樣本。因此，即使在僅處

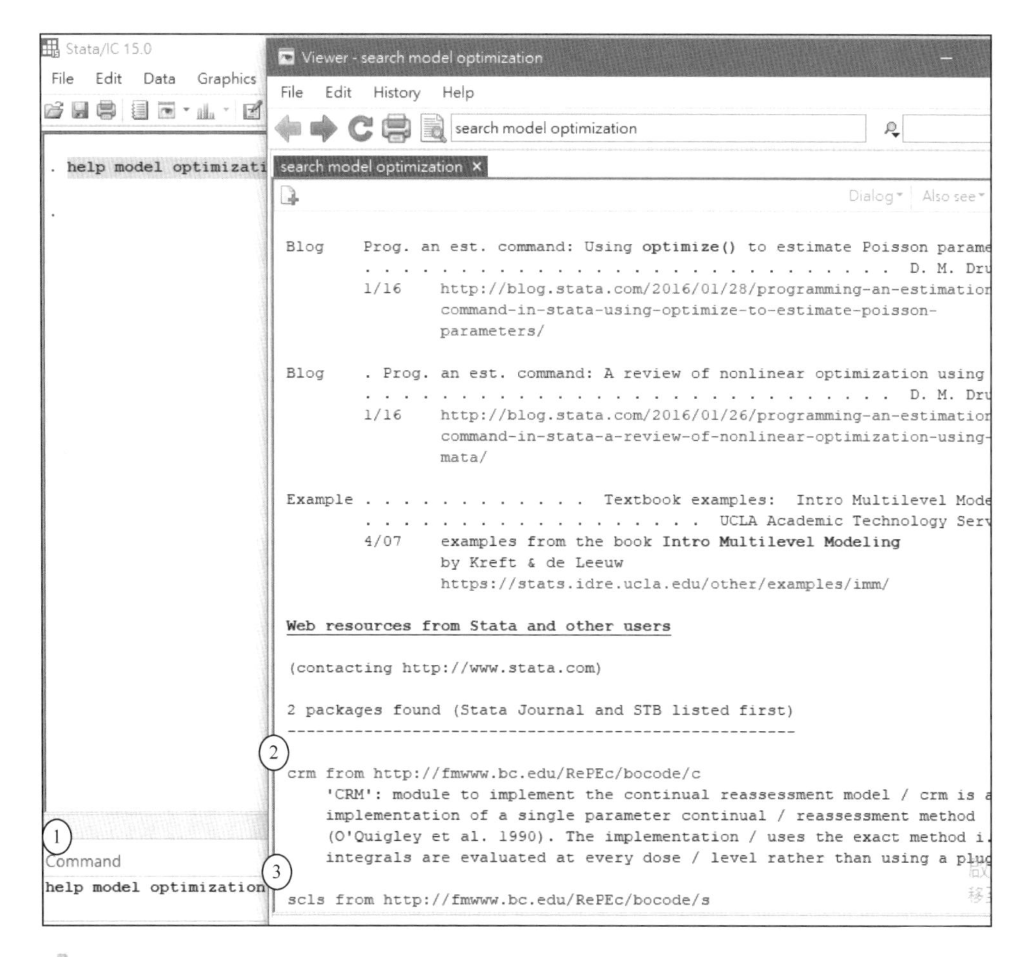

圖 5-3 「help model optimization」畫面（又延伸二個外掛指令：crm 及 scls）

理了單個範例之一次疊代之後，也正在更新參數。因此，這比批量梯度下降快得多。但是，當訓練樣本數很大時，由於一次只能處理一個例子，計算系統會花較長時間，且疊代次數將非常大。

3. 迷你批量梯度下降：它比批量梯度下降及隨機梯度下降更快。例如：每次處理 b 個例子，每次疊代處理 $b < m$。因此，即使訓練樣本數很大，也可一次性分批處理 b 個訓練樣本。因此，它適用於較大的訓練樣本，並且疊代次數較少。

此外，Stata 有指令：moptimize() 旨在模型最最佳化 (model optimization)。由於本書篇幅有限，故 Stata 指令之範例請自修。

二、梯度的原理

線性迴歸 (linear regression) 是使用偏微分算出迴歸係數 θ_0 及 θ_1：

$$y \cong h_\theta(x) = \theta_0 + \theta_1 x$$

其中 x 是輸入，y 是輸出（依變數），θ_0, θ_1 是待估之係數。

當所處理的數據是一維的，線性迴歸之問題就如同上式那麼簡單。但是在機學學習或 Data Mining 之領域，動輒要處理好多個特徵 (features) 時，線性迴歸之問題將變得較複雜：

$$y \cong h_\theta(x) = \theta_0 + \sum_{j=1}^{N} \theta_j x_j$$

其中，x_j 是輸入之第 j 個特徵，$\theta_0, \theta_1, \cdots, \theta_N$ 是線性組合 (linear combination) 之對應之係數 (coef.)。此時可使用一些最佳化演算法，比如梯度下降，來將待估係數 θ_j 求出來。

定義：梯度下降法 (gradient descent)

梯度下降法是一階最佳化演算法，也稱最速下降法。要用梯度下降法找到一個函數之局部極小值，必須向函數上當前點對應梯度（或者是近似梯度）之反方向的規定步長距離點進行疊代搜尋。若相反地向梯度正方向疊代進行搜尋，則會接近函數的局部極大值點；這個過程則稱爲梯度上升法。

梯度下降方法基於以下的觀察：如果實值函數 $F(x)$ 在點 a 處可微且有定義，那麼函數 $F(x)$ 在 a 點沿著梯度相反的方向 $-\nabla F(a)$ 下降最快。

因而，如果：

$$b = a - \gamma \nabla F(a)$$

對於 $\gamma > 0$ 為一個夠小值時成立，那麼 $F(a) \geq F(b)$。
考慮到這一點，我們可以從函數 F 的局部極小值的初始估計 x_0 出發，並考慮如下序列 $x_0, x_1, x_2, \cdots$ 使得：

$$x_{n+1} = x_n - \gamma_n \nabla F(x_n),\ n \geq 0 \text{ 。}$$

因此可得到：

$$F(x_0) \geq F(x_1) \geq F(x_2) \geq \cdots \text{，}$$

如果順利的話序列 (x_n) 收斂到期望的極值。注意每次疊代步長 γ 可以改變。
下圖（等高線 / 等壓線）顯示「梯度下降法」過程，這裡假設 F 定義在平面上，並且函數影像是一個碗形。實線之曲線是等高線（水準 ensemble），即函數 F 為常數的 ensemble 構成的曲線。紅色的箭頭指向該點梯度的反方向。（一點處的梯度方向與透過該點的等高線垂直）。沿著梯度下降方向，將最終到達碗底，即函數 F 值最小的點。

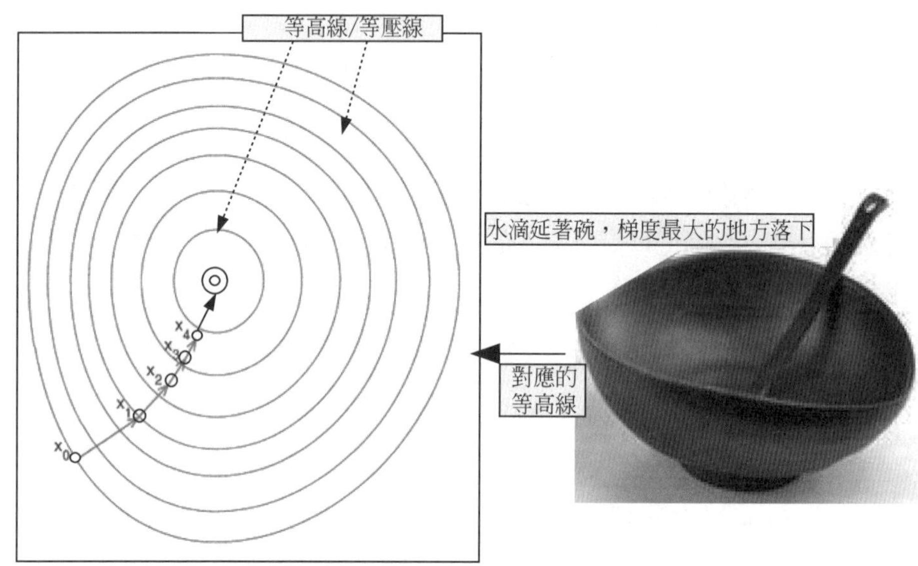

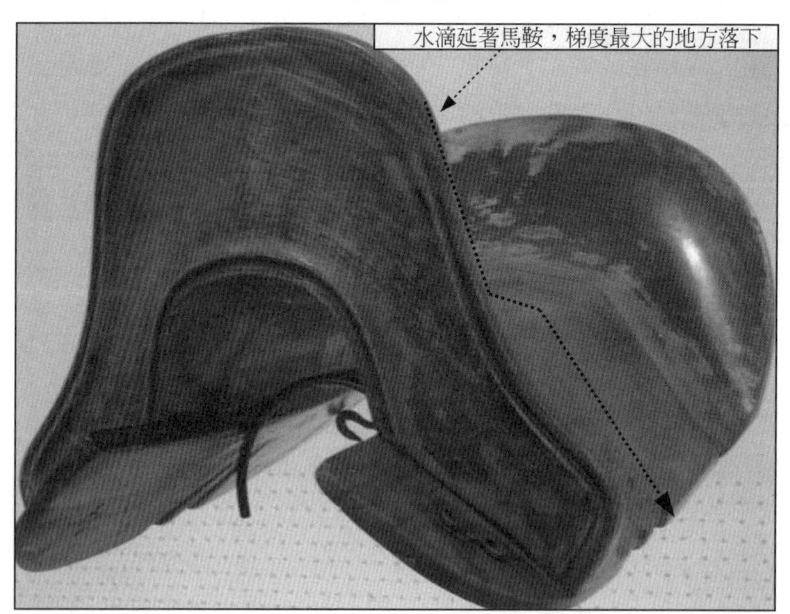

圖 5-4　梯度下降法在（等高線／等壓線）求解的過程

在解釋梯度下降演算法是什麼之前，須先定義線性迴歸之成本函數 (cost function)。在這裡成本函數可選用最小平方誤差（如下式），*m* 爲現有數據點數。

$$Cost(\theta) = \frac{1}{2m}\sum_{i=1}^{m}(h_\theta(\mathbf{x}^{(i)}) - y^{(i)})^2 \quad (1)$$

其中 $\mathrm{x}^{(i)} = \left(x_1^{(i)}, x_2^{(i)}, x_3^{(i)}, \cdots\cdots x_N^{(i)}\right)$ 是第 i 個輸入 data 的 N 個 features，$y^{(i)}$ 是 $\mathrm{x}^{(i)}$ 對應的輸出。要透過梯度下降演算法最小化這個 $Cost(\theta)$。而此時 h_θ 也不限於二維的狀況，而是一條 $N+1$ 維線性迴歸線（若特徵數量爲 N），即

$$h_\theta\left(\mathrm{x}^{(i)}\right) = \theta_0 + \theta_1 x_1^{(i)} + \theta_2 x_2^{(i)} + \cdots\cdots + \theta_N x_N^{(i)} \quad (2)$$

$\theta = (\theta_0, \theta_1, \cdots, \theta_N)$ 爲迴歸線的係數向量。

用梯度下降來更新 θ_j 值的方法的步驟如下：

Step 1　隨機選擇起始的 $(\theta_0, \theta_1, \cdots, \theta_N)$ 值。

Step 2　以下列方式同步更新每個 q_j 值，其中 α 稱作 learning rate，介於 0 及 1 之間。

$$\theta_j = \theta_j - \alpha \frac{\partial}{\partial \theta_j} Cost(\theta) \quad (3)$$

Step 3　重複上述步驟，直到 θ_j 值收斂。

依據公式 (1) 及公式 (2)，求出 $Cost(\theta)$ 對每個 θ_j 偏微分後代入公式 (3) 可得 θ_0 及其他 θ_j 的更新公式：

$$\theta_0 = \theta_0 - \alpha \frac{1}{m}\sum_{i=1}^{m}(h_\theta(\mathrm{x}^{(i)}) - y^{(i)})$$

$$\theta_j = \theta_j - \alpha \frac{1}{m}\sum_{i=1}^{m}(h_\theta(\mathrm{x}^{(i)}) - y^{(i)})x_j^{(i)}$$

爲何這樣做能夠求得最佳解呢？以下圖爲例，y 軸是成本函數 $Cost(\theta)$ 值，x 軸則是 θ 向量當中的某個 θ_j。下圖之切線中，切線斜率可能是負或正的，由公式 (3) 觀察，可發現若現在的 θ_j 在凹曲形線部分，當 $\frac{\partial}{\partial \theta_j} Cost(\theta)$ 是負的，θ_j 的值會往右調整；反之，θ_j 將往左調整。由下圖可發現重複梯度下降演算法，因爲它是凸面，故不會陷入無限深淵（走不出來），偏微分往成本最小方向移動，總有一天會找出一個最佳解 (optimal solution)。

另外，要注意的是，若 $\frac{\partial}{\partial \theta_j} Cost(\theta)$ 的絕對值越大，表示 θ_j 距離 $Cost(\theta)$ 最小值發生的地方越遠，θ_j 調整的幅度也就會越大，如公式 (3)。

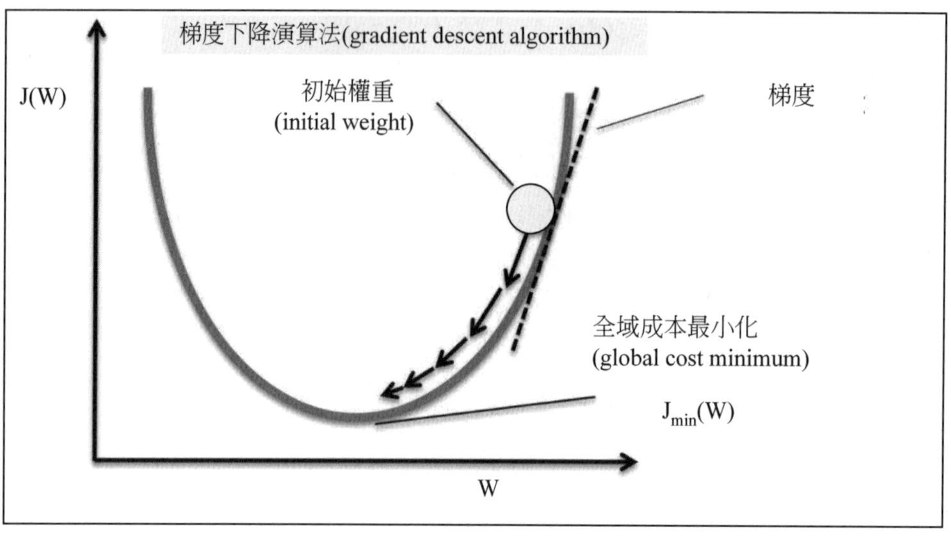

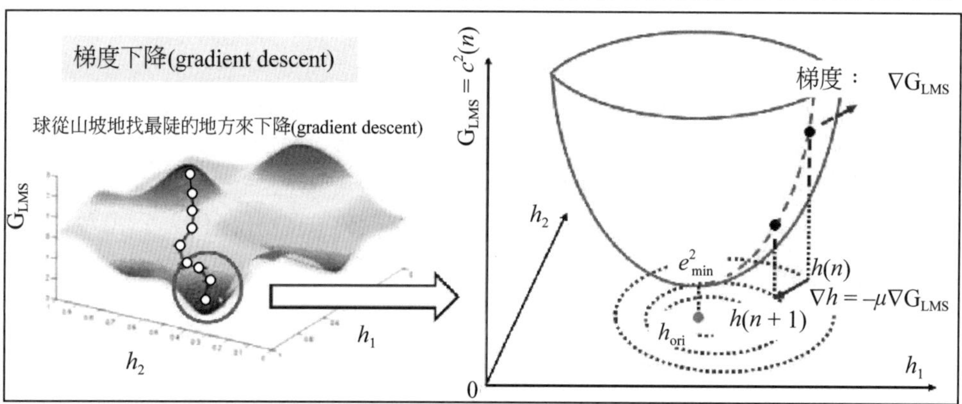

圖 5-5　Gradient Descent 示意圖

梯度下降演算法

Previously (n=1):

Repeat {

$$\underbrace{\theta_0 := \theta_0 - \alpha\frac{1}{m}\sum_{i=1}^{m}(h_\theta(x^{(i)}) - y^{(i)})}_{\frac{\partial}{\partial\theta_0}J(\theta)}$$

$$\theta_1 := \theta_1 - \alpha\frac{1}{m}\sum_{i=1}^{m}(h_\theta(x^{(i)}) - y^{(i)})x^{(i)}$$

(simultaneously update θ_0, θ_1)

}

New algorithm $(n \geq 1)$:

Repeat { $\frac{\partial}{\partial\theta_j}J(\theta)$

$$\theta_j := \theta_j - \alpha\frac{1}{m}\sum_{i=1}^{m}(h_\theta(x^{(i)}) - y^{(i)})x_j^{(i)}$$

(simultaneously update θ_j for $j = 0, \ldots, n$)

}

$$\theta_0 := \theta_0 - \alpha\frac{1}{m}\sum_{i=1}^{m}(h_\theta(x^{(i)}) - y^{(i)})x_0^{(i)}$$

$$\theta_1 := \theta_1 - \alpha\frac{1}{m}\sum_{i=1}^{m}(h_\theta(x^{(i)}) - y^{(i)})x_1^{(i)}$$

$$\theta_2 := \theta_2 - \alpha\frac{1}{m}\sum_{i=1}^{m}(h_\theta(x^{(i)}) - y^{(i)})x_2^{(i)}$$

...

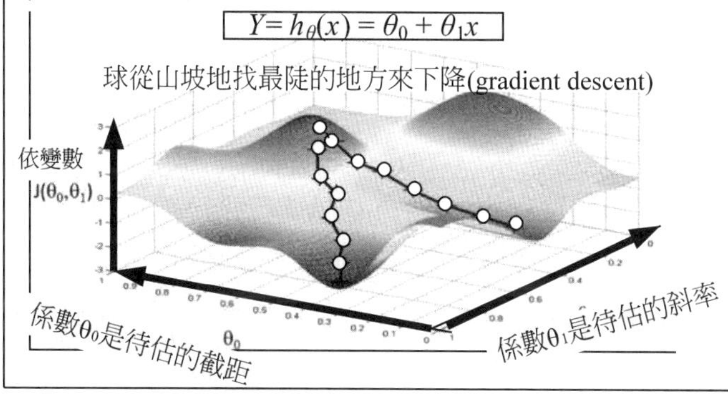

$Y = h_\theta(x) = \theta_0 + \theta_1 x$

球從山坡地找最陡的地方來下降(gradient descent)

依變數 $J(\theta_0, \theta_1)$

係數θ_0是待估的截距

θ_0

係數θ_1是待估的斜率

圖 5-6 (a) Gradient Descent Algorithm 運作圖

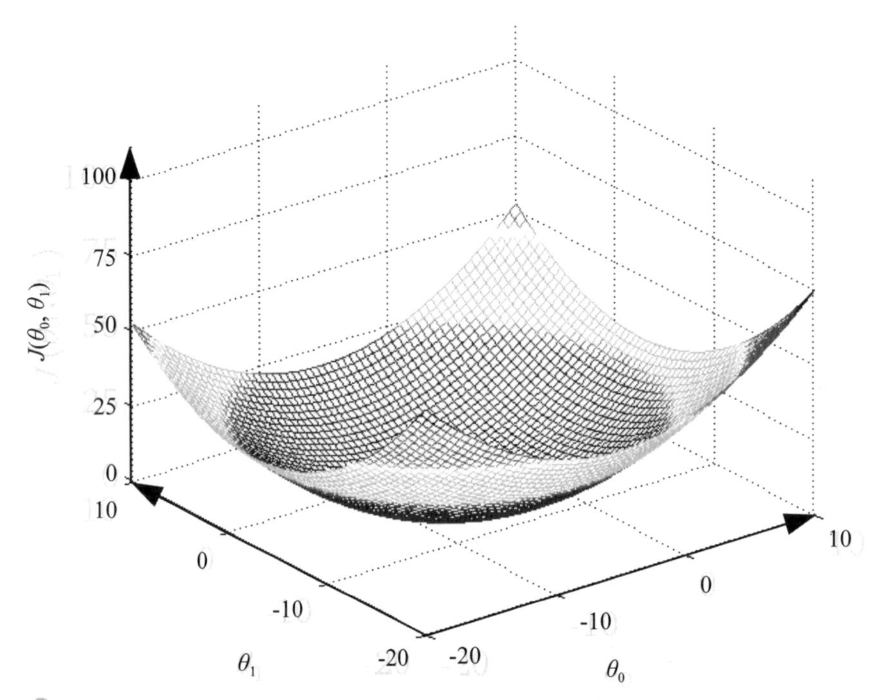

圖 5-7　(b)Gradient Descent 演算法：線性迴歸的 $J(\theta_0, \theta_1)$，Convex（凸形）

但值得一提的是，θ_j 的更新值雖然會使 $Cost(\theta)$ 往低處行動。但常常會停在局部最小 (local minimum) 的點，不保證是全局最小值（若 θ_m 是局部最大，則 $Cost(\theta_m) < Cost(\theta_m + \Delta\theta_m)$，但是若 $Cost(\theta_m) \neq \min(Cost(\theta))$），則 θ_m 就不能算是全部最小值 (global minimum)。至於停在哪個局部最小值 (local minimum) 則取決於起始值。如上圖「(a) 梯度下降 algorithm 運作圖」，在一般的情況下，梯度下降只能找到局部最小值，但若 $Cost(\theta)$ 的形狀是如上圖「(b) 的 Convex（凸形）」則能保證可找到全局最小值。

三、多元迴歸之梯度 (gradient descent for linear regression with multiple variables)

1. 成本函數 (cost function) 演算法：

1. 定義：成本函數 (cost function)

$$J(\theta) = \frac{1}{2m} \Sigma_{i=1}^{m} (h_\theta (x^{(i)}) - y^{(i)})^2$$

其中，m 爲訓練樣本數。

成本函數之 Octave 語言：

```
function J = computeCost(X, y, theta)
m = length(y);
J = 0;
for i = 1:m;
   J = J + (X(i,:)*theta-y(i))^2;
end
J = J/(2*m);
end
```

2. 梯度下降演算法：

Input:

Training sample $S=\{(\vec{x},y)\}^m$, where $(\vec{x},y)\in X\times\{r_q\succ r_{q-1}\succ\cdots\succ r_1\}$

Learning rate $\eta>0$, cost parameters $\{\tau_{k(i)}\}$ and $\{\mu_{q(i)}\}$, penalty weight λ

Make $S'=\{((\vec{x}_i^{(1)},\vec{x}_i^{(2)}),z_i)\}_{i=1}^{\ell}$ from S;

$\vec{w}=\vec{0}$;

while (stop_condition isn't met){

  $\Delta\vec{w}=\vec{0}$;

  $for(i=0;\ i<\ell;\ i++)\{$

    $if(z_i\left\langle\vec{w},\vec{x}_i^{(1)}-\vec{x}_i^{(2)}\right\rangle<1)\quad \Delta\vec{w}=\Delta\vec{w}+z_i\tau_{k(i)}\mu_{q(i)}(\vec{x}_i^{(1)}-\vec{x}_i^{(2)})$;

  }

  $\Delta\vec{w}=\Delta\vec{w}-2\lambda w$;

  $\vec{w}=\vec{w}+\eta\Delta\vec{w}$;

}

return $\vec{w}$;

5-2 Python 實作：梯度下降演算法 (gradient descent algorithm)

梯度下降法，基本上是先找一個點，然後都往「更小成本」的方向前進一小步，如此循環再往前進一步等，等前進很多步之後，就可得達到最佳解。

本例旨在採用（Python 程式）之機器學習 Sci-Kit 模組來實作 SGD。

梯度下降法係採用 Python 來實作「道瓊工業平均指數」的預測模型，其迴歸式如下：

$$道瓊指數 = \beta_0 + \beta_1 金價 + \beta_2 消費者物價指數 + \beta_3 VIX 恐慌指數 + \beta_4 國際石油價格$$

【時間序列之樣本檔：all_fillup_new.csv】

Microsoft Excel - all_fillup_new.csv

	A	B	C	D	E	F	G
		1金價	2道瓊指數	3消費者物價指數	4VIX波動率指數	5石油價格	
1	DATE	GOLDAM	DJIA	CPIAUCSL	VIXCLS	DCOILBRENTEU	
2	2009/2/23	987	7114.78	212.705	52.62	41.27	
3	2009/2/24	989.75	7350.94	212.705	45.49	40.18	
4	2009/2/25	956.25	7270.89	212.705	44.67	42.37	
5	2009/2/26	945	7182.08	212.705	44.66	45.15	
6	2009/2/27	943.75	7062.93	212.705	46.35	44.41	
7	2009/3/1	943.75	7062.93	212.495	46.35	44.41	
8	2009/3/2	949.5	6763.29	212.495	52.65	42.6	
9	2009/3/3	924.75	6726.02	212.495	50.93	42.72	
10	2009/3/4	911	6875.84	212.495	47.56	46.07	
11	2009/3/5	913.25	6594.44	212.495	50.17	44.45	
12	2009/3/6	937.75	6626.94	212.495	49.33	43.48	
13	2009/3/9	934.75	6547.05	212.495	49.68	44.55	
14	2009/3/10	911.5	6926.49	212.495	44.37	44.99	
15	2009/3/11	900	6930.4	212.495	43.61	43.2	
16	2009/3/12	914.5	7170.06	212.495	41.18	42.19	
17	2009/3/13	920	7223.98	212.495	42.36	44.97	
18	2009/3/16	923	7216.97	212.495	43.74	44.12	
19	2009/3/17	920	7395.7	212.495	40.8	45.53	
20	2009/3/18	910.75	7486.58	212.495	40.06	45.22	
21	2009/3/19	937.25	7400.8	212.495	43.68	48.03	
22	2009/3/20	957	7278.38	212.495	45.89	49.27	
23	2009/3/23	952.75	7775.86	212.495	43.23	51.84	
24	2009/3/24	928.75	7659.97	212.495	42.93	51.32	

圖 5-8　時間序列之樣本檔：all_fillup_new.csv

【Python 程式碼】

1. SGD_all.py 主程式

用途：呼叫 SGD 訓練器並印出最佳化模型。

標頭

```
import SGD
import matplotlib.pyplot as plt
import pandas as pd
import os
from datetime import datetime
from sklearn.preprocessing import scale
```

主程式

```
pwd = os.getcwd()
Folder_Path = pwd + r''
SaveFile_Name = r'all_fillup_new.csv'

# 當前工作目錄
os.chdir(Folder_Path)

df = pd.read_csv(Folder_Path + '/' + SaveFile_Name)

date_dict = df.pop('DATE')
date = list()
for key, value in date_dict.iteritems():
    temp = value
    date.append(temp)

dates = [datetime.strptime(str(d), '%Y/%m/%d').date() for d in date]

X = scale(df.drop("DJIA", axis=1).values)
y = scale(df["DJIA"].values)

sgd = SGD.train_SGD_model()
sgd.predict(X)


plt.plot(dates, y, label='DJIA')
plt.plot(dates, sgd.predict(X), label='prediction of DJIA')
plt.legend(loc='upper right')

"""
fig, ax = plt.subplots()
ax.scatter(y, sgd.predict(X))
ax.plot([y.min(), y.max()], [y.min(), y.max()], 'k--', lw=4)
ax.set_xlabel('Measured')
ax.set_ylabel('Predicted')
"""

plt.show()
```

2. SGD.py

用途：將訓練樣本集投入進行準確率梯度下降法直至收斂，並回傳。

標頭 2

```
import pandas as pd
import numpy as np
import os
import sklearn
from sklearn.linear_model import SGDRegressor
from sklearn.preprocessing import scale
from sklearn import metrics
```

train_SGD_model 函數

```
def train_SGD_model():
    pwd = os.getcwd()
    Folder_Path = pwd + r''
    SaveFile_Name = r'all_fillup_new.csv'

    # 當前工作目錄
    os.chdir(Folder_Path)

    df = pd.read_csv(Folder_Path + '/' + SaveFile_Name)

    df.pop('DATE')
    df = sklearn.utils.shuffle(df)
    X = scale(df.drop("DJIA", axis=1).values)
    y = scale(df["DJIA"].values)

    test_size = 200

    X_train = X[:-test_size]
    y_train = y[:-test_size]

    X_test = X[-test_size:]
    y_test = y[-test_size:]

    sgd = SGDRegressor(loss='squared_loss', n_iter=50000, eta0=0.00001, power_t=0.15)
    sgd.fit(X_train, y_train)

    MAE_train = np.round(metrics.mean_absolute_error(scale(y_train), scale(sgd.predict(X_train))), 3)
    MAE_test = np.round(metrics.mean_absolute_error(scale(y_test), scale(sgd.predict(X_test))), 3)
    MSE_train = np.round(metrics.mean_squared_error(scale(y_train), scale(sgd.predict(X_train))), 3)
    MSE_test = np.round(metrics.mean_squared_error(scale(y_test), scale(sgd.predict(X_test))), 3)
    RMSE_train = np.round(np.sqrt(metrics.mean_squared_error(scale(y_train), scale(sgd.predict(X_train)))), 3)
    RMSE_test = np.round(np.sqrt(metrics.mean_squared_error(scale(y_test), scale(sgd.predict(X_test)))), 3)

    print('MAE_train = ' + str(MAE_train))
    print('MAE_test = ' + str(MAE_test))
    print('MSE_train = ' + str(MSE_train))
    print('MSE_test = ' + str(MSE_test))
    print('RMSE_train = ' + str(RMSE_train))
    print('RMSE_test = ' + str(RMSE_test))
    print(sgd)

    if RMSE_test > RMSE_train:
        print('OVER FITTING')
    else:
        print('UNDER FITTING')

    return sgd
```

3. all_fillup_new.csv（時間序列的樣本資料檔）

用途：訓練 (ML training) 樣本集

【程式流程圖】

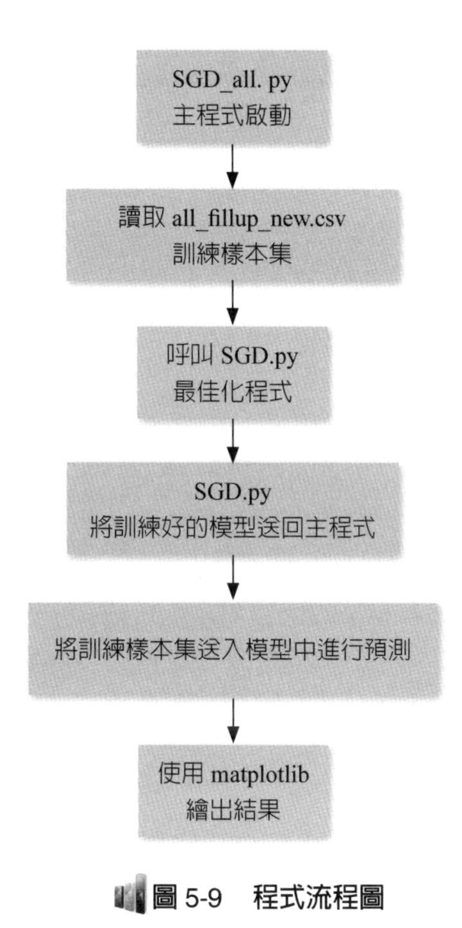

圖 5-9 程式流程圖

【**Python 使用方法**】

方法一：

1. 進入該程式資料夾下

```
bean@xushaoqide-MacBook-Pro  ~/Desktop/tutorial  ls
SGD.py            SGD_all.py          all_fillup_new.csv tutorial.docx
```

2. 使用 python3 SGD_all.py 啟動程式

```
 ~/Desktop/tutorial  python3 SGD_all.py
```

3. 顯示結果

```
bean@xushaoqide-MacBook-Pro  ~/Desktop/tutorial  python3 SGD_all.py
/usr/local/lib/python3.7/site-packages/sklearn/linear_model/stochastic_gradient.py:152: Deprecatio
nWarning: n_iter parameter is deprecated in 0.19 and will be removed in 0.21. Use max_iter and tol
 instead.
  DeprecationWarning)
MAE_train = 0.17
MAE_test = 0.173
MSE_train = 0.041
MSE_test = 0.043
RMSE_train = 0.204
RMSE_test = 0.208
SGDRegressor(alpha=0.0001, average=False, early_stopping=False, epsilon=0.1,
       eta0=1e-05, fit_intercept=True, l1_ratio=0.15,
       learning_rate='invscaling', loss='squared_loss', max_iter=None,
       n_iter=50000, n_iter_no_change=5, penalty='l2', power_t=0.15,
       random_state=None, shuffle=True, tol=None, validation_fraction=0.1,
       verbose=0, warm_start=False)
OVER FITTING
```

4. 匯出圖表

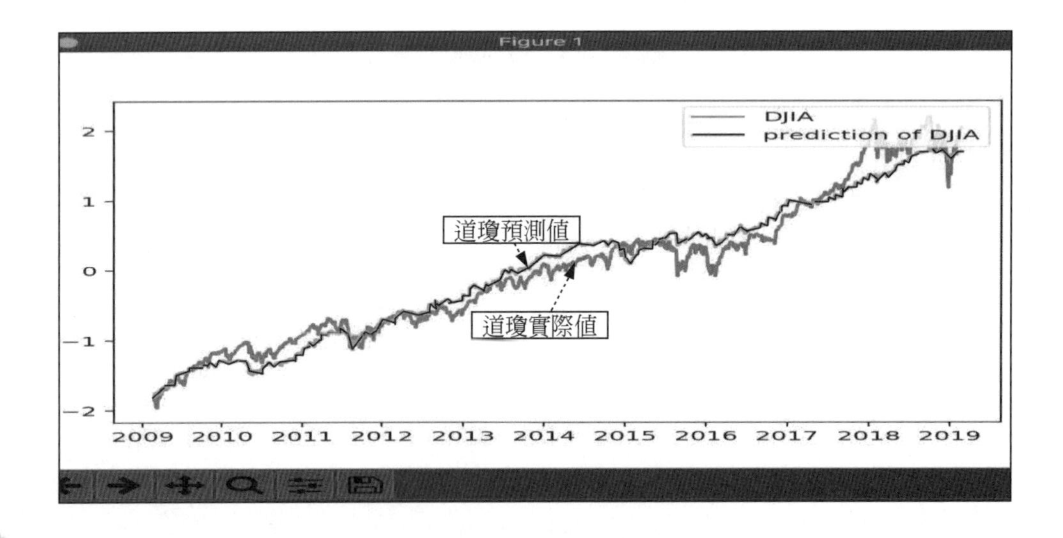

【內容步驟】

這裡將先解釋 SGD.py 這支副程式如何訓練準確率梯度下降法之模組。

1. SGD.py

1～7 行爲該程式所需模組

Line 1 輸入 pandas 模組並簡稱爲 pd（二維陣列資料處理工具）

Line 2 輸入 numpy 模組並簡稱爲 np（一維陣列資料處理工具）

Line 3 輸入 os 模組（操作作業系統工具，可用來讀取文件）

Line 4 輸入 sklearn 模組（機器學習函式庫）

Line 5 從 sklearn 中的 linear_model 拿取 SGDRegressor（SGD 迴歸工具）

Line 6 從 sklearn 中的 linear_model 拿取 scale（標準化工具）

Line 7 從 sklearn 中的 linear_model 拿取 metrics（指標評估工具）

```
1  import pandas as pd
2  import numpy as np
3  import os
4  import sklearn
5  from sklearn.linear_model import SGDRegressor
6  from sklearn.preprocessing import scale
7  from sklearn import metrics
8
```

9～17 行爲讀取訓練樣本集動作

Line 9 命名副程式爲 train_SGD_model

Line10 使用 os.getcwd() 取得當前程式所在的檔案位置

Line11 將其位置送給命名爲 Folder_Path 的變數

Line12 將訓練樣本集檔案名稱命名爲 SaveFile_Name

Line15 使用 os.chdir() 函式讓系統進入 Folder_Path

Line17 使用 pd.read_csv() 函式讀取檔案（Folder_path 加上 / 加上 SaveFile_Name 即爲完整的檔案位置）

```
 9    def train_SGD_model():
10        pwd = os.getcwd()
11        Folder_Path = pwd + r''
12        SaveFile_Name = r'all_fillup_new.csv'
13
14        # 當前工作目錄
15        os.chdir(Folder_Path)
16
17        df = pd.read_csv(Folder_Path + '/' + SaveFile_Name)
```

Line 19 將 DATE 移出（訓練樣本於模型中不需要時間戳記）

（注：'DATE' 是字串型別，在 pandas 的 dataframe 中是以 dictionary 的方式進行資料處理，可透過字串型別走訪資料，如 print(df['DATE'])，在此行透過 dictionary 中的 pop 函式將任一陣列移出）。

Line 20 將 dataframe 運用 sklearn 元件中的 shuffle 函式將其樣本打散。

Line 21 這裡透過 drop 函數將 DJIA（道瓊指數）「以外」的訓練樣本集的 values（除 DJIA 以外的資料）送入 X。

注 1：drop 函式中的 axis 爲軸心的意思，於線性代數中矩陣方向決定矩陣乘法的結果，在此轉爲 1，詳細可參照下兩張圖

注 2：外層的 scale 爲 sklearn 中的標準化函示

Line 22 剩下的道瓊指數 DJIA（目標函數）送入 y（詳細解說同上）。

```
19        df.pop('DATE')
20        df = sklearn.utils.shuffle(df)
21        X = scale(df.drop("DJIA", axis=1).values)
22        y = scale(df["DJIA"].values)
```

簡單的矩陣方向之說明圖：

Columns og axis = 0

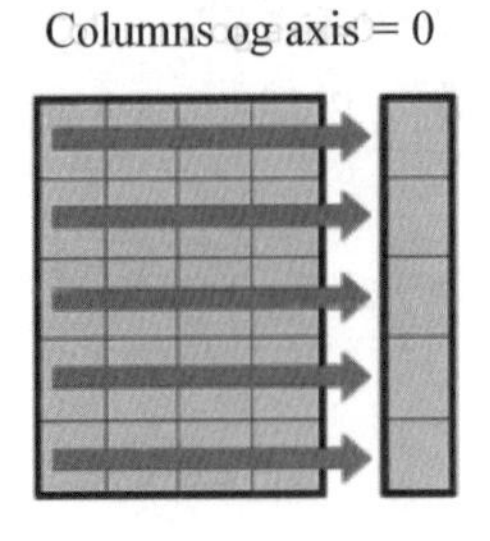

Rows og axis = 1

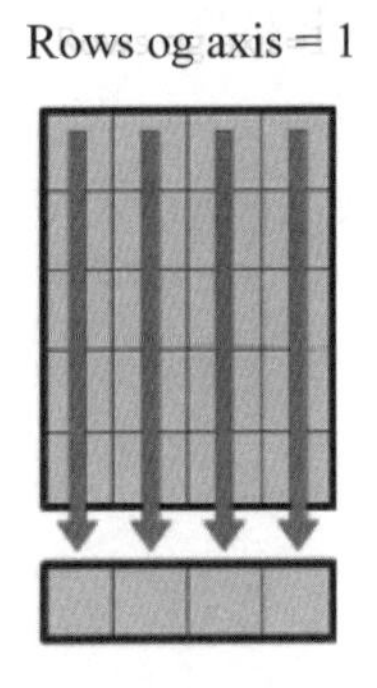

Line 24 宣告 test_size 爲 200（作爲測試樣本用，一搬取樣本數的 5～10%）。

Line 26 將最後 200 筆至第一筆的樣本集放 X_train 作爲訓練樣本集。

Line 27 將最後 200 筆至第一筆的目標函數放入 y_train 作爲訓練目標函數。

Line 29 將最後 200 的樣本集放 X_train 作爲測試樣本集。

Line 30 將最後 200 的目標函數放入 y_train 作爲測試目標函數。

（注 1：冒號代表以上或以下的意思，如 X[:-2] 代表扣除最後兩筆的所有數；或者 X[-2:] 代表最後兩筆，正負數代表從前面取値或後面取値）。

（注 2：此程式之所以從後面 200 比取値是依照哈佛教授 Andrew Ng 教學內容的習慣，並無一定要從後面取値）。

```
24        test_size = 200
25
26        X_train = X[:-test_size]
27        y_train = y[:-test_size]
28
29        X_test = X[-test_size:]
30        y_test = y[-test_size:]
```

Line 32 宣告並設定 SGDRegressor 之參數

參數解釋：

loss 是放入損失函數名稱（又稱代價函數），sklearn 有諸多損失函數可選用。詳情可參閱 Sci-Kit Learn 官網中的 SGDRegressor 文件檔

n_iter 爲迭代次數，次數越高準度越高，相對效能與時間花費越多

eta0 爲機器學習率，也可稱爲梯度下降距離，步數太大會導致震盪效應而無法收斂，太小會導致無法到達最佳化

power_t 爲時間平方，每次的學習率會成上時間平方，此程式以小數時間平方比，讓梯度下降坡度隨著時間放慢下降數度，以此防止震盪

Line 33 將目標函數與訓練樣本集放入設定好之梯度下降迴歸器

```
32        sgd = SGDRegressor(loss='squared_loss', n_iter=50000, eta0=0.00001, power_t=0.15)
33        sgd.fit(X_train, y_train)
```

Line 35～40

此程式碼爲評估模型指標，其呼叫 skearn 中的 metrics 的各項評估函式，只要將目標函數與預測値分別放入即可。

（注：此處使用一些函數將數値標準化並捨棄小數點，如 scale 將個數値標準化，以及 np.round 函示將結果取小數第 3 位。）

```
35        MAE_train = np.round(metrics.mean_absolute_error(scale(y_train), scale(sgd.predict(X_train))), 3)
36        MAE_test = np.round(metrics.mean_absolute_error(scale(y_test), scale(sgd.predict(X_test))), 3)
37        MSE_train = np.round(metrics.mean_squared_error(scale(y_train), scale(sgd.predict(X_train))), 3)
38        MSE_test = np.round(metrics.mean_squared_error(scale(y_test), scale(sgd.predict(X_test))), 3)
39        RMSE_train = np.round(np.sqrt(metrics.mean_squared_error(scale(y_train), scale(sgd.predict(X_train)))), 3)
40        RMSE_test = np.round(np.sqrt(metrics.mean_squared_error(scale(y_test), scale(sgd.predict(X_test)))), 3)
```

Line 42～47 使用 print 將資料印出

（注：str 函式爲將型別轉換成字串型別，以便列印資料）

Line 48 將模型設定資料印出

Line 50～53 此段程式碼是評估該樣本是否過度擬合或缺法擬合，但該公式仍有爭議

Line 55 將訓練好的模型回傳（所以可在其他程式互叫該副程式取得訓練好的模型）

```
42        print('MAE_train = ' + str(MAE_train))
43        print('MAE_test = ' + str(MAE_test))
44        print('MSE_train = ' + str(MSE_train))
45        print('MSE_test = ' + str(MSE_test))
46        print('RMSE_train = ' + str(RMSE_train))
47        print('RMSE_test = ' + str(RMSE_test))
48        print(sgd)
49
50        if RMSE_test > RMSE_train:
51            print('OVER FITTING')
52        else:
53            print('UNDER FITTING')
54
55        return sgd
```

接著，解釋 SGD_all.py 這支主程式如何將資料投入模組中取得預測値。

2. SGD.py 主程式檔

1～7 行爲該程式所需模組

Line 1 輸入 SGD 模組取得上述之副程式

Line 2 輸入 matplotlib 中的 pyplot 模組並簡稱爲 plt（數據繪圖工具）

Line 3 輸入 pandas 模組並簡稱爲 pd（二維陣列資料處理工具）

Line 4 輸入 os 模組（操作作業系統工具，可用來讀取文件）

Line 5 輸入 datetime 中取得同名的 datetime 模組（時間格式工具）

Line 6 從 sklearn 中的 preprocessing 拿取 scale（標準化工具）

```
1  import SGD
2  import matplotlib.pyplot as plt
3  import pandas as pd
4  import os
5  from datetime import datetime
6  from sklearn.preprocessing import scale
```

Line 9～16 此段程式碼同 SGD.py 的 Line9～17 行

```
9   pwd = os.getcwd()
10  Folder_Path = pwd + r''
11  SaveFile_Name = r'all_fillup_new.csv'
12
13  # 當前工作目錄
14  os.chdir(Folder_Path)
15
16  df = pd.read_csv(Folder_Path + '/' + SaveFile_Name)
```

Line 18～25 的程式碼只是爲了將詳細日期（年月日）處理成 python 的 datetime 型態，單純爲了簡化資料，並不重要。

Line 21 將 dataframe 中的 date（時間戳記）丟入 date_dict 中

Line 20 宣告一個陣列稱爲 date（該陣列目的爲後續處理日期標記）

Line 20～23 將時間戳記之順序與值（詳細日期）分離，並將值放入 date 陣列中

Line 24 將 date 經由 datetime 的 strptime 轉換成 python 時間戳記

```
18    date_dict = df.pop('DATE')
19    date = list()
20    for key, value in date_dict.iteritems():
21        temp = value
22        date.append(temp)
23
24    dates = [datetime.strptime(str(d), '%Y/%m/%d').date() for d in date]
```

Line 26 將 dataframe 中的道瓊指數「以外」的樣本集放入 X

Line 27 將剩下的 DJIA 送入 y

Line 29 呼叫 SGD 的副程式 train_SGD_model() 取得訓練好的最佳化模型

Line 30 使用模型中的 predict 函數，放入依時間序列未打散的訓練樣本集進行預測

```
26    X = scale(df.drop("DJIA", axis=1).values)
27    y = scale(df["DJIA"].values)
28
29    sgd = SGD.train_SGD_model()
30    sgd.predict(X)
```

Line 33 使用 matplotlib 的 plot 函式將時間戳記（x 軸）與目標函數（y 軸）畫出來，並標上 DJIA 之標籤

Line 34 使用 matplotlib 的 plot 函式將時間戳記（x 軸）與最佳化預測値（y 軸）畫出來，並標上 prediction of DJIA 之標籤

Line 35 將標籤註解顯示於在右上方

Line 40 將繪製好的資料圖顯示出來

```
33    plt.plot(dates, y, label='DJIA')
34    plt.plot(dates, sgd.predict(X), label='prediction of DJIA')
35    plt.legend(loc='upper right')
```

```
45    plt.show()
```

Line 37～42 行之程式碼用了一組 """ 前後包起來，作爲是爲了註解掉程式碼。

該程式碼若將註解拿掉可啟動離散圖的繪製，可前往 matplotlib 官網閱讀文

件使用。

在此不詳細贅述。

（注：若要啟動37～42程式碼，建議將33～35行程式碼註解掉或移除掉）。

```
37  """
38  fig, ax = plt.subplots()
39  ax.scatter(y, sgd.predict(X))
40  ax.plot([y.min(), y.max()], [y.min(), y.max()], 'k--', lw=4)
41  ax.set_xlabel('Measured')
42  ax.set_ylabel('Predicted')
43  """
```

Chapter 6

集成(ensemble)學習：隨機森林迴歸（外掛指令randomforest）

隨機森林、有限混合模型 (FMM) 及階層線性模型 (HLM) 三者都在處理「不同組別 (subgroup)」誤差是異質性（下圖），彼此功能都有異曲同工之妙。

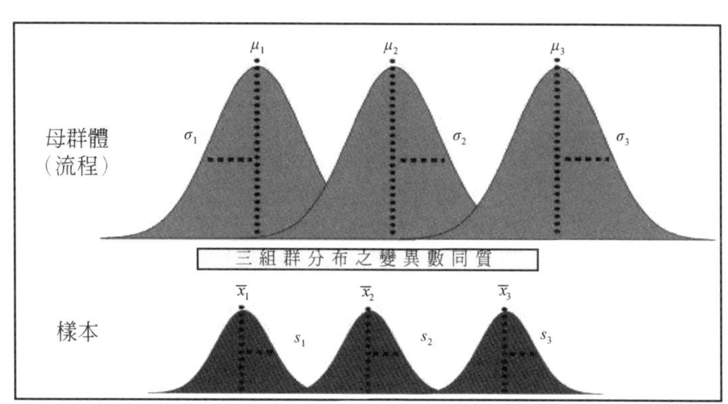

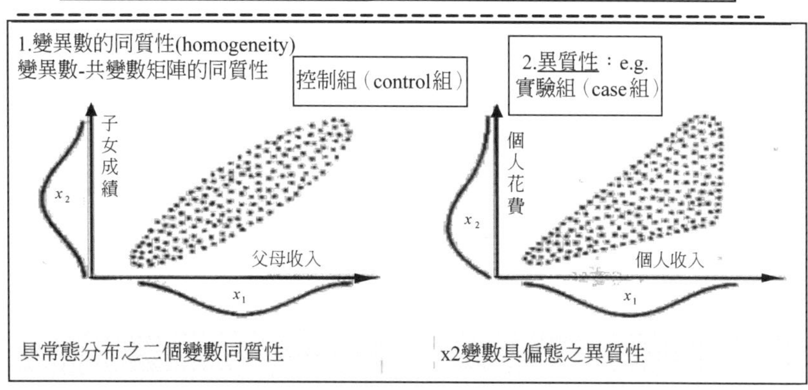

圖 6-1　變異數同質 vs. 變異數異質之示意圖

監督學習法：旨在做分類、迴歸預測。包括：決策樹、集成 (embedding) 學習「例如：(Bagging) 團體學習法、提升方法 (boosting)，隨機森林 (random forests)」、最近鄰居法 (k-NN)、線性迴歸、樸素貝葉斯、類神經網路、邏輯斯迴歸、感知器、支持向量機 (SVM)、相關向量機 (RVM) 等。

下圖所示爲集成學習 (ensemble learning) 之示意圖。

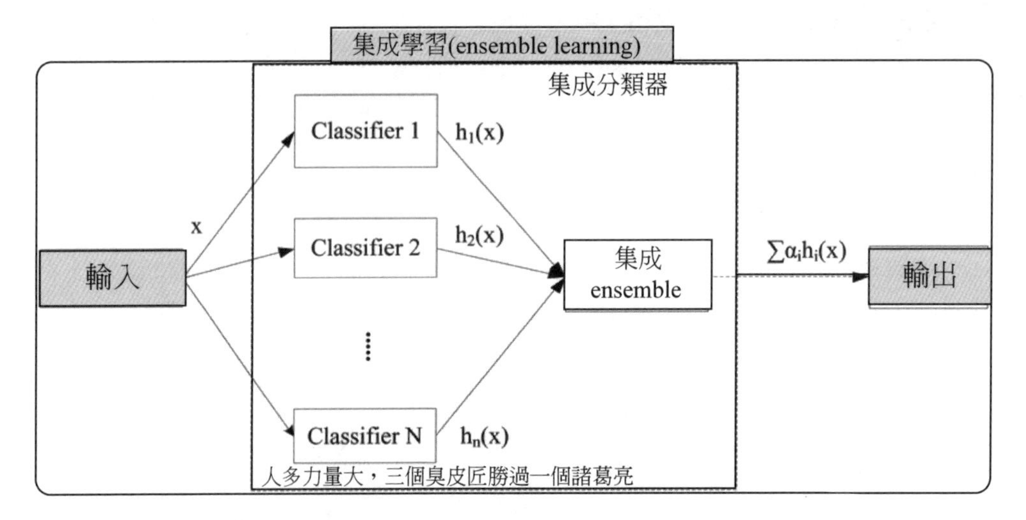

圖 6-2 集成學習 (ensemble learning) 之示意圖

6-1 決策樹 (decision tree)：森林的元素

很多樹集成就成爲森林。樹是集成 (ensemble) 爲森林的元素。集成思維是「結合弱者 (combine weak learners)，團結力量大 (unity is strength)」。

下圖所示爲多棵樹集成一個森林。

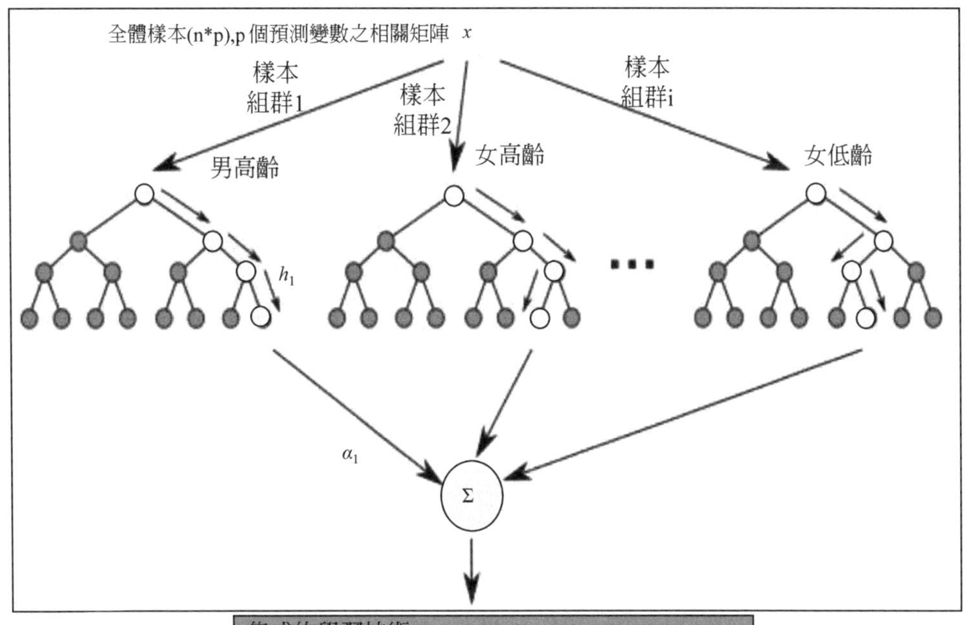

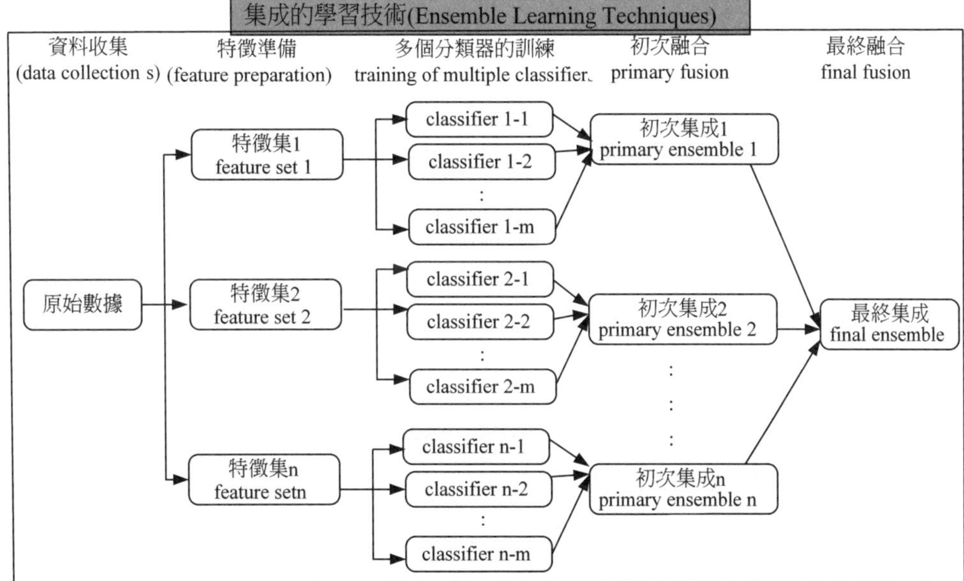

圖 6-3 決策樹增強集成之示意圖

6-1-1 森林（由樹集成）

集成方法 (ensemble method) 在變數和數據的子集（替換式抽樣）上建構

許多模型，並對它們進行平均。這關鍵的發展是 Breiman (1999) 所說的描述：bootstrap 後再查看每個節點上特徵的隨機子集 (random subsets of features)。這種類型的隨機集成法 (stochastic ensemble method) 增加了模型選擇的隨機性，而不是在每個子集上建構最優模型。這具有「去相關 (de-correlating)」模型的優勢，該模型可以減少總變異數。

bootstrapping 的另一優點是，可透過估計每個隨機選擇的子集中的模型（有時稱「袋 bag」）並使用數據的 balance（「袋外 (out of bag)」）評估誤差來預測樣本外誤差。由於我們使用隨機子集，因此所測得的樣本外誤差是眞實樣本外 (true out-of-sample) 預測誤差的無偏估計量。

定義：隨機集成法 (stochastic ensemble method)

「Stochastic」≠「Random」，因爲：

1. random 的機率是相同的，比如說丟骰子，怎麼丟都是 6 分之 1；然而
2. stochastic 的每次機率是可以不同的，比如說今天有 40% 的可能性下雨（氣壓、濕度各種影響），明天有 67.7% 的可能性下雨。

在統計學和機器學習中，集成學習法是指使用多種學習算法來獲得比單獨使用任何單獨的學習算法更好的預測性能。不像統計學中的系統通常是無限的，機器學習集成僅由一組具體的有限的可替代模型組成，但通常允許在這些可替代方案中存在更靈活的結構。

監督學習算法通常是爲執行搜尋假設空間的任務以找到合適的假設，該假設將對特定問題做出良好預測。即使假設空間包含非常適合特定問題的假設，也可能很難找到一個很好的假設。集成學習結合多個假設，形成一個（希望）更好的假設。

集成學習本身是監督學習算法之一，因爲它可被訓練再進行預測功能。因此，訓練後的集成模型代表了一個假設，但這個假設不一定被包含在構建它的模型的假設空間內。因此，集成學習在它們可以表示的功能方面具有更大的靈活性。理論上，這種靈活性使他們能夠比單一模型更多地過度適配訓練數據，但在實踐中，一些集成算法（如 Bagging 演算法）旨在減少對訓練數據過適配相關的問題。

根據經驗，當模型之間存在顯著差異時，集成往往會產生更好的結果。

常見的集成類型，包括：

1. 貝葉斯最優分類器。
2. Bootstrap 聚合 (Bootstrap Aggregating, Bagging)：使集成模型中的每個模型在投票時具有相同的權重。為了減小模型方差，Baging 使用隨機抽取的子訓練集訓練集成中的每個模型。例如：隨機森林算法將隨機決策樹與 Bagging 相結合，以實現更高的分類準確度。
3. Boosting：在訓練新模型實例時更注重先前模型錯誤分類的實例來增量構建集成模型。在某些情況下，Boosting 已被證明比 Bagging 可以得到更好的準確率，不過它也更傾向於對訓練數據過擬合。目前比較常見的增強實現有 AdaBoost 等演算法。
4. 貝葉斯參數平均。
5. 貝葉斯模型組合 (BMC) 是對貝葉斯模型平均 (BMA) 的演算法校正。
6.「桶模型 (bucket of models)」是使用模型選擇算法為每個問題選擇最佳模型的集成方法。

一、樣本外的估計 (estimating out-of-sample)

模型集成 (ensemble of models) 可用同一定義變數對任何新觀測值做預測。

McBride and Nichols (2016) 證實，從樣本中選擇性能最佳的參數模型還可顯著改善預測。

促使改進的眞正原因是堅持觀察 (holdout observations) 並優先考慮樣本外 performance。k-fold 交叉驗證方法也可做到這一點。

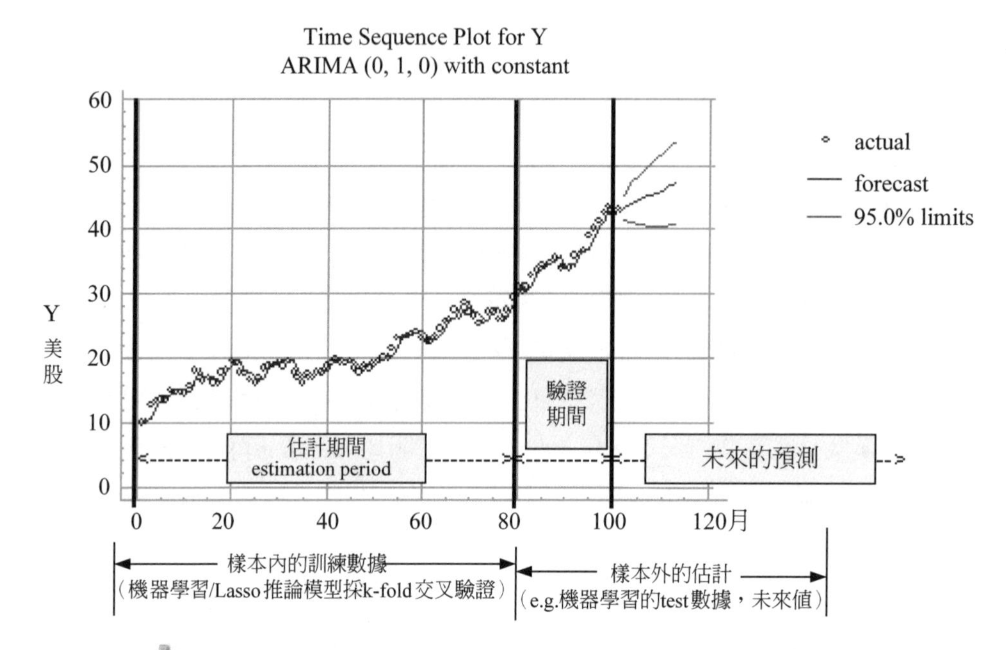

圖 6-4　樣本外的估計 (estimating out-of-sample) 之示意圖

二、因果推論 (causal inference)

統計界的普遍共識是，至少不進行實驗就無法證明因果關係。當您處理觀測數據（未經實驗即被動獲取的數據）時，您最期望的就是談論相關性（概率相關性）。

但實際情況，常常無法進行實驗法，原因是：

1. 如果您的實驗是不道德的（例如：不能抽菸來測試它是否會致癌）。
2. 原因 (cause) 不是你能決定（例如：能力 (competence) 會推出新產品，您想衡量其對銷售的影響）。
3. 您有歷史數據（時間序列），並只希望充分利用它。
4. 就金錢或影響 (impact) 而言，進行實驗的成本太高，或者實施起來過於繁瑣。

促進因果推理的主要因素有三個：計算機科學、統計學和流行病學、及計量經濟學。

因果推論是研究如何更加科學地辨識變數間的因果關係。Nichols and McBride (2017) 指出，預測恰好是傾向得分模型 (propensity score model) 的目

標 [例如：下面範例，teffects ipw 指令 (inverse-probability weighting) 或 teffects ipwra 指令 (inverse-probability-weighted regression adjustment)]，儘管更好的預測並不總是更好！特別是，如果根據排除的工具 (instruments) 而不是每個混雜因素來估計 treatment 的可能性，則更好的預測 treatment 可能性會導致更差的推論。

與其他方法相比，套袋 (bagging)（如本章的 RandomForest）的效果最好，因爲它具有最低的 MS_E 才能達到眞正的 treatment 效果。

```
* 存在「teffects_ipwra.do」指令檔
* 開啟網路資料檔
 . webuse cattaneo2

* Estimate the average treatment effect of smoking on birthweight, using a
probit model to predict treatment status
* bweight 的工具變數有「prenatal1 mmarried mage fbaby」
. teffects ipwra (bweight prenatal1 mmarried mage fbaby) (mbsmoke mmarried
c.mage##c.mage fbaby medu, probit)

Iteration 0:   EE criterion =  9.572e-21
Iteration 1:   EE criterion =  6.145e-26

Treatment-effects estimation                    Number of obs     =      4,642
Estimator      : IPW regression adjustment
Outcome model  : linear
Treatment model: probit
------------------------------------------------------------------------------
                     |               Robust
             bweight |     Coef.  Std. Err.    z    P>|z|    [95% Conf. Interval]
---------------------+--------------------------------------------------------
ATE                  |
             mbsmoke |
(smoker vs nonsmoker) | -229.9671 26.62668   -8.64   0.000   -282.1544   -177.7798
---------------------+--------------------------------------------------------
POmean               |
             mbsmoke |
           nonsmoker |  3403.336   9.57126 355.58   0.000    3384.576    3422.095
```

```
--------------------------------------------------------------------------
* 求得抽菸孕婦比無抽菸孕婦更易生出早產兒(z = -8.64,p<0.05)
*------------------------
* 印出 POMs and equations
. teffects ipwra (bweight prenatal1 mmarried mage fbaby) (mbsmoke mmarried
c.mage##c.mage fbaby medu, probit)

* Refit the above model, but use heteroskedastic probit to model the treatment
variable
. teffects ipwra (bweight prenatal1 mmarried fbaby c.mage) (mbsmoke mmarried
c.mage##c.mage fbaby medu, hetprobit(c.mage##c.mage)), aequations
```

6-1-2 決策樹的結構、學習過程

本章節想以一個例子作爲直觀引入，來介紹決策樹的結構、學習過程以及具體方法在學習過程中的差異。（注：構造下面的成績例子資料，來說明決策樹的構造過程）

假設某次學生的考試成績，第 1 column 表示只員工編號，第 2 column 表示成績，第 3、4column 分別劃分兩個不同的等級。資料如下表所示：

員工	成績 Score	等級 1	等級 2
1	82	良好	通過
2	74	中等	不通過
3	68	中等	不通過
4	91	優秀	通過
5	88	良好	通過
6	53	較差	不通過
7	76	良好	通過
8	62	中等	不通過
9	58	較差	不通過
10	97	優秀	通過

定義劃分等級的標準：

1.「等級 1」把資料劃分爲 4 個區間：

分數區間	[90, 100]	[75, 90)	[60, 75)	[0, 60)
等級 1	優秀	良好	中等	較差

2.「等級 2」的劃分假設這次考試，成績超過 75 分算通過；小於 75 分不通過。得到劃分標準如下：

分數區間	score ≥ 75	0 ≤ score<75
等級 2	通過	不通過

你按照樹結構展示出來，如下圖所示：

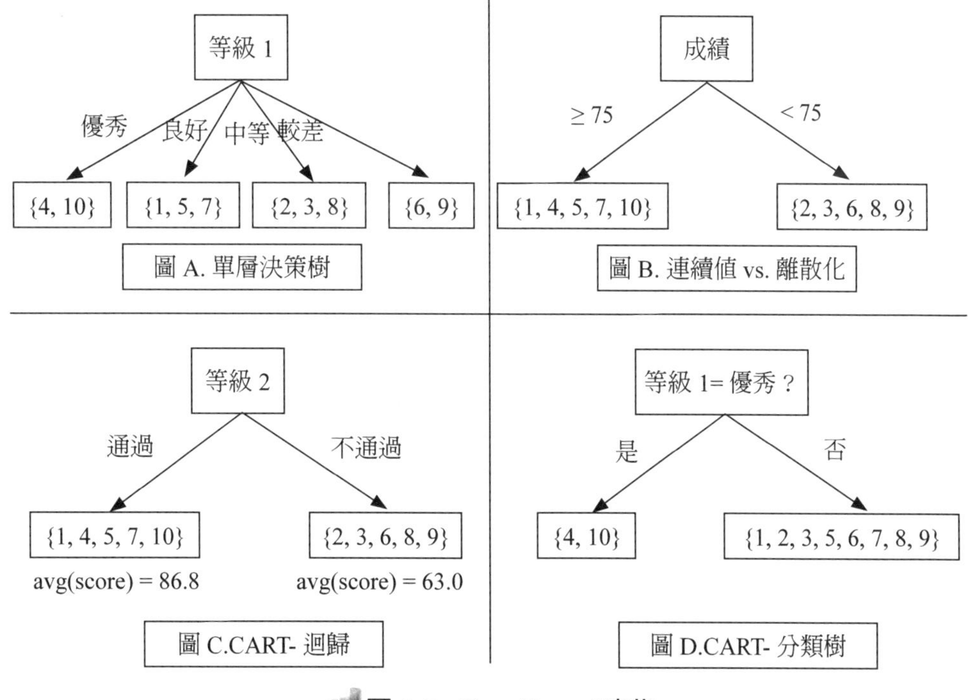

圖 6-5 Tree-Based 家族

若按照「等級 1」作爲劃分標準，取值「優秀」，「良好」，「中等」及「較差」分別對應 4 個分支，如圖 A 所示。由於只有一個劃分特徵，它對應的是一個單層決策樹，亦稱作「決策樹樁」(Decision Stump)。

決策樹樁的特點是：只有一個非葉節點，或者說它的根節點等於內部節點（你在下面介紹決策樹多層結構時再介紹）。

「等級 1」取值類型是分類 (category)，而在實際資料中，一些特徵取值可能是連續值（如這裡的 score 特徵）。若用決策樹模型解決一些迴歸或分類問題的化，在學習的過程中就需要有將連續值轉化爲離散值的方法在裡面，在特徵工程中稱爲特徵離散化。

在圖 B 中，把連續值劃分爲兩個區域，分別是 score ≥ 75 及 0 ≤ score<75

圖 C 及圖 D 屬於 MOTORT（classification and regression tree，分類與迴歸樹）模型。MOTORT 假設決策樹是二叉樹，根節點及內部節點的特徵取值爲「是」或「否」，節點的左分支對應「是」，右分支對應「否」，每一次劃分特徵選擇都會把當前特徵對應的樣本子集劃分到兩個區域。

在 MOTORT 學習過程中，不論特徵原有取值是連續值（如圖 B）或離散值（圖 C，圖 D），也要轉化爲離散二值形式。

直觀上看，迴歸樹與分類樹的區別取決於實際的應用場景（迴歸問題還是分類問題）以及對應的「Label」取值類型。

(1) 當 Label 是連續值，通常對應的是迴歸樹；(2) 當 Label 是 category 時，對應的是分類樹模型。

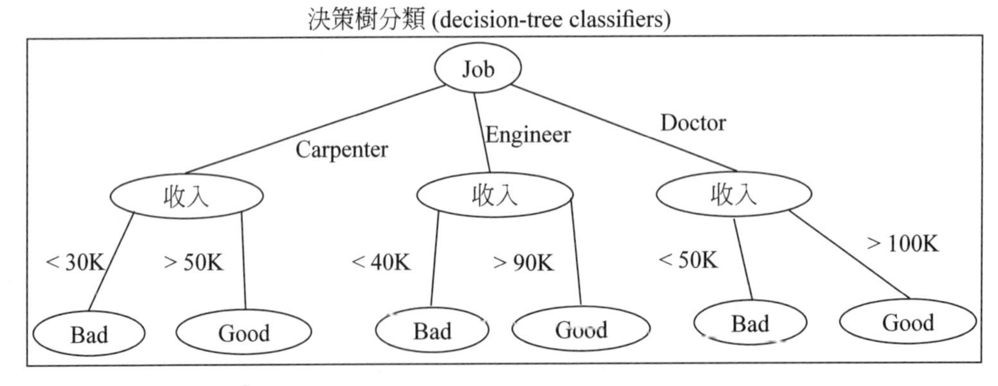

圖 6-6　決策樹分類 (decision-tree classifiers)

後面會提到，MOTORT 學習的過程中最核心的是透過遍歷選擇最優劃分特徵及對應的特徵值。那麼二者的區別也體現在具體最優劃分特徵的方法上。

同樣，為了直觀了解本節要介紹的內容，這裡用一個表格來說明：

決策樹演算法	特徵選擇方法	參考文獻
ID3	資訊增益	Quinlan. 1986. （Iterative Dichotomiser 疊代二分器）
C4.5	增益率	Quinlan. 1993.
MOTORT	迴歸樹：最小平方法 分類樹：吉尼係數	Breiman. 1984. （Classification and Regression Tree 分類與迴歸樹）

一、決策樹學習過程

上圖給出的僅僅是單層決策樹，只有一個非葉節點（對應一個特徵）。那麼對於含有多個特徵的分類問題來說，決策樹的學習過程通常是一個透過遞迴選擇最優劃分特徵，並根據該特徵的取值情況對訓練資料進行分割，使得切割後對應的資料子集有一個較好的分類的過程。

為了更直觀的解釋決策樹的學習過程，假設你根據天氣情況決定是否出去玩，資料資訊如下：

ID	陰晴	溫度	濕度	颳風	玩
1	sunny	hot	high	false	否
2	sunny	hot	high	true	否
3	overcast	hot	high	false	是
4	rainy	mild	high	false	是
5	rainy	cool	normal	false	是
6	rainy	cool	normal	true	否
7	overcast	cool	normal	true	是
8	sunny	mild	high	false	否
9	sunny	cool	normal	false	是

ID	陰晴	溫度	濕度	颳風	玩
10	rainy	mild	normal	false	是
11	sunny	mild	normal	true	是
12	overcast	mild	high	true	是
13	overcast	hot	normal	false	是
14	rainy	mild	high	true	否

利用 ID3 演算法中的資訊增益特徵選擇方法，遞迴的學習一棵決策樹，得到樹結構，如下圖所示：

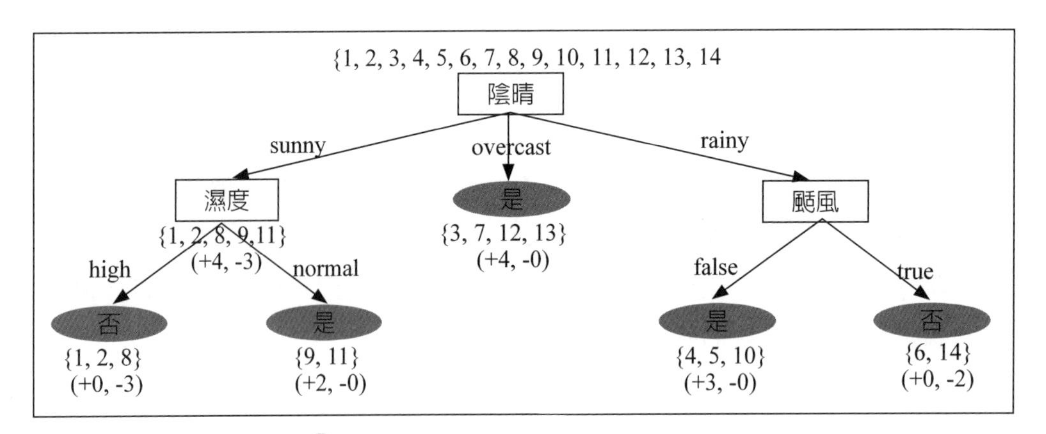

圖 6-7　氣候數據之 ID3 決策樹 (IG)

假設訓練資料集：$D = \{(x^{(1)}, y^{(1)}), (x^{(2)}, y^{(2)}), \cdots, (x^{(m)}, y^{(m)})\}$（特徵用離散值表示），候選特徵集合 $F = \{f^1, f^2, \cdots, f^n\}$。開始，建立根節點，將所有訓練資料都置於根節點（m 條樣本）。從特徵集合 F 中選擇一個最優特徵 f^*，按照 f^* 取值講訓練資料集切分成若干子集，使得各個自己有一個在當前條件下最好的分類。

若子集中樣本類別基本相同，那麼建立葉節點，並將資料子集劃分給對應的葉節點；若子集中樣本類別差異較大，不能被基本正確分類，需要在剩下的特徵集合 $(F - \{f^*\})$ 中選擇新的最優特徵，建立回應的內部節點，繼續對資料子集進行切分。如此遞迴地進行下去，直至所有資料自己都能被基本正確分類，或者沒有合適的最優特徵爲止。

這樣最終結果是每個子集都被分到葉節點上，對應著一個明確的類別。那麼，遞迴產生的層級結構即爲一棵決策樹。你將上面的文字描述用僞代碼形式表達出來，即爲：

```
{
輸入：訓練數據集 D={(x^(1),y^(1)),(x^(2),y^(2)), ,(x^(m),y^(m))}（特徵用離散值表示）；候選特徵集
F={f^1, f^2, …, f^n}
輸出：一顆決策樹 T(D,F)
學習過程：
01. 建立節點 node;
02 .if  D 中樣本全屬於同一類別 C；then
03.    將 node 作為葉節點，用類別 C 標記，返回；
04. end if
05. if  F 為空 (F=∅)or D 中樣本在 F 的取值相同；then
06.   將 node 作為葉節點，其類別標記為 D 中樣本數最多的類（多數表決），返回；
07. 選擇 F 中最優特徵，得到 f* (f*∈F)；
08. 標記節點 node 為 f*
09. for f* 中的每一個已知值 f_i* ；do
10.   為節點 node 產生一個分支；令 D_i 表示 D 中在特徵 f* 上取值為 f_i* 的樣本子集；//
      劃分子集
11.    if D_i 為空；then
12.       將分支節點標記為葉節點，其類別標記為 Di 中樣本最多的類；then
13.    else
14.       以 T(Di ,F - {f*}) 為分支節點；// 遞迴過程
15.    endif
16. done
}
```

決策樹學習過程中遞迴的每一步，在選擇最優特徵後，根據特徵取值切割當前節點的資料集，得到若干資料子集。由於決策樹學習過程是遞迴的選擇最優特徵，因此可以理解爲這是一個特徵空間劃分的過程。每一個特徵子空間對應決策樹中的一個葉子節點，特徵子空間相應的類別就是葉子節點對應資料子集中樣本數最多的類別。

(一) 特徵選擇方法

上面多次提到遞迴地選擇最優特徵，根據特徵取值切割資料集，使得對應的資料子集有一個較好的分類。從僞代碼中也可以看出，在決策樹學習過程中，最重要的是（上表）第 07 行，即如何選擇最優特徵？也就是你常說的特徵選擇選擇問題。

顧名思義，特徵選擇就是將特徵的重要程度量化之後再進行選擇，而如何量化特徵的重要性，就成了各種方法間最大的區別。

例如：卡方檢驗、斯皮爾曼法 (Spearman)、互資訊等使用「feature（特徵當迴歸的自變數），label（標籤當迴歸的類別變數）」之間的關聯性來進行量化 feature（特徵）的重要程度。關聯性越強，特徵得分越高，該特徵越應該被優先選擇。

定義：互資訊
若說相對熵 (KL) 距離衡量的是相同事件空間裡的兩個事件的相似度大小，那麼，互資訊通常用來衡量不同事件空間裡的兩個資訊（隨機事件、變數）的相關性大小。

在這裡，希望隨著特徵選擇過程地不斷進行，決策樹的分支節點所包含的樣本盡可能屬於同一類別，即希望節點的「純度 (purity)」越來越高。

若子集中的樣本都屬於同一個類別，當然是最好的結果；若說大多數的樣本類型相同，只有少部分樣本不同，也可以接受。

那麼如何才能做到選擇的特徵對應的樣本子集純度最高呢？

ID3 演算法用資訊增益來刻畫樣例集的純度，C4.5 演算法採用增益率，MOTORT 演算法採用基吉尼係數來刻畫樣例集純度。

(二) 資訊增益

資訊增益 (Information Gain, IG) 衡量特徵的重要性是根據當前特徵為劃分帶來多少資訊量，帶來的資訊越多，該特徵就越重要，此時節點的「純度」也就越高。

分類系統的資訊熵，公式如下：

對一個分類系統來說，假設類別C可能的取值爲$c_1, c_2, \cdots, c_k$（k是類別總數），每一個類別出現的概率分別是$p(c_1), p(c_2), \cdots, p(c_k)$。此時，分類系統的熵可以表示爲：

$$H(C) = -\sum_{i=1}^{k} p(c_i) \cdot \log_2 p(c_i)$$

分類系統的作用就是輸出一個特徵向量（文本特徵、ID特徵、特徵特徵等）屬於哪個類別的值，而這個值可能是$c_1, c_2, \cdots, c_k$，因此這個值所攜帶的資訊量就是上面公式這麼多。

假設離散特徵t的取值有I個，$H(C|t = t_i)$表示特徵t_t被取值爲t_i時的條件熵；$H(C|t)$是指特徵t被固定時的條件熵。二者之間的關係是：

$$H(C|t) = p_1 \cdot H(C|t=t_1) + p_2 \cdot H(C|t=t_2) + \cdots + p_k \cdot H(C|t=t_n)$$
$$= \sum_{i=1}^{I} p_i \cdot H(C|t=t_i)$$

假設總樣本數有m條，特徵$t = t_i$時的樣本數m_i，$P_i = \dfrac{m_i}{m}$。

接下來，如何求$P(C|T = t_i)$？

以二分類爲例（正例爲1，負例爲0），總樣本數爲m條，特徵t的取值爲I個，其中特徵$t = t_i$對應的樣本數爲m_i條，其中正例m_{i1}條，負例m_{i0}條（即$m_i = m_{i0} + m_{i1}$）。那麼有：

$$P(C|t=t_i) = -\frac{m_{i1}}{m_i} \cdot \log_2 \frac{m_{i1}}{m_i} - \frac{m_{i0}}{m_i} \cdot \log_2 \frac{m_{i0}}{m_i}$$
$$= -\sum_{j=0}^{k-1} \frac{m_{ij}}{m_i} \cdot \log_2 \frac{m_{ij}}{m_i}$$

這裡$k = 2$表示分類的類別數，公式$\dfrac{m_{ij}}{m_i}$物理含義是當$t = t_i$且$C = c_j$的概率，即條件概率$p(c_j|_{ti})$。

因此，條件熵計算公式爲：

$$H(C|t) = \sum_{i=1}^{I} p(t_i) \cdot H(C|t=t_i)$$
$$= -\sum_{i=1}^{I} p(t_i) \sum_{j=0}^{k-1} p(c_j|t_i) \cdot \log_2 p(c_j|t_i)$$

$$= -\sum_{i=1}^{I}\sum_{j=0}^{k-1} p(c_j, t_i) \cdot \log_2 p(c_j \mid t_i)$$

特徵 t 給系統帶來的資訊增益等於系統原有的熵與固定特徵 t 後的條件熵之差，公式表示如下：

$$IG(T) = H(C) - H(C \mid T)$$

$$= -\sum_{i=1}^{k} p(c_i) \cdot \log_2 p(c_i) + \sum_{i=1}^{n}\sum_{j=1}^{k} p(c_j, t_i) \cdot \log_2 p(c_j \mid t_i)$$

n 表示特徵 t 取值個數，k 表示類別 C 個數，則每一個類別對應的熵：

$$\Sigma_{j=0}^{n-1} \frac{m_{ij}}{m_i} \cdot \log_2 \frac{m_{ij}}{m_i}$$

下面以氣候資料為例，介紹透過資訊增益選擇最優特徵的工作過程：

根據陰晴、溫度、濕度及颼風來決定是否出去玩。樣本中總共有 14 條記錄，取值為「是」及「否」的 yangebnshu 分別是 9 及 5，即 9 個正樣本、5 個負樣本，用 S(9+, 5–)S(9+, 5–) 表示，S 表示樣本 (sample) 的意思。

(1) 分類系統的熵：

$$Entropy(S) = info(9, 5) = -\frac{9}{14}\log_2\left(\frac{9}{14}\right) - \frac{5}{14}\log_2\left(\frac{5}{14}\right) = 0.940 \text{ 位}$$

(2) 若以特徵「陰晴」作為根節點。「陰晴」取值為 {sunny, overcast, rainy}, 分別對應的正負樣本數分別為 (2+, 3-), (4+, 0-), (3+, 2-)，那麼在這三個節點上的資訊熵分別為：

Entropy(S | “ 陰晴 ” = sunny) = info(2, 3) = 0.971 位

Entropy(S | “ 陰晴 ” = overcast) = info(4, 0) = 0 位

Entropy(S | “ 陰晴 ” = rainy) = info(3, 2) = 0.971 位

Entropy(S | “ 陰晴 ” = sunny) = info(2, 3) = 0.971 位

Entropy(S | “ 陰晴 ” = overcast) = info(4, 0) = 0 位

Entropy(S | “ 陰晴 ” = rainy) = info(3, 2) = 0.971 位 (exp.1.3.2.3)

以特「陰晴」為根節點，平均資訊值（即條件熵）為：

$$Entropy\, S \mid (\text{"陰晴"}) = = \frac{5}{14_0} * 0.971 + \frac{4}{14_0} + \frac{5}{14} * 0.971 = 0.693 \text{ 位}$$

(3)計算特徵「陰晴」對應的資訊增益：

IG(“陰晴”) = Entropy(S)–Entropy(S|“陰晴”) = 0.247 位

同樣的計算方法，可得每個特徵對應的資訊增益，即：

IG(“颱風”) = Entropy(S) – Entropy(S | “颱風”) = 0.048 位

IG(“濕度”) = Entropy(S) – Entropy(S | “濕度”) = 0.152 位

IG(“溫度”) = Entropy(S) – Entropy(S | “溫度”) = 0.029 位

顯然，特徵「陰晴」的資訊增益最大，於是把它作爲劃分特徵。基於「陰晴」對根節點進行劃分的結果，如上圖所示（決策樹學習過程部分）。決策樹學習演算法對子節點進一步劃分，重複上面的計算步驟。

用資訊增益選擇最優特徵，並不是完美的，存在問題或缺點主要有以下兩個：

(A) 傾向於選擇擁有較多取值的特徵

尤其特徵集中包含 ID 類特徵時，ID 類特徵會最先被選擇爲分裂特徵，但在該類特徵上的分支對預測未知樣本的類別並無意義，降低了決策樹模型的泛化能力，也容易使模型易發生過適配。

(B) 只能考察特徵對整個系統的貢獻，而不能具體到某個類別上

資訊增益只適合用來做所謂「全局」的特徵選擇（指所有的類都使用相同的特徵集合），而無法做「本地」的特徵選擇（對於文本分類來講，每個類別有自己的特徵集合，因爲有的詞項 (word item) 對一個類別很有區分度，對另一個類別則無足輕重）。

爲了彌補資訊增益這一缺點，一個稱爲增益率 (Gain Ratio) 的修正方法被用來做最優特徵選擇。

(三) 增益率

與資訊增益不同，資訊增益率的計算考慮了特徵分裂資料集後所產生的子節點的數量及規模，而忽略任何有關類別的資訊。

以資訊增益例子爲例，按照特徵「陰晴」將資料集分裂成 3 個子集，規模分別爲 5、4 及 5，因此不考慮子集中所包含的類別，產生一個分裂資訊爲：

SplitInfo(“陰晴”) = info(5,4,5) = 1.577 位

分裂資訊熵 (Split Information) 可簡單地理解爲表示資訊分支所需要的資訊量。

那麼資訊增益率：

$$IG_{ratio}(T) = \frac{IG(T)}{SplitInfo(T)}$$

在這裡，特徵「陰晴」的資訊增益率爲$IG_{ratio}(陰晴) = \frac{0.247}{1.577} = 0.157$。減少資訊增益方法對取值數較多的特徵的影響。

基吉尼係數 (Gini Index) 是 MOTORT 中分類樹的特徵選擇方法。這部分會在下面的「分類與迴歸樹、二叉分類樹」一節中介紹。

二、分類與迴歸樹

分類與迴歸樹 (Classification And Regression Tree, MOTORT) 模型在 Tree-Based 家族中是應用最廣泛的學習方法之一。它既可以用於分類也可以用於迴歸，Boosting 家族的核心成員——Gradient Boosting 就是以該模型作爲基本學習器 (base learner)。

MOTORT 模型是在給定輸入隨機變數 X 條件下，求得輸出隨機變數 Y 的條件概率分布的學習方法。

MOTORT 假設決策樹時二叉樹結構，內部節點特徵取值爲「是」及「否」，左分支對應取值爲「是」的分支，右分支對應爲否的分支，如圖 6-7 所示。這樣 MOTORT 學習過程等價於遞迴地二分每個特徵，將輸入空間（在這裡等價特徵空間）劃分爲有限個字空間（單元），並在這些字空間上確定預測的概率分布，也就是在輸入給定的條件下，輸出對應的條件概率分布。

可以看出 MOTORT 演算法在葉節點表示上不同於 ID3、C4.5 方法，後二者葉節點對應資料子集透過「多數表決」的方式來確定一個類別（固定一個值）；而 MOTORT 演算法的葉節點對應類別的概率分布。如此看來，你可以很容易地用 MOTORT 來學習一個 multi-label / multi-class / multi-task 的分類任務。

與其他決策樹演算法學習過程類別，MOTORT 演算法也主要由兩步驟組成：

Step-1　決策樹的產生：基於訓練資料集產生一棵二分決策樹。

Step-2　決策樹的剪枝：用驗證集對已產生的二叉決策樹進行剪枝，剪枝的標準爲損失函數最小化。

由於分類樹與迴歸樹在遞迴地建立二叉決策樹的過程中，選擇特徵劃分的準則不同。二叉分類樹建立過程中採用基吉尼係數 (Gini Index) 爲特徵選擇標準；二叉迴歸樹採用平方誤差最小化作爲特徵選擇標準。

三、二叉分類樹

二叉分類樹中用基吉尼係數 (Gini Index) 作爲最優特徵選擇的度量標準。基吉尼係數定義如下：

同樣以分類系統爲例，資料集 D 中類別 C 可能的取值爲 $c_1, c_2, \cdots, c_k$（k 是類別數），一個樣本屬於類別 c_i 的概率爲 $p(i)$。那麼概率分布的基吉尼係數公式表示爲：

$$Gini(D) = 1 - \sum_{i=1}^{k} p_i^2$$

其中，$p_i = \frac{\text{類別屬於}c_i\text{的樣本數}}{\text{總樣本數}}$。若所有的樣本類別相同，則 $p_1 = 1, p_2 = p_3 = \cdots = p_k = 0$，則有 $Gini(C) = 0$，此時數據不純度最低。$Gini(D)$ 的物理含義是表示資料集 D 的不確定性。數值越大，表明其不確定性越大（這一點與資訊熵相似）。

若 $k = 2$（二分類問題，類別命名爲正類及負類），若樣本屬於正類的概率是 p，那麼對應基吉尼係數爲：

$$Gini(D) = 2p(1 - p)$$

若資料集 D 根據特徵 f 是否取某一可能值 f_*，將 D 劃分爲 D_1 及 D_2 兩部分，即 $D_1 = \{(x, y) \in D \mid f(x) = f_*\}, D_2 = D - D_1$。那麼特徵 f 在資料集 D 基吉尼係數定義爲：

$$Gini(D, f = f_*) = \frac{|D_1|}{|D|} Gini(D_1) + \frac{|D_2|}{|D|} Gini(D_2)$$

在實際操作中，透過遍歷所有特徵（若是連續值，需做離散化）及其取值，選擇基吉尼係數最小所對應的特徵及特徵值。

這裡仍然以天氣資料爲例，給出特徵「陰晴」的基吉尼係數計算過程。

(1) 當特徵「陰晴」取值爲「sunny」時，

$D_1 = \{1, 2, 8, 9, 11\}, |D1| = 5;$

D_2 = {3, 4, 5, 6, 7, 10, 12, 13, 14}, |D2| = 9。

D_1、D_2 資料自己對應的類別數分別爲 (+2, –3)、(+7, –2)。因此

$$Gini(D_1)=2\cdot\frac{3}{5}\cdot\frac{2}{5}=\frac{12}{25}$$

$$Gini(D_2)=2\cdot\frac{7}{9}\cdot\frac{2}{9}=\frac{28}{81}$$

對應的基吉尼係數爲：

$$Gini(C,"陰晴"="sunny")=\frac{5}{14}Gini(D_1)+\frac{9}{14}Gini(D_2)=\frac{5}{14}\times\frac{12}{25}+\frac{9}{14}\times\frac{28}{81}=0.394$$

(2) 當特徵「陰晴」取值爲「overcast」時，D_1 = {2, 7, 12, 13}, $|D_1|$ = 4; D_2 = {1, 2, 4, 5, 6, 8, 9, 10, 11, 14}, |D2| = 10。D_1、D_2 資料自己對應的類別數分別爲 (+4, –0)、(+5, –5)。因此：

$$Gini(D_1)=2\cdot1\cdot0=0\,;Gini(D_2)=2\cdot\frac{5}{10}\cdot\frac{5}{10}=\frac{1}{2}$$

對應的基吉尼係數爲：

$$Gini(C,"陰晴"="sunny")=\frac{4}{14}Gini(D_1)+\frac{10}{14}Gini(D_2)=0+\frac{10}{14}\times\frac{1}{2}=0.357$$

(3) 當特徵「陰晴」取值爲「rainy」時，D_1 = {4, 5, 6, 10, 14}, $|D_1|$ = 5; D_2 = {1, 2, 3, 7, 8, 9, 11, 12, 13}, |D2| = 9。D_1、D_2 資料自己對應的類別數分別爲 (+3, –2)、(+6, –3)。因此：

$$Gini(D_1)=2\cdot\frac{3}{5}\cdot\frac{2}{5}=\frac{12}{25}\,;Gini(D_2)=2\cdot\frac{6}{9}\cdot\frac{3}{9}=\frac{4}{9}$$

對應的基吉尼係數爲：

$$Gini(C,"陰晴"="sunny")=\frac{5}{14}Gini(D_1)+\frac{9}{14}Gini(D_2)=\frac{5}{14}\times\frac{12}{25}+\frac{9}{14}\times\frac{4}{9}=0.457$$

若特徵「陰晴」是最優特徵的話，那麼特徵取值爲「overcast」應作爲劃分節點。

6-2 隨機森林的原理

隨機森林 (random forest) 是一包含多個決策樹的分類器，也就是多個樹狀分類器的集合。

Breiman 提出的流行隨機森林是統計學習方法。隨機森林的基本概念是爲解

決一些特定議題，比如資料中經常會面臨缺値問題，在隨機森林中，就由取出放回的重複抽取來建構新樣本，再藉由特定邏輯不斷重複進行相關事宜補強，最終重新將建構出的枝葉增補在特定決策樹，爾後就是後續計算與參數估計及統計檢定的議題，這個方法剛看起來有些怪異，就像當初拔靴法 (bootstrap) 的估計法曾引起統計學界的爭議，因拔靴法的估計統計量可能不是不偏的 (bootstraping may create a biased estimator)，而隨機森林的基礎立論是大數法則與中央極限定理，從隨機森林所推演出的統計量，有時還是無法滿足不偏，有效，一致等統計學者以爲需要達到的優良統計量準則，但確實補強不少過往統計學者以爲決策樹學習發展的不足。

例如：用學生的特性（如通勤時間、每週讀書時數、父母教育程度、每週喝酒量、課堂是否犯錯等變數），搭配一些已知成績的歷史資料，去建立一個決策樹模型，預測學生的成績。類似的應用情境可應用到行銷方案的效果預測，顧客的購買行爲等。

實證醫學的往昔文獻，很多學者都認定，隨機森林做二分變數 (binary variable) 的分類，都比「SVM、類神經網路、Logistic 迴歸」正確率來得高。因此，本書特別介紹，如何使用 Stata 統計軟體來執行隨機森林的分類、迴歸預測，在以下例子，也顯示隨機森林做分類效果，達到 100% 正確率，是個不錯的。

機器學習方法，由於決策樹的決策樹演算法很容易過度適配 (overfitting)，因爲它是透過最佳策略來進行屬性分裂的，這樣往往容易在訓練資料 (train data) 上效果好，但是在待驗證資料 (test data) 上效果不好。隨機森林 (random forest) 演算法，本質上是一種 ensemble 的方法，可以有效的降低過度適配。

一、隨機森林 (random forest) 是什麼？

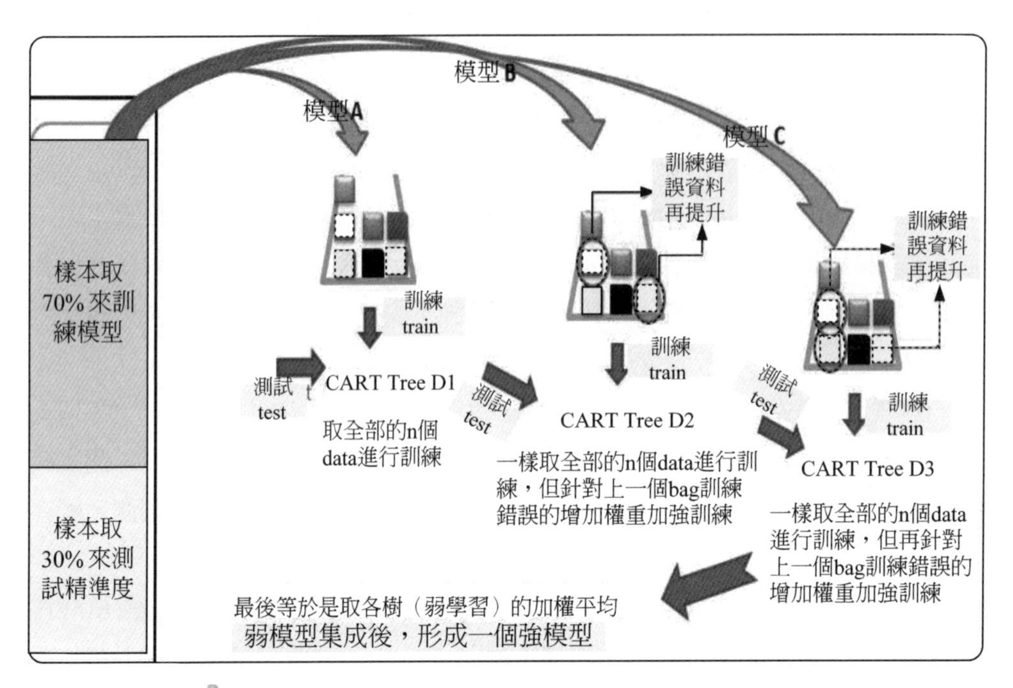

圖 6-8　隨機森林 (Random Forest) 演算法之示意圖

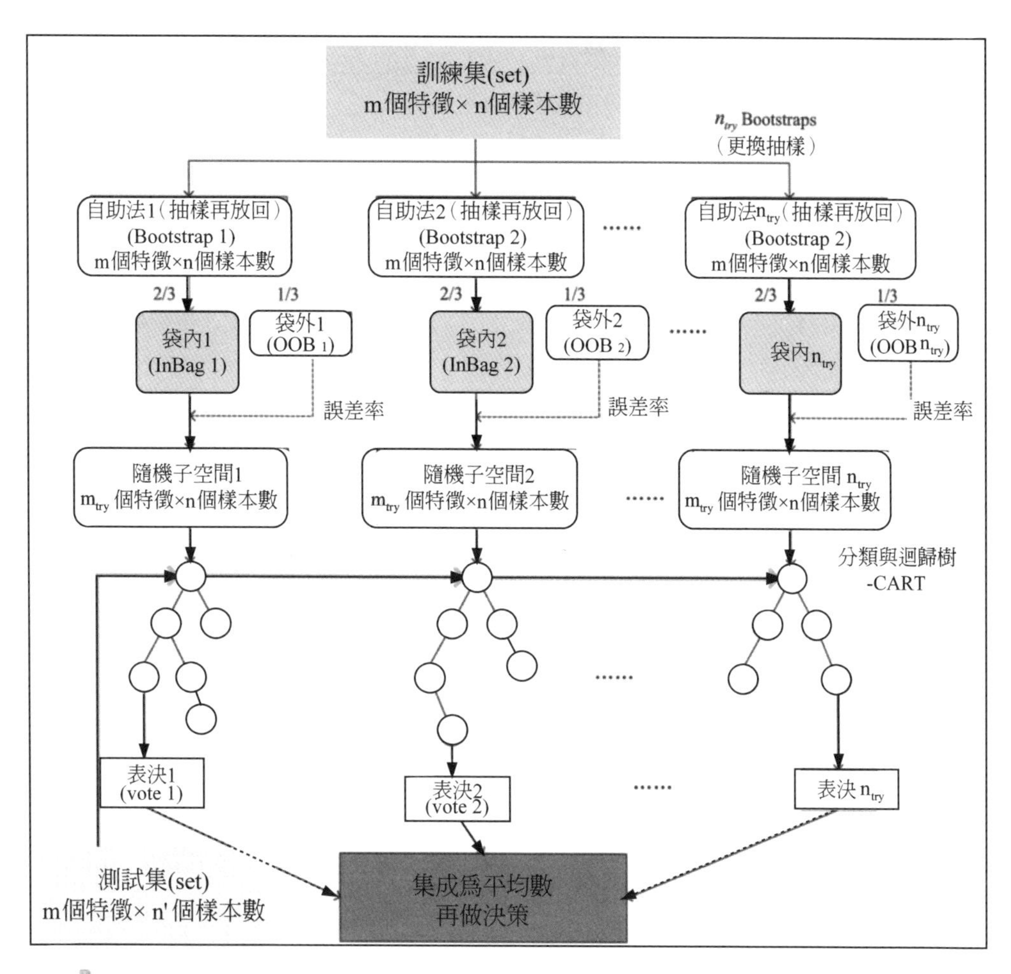

圖 6-9　隨機森林演算法之工作流程 (workflow of random forest algorithm)

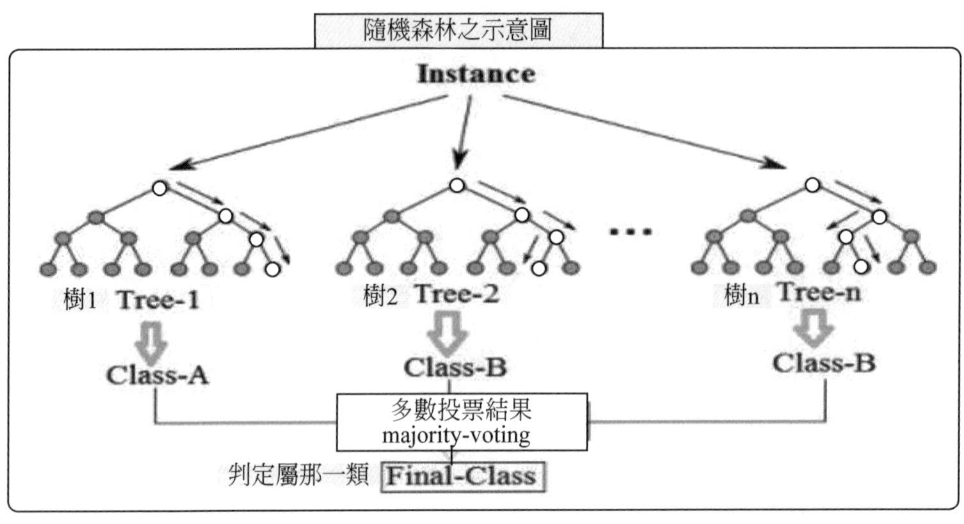

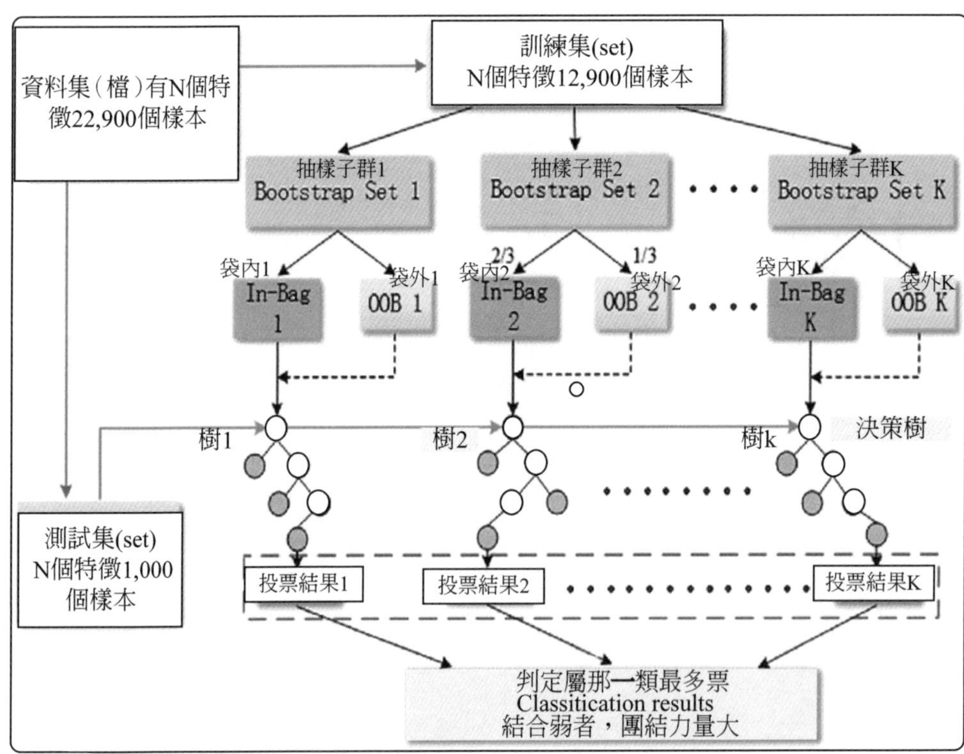

圖 6-10 隨機森林演算法之結構 (The structure of random forest algorithm)

演算法：Ensemble Construction

Input: $G \in R^{N \times l}$: a genotype dataset of N individuals and l genetic markers, $ntrees$: the number of trees in the forest, MN: the maximium number of leaf nodes, M: the ensemble size, k: the number of clusters in the base clustering.
Output: $P = \{P_1, P_2, \ldots, P_M\}$: a set of M partitions.

```
1:  for m=1 to M
2:  begin
3:       Construct a random forest RF of ntrees trees using Algorithm 1.
4:       Construct a proximity matrix S of size N × N.
5:       for each tree t in RF
6:            for each pair of individuals i,j ∈ {1..N}
7:                 S(i,j)+= (1/ntrees) I(l_i^t = l_j^t).
                   (i.e., I(l_i^t = l_j^t) is an indicator function that yields 1 if the two individuals end in the same
                   leaf in tree t and 0 otherwise).
8:       D = √(1−S).
9:       P_m=kmeans(MDS(D), k).
10: end
11: return P = {P_1, P_2, ..., P_M} where each P_i = {C_i^1, C_i^2, ..., C_i^k} for i = 1,2,..M.
```

隨機森林的基本原理是，結合多顆 MOTORT 樹（MOTORT 樹為使用 GINI 演算法的決策樹），並加入隨機分配的訓練資料，以大幅增進最終的運算結果。不過，這個方法必須基於下面的理論：Ensemble Method

集成方法 (ensemble method) 的想法是，若單個分類器表現 OK，那麼將多個分類器組合起來，其表現會優於單個分類器。也就是論基於「人多力量大，三個臭皮匠勝過一個諸葛亮。」

不過要滿足集成法是有二條件：

1. 各個分類器之間須具有差異性。
2. 每個分類器的準確度必須大於 0.5。

也就是說，可不是一群一樣笨的臭皮匠就可以勝過一個諸葛亮，這些臭皮匠要符合如下的條件：(1) 他們不能太笨（分類器的準確度必須大於 0.5）。(2) 他們彼此之間的經驗有所不同（分類器之間具有差異性）。

必須符合這兩個條件，才能讓結合多顆 MOTORT 樹的隨機森林其效力大於單一的決策樹，這種方式稱為 Ensemble Method（集成方法）。不過由於我們的樣本只有一個，所以要形成多顆具差異性的樹以進行 Ensemble Method，必須先將訓練樣本進行分割，才能產生多顆具差異性的 MOTORT 樹，其作法有兩種方式：

方式 1 Bagging(Bootstrap aggregating) 法來分割樹

Breiman(1996) 首提 Bagging (Bootstrap aggregating），Bagging，旨在讓模型從資料本身的變異數中得到更好的訓練。此方法會從 Training dataset 中取出 K 個樣本，再從這 K 個樣本訓練出 K 個分類器（在此為 tree）。每次取出的 K 個樣本皆會再放回母體（即 bootstrap 自助法），因此這個 K 個樣本之間會有部分資料重複，不過由於每棵樹的樣本還是不同，因此訓練出的分類器（樹）之間是具有差異性的（弱 vs. 強）。

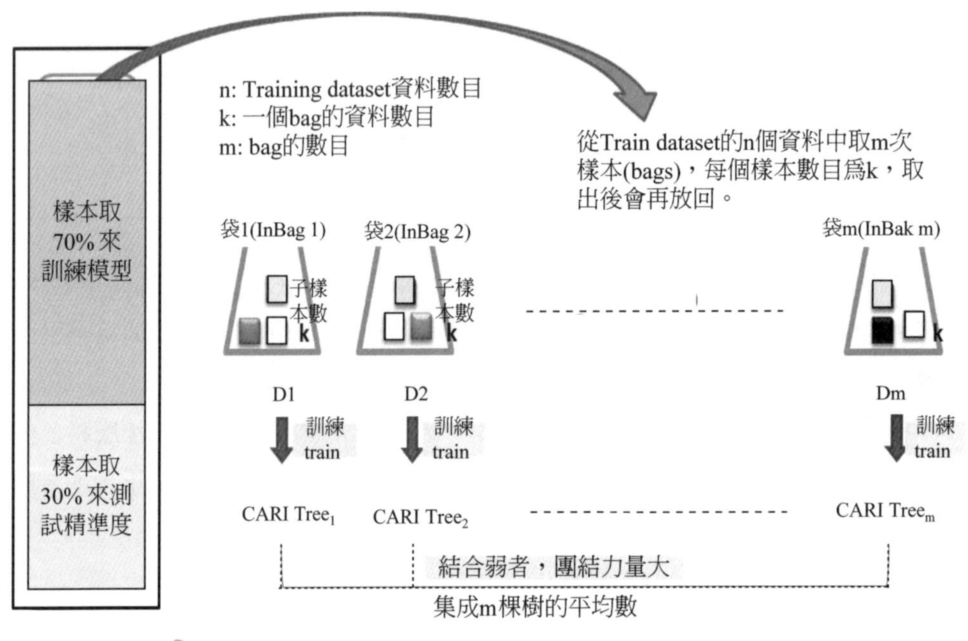

圖 6-11 Bagging (Bootstrap aggregating) 法來分割樹

方式 2 提升法 (Boosting) 來分割樹

它與 Bagging 類似，但更強調針對誤差部分加強學習以提升整體的效率，重點是將大量弱學習的分類器（效率比較沒那麼好）逐步訓練後，再集成為一個較強的分類器。

小結

在機器學習中，隨機森林是一個包含多個決策樹的分類器，並且其輸出的類別是由個別樹輸出的類別的眾數而定。Leo Breiman 及 Adele Cutler 提出隨機森林演算法，概念源自 Tin Kam Ho(1995) 的隨機決策森林 (random decision forests)，它結合 Breimans 的 "Bootstrap aggregating" 想法及 Ho 的 "random subspace method" 來建造決策樹的集成 (ensemble)。

(一) 學習演算法

根據下 column 演算法而建造每棵樹：

1. 用 N 來表示訓練用例（樣本）的個數，M 表示特徵數目。
2. 輸入特徵數目 m，用於確定決策樹上一個節點的決策結果；其中 m 應遠小於 M。
3. 從 N 個訓練用例（樣本）中以有放回抽樣的方式，取樣 N 次，形成一個訓練集（即bootstrap取樣），並用未抽到的用例（樣本）作預測，評估其誤差。
4. 對於每一個節點，隨機選擇 m 個特徵，決策樹上每個節點的決定都是基於這些特徵確定的。根據這 m 個特徵，計算其最佳的分裂方式。
5. 每棵樹都會完整成長而不會剪枝（Pruning，這有可能在建完一棵正常樹狀分類器後會被採用）。

(二) 隨機森林的優點

1. 它可以產生高準確度的分類器。
2. 它可以處理大量的輸入變數。
3. 它可以在決定類別時，評估變數的重要性。
4. 在建造森林時，它可以在內部對於一般化後的誤差產生不偏差的估計。
5. 它包含一個好方法可以估計遺失的資料，並且，若有很大一部分的資料遺失，仍可以維持準確度。
6. 它提供一個實驗方法，可以去偵測特徵變數的交互作用 (variable interactions)。
7. 對於不平衡的分類資料集來說，它可以平衡誤差。
8. 它計算各例中的親近度，對於資料探勘、偵測離群點 (outlier) 及將資料視覺化非常有用。
9. 使用上述。它可被延伸應用在未標籤 (non-label) 的資料上，這類資料通常是使用非監督式聚類。也可偵測偏離者及觀看資料。

10.學習過程是很快速。

6-3 隨機森林之迴歸分析：連續依變數（外掛指令 randomforest）

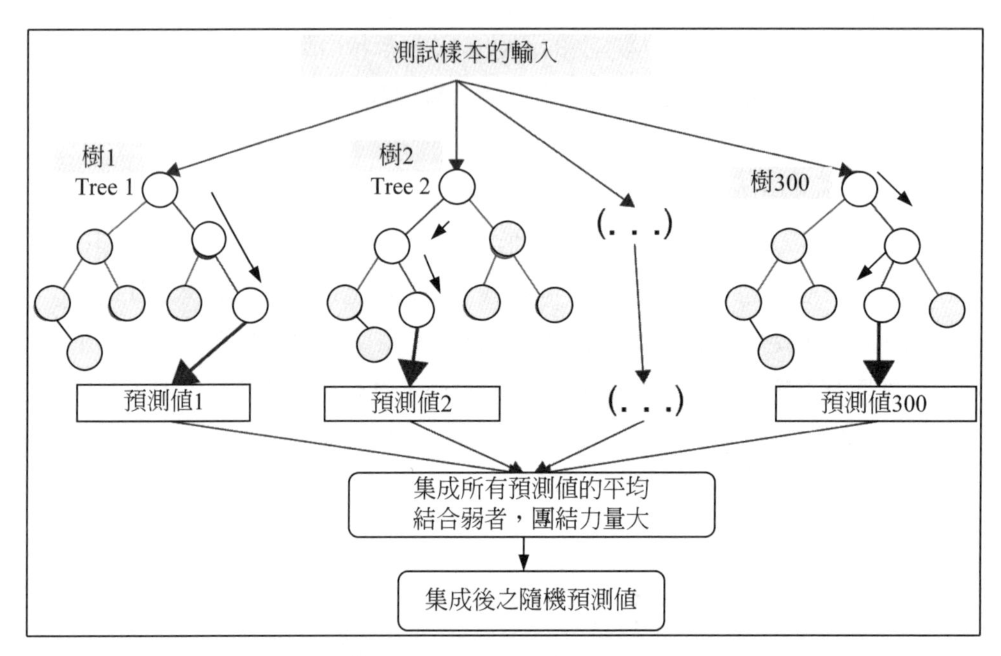

圖 6-12　隨機森林之預測

範例 1：隨機森林：做迴歸 (regression) 分析

不同的機器學習模型有其適用的資料與預測情境，這部分我們未來再來探討，但在這裡先來看一下，如何透過隨機森林來提升 decision tree 的效能。

(一) 問題說明

試用隨機森林，以迴歸法來預測汽車價格之影響因素有那些？（分析單位：汽車）

研究者收集數據並整理成下表，此「auto.dta」資料檔內容之變數如下：

變數名稱	說明	編碼 Codes/Values
依變數（連續變數）：price	車價	3,291～15,906 美元
features/ 自變數：weight	車重	1,760～4,840 磅
features/ 自變數：length	車長	142～233 吋

(二) 資料檔之內容

「auto.dta」資料檔內容如下圖。

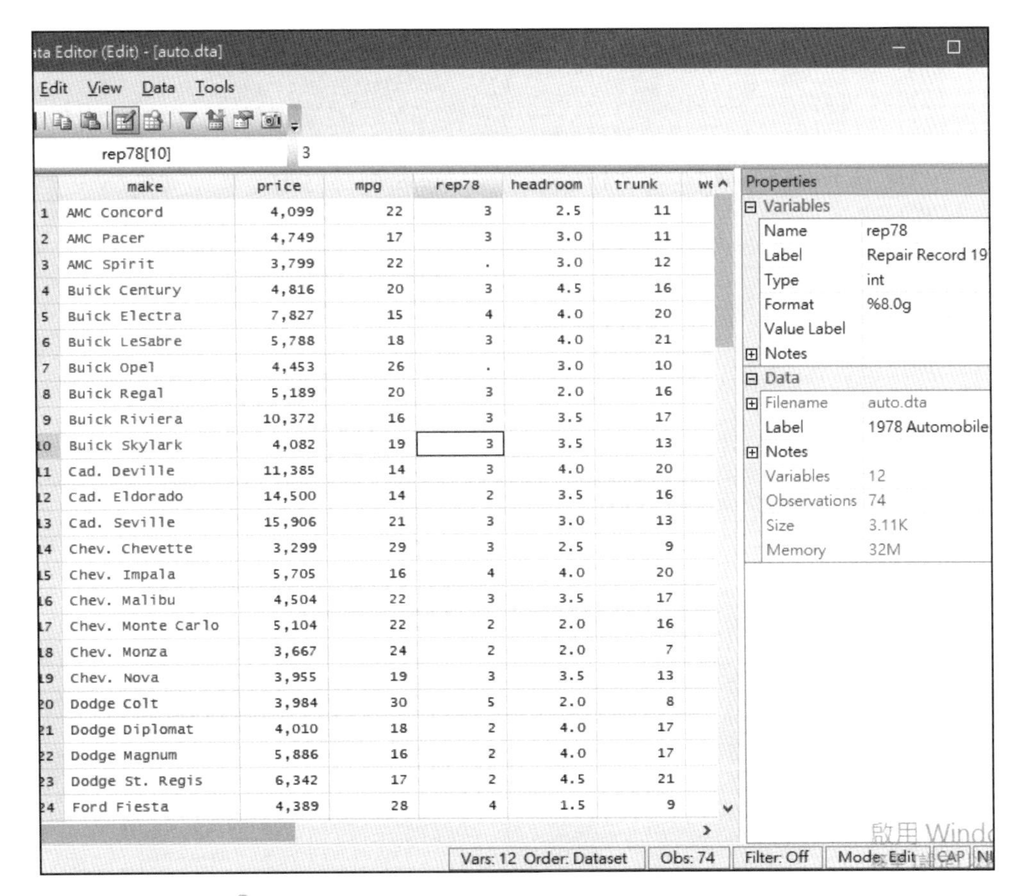

	make	price	mpg	rep78	headroom	trunk
1	AMC Concord	4,099	22	3	2.5	11
2	AMC Pacer	4,749	17	3	3.0	11
3	AMC Spirit	3,799	22	.	3.0	12
4	Buick Century	4,816	20	3	4.5	16
5	Buick Electra	7,827	15	4	4.0	20
6	Buick LeSabre	5,788	18	3	4.0	21
7	Buick Opel	4,453	26	.	3.0	10
8	Buick Regal	5,189	20	3	2.0	16
9	Buick Riviera	10,372	16	3	3.5	17
10	Buick Skylark	4,082	19	3	3.5	13
11	Cad. Deville	11,385	14	3	4.0	20
12	Cad. Eldorado	14,500	14	2	3.5	16
13	Cad. Seville	15,906	21	3	3.0	13
14	Chev. Chevette	3,299	29	3	2.5	9
15	Chev. Impala	5,705	16	4	4.0	20
16	Chev. Malibu	4,504	22	3	3.5	17
17	Chev. Monte Carlo	5,104	22	2	2.0	16
18	Chev. Monza	3,667	24	2	2.0	7
19	Chev. Nova	3,955	19	3	3.5	13
20	Dodge Colt	3,984	30	5	2.0	8
21	Dodge Diplomat	4,010	18	2	4.0	17
22	Dodge Magnum	5,886	16	2	4.0	17
23	Dodge St. Regis	6,342	17	2	4.5	21
24	Ford Fiesta	4,389	28	4	1.5	9

圖 6-13 「auto.dta」資料檔內容（N=74 汽車）

觀察資料之特徵

```
* 開啟資料檔
* 清除以前的數據
. clear

* 網站上，讀資料檔
. sysuse auto

. sum price weight length

    Variable |        Obs        Mean    Std. Dev.       Min        Max
-------------+---------------------------------------------------------
       price |         74    6165.257    2949.496       3291      15906
      weight |         74    3019.459    777.1936       1760       4840
      length |         74    187.9324    22.26634        142        233
```

安裝 Stata v15 外掛指令：randomforest

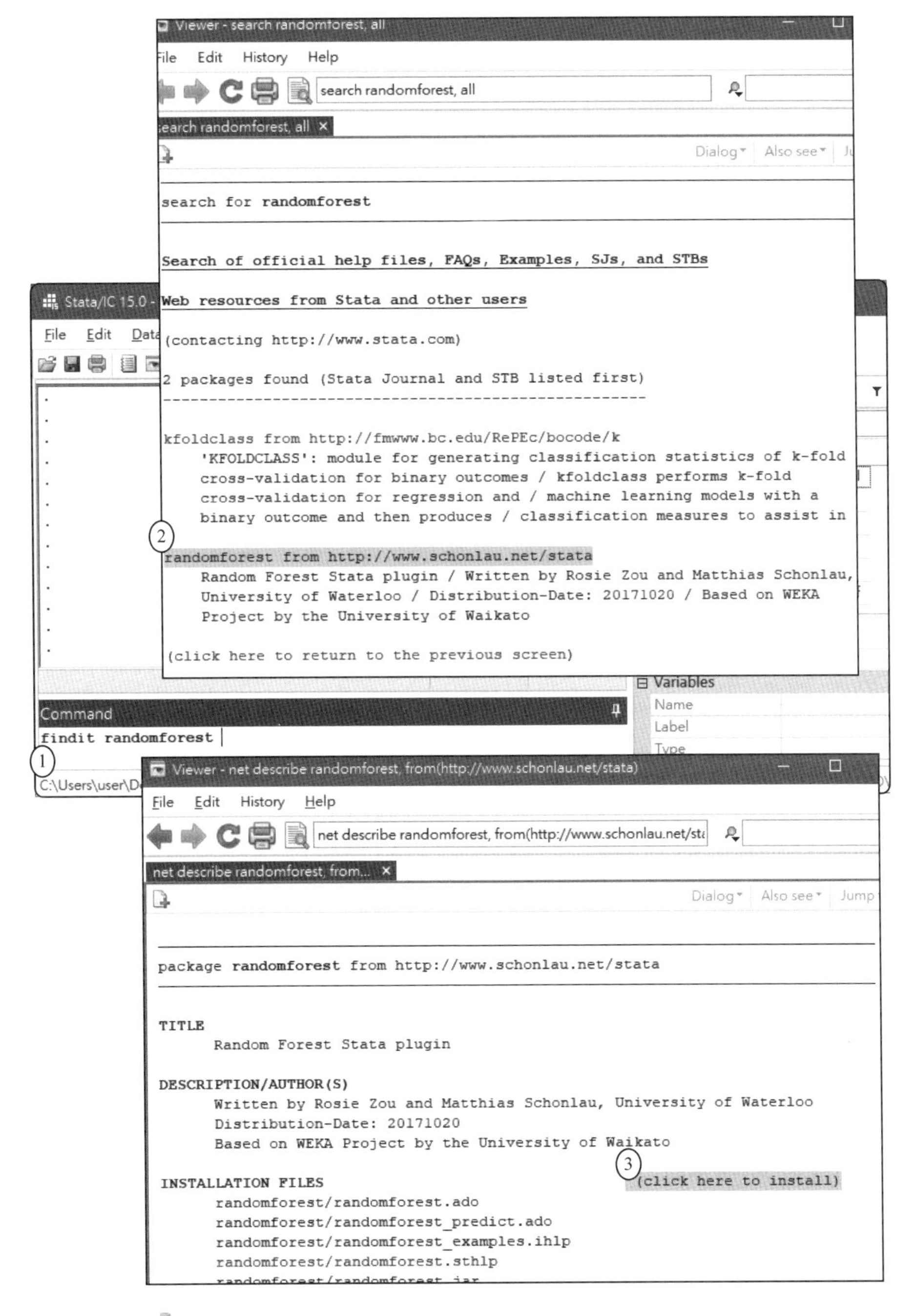

圖 6-14 「安裝 Stata 外掛指令：randomforest」畫面

Stata 外掛指令：randomforest 語法

```
Syntax

    randomforest depvar indepvars [if] [in] , [ options ]

    predict { newvar | varlist | stub* } [if] [in] , [ pr ]

  options               Description
  ---------------------------------------------------------------------------
  Model

   type(str)             The type of decision tree. Must be one of "class" (classification) or "reg" (regression).
   iterations(int)       Set the number of iterations (trees), default to 100 if not specified.

   numvars(int)          Set the number of variables to randomly investigate , default to sqrt(number of indepvars).

  Tree Size

   depth(int)            Set the maximum depth of the random forest, default to 0 for unlimited, if not specified.
   lsize(int)            Set the minimum number of observations per leaf, default to 1 if not specified.
   variance(real)        Set the minimum proportion of the variance on all the data that needs to be present at a node
                          in order for splitting to be performed in regression trees, default to 1e^(-3) if not
                          specified. Only applicable to regr p_end}

  Other

   seed(int)             Set the seed value, default to 1 if not specified.

   numdecimalplaces(int)
                          Set the precision for computation, default to minimum 5 decimal places if not specified.
  ---------------------------------------------------------------------------
Predict Syntax

    predict { newvar | newvarlist | stub* } [if] [in] , [ pr ]

    If option pr is specified, the post-estimation command returns the class probabilities. This option is only
        applicable to classification problems.
Options for randomforest

    ---------------------------------------------------------------------------
     Model

    type specifies whether the prediction is categorical or continuous. type(class) builds a classification tree and
        type(reg) builds a regression tree.

    iterations sets the number of trees to be generated when constructing the model. The default value is 100 if not
        specified.

    numvars sets the number of independent variables to randomly investigate at each split. The default value is
        sqrt(number of independent variables) if not specified.

    ---------------------------------------------------------------------------
     Tree Size

    depth sets the maximum depth of the random forest model, which is the length of the longest path from the root nc
        to a leaf node. The default value is 0, which indicates that the maximum height is unlimited.

    lsize sets the mininum number of observations to include at each leaf node. THe default value is 1 if not specifi

    variance sets the minimum proportion of the variance on all the data that needs to be present at a node in order
        splitting to be performed in regression trees. If the variance of the dependent variable is a on the full
        dataset, and this er is set to b, then a node will only be considered for splitting if the variance of the
        dependent variable at this node is at least a * b.
```

(三) 分析結果與討論

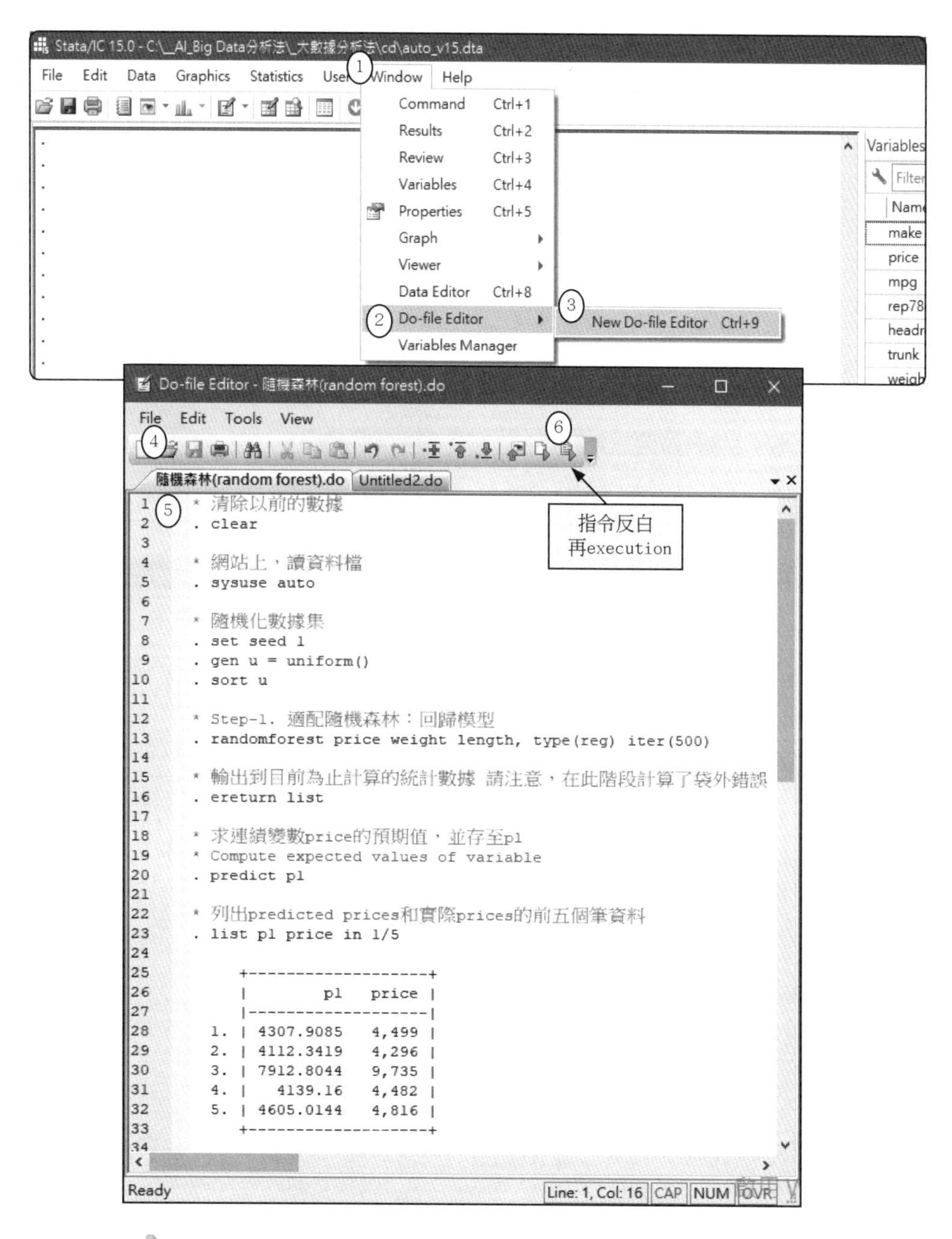

圖 6-15　批次指令檔「隨機森林 (random forest).do」之內容

Step 1　隨機森林：迴歸 (regression) 分析

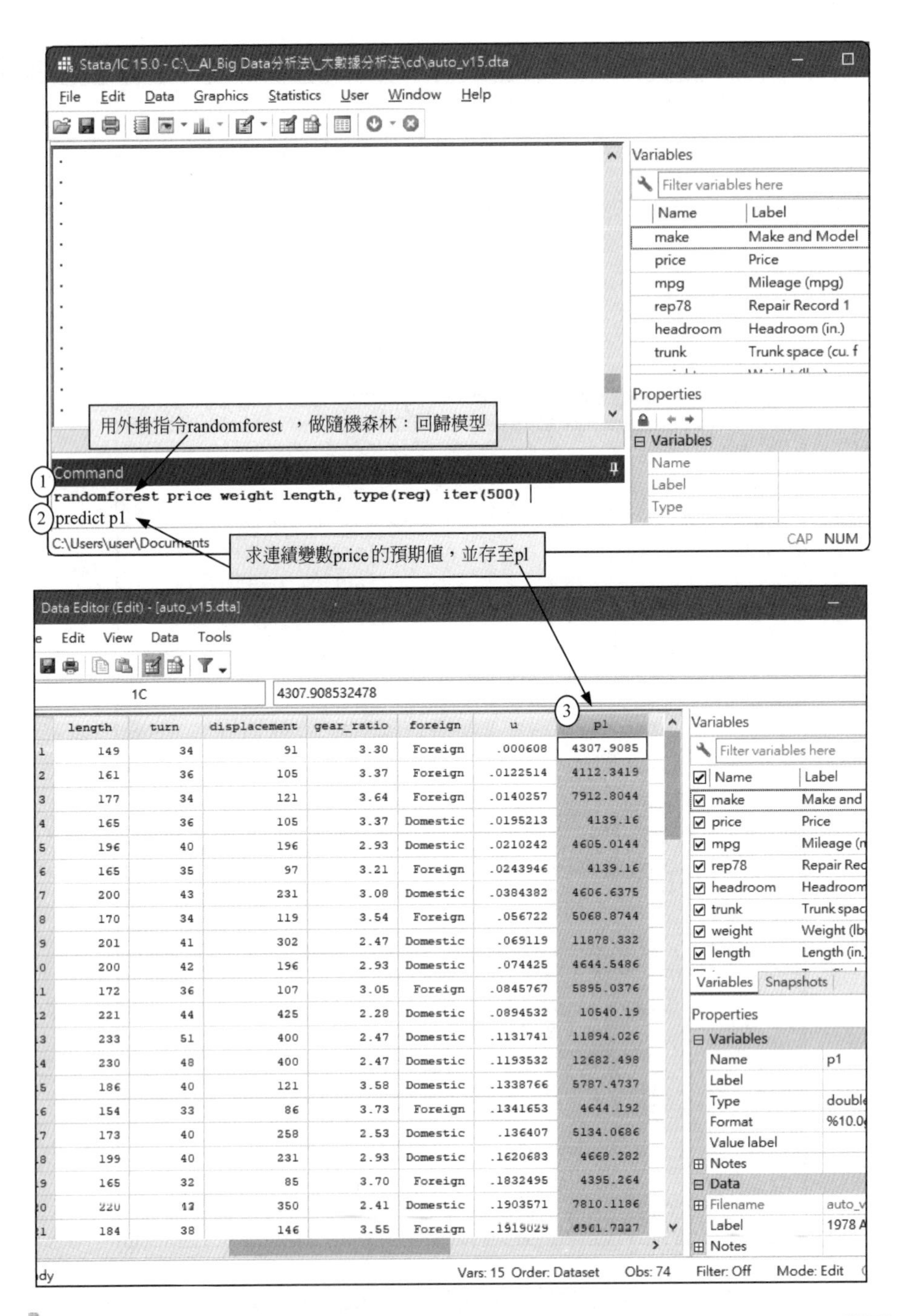

圖 6-16　執行「randomforest price weight length, type(reg) iter(500)」畫面

指令語法如下：

```
* 清除以前的數據
. clear

* 網站上，讀資料檔
. sysuse auto

* 隨機化數據集
. set seed 1
. gen u = uniform()
. sort u

* 先安裝外掛指令：randomforest
. findit randomforest

* Step-1. 適配隨機森林：迴歸模型
. randomforest price weight length, type(reg) iter(500)

* 輸出到目前為止計算的統計數據，請注意，在此階段計算了 Out of Bag (OOB) 誤差。
. ereturn list

* 求連續變數 price 的預期值，並存至 p1
* Compute expected values of variable
. predict p1

* column 出 predicted prices 及實際 prices 的前五個筆資料
. list p1 price in 1/5

     +-------------------+
     |        p1   price |
     |-------------------|
  1. | 4307.9085   4,499 |
  2. | 4112.3419   4,296 |
  3. | 7912.8044   9,735 |
  4. |   4139.16   4,482 |
  5. | 4605.0144   4,816 |
```

```
     +------------------+


* 輸出到目前為止計算的統計數據，此階段計算 mean absolute error 及 root mean
squared 誤差
. ereturn list


scalars:
       e(Observations) =  74
           e(features) =  2
         e(Iterations) =  500
          e(OOB_Error) =  1493.44966573811
                e(MAE) =  655.5163188347408
               e(RMSE) =  887.4723791281133

macros:
                e(cmd) : "randomforest"
            e(predict) : "randomforest_predict"
             e(depvar) : "price"
         e(model_type) : "random forest regression"

matrices:
         e(importance) :  2 x 1
```

【隨機森林中的 Out of Bag (OOB) 是什麼】

在要求模型要有良好可解釋性的應用，決策樹 (DT) 可勝任，尤其是樹的深度較小時。但實際數據集的 DT 可能都是較大的深度。較高的深度 DT 更傾向於過度適配，進而導致模型中的變異數 (variance) 更大。隨機森林模型要探討 DT 這一缺點。在「隨機森林」模型中，原始訓練數據是透過替換隨機抽樣產生的數據的小子集（請參見下圖）。這些子集也稱爲引導程序樣本 (bootstrap samples)。然後將這些 bootstrap samples 視爲訓練數據饋入 (fed) 更多更深度的 DT。每一個 DT 的都在這些 Bootstrap 樣本上接受單獨培訓。DT 的這種聚合稱爲「隨機森林集成 (random forest ensemble)」。集成模型的結果是透過計算所有 DT 的多數

票 (majority vote) 來確定的。這個概念稱爲袋裝或引導聚合 (Bagging or bootstrap aggregation)。由於每個 DT 將不同的訓練數據集視爲輸入，因此原始訓練數據集中的偏差 (bias) 並不會影響從 DT aggregation 中獲得的最終結果。因此，裝袋 (Bagging) 視爲一種概念可以減少變異數，而不會改變整個集成的偏誤。

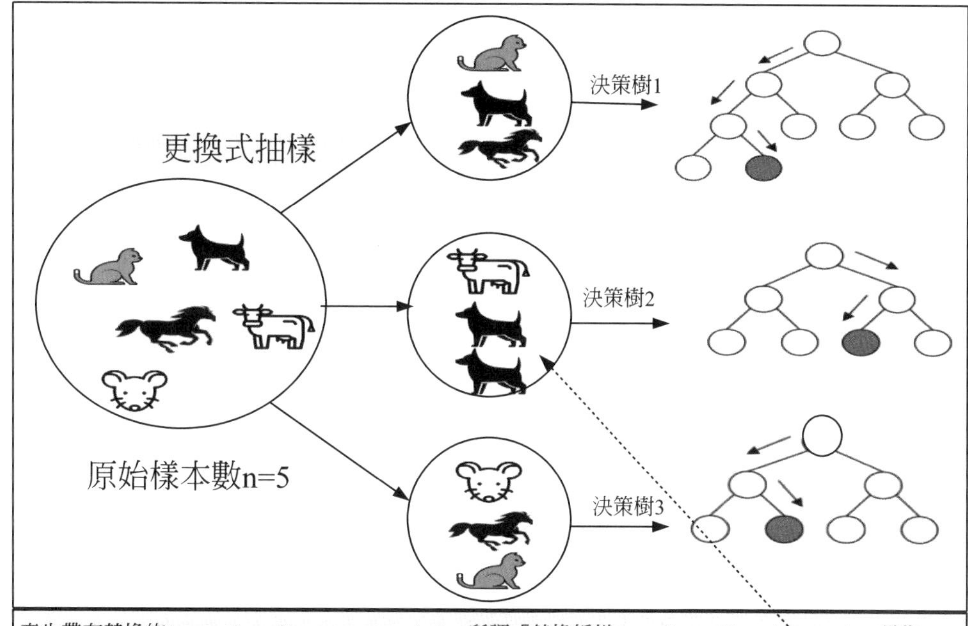

產生帶有替換的(generation of bootstrap samples)。所謂「替換採樣(sampling-with-replacement) 」是指，如果在第一個隨機抽取中選擇了一個數據點，則該數據點仍保留在原始樣本中，以供選擇另一個可能具有相等概率的隨機抽取。在上圖中可以看到，因爲在第二個bootstrap sample 中兩次選擇「狗」。

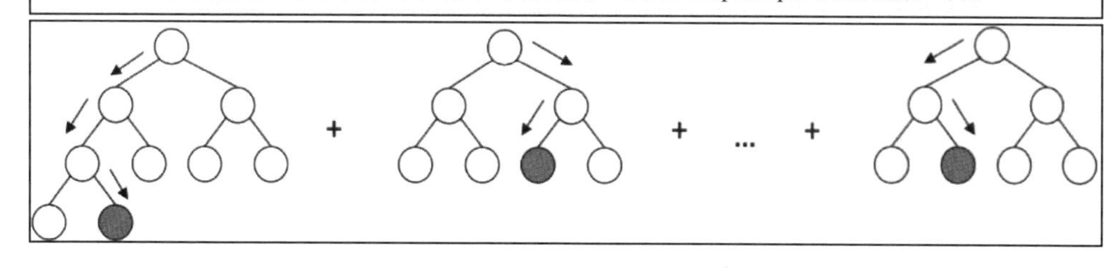

圖 6-17　樣本分 3 群的自助法 (Bootstrap sample of size 3)

袋外 (Out of Bag, OOB) 分數係驗證隨機森林模型的方法之一。下面是如何計算的簡單直覺，然後描述了它與驗證得分的不同之處以及它的優勢。

對於 OOB 得分計算的描述，我們假設隨機森林集合中有 5 個決策樹 (DT)，標記爲 1 到 5。爲簡單起見，假設有一個「簡單的原始訓練數據集」，如下所示：

x1：天氣	x2：溫度	x3：濕度	x4：風力	y：打棒球嗎？
Sunny	Hot	High	Weak	No
Sunny	Hot	High	Strong	No
Sunny	Hot	High	Weak	Yes
Windy	Cole	Low	Weak	Yes

令第一個 bootstrap 樣本由該數據集的前三 row 組成，如下虛線框所示。該 bootstrap 樣本將用作「tree-1」的訓練數據。

x1：天氣	x2：溫度	x3：濕度	x4：風力	y：打棒球嗎？	
Sunny	Hot	High	Weak	No	bootstrap 樣本
Sunny	Hot	High	Strong	No	
Sunny	Hot	High	Weak	Yes	
Windy	Cole	Low	Weak	Yes	

然後，原始數據中被「忽略」的最後一 row（請參見下表的虛線框）稱爲 Out of Bag 樣本。此 row 將不會當作 tree-1 的訓練數據。請注意，實際上會有幾 rows 會被遺漏爲 Out of Bag，爲簡單起見，此處僅顯示其中一行。

x1：天氣	x2：溫度	x3：濕度	x4：風力	y：打棒球嗎？	
Sunny	Hot	High	Weak	No	
Sunny	Hot	High	Strong	No	
Sunny	Hot	High	Weak	Yes	
Windy	Cole	Low	Weak	Yes	Out ot Bag 樣本

訓練完 tree-1 模型之後，剩餘 row 4 或 OOB 樣本，在 tree-1 將當爲看不見數據。tree-1 將預測該 column 的結果。令 tree-1 將 (row 1-row3) 正確預測爲「Yes」。

同樣，該 row 將透過其 bootstrap 訓練數據（不包含此 row 的所有 DT 傳遞）。假設除 tree-1、tree-3 及 tree-5 外，bootstrap 訓練數據也都沒有此 row 4。求得下表所示：「tree-1、tree-3 及 tree-5」對此 row 的預測。

決策樹 (decision tree, DT)	反應變數 Y 的預測
1	YES
2	NO
3	YES
Majority vote: YES 投票結果：「YES」	

上表，有 2 個「YES」對比 1 個「NO」，多數投票的預測爲「YES」。注意，由於原本在該 row 的「打棒球」欄中也是「YES」，因此透過多數表決對該 row 的最終預測是「正確的預測」。

同樣，每個 OOB 樣本 row 都會透過其 Bootstrap 訓練數據中不包含 OOB 樣本 row 的每個 DT 傳遞，並且會爲每 row 記錄多數投票的預測值。

最後，將 OOB 得分計算，係來自袋外樣本之正確預測的 row 數 (the number of correctly predicted rows from the out of bag sample)。

(一) OOB分數及驗證分數(validation score)有什麼區別？

與驗證得分相比，OOB 得分是根據模型分析中未必要使用的數據計算得出的。對於計算驗證分數，實際上是在訓練模型之前留出了一部分原始訓練數據集。此外，僅使用其 Bootstrap 訓練數據集中不包含 OOB 樣本的 DT 子集來計算 OOB 分數。驗證分數是使用集合的所有 DT 來計算的。

(二) OOB評分用在何處？

如上所述，僅 DT 的子集用於確定 OOB 得分，旨在降低裝袋中的總體 aggregation 效果。因此，總的來說，在完整的 DT 集合上進行驗證要比 DT 的子集更好地評估得分。但是，有時數據集不夠大，因此將其一部分用於驗證是無法承受的。因此，在我們沒有大型數據集並希望將其全部用作訓練數據集的情況下，OOB 得分可提供良好的權衡。但應該注意的是，驗證分數及 OOB 分數是不同的，即不同的方式計算，不應進行比較。

在理想情況下，約 36.8% 的訓練數據構成了 OOB 樣本，如下所示。

訓練數據集中是否有 N rows。那麼，在隨機抽籤中未選擇行的概率爲：

$$\left(\frac{N-1}{N}\right)^N$$

當 N 很大時的極限，上式等於：

$$\lim_{N\to\infty}\left(1-\frac{1}{N}\right)^N = e^{-1} = 0.368$$

因此，對於每個 DT，約有 36.8% 的訓練數據可當作 OOB 樣本，且可用於評估或驗證隨機森林模型。

6-4 隨機森林之迴歸分析：二元依變數外掛指令 (randomforest)

範例 2：隨機森林：分類 (classification) 分析

(一) 問題說明

進行汽車分類（國產車 vs. 進口車）之 features（即自變數）有那些？並求出分類的正確率（分析單位：汽車）

研究者收集數據並整理成下表，此「auto.dta」資料檔內容之變數如下圖。

變數名稱	說明	編碼 Codes/Values
依變數：(類別變數) foreign	進口車嗎？	Binary(0,1)
features/ 自變數：price	車價	3,291～15,906 美元
features/ 自變數：weight	車重	1,760～4,840 磅
features/ 自變數：length	車重	142～233 吋

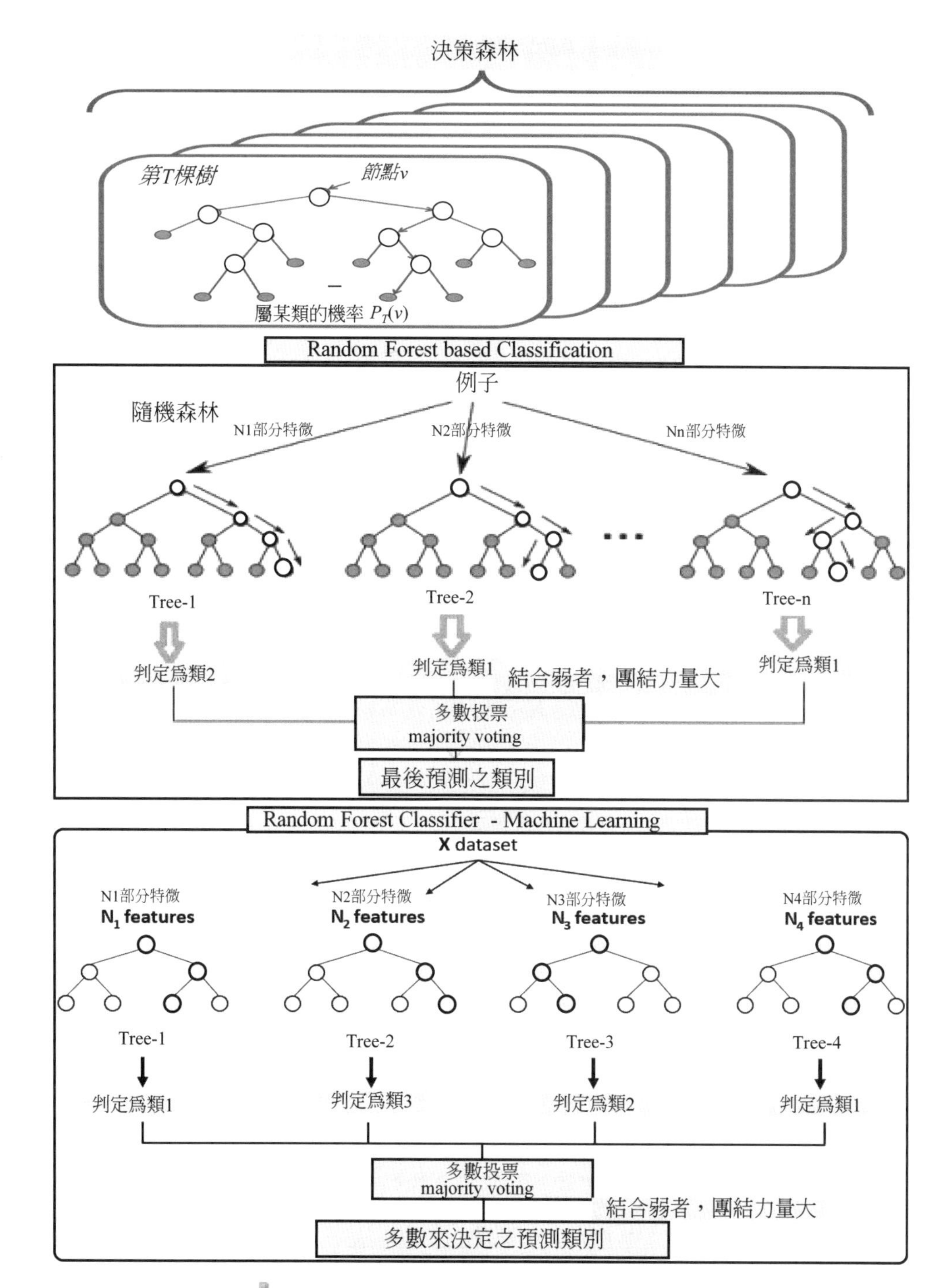

圖 6-18 隨機森林 (random forest) 之分類

Step-2 隨機森林：classification 模型

圖 6-19 執行「randomforest foreign price weight length, type(class) iter(500)」畫面

指令如下：

```
. use auto.dta, clear
* Step-2. 適配隨機森林：classification 模型
* features 有：price、weight、length 三個自變數。Label 是二分變數(foreign)
. randomforest foreign price weight length, type(class) iter(500)

* 求類別變數 price 的預期值（預期分類），並存至 p2
. predict p2

* 實際分類 foreign vs. 預測分類 p2，二者求分類的正確率為 (52+22)/74= 100%
. tabulate foreign p2, chi2 rowsort colsort

           |   predicted classes
 Motor type |  Domestic    Foreign |     Total
-----------+----------------------+----------
  Domestic |        52          0 |        52
   Foreign |         0         22 |        22
-----------+----------------------+----------
     Total |        52         22 |        74

          Pearson chi2(1) =  74.0000   Pr = 0.000
```

本例子，顯示隨機森林做分類效果，達到 100% 正確率。

支援向量機(SVM)之分析（外掛指令：svmachines）

往昔的文獻，很多學者大力提倡，支援向量機 (support vector machine, SVM) 的分類正確率、迴歸預測，都與「SVM、類神經網路、logistic 迴歸、判別分析」仲之間。因此，本書特別介紹，如何使用 Stata 統計軟體來執行隨支援向量機的分類、迴歸，以下例子，也顯示支援向量機做分類、迴歸的效果不錯。

在機器學習中，支援向量機 (SVM) 是在分類與迴歸分析中分析資料的監督式學習模型與相關的學習演算法

支持向量機則是一種利用最適化 (optimization) 概念在模型的精確度以及推廣能力 (generalization ability) 中取得一個最佳平衡點的演算法，它在解決小樣本、非線性及高維模式識別問題中表現出許多特有的優勢。已經應用於手寫體識別、三維目標識別、人臉識別、文本影像分類等實際問題中，性能優於已有的學習方法，表現出良好的學習能力。從有限訓練樣本得到的決策規則對獨立的測試集仍能夠得到較小的誤差。

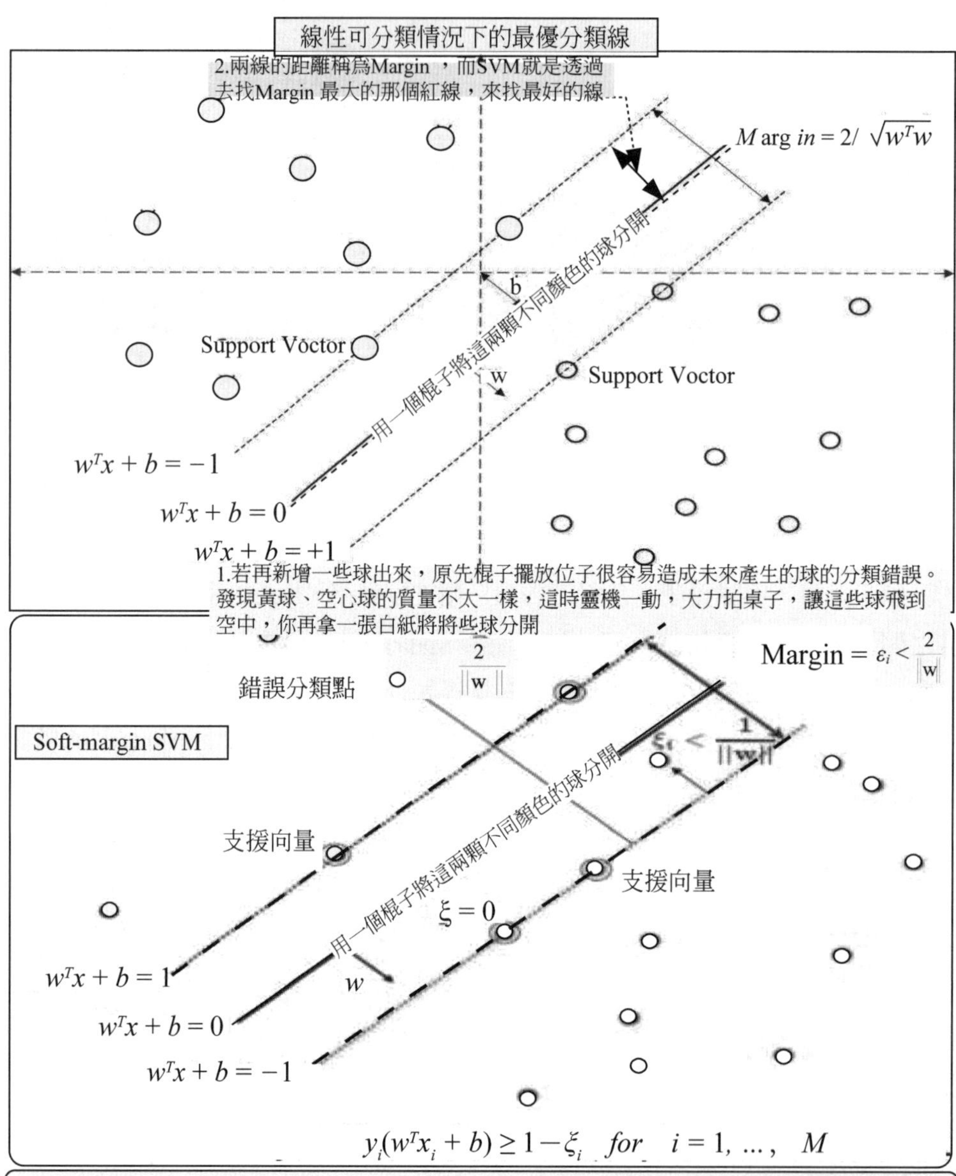

圖 7-1　支持向量機 (SVM) 分類器之示意圖

如上圖所示，SVM 屬於廣義線性分類器的一族，並且可以解釋爲感知器的延伸。它們也可以被認爲是提克洛夫正規化 (Tikhonov Regularization) 的特例。它們有一個特別的性質，就是可以同時最小化經驗誤差和最大化幾何邊緣區；因此它們也被稱爲最大間隔分類器。

計算（軟間隔）SVM 分類器等同於使下面運算式最小化：

$$\left[\frac{1}{n}\sum_{i=1}^{n}\max(0,\ 1-y_i(w\cdot x_i+b))\right]+\lambda\|w\|^2$$

如上所述，由於我們關注的是軟間隔分類器，λ 選擇足夠小的值就能得到線性可分類輸入數據的硬間隔分類器。下面會詳細介紹將（上式）簡化爲二次規劃問題的經典方法。之後會討論一些最近才出現的方法，如次梯度下降法和坐標下降法。

7-1 機器學習法：支援向量機 (SVM) 的原理

一、SVM 演算法

```
Initialize Data
while Termination Not Met do
  Select First Node Randomly
  (Node-Method, End-Node-Method)
        while Number of Visited Node < Number of Node to
                if there are Unvisited neighbours
                      Select Onr Node Rendomly
                elseif there atr Visited neighbours
                      Select Onr Node Rendomly
                elseif there atr Visited neighbours
                      Select Onr Node Rendomly
                endit
        endwhile
endwhile
Display Solutions
```

二、SVM 的概念

簡單來說，SVM 想要解決以下的問題：找出一個超平面 (hyperplane)，使之將兩個不同的 ensemble（集成）分開。爲什麼使用超平面這個名詞，因爲實際資料可能是屬於高維度（自變數個數 $p > 4$ 度空間）的資料，因此超平面意指在高維中的平面。

以二維的例子來說，如下圖，我們希望能找出一條線能夠將圓形點及方形點分開，而且我們還希望這條線距離這兩個 ensemble 的邊界 (margin) 越大越好，這樣我們才能夠很明確的分辨這個點是屬於那個 ensemble，否則在計算上容易因精度的問題而產生誤差。

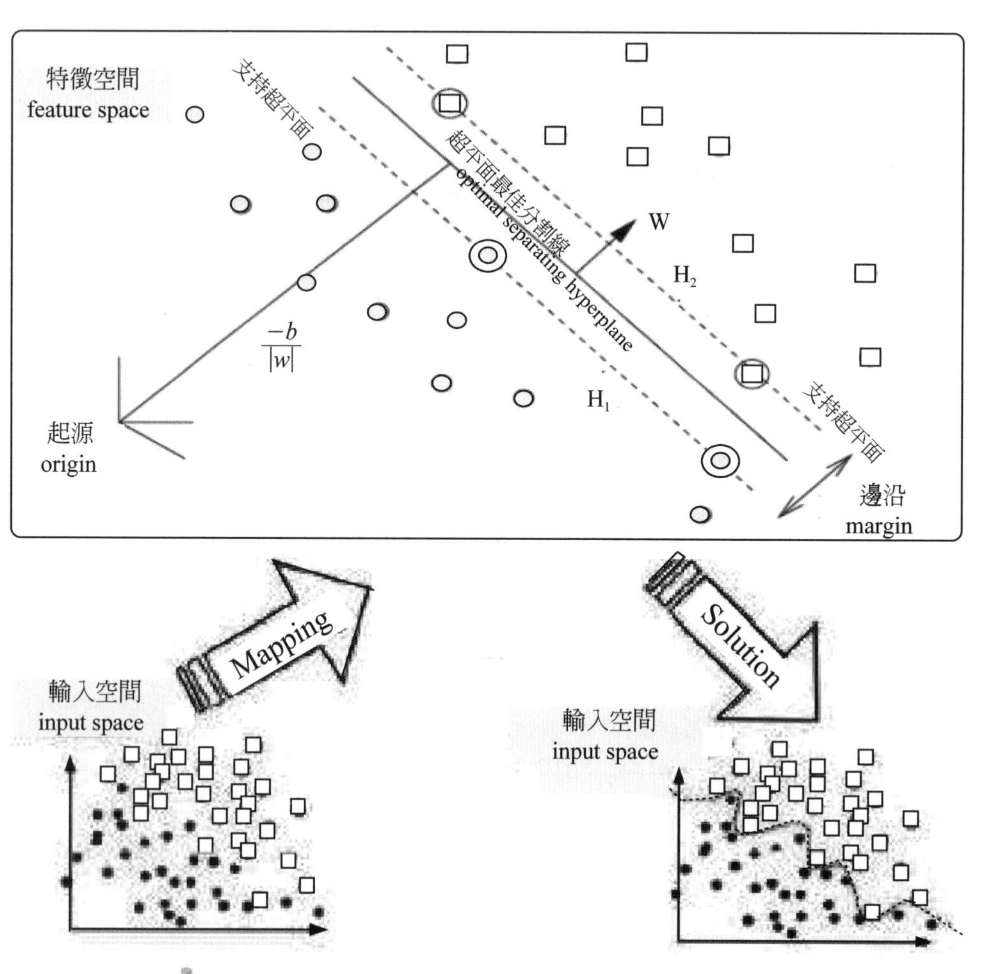

圖 7-2　支援向量機 (support vector machine, SVM)

首先，用「數學」的觀點來描述上面的問題。

假設我們有一堆點集合$\{x_i, y_i\}, i=1, \cdots, n$ and $x_i \in R^d, y_i \in \{+1, -1\}$

我們希望能找到一條直線$f(x)=w^T x-b$ 使所有$y_i=-1$ 的點落在$f(x)<0$ 的這一邊，且使所有 1 的點落在$f(x)>0$ 的這一邊，這樣我們就可以根據 f(x) 的正負號來區分這個點是屬於這兩個 ensemble 之中的那一個。我們把這樣的超平面稱為 separating hyperplane，而距離兩邊邊界最大的就稱為 optimal separating hyperplane(OSH)。接下來的問題就是我們要如何找出這個超平面。

(一) 支持超平面(support hyperplane)是什麼？

所謂支持超平面，它與 optimal separating hyperplane 平行，並且最靠近兩邊的超平面。以上面二維的例子來說，那兩條虛線就是 support hyperplane。將支持超平面寫成如下的式子：

$$w^T x = b + \delta$$
$$w^T x = b - \delta$$

這是一個有過多待解參數的問題(over-parameterized problem)。假設我們對x, b, δ 都乘上任意一個常數，等式仍然成立，也就是說有無限多組的x, b, δ 滿足條件。

為了簡化問題並且消除這個不確定性，我們在等式兩邊乘上一個常數使得$\delta = 1$，這樣就可以去掉一個待解的參數。在接下來的討論，我們所指的x 及b 都做過這樣的尺度調整 (scale)。

找出 optimal separating hyperplane 的問題就等於找出相距最遠（margin 最大）的 support hyperplane（在兩個 support hyperplane 正中間切一刀就是 OSH）。

定義 separating hyperplane 與兩個 support hyperplane 的距離為d：

$$d = (||b+1| - |b||)/||w|| = 1/||w|| \quad \text{if} \quad b \notin (-1, 0)$$
$$d = (||b+1| + |b||)/||w|| = 1/||w|| \quad \text{if} \quad b \in (-1, 0)$$
$$\text{margin} = 2d = 2/||w|| \rightarrow ||w|| \text{ 越小則 margin 越大}$$

我們知道 support hyperplan 與 optimal separating hyperplane 的距離在 ±1 以內（已經先做過尺度調整），所以將限制條件寫成下面兩個式子：

$$w^T x_i - b \leq 1 \quad \forall y_i = -1$$
$$w^T x_i - b \geq 1 \quad \forall y_i = +1$$

上面兩個限制式可以進一步寫成一個限制式，如下：

$$y_i(w^T x_i - b) \geq 0$$

總合上面所有的討論，我們有了以下的目標函式：

$$\text{minimiza} \quad \frac{1}{2}\|w\|^2$$
$$\text{subject to} \quad y_i\,(w^T x_i - b) - 1 \geq 0 \quad \forall i$$

這就是 SVM 所要解決的主要問題 (the primal problem of the SVM)。

因爲限定條件的關係，上面的最佳化問題有點棘手，還好可以利用 Lagrange Multiplier Method 將上面的式子轉成一個二次方程式，找出可以使 L 爲最小值的 w, b, α_i。（α_i 就是 *Lagrange Multiplier*）

$$L(w, b, \alpha) = \frac{1}{2}\|w\|^2 - \sum_{i=1}^{N} \alpha_i\,[y_i\,(w^T x_i - b) - 1]$$

符合條件的極值點會出現在：

當 $y_i(w^T x_i - b) - 1 = 0$ 時，$\alpha_i \geq 0$

當 $y_i(w^T x_i - b) - 1 > 0$ 時，α_i 必爲 0

Lagrange Multiplier Method的概念就是把限制條件也變成目標函式的一部分。

(二) Lagrange乘數法(Lagrange multiplier method)是什麼？

Lagrange（拉格朗日，1736～1813）與 Euler（尤拉）都是 18 世紀最偉大數學家。

Lagrange multiplier（乘數）法，旨在求極大（小）值。例如：要找兩個變數 $g = f(x, y)$ 的極值，一個必要的條件是：

$$\frac{\partial f}{\partial x} = \frac{\partial f}{\partial y} = 0$$

但是如果 x, y 的範圍一開始就被另一個函數 $g(x, y) = 0$ 所限制，Lagrange 提出以 $f(x, y) + \lambda g(x, y)$ 對 x 和 y 的偏導數爲 0，來代替 $\frac{\partial f}{\partial x} = \frac{\partial f}{\partial y}$ 作爲在 $g(x, y) = 0$ 上面

尋找 $f(x, y)$ 極值的條件。式中引入的 λ 是一個待定的數，稱爲乘數，因爲是乘在 g 的前面而得名。

首先我們注意，要解的是 x, y 及 λ 三個變數，而：

$$\frac{\partial f}{\partial x}+\lambda\frac{\partial g}{\partial x}=0$$

$$\frac{\partial f}{\partial y}+\lambda\frac{\partial g}{\partial y}=0$$

雖然有三個方程式，原則上是可以解得出來的。

以 $f(x, y) = x$，$g(x, y)=x^2+y^2-1$爲例，當 x, y 被限制在 $x^2+y^2-1=0$ 上活動時，對下面三個方程式求解：

$$\frac{\partial}{\partial x}|x+\lambda(x^2+y^2-1)=1+2\lambda x$$

$$\frac{\partial}{\partial y}|x+\lambda(x^2+y^2-1)=1+2\lambda y$$

$$x^2+y^2-1=0$$

答案有兩組，分別是 $x = 1$，$y = 0$，$\lambda=-\frac{1}{2}$ 和 $x = -1$，$y = 0$，$\lambda=-\frac{1}{2}$。對應的是 $x^2 + y^2 - 1 = 0$ 這個圓的左、右兩個端點。它們的 x 坐標分另是 1 和 –1，一個是最大可能，另一個是最小可能。

讀者可能認爲爲何不把 $x^2 + y^2 - 1 = 0$ 這個限制改寫爲 $x = \cos\theta$、$y = \sin\theta$ 來代入得到 $f(x, y) = f(\cos\theta, \sin\theta)$，然後令對 θ 的微分等於 0 來求解呢？對以上的這個例子而言，當然是可以的，但是如果 g(x, y) 是相當一般的形式，而無法以 x, y 的參數式代入滿足，或是要再更多變數加上更多限制的時候，舊的代參數式方法通常是失效的。

這個方法的意義爲何？原來在 $g(x, y) = 0$ 的時候，不妨把 y 想成是 x 的陷函數，而有 $g(x, y(x)) = 0$，並且 $f(x, y)$ 也變成了 $f(x, y(x))$。令 $\frac{d}{dz}f(x, y(x))=0$ 根據連鎖法則，我們得到：

$$f_x+f_y\frac{dy}{dx}=0$$

和（因爲 $\frac{d}{dx}g(x, y(x))$ 恆等於 0）

$$g_x + g_y \frac{dy}{dx} = 0$$

因此有行列式爲 0 的結論。

$$\begin{vmatrix} f_x & f_y \\ g_x & g_y \end{vmatrix} = 0$$

這表示 f_x, f_y 和 g_x, g_y 成比例，所以有 λ

$$f_x = \lambda g_x$$

$$f_y = \lambda g_y$$

另外一個解釋是幾何圖形的角度來考量。我們考慮 $f(x, y)$ 的等位曲線，亦即 $f(x, y) = c$ 諸曲線，如果曲線 $f(x, y) = c$ 與 $g(x, y) = 0$ 互相穿過，亦即如果互不相切，則 $f(x, y)$ 稍稍大於 c（或稍稍小於 c）都會持續穿過 $g(x, y) = 0$，這就表示在 $g(x, y) = 0$ 之上，c 不可能是一個極值，反過來說，如果 c 是極值的話，$f(x, y) = c$ 這條曲線和 $g(x, y) = 0$ 一定互相切著，會有相同的切線，也可以說有相同的法線。但是 $f(x, y) = c$ 和 $g(x, y) = 0$ 的法線方向分別是 $\left(\frac{\partial f}{\partial x}, \frac{\partial f}{\partial y}\right)$ 和 $\left(\frac{\partial g}{\partial x}, \frac{\partial g}{\partial y}\right)$，它們必須平行，因此：

$$\left(\frac{\partial f}{\partial x}, \frac{\partial f}{\partial y}\right) = \lambda \left(\frac{\partial g}{\partial x}, \frac{\partial g}{\partial y}\right)$$

λ 待定。從這裡也可以看出萬一 $\left(\frac{\partial g}{\partial x}, \frac{\partial g}{\partial y}\right) = (0, 0)$ 那 λ 多半是求不出來的。然而 $\left(\frac{\partial g}{\partial x}, \frac{\partial g}{\partial y}\right) \neq (0, 0)$ 恰好保證了 y 是 x 或 x 是 y 的隱函數，這又回到了上一段以隱函數爲出發點來解釋乘數法的前提。

乘數法有許多用處，舉凡在若干限制條件之下求極值的問題，都可以考慮引用這個方法。當然如前所述，引用本法雖然有若干限制，這些限制反映了問題本身的特質，本來說是問題的一部分，值得好好推敲。

7-2 支援向量機之迴歸分析：連續依變數（外掛指令 svmachines）

範例 1：支援向量機：二元變數的分類 (Binary classification)

(一) 問題說明

試用支援向量機之迴歸法來預測汽車價格之影響因素有那些？（分析單位：汽車）

研究者收集數據並整理成下表，此「auto.dta」資料檔內容之變數如下：

變數名稱	說明	編碼 Codes/Values
依變數（連續變數）：price	車價	3,291～15,906 美元
features/ 自變數：weight	車重	1,760～4,840 磅
features/ 自變數：length	車長	142～233 吋

(二) 資料檔之內容

「auto.dta」資料檔內容如下圖。

ata Editor (Edit) - [auto.dta]

Edit View Data Tools

rep78[10] 3

	make	price	mpg	rep78	headroom	trunk
1	AMC Concord	4,099	22	3	2.5	11
2	AMC Pacer	4,749	17	3	3.0	11
3	AMC Spirit	3,799	22	.	3.0	12
4	Buick Century	4,816	20	3	4.5	16
5	Buick Electra	7,827	15	4	4.0	20
6	Buick LeSabre	5,788	18	3	4.0	21
7	Buick Opel	4,453	26	.	3.0	10
8	Buick Regal	5,189	20	3	2.0	16
9	Buick Riviera	10,372	16	3	3.5	17
10	Buick Skylark	4,082	19	3	3.5	13
11	Cad. Deville	11,385	14	3	4.0	20
12	Cad. Eldorado	14,500	14	2	3.5	16
13	Cad. Seville	15,906	21	3	3.0	13
14	Chev. Chevette	3,299	29	3	2.5	9
15	Chev. Impala	5,705	16	4	4.0	20
16	Chev. Malibu	4,504	22	3	3.5	17
17	Chev. Monte Carlo	5,104	22	2	2.0	16
18	Chev. Monza	3,667	24	2	2.0	7
19	Chev. Nova	3,955	19	3	3.5	13
20	Dodge Colt	3,984	30	5	2.0	8
21	Dodge Diplomat	4,010	18	2	4.0	17
22	Dodge Magnum	5,886	16	2	4.0	17
23	Dodge St. Regis	6,342	17	2	4.5	21
24	Ford Fiesta	4,389	28	4	1.5	9

Properties

Variables	
Name	rep78
Label	Repair Record 19
Type	int
Format	%8.0g
Value Label	
Notes	

Data	
Filename	auto.dta
Label	1978 Automobile
Notes	
Variables	12
Observations	74
Size	3.11K
Memory	32M

Vars: 12 Order: Dataset | Obs: 74 | Filter: Off | Mode: Edit | CAP | NI

圖 7-3 「auto.dta」資料檔內容（N=74 汽車）

安裝 Stata v15 外掛指令：svmachines

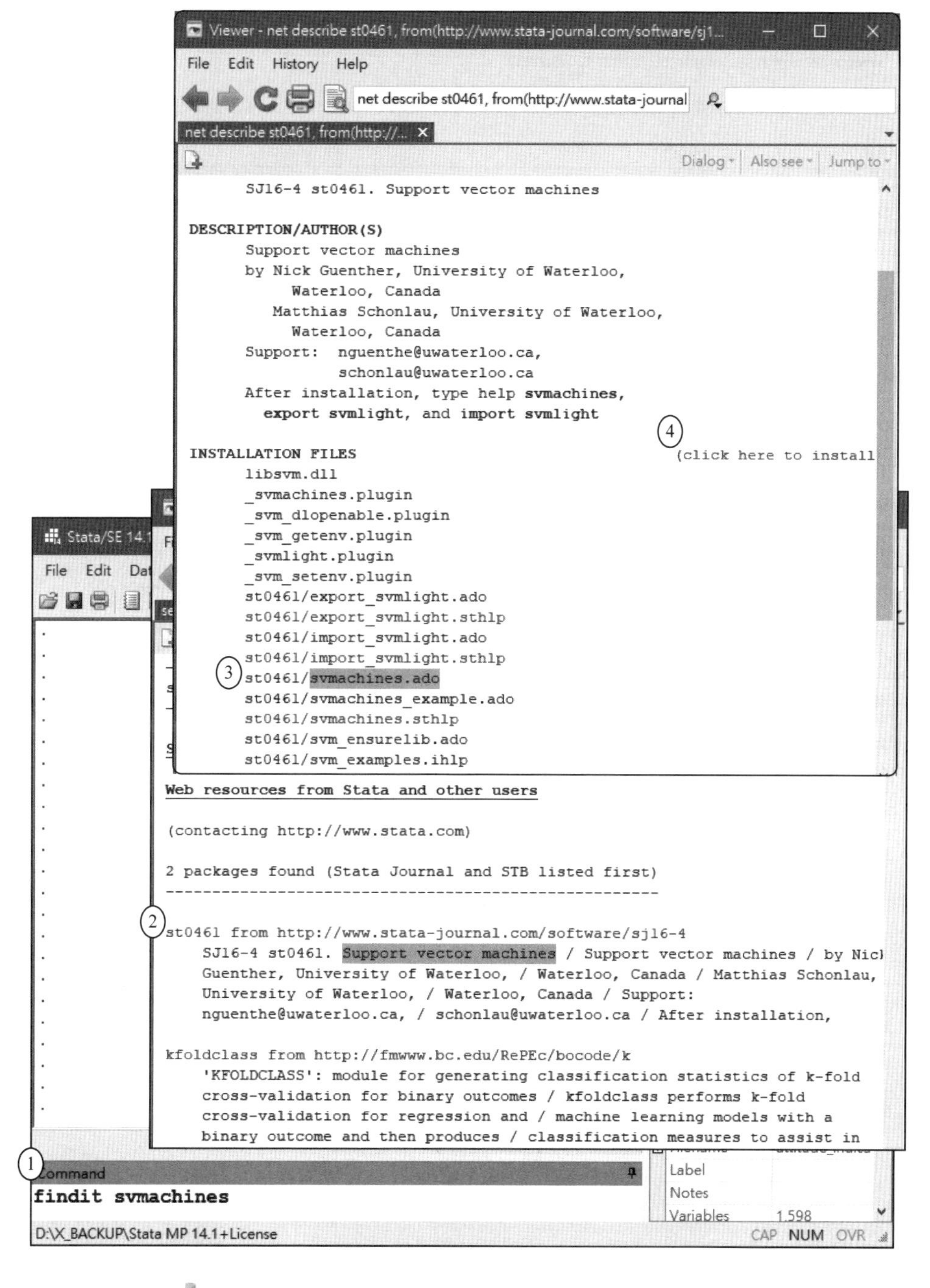

圖 7-4 「安裝 Stata 外掛指令：svmachines」畫面

Stata 外掛指令：svmachines 語法

Support vector mashine 語法：

```
svmachines depvar indepvars [if] [in] [, options]

svmachines indepvars [if] [in], type(one_class) [options]
```

options	Description
Model	
type(*type*)	type of model to fit: **svc, nu_svc, svr,** or **nu_svr,** or **one_class**; default is **type(svc)**
kernel(*kernel*)	SVM kernel function to use: **linear, poly, rbf, sigmoid,** or **precomputed,** default is **kernel(rbf)**
Tuning	
c(#)	for **type(svc)**, **type(svr)**, and **type(nu_svr)** SVMs, the weight on the margin of error; should be > 0; default is **c(1)**
epsilon(#)	for **type(svr)** SVMs, the margin of error that determines which observations will be support vectors; default is **eps(0.1)**
nu(#)	for **type(nu_svc)**, **type(one_class)**, and **type(nu_svr)** SVMs; tunes the proportion of expected support vectors; should be in (0, 1]; default is **nu(0.5)**
gamma(#)	for **kernel(poly)**, **kernel(rbf)**, and **kernel(sigmoid)**, a scaling factor for the linear part of the kernel; default is **gamma**(1/[# *indepvars*])
coef0(#)	for **kernel(poly)** and **kernel(sigmoid)**, a bias ("intercept") term for the linear part of the kernel; default is **coef0(0)**
degree(#)	for **kernel(poly)**, the degree of the polynomial to use; default is **degree(3)**
shrinking	whether to use shrinkage heuristics to improve the fit
Features	
probability	whether to precompute for **predict, probability** during estimation; only applicable to classification problems
sv(*newvar*)	an indicator variable to generate to mark each row as a support vector or not
Performance	
tolerance(#)	stopping tolerance used to decide convergence; default is **epsilon(0.001)**
verbose	turn on verbose mode
cache_size(#)	amount of RAM used to cache kernel values during fitting, in megabytes; default is **cache_size(100)**

All variables must be numeric, including categorical variables. If you have categories stored in strings, use encode before **svmachines**.
indepvars may contain factor variables; see fvvarlist.

Syntax for predict after svmachines

```
predict newvar [if] [in] [, options]
```

options	Description
probability	estimate class probabilities for each observation; the fit must have been previously made with **probability**
scores	output the scores, sometimes called decision values, that measure each observation's distance to its hyperplane; incompatible with **probability**
verbose	turn on verbose mode

(三) SVM分析結果與討論

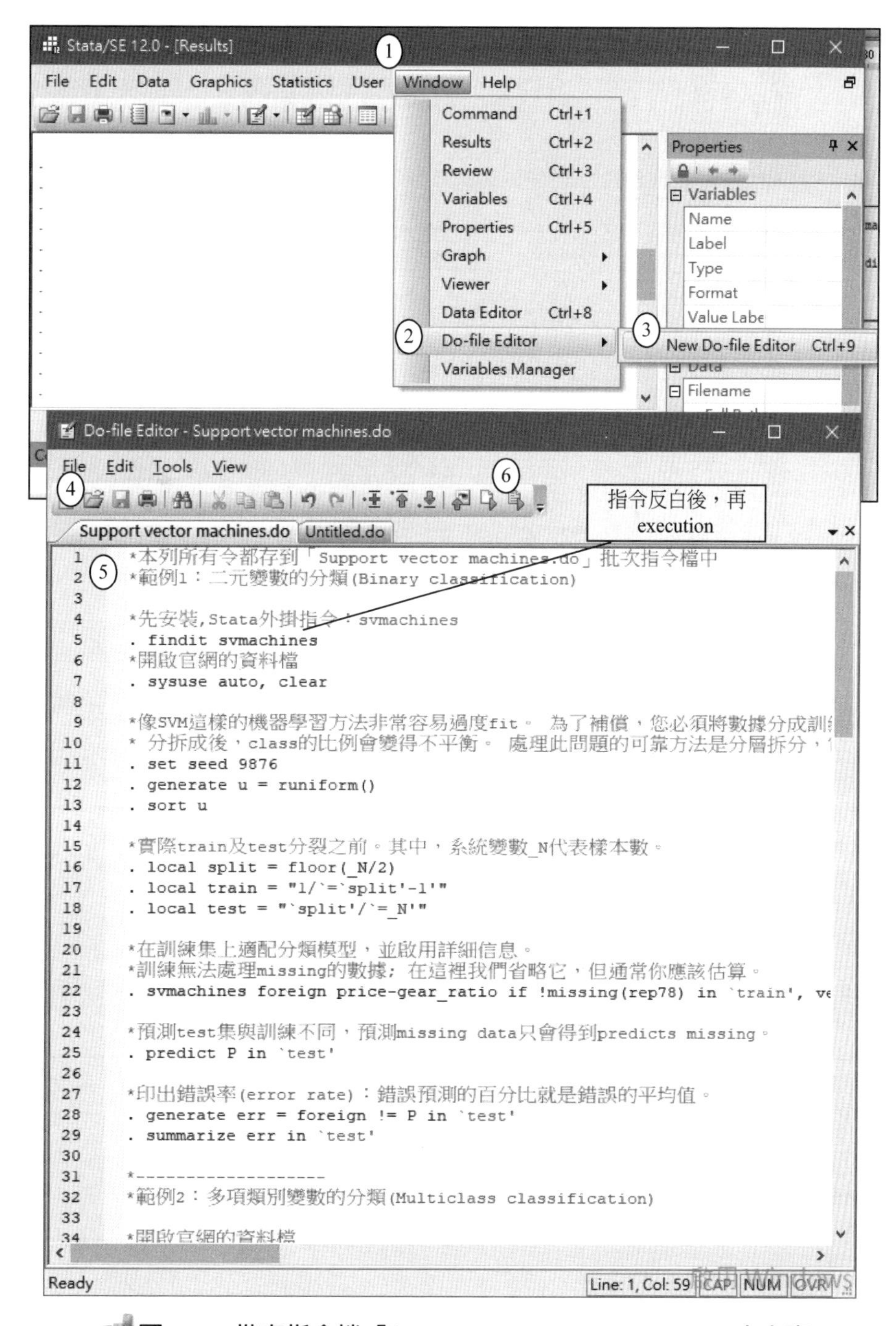

圖 7-5　批次指令檔「Support vector machines.do」之內容

Step 1　支援向量機：迴歸 (regression) 分析

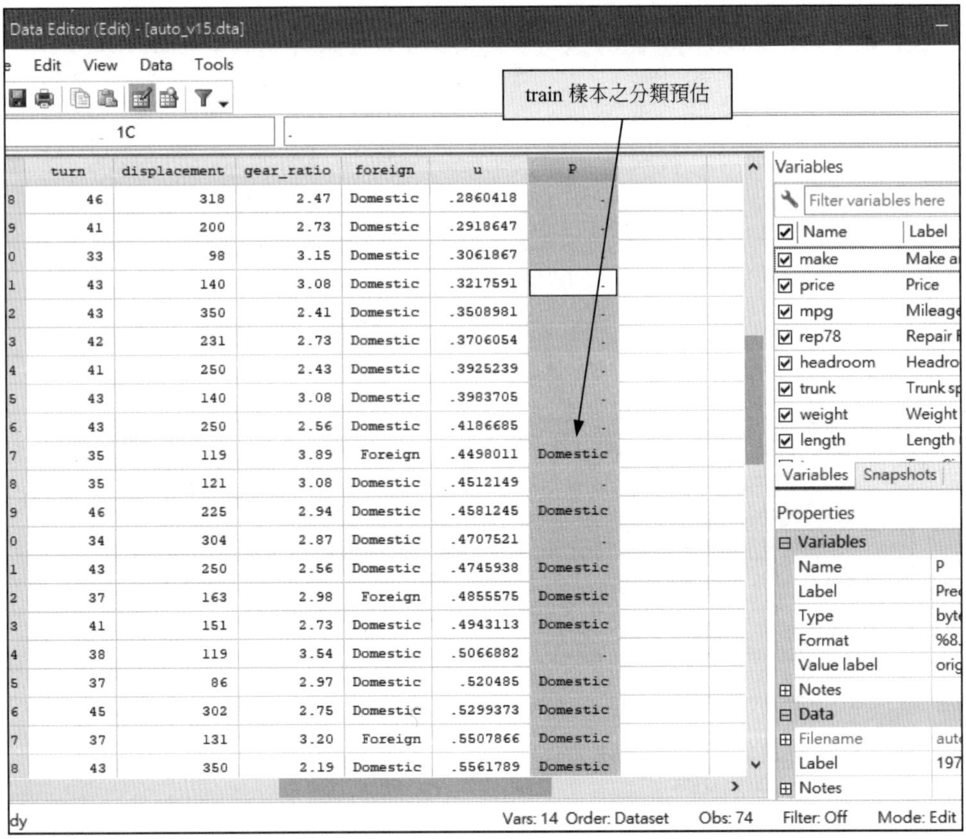

turn	displacement	gear_ratio	foreign	u	P
46	318	2.47	Domestic	.2860418	.
41	200	2.73	Domestic	.2918647	.
33	98	3.15	Domestic	.3061867	.
43	140	3.08	Domestic	.3217591	.
43	350	2.41	Domestic	.3508981	.
42	231	2.73	Domestic	.3706054	.
41	250	2.43	Domestic	.3925239	.
43	140	3.08	Domestic	.3983705	.
43	250	2.56	Domestic	.4186685	.
35	119	3.89	Foreign	.4498011	Domestic
35	121	3.08	Domestic	.4512149	.
46	225	2.94	Domestic	.4581245	Domestic
34	304	2.87	Domestic	.4707521	.
43	250	2.56	Domestic	.4745938	Domestic
37	163	2.98	Foreign	.4855575	Domestic
41	151	2.73	Domestic	.4943113	Domestic
38	119	3.54	Domestic	.5066882	.
37	86	2.97	Domestic	.520485	Domestic
45	302	2.75	Domestic	.5299373	Domestic
37	131	3.20	Foreign	.5507866	Domestic
43	350	2.19	Domestic	.5561789	Domestic

圖 7-6　「svmachines foreign price-gear_ratio if !missing(rep78) in 'train', verbose」再「predict P in 'test'」結果

指令語法如下：

```
* 本 column 所有令都存到「Support vector machines.do」搭指令檔中
* 範例 1：二元變數的分類 (Binary classification)
* 先安裝，Stata 外掛指令：svmachines
. findit svmachines
* 開啟官網的資料檔
. sysuse auto, clear
```

```
* 像 SVM 這樣的機器學習方法非常容易過度 fit。為了補償，您必須將數據分成訓練及測
試集，適合前者，並測量後者的性能，便性能測量是為了本數據不會被人為地誇大。
* 分拆成後，class 的比例會變得不平衡。處理此問題的可靠方法是分層拆分，它可以修
復每個類的每個分區中每個類的比例。快速的方式就是洗牌。
. set seed 9876
. generate u = runiform()
. sort u

* 樣本分割成 train 及 test 二組。其中，系統變數 _N 代表樣本數。
. local split = floor(_N/2)
. local train = "1/'='split'-1'"
. local test = "'split'/'=_N'"

* 在訓練集上適配分類模型，並啟用詳細資訊。
* 訓練無法處理 missing 的數據； 在這裡我們省略它，但通常你應該估算。
* 自變數是從 price 至 gear_ratio，共 10 個：price、mpg、rep78、headroom、trunk、
weight、length、turn、displacement、gear_ratio。
. svmachines foreign price-gear_ratio if !missing(rep78) in 'train', verbose
*------ 結果如下 ------------
optimization finished, #iter = 84
nu = 0.514286
obj = -11.942305, rho = 0.653846
nSV = 35, nBSV = 9
Total nSV = 35

* 預測 test 集與訓練不同，預測 missing data 只會得到 predicts missing。
. predict P in 'test'


* 印出誤差率 (error rate)：誤差預測的百分比就是誤差的平均值。
*test 樣本中，若預測估計類別不等實際類別 (foreign), 令 err=1, 求得誤差率
(Mean)=42.1%
. generate err = foreign != P in 'test'
. summarize err in 'test'

*------ 結果如下：test 樣本數有 38 個 ------------
    Variable |        Obs    誤差率 Mean    Std. Dev.       Min        Max
-------------+---------------------------------------------------------
         err |         38    .4210526    .5003555          0          1
```

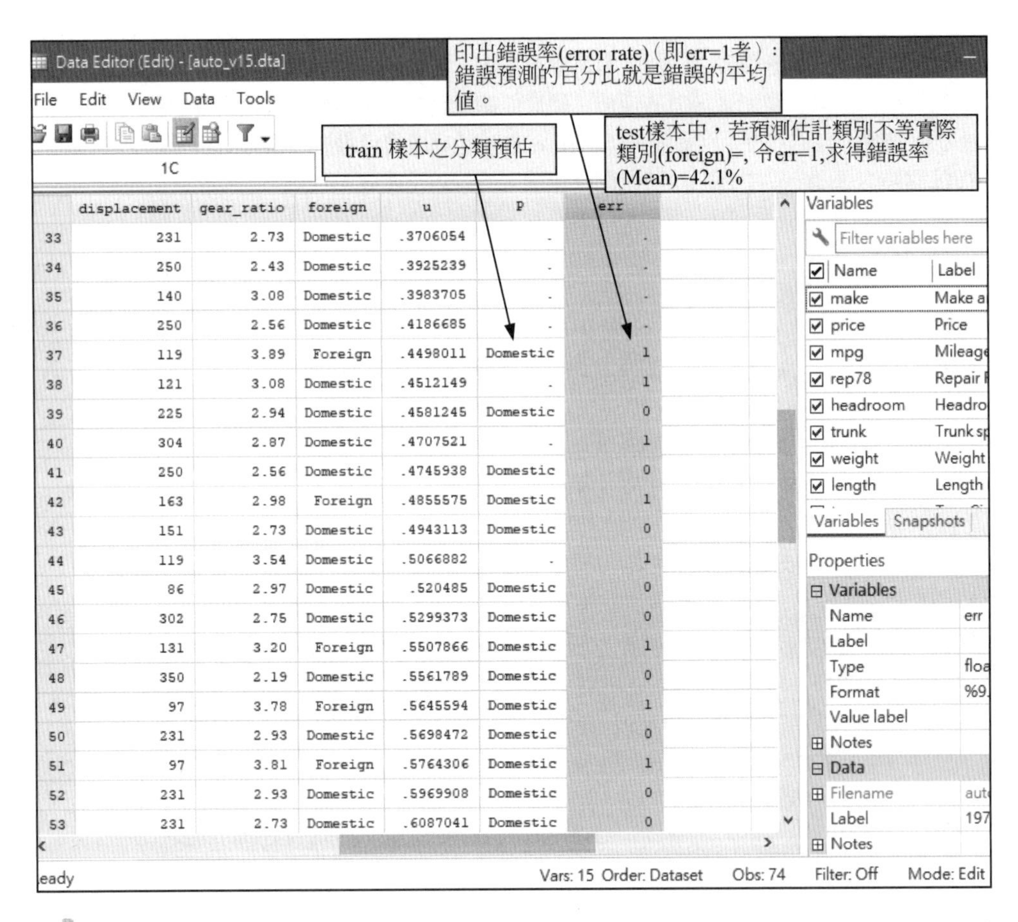

圖 7-7 「generate err = foreign != P in 'test'」再「ummarize err in 'test'」結果

7-3 支援向量機之迴歸分析：類別依變數（外掛指令 svmachines）

範例 2 支援向量機：多類別之分類 (classification) 分析

(一) 問題說明

進行 4 個類別之態度 (attitude) 的分類，其 features（即自變數）有那些？並求出多類別分類的正確率（分析單位：個人）。

研究者收集數據並整理成下表，此「attitude_indicators.dta」資料檔內容之變數如下圖。

變數名稱	說明	編碼 Codes/Values
label 變數（多類別變數）：attitude	態度	1= 有害 (destructive)、2= 被動 (passive)、3= 有些 (somewhat)、4= 主動 (proactive)
features/ 自變數：q1~q1592，共 1597 個	「q*」代表 q 開頭的所有變數	Binary(0,1)，虛擬變數 (dummy variable) 之 features

(二) 資料檔之內容

「attitude_indicators.dta」資料檔內容如下圖。

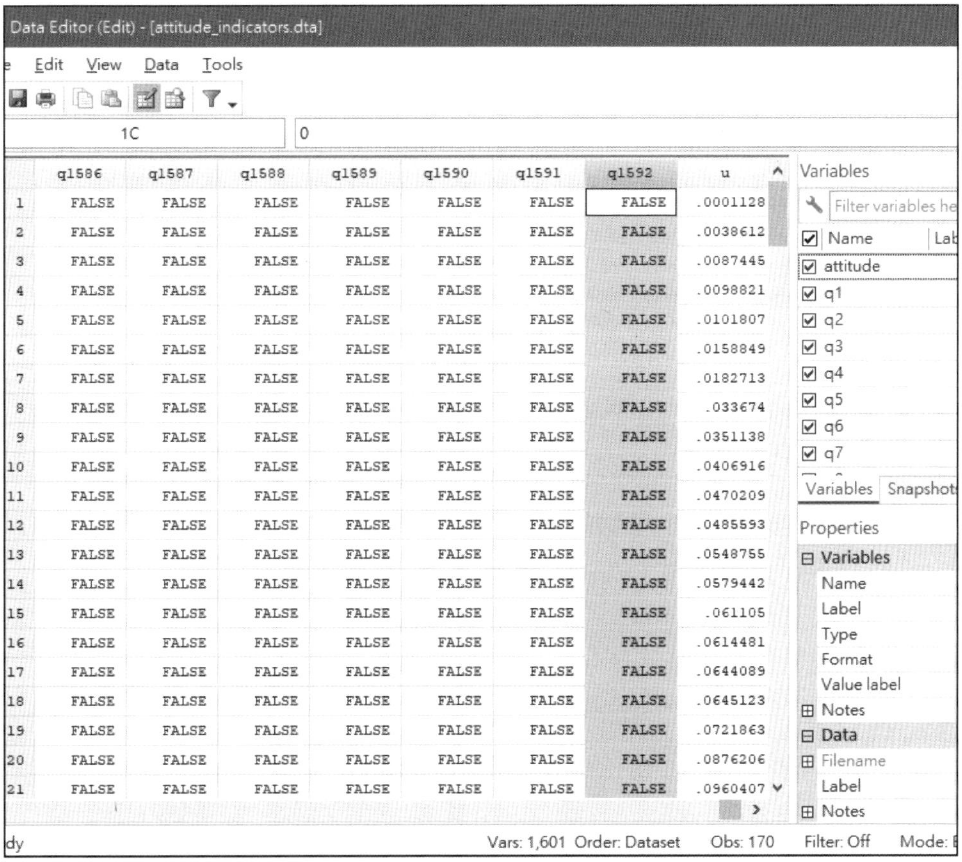

Data Editor (Edit) - [attitude_indicators.dta]

Edit View Data Tools

1C | 0

	q1586	q1587	q1588	q1589	q1590	q1591	q1592	u
1	FALSE	FALSE	FALSE	FALSE	FALSE	FALSE	FALSE	.0001128
2	FALSE	FALSE	FALSE	FALSE	FALSE	FALSE	FALSE	.0038612
3	FALSE	FALSE	FALSE	FALSE	FALSE	FALSE	FALSE	.0087445
4	FALSE	FALSE	FALSE	FALSE	FALSE	FALSE	FALSE	.0098821
5	FALSE	FALSE	FALSE	FALSE	FALSE	FALSE	FALSE	.0101807
6	FALSE	FALSE	FALSE	FALSE	FALSE	FALSE	FALSE	.0158849
7	FALSE	FALSE	FALSE	FALSE	FALSE	FALSE	FALSE	.0182713
8	FALSE	FALSE	FALSE	FALSE	FALSE	FALSE	FALSE	.033674
9	FALSE	FALSE	FALSE	FALSE	FALSE	FALSE	FALSE	.0351138
10	FALSE	FALSE	FALSE	FALSE	FALSE	FALSE	FALSE	.0406916
11	FALSE	FALSE	FALSE	FALSE	FALSE	FALSE	FALSE	.0470209
12	FALSE	FALSE	FALSE	FALSE	FALSE	FALSE	FALSE	.0485593
13	FALSE	FALSE	FALSE	FALSE	FALSE	FALSE	FALSE	.0548755
14	FALSE	FALSE	FALSE	FALSE	FALSE	FALSE	FALSE	.0579442
15	FALSE	FALSE	FALSE	FALSE	FALSE	FALSE	FALSE	.061105
16	FALSE	FALSE	FALSE	FALSE	FALSE	FALSE	FALSE	.0614481
17	FALSE	FALSE	FALSE	FALSE	FALSE	FALSE	FALSE	.0644089
18	FALSE	FALSE	FALSE	FALSE	FALSE	FALSE	FALSE	.0645123
19	FALSE	FALSE	FALSE	FALSE	FALSE	FALSE	FALSE	.0721863
20	FALSE	FALSE	FALSE	FALSE	FALSE	FALSE	FALSE	.0876206
21	FALSE	FALSE	FALSE	FALSE	FALSE	FALSE	FALSE	.0960407

Variables: Name, attitude, q1, q2, q3, q4, q5, q6, q7

Properties: Variables (Name, Label, Type, Format, Value label, Notes); Data (Filename, Label, Notes)

Vars: 1,601 Order: Dataset Obs: 170 Filter: Off

圖 7-8 「attitude_indicators.dta」資料檔內容（N=170 個體）

(三) SVM統計分析

Step-2　支援向量機：多類別之 classification 模型

印出錯誤率(error rate)（即 err=1者）：錯誤預測的百分比就是錯誤的平均值。

train 樣本之分類預估

test樣本中，若預測估計類別(P2)不等實際類別(attitude), 令err=1,求得錯誤率(Mean)=38.6%

Data Editor (Edit) - [attitude_indicators.dta]

File Edit View Data Tool

1C

	q1589	q1590	q1591	q1592	u	P2	err
119	FALSE	FALSE	FALSE	FALSE	.6351848	.	.
120	FALSE	FALSE	FALSE	FALSE	.6402783	.	.
121	FALSE	FALSE	FALSE	FALSE	.6478392	.	.
122	FALSE	FALSE	FALSE	FALSE	.6535907	.	.
123	FALSE	FALSE	FALSE	FALSE	.65444	.	.
124	FALSE	FALSE	FALSE	FALSE	.6544916	.	.
125	FALSE	FALSE	FALSE	FALSE	.6685135	.	.
126	FALSE	FALSE	FALSE	FALSE	.6691784	.	.
127	FALSE	FALSE	FALSE	FALSE	.6704028	passive	0
128	FALSE	FALSE	FALSE	FALSE	.6718282	passive	1
129	FALSE	FALSE	FALSE	FALSE	.700496	passive	0
130	FALSE	FALSE	FALSE	FALSE	.703119	passive	1
131	FALSE	FALSE	FALSE	FALSE	.7152959	proactive	1
132	FALSE	FALSE	FALSE	FALSE	.7240301	passive	1
133	FALSE	FALSE	FALSE	FALSE	.7246676	proactive	1
134	FALSE	FALSE	FALSE	FALSE	.7332956	passive	1
135	FALSE	FALSE	FALSE	FALSE	.7428877	passive	0
136	FALSE	FALSE	FALSE	FALSE	.7441941	proactive	0
137	FALSE	FALSE	FALSE	FALSE	.7451757	proactive	0
138	FALSE	FALSE	FALSE	FALSE	.747606	proactive	1
139	TRUE	FALSE	FALSE	FALSE	.7575265	proactive	0

Variables
Filter variables here
Name Label
attitude
q1
q2
q3
q4
q5
q6
q7

Variables Snapshots

Properties

Variables	
Name	err
Label	
Type	float
Format	%9.0g
Value label	
Notes	
Data	
Filename	attituc
Label	
Notes	

eady　Vars: 1,601　Order: Dataset　Obs: 170　Filter: Off　Mode: Edit

圖 7-9　「svmachines attitude q*in 'train', kernel(poly) gamma(0.5) coef0(7)」再「predict P2 in 'test'」結果

指令如下：

```
* 範例 2：多項類別變數的分類 (Multiclass classification)
. clear
```

```
*開啟官網的資料檔
. sysuse attitude_indicators
*或，先設定光碟資料檔之儲存路徑為「"D:\_大數據分析法\cd"」，再開啟 attitude_
indicators_v14
. cd "D:\__AI_Big Data 分析法\_大數據分析法\cd"
. use attitude_indicators_v14.dta

*拖曳(shuffle)：設定每個觀察值都是均勻出現
. set seed 4532
. generate u = runiform()
. sort u

* 分拆成 train、test 二組樣本
. local split = floor(_N*3/4)
. local train = "1/'='split'-1'"
. local test = "'split'/'=_N'"

*通常，您需要進行網格(grid)搜尋以找到良好的調整參數(good tuning parameters)。
*kernel(), gamma(), coef0()，這三個值恰好足夠好。
*「q*」代表 q 開頭的所有變數，本例 q1~q1592 共 1597 個虛擬變數(dummy variable)之
features
*代表 label 之多類別變數 attitude，其 coding 是：1=有害(destructive)、2=被動
(passive)、3=有些(somewhat)、4=主動(proactive)
. svmachines attitude q* in 'train', kernel(poly) gamma(0.5) coef0(7)

*test 樣本所做的分類結果，存至新變數 P
. predict P2 in 'test'


*印出誤差率(error rate)
*test 樣本中，若預測估計類別(P2)不等實際類別(attitude)，令 err=1，求得誤差率
(Mean)=42.1%
. generate err = attitude != P2 in 'test'
. summarize err in 'test'

*----------印出結果：誤差率=38.6%------------
    Variable |        Obs   誤差率Mean    Std. Dev.       Min        Max
-------------+---------------------------------------------------------
```

```
         err |         44    .3863636    .4925448          0          1

* 印出 SV，假如 SV 的百分比過高，意味著過度適配 (overfitting)，本例有 overfitting 問題
. display "Percentage that are support vectors: `=round(100*e(N_SV)/e(N),.3)'"

Percentage that are support vectors: 97.5
```

本例子，顯示支援向量機做多類別之分類，達到 61.4% 正確率。

參考文獻

Acemoglu, D., Johnson, S. and Robinson, J.A. (2001). The colonial origins of comparative development: An empirical investigation. *American Economic Review, 91*(5):1369-1401. https://economics.mit.edu/files/4123

Ahrens, A., C. B. Hansen, and M. E. Schaffer. (2018). *pdslasso: Stata module for post-selection and post-regularization OLS or IV estimation and inference*. Boston College Department of Economics, Statistical Software ComponentsS458459. https://ideas.repec.org/c/boc/bocode/s458459.html.

Ahrens, A., C. B. Hansen. (2019). *lassopack: Model selection and prediction with regularized regression in Stata*. https://arxiv.org/pdf/1901.05397.pdf.

Anderson, T. W. and Rubin, H. (1949). Estimation of the Parameters of Single Equation in a Complete System of Stochastic Equations. *Annals of Mathematical Statistics 20*:46-63. https://projecteuclid.org/euclid.aoms/1177730090

Angrist, J. and Kruger, A. (1991). Does compulsory school attendance affect schooling and earnings? *Quarterly Journal of Economics, 106*(4):979-1014. http://www.jstor.org/stable/2937954

Arthurmeyer(2020). *Convolutional_deep_belief_network*. https://github.com/arthurmeyer/Convolutional_Deep_Belief_Network

Athey, Susan and Guido W. Imbens. (2015). *Machine Learning Methods for Estimating Heterogeneous Causal Effects*. Working paper, Stanford University.

Bajari, Patrick, Denis Nekipelov, Stephen P. Ryan, and Miaoyu Yang. (2015). *Demand Estimation with Machine Learning and Model Combination*. Working Paper 20955, National Bureau of Economic Research.

Belloni, A. and Chernozhukov, V. (2011). *High-dimensional sparse econometric models: An introduction*. In Alquier, P., Gautier E., and

Belloni, A., Chen, D., Chernozhukov, V. and Hansen, C. (2012). Sparse models and methods for optimal instruments with an application to eminent domain. *Econometrica 80*(6):2369-2429. http://onlinelibrary.wiley.com/doi/10.3982/ECTA9626/abstract

Belloni, A., Chernozhukov, V. and Hansen, C. (2013). *Inference for high-dimensional sparse econometric models*. In Advances in Economics and Econometrics: 10th World Congress, Vol. 3: Econometrics, Cambridge University Press: Cambridge, 245-295. http://arxiv.org/abs/1201.0220

Belloni, A., Chernozhukov, V. and Hansen, C. (2014). Inference on treatment effects after selection among high-dimensional controls. *Review of Economic Studies 81*:608-650. https://doi.org/10.1093/restud/rdt044

Belloni, A., Chernozhukov, V. and Hansen, C. (2015). High-dimensional methods and inference on structural and treatment effects. *Journal of Economic Perspectives 28*(2):29-50. http://www.aeaweb.org/articles.php?doi=10.1257/jep.28.2.29

Belloni, A., Chernozhukov, V. and Wang, L. (2011). Square-root lasso: Pivotal recovery of sparse signals via conic programming. *Biometrika 98*:791-806. https://doi.org/10.1214/14-AOS1204

Belloni, A., Chernozhukov, V. and Wang, L. (2014). Pivotal estimation via square-root-lasso in nonparametric regression. *Annals of Statistics 42*(2):757-788. https://doi.org/10.1214/14-AOS1204

Belloni, A., Chernozhukov, V., Hansen, C. and Kozbur, D. (2016). Inference in high dimensional panel models with an application to gun control. *Journal of Business and Economic Statistics 34*(4):590-605. http://amstat.tandfonline.com/doi/full/10.1080/07350015.2015.1102733

Belloni, A., V. Chernozhukov, and C. B. Hansen. (2014). High-dimensional methods and inference on structural and treatment effects. *Journal of Economic Perspectives 28*, 29-50.

Bengio, Y.; Courville, A.; Vincent, P. (2013). Representation Learning: A Review and New Perspectives. *IEEE Transactions on Pattern Analysis and Machine Intelligence*. 35(8),1798-1828.

Berk, R., L. Brown, A. Buja, K. Zhang, and L. Zhao. (2013). Valid post-selection inference. *Annals of Statistics 41*, 802-837.

Biggs, D., de Ville, B., and Suen, E. (1991). A method of choosing multiway partitions for classification and decision trees. *Journal of Applied Statistics, 18*, 49-62.

Bonhomme, Stéphane, Thibaut Lamadon, and Elena Manresa. 2017. Discretizing Unobserved Heterogeneity. Working paper, University of Chicago. Varian, Hal R. 2014. Big Data: New Tricks for Econometrics. *Journal of Economic Perspectives 28* (2): 3-28.

Breiman, L. (2001). Random forests. *Machine learning, 45*(1), 5-32.

Breiman, L. (1995). Better Subset Regression Using the Nonnegative Garrote. *Technometrics. 37*(4), 373-384. ISSN 0040-1706.

Buhlmann, P., and S. van de Geer. (2011). *Statistics for High-Dimensional Data: Methods, Theory and Applications*. Berlin: Springer.

CanStockPhoto (2020). *Human Face Consisting Of Luminous Lines*. https://www.canstockphoto.com/human-face-consisting-of-luminous-lines-56892047.html

Chernozhukov, V. Hansen, C., and Spindler, M. (2015). Post-selection and post-regularization inference in linear models with many controls and instruments. *American Economic Review: Papers & Proceedings 105*(5):486-490. http://www.aeaweb.org/articles.php?doi=10.1257/aer.p20151022

Chernozhukov, V., Chetverikov, D. and Kato, K. (2013). Gaussian approximations and multiplier bootstrap for maxima of sums of high-dimensional random vectors. *Annals of Statistics 41*(6):2786-2819. https://projecteuclid.org/euclid.aos/1387313390

CoolMoon (2020). *An Improved Deep Learning Architecture for Person Re-Identification.* https://zhuanlan.zhihu.com/p/29053635

Correia, S. (2016). *FTOOLS: Stata module to provide alternatives to common Stata commands optimized for large datasets*. https://ideas.repec.org/c/boc/bocode/s458213.html

Fernández-Delgado, Manuel, et al. (2014). Do we need hundreds of classifiers to solve real world classification problems. *Journal of Machine Learning Research* 15, 3133-3181.

Friedman, J., Hastie, T., & Tibshirani, R. (2010). Regularization Paths for Generalized Linear Models via Coordinate Descent. *Journal of Statistical Software 33*(1), 1-22. https://doi.org/10.18637/jss.v033.i01

Fu, W. J. (1998). Penalized regressions: The bridge versus the lasso. *Journal of Computational and Graphical Statistics* 7(3): 397-416. http://www.tandfonline.com/doi/abs/10.1080/10618600.1998.10474784

Goodman, L. A. (1979). Simple models for the analysis of association in cross-classifications having ordered categories. *Journal of the American Statistical Association, 74*(367), 537-552.

Hastie T ,Tibshirani R. (1990). *Generalized Additive Models*. London: Chapman and Hall.

Hastie, T. J., R. J. Tibshirani, and M. Wainwright. (2015). *Statistical Learning with Sparsity:*

The Lasso and Generalizations. Boca Raton, FL: CRC Press.

Hastie, T., Tibshirani, R. and Friedman, J. (2009). *The elements of statistical learning (2nd ed.)*. New York: Springer-Verlag. https://web.stanford.edu/~hastie/ElemStatLearn/

iT 邦幫忙 (2020).〈第 11 屆 iT 邦幫忙鐵人賽〉. https://ithelp.ithome.com.tw/articles/10222043?sc=rss.iron

Javanmard, A., and A. Montanari. (2014). Confidence intervals and hypothesis testing for high-dimensional regression. *Journal of Machine Learning Research 15*, 2869-2909.

Kass, G. V. (1980). An exploratory technique for investigating large quantities of categorical data. *Applied Statistics, 29*, 2, 119-127.

Lee, J. D., D. L. Sun, Y. Sun, and J. E. Taylor. (2016). Exact post-selection inference, with application to the lasso. *Annals of Statistics 44*, 907-927.

Leeb, H. and Pötscher, B. M. (2005). *Econometric Theory, 21*(1), ET 20th Anniversary Colloquium: Automated Inference and the Future of Econometrics (Feb., 2005), pp. 21-59.

Leeb, H., and B. M. Potscher.. (2005). Model selection and inference: Facts and fiction. *Econometric Theory 21*, 21-59.

Leeb, H., and B. M. Potscher.. (2008). Sparse estimators and the oracle property, or the return of Hodges' estimator. *Journal of Econometrics 142*, 201-211.

Leeb, H., and B. M. Potscher..(2006). Can one estimate the conditional distribution of post-model-selection estimators? *Annals of Statistics 34*, 2554-2591.

McBride, Linden, and Austin Nichols. (2016). Retooling Poverty Targeting Using Out-of-Sample Validation and Machine Learning. *The World Bank Economic Review.*

medium.com(2020). *Machine Learning Algorithms : Ensemble*, Bagging. https://medium.com/@nadir.tariverdiyev/machine-learning-algorithms-ensemble-methods-bagging-boosting-and-random-forests-7d3df7adfab8

Microsoft Azure(2020). *ONNX*. https://docs.microsoft.com/zh-tw/azure/machine-learning/concept-onnx

Microsoft(2020).〈微軟 Azure Machine Learning 演算法小祕技〉. https://docs.microsoft.com/zh-tw/azure/machine-learning/algorithm-cheat-sheet

Nichols, Austin, and Linden McBride. (2017). *Propensity scores and causal inference using machine learning methods*. https://www.stata.com/meeting/baltimore17/

ResearchGate (2020).〈決策樹增強集成之示意圖〉. https://www.researchgate.net/figure/

Schematic-diagram-of-a-boosted-ensemble-of-decision-trees_fig2_325632132

Rogers. (1987:2). *Well defined with respect to the agent that executes the algorithm: There is a computing agent, usually human, which can react to the instructions and carry out the computations.*

Science (2020).〈使用繞射深度神經網路的全光學機器學習〉. https://science.sciencemag.org/content/361/6406/1004

Spindler, M., Chernozhukov, V. and Hansen, C. (2016). *High-dimensional metrics*. https://cran.r-project.org/package=hdm.

Stoltz, G. (eds.), Inverse problems and high-dimensional estimation. *Lecture notes in statistics*, vol. 203. Springer, Berlin, Heidelberg. https://arxiv.org/pdf/1106.5242.pdf

Stream (2020).〈生物識別技術〉. http://www.authorstream.com/Presentation/aSGuest117584-1228383-biometric-technology-team-2/

Strobl, C., Malley, J., and Tutz, G. (2009). An Introduction to recursive partitioning: Rationale, application, and characteristics of classification and regression trees, bagging, and random forests. *Psychological Methods, 14*(4), 323-348.

Sunyer, J., E. Suades-Gonz alez, R. Garc ıa-Esteban, I. Rivas, J. Pujol, M. Alvarez-Pedrerol, J. Forns, X. Querol, and X. Basagana. (2017). Traffic-related air pollution and attention in primary school children: Short-term association. *Epidemiology 28*, 181-189.

Tibshirani, R. (1996). Regression shrinkage and selection via the lasso. *Journal of the Royal Statistical Society. Series B (Methodological) 58*(1): 267-288. https://doi.org/10.2307/2346178

Tibshirani, R. (1997). The Lasso Method for Variable Selection in the Cox Model. *Statistics in Medicine. 16*(4), 385-395. ISSN 1097-0258.

Towards data science (2020). https://towardsdatascience.com/residual-blocks-building-blocks-of-resnet-fd90ca15d6ec

van de Geer, S., P. Buhlmann, Y. Ritov, and R. Dezeure. (2014). On asymptotically optimal confidence regions and tests for high-dimensional models. *Annals of Statistics 42*, 1166-1202.

wiki (2020). 監督式學習 . https://zh.wikipedia.org/wiki/ 監督學習

Yamada, H. (2017). The Frisch-Waugh-Lovell Theorem for the lasso and the ridge regression. *Communications in Statistics - Theory and Methods 46*(21):10897-10902. http://dx.doi.org/10.1080/03610926.2016.1252403

Zhang, C.-H., and S. S. Zhang. (2014). Confidence intervals for low dimensional parameters in high dimensional linear models. *Journal of the Royal Statistical Society, Series B 76*, 217-242.

Zou H, & Hastie T. (2005). Regularization and variable selection via the elastic net. *Journal of the Royal Statistical Society.Series B: Statistical Methodology. 67*(2), 301-320.

程式前沿 (2020). 機器學習 13 種演算法的優缺點，你都知道哪些？. https://codertw.com/ 程式語言 /582495/

國家圖書館出版品預行編目資料

機器學習(Lasso推論模型)：使用Stata、Python分析／張紹勳著. ——初版. ——臺北市：五南圖書出版股份有限公司, 2021.08
面；　公分
ISBN 978-986-522-876-7（平裝）

1.機器學習　2.資料探勘

312.831　　110009343

1H2U

機器學習（Lasso推論模型）：使用Stata、Python分析

作　　者— 張紹勳
發 行 人— 楊榮川
總 經 理— 楊士清
總 編 輯— 楊秀麗
主　　編— 侯家嵐
責任編輯— 鄭乃甄
文字校對— 黃志誠
封面設計— 姚孝慈
出 版 者— 五南圖書出版股份有限公司
地　　址：106台北市大安區和平東路二段339號4樓
電　　話：(02)2705-5066　　傳　　真：(02)2706-6100
網　　址：https://www.wunan.com.tw
電子郵件：wunan@wunan.com.tw
劃撥帳號：01068953
戶　　名：五南圖書出版股份有限公司

法律顧問　林勝安律師事務所　林勝安律師

出版日期　2021年8月初版一刷
定　　價　新臺幣790元